2026
The Newest Edition
최신판

핵심이론+10개년 기출

위험물기능사
기출문제집 필기

저자 김재호

핵심이론 저자직강
동영상 강의 무료
cafe.naver.com/sehwabooks

도서출판 세화

주기율표(Periodic table)

범례

- 철족 원소(위 3)
- 백금족 원소(아래 67l)

```
원자량 → 55.847   Fe ← 원소기호   2 → 원자가
원자번호 → 26            3 → 고딕글자는 보다 안정한 원자가
원소명 → 철
```

[ ] 안의 원자량은 가장 안전한 동위체의 질량수

- **금속 원소**
- **비금속 원소**
- **전이 원소, 나머지는 전형 원소**

주기율표 (전형 원소 · 전이 원소)

주기	1A 알칼리금속원소	2A 알칼리토금속원소	3A 붕소족원소	4A 탄소족원소	5A 질소족원소	6A 산소족원소	7A 할로겐족원소	1B 구리족원소	2B 아연족원소	0 비활성기체
1	1.00797 H 1 수소 (1)									4.0026 He 2 헬륨 (0)
2	6.939 Li 3 리튬 (1)	9.0122 Be 4 베릴륨 (2)	10.811 B 5 붕소 (3)	12.01115 C 6 탄소 (±4)	14.0067 N 7 질소 (±3,5)	15.9994 O 8 산소 (-2)	18.9984 F 9 플루오르 (-1)			20.179 Ne 10 네온 (0)
3	22.9898 Na 11 나트륨 (1)	24.312 Mg 12 마그네슘 (2)	26.9815 Al 13 알루미늄 (3)	28.086 Si 14 규소 (4)	30.9738 P 15 인 (±3,5)	32.064 S 16 황 (±2,4,6)	35.453 Cl 17 염소 (±1,5,7)			39.948 Ar 18 아르곤 (0)
4	39.098 K 19 칼륨 (1)	40.08 Ca 20 칼슘 (2)	69.72 Ga 31 갈륨 (3)	72.59 Ge 32 게르마늄 (4)	74.9216 As 33 비소 (±3,5)	78.96 Se 34 셀렌 (-2,4,6)	79.904 Br 35 브롬 (±1,5)	63.546 Cu 29 구리 (1,2)	65.38 Zn 30 아연 (2)	83.80 Kr 36 크립톤 (0)
5	85.47 Rb 37 루비듐 (1)	87.62 Sr 38 스트론튬 (2)	114.82 In 49 인듐 (3)	118.69 Sn 50 주석 (2,4)	121.75 Sb 51 안티몬 (±3,5)	127.60 Te 52 텔루르 (-2,4,6)	126.9044 I 53 요오드 (±1,5,7)	107.868 Ag 47 은 (1)	112.40 Cd 48 카드뮴 (2)	131.30 Xe 54 크세논 (0)
6	132.905 Cs 55 세슘 (1)	137.34 Ba 56 바륨 (2)	204.37 Tl 81 탈륨 (1,3)	207.19 Pb 82 납 (2,4)	208.980 Bi 83 비스무트 (3,5)	[209] Po 84 폴로늄 (2,4)	[210] At 85 아스타틴 (±1,5)	196.967 Au 79 금 (1,3)	200.59 Hg 80 수은 (1,2)	[222] Rn 86 라돈 (0)
7	[233] Fr 87 프랑슘 (1)	[226] Ra 88 라듐 (2)								

전이 원소 (족 3A~7A, 8)

주기	3A	4A	5A	6A	7A	8 (철족 · 백금족)			3B
4	44.956 Sc 21 스칸듐 (3)	47.90 Ti 22 티탄 (3,4)	50.942 V 23 바나듐 (3,5)	51.996 Cr 24 크롬 (3,6)	54.9380 Mn 25 망간 (2,3,6,7)	55.847 Fe 26 철 (2,3)	58.9332 Co 27 코발트 (2,3)	58.70 Ni 28 니켈 (2,3)	
5	88.905 Y 39 이트륨 (3)	91.22 Zr 40 지르코늄 (4)	92.906 Nb 41 나오브 (3,5)	95.94 Mo 42 몰리브덴 (3,5,6)	[97] Tc 43 테크네튬 (6,7)	101.07 Ru 44 루테늄 (3,4,6,8)	102.905 Rh 45 로듐 (3,4)	106.4 Pd 46 팔라듐 (2,4)	
6	☆ 57~71 란탄계열	178.49 Hf 72 하프늄 (4)	180.948 Ta 73 탄탈 (5)	183.85 W 74 텅스텐 (6)	186.2 Re 75 레늄 (4,6,7)	190.2 Os 76 오스뮴 (2,3,4,8)	192.2 Ir 77 이리듐 (2,3,4,6)	195.09 Pt 78 백금 (2,4)	
7	◎ 89~ 악티늄계열								

☆ 란탄계열

138.91 La 57 란탄 (3)	140.12 Ce 58 세륨 (3,4)	140.907 Pr 59 프라세오디뮴 (3,4)	144.24 Nd 60 네오디뮴 (3)	[145] Pm 61 프로메튬 (3)	150.35 Sm 62 사마륨 (3)	151.96 Eu 63 유로퓸 (2,3)	157.25 Gd 64 가돌리늄 (3)	158.925 Tb 65 테르븀 (3,4)	162.50 Dy 66 디스프로슘 (3)	164.930 Ho 67 홀뮴 (3)	167.26 Er 68 에르븀 (3)	168.934 Tm 69 툴륨 (3)	173.04 Yb 70 이테르븀 (2,3)	174.97 Lu 71 루테튬 (3)

◎ 악티늄계열

[227] Ac 89 악티늄 (3)	232.038 Th 90 토륨 (4)	[231] Pa 91 프로트악티늄 (3,4,5)	238.08 U 92 우라늄 (4,5,6)	[237] Np 93 넵투늄 (4,5,6)	[244] Pu 94 플루토늄 (3,4,5,6)	[243] Am 95 아메리슘 (3,4,5,6)	[247] Cm 96 퀴륨 (3)	[247] Bk 97 버클륨 (3,4)	[251] Cf 98 캘리포늄 (3)	[254] Es 99 아인시타이늄 (3)	[257] Fm 100 페르뮴 (3)	[258] Md 101 멘델레븀 (3)	[259] No 102 노벨륨 (2,3)	[260] Lr 103 로렌슘 (3)

머리말

오늘날 우리는 급속도로 변화하는 산업사회에 살고 있다. 이러한 경제 성장과 함께 중화학공업도 급진적으로 발전하면서 여기에 사용되는 위험물의 종류도 다양해지고, 이에 따른 안전사고도 증가함으로써 많은 인명 손실과 재산상의 피해가 늘고 있는 실정이다. 그러므로 사업주들도 심각한 지경에 이른 안전 문제를 노사간의 차원으로 신중하게 인식해야 한다.

이러한 시대적 요청에 따라 위험물 취급자의 수요는 더욱 증가하리라 생각하여 위험물을 취급하고자 하는 관계자들에게 조금이나마 도움이 되길 바라는 마음으로 이 책을 출간하게 되었다. 그러나 복잡한 생활 속에서 시간적인 여유가 없을 뿐더러 짧은 시간에 위험물 취급에 대한 전반적인 지식을 습득하기에는 많은 어려움이 있을 것이다.

이에 따라 그동안 강단에서의 오랜 강의 경험과 틈틈이 준비하였던 자료와 현장실무 경험을 바탕으로 책으로 펴내게 되었다. 따라서, 위험물 기능사 수험생과 산업 현장에서 실무에 종사하시는 산업역군들에게 조그마한 도움이 되었으면 저자로서는 다행이라고 생각이 되며, 미흡한 점을 수정 보완하여 판이 거듭될 때마다 완벽한 기술도서가 될 수 있도록 노력할 것을 약속하면서 끝으로 본서의 출간을 위해 온갖 정성을 기울여 주신 세화출판사 박 용 사장님 그리고 임직원 여러분들에게 감사의 뜻을 표한다.

저자 씀

출제기준(필기)

- 직무 분야 : 화학 · 위험물
- 자격 종목 : 위험물기능사
- 검정 방법 : 객관식(시험시간 : 1시간)

- 직무내용 : 위위험물제조소 등에서 위험물을 저장·취급하고, 각 설비에 대한 점검과 재해 발생 시 응급조치 등의 안전관리 업무를 수행

시험 과목	출제 문제 수	주요 항목	세부 항목	세세 항목
위험물의 성질 및 안전관리	60	1. 화재 및 소화	1. 물질의 화학적 성질	❶ 물질의 상태 및 성질 ❷ 화학의 기초법칙 ❸ 유 · 무기화합물의 특성
			2. 화재 및 소화이론의 이해	❶ 연소이론의 이해 ❷ 화재분류 및 특성 ❸ 폭발 종류 및 특성 ❹ 소화이론의 이해
			3. 소화약제 및 소방시설의 기초	❶ 화재예방의 기초 ❷ 화재발생 시 조치방법 ❸ 소화약제의 종류 ❹ 소화약제별 소화원리 ❺ 소화기 원리 및 사용법 ❻ 소화,경보,피난설비의 종류 ❼ 소화설비의 적응 및 사용
		2. 제1류 위험물 취급	1. 성상 및 특성	❶ 제1류 위험물의 종류 ❷ 제1류 위험물의 성상 ❸ 제1류 위험물의 위험성 · 유해성
			2. 저장 및 취급방법의 이해	❶ 제1류 위험물의 저장방법 ❷ 제1류 위험물의 취급방법
			3. 소화방법	❶ 제1류 위험물의 소화원리 ❷ 제1류 위험물의 화재예방 및 진압대책
		3. 제2류 위험물 취급	1. 성상 및 특성	❶ 제2류 위험물의 종류 ❷ 제2류 위험물의 성상 ❸ 제2류 위험물의 위험성 · 유해성
			2. 저장 및 취급방법의 이해	❶ 제2류 위험물의 저장방법 ❷ 제2류 위험물의 취급방법
			3. 소화방법	❶ 제2류 위험물의 소화원리 ❷ 제2류 위험물의 화재예방 및 진압대책
		4. 제3류 위험물 취급	1. 성상 및 특성	❶ 제3류 위험물의 종류 ❷ 제3류 위험물의 성상 ❸ 제3류 위험물의 위험성 · 유해성
			2. 저장 및 취급방법의 이해	❶ 제3류 위험물의 저장방법 ❷ 제3류 위험물의 취급방법
			3. 소화방법	❶ 제3류 위험물의 소화원리 ❷ 제3류 위험물의 화재예방 및 진압대책
		5. 제4류 위험물 취급	1. 성상 및 특성	❶ 제4류 위험물의 종류 ❷ 제4류 위험물의 성상 ❸ 제4류 위험물의 위험성 · 유해성
			2. 저장 및 취급방법의 이해	❶ 제4류 위험물의 저장방법 ❷ 제4류 위험물의 취급방법
			3. 소화방법	❶ 제4류 위험물의 소화원리 ❷ 제4류 위험물의 화재예방 및 진압대책
		6. 제5류 위험물 취급	1. 성상 및 특성	❶ 제5류 위험물의 종류 ❷ 제5류 위험물의 성상 ❸ 제5류 위험물의 위험성 · 유해성
			2. 저장 및 취급방법의 이해	❶ 제5류 위험물의 저장방법 ❷ 제5류 위험물의 취급방법
			3. 소화방법	❶ 제5류 위험물의 소화원리 ❷ 제5류 위험물의 화재예방 및 진압대책
		7. 제6류 위험물 취급	1. 성상 및 특성	❶ 제6류 위험물의 종류 ❷ 제6류 위험물의 성상 ❸ 제6류 위험물의 위험성 · 유해성
			2. 저장 및 취급방법의 이해	❶ 제6류 위험물의 저장방법 ❷ 제6류 위험물의 취급방법
			3. 소화방법	❶ 제6류 위험물의 소화원리 ❷ 제6류 위험물의 화재예방 및 진압대책

시험 과목	출제 문제 수	주요 항목	세부 항목	세세 항목
위험물의 성질 및 안전관리	60	8. 위험물 운송·운반	1. 위험물 운송기준	❶ 위험물운송자의 자격 및 업무 ❷ 위험물 운송방법 ❸ 위험물 운송 안전조치 및 준수사항 ❹ 위험물 운송차량 위험성 경고 표지
			2. 위험물 운반기준	❶ 위험물운반자의 자격 및 업무 ❷ 위험물 용기기준, 적재방법 ❸ 위험물 운반방법 ❹ 위험물 운반 안전조치 및 준수사항 ❺ 위험물 운반차량 위험성 경고 표지
		9. 위험물 제조소 등의 유지관리	1. 위험물 제조소	❶ 제조소의 위치기준　　❷ 제조소의 구조기준 ❸ 제조소의 설비기준　　❹ 제조소의 특례기준
			2 위험물 저장소	❶ 옥내저장소의 위치, 구조, 설비기준 ❷ 옥외탱크저장소의 위치, 구조, 설비기준 ❸ 옥내탱크저장소의 위치, 구조, 설비기준 ❹ 지하탱크저장소의 위치, 구조, 설비기준 ❺ 간이탱크저장소의 위치, 구조, 설비기준 ❻ 이동탱크저장소의 위치, 구조, 설비기준 ❼ 옥외저장소의 위치, 구조, 설비기준 ❽ 암반탱크저장소의 위치, 구조, 설비기준
			3 위험물 취급소	❶ 주유취급소의 위치, 구조, 설비기준 ❷ 판매취급소의 위치, 구조, 설비기준 ❸ 이송취급소의 위치, 구조, 설비기준 ❹ 일반취급소의 위치, 구조, 설비기준
			4 제조소등의 소방시설 점검	❶ 소화난이도 등급　　❷ 소화설비 적응성 ❸ 소요단위 및 능력단위 산정 ❹ 옥내소화전설비 점검　❺ 옥외소화전설비 점검 ❻ 스프링클러설비 점검　❼ 물분무소화설비 점검 ❽ 포소화설비 점검 ❾ 불활성가스 소화설비 점검 ❿ 할로겐화물소화설비 점검 ⓫ 분말소화설비 점검　　⓬ 수동식소화기설비 점검 ⓭ 경보설비 점검　　　　⓮ 피난설비 점검
		10. 위험물 저장·취급	1. 위험물 저장기준	❶ 위험물 저장의 공통기준 ❷ 위험물 유별 저장의 공통기준 ❸ 제조소등에서의 저장기준
			2. 위험물 취급기준	❶ 위험물 취급의 공통기준 ❷ 위험물 유별 취급의 공통기준 ❸ 제조소등에서의 취급기준
		11. 위험물안전관리 감독 및 행정처리	1. 위험물시설 유지관리 감독	❶ 위험물시설 유지관리 감독 ❷ 예방규정 작성 및 운영 ❸ 정기검사 및 정기점검 ❹ 자체소방대 운영 및 관리
			2. 위험물안전관리법상 행정사항	❶ 제조소등의 허가 및 완공검사 ❷ 탱크안전 성능검사 ❸ 제조소등의 지위승계 및 용도폐지 ❹ 제조소등의 사용정지, 허가취소 ❺ 과징금, 벌금, 과태료, 행정명령

차례

제1과목

위험물의 연소특성

1 화재 예방

(1) 연소의 정의

가연성 물질이 공기 중의 산소와 반응하여 열과 빛을 내는 산화 반응

(2) 점화원이 되지 못하는 것

① 기화열(증발 잠열) ② 온도

③ 압력 ④ 중화열

(3) 고온체의 색깔과 온도

① 발광에 따른 온도 측정

㉮ 적열 상태 : 500℃ 부근

㉯ 백열 상태 : 1,000℃ 이상

② 화염색에 따른 불꽃의 온도

㉮ 암적색 : 700℃ ㉯ 적색 : 850℃

㉰ 회적색 : 950℃ ㉱ 황적색 : 1,100℃

㉲ 백적색 : 1,300℃ ㉳ 회백색 : 1,500℃

(4) 연소의 형태

① 기체의 연소(발염 연소, 확산 연소)

예 산소, 아세틸렌

② 액체의 연소(증발 연소)

예 에테르, 가솔린, 석유, 알코올 등

③ 고체의 연소 (증발 연소)

㉮ 표면(직접) 연소

예 숯, 목탄, 코크스, 나트륨, 금속분(마그네슘분, 아연분) 등

㉯ 분해 연소

예 목재, 석탄, 종이, 섬유, 플라스틱 등

㉰ 증발 연소

예 황, 나프탈렌, 장뇌 등과 같은 승화성 물질, 촛불(양초, 파라핀), 고급 알코올 등

㉰ 내부(자기) 연소

> 예 질산에스터류, 나이트로셀룰로오스, 셀룰로이드류, 나이트로화합물(TNT), 하이드라진과 유도체 등과 같은 제5류 위험물(피크린산) 등

(5) 연소에 관한 물성

① 인화점(인화온도) : 가연물을 가열하면 한쪽에 점화원을 부여하여 발화점보다 낮은 온도에서 연소가 일어나는데 이를 인화라고 하며, 인화가 일어나는 최저의 온도

> **참고**
>
> **인화점 50℃의 의미**
> 액체의 온도가 50℃ 이상이 되면 가연성 증기를 발생하여 점화원에 의해 인화한다.

② 발화점(발화 온도, 착화점, 착화 온도) : 외부에서 점화하지 않더라도 발화하는 최저 온도

> 예 프라이팬에 기름을 붓고 가열한다. 시간이 흐른 후 기름에 불이 붙는다.

③ 정전기 방전 에너지(E)를 구하는 공식

$$E = \frac{1}{2}Q \cdot V = \frac{1}{2}C \cdot V^2$$

여기서, E : 정전기 에너지(J), Q : 전기량(C)
V : 전압(V), C : 정전 용량(F)

④ 연소 범위(연소 한계, 폭발 범위, 폭발 한계, 가연 범위, 가연 한계)

연소가 일어나는 데 필요한 공기 중 가연성 가스의 농도(vol%)를 말한다.

⑤ 위험도(H, Hazards)

가연성 혼합 가스 연소 범위의 제한치를 나타내는 것으로서 위험도가 클수록 위험하다.

$$H = \frac{U - L}{L}$$

여기서, H : 위험도
U : 연소 범위의 상한치(UFL ; Upper Flammability Limit)
L : 연소 범위의 하한치(LFL ; Lower Flammability Limit)

> **예제**
>
> **아세틸렌(C_2H_2)의 위험도는?**
>
> **풀이** 아세틸렌의 연소 범위가 2.5~81%이므로 위험도(H)는 다음과 같다.
>
> $$H = \frac{81 - 2.5}{2.5} = 31.4$$
>
> 답 31.4

(6) 자연 발화

① 조건

⑦ 표면적이 넓을 것　　　ⓝ 발열량이 많을 것　　　ⓓ 열전도율이 적을 것

ⓡ 발화되는 물질보다 주위 온도가 높을 것　　　ⓜ 열 축적이 클수록

ⓑ 적당량의 수분이 존재할 것

② 형태

⑦ **분해열에 의한 발화** : 예 셀룰로이드류, 나이트로셀룰로오스(질화면), 과산화수소, 염소산칼륨 등

ⓝ **산화열에 의한 발화** : 예 건성유, 원면, 석탄, 고무 분말, 발연 질산 등

ⓓ **중합열에 의한 발화** : 예 시안화수소(HCN), 산화에틸렌(C_2H_4O), 염화비닐(CH_2CHCl), 부타디엔(C_4H_6) 등

ⓡ **흡착열에 의한 발화** : 예 활성탄, 목탄 분말 등

ⓜ **미생물에 의한 발화** : 예 퇴비, 퇴적물, 먼지 등

③ 영향을 주는 인자

⑦ 열의 축적　　　ⓝ 열전도율　　　ⓓ 퇴적 방법

ⓡ 공기의 유동 상태　　　ⓜ 발열량　　　ⓑ 수분

ⓢ 촉매 물질

④ 방지법

⑦ 통풍이 잘 되게 할 것　　　ⓝ 저장실의 온도를 낮출 것

ⓓ 습도가 높은 것을 피할 것　　　ⓡ 열의 축적을 방지할 것

ⓜ 정촉매 작용을 하는 물질을 피할 것

(7) 폭발 이론

① 분진 폭발

⑦ 분진 폭발 물질

마그네슘 분말, 알루미늄 분말, 황, 실리콘, 금속분, 석탄, 플라스틱, 담뱃가루, 커피 분말, 설탕, 옥수수, 감자, 밀가루, 나무 가루 등

ⓝ 분진 폭발을 하지 않는 물질

시멘트 가루, 석회분, 염소산칼륨 가루, 모래, 염화아세틸(제4류 위험물) 등

② BLEVE(Boiling Liquid Expanding Vapor Explosion) 액화 가스 탱크의 폭발(비등 액체 팽창 증기 폭발) : 비등 상태의 액화 가스가 기화하여 팽창하고 폭발하는 현상

③ 르 샤틀리에(Le Chatelier)의 혼합 가스 폭발 범위를 구하는 식

$$\frac{100}{L} = \frac{V_1}{L_1} + \frac{V_2}{L_2} + \frac{V_3}{L_3} + \cdots$$

여기서, L : 혼합 가스의 폭발 한계치

$L_1,\ L_2,\ L_3,\ \cdots$: 각 성분의 단독 폭발 한계치(vol%)

$V_1,\ V_2,\ V_3,\ \cdots$: 각 성분의 체적(vol%)

예제

메탄 60vol%, 에탄 30vol%, 프로판 10vol%로 혼합된 가스의 공기 중 폭발 하한값은 약 몇 %인가?

풀이 $\dfrac{100}{L}=\dfrac{V_1}{L_1}+\dfrac{V_2}{L_2}+\dfrac{V_3}{L_3}$ 이므로 $\dfrac{100}{L}=\dfrac{60}{5}+\dfrac{30}{3}+\dfrac{10}{2.1}$

$L=\dfrac{100}{26.76}$ $\therefore L=3.74\%$ ☑ 3.74%

④ 연소파와 폭굉파

㉮ 연소파 : 0.1~10m/sec   ㉯ 폭굉파 : 1,000~3,500m/sec

⑤ 폭굉 유도 거리

관 중에 폭굉성 가스가 존재할 경우 최초의 완만한 연소가 격렬한 폭굉으로 발전할 때까지의 거리이다. 일반적으로 짧아지는 경우는 다음과 같다.

① 정상 연소 속도가 큰 혼합 가스일수록

② 관 속에 방해물이 있거나 관 지름이 가늘수록

③ 압력이 높을수록

④ 점화원의 에너지가 강할수록

2 소화 방법

(1) 화재의 종류

화재별 급수	가연 물질의 종류
A급 화재	종이, 목재, 섬유류 등
B급 화재	유류(가연성 액체 포함)
C급 화재	전기
D급 화재	금속
K급 화재	동식물유

① A급 화재(일반 화재-백색)

다량의 물 또는 수용액으로 화재를 소화할 때 냉각 효과가 가장 큰 소화 역할을 할 수 있는 것으로, 연소 후 재를 남기는 화재

예 종이, 목재, 섬유류 등

② B급 화재(유류 화재-황색)

유류와 같이 연소 후 아무 것도 남기지 않는 화재

예 위험물안전관리법상 제4류 위험물 등

③ C급 화재(전기 화재-청색)

전기에 의한 발열체가 발화원이 되는 화재

예 전기 합선, 과전류, 지락, 누전, 정전기 불꽃, 전기 불꽃 등

④ D급 화재(금속 화재)

가연성 금속류의 화재

예 위험물안전관리법상 제2류 위험물 중 금속분과 제3류 위험물 등

⑤ K급 화재(주방 화재)

주방에서 동식물유류를 취급하는 조리 기구에서 일어나는 화재

(2) 소화기의 성상

① 포말(포) 소화기

㉮ 화학포 소화기

㉠ 정의 : A제(중조, 중탄산나트륨, $NaHCO_3$)와 B제[황산알루미늄, $Al_2(SO_4)_3$]의 화학 반응에 의해 생성된 포(CO_2)에 의해 소화하는 소화기

㉡ 화학 반응식

$$6NaHCO_3 + Al_2(SO_4)_3 + 18H_2O \longrightarrow 3Na_2SO_4 + 2Al(OH)_3 + 6CO_2\uparrow + 18H_2O$$
(질식)　　　(냉각)

ⓐ A제(외통제) : 중조($NaHCO_3$) 등

ⓑ B제(내통제) : 황산알루미늄[$Al_2(SO_4)_3$]

ⓒ 기포 안정제 : 가수 분해 단백질, 젤라틴, 카세인, 사포닌, 계면활성제 등

㉯ 기계포(air foam) 소화기

㉠ 정의 : 소화 원액과 물을 일정량 혼합한 후 발포 장치에 의해 거품을 내어 방출하는 소화기

ⓐ 소화 원액 : 가수 분해 단백질, 계면활성제, 일정량의 물

ⓑ 포핵(거품 속의 가스) : 공기

㉡ 발포 배율(팽창비) $= \dfrac{\text{내용적(용량)}}{\text{전체 중량} - \text{빈 시료 용기의 중량}}$

> **예제**
>
> 공기포 발포 배율을 측정하기 위해 중량 340g, 용량 1,800mL의 포 수집 용기에 가득히 포를 채취하여 측정한 용기의 무게가 540g이었다면 발포 배율은? (단, 포 수용액의 비중은 1로 가정한다.)
>
> **풀이** 발포 배율(팽창비) $= \dfrac{\text{내용적(용량)}}{\text{전체 중량}-\text{빈 시료 용기의 중량}} = \dfrac{1,800}{540-340} = 9$배 **답** 9배

  ⓒ 포 소화 약제의 종류

    ⓐ 저팽창 포 소화 약제 : 팽창비 20 이하

      예 단백 포, 불화 단백 포, 수성막 포 소화 약제

    ⓑ 고팽창 포 소화 약제 : 팽창비 80 이상 1,000 미만

      예 합성 계면활성제 포 소화 약제

    ⓒ 특수 포 소화 약제 : 알코올 같은 수용성 화재에 사용하는 소화 약제

      예 내알코올형 소화 약제

  ⓔ 용도 : A, B급 화재

> **참고**
>
> **수성막 포 소화 약제**
> 1. 불소계 계면활성제를 주성분으로 한 것으로 분말 소화약제와 함께 트윈약제 시스템(twin agent system)에 사용되어 소화효과를 높이는 약제
> 2. 불소계 계면활성제를 기제로 하여 안정제 등을 첨가한 소화약제로서 보존성·내약품성이 우수하지만, 수용성 위험물의 화재시에는 효과가 떨어지는 것
> 3. 불소계 계면활성제를 주성분으로 하여 물과 혼합하여 사용하는 소화약제로서, 유류화재 발생시 분말 소화약제와 함께 사용이 가능한 포소화약제

  ⓕ 포(foam)의 성질로서 구비하여야 할 조건

    ㉠ 화재면과 부착성이 있을 것

    ㉡ 열에 대한 센 막을 가지며, 유동성이 있을 것

    ㉢ 바람 등에 견디고 응집성과 안정성이 있을 것

② 분말 소화기

  ㉮ 1종 분말(dry chemicals) - 탄산수소나트륨($NaHCO_3$)

  흰색 분말이며 B, C급 화재에 좋다. 특히 요리용 기름의 화재(식당, 주방 화재) 시 비누화 반응을 일으켜 질식 효과와 재발화 방지 효과를 나타낸다.

  ㉠ 270℃에서 반응

$$2NaHCO_3 \longrightarrow Na_2CO_3 + \underset{\text{질식}}{CO_2} + \underset{\text{냉각}}{H_2O} - 19.9\text{kcal(흡열 반응)}$$

ⓒ 850℃ 이상에서 반응

$$2NaHCO_3 \longrightarrow Na_2O + 2CO_2 + H_2O - Q(kcal)$$

> **예제**
>
> 분말 소화 약제인 탄산수소나트륨 10kg이 1기압, 270℃에서 방사되었을 때 발생하는 이산화탄소의 양은 약 몇 m³인가?
>
> **풀이** $PV = \dfrac{W}{M}RT$이므로
>
> $\therefore V = \dfrac{WRT}{PM} = \dfrac{10 \times 0.082 \times (273+270)}{1 \times 168} = 2.65\,m^3$
>
> **답** 2.65m³

ⓑ 2종 분말 – 탄산수소칼륨(KHCO₃)

1종 분말보다 2배의 소화 효과가 있다. 보라색(담회색) 분말이며 B, C급 화재에 좋다.

㉠ 190℃에서 반응

$$2KHCO_3 \xrightarrow{\triangle} K_2CO_3 + \underset{질식}{CO_2} + \underset{냉각}{H_2O}$$

ⓒ 590℃에서 반응

$$2KHCO_3 \longrightarrow K_2O + 2CO_2 + H_2O - Q(kcal)$$

ⓑ 3종 분말 – 인산암모늄(NH₄H₂PO₄)

광범위하게 사용하며, 담홍색(핑크색) 분말이며 A, B, C급 화재에 좋다.

㉠ 166℃에서 반응

$$NH_4H_2PO_4 \longrightarrow H_3PO_4 + NH_3$$

ⓒ 360℃에서 반응

$$NH_4H_2PO_4 \longrightarrow \underset{질식}{HPO_3} + NH_3 + \underset{냉각}{H_2O}$$

> **예제**
>
> NH₄H₂PO₄ 57.5kg이 완전 열분해하여 메타인산, 암모니아와 수증기로 되었을 때 메타인산은 몇 kg이 생성되는가? (단, P의 원자량은 31)
>
> **풀이** $NH_4H_2PO_4 \longrightarrow HPO_3 + NH_3 + H_2O$
>
>   115kg   80kg
>   57.5kg $x$kg
>
> $x = \dfrac{57.5 \times 80}{115}$
>
> $x = 40$kg
>
> **답** 40kg

④ 4종 분말

탄산수소칼륨($KHCO_3$)＋요소[$(NH_2)_2CO$] : 2종 분말 약제를 개량한 것으로 회백색(회색) 분말이며 B, C급 화재에 좋다.

$$2KHCO_3 + (NH_2)_2CO \xrightarrow{\triangle} K_2CO_3 + 2NH_3 + \underset{\text{질식}}{2CO_2}$$

③ 탄소 가스(CO_2) 소화기

㉮ 정의 : 소화 약제를 불연성인 CO_2 가스의 질식과 냉각 효과를 이용한 소화기

㉯ 소화약제의 특성

㉠ 탄산가스의 함량은 99.5% 이상으로 냄새가 없어야 하며, 수분의 중량은 0.05% 이하여야 한다 만약 수분이 0.05% 이상이면 줄－톰슨 효과에 의하여 수분이 결빙되어 노즐이 구멍을 폐쇄시키기 때문이다

㉡ 줄－톰슨 효과는 기체 또는 액체가 가는 관을 통과할때 온도가 급강화하여 고체로 되는 현상이다.

예제

소화기 속에 압축되어 있는 이산화탄소 1.1kg을 표준 상태에서 분사하였다. 이산화탄소의 부피는 몇 m^3가 되는가?

풀이 $PV = \dfrac{W}{M}RT$에서

$\therefore V = \dfrac{WRT}{PM} = \dfrac{1.1 \times 0.082 \times 273}{1 \times 44} = 0.56m^3$

답 $0.56m^3$

㉰ CO_2의 소화 농도(vol%)＝$\dfrac{21 - \text{한계 산소 농도(vol\%)}}{21} \times 100$

예제

화재 시 이산화탄소를 사용하여 공기 중 산소의 농도를 21vol%에서 13vol%로 낮추려면 공기 중 이산화탄소의 농도는 약 몇 vol%가 되어야 하는가?

풀이 CO_2의 소화 농도(vol%)

$= \dfrac{21 - \text{한계 산소 농도(vol\%)}}{21} \times 100 = \dfrac{21 - 13}{21} \times 100 = 38.1vol\%$

답 38.1vol%

㉱ 용도 : B, C급 화재

④ 할로겐화합물(증발성 액체) 소화기

㉮ 정의 : 소화 약제로 증발성이 강하고 공기보다 무거운 불연성인 할로겐 화합물을 이용하여 부촉매 효과, 질식 효과 및 냉각 효과를 하는 소화기이다.

④ 소화 약제의 조건

  ㉠ 비점이 낮을 것   ㉡ 기화되기 쉽고, 증발 잠열이 클 것

  ㉢ 공기보다 무겁고(증기 비중이 클 것) 불연성일 것   ㉣ 증발 잔유물이 없을 것

  ㉤ 전기 절연성이 우수할 것   ㉥ 인화성이 없을 것

⑤ 할론 번호 순서

  ㉠ 첫째 : 탄소(C)   ㉡ 둘째 : 불소(F)

  ㉢ 셋째 : 염소(Cl)   ㉣ 넷째 : 취소(Br)

  ㉤ 다섯째 : 옥소(I)

예제

할로겐 화합물 중 CH_3I에 해당하는 할론번호는?

🔖 Halon 10001

참고

오존파괴지수(ODP, Ozone Depletion Potential)

어떤 물질 1kg에 의해 파괴되는 오존량은 기준물질인 CFC-11, 1kg에 의해 파괴되는 오존량으로 나눈 상대적인 비율로 오존파괴능력을 나타내는 지표

⑥ 종류

  ㉠ 사염화탄소(CCl_4, Halon1040) : CTC 소화기

    ⓐ 밀폐된 장소에서 CCl_4를 사용해서는 안 되는 이유

      • $2CCl_4 + O_2 \longrightarrow 2COCl_2 + 2Cl_2$ (건조된 공기 중)

      • $CCl_4 + H_2O \longrightarrow COCl_2 + 2HCl$ (습한 공기 중)

      • $CCl_4 + CO_2 \longrightarrow 2COCl_2$ (탄산 가스 중)

      • $3CCl_4 + Fe_2O_3 \longrightarrow 3COCl_2 + 2FeCl_3$ (철 존재 시)

    ⓑ 설치 금지 장소(할론 1301은 제외)

      • 지하층

      • 무창층

      • 거실 또는 사무실로서 바닥 면적이 $20m^2$ 미만인 곳

  ㉡ 일염화 일취화 메탄(CH_2ClBr, $H-\overset{\displaystyle Cl}{\underset{\displaystyle Br}{\overset{|}{\underset{|}{C}}}}-H$, Halon 1011) : CB 소화기

  ㉢ 브로모클로로다이플루오로메탄(CF_2ClBr, Halon 1211) : BCF 소화기

    ② 브로모트라이플루오로메탄(CF_3Br, Halon 1301) : BT 소화기

    ⑩ 다이브로모테트라플루오로에탄($C_2F_4Br_2$, Halon 2402) : FB 소화기

   ⑭ 용도 : A, B, C급 화재

⑤ 강화액 소화기

  ㉮ 정의 : 물의 소화력을 향상시키기 위해서 물에 금속염류(K_2CO_3)을 첨가시킨 고농도의 수용액이며, 동결되지 않도록 하여 재연을 방지하고 $-20℃$ 이하의 겨울철이나 한랭지에서 사용 가능하도록 개발된 소화기로서, 독성과 부식성이 없으며 질소 가스에 의해 강화액을 방출한다.

  ㉯ 소화 약제(탄산칼륨)의 특성

   ㉠ 비중 : 1.3~1.4   ㉡ 응고점 : $-30 \sim -17℃$

   ㉢ 강알칼리성 : pH 12   ㉣ 독성과 부식성이 없음

  ㉰ 종류

   ㉠ 축압식

   ㉡ 가스가압식 : $K_2CO_3 + 2H_2O \longrightarrow 2KOH + CO_2 + H_2O$

   ㉢ 반응식(파병식) : $K_2CO_3 + H_2SO_4 \longrightarrow K_2SO_4 + CO_2 + H_2O$

  ㉱ 용도

   ㉠ 봉상일 경우 : A급 화재   ㉡ 무상일 경우 : A, C급 화재

⑥ 산알칼리 소화기

  ㉮ 정의 : 황산과 중조수의 화합액에 탄산 가스를 내포한 소화액을 방사한다.

  ㉯ 주성분

   ㉠ 산 : H_2SO_4 ㉡ 알칼리 : $NaHCO_3$

  ㉰ 반응식

   $2NaHCO_3 + H_2SO_4 \longrightarrow Na_2SO_4 + 2CO_2 + 2H_2O$

  ㉱ 용도

   ㉠ 봉상일 경우 : A급 화재   ㉡ 무상일 경우 : A, C급 화재

⑦ 물 소화기

  ㉮ 정의 : 물을 펌프 또는 가스로 방출한다.

  ㉯ 소화제로 사용하는 이유

   ㉠ 기화열(증발 잠열)이 커서(539cal/g) 냉각 능력(기화 시 다량의 열을 제거)이 크기 때문이다.

   ㉡ 구입이 용이하다.

   ㉢ 취급상 안전하고, 숙련을 요하지 않는다.

   ㉣ 가격이 저렴하다.

> **예제**
>
> 20℃의 물 100kg이 100℃의 수증기로 증발하면 최대 몇 kcal의 열량을 흡수할 수 있는가? (단, 물의 증발 잠열은 540cal/g이다.)
>
> **풀이** $Q_1 = Gc\Delta t = 100 \times 1 \times (100-20) = 8,000 \text{kcal}$
>
> $Q_2 = Gr = 100 \times 540 = 54,000 \text{kcal}$
>
> $Q = Q_1 + Q_2 = 8,000 + 54,000 = 62,000 \text{kcal}$
>
> 📋 **62,000kcal**

　　㉯ 용도 : A급 화재

⑧ 청정 소화 약제

　㉮ 할로겐화합물 청정소화약제

　　불소, 염소, 브로민 또는 아이오딘 중 하나 이상의 원소를 포함하고 있는 유기화합물을 기본 성분으로 하는 소화약제이다.

HFC(Hydro Fluoro Carbon)	불화탄화수소
HBFC(Hydro Bromo Fluoro Carbon)	브로민불화탄화수소
HCFC(Hydro Chloro Fluoro Carbon)	염화불화탄화수소
FC, PFC(Perfluoro Carbon)	불화탄소, 과불화탄소
FIC(Fluoroiodo Carbon)	불화아이오딘화탄소

　㉯ 불활성 가스 청정 소화 약제

　　헬륨, 네온, 아르곤, 질소 가스 중 하나 이상의 원소를 기본 성분으로 하는 소화 약제

소화 약제	상품명	화학식
퍼플루오로부탄(FC-3-1-10)	PFC-410	C_4F_{10}
하이드로클로로플루오로카본 혼화제 (HCFC BLEND A)	NAFS-Ⅲ	• HCFC-22($CHClF_2$) : 82% • HCFC-123($CHCl_2CF_3$) : 4.75% • HCFC-124($CHClFCF_3$) : 9.5% • $C_{10}H_{16}$: 3.75%
클로로테트라플루오로에탄(HCFC-124)	FE-24	$CHClFCF_3$
펜타플루오로에탄(HFC-125)	FE-25	CHF_2CF_3
헵타플루오로프로판(HFC-227ea)	FM-200	CF_3CHFCF_3
트라이플루오로메탄(HFC-23)	FE-13	CHF_3
헥사플루오로프로판(HFC-236fa)	FE-36	$CF_3CH_2CF_3$
트라이플루오로아이오다이드(FIC-1311)	Tiodide	CF_3I
도데카플루오로-2-메틸펜탄-3-원(FK-5-1-12)	-	$CF_3CF_2C(O)CF(CF_3)_2$
불연성 · 불활성 기체 혼합 가스(IG-01)	Argon	Ar
불연성 · 불활성 기체 혼합 가스(IG-100)	Nitrogen	N_2
불연성 · 불활성 기체 혼합 가스(IG-541)	Inergen	N_2 : 52%, Ar : 40%, CO_2 : 8%
불연성 · 불활성 기체 혼합 가스(IG-55)	Argonite	N_2 : 50%, Ar : 50%

> **참고** ▶
>
> **IG-541(Inergen)**
>
> 비할로겐 계열로서 화학적 소화보다는 물리적 소화에 의해 화재를 진압하는 소화약제

> **예제** ▶
>
> **질소와 아르곤과 이산화탄소의 용량비가 52 : 40 : 8인 혼합물 소화약제는?**   📖 IG 541

(3) 소화기의 유지 관리

① 각 소화기의 공통 사항

㉮ 소화기의 설치 위치는 바닥으로부터 1.5m 이하의 높이에 설치할 것

㉯ 통행이나 피난 등에 지장이 없고 사용할 때에는 쉽게 반출할 수 있는 위치에 있을 것

㉰ 각 소화 약제가 동결, 변질 또는 분출할 염려가 없는 곳에 비치할 것

㉱ 소화기가 설치된 주위의 잘 보이는 곳에 '소화기'라는 표시를 할 것

② 소화기의 사용 방법

㉮ 적응 화재에만 사용할 것

㉯ 성능에 따라 방출 거리 내에서 사용할 것

㉰ 소화 시에는 바람을 등지고 풍상에서 풍하의 방향으로 소화할 것

㉱ 소화 작업은 양옆으로 비로 쓸듯이 골고루 사용할 것

> **참고** ▶
>
> **소화기에 "B-2" 표시란?**
>
> 유류 화재에 대한 능력 단위 2단위에 적용되는 소화기

(4) 피뢰 설치

① 설치 대상

지정 수량 10배 이상의 위험물을 취급하는 제조소(단, 제6류 위험물의 제소소 제외)

3 소방 시설

(1) 방호대상물 각 부분으로부터 소화기까지의 보행거리

① 소형수동식 소화기 : 20m

② 대형수동식 소화기 : 30m

(2) 옥내 소화전 설비(호스릴 옥내 소화전 설비를 포함)

① 옥내 소화전함의 상부의 벽면에 적색의 표시등을 설치하되, 해당 표시등의 부착면과 15° 이상의 각도가 되는 방향으로 10m 떨어진 곳에서 용이하게 식별이 가능하도록 한다.

② 옥내 소화전 설비의 비상 전원 : 자가 발전 설비 또는 축전지 설비로 45분 이상 작동할 수 있어야 한다.

③ 압력 수조를 이용한 가압 송수 장치

압력 수조의 압력은 다음 식에 의하여 구한 수치 이상으로 한다.

$$P = P_1 + P_2 + P_3 + 0.35\text{MPa}$$

여기서, P : 필요한 압력(MPa), P_1 : 소방용 호스의 마찰 손실 수두압(MPa)
  P_2 : 배관의 마찰 손실 수두압(MPa), P_3 : 낙차의 환산 수두압(MPa)

> **예제**
>
> 위험물안전관리법령상 압력 수조를 이용한 옥내 소화전 설비의 가압 송수 장치에서 압력 수조의 최소 압력(MPa)은? (단, 소방용 호스의 마찰 손실 수두압은 3MPa, 배관의 마찰 손실 수두압은 1MPa, 낙차의 환산 수두압은 1.35MPa이다.)
>
> **풀이** $P = P_1 + P_2 + P_3 + 0.35\text{MPa} = 3 + 1 + 1.35 + 0.35 = 5.70\text{MPa}$
>
> **답** 5.70MPa

④ 펌프를 이용한 가압 송수 장치

펌프의 전양정을 다음 식에 의하여 구한 수치 이상으로 한다.

$$H = h_1 + h_2 + h_3 + 35\text{m}$$

여기서, H : 펌프의 전양정(m), h_1 : 소방용 호스의 마찰 손실 수두(m)
  h_2 : 배관의 마찰 손실 수두(m), h_3 : 낙차(m)

> **예제**
>
> 위험물 제조소 등에 펌프를 이용한 가압 송수 장치를 사용하는 옥내 소화전을 설치하는 경우 펌프의 전양정은 몇 m인가? (단, 소방용 호스의 마찰 손실 수두는 6m, 배관의 마찰 손실 수두는 1.7m, 낙차는 32m이다.)
>
> **풀이** $H = h_1 + h_2 + h_3 + 35m$
> $= 6m + 1.7m + 32m + 35m = 74.7m$
>
> **답** 74.7m

⑤ 수원의 양(Q) : 옥내 소화전이 가장 많이 설치된 층의 옥내 소화전 설비의 설치 개수(N : 설치 개수가 5개 이상인 경우는 5개의 옥내 소화전)에 7.8m³를 곱한 양 이상

$$Q(m^3) = N \times 7.8m^3$$

여기서, Q : 수원의 양, N : 옥내 소화전 설비의 설치 개수

즉, 7.8m³란 법정 방수량 260L/min으로 30min 이상 기동할 수 있는 양

> **예제**
>
> 제조소 등의 건축물에서 옥내소화전이 가장 많이 설치된 층의 소화전의 수가 3개일 경우 확보해야할 수원의 양은 몇 m³ 이상인가?
>
> **풀이** $Q = N \times 7.8m^3 = 3 \times 7.8 = 24.3m^3$
> 여기서, Q : 수원의 수량
> N : 옥내 소화전 설비의 설치 개수(설치 개수가 5개 이상인 경우는 5개의 옥내 소화전)
>
> **답** 24.3m³

⑥ 소화전의 노즐 선단의 성능 기준 : 방사 압력 350kPa(0.35MPa) 이상, 방수량 260L/min 이상

(3) 옥외 소화전 설비

① 수원의 양(Q) : 옥외 소화전 설비의 설치 개수(설치 개수가 4개 이상인 경우는 4개의 옥외 소화전)에 13.5m³를 곱한 양 이상

$$Q(m^3) = N \times 13.5m^3$$

여기서, Q : 수원의 양, N : 옥외 소화전 설비 설치 개수

즉, 13.5m³란 법정 방수량 450L/min으로 30min 이상을 기동할 수 있는 양

> **예제**
>
> 위험물 제조소 등에 옥외 소화전을 6개 설치할 경우 수원의 수량은 몇 m^3 이상이어아 하는가?
>
> **풀이** $Q(m^3) = N \times 13.5 = 4 \times 13.5 = 54m^3$
>
> 여기서, Q : 수원의 양
>
> $\quad\quad N$: 옥외 소화전 설비 설치 개수
>
> $\quad\quad$ (설치 개수가 4개 이상인 경우는 4개의 옥외 소화전)
>
> **답** $54m^3$

> **예제**
>
> 위험물 제조소에 옥내소화전 1개와 옥외소화전 2개를 설치하는 경우 수원의 수량을 얼마 이상 확보하여야 하는가? (단, 위험물 제조소는 단층건물이다.)
>
> **풀이** 수원의 수량
>
> ㉠ 옥내소화전 : $Q(m^3) = N$(5개 이상인 경우 5개)$\times 7.8m^3$
>
> ㉡ 옥외소화전 : $Q(m^3) = N$(4개 이상인 경우 4개)$\times 13.5m^3$
>
> ∴ 수원의 수량 $= (1 \times 7.8m^3) + (1 \times 13.5m^3) = 21.3m^3$
>
> **답** $21m^3$

② 소화전 노즐 선단의 성능 기준

방사 압력 350kPa(0.35MPa) 이상, 방수량 450L/min 이상

(4) 스프링클러 설비

① 스프링클러 헤드 부착 장소의 평상 시 최고 주위 온도와 표시 온도

부착 장소의 최고 주위 온도(℃)	표시 온도(℃)
28 미만	58 미만
28 이상 39 미만	58 이상 79 미만
39 이상 64 미만	79 이상 121 미만
64 이상 106 미만	121 이상 162 미만
106 이상	162 이상

② 스프링클러의 장·단점

장점	단점
• 특히 초기 진화에 절대적인 효과가 있다. • 약제가 물이기 때문에 값이 저렴하고, 복구가 쉽다. • 오동작, 오보가 없다(감지부가 기계적). • 조작이 간편하고 안전하다. • 야간이라도 자동으로 화재 감지 경보, 소화할 수 있다.	• 초기 시설비가 많이 든다. • 시공이 다른 설비와 비교했을 때 복잡하다. • 물로 인한 피해가 크다.

③ 수동식 개방 밸브를 개방 조작하는 데 필요한 힘

　개방형 스프링클러 헤드를 사용하는 경우 : 15kg 이하

④ 가압 송수 장치의 송수량 기준

　방사 압력 100kPa(0.1MPa) 이상, 방수량 80L/min 이상

⑤ 제어 밸브 : 바닥으로부터 0.8m 이상 1.5m 이하

(5) 물분무 등 소화 설비

① 물분무 소화 설비

　㉮ 위험물 제조소 등

구분	기준
방사 구역	$150m^2$ 이상
방사 압력	350kPa 이상
수원의 수량	• $Q(L) \geqq$ 방호 대상물 표면적(m^2)$\times 20L/min \cdot m^2 \times 30min$ 　(건축물의 경우 바닥 면적) • $Q(L) \geqq 2\pi r \times 37L/min \cdot 20min$(탱크 높이 15m마다) 　(탱크 원주 둘레)
비상 전원	45분 이상 작동할 것

　㉯ 옥외 저장 탱크에 설치하는 물분무 설비 기준

　　㉠ 탱크 표면에 방사하는 물의 양 : 원주 둘레(m)$\times 37L/m \cdot min$ 이상

　　㉡ 수원의 양 : 방사하는 물의 양을 20분 이상 방사할 수 있는 수량

예제

방사구역의 표면적이 $100m^2$인 곳에 물분무소화설비를 설치하고자 한다. 수원의 수량은 몇 L 이상이어야 하는가? (단, 분무헤드가 가장 많이 설치된 방사구역의 모든 분무헤드를 동시에 사용할 경우이다.)

풀이 수원의 양

$Q(m^3) = 100m^2 \times 20L/m^2 \cdot 분 \times 30분 = 60,000L$

답 60,000L

　㉰ 제어 밸브

　바닥으로부터 0.8m 이상 1.5m 이하

② 포 소화 설비

　㉮ 고정식 포 소화 설비의 포 방출구

방출구 형식	지붕구조	주입방식
Ⅰ형	고정지붕구조	상부포주입법
Ⅱ형	고정지붕구조 또는 부상덮개부착 고정지붕구조	상부포주입법
특형	부상지붕구조	상부포주입법
Ⅲ형	고정지붕구조	저부포주입법
Ⅳ형	고정지붕구조	저부포주입법

　㉯ 공기 포 소화 약제의 혼합 방식

　　㉠ 펌프 혼합 방식(펌프 프로포셔너 방식)

　　　펌프의 토출관과 흡입관 사이의 배관 도중에 설치된 흡입기에 펌프에서 토출된 물의 일부를 보내고 농도 조절 밸브에서 조정된 포 소화 약제의 필요량을 포 소화 약제 탱크에서 펌프 흡입측으로 보내어 이를 혼합하는 방식

　　㉡ 차압 혼합 방식(프레셔 프로포셔너 방식)

　　　펌프와 발포기의 중간에 설치된 벤투리관의 벤투리 작용과 펌프 가압수의 포 소화 약제 저장 탱크에 대한 압력에 의하여 포 소화 약제를 흡입·혼합하는 방식

　　㉢ 관로 혼합 방식(라인 프로포셔너 방식)

　　　펌프와 발포기 중간에 설치된 벤투리관의 벤투리 작용에 의해 포 소화 약제를 흡입하여 혼합하는 방식

　　㉣ 압입 혼합 방식(프레셔 사이드 프로포셔너 방식)

　　　펌프의 토출관에 압입기를 설치하여 포 소화 약제 압입용 펌프로 포 소화 약제를 압입시켜 혼합하는 방식

　㉰ 수조의 설치 부속물

　　㉠ 고가수조

　　　배수관, 맨홀, 수위계, 오버플로우용 배수관, 보급수관

　　㉡ 압력수조

　　　압력계, 수위계, 배수관, 보급수관, 통기관 및 맨홀

③ 불활성 기체 소화 설비

　㉮ 전역 방출 방식 또는 국소 방출 방식의 저장 용기 설치 기준

　　㉠ 방호 구역 외의 장소에 설치한다.

　　㉡ 온도가 40℃ 이하이고, 온도 변화가 적은 곳에 설치한다.

　　㉢ 직사광선 및 빗물이 침투할 우려가 적은 장소에 설치한다.

    ⓔ 저장 용기에는 안전 장치(용기 밸브에 설치되어 있는 것 포함)를 설치한다.

    ⓜ 저장 용기의 외면에 소화 약제의 종류와 양, 제조년도 및 제조사를 표시한다.

  ⓝ 국소방출방식 중 저압식 저장용기에 설치되는 압력경보장치의 작동압력

   2.3MPa 이상의 압력과 1.9MPa 이하의 압력에서 작동

  ⓓ 저장용기의 충전비

약제의 종류		충전비
CO_2 충전비	고압식	1.5 이상 1.9 이하
	저압식	1.1 이상 1.4 이하

  ⓡ 기동용 가스용기 및 당해 용기에 사용하는 밸브는 25MPa 이상의 압력에 견딜 수 있는 것으로 한다.

  ⓜ 저압식 저장용기에는 액면계 및 압력계와 2.3MPa 이상 1.9MPa 이하의 압력에서 작동하는 압력경보장치를 설치한다.

④ 할로겐화힙물 소화 설비

  ㉮ 축압식 저장 용기 압력 : 압력은 온도 20℃에서 질소 가스로 축압한다.

약제의 종류	저압식	고압식
할론 1301, HFC-227ea	2.5MPa	4.2 MPa
할론 1211	1.1MPa	2.5MPa

  ㉯ 전역·국소 방출 방식 분사 헤드의 방사 압력

약제	방사 압력
할론 2402	0.1MPa 이상
할론 1211	0.2MPa 이상
할론 1301	0.9MPa 이상
HFC-227ea, FK-5-1-12	0.3MPa 이상
HFC-23	0.9MPa 이상
HFC-125	0.9MPa 이상

⑤ 분말소화설비

㉮ 전역방출방식

소화약제의 종별	소화약제의 양
제1종 분말	$0.60kg/m^3$
제2종 분말 또는 제3종 분말	$0.36kg/m^3$
제4종 분말	$0.24kg/m^3$

㉯ 전역방출방식 또는 국소방출방식의 저장용기 충전비

소화약제의 종별	충전비의 범위
1종	0.85 이상 1.45 이하
2종, 3종	1.05 이상 1.75 이하
4종	1.50 이상 2.50 이하

⑤ 경보 설비

㉮ 지정수량 10배 이상의 위험물을 저장 또는 취급하는 제조소 등에 설치한다.(이동탱크 저장소는 제외)

㉯ 자동 화재 탐지 설비의 설치 기준

㉠ 경계 구역(화재가 발생한 구역을 다른 구역과 구분하여 식별할 수 있는 최고 단위의 구역을 말한다)은 건축물 그 밖의 공작물의 2 이상의 층에 걸치지 아니하도록 할 것. 다만, 하나의 경계 구역의 면적이 $500m^2$ 이하이면서 당해 경계 구역이 두 개의 층에 걸치는 경우이거나 계단 · 경사로 · 승강기의 승강로 그 밖에 이와 유사한 장소에 연기 감지기를 설치하는 경우에는 그러하지 아니하다.

㉡ 하나의 경계 구역의 면적은 $600m^2$ 이하로 하고, 그 한 변의 길이는 50m(광전식 분리형 감지기를 설치할 경우에는 100m) 이하로 할 것. 다만, 당해 건축물 그 밖의 공작물의 주요한 출입구에서 그 내부의 전체를 볼 수 있는 경우에 있어서는 그 면적을 $1,000m^2$ 이하로 할 수 있다.

㉢ 감지기는 지붕(상층이 있는 경우에는 상층의 바닥) 또는 벽의 옥내에 면한 부분(천장이 있는 경우에는 천장 또는 벽의 옥내에 면한 부분 및 천장의 뒷부분)에 유효하게 화재의 발생을 감지할 수 있도록 설치할 것

㉣ 비상 전원을 설치할 것

㉤ 위험물 제조소의 경우 연면적이 최소 $500m^2$일 때 설치할 것

⑥ 피난 구조 설비

㉮ 피난구 유도등

㉠ 피난구의 바닥으로부터 1.5m 이상의 곳에 설치한다.

㉡ 조명도는 피난구로부터 30m의 거리에서 문자 및 색채를 쉽게 식별할 수 있는 것이어야 한다.

㉯ 통로 유도등

㉠ 조도는 통로 유도등의 바로 밑의 바닥으로부터 수평으로 0.5m 떨어진 지점에서 측정하여 lLux 이상이어야 한다.

㉡ 백색 바탕에 녹색으로 피난 방향을 표시한 등으로 하여야 한다.

㉰ 객석 유도등

㉠ 조도는 통로 바닥의 중심선에서 측정하여 0.2Lux 이상이어야 한다.

㉡ 설치 개수 $= \dfrac{\text{객석의 통로 직선 부분의 길이(m)}}{4} - 1$

㉱ 유도 표지

㉠ 피난구 유도 표지는 출입구 상단에 설치한다.

㉡ 통로 유도 표지는 바닥으로부터 높이 1.5m 이하의 위치에 설치한다.

⑦ 소화 용수 설비

화재를 진압하는 데 필요한 물을 공급하거나 저장하는 설비

㉮ 상수도 소화 용수 설비

㉯ 소화 수조·저수조 그 밖의 소화 용수 설비

⑧ 소화 활동 설비

화재를 진압하거나 인명 구조 활동을 위하여 사용하는 설비

㉮ 제연(배연) 설비

㉯ 연결 송수관 설비

㉰ 연결 살수 설비

㉱ 비상 콘센트 설비

㉲ 무선 통신 보조 설비

㉳ 연소 방지 설비

4 능력 단위 및 소요 단위

(1) 능력 단위

소방 기구의 소화 능력을 나타내는 수치, 즉 소요 단위에 대응하는 소화 설비 소화 능력의 기준 단위

① 마른 모래(50L, 삽 1개 포함) : 0.5단위

예제

메틸알코올 8,000리터에 대한 소화 능력으로 삽을 포함한 마른 모래를 몇 리터 설치하여야 하는가?

풀이 소요 단위$= \dfrac{저장량}{지정 수량 \times 10배} = \dfrac{8,000}{400 \times 10} = 2$단위

마른 모래(50L, 삽 1개 포함)$=0.5$단위이므로

$50L : xL = 0.5$단위$: 2$단위, $x = \dfrac{50 \times 2}{0.5}$

$\therefore x = 200L$　　　　　　　　　　　　　　　**답** 200L

---

② 팽창 질석 또는 팽창 진주암(160L, 삽 1개 포함) : 1단위

③ 소화 전용 물통(8L) : 0.3단위

④ 수조
　㉮ 190L(8L 소화 전용 물통 6개 포함) : 2.5단위
　㉯ 80L(8L 소화 전용 물통 3개 포함) : 1.5단위

(2) 소요 단위(1단위)

소화 설비의 설치 대상이 되는 건축물, 그 밖의 인공 구조물 규모 또는 위험물 양에 대한 기준 단위

① 제조소 또는 취급소용 건축물의 경우
　㉮ 외벽이 내화 구조로 된 것으로 연면적 100m²

예제

위험물 취급소의 건축물 연면적이 500m²인 경우 소요 단위는? (단, 외벽은 내화 구조이다.)

풀이 $\dfrac{500\text{m}^2}{100\text{m}^2} = 5$단위　　　　　　　　　　**답** 5단위

　㉯ 외벽이 내화 구조가 아닌 것으로 연면적이 50m²

② 저장소 건축물의 경우

㉮ 외벽이 내화 구조로 된 것으로 연면적 150m^2

> **예제**
>
> 건축물 외벽이 내화 구조이며, 연면적 300m^2인 위험물 옥내 저장소의 건축물에 대하여 소화 설비의 소화 능력 단위는 최소 몇 단위 이상이 되어야 하는가?
>
> **풀이** $\dfrac{300\text{m}^2}{150\text{m}^2} = 2$단위
>
> 🔖 2단위

㉯ 외벽이 내화 구조가 아닌 것으로 연면적이 75m^2

③ 위험물의 경우 : 지정 수량 10배

> **예제**
>
> 가솔린 저장량이 2,000L일 때 소화 설비 설치를 위한 소요 단위는?
>
> **풀이** 소요 단위 $= \dfrac{\text{저장량}}{\text{지정 수량} \times 10\text{배}}$
>
> $\therefore \dfrac{2,000\text{L}}{200\text{L} \times 10} = 1$
>
> 🔖 1단위

> **예제**
>
> 디에틸에테르 2,000L와 아세톤 4,000L를 옥내 저장소에 저장하고 있다면 총 소요 단위는 얼마인가?
>
> **풀이** 소요 단위 $= \dfrac{\text{저장량}}{\text{지정 수량} \times 10\text{배}} + \dfrac{\text{저장량}}{\text{지정 수량} \times 10\text{배}}$
>
> $= \dfrac{2,000}{50 \times 10} + \dfrac{4,000}{400 \times 10} = 5$단위
>
> 🔖 5단위

위험물의 성질과 취급

1 제1류 위험물의 품명과 지정 수량

성질	품명	지정 수량	위험 등급
산화성 고체	1. 아염소산염류	50kg	I
	2. 염소산염류	50kg	
	3. 과염소산염류	50kg	
	4. 무기과산화물	50kg	
	5. 브로민산염류	300kg	II
	6. 질산염류	300kg	
	7. 아이오딘산염류	300kg	
	8. 과망가니즈산염류	1,000kg	III
	9. 다이크로뮴산염류	1,000kg	
	10. 그 밖에 행정안전부령이 정하는 것 　① 과아이오딘산염류(300kg) 　② 과아이오딘산(300kg) 　③ 크로뮴, 납 또는 아이오딘의 산화물 　④ 아질산염류 　⑤ 염소화이소시아눌산 　⑥ 퍼옥소이황산염류 　⑦ 퍼옥소붕산염류 11. 제1호부터 제10호까지의 어느 하나에 해당하는 　　위험물을 하나 이상 함유한 것	50kg, 300kg 또는 1,000kg	I, II, III

[비고] 산화성고체

고체[액체(1기압 및 20℃에서 액상인 것 또는 20℃ 초과 40℃ 이하에서 액상인 것을 말한다) 또는 기체(1기압 및 20℃에서 기상인 것을 말한다) 외의 것을 말한다]로서 산화력의 잠재적인 위험성 또는 충격에 대한 민감성을 판단하기 위하여 소방청장이 정하여 고시하는 시험에서 고시로 정하는 성질과 상태를 나타내는 것을 말한다. 이 경우 '액상' 이라 함은 수직으로 된 시험관(안지름 30mm, 높이 120mm의 원통형 유리관을 말한다)에 시료를 55mm까지 채운 다음 당해 시험관을 수평으로 하였을 때 시료액면의 끝부분이 30mm를 이동하는 데 걸리는 시간이 90초 이내에 있는 것을 말한다.

(1) 공통 성질

① 대부분 무색 결정 또는 백색 분말로서 비중이 1보다 크고 대부분 물에 잘 녹으며, 물과 작용하여 열과 산소를 발생시키는 것도 있다.

② 일반적으로 불연성이며, 산소를 많이 함유하고 있는 강산화제이다.

③ 조연성 물질로서 반응성이 풍부하여 열, 충격, 마찰 또는 분해를 촉진하는 약품과의 접촉으로 인해 폭발할 위험이 있다.

④ 모두 무기 화합물이다.

(2) 소화 방법

① 산화제의 분해 온도를 낮추기 위하여 물을 주수하는 냉각 소화가 효과적이다.

② 무기 과산화물(알칼리 금속의 과산화물)은 물과 급격히 발열 반응을 하므로 건조사에 의한 피복 소화를 실시한다.

(3) 위험물의 성상

① 아염소산나트륨(NaClO₂, 아염소산소다)

  ㉮ 일반적 성질

    ㉠ 자신은 불연성이며, 무색의 결정성 분말로 조해성이 있어서 물에 잘 녹는다.

    ㉡ 산을 가하면 이산화염소(ClO_2)를 발생시키기 때문에 종이, 펄프 등의 표백제로 쓰인다.

      예 $3NaClO_2 + 2HCl \longrightarrow 3NaCl + 2ClO_2 + H_2O_2$

    ㉢ 분자량 90.5, 융점 240℃

  ㉯ 위험성

    ㉠ 비교적 안정하나 시판품은 140℃ 이상의 온도에서 발열 분해하여 폭발을 일으킨다.

    ㉡ 매우 불안정하여 180℃ 이상 가열하면 산소를 발생한다.

      예 $NaClO_2 \longrightarrow NaCl + O_2$

② 염소산칼륨(KClO₃, 염소산칼리)

  ㉮ 일반적 성질

    ㉠ 상온에서 광택이 있는 무색·무취의 결정이다. 또는 백색 분말로서 불연성 물질이다.

    ㉡ 찬물이나 알코올에는 녹기 어렵고, 온수나 글리세린 등에 잘 녹는다.

    ㉢ 분자량 122.5, 비중 2.32, 융점 368.4℃, 분해 온도 400℃, 용해도 7.3g/100g

  ㉯ 위험성

    ㉠ 강산화제이며 가열에 의해 분해하여 산소를 발생한다. 촉매 없이 400℃ 정도에서 가열하면서 분해한다.

      예 $2KClO_3 \longrightarrow 2KCl + 3O_2$

    ㉡ 분해촉매로 알루미늄이 혼합되면 염소가스가 발생한다.

③ 염소산나트륨(NaClO₃, 염소산소다)

  ㉮ 일반적 성질

    ㉠ 무색, 무취의 결정이다.

ⓛ 조해성이 강하며 흡습성이 있고 물, 알코올, 글리세린, 에테르 등에 잘 녹는다.

ⓒ 분사량 106.5, 비중 2.5, 융점 248℃, 분해 온도 300℃

㉯ 위험성

㉠ 매우 불안정하여 300℃의 분해 온도에서 열분해하여 산소를 발생하고, 촉매에 의해서는 낮은 온도에서 분해한다. 예 $2NaClO_3 \longrightarrow 2NaCl+3O_2$

ⓛ 흡습성이 좋아 강한 산화제로서 철을 부식시키므로 철제 용기에는 저장하지 말아야 한다.

ⓒ 염산과 반응하여 유독한 이산화염소(ClO_2)를 발생하며, 이산화염소는 폭발성을 지닌다.

예 $2NaClO_3+2HCl \longrightarrow 2NaCl+2ClO_2+H_2O_2$

㉣ 가연물과 혼합되어 있으면 충격·마찰에 의해 폭발할 수 있다.

④ 염소산암모늄(NH_4ClO_3)

㉮ 일반적 성질

㉠ 조해성과 금속의 부식성, 폭발성이 크며, 수용액은 산성이다.

ⓛ 분해온도 100℃

㉯ 위험성

㉠ 폭발기(NH_4)와 산화기(ClO_3)가 결합되었기 때문에 폭발성이 크다.

⑤ 과염소산칼륨($KClO_4$)

㉮ 일반적 성질

㉠ 무색, 무취의 결정 또는 백색의 분말이다.

ⓛ 물에 녹기 어렵고, 알코올이나 에테르 등에도 녹지 않는다.

ⓒ 융점 610℃, 분해온도 400℃

㉯ 위험성

㉠ 400℃에서 열분해하기 시작하여 약 610℃에서 완전 분해되어 염화칼륨과 산소를 방출한다.

예 $KClO_4 \longrightarrow KCl+2O_2$

ⓛ 진한 황산과 접촉하면 폭발성 가스를 생성하고 튀는 듯이 폭발할 위험이 있다.

⑥ 과염소산암모늄(NH_4ClO_4)

㉮ 일반적 성질

㉠ 무색, 무취의 결정

ⓛ 비중 1.87, 분해 온도 130℃

㉯ 위험성

㉠ 상온에서는 비교적 안정하나 약 130℃에서 분해하기 시작하여 약 300℃ 부근에서 급격히 가열하면 분해하여 폭발한다.

예 $2NH_4ClO_4 \longrightarrow N_2+Cl_2+2O_2+4H_2O$
　　　　　　　　　　　　　　　다량의 가스

ⓛ 충격이나 화재에 의해 단독으로 폭발할 위험이 있으며, 금속분이나 가연성 물질과 혼합하면 위험하다.

⑦ 과산화칼륨(K_2O_2, 과산화칼리)

㉮ 일반적 성질

   ㉠ 무색 또는 오렌지색의 등축 정계 분말이다.

   ㉡ 가열하면 열분해하여 산화칼륨(K_2O)과 산소(O_2)를 발생한다. **예** $2K_2O_2 \longrightarrow 2K_2O + O_2$

   ㉢ 흡습성이 있으므로 물과 접촉하면 수산화칼륨(KOH)과 산소(O_2)를 발생한다.

     예 $2K_2O_2 + 2H_2O \longrightarrow 4KOH + O_2$

   ㉣ 공기 중의 탄산 가스를 흡수하여 탄산염이 생성된다.

     예 $2K_2O_2 + 2CO_2 \longrightarrow 2K_2CO_3 + O_2$

   ㉤ 에틸알코올에는 용해하며, 묽은 산과 반응하여 과산화수소(H_2O_2)를 생성시킨다.

     예 $K_2O_2 + 2CH_3COOH \longrightarrow 2CH_3COOK + H_2O_2$

   ㉥ 분자량 110, 비중 2.9, 융점 490℃

㉯ 위험성

   ㉠ 물과 반응하면 심하게 발열하면서 폭발 위험성이 증가한다.

   ㉡ 염산과 반응하여 과산화수소를 만든다.

     예 $K_2O_2 + 2HCl \longrightarrow 2KCl + H_2O_2$

⑧ 과산화나트륨(Na_2O_2, 과산화소다)

㉮ 일반적 성질

   ㉠ 순수한 것은 백색이지만 보통은 황색의 분말이다.

   ㉡ 가열하면 열분해하여 산화나트륨(Na_2O)과 산소(O_2)를 발생한다.

     예 $2Na_2O_2 \longrightarrow 2Na_2O + O_2$

   ㉢ 흡습성이 있으므로 물과 접촉하면 수산화나트륨($NaOH$)과 산소(O_2)를 발생한다.

     예 $2Na_2O_2 + 2H_2O \longrightarrow 4NaOH + O_2$

   ㉣ 공기 중의 탄산 가스를 흡수하여 탄산염이 생성된다.

     예 $2Na_2O_2 + 2CO_2 \longrightarrow 2Na_2CO_3 + O_2$

   ㉤ 에틸알코올에는 녹지 않으나 묽은 산과 반응하여 과산화수소(H_2O_2)를 생성시킨다.

     예 $Na_2O_2 + 2CH_3COOH \longrightarrow 2CH_3COONa + H_2O_2$

   ㉥ 분자량 78, 비중 2.805, 융점 460℃, 분해 온도 600℃

㉯ 위험성

   ㉠ 상온에서 물과 격렬하게 반응하며, 가열하면 분해되어 산소(O_2)를 발생한다.

   ㉡ 불연성이나 물과 접촉하면 발열하며, 대량의 경우에는 폭발한다.

⑨ 과산화마그네슘(MgO_2)

  ㉮ 일반적 성질

    ㉠ 물에 잘 녹지 않으며, 산에 녹아 과산화수소(H_2O_2)를 발생한다.

      예 $MgO_2 + 2HCl \longrightarrow MgCl_2 + H_2O_2$

    ㉡ 가열하면 산소가 방출한다.

      예 $2MgO_2 \longrightarrow 2MgO + O_2$

⑩ 과산화바륨(BaO_2)

  ㉮ 일반적 성질

    ㉠ 백색 분말로서 알칼리토금속의 과산화물 중 가장 안전한 물질이다.

    ㉡ 융점 450℃, 분해온도 840℃

  ㉯ 위험성

    ㉠ 산과 반응하여 과산화수소를 만든다.

      예 $BaO_2 + 2HCl \longrightarrow BaCl_2 + H_2O_2$

    ㉡ 유기물과의 접촉을 피한다.

⑪ 브로민산칼륨($KBrO_3$)

  ㉮ 일반적 성질

    ㉠ 백색의 결정성 분말이며 물에 녹으며 에테르, 알코올에는 녹지 않는다.

    ㉡ 융점 이상으로 가열하면 분해되어서 산소를 발생한다.

      예 $2KBrO_3 \longrightarrow 2KBr + 3O_2$

⑫ 질산칼륨(KNO_3, 초석)

  ㉮ 일반적 성질

    ㉠ 무색, 무취의 결정 백색 분말이며 조해성이 있다.

    ㉡ 약 400℃로 가열하면 분해하여 아질산칼륨(KNO_2)과 산소(O_2)가 발생한다.

      예 $2KNO_3 \longrightarrow 2KNO_2 + O_2$

    ㉢ 분자량 101, 비중 2.1, 융점 339℃, 분해 온도 400℃

  ㉯ 위험성

    ㉠ 강한 산화제이므로 가연성 분말이나 유기물과 접촉 시 폭발한다.

    ㉡ 흑색 화약(blackgun powder)을 질산칼륨(KNO_3)과 유황(S), 목탄분(C)을 75% : 10% : 15%의 비율로 혼합한 것으로 각자는 폭발성이 없으나 적정 비율로 혼합되면 폭발력이 생긴다. 이것은 뇌관을 사용하지 않고도 충분히 폭발시킬 수 있다.

⑬ 질산암모늄(NH_4NO_3)

  ㉮ 일반적 성질

    ㉠ 상온에서 무색, 무취의 결정 고체이다.

    ⓒ 흡습성과 조해성이 강하며 물, 알코올, 알칼리 등에 잘 녹으며, 불안정한 물질이고 물에 녹을 때는 흡열 반응을 한다.

    ⓒ 질산암모늄이 원료로 된 폭약은 수분이 흡수되지 않도록 포장하며, 비료용인 경우에는 우기 때 사용하지 않는 것이 좋다.

    ⓔ 비중 1.73, 융점 165℃, 분해 온도 220℃

예제

질산암모늄(NH_4NO_3)에 함유되어 있는 질소와 수소의 함량은 몇 wt%인가?

풀이 ① 질소 : $\dfrac{28}{80} \times 100 = 35$wt%

     ② 수소 : $\dfrac{4}{80} \times 100 = 5$wt%

답 ① 질소 : 35wt% ② 수소 : 5wt%

  ⓝ 위험성

    ㉠ 강력한 산화제이며 혼합 화약의 재료로 쓰인다.

    ㉡ 급격한 가열이나 충격을 주면 단독으로 폭발한다.

       예 $2NH_4NO_3 \longrightarrow 2N_2 + 4H_2O + O_2$

    ㉢ ANFO 폭약은 NH_4NO_3 : 경유를 94wt% : 6wt% 비율로 혼합시키면 폭약이 된다.

  ⓓ 용도

    ㉠ ANFO 폭약의 주원료

⑭ **과망가니즈산칼륨($KMnO_4$)**

  ㉮ 일반적 성질

    ㉠ 단맛이 나는 흑자색 또는 적자색 결정이다.

    ㉡ 물에 녹아 진한 보라색이 되며, 강한 산화력과 살균력을 지닌다.

    ㉢ 240℃에서 가열하면 망가니즈산칼륨, 이산화망간, 산소를 발생한다.

       예 $2KMnO_4 \longrightarrow K_2MnO_4 + MnO_2 + O_2$

    ㉣ 분자량 158, 비중 2.7, 분해 온도 240℃

  ㉯ 위험성

    ㉠ 황산과 반응할 때는 산소와 열을 발생한다.

       예 $2KMnO_4 + H_2SO_4 \longrightarrow K_2SO_4 + 2HMnO_4$

    ㉡ 묽은 황산과의 반응은 다음과 같다.

       예 $4KMnO_4 + 6H_2SO_4 \longrightarrow 2K_2SO_4 + 4MnSO_4 + 6H_2O + 5O_2$

ⓓ 용도

　　㉠ 살균제, 소독제

⑮ 다이크로뮴산칼륨($K_2Cr_2O_7$)

　㉮ 일반적 성질

　　㉠ 흡습성이 있는 등적색의 결정으로 물에는 녹으나 알코올에는 녹지 않는다.

　　㉡ 분자량 294, 비중 2.69, 분해온도 500℃

　㉯ 위험성

　　㉠ 500℃에서 분해하여 산소를 발생한다.

　　　　예 $4K_2Cr_2O_7 \longrightarrow 4K_2CrO_4 + 2Cr_2O_3 + 3O_2$

　　㉡ 부식성이 강해 피부와 접촉시 점막을 자극한다.

⑯ 다이크로뮴산나트륨($Na_2Cr_2O_7 \cdot 2H_2O$)

　㉮ 일반적 성질

　　㉠ 등황색 또는 등적색의 결정

　　㉡ 물에는 녹으나 알코올에는 녹지 않는다.

⑰ 다이크로뮴산암모늄

　㉮ 일반적 성질

　　㉠ 적색 또는 등적색이 침상 결정이다.

　　㉡ 가열분해시 질소(N_2) 가스, 물 및 푸석푸석한 초록색의 Cr_2O_3를 만든다.

　　　　예 $(NH_4)_2Cr_2O_7 \longrightarrow N_2 + 4H_2O + Cr_2O_3$

　　㉢ 분해온도 225℃

⑱ 삼산화크로뮴(CrO_3, 무수크로뮴산, 지정수량 300kg)

　㉮ 일반적 성질

　　㉠ 암적색 침상결정으로 물, 에테르, 알코올, 황산에 잘 녹는다.

　　㉡ 융점 이상으로 가열하면 200~250℃에서 분해한다.

　　　　예 $4CrO_3 \longrightarrow 2Cr_2O_3 + 3O_2$

2 제2류 위험물의 품명과 지정 수량

성질	품명	지정 수량	위험 등급
가연성 고체	1. 황화인	100kg	II
	2. 적린	100kg	
	3. 유황	100kg	
	4. 철분	500kg	III
	5. 금속분	500kg	
	6. 마그네슘	500kg	
	7. 그 밖의 행정안전부령이 정하는 것 8. 1.~7.에 해당하는 어느 하나 이상을 함유한 것	100kg 또는 500kg	II, III
	9. 인화성 고체	1,000kg	III

[비고] ① 가연성 고체 : 고체로서 화염에 의한 발화의 위험성 또는 인화의 위험성을 판단하기 위하여 고시로 정하는 시험에서 고시로 정하는 성질과 상태를 나타내는 것을 말한다.

② 황 : 순도가 60 중량% 이상인 것을 말하며, 순도 측정을 하는 경우 불순물은 활석 등 불연성 물질과 수분으로 한정한다.

③ 철분 : 철의 분말로서 53μm 표준체를 통과하는 것이 50 중량% 미만인 것을 제외한다.

④ 금속분 : 알칼리금속·알칼리토류금속·철 및 마그네슘 외의 금속의 분말을 말하고, 구리분·니켈분 및 150μm의 체를 통과하는 것이 50 중량% 미만인 것은 제외한다.

⑤ 마그네슘 및 제2류 제8호의 물품 중 마그네슘을 함유한 것에 있어서는 다음 각목의 1에 해당하는 것은 제외한다.

　가. 2mm의 체를 통과하지 아니하는 덩어리 상태의 것

　나. 지름 2mm 이상의 막대 모양의 것

⑥ 황하인·적린ㅍ황 및 철분은 위의 ①의 규정에 의한 성상이 있는 것으로 본다.

⑦ 인화성 고체 : 고형 알코올 그 밖에 1기압에서 인화점이 40℃ 미만인 고체를 말한다.

(1) 공통 성질

① 비교적 낮은 온도에서 연소하기 쉬운 가연성 고체로서 이연성, 속연성 물질이다.

② 연소 속도가 매우 빠르고, 연소 시 유독 가스를 발생하며, 연소열이 크고, 연소 온도가 높다.

③ 강환원제로서 비중이 1보다 크고, 물에 녹지 않는다.

④ 산화제와 접촉, 마찰로 인하여 착화되면 급격히 연소한다.

⑤ 철분, 마그네슘, 금속분은 물과 산의 접촉 시 발열한다.

(2) 소화 방법

① 주수에 의한 냉각 소화 및 질식 소화

② 금속분은 건조사

(3) 위험물 성상

① 황화인

㉮ 일반적 성질

㉠ 삼황화인(P_4S_3) : 분자량 220.19, 황색의 결정성 덩어리로 물, 염소, 황산, 염산 등에는 녹지 않고, 질산이나 이황화탄소, 알칼리 등에 녹는다.

예 $P_4S_3 + 9H_2O \longrightarrow H_3PO_3(인산산) + H_3PO_2(히포인산) + 3H_2S$

㉡ 오황화인(P_2S_5, P_4S_5) : 분자량 222, 조해성이 있는 담황색 결정성 덩어리로 알코올이나 이황화탄소(CS_2)에 녹으며, 물과 반응하면 분해하여 유독성 가스인 인산(H_3PO_4)과 황화수소(H_2S)가 되며 알칼리와 반응하면 아인산나트륨(Na_3PO_3와 황화수소(H_2S)가 된다.

예 $P_2S_5 + 8H_2O \longrightarrow 2H_3PO_4 + 5H_2S$, $P_4S_5 + 12NaOH \longrightarrow 4Na_3PO_3 + 5H_2S$,
$2H_2S + 3O_2 \longrightarrow 2H_2O + 2SO_2$

㉢ 칠황화인(P_4S_7) : 조해성이 있는 담황색 결정으로 이황화탄소(CS_2)에는 약간 녹으며, 냉수에는 서서히, 고온의 물에는 급격히 분해하여 황화수소를 발생한다.

예 $P_4S_7 + 13H_2O \longrightarrow 3H_3PO_3 + 7H_2S + H_3PO_4$

㉯ 위험성

㉠ 가연성 고체 물질로서 약간의 열에 의해서도 대단히 연소하기 쉬우며, 때에 따라 폭발한다.

㉡ 연소 생성물은 모두 유독하다.

예 $P_4S_3 + 8O_2 \longrightarrow 2P_2O_5 + 3SO_2$, $2P_2S_5 + 15O_2 \longrightarrow 2P_2O_5 + 10SO_2$,
$P_4S_7 + 12O_2 \longrightarrow 2P_2O_5 + 7SO_2$

② 적린(P, 붉은인, 지정 수량 100kg)

㉮ 일반적 성질

㉠ 전형적인 비금속의 원소이며, 안정한 암적색 분말로서 공기를 차단한 상태에서 황린을 약 260℃로 가열하여 만든다.

㉡ 황린과 성분 원소가 같다.

㉢ 황린에 비하여 화학적으로 활성이 적고, 공기 중에서 대단히 안정하다.

㉣ 황린과 달리 발화성이 없고, 독성이 약하며, 어두운 곳에서 인광을 발생하지 않는다.

㉤ 비중 2.2, 융점 596℃, 발화점 260℃, 승화 온도 400℃

㉯ 위험성

㉠ 염소산염류, 과염소산염류 등 강산화제와 혼합하면 마찰에 의해 착화하기 쉽고, 불안정한 폭발물과 같이 되어 약간의 가열, 충격, 마찰에도 폭발한다.

예 $6P + 5KClO_3 \longrightarrow 3P_2O_5 + 5KCl$

㉡ 공기 중에서 연소하면 유독성이 심한 백색 연기의 오산화인(P_2O_5)이 생성된다.

예 $4P+5O_2 \longrightarrow 2P_2O_5$

ⓓ 저장 및 취급 방법

석유(등유), 경유, 유동파라핀 속에 보관한다.

③ 황(S, 지정 수량 100kg)

㉮ 일반적 성질

ㄱ 분자량 32인 미황색의 분말로 물, 산에는 녹지 않으며 알코올에는 약간 녹고, 이황화탄소(CS_2)에는 잘 녹는다(단, 고무상황은 녹지 않는다).

ㄴ 공기 중에서 연소하면 푸른 빛을 내며, 아황산 가스(SO_2)를 발생한다.

예 $S+O_2 \longrightarrow SO_2$

ㄷ 전기의 부도체이므로 전기의 절연 재료로 사용되어 정전기 발생에 유의하여야 한다.

ㄹ 용융된 황과 수소가 반응한다.

예 $H_2+S \longrightarrow H_2S+$발열

④ 철분(Fe, 지정 수량 500kg)

㉮ 일반적 성질

ㄱ 회백색의 분말이며, 공기 중에서 서서히 산화하여 산화철이 되어 은백색의 광택이 황갈색으로 변한다.

예 $4Fe+3O_2 \longrightarrow 2Fe_2O_3$

ㄴ 열이나 전기의 양도체이며 염산에 반응하여 수소를 발생한다.

예 $Fe+2HCl \longrightarrow FeCl_2+H_2$

ㄷ 분자량 55.8, 비중 7.86, 융점 1,530℃

⑤ 금속분(지정 수량 500kg)

1) 알루미늄분(Al)

㉮ 일반적 성질

ㄱ 연성, 전성이 좋으며 열전도율, 전기전도도가 큰 은백색의 무른 금속이다.

ㄴ 다른 금속 산화물을 환원한다.

예 $3Fe_3O_4+8Al \longrightarrow 4Al_2O_3+9Fe$

ㄷ 비중 2.7, 융점 660.3℃, 비점 2,470℃

㉯ 위험성

ㄱ 알루미늄 분말이 발화하면 다량의 열을 발생하며, 광택 및 흰 연기를 내면서 연소하므로 소화가 곤란하다. 예 $4Al+3O_2 \longrightarrow 2Al_2O_3$

ㄴ 대부분의 산과 반응하여 수소를 발생한다.

예 $2Al+6HCl \longrightarrow 2AlCl_3+3H_2$

© 알칼리나트륨 수용액과 반응하여 수소를 발생한다.

예 $2Al+2NaOH+2H_2O \longrightarrow 2NaAlO_2+3H_2$

② 분말은 찬물과 반응하면 매우 느리고, 뜨거운 물과는 격렬하게 반응하여 수소를 발생한다.

예 $2Al+6H_2O \longrightarrow 2Al(OH)_3+3H_2$

예제

Al제조공장에서 용접작업시 알루미늄분에 착화가 되어 소화를 목적으로 뜨거운 물을 뿌렸더니 수 초후 폭발사고로 이어졌다. 이 폭발의 주원인은?

풀이 알루미늄분과 물의 화학반응으로 수소가스를 발생하여 폭발하였다.

2) 아연분(Zn)

㉮ 일반적 성질

㉠ 흐릿한 회색의 분말로 공기 중에서 표면에 흰 염기성 탄산아연의 얇은 막을 만들어 내부를 보호한다.

예 $2Zn+CO_2+H_2O+O_2 \longrightarrow Zn(OH)_2 \cdot ZnCO_3$

㉡ 비중 7.14, 융점 420℃

㉯ 위험성

㉠ 양쪽성을 나타내고 있어 산이나 알칼리와 반응하고, 뜨거운 물과는 격렬하게 반응하여 수소를 발생한다.

예 $Zn+H_2SO_4 \longrightarrow ZnSO_4+H_2$

$Zn+2NaOH \longrightarrow Na_2ZnO_2+H_2$

$Zn+2H_2O \longrightarrow Zn(OH)_2+H_2$

3) 주석분(Sn, tin powder)

분말의 형태로서 150μm의 체를 통과하는 50wt% 이상인 것

⑥ 마그네슘분(Mg, 지정 수량 500kg)

㉮ 일반적 성질

㉠ 은백색의 광택이 있는 가벼운 금속 분말로 공기 중 서서히 산화되어 광택을 잃는다.

㉡ 열전도율 및 전기 전도도가 큰 금속이며, 주기율표상의 2족 원소로 분류한다.

㉢ 비중 1.74, 융점 650℃, 비점 1,107℃

㉯ 위험성

㉠ 연소하고 있을 때 주수하면 다음과 같은 과정을 거쳐 위험성이 증대한다.

• 1차(연소) : $2Mg+O_2 \longrightarrow 2MgO+$ 발열

• 2차(주수) : $Mg+2H_2O \longrightarrow Mg(OH)_2+H_2$

       • 3차(수소 폭발) : $2H_2 + O_2 \longrightarrow 2H_2O$

   ⓒ CO_2 등 질식성 가스와 연소 시에는 유독성인 CO 가스를 발생한다.

     예 $2Mg + CO_2 \longrightarrow 2MgO + C$

       $Mg + CO_2 \longrightarrow MgO + CO$

⑦ 인화성 고체(지정 수량 1,000kg)

3 제3류 위험물의 품명과 지정 수량

성질	품명	지정수량	위험 등급
자연 발화성 물질 및 금수성 물질	1. 칼륨	10kg	I
	2. 나트륨	10kg	
	3. 알킬알루미늄	10kg	
	4. 알킬리튬	10kg	
	5. 황린	20kg	
	6. 알칼리 금속(칼륨 및 나트륨을 제외한다) 및 알칼리 토금속	50kg	II
	7. 유기 금속 화합물(알킬알루미늄 및 알킬리튬을 제외한다)	50kg	
	8. 금속의 수소화물	300kg	III
	9. 금속의 인화물	300kg	
	10. 칼슘 또는 알루미늄의 탄화물	300kg	
	11. 그 밖에 행정안전부령이 정하는 것 염소화규소화합물 12. 제1호 내지 제11호의 1에 해당하는 어느 하나 이상을 함유한 것	10kg, 20kg, 50kg 또는 300kg	I, II, III

[비고] ① 자연발화성물질 및 금수성물질 : 고체 또는 액체로서 공기 중에서 발화의 위험성이 있거나 물과 접촉하여 발화하거나 가연성가스를 발생하는 위험성이 있는 것을 말한다.

② 칼륨·나트륨·알킬알루미늄·알킬리튬 및 황린은 위의 ①의 규정에 의한 성상이 있는 것으로 본다.

(1) 공통 성질

① 대부분 무기물의 고체이지만 알킬알루미늄과 같은 액체도 있다.

② 금수성 물질로서 물과 접촉하면 발열 또는 발화한다.

③ 자연 발화성 물질로서 공기와의 접촉으로 자연 발화하는 경우도 있다.

(2) 소화 방법

① 건조사, 팽창 질석 및 팽창 진주암 등을 사용한 질식 소화를 실시한다.

② 금속 화재용 분말 소화 약제(탄산수소염류 분말 소화 설비)에 의한 질식 소화를 실시한다.

(3) 위험물 성상

① 금속 칼륨(K, 지정 수량 10kg)

  ⑦ 일반적 성질

    ㉠ 활성이 매우 큰 은백색의 광택이 있는 무른 경금속이다.

    ㉡ 분자량 39, 비중 0.86

  ⑭ 위험성

    ㉠ 공기 중의 수분 또는 물과 반응하여 수소 가스를 발생하고 발화한다.

      예 $2K + 2H_2O \longrightarrow 2KOH + H_2 + 92.4kcal$

    ㉡ 알코올과 반응하여 칼륨에틸레이트와 수소 가스를 발생한다.

      예 $2K + 2C_2H_5OH \longrightarrow 2C_2H_5OK + H_2$

    ㉢ 소화 약제로 쓰이는 CO_2와 반응하면 폭발 등의 위험이 있고, CCl_4와 접촉하면 폭발적으로 반응한다.

      예 $4K + 3CO_2 \longrightarrow 2K_2CO_3 + C$(연소·폭발)

        $4K + CCl_4 \longrightarrow 4KCl + C$(폭발)

> **참고**
>
> 금속칼륨을 석유 속에 넣어 보관하는 이유 :
> 습기 및 공기와의 접촉을 방지하기 위해

② 금속 나트륨(Na, 금속 소다, 지정 수량 10kg)

  ⑦ 일반적 성질

    ㉠ 화학적 활성이 매우 큰 은백색의 광택이 있는 무른 금속이다.

    ㉡ 가연성 고체이다.

      예 $4Na + O_2 \longrightarrow 2Na_2O$

    ㉢ 비중 0.97, 융점 97.8℃

  ⑭ 위험성

    ㉠ 물과 격렬하게 반응하여 발열하고, 수소 가스를 발생하고 발화한다.

      예 $2Na + 2H_2O \longrightarrow 2NaOH + H_2$

    ㉡ 알코올과 반응하여 나트륨에틸레이트와 수소 가스를 발생한다.

      예 $2Na + 2C_2H_5OH \longrightarrow 2C_2H_5ONa + H_2$

③ 트라이에틸알루미늄[$(C_2H_5)_3Al$, TEA]

   ㉮ 일반적 성질

      ㉠ 상온에서 무색 투명한 액체 또는 고체로, 독성이 있으며 자극적인 냄새가 난다.

      ㉡ 비중 0.83, 비점 185℃

   ㉮ 위험성

      ㉠ 탄소수가 $C_1{\sim}C_4$까지는 공기와 접촉하여 자연 발화한다.

        예 $2(C_2H_5)_3Al+21O_2 \longrightarrow 12CO_2+Al_2O_3+15H_2O+1,470.4kcal$

      ㉡ 물과 폭발적 반응을 일으켜 에탄(C_2H_6) 가스가 발화 비산되므로 위험하다.

        예 $(C_2H_5)_3Al+3H_2O \longrightarrow Al(OH)_3+3C_2H_6$

> **예제**
>
> 트리에틸알루미늄 19kg이 물과 반응하였을 때 생성되는 가연성 가스는 표준상태에서 몇 m^3인가?
> (단, 알루미늄의 원자량은 27이다.)
>
> **풀이** $(C_2H_5)_3Al+3H_2O \longrightarrow Al(OH)_3+3C_2H_6$
>
>   114kg $3{\times}22.4m^3$
>
>   19kg $x$kg
>
> $x=\dfrac{19 \times 3 \times 22.4}{114}=11.2gm^3$ 답 $11.2m^3$

   ㉰ 저장 및 취급방법

      ㉠ 실제 사용 시 희석제(벤젠, 톨루엔, 펜탄, 헥산 등 탄화수소 용제)로 20~30% 희석하여 안전을 도모한다.

      ㉡ 산과 격렬히 반응하여 에탄을 발생한다.

        예 $(C_2H_5)_3Al+HCl \longrightarrow (C_2H_5)_2AlCl+C_2H_6$

   ㉱ 용도 : 미사일 원료, 제트연료 등

   ㉲ 소화방법 : 팽창질석, 팽창진주암

④ 트라이메틸알루미늄[$(CH_3)_3Al$, TMA]

   ㉮ 일반적 성질

      ㉠ 무색의 액체이다.

      ㉡ 물과 반응 시 메탄(CH_4)을 생성하고 이때 발열, 폭발에 이른다.

        예 $(CH_3)_3Al+3H_2O \longrightarrow Al(OH)_3+3CH_4+발열$

⑤ 황린(P_4, 백린, 지정 수량 20kg)

  ⑦ 일반적 성질

      ㉠ 백색 또는 담황색의 고체로 강한 마늘 냄새가 난다. 증기는 공기보다 무거우며, 가연성이 다. 또한 매우 자극적이며, 맹독성 물질이다.

      ㉡ 분자량 123.9, 비중 1.82, 증기 비중 4.3, 융점 44℃, 비점 280℃, 발화점 34℃

  ㉯ 위험성

      ㉠ 약 50℃ 전후에서 공기와의 접촉으로 자연 발화되며, 오산화인(P_2O_5)의 흰 연기를 발생한다.

         예 $P_4 + 5O_2 \longrightarrow 2P_2O_5$

      ㉡ 인화수소(PH_3)의 생성을 방지하기 위해 보호액은 pH 9로 유지하기 위하여 알칼리제 [$Ca(OH)_2$ 또는 소다회 등]로 pH를 높인다.

> **◉ 참고**
>
> **황린을 물속에 보관하는 이유**
>
> 인화수소(PH_3) 가스의 발생을 억제하기 위해서이다.

⑥ 리튬(Li)

  ⑦ 일반적 성질

      ㉠ 은백색의 무르고 연한 금속이다.

      ㉡ 비중 0.53, 융점 180.5℃, 비점 1,350℃

  ㉯ 위험성

      ㉠ 물과 만나면 심하게 발열하고, 가연성의 수소 가스를 발생하므로 위험하다.

         예 $Li + H_2O \longrightarrow LiOH + 0.5H_2$

⑦ 세슘(CS)

  ⑦ 일반적 성질

      ㉠ 노란색의 금속이며, 알칼리 금속 중 반응성이 가장 풍부하다.

      ㉡ 비중 1.87, 융점 28.4℃

⑧ 수소화리튬(LiH)

  ⑦ 일반적 성질

      ㉠ 물과 상온에서 격렬히 반응하여 수소를 발생하므로 위험하다.

         예 $LiH + H_2O \longrightarrow LiOH + H_2$

      ㉡ 비중 0.82, 융점 680℃

⑨ 수소화나트륨(NaH)

회색의 입방 정계 결정으로, 습한 공기 중에서 분해하고, 물과는 격렬하게 반응하여 수소 가스를 발생시킨다.

예 $NaH + H_2O \longrightarrow NaOH + H_2$

⑩ 인화석회(Ca_3P_2, 인화칼슘)

㉮ 일반적 성질

㉠ 적갈색의 괴상(덩어리 상태) 고체이다.

㉡ 분자량 182.3, 비중 2.51, 융점 1,600℃

㉯ 위험성

㉠ 물 또는 산과 반응하여 유독하고, 가연성인 인화수소 가스(PH_3, 포스핀)를 발생한다.

예 $Ca_3P_2 + 6H_2O \longrightarrow 3Ca(OH)_2 + 2PH_3$

$Ca_3P_2 + 6HCl \longrightarrow 3CaCl_2 + 2PH_3$

⑪ 탄화칼슘(CaC_2, 카바이드)

㉮ 일반적 성질

㉠ 질소와는 약 700℃ 이상에서 질화되어 칼슘시안아미드($CaCN_2$, 석회질소)가 생성된다.

예 $CaC_2 + N_2 \longrightarrow CaCN_2 + C$

㉡ 물 또는 습기와 작용하여 아세틸렌 가스를 발생하고, 수산화칼슘을 생성한다.

예 $CaC_2 + 2H_2O \longrightarrow Ca(OH)_2 + C_2H_2$

생성되는 아세틸렌 가스의 발화점 335℃ 이상, 연소 범위 2.5~81%

㉢ 분자량 64, 비중 2.22, 융점 2,300℃

㉯ 아세틸렌(C_2H_2) 가스를 발생시키는 카바이드

㉠ $Li_2C_2 + 2H_2O \longrightarrow 2LiOH + C_2H_2$

㉡ $Na_2C_2 + 2H_2O \longrightarrow 2NaOH + C_2H_2$

㉢ $MgC_2 + 2H_2O \longrightarrow Mg(OH)_2 + C_2H_2$

㉰ 메탄(CH_4) 가스를 발생시키는 카바이드

예 $Be_2C_2 + 4H_2O \longrightarrow 2Be(OH)_2 + CH_4$

㉱ 메탄(CH_4)과 수소(H_2) 가스를 발생시키는 카바이드

예 $Mn_3C + 6H_2O \longrightarrow 3Mn(OH)_2 + CH_4 + H_2$

⑫ 탄화알루미늄(Al_4C_3)

㉮ 일반적 성질

㉠ 황색(순수한 것은 백색)의 단단한 결정 또는 분말로서 1,400℃ 이상 가열 시 분해한다.

㉡ 분자량 143.95, 비중 2.36, 융점 2,200℃

④ 위험성

㉠ 물과 반응하여 가연성인 메탄(폭발 범위 : 5~15%)을 발생하므로 인화의 위험이 있다.

예 $Al_4C_3 + 12H_2O \longrightarrow 4Al(OH)_3 + 3CH_4$

예제

메탄 1g이 완전 연소하면 발생되는 이산화탄소는 몇 g인가?

풀이 $CH_4 + 2O_2 \longrightarrow CO_2 + 2H_2O$

$$16g \qquad\qquad 44g$$
$$1g \qquad\qquad x(g)$$

$x = \dfrac{1 \times 44}{16}, \ \therefore x = 2.75g$

답 2.75g

⑬ 3염화실란($SiHCl_3$, 염소화규소화합물)

반도체 산업에서 사용한다.

4 제4류 위험물의 품명과 지정 수량

성질	품명		지정수량	위험 등급
인화성 액체	1. 특수 인화물		50L	I
	2. 제1석유류	비수용성액체	200L	II
		수용성액체	400L	
	3. 알코올류		400L	
	4. 제2석유류	비수용성액체	1,000L	III
		수용성액체	2,000L	
	5. 제3석유류	비수용성액체	2,000L	
		수용성액체	4,000L	
	6. 제4석유류		6,000L	
	7. 동식물유류		10,000L	

[비고] ① "인화성액체"라 함은 액체(제3석유류, 제4석유류 및 동식물유류의 경우 1기압과 섭씨 20도에서 액체인 것만 해당한다)로서 인화의 위험성이 있는 것을 말한다. 다만, 다음 각 목의 어느 하나에 해당하는 것을 법 제20조제1항의 중요기준과 세부기준에 따른 운반용기를 사용하여 운반하거나 저장(진열 및 판매를 포함한다)하는 경우는 제외한다.

    가. 「화장품법」제2조제1호에 따른 화장품 중 인화성액체를 포함하고 있는 것

    나. 「약사법」제2조제4호에 따른 의약품 중 인화성액체를 포함하고 있는 것

    다. 「약사법」제2조제7호에 따른 의약외품(알코올류에 해당하는 것은 제외한다) 중 수용성인 인화성액체를 50부피퍼센트 이하로 포함하고 있는 것

    라. 「의료기기법」에 따른 체외진단용 의료기기 중 인화성액체를 포함하고 있는 것

    마. 「생활화학제품 및 살생물제의 안전관리에 관한 법률」제3조제4호에 따른 안전확인대상생활화학제품(알코올류에 해당하는 것은 제외한다) 중 수용성인 인화성액체를 50부피퍼센트 이하로 포함하고 있는 것

② 특수인화물 : 이황화탄소, 디에틸에테르 그 밖에 1기압에서 발화점이 100℃ 이하인 것 또는 인화점이 −20℃ 이하이고 비점이 40℃ 이하인 것을 말한다.

③ 제1석유류 : 아세톤, 휘발유 그 밖에 1기압에서 인화점이 21℃ 미만인 것을 말한다.

④ 알코올류 : 1분자를 구성하는 탄소원자의 수가 1개부터 3개까지인 포화 1가 알코올(변성알코올을 포함한다)을 말한다. 다만, 다음 각 목의 1에 해당하는 것은 제외한다.

    가. 1분자를 구성하는 탄소원자의 수가 1개 내지 3개의 포화 1가 알코올의 함유량이 60 중량% 미만인 수용액

    나. 가연성액체량이 60 중량% 미만이고 인화점 및 연소점(태그개방식 인화점측정기에 의한 연소점을 말한다. 이하 같다)이 에틸알코올 60 중량% 수용액의 인화점 및 연소점을 초과하는 것

⑤ 제2석유류 : 등유, 경유 그 밖에 1기압에서 인화점이 21℃ 이상 70℃ 미만인 것을 말한다. 다만, 도료류 그 밖의 물품에 있어서 가연성 액체량이 40 중량% 이하이면서 인화점이 40℃ 이상인 동시에 연소점이 60℃ 이상인 것은 제외한다.

⑥ 제3석유류 : 중유, 크레오소트유, 그 밖에 1 기압에서 인화점이 70℃ 이상 200℃ 미만인 것을 말한다. 다만, 도료류 그 밖의 물품은 가연성 액체량이 40 중량% 이하인 것은 제외한다.

⑦ 제4석유류 : 기어유, 실린더유 그 밖에 1기압에서 인화점이 200℃ 이상 250℃ 미만의 것을 말한다. 다만, 도료류 그 밖의 물품은 가연성 액체량이 40 중량% 이하인 것은 제외한다.

⑧ 동식물유류 : 동물의 지육 등 또는 식물의 종자나 과육으로부터 추출한 것으로서 1기압에서 인화점이 250℃ 미만인 것을 말한다. 다만, 법 제20조제1항의 규정에 의하여 행정안전부령이 정하는 용기기준과 수납·저장기준에 따라 수납되어 저장·보관되고 용기의 외부에 물품의 통칭명, 수량 및 화기엄금(화기엄금과 동일한 의미를 갖는 표시를 포함한다)의 표시가 있는 경우를 제외한다.

(1) 공통 성질

① 상온에서 액상인 가연성 액체로 대단히 인화하기 쉽다.

② 대부분 물보다 가볍고, 물에 녹기 어렵다.

③ 증기는 공기보다 무겁다(단, HCN은 제외).

④ 증기와 공기가 약간 혼합되어 있어도 연소한다.

(2) 소화 방법

이산화탄소, 할로겐화물, 분말, 포 등으로 질식 소화한다.

(3) 위험물의 성상

1) 특수 인화물류(지정 수량 50L)

① 디에틸에테르($C_2H_5OC_2H_5$, 에테르, 다이에틸에터)

㉮ 일반적 성질

㉠ 비점이 낮고 무색 투명하며, 인화되기 쉬운 휘발성, 유동성의 액체이다.

㉡ 물에는 약간 녹고, 알코올 등에는 잘 녹는다.

㉢ 분자량 74, 인화점 -45℃, 발화점 180℃, 연소범위 1.9~48%

㉯ 위험성

㉠ 인화점이 낮고, 휘발성이 강하다(제4류 위험물 중 인화점이 가장 낮음).

㉡ 진한 증기는 마취성이 있어 장시간 흡입 시 위험하다.

㉰ 과산화물

㉠ 과산화물 검출 시약은 10% KI 용액(무색 → 황색) : 과산화물 존재

㉡ 과산화물 제거 시약 : 황산제일철($FeSO_4$), 환원철 등

② 이황화탄소(CS_2)

㉮ 일반적 성질

㉠ 순수한 것은 무색 투명한 액체로 냄새가 없으나, 시판품은 불순물로 인해 황색을 띠고 불쾌한 냄새를 지닌다.

ⓛ 비중 1.26, 증기 비중 2.64, 비점 46℃, 인화점 −30℃, 발화점 100℃, 연소 범위 1.2~44%

예제

**이황화탄소를 저장하는 실의 온도가 −20℃이고, 저장실내 이황화탄소의 공기중 증기농도가 2Vol%
라고 가정할 때**

답 점화원이 있으면 연소한다.

ⓐ 위험성
　　㉠ 휘발하기 쉽고 인화성이 강하며, 제4류 위험물 중 발화점이 가장 낮다.
　　㉡ 연소 시 유독한 아황산(SO_2) 가스를 발생한다.
　　　예 $CS_2 + 3O_2 \longrightarrow CO_2 + 2SO_2$
　　㉢ 연소 범위가 넓고 물과 150℃ 이상으로 가열하면 분해되어 이산화탄소(CO_2)와 황화수소
　　　(H_2S) 가스를 발생한다.
　　　예 $CS_2 + 2H_2O \longrightarrow CO_2 + 2H_2S$

ⓑ 저장 및 취급방법
　　㉠ 물보다 무겁고 물에 녹지 않아 저장 시 가연성 증기의 발생을 억제하기 위해 콘크리트 물
　　　(수조)속의 위험물 탱크에 저장한다.

③ 아세트알데하이드(CH_3CHO)
　㉮ 일반적 성질
　　㉠ 자극성의 과일향을 지닌 무색투명한 인화성이 강한 휘발성 액체이다.
　　㉡ 산화 시 초산, 환원 시 에탄올이 생성된다.
　　　예 $CH_3CHO + \frac{1}{2}O_2 \longrightarrow CH_3COOH$
　　　　$CH_3CHO + H_2 \longrightarrow C_2H_5OH$
　　㉢ 비중 0.783, 증기 비중 1.5, 비점 21℃, 인화점 −37.7℃, 발화점 185℃, 연소 범위 4.1~
　　　57%

④ 산화프로필렌(CH_3CHOCH_2, 프로필렌옥사이드)
　㉮ 일반적 성질
　　㉠ 무색의 휘발성 액체이다.
　　㉡ 분자량 58, 증기비중 2.0, 비점 34℃, 인화점 −37.2℃, 발화점 465℃, 연소범위 2.5~
　　　38.5%

2) 제1석유류$\left(\text{지정 수량}\dfrac{\text{비수용성 액체 }200L}{\text{수용성 액체 }400L}\right)$

① 아세톤(CH_3COCH_3, 다이메틸케톤) − 수용성 액체

㉮ 일반적 성질

㉠ 무색투명한 액체로서 자극성의 과일 냄새를 가진다.

㉡ 물과 에테르, 알코올에 잘 녹는다.

㉢ 아이오딘폼 반응을 한다.

㉣ 완전 연소 반응은 다음과 같다.

$$CH_3COCH_3 + 4O_2 \longrightarrow 3CO_2 + 3H_2O$$

㉴ 분자량 58, 비중 0.79, 증기 비중 2.0, 비점 56℃, 인화점 −18℃, 발화점 538℃, 연소 범위 2.5~12.8%

② 휘발유($C_5H_{12} \sim C_9H_{20}$, 가솔린) − 비수용성 액체

㉮ 일반적 성질

㉠ 비전도성이다.

㉡ 비중 0.65~0.8, 증기비중 3~4, 인화점 −20~−43℃, 발화점 300℃, 연소범위 1.4~7.6%

㉢ 옥탄값 $= \dfrac{\text{이소옥탄}}{\text{이소옥탄}+\text{노르말헵탄}} \times 100$

㉣ 옥탄값이 0인 물질 : 노르말헵탄, 옥탄값이 100인 물질 : 이소옥탄

③ 벤젠(C_6H_6, ⬡, 벤졸) − 비수용성 액체

㉮ 무색투명하며, 독특한 냄새를 가진 휘발성이 강한 액체로서 증기는 마취성과 독성이 있는 방향족 유기 화합물이다.

㉯ 연소시키면 그을음을 많이 내면서 탄다(탄소수에 비해 수소수가 적기 때문).

㉰ 분자량 78.1, 비중 0.879, 증기 비중 2.8, 융점 5.5℃, 비점 80℃, 인화점 −11.1℃, 발화점 498℃, 연소 범위 1.4~7.8%

④ 톨루엔($C_6H_5CH_3$, CH₃⬡) − 비수용성 액체

벤젠 핵에 메틸가 한 개가 결합된 구조이다.

㉮ 일반적 성질

㉠ 벤젠보다는 독성이 적으나 무색투명한 액체로서 방향성의 독특한 냄새를 가지는 물질

㉡ 물에는 녹지 않으나 알코올, 에테르, 벤젠 등과 잘 섞이며 벤젠보다 휘발하기 어렵다.

㉢ 산화하면 벤즈알데하이드를 거쳐 벤조산(C_6H_5COOH, 안식향산)이 된다.

② 톨루엔에 진한 질산과 진한 황산을 가하면 나이트로화가 일어나 트라이나이트로톨루엔(TNT)이 생성된다.

⑩ 비중 0.871, 융점 $-95℃$, 비점 111℃, 인화점 4.5℃, 연소범위 1.4~6.7%

⑤ 크실렌[$C_6H_4(CH_3)_2$] – 비수용성 액체

벤젠핵에 메틸기($-CH_3$) 2개가 결합한 물질이다.

㉮ 일반적 성질

㉠ 무색투명하고 단맛이 있으며, 방향성이 있다.

㉡ 3가지 이성질체가 있다.

구분＼명칭	$o-$크실렌	$m-$크실렌	$p-$크실렌
구조식			
인화점 구 분	17.2℃ 제1석유류	23.2℃ 제2석유류	23.0℃ 제2석유류

㉢ BTX(솔벤트나프타)는 벤젠(C_6H_6), 톨루엔($C_6H_5CH_3$), 크실렌[$C_6H_4(CH_3)_2$]이다.

⑥ 메틸에틸케톤($CH_3COC_2H_5$, MEK) – 비수용성 액체

㉮ 일반적 성질

㉠ 아세톤과 같은 냄새를 가지는 무색의 휘발성 액체이다.

㉡ 분자량 72, 비중 0.8, 증기 비중 2.5, 비점 80℃, 인화점 $-1℃$, 발화점 516℃, 연소 범위 1.8~10%

⑦ 시안화수소(HCN)

㉮ 일반적 성질

㉠ 수용액은 약산성이다.

㉡ 분자량 27, 비중 0.69, 인화점 $-18℃$

3) 알코올류(R－OH, 지정 수량 400L) - 수용성 액체

① 메틸알코올(CH_3OH, 메탄올, 목정)

⑦ 일반적 성질

㉠ 방향성이 있고, 무색투명한 휘발성이 강한 액체로 독성이 있다.

㉡ 백금(Pt), 산화구리(CuO) 존재하의 공기 속에서 산화되면 포르말린(HCHO)이 되며, 최종적으로 폼산(HCOOH)이 된다.

$$\text{예 } CH_3OH \xrightarrow{\text{Pt, CuO 산화}} HCHO \xrightarrow{\text{최종 산화}} HCOOH$$

㉢ 분자량 32, 인화점 11℃, 발화점 464℃

② 에틸알코올(C_2H_5OH, 에탄올, 주정)

⑦ 일반적 성질

㉠ 당밀, 고구마, 감자 등을 원료로 발효 방법으로 제조하며, 독성은 없다.

㉡ 산화되면 아세트알데하이드(CH_3CHO)가 되며, 최종적으로 초산(CH_3COOH)이 된다.

$$\text{예 } C_2H_5OH \xrightarrow{\text{산화}} CH_3CHO \xrightarrow{\text{최종 산화}} CH_3COOH$$

㉢ 비중 0.79, 인화점 130℃, 발화점 423℃

4) 제2석유류$\left(\text{지정 수량} \dfrac{\text{비수용성 액체 1,000L}}{\text{수용성 액체 2,000L}}\right)$

① 등유(kerosene) - 비수용성 액체

⑦ 일반적 성질

㉠ 순수한 것은 무색이며, 오래 방치하면 연한 담황색을 띤다.

㉡ 비중 0.8, 증기비중 4~5, 인화점 30~60℃, 발화점 254℃

② 경유

⑦ 일반적 성질

㉠ 담황색, 담갈색의 액체이다.

㉡ 인화점 50~70℃, 발화점 257℃

③ 아세트산(CH_3COOH)

⑦ 일반적 성질

㉠ 무색 투명의 자극적인 식초냄새가 나는 물보다 무거운 액체이다.

㉡ 분자량 60, 인화점 42.8℃, 발화점 463℃

④ 하이드라진(N_4H_4) – 수용성 액체

㉮ 일반적 성질

㉠ H_2O_2와 혼촉 발화한다.

> 예 $N_2H_4 + 2H_2O_2 \longrightarrow 4H_2O + N_2$

㉡ 분자량 32, 인화점 38℃, 발화점 270℃

5) 제3석유류$\left(지정 수량 \dfrac{비수용성\ 액체\ 4,000L}{수용성\ 액체\ 2,000L}\right)$

① 아닐린($C_6H_5NH_2$) – 비수용성 액체

㉮ 일반적 성질

㉠ 물보다 무겁고 물에 약간 녹으며, 유기 용제 등에는 잘 녹는 특유한 냄새를 가진 황색 또는 담황색의 끈기 있는 기름 상태의 액체로서 햇빛이나 공기의 작용에 의해 흑갈색으로 변색한다.

㉡ 알칼리 금속 또는 알칼리 토금속과 반응하여 수소와 아닐리드를 생성한다.

㉢ 분자량 93, 인화점 70℃, 발화점 538℃, 연소범위 1.3~11%

㉯ 위험성

㉠ 가연성이고 독성이 강하다.

② 에틸렌글리콜[$C_2H_4(OH)_2$] – 수용성 액체

㉮ 일반적 성질

㉠ 무색, 무취의 단맛이 나고, 흡수성이 있는 끈끈한 액체로서 2가 알코올이다.

㉡ 물, 알코올, 에테르, 글리세린 등에는 잘 녹고, 사염화탄소, 이황화탄소, 클로로포름에는 녹지 않는다.

㉢ 분자량 62, 비중 1.113, 융점 −12℃, 비점 197℃, 인화점 111℃, 발화점 402℃

③ 글리세린[$C_3H_5(OH)_3$, 감유] – 수용성 액체

㉮ 일반적 성질

㉠ 물보다 무겁고 단맛이 나는 시럽상 무색액체로서, 흡습성이 좋은 3가의 알코올이다.

㉡ 물, 알코올과는 어떤 비율로도 혼합되며, 에테르, 벤젠, 클로로포름 등에는 녹지 않는다.

㉢ 비중 1.26, 증기 비중 3.1, 융점 19℃, 인화점 160℃, 발화점 393℃

6) 제4석유류(지정 수량 6,000L)

7) 동·식물유류(지정 수량 10,000L)

① 아이오딘값 : 기름 100g에 흡수하는 아이오딘의 g수
② 아이오딘값이 크면 이중결합을 많이 포함한 불포화지방산을 많이 가진다.

③ 아이오딘값에 따른 종류

㉮ 건성유 : 아이오딘값이 130 이상인 것

이중 결합이 많아 불포화도가 높기 때문에 공기 중에서 산화되어 액 표면에 피막을 만드는 기름

예 들기름(192~208), 아마인유(168~190), 정어리기름(154~196), 동유(145~176), 해바라기유(113~146)

㉯ 반건성유 : 아이오딘값이 100~130인 것

공기 중에서 건성유보다 얇은 피막을 만드는 기름

예 청어기름(123~147), 콩기름(114~138), 옥수수기름(88~147), 참기름(104~118), 면실유(88~121), 채종유 (97~107)

  ※ 참기름 : 인화점 255℃

㉰ 불건성유 : 아이오딘값이 100 이하인 것

공기 중에서 피막을 만들지 않는 안정된 기름

예 낙화생기름(땅콩기름, 82~109), 올리브유(75~90), 피마자유(81~91), 야자유(7~16)

5 제5류 위험물의 품명과 지정 수량

성질	품명	지정 수량	위험 등급
자기 반응성 물질	1. 유기 과산화물 2. 질산에스터류 3. 나이트로 화합물 4. 나이트로소 화합물 5. 아조 화합물 6. 다이아조 화합물 7. 하이드라진 유도체 8. 하이드록실아민 9. 하이드록실아민염류 10. 그 밖에 행정안전부령이 정하는 것 　① 금속의 아지드 화합물 　② 질산구아니딘 11. 제1호부터 제10호까지의 어느 하나에 해당하는 　위험물을 하나 이상 함유한 것	제1종 : 10kg 제2종 : 100kg	제1종 : I 제2종 : II

[비고] ① 자기 반응성 물질 : 고체 또는 액체로서 폭발의 위험성 또는 가열 분해의 격렬함을 판단하기 위하여 고시로 정하는 시험에서 고시로 정하는 성질과 상태를 나타내는 것을 말하며, 위험성 유무와 등급에 따라 제1종 또는 제2종으로 분류한다.

② 제5류 제11호의 물품 : 위 물품에 있어서는 유기 과산화물을 함유하는 것 중에서 불활성 고체를 함유하는 것으로서 다음 각 목의 어느 하나에 해당하는 것은 제외한다.

가. 과산화벤조일의 함유량이 35.5 중량% 미만인 것으로서 전분 가루, 황산칼슘 2수화물 또는 인산수소칼슘 2수화물과의 혼합물

나. 비스(4−클로로벤조일)퍼옥사이드의 함유량이 30 중량% 미만인 것으로서 불활성 고체와의 혼합물

다. 과산화다이쿠밀의 함유량이 40 중량% 미만인 것으로서 불활성 고체와의 혼합물

라. 1·4비스(2−터셔리뷰틸퍼옥시아이소프로필)벤젠의 함유량이 40 중량% 미만인 것으로서 불활성 고체와의 혼합물

마. 사이클로헥산온퍼옥사이드의 함유량이 30 중량% 미만인 것으로서 불활성 고체와의 혼합물

(1) 공통 성질

① 가연성 물질로서 그 자체가 산소를 함유하므로(모두 산소를 포함하고 있지는 않다) 내부(자기) 연소를 일으키기 쉬운 자기 반응성 물질이다.

② 연소 시 연소 속도가 매우 빨라 폭발성이 강한 물질이다.

③ 가열, 충격, 타격 등에 민감하며, 강산화제 또는 강산류와 접촉 시 위험하다.

④ 장시간 공기에 방치하면 산화 반응에 의해 열분해하여 자연 발화를 일으키는 경우도 있다.

⑤ 대부분 물에 잘 녹지 않으며, 물과의 직접적인 반응 위험성은 적다.

(2) 소화 방법

대량의 주수 소화가 효과적이다.

(3) 위험물의 성상

① 벤조일퍼옥사이드[$(C_6H_5CO)_2O_2$, , BPO, 과산화벤조일]

⑦ 일반적 성질

㉠ 무색, 무미의 백색 분말 또는 무색의 결정 고체로서 물에는 잘 녹지 않으나 알코올, 식용유에 약간 녹으며, 유기 용제에 녹는다.

㉡ 상온에서는 안정하며, 강한 산화 작용을 한다.

㉢ 비중 1.33, 융점 103~105℃, 발화점 125℃

⑭ 위험성

㉠ 열, 빛, 충격, 마찰 등에 의해 폭발의 위험이 있다.

㉡ 수분이 흡수되거나 비활성 희석제(프탈산디메틸, 프탈산디부틸 등)가 첨가되면 폭발성을 낮출 수 있다.

② 메틸에틸케톤퍼옥사이드[$(CH_3COC_2H_5)_2O_2$, MEKPO]

⑦ 일반적 성질

㉠ 독특한 냄새가 있는 기름 상태의 무색 액체이다.

㉡ 시판품은 50~60% 정도의 희석제(프탈산디메틸, 프탈산디부틸 등)를 첨가하여 희석시킨 것이며, 함유율(중량퍼센트)은 60 이상이다.

㉢ 융점 −20℃, 인화점 58℃, 발화점 205℃

⑭ 위험성

㉠ 상온에서 헝겊, 쇠녹 등과 접하면 분해 발화하고, 다량 연소 시는 폭발의 우려가 있다.

㉡ 강한 산화성 물질로서 상온에서 규조토, 탈지면과 장시간 접촉하면 연기를 내면서 발화한다.

> **참고**
>
> CH₃COOOH(과초산)
>
> 제5류 위험물 중 유기과산화물

③ 질산메틸(CH_3ONO_2)

  ㉮ 일반적 성질

    ㉠ 무색투명한 액체이다.

    ㉡ 물에 약간 녹으며, 알코올에 잘 녹는다.

    ㉢ 분자량 77, 비중 1.22, 증기 비중 2.66, 비점 66℃

④ 질산에틸($C_2H_5ONO_2$)

  ㉮ 일반적 성질

    ㉠ 에탄올을 진한 질산에 작용시켜 얻는다.

    ㉡ 무색투명하고 상온에서 액체이며, 방향성과 단맛을 지닌다.

    ㉢ 분자량 91, 비중 1.11, 증기 비중 3.1, 융점 -112℃, 비점 87℃, 인화점 -10℃

⑤ 나이트로셀룰로오스($[C_6H_7O_2(ONO_2)_3]_n$, NC, 질화면)

  ㉮ 일반적 성질

    ㉠ 천연 셀룰로오스를 진한 질산과 진한 황산의 혼합액에 작용시켜 제조한다.

$$\text{예}\ C_6H_{10}O_5 + 11HNO_3 \xrightarrow{H_2SO_4} C_{24}H_{29}O_9(NO_3)_{11} + 11H_2O$$

    ㉡ 맛과 냄새가 없으며, 물에는 녹지 않고 아세톤, 초산에틸, 초산아밀에는 잘 녹는다.

    ㉢ 질화도는 나이트로셀룰로오스 중에 포함된 질소의 농도(%)이다.

참고

질화면을 강면약과 약면약으로 구분하는 기준?

질산기의 수

    ㉣ 비중 1.7, 인화점 13℃, 발화점 160~170℃

  ㉯ 위험성

    ㉠ 질화도가 클수록 분해도, 폭발성, 위험성이 증가한다. 질화도에 따라 차이는 있지만 점화, 가열, 충격 등에 격렬히 연소하고, 양이 많을 때는 압축 상태에서도 폭발한다.

    ㉡ 약 130℃에서 서서히 분해되고, 180℃에서 격렬하게 연소하며, 다량의 CO_2, CO, H_2, N_2, H_2O 가스를 발생한다.

$$\text{예}\ 2C_{24}H_{29}O_9(ONO_2)_{11} \longrightarrow 24CO + 24CO_2 + 17H_2 + 12H_2O + 11N_2$$

  ㉰ 저장 및 취급방법

    ㉠ 물(20%)이나 알코올(30%)로 습면시킨다.

    ㉡ 수분을 함유하면 위험성이 감소된다.

⑥ 나이트로글리세린[$C_3H_5(ONO_2)_3$]

　㋑ 일반적 성질

　　㉠ 글리세린에 질산과 황산의 혼산으로 반응시켜 만든다.

　　　예 $C_3H_5(OH)_3 + 3HNO_3 \xrightarrow{H_2SO_4} C_3H_5(NO_3)_3 + 3H_2O$

　　㉡ 여름철(30℃) 액체, 겨울철(0℃) 고체이다. 순수한 것은 동결 온도가 8~10℃이므로 겨울 철에는 동결하며 백색 결정으로 변한다. 이때 체적이 수축하고 밀도가 커진다.

　　㉢ 순수한 것은 무색투명한 기름 상태의 액체이나, 공업용으로 제조된 것은 담황색을 띠고 있다.

　　㉣ 다공질의 규조토에 흡수하여 다이너마이트를 제조할 때 사용한다.

　　㉤ 물에 녹지 않는다.

　　㉥ 비중 1.6, 융점 2.8℃

　㉯ 위험성

　　㉠ 다량의 폭발력이 강하고, 점화하면 즉시 연소한다.

　　　예 $4C_3H_5(ONO_2)_3 \longrightarrow 12CO_2 + 10H_2O + 6N_2 + O_2$

　　㉡ 증기는 유독성이다.

⑦ 셀룰로이드(celluloid)

　㋑ 일반적 성질

　　㉠ 질소 함유량 약 11%의 나이트로셀룰로오스를 장뇌와 알코올에 녹여 교질 상태로 만든 것 이다.

　　㉡ 무색 또는 황색의 반투명 유연성을 가진 고체로서 일종의 합성 수지와 같다. 열, 햇빛, 산 소의 영향을 받아 담황색으로 변한다.

⑧ 트라이나이트로톨루엔 [$C_6H_2CH_3(NO_2)_3$, TNT, , 다이너마이트]

　㋑ 일반적 성질

　　㉠ 담황색의 결정으로 작용기는 $-NO_2$기이며, 햇빛을 받으면 다갈색으로 변한다.

　　㉡ 물에는 불용이며, 에테르, 벤젠, 아세톤 등에는 잘 녹고, 알코올에는 가열하면 약간 녹는다.

　　㉢ 충격, 마찰 감도는 피크린산보다 둔하지만, 급격한 타격을 주면 폭발한다. 이때 다량의 가 스를 발생한다.

　　　예 $2C_6H_2CH_3(NO_2)_3 \longrightarrow 12CO + 3N_2 + 5H_2 + 2C$

　　㉣ 분자량 227, 비중 1.8, 인화점 150℃, 발화점 300℃

④ 저장 및 취급방법

 ㉠ 운반시에는 10%의 물을 넣어 운반한다.

⑨ 트라이나이트로페놀[$C_6H_2OH(NO_2)_3$, TNP, $\underset{NO_2}{\overset{OH}{O_2N \diagdown \diagup NO_2}}$, 피크린산]

㉮ 일반적 성질

 ㉠ 페놀을 진한 황산에 녹여 이것을 질산에 작용시켜 만든다.

  예 $C_6H_5OH + 3HNO_3 \xrightarrow{H_2SO_4} C_6H_2OH(NO_2)_3 + 3H_2O$

 ㉡ 가연성 물질이며, 강한 쓴맛과 독성이 있고 순수한 것은 무색이지만 공업용은 휘황색의 침상 결정으로 분자 구조 내에 하이드록시기를 가지고 있다.

 ㉢ 충격, 마찰에 비교적 둔감하며, 공기 중 자연 분해되지 않기 때문에 장기간 저장할 수 있다.

 ㉣ 비중 1.8, 융점 122.5℃, 비점 255℃, 인화점 150℃, 발화점 300℃

예제

피크린산의 질소 함량(%)은?

풀이 피크린산[$C_6H_2OH(NO_2)_3$]의 분자량 = 229

  ∴ $\dfrac{42}{229} \times 100 = 18.34\%$ **답** 18.34%

㉯ 위험성

 ㉠ 단독으로는 타격, 마찰, 충격 등에 둔감하고 비교적 안정하지만, 산화철과 혼합한 것과 에탄올을 혼합한 것은 급격한 타격에 의해 격렬히 폭발한다.

 ㉡ 용융하여 덩어리로 된 것은 타격에 의하여 폭굉을 일으키며, TNT보다 폭발력이 크다.

  예 $2C_6H_2OH(NO_2)_3 \longrightarrow 12CO + H_2 + 3N_2 + 2H_2O$

㉰ 저장 및 취급방법

 ㉠ 운반시 물에 젖게 하는 것이 안전하다.

 ㉡ 자연분해의 위험이 적어서 장기간 저장할 수 있다.

⑩ 트라이메틸렌트라이나이트로아민[$(CH_2)_3(NNO_2)_3$, 헥소겐]

㉮ 일반적 성질

 ㉠ 무색 또는 백색의 결정으로 물에 불용이다.

 ㉡ 비중 1.8, 융점 202℃, 발화점 230℃

6 제6류 위험물의 품명과 지정 수량

성질	품명	지정 수량	위험 등급
산화성 액체	1. 과염소산	300kg	I
	2. 과산화수소	300kg	
	3. 질산	300kg	
	4. 그 밖에 행정안전부령이 정하는 것 　할로겐간 화합물(BrF_3, BrF_5, IF_5 등)	300kg	
	5. 제1호 내지 제4호의1에 해당하는 어느 하나 이상을 함유한 것	300kg	

[비고] ① 산화성 액체 : 액체로서 산화력의 잠재적인 위험성을 판단하기 위하여 고시로 정하는 시험에서 고시로 정하는 성질과 상태를 나타내는 것을 말한다.

② 과산화수소 : 농도가 36 중량% 이상인 것에 한하며, 산화성 액체의 성상이 있는 것으로 본다.

③ 질산 : 비중이 1.49 이상인 것에 한하며, 산화성 액체의 성상이 있는 것으로 본다.

(1) 공통 성질

① 불연성 물질로서 강산화제이며, 다른 물질의 연소를 돕는 조연성 물질이다.

② 모두 강산성의 액체이다(H_2O_2는 제외).

③ 비중이 1보다 크며, 물에 잘 녹고 물과 접촉하면 발열한다.

④ 분해하여 유독성 가스를 발생하며, 부식성이 강하여 피부에 침투한다(H_2O_2는 제외).

(2) 소화 방법

① 주수 소화는 곤란하다.

② 건조사나 인산염류의 분말 등을 사용한다.

③ 과산화수소는 양의 대소에 관계없이 다량의 물로 희석 소화한다.

(3) 위험물의 성상

① 과염소산($HClO_4$, 지정 수량 300kg)

㉮ 일반적 성질

㉠ 무색의 유동하기 쉬운 액체로서 공기 중에 방치하면 분해하고, 가열하면 폭발한다.

㉡ 산화제이므로 쉽게 환원될 수 있다.

㉢ 염소산 중에서 가장 강한 산이다.

　예 $HClO_4 > HClO_3 > HClO_2 > HClO$

㉣ 분자량 100.5, 비중 1.76, 융점 −122℃

　　㉯ 위험성

　　　　㉠ 불연성이지만 유기물과 접촉시 발화의 위험이 있다.

　　　　㉡ 물과 반응하여 열을 발생한다.

　　　　㉢ 유독성이 있다.

② 과산화수소(H_2O_2, 지정 수량 300kg)

　　㉮ 일반적 성질

　　　　㉠ 순수한 것은 점성이 있는 무색의 액체이나, 양이 많을 경우에는 청색을 띤다.

　　　　㉡ 알칼리 용액에서는 급격히 분해하나, 약산성에서는 분해하기 어렵다.

　　　　㉢ 일반 시판품은 30~40%의 수용액으로 분해하기 쉬워 분해 방지를 위해 보관 시 안정제[인산(H_3PO_4), 요산($C_2H_4N_4O_3$), 인산나트륨, 요소, 글리세린] 등을 가하거나 햇빛을 차단하며, 약산성으로 만든다. 과산화수소는 산화제 및 환원제로 작용한다.

　　　　㉣ 분자량 34, 비중 1.465, 비점 152℃

　　㉯ 위험성

　　　　㉠ 3% : 옥시풀(소독약), 산화제, 발포제, 탈색제, 방부제, 살균제 등

　　　　㉡ 30% : 표백제, 양모, 펄프, 종이, 면, 실, 식품, 섬유, 명주, 유지 등

　　　　㉢ 85% : 비닐 화합물 등의 중합 촉진제, 중합 촉매, 폭약, 유기 과산화물의 제조, 농약, 의약품, 제트기, 로켓의 산소 공급제 등

　　　　㉣ 농도가 66% 이상인 것은 단독으로 분해 폭발하기도 하며, 이 분해 반응은 발열 반응이고, 다량의 산소를 발생한다.

③ 질산(HNO_3, 지정 수량 300kg)

　　㉮ 일반적 성질

　　　　㉠ 무색 액체이나 보관 중 담황색으로 변하며, 직사광선에 의해 공기 중에서 분해되어 유독한 갈색 이산화질소(NO_2)를 생성시킨다.

　　　　　　예 $4HNO_3 \longrightarrow 2H_2O + 4NO_2 + O_2$

　　　　㉡ 왕수(royal water, 질산 1 : 염산 3)에 Au, Pt을 녹인다.

　　　　㉢ 진한 질산에는 Al, Fe, Ni, Cr 등은 부동태를 만들며, 녹지 않는다.

　　　　㉣ 크산토프로테인 반응을 한다.

　　　　㉤ 분자량 63, 비중 1.49 이상, 융점 −43.3℃, 비점 86℃

　　㉯ 위험성

　　　　㉠ 환원성 물질과 혼합시 발화 위험성이 있다.

　　　　㉡ 물과 접촉하면 발열하므로 주의하여야 한다.

위험물안전관리법

1 총칙

(1) 위험물안전관리법의 목적

위험물의 저장·취급 및 운반과 이에 따른 안전 관리에 관한 사항을 규정함으로써 위험물로 인한 위해를 방지하여 공공의 안전을 확보함을 목적으로 한다.

(2) 용어의 정의

① 위험물 : 인화성 또는 발화성 등의 성질을 가지는 것으로서 대통령령이 정하는 물품을 말한다.
② 지정수량 : 위험물의 종류별로 위험성을 고려하여 대통령령이 정하는 수량으로써 제조소 등의 허가 등에 있어서 최저의 기준이 되는 수량
③ 제조소 등 : 제조소·저장소 및 취급소를 말한다.

(3) 제조소 등의 승계 및 용도 폐지

제조소 등의 승계	제조소 등의 용도 폐지
• 신고처 : 시·도지사	• 신고처 : 시·도지사
• 신고 기간 : 30일 이내	• 신고 기간 : 14일 이내

(4) 위험물 안전관리자

① 안전관리자를 해임하거나 퇴직한 때에는 그 날로부터 30일 이내에 다시 선임하여야 하고, 선임 시에는 14일 이내에 소방본부장 또는 소방서장에게 신고하여야 한다.
② 안전관리자를 선임한 제조소 등의 관계인은 안전관리자가 여행·질병 그 밖의 사유로 인하여 일시적으로 직무를 수행할 수 없거나 안전관리자의 해임 또는 퇴직과 동시에 다른 안전관리자를 선임하지 못하는 경우에는 국가기술자격법에 따른 위험물의 취급에 관한 자격 취득자 또는 위험물 안전에 관한 기본 지식과 경험이 있는 자로서 행정안전부령이 정하는 자를 대리자(代理者)로 지정하여 그 직무를 대행하게 하여야 한다. 이 경우 대리자가 안전관리자의 직무를 대행하는 기간은 30일을 초과할 수 없다.

(5) 위험물 안전관리자의 책무

안전관리자는 위험물의 취급에 관한 안전관리와 감독에 관한 다음의 업무를 성실하게 행하여야 한다.
① 위험물의 취급 작업에 참여하여 당해 작업이 법 제5조 제3항의 규정에 의한 저장 또는 취급에 관한 기술 기준과 법 제17조의 규정에 의한 예방 규정에 적합하도록 해당 작업자(당해 작업에 참여하는 위험물 취급 자격자를 포함한다. 이하 같다)에 대하여 지시 및 감독하는 업무
② 화재 등의 재난이 발생한 경우 응급 조치 및 소방관서 등에 대한 연락 업무

③ 위험물 시설의 안전을 담당하는 자를 따로 두는 제조소 등의 경우에는 그 담당자에게 다음 규정에 의한 업무의 지시, 그 밖의 제조소 등의 경우에는 다음의 규정에 의한 업무

㉮ 제조소 등의 위치ㆍ구조 및 설비를 법 제5조 제4항의 기술 기준에 적합하도록 유지하기 위한 점검과 점검 상황의 기록ㆍ보존

㉯ 제조소 등의 구조 또는 설비의 이상을 발견한 경우 관계자에 대한 연락 및 응급 조치

㉰ 화재가 발생하거나 화재 발생의 위험성이 현저한 경우 소방관서 등에 대한 연락 및 응급 조치

㉱ 제조소 등의 계측 장치. 제어 장치 및 안전 장치 등의 적정한 유지ㆍ관리

㉲ 제조소 등의 위치ㆍ구조 및 설비에 관한 설계 도서 등의 정비ㆍ보존 및 제조소 등의 구조 및 설비의 안전에 관한 사무의 관리

④ 화재 등의 재해의 방지에 관하여 인접하는 제조소 등과 그 밖의 관련되는 시설의 관계자와 협조 체제의 유지

⑤ 위험물의 취급에 관한 일지의 작성ㆍ기록

⑥ 그 밖에 위험물을 수납한 용기를 차량에 적재하는 작업, 위험물 설비를 보수하는 작업 등 위험물의 취급과 관련된 작업의 안전에 관하여 필요한 감독의 수행

(6) 예방 규정

① 예방 규정 작성대상

작성 대상	지정 수량의 배수	제외 대상
제조소	10배 이상	지정 수량의 10배 이상의 위험물을 취급하는 일반 취급소. 다만, 제4류 위험물(특수 인화물을 제외한다)만을 지정 수량의 50배 이하로 취급하는 일반 취급소(제1석유류, 알코올류의 취급량이 지정 수량의 10배 이하인 경우에 한한다)로서 다음의 어느 하나에 해당하는 것을 제외한다.
옥내 저장소	150배 이상	
옥외 탱크 저장소	200배 이상	
옥외 저장소	100배 이상	① 보일러ㆍ버너 또는 이와 비슷한 것으로서 위험물을 소비하는 장치로 이루어진 일반 취급소
이송 취급소	전 대상	② 위험물을 용기에 옮겨 담거나 차량에 고정된 탱크에 주입하는 일반 취급소
일반 취급소	10배 이상	
암반 탱크 저장소	전 대상	

(7) 정기 점검 대상이 되는 제조소 등

① 예방 규정 작성 대상인 제조소 등

㉮ 지정 수량의 10배 이상의 제조소ㆍ일반 취급소

㉯ 지정 수량의 100배 이상의 옥외 저장소

㉰ 지정 수량의 150배 이상의 옥내 저장소

㉱ 지정 수량의 200배 이상의 옥외 탱크 저장소

㉲ 암반 탱크 저장소

㉳ 이송 취급소

② 지하 탱크 저장소

③ 이동 탱크 저장소

④ 위험물을 취급하는 탱크로서 지하에 매설된 탱크가 있는 제조소·주유 취급소 또는 일반 취급소

> **참고**
>
> 예방 규정을 정하여야 하는 제조소 등의 관계인은 위험물 제조소 등에 기술 기준에 적합한지 여부를 연 1회 이상 점검한다(단, 100만L 이상의 옥외 탱크 저장소는 제외한다).

(8) 제조소 및 일반 취급소의 자체 소방대의 기준

① 제조소 및 일반 취급소 등의 자체 소방대의 기준

사업소의 구분	화학 소방 자동차	자체 소방대원의 수
제조소 또는 일반취급소에 취급하는 제4류 위험물의 최대수량의 합이 지정수량의 3천 배 이상 12만 배 미만인 사업소	1대	5인
제조소 또는 일반취급소에 취급하는 제4류 위험물의 최대수량의 합이 지정수량의 12만 배 이상 24만 배 미만인 사업소	2대	10인
제조소 또는 일반취급소에 취급하는 제4류 위험물의 최대수량의 합이 지정수량의 24만 배 이상 48만 배 미만인 사업소	3대	15인
제조소 또는 일반취급소에 취급하는 제4류 위험물의 최대수량의 합이 지정수량의 48만 배 이상인 사업소	4대	20인
옥외탱크저장소에 저장하는 제4류 위험물의 최대수량이 지정수량의 50만 배 이상인 사업소	2대	10인

② 자체 소방대에 두어야 하는 화학 소방 자동차에 갖추어야 하는 소화 능력 및 설비 기준

화학 소방차의 구분	소화 능력	비치량
분말 방사차	35kg/s 이상	1,400kg 이상
할로겐화물 방사차	40kg/s 이상	1,000kg 이상
CO_2 방사차		3,000kg 이상
포 수용액 방사차	2,000L/min 이상	10만L 이상
제독차		가성소다 및 규조토를 각각 50kg 이상

2 **위험물의 취급 기준**

(1) 지정 수량 이상의 위험물을 임시로 제조소 등이 아닌 장소에서 취급할 경우

관할 소방서장에게 승인 후 90일 이내

(2) 취급 중 제조 공정 시

① 증류 공정

위험물을 취급하는 설비의 내부 압력의 변동 등에 의하여 액체 또는 증기가 새지 않도록 한다.

② 추출 공정

추출관의 내부 압력이 비정상으로 상승하지 않도록 한다.

③ 건조 공정

위험물의 온도가 국부적으로 상승하지 않는 방법으로 가열 또는 건조한다.

④ 분쇄 공정

위험물의 분말이 현저하게 부유하고 있거나 기계, 기구 등에 부착된 상태로 그 기계 · 기구를 취급하지 않는다.

(3) 위험물의 운반에 관한 기준

위험물	수납률
알킬알루미늄 등	90% 이하(50℃에서 5% 이상 공간 용적 유지)
고체 위험물	95% 이하
액체 위험물	98% 이하(55℃에서 누설되지 않는 것)

> **참고**
>
> 기계에 의하여 하역하는 구조로 된 운반용기에 대한 수납기준에 의하면 액체위험물을 수납하는 경우에는 55℃의 온도에서 증기압이 130kPa 이하가 되도록 수납한다.

(4) 위험물 적재 방법

위험물은 그 운반 용기의 외부에 다음에서 정하는 바에 따라 위험물의 품명, 수량 등을 표시하여 적재하여야 한다.

① 위험물의 품명 · 위험 등급 · 화학명 및 수용성('수용성' 표시는 제4류 위험물로서 수용성인 것에 한한다)

② 위험물의 수량

③ 수납하는 위험물에 따라 다음의 규정에 의한 주의 사항

⑦ 위험물 운반 용기 주의 사항

위험물		주의 사항
제1류 위험물	알칼리 금속의 과산화물 또는 이를 함유한 것	화기 · 충격 주의, 물기 엄금 및 가연물 접촉 주의
	기타	화기 · 충격 주의 및 가연물 접촉 주의
제2류 위험물	철분 · 금속분 · 마그네슘 또는 이들 중 어느 하나 이상을 함유한 것	화기 주의 및 물기 엄금
	인화성고체	화기 엄금
	기타	화기주의
제3류 위험물	자연 발화성 물질	화기 엄금 및 공기 접촉 엄금
	금수성 물질	물기 엄금
제4류 위험물		화기 엄금
제5류 위험물		화기 엄금 및 충격 주의
제6류 위험물		가연물 접촉 주의

⑭ 제조소의 게시판 주의 사항

위험물		주의 사항
제1류 위험물	알칼리 금속의 과산화물	물기 엄금
	기타	별도의 표시를 하지 않는다.
제2류 위험물	인화성 고체	화기 엄금
	기타	화기 주의
제3류 위험물	자연 발화성 물질	화기 엄금
	금수성 물질	물기 엄금

위험물	주의 사항
제4류 위험물	화기 엄금
제5류 위험물	
제6류 위험물	별도의 표시를 하지 않는다.

(5) 방수성이 있는 피복 조치

유별	적용 대상
제1류 위험물	알칼리 금속의 과산화물
제2류 위험물	철분, 금속분, 마그네슘
제3류 위험물	금수성 물품

(6) 차광성이 있는 피복 조치

유별	적용 대상
제1류 위험물	전부
제3류 위험물	자연 발화성 물품
제4류 위험물	특수 인화물
제5류 위험물	전부
제6류 위험물	

(7) 위험물의 위험 등급

구분	위험등급 I	위험등급 II	위험등급 III
제1류 위험물	아염소산염류, 염소산염류, 과염소산염류, 무기과산화물, 그 밖에 지정수량이 50kg인 위험물	브로민산염류, 질산염류, 아이오딘산염류, 그 밖에 지정수량이 300kg인 위험물	위험등급 I, 위험등급 II 외의 것
제2류 위험물		황화인, 적린, 황, 그 밖에 지정수량이 100kg인 위험물	
제3류 위험물	칼륨, 나트륨, 알킬알루미늄, 알킬리튬, 황린, 그 밖에 지정수량이 10kg 또는 20kg인 위험물	알칼리금속(칼륨 및 나트륨을 제외) 알칼리토금속, 유기금속화합물(알킬알루미늄 및 알킬리튬을 제외), 그 밖에 지정수량이 50kg인 위험물	
제4류 위험물	특수인화물	제1석유류, 알코올류	
제5류 위험물	지정수량이 제1종 : 10kg인 위험물	지정수량이 제2종 : 100kg인 위험물	
제6류 위험물	모두		

(8) 유별을 달리하는 위험물의 혼재 기준

위험물의 구분	제1류	제2류	제3류	제4류	제5류	제6류
제1류		×	×	×	×	○
제2류	×		×	○	○	×
제3류	×	×		○	×	×

제4류	×	○	○		○	×
제5류	×	○	×	○		×
제6류	○	×	×	×	×	

[비고] 1. '×' 표시는 혼재할 수 없음을 표시한다.

2. '○' 표시는 혼재할 수 있음을 표시한다.

3. 이 표는 지정 수량 $\frac{1}{10}$ 이하의 위험물에 대하여는 적용하지 아니한다.

> **⊙참고**
>
> 위험물 운반을 위해 제4류 위험물과 혼재가 가능한 경우
> ① 내용적이 120L 미만의 용기에 충전한 불활성가스
> ② 내용적이 120L 미만의 용기에 충전한 액화석유가스 또는압축천연가스

(9) 위험물 저장 탱크의 용량

① 위험물을 저장 또는 취급하는 탱크의 용량은 해당 탱크의 내용적에서 공간 용적을 뺀 용적으로 한다.

② 탱크의 공간 용적은 탱크 내용적의 100분의 5 이상 100분의 10 이하로 한다.

> **예제**
>
> **위험물 탱크의 내용적이 10,000L이고 공간 용적이 내용적의 10%일 때 탱크의 용량은?**
>
> **풀이** 탱크의 공간 용적 : 탱크 내용적의 $\frac{5}{100}$ 이상 $\frac{10}{100}$ 이하로 한다.
>
> 10,000L×0.9=9,000L
>
> 답 9,000L

③ 타원형 탱크의 내용적

㉮ 양쪽이 볼록한 것 : $V = \dfrac{\pi ab}{4}\left(l + \dfrac{l_1 + l_2}{3} \right)$

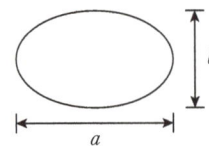 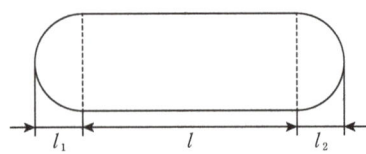

그림과 같은 타원형 탱크의 내용적은 약 몇 m^3인가?

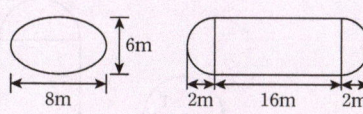

풀이 $V = \dfrac{\pi ab}{4}\left(l + \dfrac{l_1 + l_2}{3}\right) = \dfrac{\pi \times 8 \times 6}{4} \times \left(16 + \dfrac{2+2}{3}\right) = 653m^3$

답 $653m^3$

④ 한쪽이 볼록하고, 다른 한쪽은 오목한 것 : $V = \dfrac{\pi ab}{4}\left(l + \dfrac{l_1 - l_2}{3}\right)$

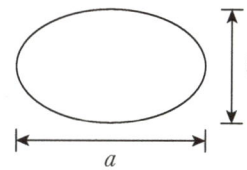 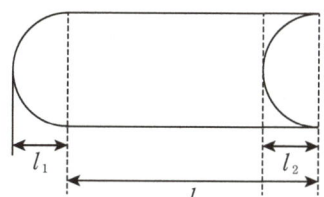

② 원형 탱크의 내용적

㉮ 횡(수평)으로 설치한 것 : $V = \pi r^2\left(l + \dfrac{l_1 + l_2}{3}\right)$

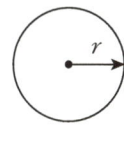 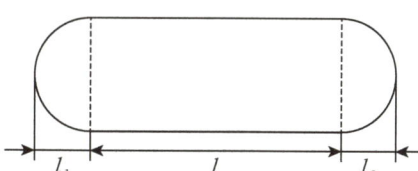

그림과 같이 횡으로 설치한 원통형 위험물 탱크에 대하여 탱크의 용량을 구하면 약 몇 m^3인가?
(단, 공간 용적은 탱크 내용적의 100분의 5로 한다.)

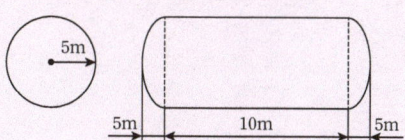

풀이 $V = \pi r^2\left(l + \dfrac{l_1 + l_2}{3}\right) = \pi \times 5^2\left(10 + \dfrac{5+5}{3}\right) = 1046.67m^3$

여기서 공간 용적이 5%인 탱크의 용량 $= 1046.67 \times 0.95 = 994.34m^3$

답 $994.34m^3$

④ 종(수직)으로 설치한 것 : $V = \pi r^2 l$ (탱크의 지붕 부분(l_2)은 제외)

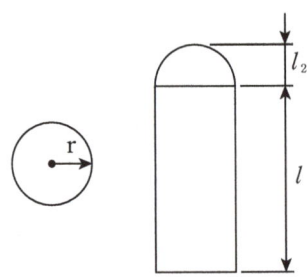

> **예제**
>
> 위험물을 저장하는 원통형 탱크를 종으로 설치할 경우 공간용적을 옳게 나타낸 것은? (단, 탱크의 지름은 10m, 높이는 16m이며, 원칙적인 경우)
>
> **풀이** 탱크의 내용적 $= \pi r^2 l = \pi \times 5^2 \times 16 = 1{,}256.64\text{m}^3$
>
> 탱크의 공간용적 : 탱크 내용적의 $\dfrac{5}{100}$ 이상 $\dfrac{10}{100}$ 이하
>
> $1{,}256.64 \times 0.95 = 62.8\text{m}^3$
>
> $1{,}256.64 \times 0.90 = 125.7\text{m}^3$
>
> **답** 62.8m^3 이상 125.7m^3 이하

3 위험물 시설의 구분

3-1 제조소

(1) 안전 거리

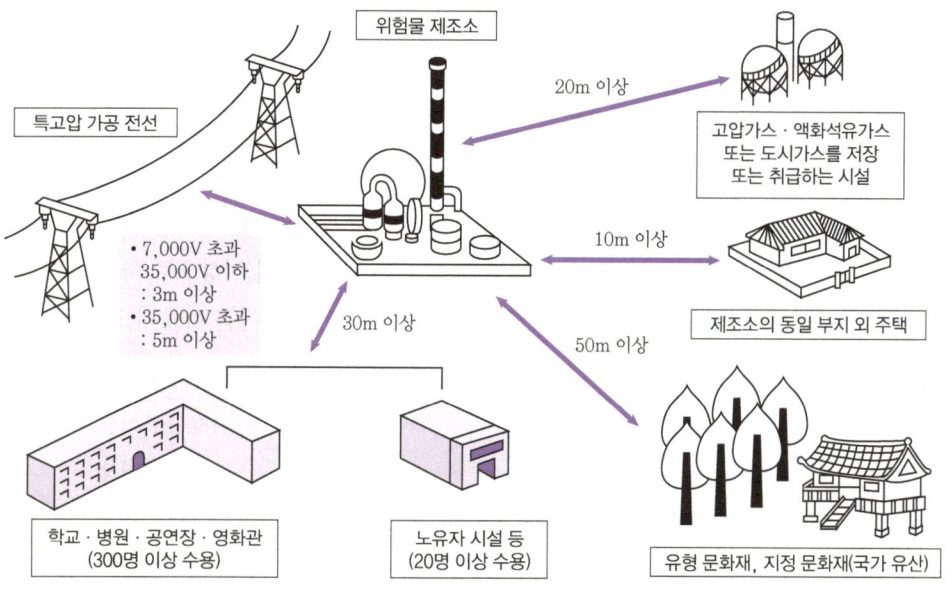

위험물 제조소

특고압 가공 전선

20m 이상

고압가스 · 액화석유가스
또는 도시가스를 저장
또는 취급하는 시설

• 7,000V 초과
35,000V 이하
: 3m 이상
• 35,000V 초과
: 5m 이상

10m 이상

제조소의 동일 부지 외 주택

30m 이상

50m 이상

학교 · 병원 · 공연장 · 영화관
(300명 이상 수용)

노유자 시설 등
(20명 이상 수용)

유형 문화재, 지정 문화재(국가 유산)

<위험물 제조소와의 안전 거리>

(2) 안전 거리의 적용 대상

① 위험물 제조소(제6류 위험물을 취급하는 제조소 제외)

② 일반 취급소

③ 옥내 저장소

④ 옥외 탱크 저장소

⑤ 옥외 저장소

(3) 보유 공지

위험물 시설 또는 그 구성 부분의 주위에 확보해야 할 절대 공간을 말하며, 소방 활동의 공간을 제공하고 화재 시 상호 연소 방지를 위해 설치한다.

취급하는 위험물의 최대 수량	공지의 너비
지정 수량 10배 이하	3m 이상
지정 수량 10배 초과	5m 이상

(4) 제조소의 건축물 구조 기준

① 지하층이 없도록 한다.

② 벽, 기둥, 바닥, 보, 서까래 및 계단은 불연 재료로 설치한다.

③ 지붕은 폭발력이 위로 방출될 정도의 가벼운 불연 재료로 덮어야 한다.

④ 출입구와 비상구는 60분＋방화문·60분방화문 또는 30분방화문을 설치(연소의 우려가 있는 외벽에 설치하는 출입구에는 자동 폐쇄식의 60분＋방화문 또는 60분방화문을 설치)한다.

⑤ 위험물을 취급하는 건축물의 창 및 출입구에 유리를 이용하는 경우에는 망입 유리로 한다.

⑥ 액체의 위험물을 취급하는 건축물의 바닥은 위험물이 스며들지 못하는 재료로 사용하고, 적당한 경사를 두어 그 최저부에 집유 설비를 한다.

(5) 환기 설비

① 환기는 자연 배기 방식으로 한다.

② 급기구는 해당 급기구가 설치된 실의 바닥 면적 $150m^2$마다 1개 이상으로 하되, 급기구의 크기는 $800cm^2$ 이상으로 한다. 다만, 바닥 면적이 $150m^2$ 미만인 경우에는 다음의 크기로 하여야 한다.

바닥 면적	급기구의 면적
$60m^2$ 미만	$150cm^2$ 이상
$60m^2$ 이상 $90m^2$ 미만	$300cm^2$ 이상
$90m^2$ 이상 $120m^2$ 미만	$450cm^2$ 이상
$120m^2$ 이상 $150m^2$ 미만	$600cm^2$ 이상

③ 급기구는 낮은 곳에 설치하고, 가는 눈의 구리망 등으로 인화 방지망을 설치한다.

④ 환기구는 지붕 위 또는 지상 2m 이상의 높이에 회전식 고정 벤틸레이터 또는 루프팬 방식으로 설치한다.

(6) 배출 설비

배출 능력은 1시간당 배출 장소 용적의 20배 이상인 것으로 하여야 한다. 다만, 전역 방식은 바닥 면적 $1m^2$당 $18m^3$ 이상으로 할 수 있다.

(7) 정전기 제거 설비의 설치 기준

① 접지에 의한 방법(접지법)

② 공기 중의 상대 습도를 70% 이상으로 하는 방법(수증기 분사법)

③ 공기를 이온화하는 방법(공기의 이온화법)

(8) 압력계 및 안전 장치

① 자동적으로 압력의 상승을 정지시키는 장치(일반적으로 안전 밸브를 사용)

② 감압측에 안전 밸브를 부착한 감압 밸브

③ 안전 밸브를 병용하는 경보 장치

④ 파괴판(위험물의 성질에 따라 안전 밸브의 작동이 곤란한 가압 설비에 한함)

3-2 옥내 저장소

(1) 옥내 저장소의 기준

① 보유 공지

저장 또는 취급하는 위험물의 최대 수량	공지의 너비	
	벽·기둥 및 바닥이 내화구조로 된 건축물	그 밖의 건축물
지정 수량의 5배 이하	–	0.5m 이상
지정 수량의 5배 초과 10배 이하	1m 이상	1.5m 이상
지정 수량의 10배 초과 20배 이하	2m 이상	3m 이상
지정 수량의 20배 초과 50배 이하	3m 이상	5m 이상
지정 수량의 50배 초과 200배 이하	5m 이상	10m 이상
지정 수량의 200배 초과	10m 이상	15m 이상

단, 지정 수량의 20배를 초과하는 옥내 저장소와 동일한 부지 내에 있는 다른 옥내 저장소와의 사이에는 동표에 정하는 공지 너비의 $\frac{1}{3}$(해당 수치가 3m 미만인 경우는 3m)의 공지를 보유할 수 있다.

② 저장창고 바닥면적 기준

㉮ 다음의 위험물을 저장하는 창고 : 1,000m² 이하

㉠ 제1류 위험물 중 아염소산염류, 염소산염류, 과염소산염류, 무기 과산화물, 그 밖에 지정 수량이 50kg인 위험물

㉡ 제3류 위험물 중 칼륨, 나트륨, 알킬알루미늄, 알킬리튬, 그 밖에 지정 수량이 10kg인 위험물 및 황린

㉢ 제4류 위험물 중 특수 인화물, 제1석유류 및 알코올류

㉣ 제5류 위험물 중 유기 과산화물, 질산에스테르류, 그 밖에 지정 수량이 10kg인 위험물

㉤ 제6류 위험물

㉯ ㉮의 위험물 외의 위험물을 저장하는 창고 : 2,000m² 이하

(2) 위험물의 저장 기준

① 운반 용기에 수납하여 저장한다.

② 품명별로 구분하여 저장한다.

③ 위험물과 비위험물과의 상호 거리 : 1m 이상

④ 혼재할 수 있는 위험물과 위험물의 상호 거리 : 1m 이상

⑤ 자연 발화 위험이 있는 위험물 : 지정 수량 10배 이하마다 0.3m 이상 간격을 둔다.

(3) 위험물 용기를 겹쳐 쌓을 수 있는 높이

① 기계에 의하여 하역하는 구조로 된 용기만을 겹쳐 쌓는 경우 : 6m

② 제4류 위험물 중 제3석유류, 제4석유류 및 동 · 식물유류를 수납하는 용기만을 겹쳐 쌓는 경우 : 4m

③ 그 밖의 경우 : 3m

(4) 상호 1m 이상의 간격을 유지하는 경우에도 동일한 옥내 저장소에 저장할 수 있는 것

① 제1류 위험물(알칼리 금속의 과산화물 또는 이를 함유한 것은 제외)＋제5류 위험물

② 제1류 위험물＋제6류 위험물

③ 제1류 위험물＋자연 발화성 물품(황린)

④ 제2류 위험물 중 인화성 고체＋제4류 위험물

⑤ 제3류 위험물 중 알킬알루미늄 등＋제4류 위험물(알킬알루미늄 · 알킬리튬을 함유한 것)

⑥ 제4류 위험물 중 유기 과산화물 또는 이를 함유하는 것＋제5류 위험물 중 유기 과산화물 또는 이를 함유하는 것

(5) 지정 유기과산화물 외벽의 기준

① 두께 20cm 이상의 철근콘크리드조, 철골철근콘크리드조

② 두께 30cm이상의 보강시멘트블록조

3-3 옥외 저장소

(1) 옥외 저장소에 저장할 수 있는 위험물

① 제2류 위험물 중 황 또는 인화성 고체(인화점이 0℃ 이상인 것에 한함)

② 제4류 위험물 중 제1석유류(인화점 0℃ 이상인 것에 한함), 알코올류, 제2석유류, 제3석유류, 제4석유류 및 동 · 식물유류

③ 제6류 위험물

(2) 옥외 저장소의 선반 설치 기준

선반의 높이는 6m를 초과하지 아니할 것

(3) 위험물의 저장 기준

① 운반 용기에 수납하여 저장한다.

② 위험물과 비위험물의 상호 거리 : 1m 이상

③ 위험물과 위험물의 상호 거리 : 1m 이상

(4) 위험물을 저장하는 경우 높이를 초과하여 겹쳐 쌓지 아니한다.

① 기계에 의하여 하역하는 구조로 된 용기만을 겹쳐 쌓는 경우 : 6m

② 제4류 위험물 중 제3석유류, 제4석유류 및 동·식물유류를 수납하는 용기만을 겹쳐 쌓는 경우 : 4m

③ 그 밖의 경우 : 3m

(5) 옥외 저장소 중 덩어리 상태의 황만을 지반면에 설치한 경계 표시의 안쪽에서 저장·취급하는 것

① 하나의 경계 표시의 내부 면적 : $100m^2$ 이하

② 2개 이상의 경계 표시를 설치하는 경우에 있어서는 각각의 경계 표시 내부의 면적을 합산한 면적 : $1,000m^2$ 이하

③ 황 옥외 저장소의 경계 표시 높이 : 1.5m 이하

④ 경계 표시에는 황이 넘치거나 비산하는 것을 방지하기 위한 천막 등을 고정하는 장치를 설치하되 천막 등을 고정하는 장치는 경계 표시의 길이 2m마다 1개 이상 설치한다.

3-4 옥외 탱크 저장소

(1) 탱크 구조 기준

① 재질 및 두께 : 두께 3.2mm 이상의 강철판

② 탱크 통기 장치의 기준

㉮ 밸브 없는 통기관

㉠ 통기관의 직경 : 30mm 이상

㉡ 통기관의 끝부분은 수평면보다 아래로 45° 이상 구부려 빗물 등의 침투를 막는 구조일 것

㉢ 가는 눈의 구리망 등으로 인화 방지 장치를 설치할 것

㉯ 대기 밸브 부착 통기관

㉠ 5kPa 이하의 압력 차이로 작동할 수 있을 것

㉡ 가는 눈의 구리망 등으로 인화 방지 장치를 설치할 것

③ 옥외 탱크 저장소의 금속 사용 제한 및 위험물 저장 기준

㉮ 금속 사용 제한 조치 기준 : 아세트알데하이드 또는 산화프로필렌의 옥외 탱크 저장소에는 은,

수은, 동, 마그네슘 또는 이들 합금과는 사용하지 말 것
- ㉮ 아세트알데하이드, 산화프로필렌 등의 저장 기준
  - ㉠ 옥외 저장 탱크에 아세트알데하이드 또는 산화프로필렌을 저장하는 경우에는 그 탱크 안에 불연성 가스를 봉입해야 한다.
  - ㉡ 옥외 저장 탱크(옥내 저장 탱크 또는 지하 저장 탱크) 중 압력 탱크 외의 탱크에 저장하는 경우
    - ⓐ 디에틸에테르 또는 산화프로필렌 : 30℃ 이하
    - ⓑ 아세트알데하이드 : 15℃ 이하
  - ㉢ 옥외 저장 탱크(옥내 저장 탱크 또는 지하 저장 탱크) 중 압력 탱크에 저장하는 경우 : 에틸에테르, 아세트알데하이드 또는 산화프로필렌의 온도는 40℃ 이하

(2) 펌프설비

① 펌프실의 벽, 기둥, 바닥, 보 : 불연 재료
② 펌프실의 지붕 : 폭발력이 위로 방출될 정도의 가벼운 불연 재료
③ 펌프실의 창 및 출입구에는 60분＋방화문·60분방화문 또는 30분방화문을 설치

(3) 옥외 탱크 저장소의 방유제 설치 기준

① 설치 목적 : 저장 중인 액체 위험물이 주위로 누설 시 그 주위에 피해 확산을 방지하기 위하여 설치한 담이다.
② 용량
  - ㉮ 인화성 액체 위험물(CS_2 제외)의 옥외 탱크 저장소의 탱크
    - ㉠ 1기 이상 : 탱크 용량의 110% 이상(인화성이 없는 액체 위험물은 탱크 용량의 100% 이상)
    - ㉡ 2기 이상 : 최대 용량의 110% 이상

> **예제**
>
> **휘발유를 저장하는 옥외 탱크 저장소의 하나의 방유제 안에 10,000L, 20,000L 탱크 각각 1기가 설치되어 있다. 방유제의 용량은 몇 L 이상이어야 하는가?**
>
> **풀이** 옥외 탱크 저장소 방유제 용량(탱크 1기인 경우)
> ＝탱크 용량×1.1 이상(비인화성 액체의 경우×1.0 이상)
> ＝20,000×1.1＝22,000L 이상
>
> **답** 22,000L 이상

  - ㉯ 위험물 제조소의 옥외에 있는 위험물 취급 탱크(용량이 지정 수량의 $\frac{1}{5}$ 미만인 것은 제외)
    - ㉠ 1개의 탱크 : 방유제 용량＝탱크 용량×0.5

ⓒ 2개 이상의 탱크 : 방유제 용량＝최대 탱크 용량×0.5＋기타 탱크 용량의 합×0.1

> **예제**
>
> 제조소의 옥외에 모두 3기의 휘발유 취급 탱크를 설치하고, 그 주위에 방유제를 설치하고자 한다. 방유제 안에 설치하는 각 취급 탱크의 용량이 5만L, 3만L, 2만L일 때 필요한 방유제의 용량은 몇 L 이상인가?
>
> **풀이** 방유제 용량＝최대 용량×0.5＋ (기타 용량의 합×0.1)
> $$= 50,000 × 0.5 + (30,000 + 20,000) × 0.1 = 25,000 + 5,000$$
> $$= 30,000\text{L 이상}$$
>
> **답** 30,000L 이상

ⓑ 위험물 제조소의 옥내에 있는 위험물 취급 탱크의 방유턱의 용량

    ⓐ 1기일 때 : 탱크 용량 이상

    ⓑ 2기 이상 : 최대 탱크 용량 이상

③ 용량 : 0.5m 이상 3.0m 이하

④ 면적 : 80,000m^2 이하

⑤ 방유제 내에 설치하는 옥외 저장 탱크의 수 : 10개 이하(단, 방유제 내에 설치하는 모든 옥외 저장 탱크의 용량이 20만L 이하이고, 당해 옥외 저장 탱크에 저장 또는 취급하는 위험물의 인화점이 70℃ 이상 200℃ 미만인 경우에는 20개 이하)

3-5 옥내 탱크 저장소

(1) 탱크와 탱크 전용실과의 이격 거리

① 탱크와 탱크 전용실 벽과의 사이 : 0.5m 이상

② 탱크와 탱크 상호 간 : 0.5m 이상(점검 및 보수에 지장이 없는 경우는 예외)

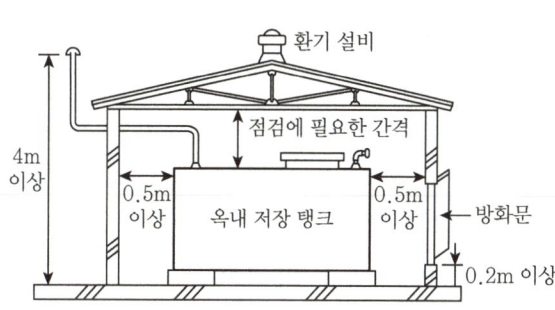

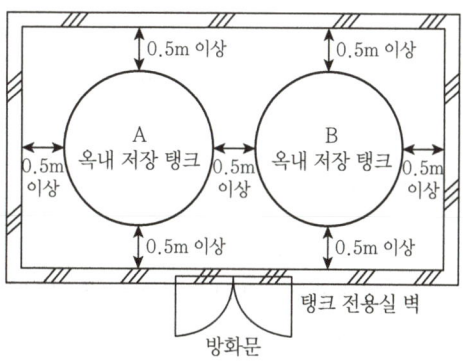

③ 탱크 전용실에 설치하는 탱크 용량 (하나의 탱크 전용실에 2기 이상의 탱크를 설치하는 경우 각 탱크 용량의 합한 양을 기준)

   ㉮ 1층 이하 층의 건축물에 설치 시 : 지정 수량 40배(제4석유류 또는 동 · 식물유류 외의 제4류 위험물로서 당해 수량이 20,000L를 초과하는 경우에는 20,000L) 이하

   ㉯ 2층 이상 층의 건물에 설치 시 : 지정 수량 10배(제4석유류 또는 동 · 식물유류 외의 제4류 위험물로서 당해 수량이 5,000L를 초과하는 경우에는 5,000L) 이하

(2) 옥내 탱크의 통기 장치(밸브 없는 통기관) 기준

① 통기관의 지름 : 30mm 이상

② 통기관의 끝부분은 수평면보다 아래로 45° 이상 구부려 빗물 등이 들어가지 않는 구조로 할 것 (단, 빗물이 들어가지 않는 구조일 경우는 제외)

③ 통기관의 끝부분은 건축물의 창 또는 출입구 등의 개구부로부터 1m 이상 떨어진 옥외에 설치하되, 지면으로부터 4m 이상의 높이로 할 것

④ 통기관은 가스 등이 체류하지 않도록 굴곡이 없게 할 것

3-6 지하 탱크 저장소

(1) 지하 탱크 저장소의 구조

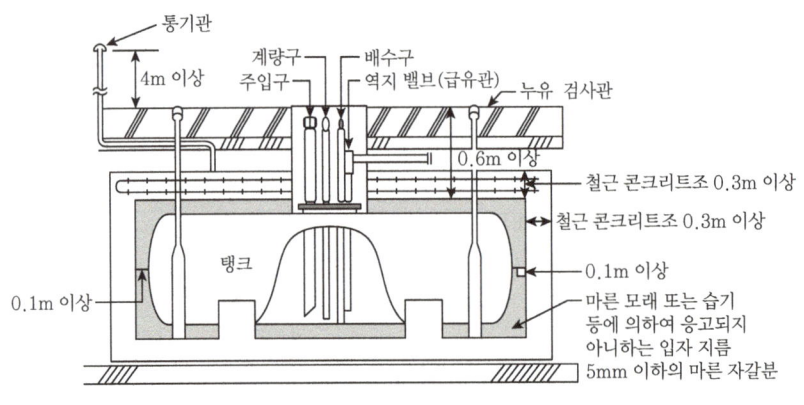

<지하 탱크 매설도>

(2) 지하 탱크 저장소의 구조

① 탱크 전용실 콘크리트의 두께(벽 · 바닥 및 뚜껑) : 0.3m 이상

② 탱크 전용실과 대지 경계선, 지하 매설물과의 거리 : 0.1m 이상(단, 전용실이 설치되지 않을 경우 : 0.6m 이상)

③ 탱크와 탱크 전용실과의 간격 : 0.1m 이상

④ 탱크 본체의 윗부분과 지면까지의 거리 : 0.6m 이상

⑤ 해당 탱크 주위에 마른 모래 또는 습기 등에 의하여 응고되지 아니하는 입자 지름 5mm 이하의 마른 자갈분을 채워야 한다.

⑥ 탱크를 2개 이상 인접하였을 때 상호 거리는 다음과 같다.

    ㉮ 지정 수량 100배 초과 : 1m 이상

    ㉯ 지정 수량 100배 이하 : 0.5m 이상

⑦ 누유 검사관 : 액체 위험물의 탱크로부터 새는 것을 검사하기 위하여 탱크 1기당 4개 이상 설치한다.

(3) 과충전 방지 장치

탱크 용량의 최소 90%가 찰 때 경보음이 울린다.

(4) 수압시험

① 압력탱크 : 최대상용압력의 1.5배의 압력으로 10분간 실시하여 새거나 변형이 없을 것

② 압력탱크(최대상용압력이 46.7kPa 이상인 탱크) 외의 탱크 : 70kPa의 압력으로 10분간 실시하여 새거나 변형이 없을 것

3-7 이동 탱크 저장소

(1) 상치 장소

① 옥외 : 화기 취급 장소 또는 인근 건축물로부터 5m 이상(인근 건축물이 1층인 경우 3m 이상)의 거리를 확보하되, 하천의 공지나 수면, 내화 구조 또는 불연 재료의 담 또는 벽, 기타 이와 유사한 것에 접하는 경우는 제외

② 옥내 : 벽 · 바닥 · 보 · 서까래 및 지붕을 내화 구조 또는 불연 재료로한 건축물의 1층에 설치한다.

(2) 이동 탱크 저장소의 탱크 구조 기준

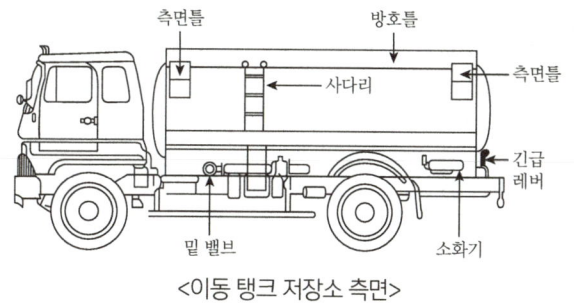

<이동 탱크 저장소 측면>

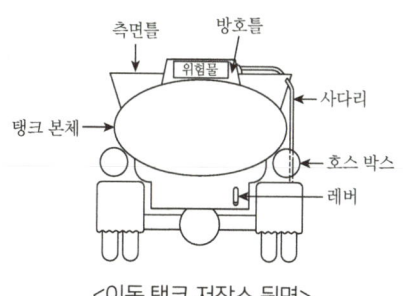

<이동 탱크 저장소 뒷면>

탱크 강철관의 두께는 다음과 같다.

① 본체 : 3.2mm 이상

② 측면틀 : 3.2mm 이상

③ 안전 칸막이 : 3.2mm 이상

④ 방호틀 : 2.3mm 이상

⑤ 방파판 : 1.6mm 이상

(3) 수압 시험

① 압력 탱크 : 최대 상용 압력은 1.5배의 압력으로 각각 10분간 수압 시험을 실시하여 새거나 변형되지 아니할 것. 이 경우 수압 시험은 용접부에 대한 비파괴 시험과 기밀 시험으로 대신할 수 있다.

② 압력 탱크(최대 상용 압력이 46.7kPa 이상인 탱크) 외의 탱크 : 70kPa의 압력으로 10분간 수압 시험을 실시하여 새거나 변형되지 아니할 것

(4) 안전 장치 작동 압력

① 상용 압력이 20kPa 이하 : 20kPa 이상 24kPa 이하의 압력

② 상용 압력이 20kPa 초과 : 상용 압력이 1.1배 이하의 압력

(5) 측면틀 부착 기준

① 최외측선(측면틀의 최외측과 탱크의 최외측을 연결하는 직선)의 수평면에 대하여 내각이 75° 이상일 것

② 최대 수량의 위험물을 저장한 상태에 있을 때의 해당 탱크 중량의 중심선과 측면틀의 최외측을 연결하는 직선과 그 중심선을 지나는 직선 중 최외측선과 직각을 이루는 직선과의 내각이 35° 이상이 되도록 할 것

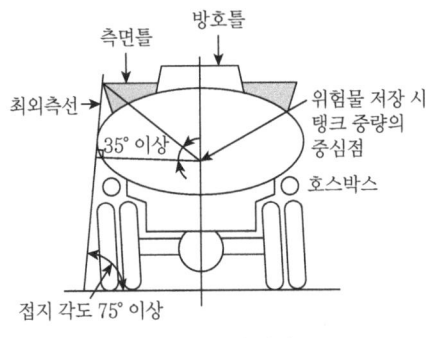

<탱크 뒷부분의 입면도>

(6) 안전 간막이 및 방파판의 설치 기준

① 재질은 두께 3.2mm 이상의 강철판
② 4,000L 이하마다 구분하여 설치

> **예제**
>
> 액체위험물을 저장하는 용량 10,000L의 이동저장탱크는 최소 몇 개 이상의 실로 구획하여야 하는가?
>
> **풀이** $\dfrac{10,000L}{4,000L} = 2.5 = 3$
>
> **답** 3

(7) 이동 탱크 저장소의 위험물 취급 기준

① 이동 탱크 저장소의 원동기를 정지시켜야 하는 경우 : 인화점 40℃ 미만인 위험물 주입 시
② 전기에 의한 재해 발생의 우려가 있는 액체 위험물(휘발유, 벤젠 등)을 이동 탱크 저장소에 주입하는 경우의 취급 기준

㉮ 정전기 등으로 인한 재해 발생 방지 조치 사항

예 휘발유를 저장하던 이동 저장 탱크에 등유나 경유를 주입하거나, 등유나 경유를 저장하던 이동 저장 탱크에 휘발유를 저장하는 경우

㉠ 탱크의 위쪽 주입관에 의해 위험물을 주입할 경우의 주입 속도 1m/sec 이하
㉡ 탱크의 밑바닥에 설치된 고정 주입 배관에 의해 위험물을 주입할 경우 주입 속도 1m/sec 이하

참고 1

이동탱크저장소의 불활성기체 봉입압력

구분	저장(주입할 때)	취급(꺼낼 때)
알킬알루미늄 등	20kPa 이하	200kPa 이하
아세트알데하이드 등	항상 불활성기체 봉입	100kPa 이하

◆ 참고 2

> 보냉 장치의 유무에 따른 이동 저장 탱크
>
> ① 보냉 장치가 있는 이동 저장 탱크에 저장하는 아세트알데하이드 등 또는 디에틸에테르 등의 온도는 해당 위험물의 비점 이하로 유지한다.
> ② 보냉 장치가 없는 이동 저장 탱크에 저장하는 아세트알데하이드 등 또는 디에틸에테르 등의 온도는 40℃ 이하로 유지한다.

(8) 위험물을 운송할 때 위험물 운송자의 위험물 안전 카드 작성 대상 위험물

① 제1류 위험물

② 제2류 위험물

③ 제3류 위험물

④ 제4류 위험물(특수인화물, 제1석유류)

⑤ 제5류 위험물

⑥ 제6류 위험물

(9) 이동 탱크 저장소의 위험물 운송 시 운송 책임자의 감독 · 지원을 받아야 하는 위험물

① 알킬알루미늄

② 알킬리튬

③ 알킬알루미늄 또는 알킬리튬을 함유하는 위험물

(10) 이동 저장 탱크의 외부 도장

유별	도장의 색상	비고
제1류	회색	
제2류	적색	
제3류	청색	탱크의 앞면과 뒷면을 제외한 면적의 40% 이내의 면적은 다른 유별의 색상 외의 색상으로 도장하는 것이 가능하다.
제4류	도장에 색상 제한은 없으나 적색을 권장한다.	
제5류	황색	
제6류	청색	

3-8 간이 탱크 저장소

(1) 탱크의 구조 기준

① 두께 3.2mm 이상의 강판으로 흠이 없도록 제작

② 시험 방법 : 70kPa 압력으로 10분간 수압 시험을 실시하여 새거나 변형되지 아니할 것

③ 하나의 탱크 용량은 600L 이하로 할 것

④ 탱크의 외면에는 녹을 방지하기 위한 도장을 할 것

(2) 탱크의 설치방법

하나의 간이 탱크 저장소에 설치하는 탱크의 수는 3기 이하로 할 것(단, 동일한 품질의 위험물 탱크를 2기 이상 설치하지 말 것)

3-9 암반 탱크 저장소

• 공간 용적

위험물 암반 탱크의 공간 용적은 해당 탱크 내에 용출하는 7일간의 지하수 양에 상당하는 용적과 해당 탱크 내용적 $\frac{1}{100}$의 용적 중 보다 큰 용적으로 한다.

> **예제**
>
> 위험물암반탱크가 다음과 같은 조건일 때 탱크의 용량은 몇 L인가?
>
> - 암반탱크의 내용적 : 600,000L
> - 1일간 탱크 내에 용출하는 지하수의 양 : 800L
>
> **풀이** 암반탱크에 있어서는 해당 탱크 내에 용출하는 7일간의 지하수의 양에 상당하는 용적과 해당 탱크의 내용적의 100분의 1의 용적 중에서 보다 큰 용적을 공간 용적으로 한다.
>
> 즉, 탱크용량＝내용적－공간용적, 공간용적 : 800L×7일＝5,600L
>
> 내용적의 $\frac{1}{100}$: 600,000L×0.01＝6,000L, 이중 큰 값은 6,000L
>
> 따라서 탱크용량＝600,000－6,000L＝594,000L
>
> **답** 594,000L

4 위험물 취급소 구분

4-1 주유 취급소

(1) 주유 취급소의 게시판 기준

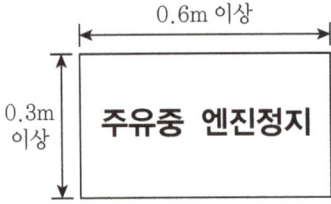

① 규격 : 한 변의 길이가 0.3m 이상, 다른 한 변의 길이가 0.6m 이상
② 색깔 : 황색 바탕에 흑색 문자

(2) 전용 탱크 1개의 용량 기준

① 자동차 등에 주유하기 위한 고정 주유 설비에 직접 접속하는 전용 탱크 : 50,000L(고속국도 주유
취급소는 60,000L 이하)
② 고정 급유 설비에 직접 접속하는 전용 탱크 : 50,000L 이하(고속도로 주유 취급소는 60,000L 이하)
③ 보일러 등에 직접 접속하는 전용 탱크 : 10,000L 이하
④ 자동차 등을 점검 · 정비하는 작업장 등(주유 취급소에 설치한 것에 한한다)에서 사용하는 폐유 ·
윤활유 등의 위험물을 저장하는 탱크로 소용량(2기 이상 설치하는 경우에는 각 용량의 합계를 말
한다) 2,000L 이하인 탱크
⑤ 고정 주유 설비 또는 고정 급유 설비에 직접 접속하는 3기 이하의 간이 탱크

(3) 고정 주유 설비 등

① 고정 주유 설비의 중심선을 기점으로
㉮ 도로 경계선으로 : 4m 이상
㉯ 부지 경계선 · 담 및 건축물의 벽까지 : 2m(개구부가 없는 벽까지 1m) 이상
② 셀프용 고정 주유 설비의 기준
1회의 연속 주유량 및 주유 시간의 상한
㉮ 휘발유 : 100L 이하, 4분 이하
㉯ 경유 : 600L 이하, 12분 이하

참고

주유 취급소의 피난 설비 기준

주유 취급소 중 건축물의 2층을 휴게 음식점의 용도로 사용하는 것에 있어 해당 건축물의 2층으로부터 직접 주유 취급소의 부지 밖으로 통하는 출입구와 해당 출입구로 통하는 통로 계단에는 유도등을 설치한다.

4-2 판매 취급소

점포에서 위험물을 용기에 담아 판매하기 위하여 지정 수량의 40배 이하의 위험물을 취급하는 장소

(1) 제1종 판매 취급소

저장 또는 취급하는 위험물의 수량이 지정 수량의 20배 이하인 취급소이다.

① 건축물의 1층에 설치한다.

② 배합실은 다음과 같다.

  ㉮ 바닥 면적은 $6m^2$ 이상 $15m^2$ 이하이다.

  ㉯ 내화 구조 또는 불연 재료로 된 벽으로 구획한다.

  ㉰ 바닥은 위험물이 침투하지 아니하는 구조로 하여 적당한 경사를 두고 집유 설비를 한다.

  ㉱ 출입구에는 수시로 열 수 있는 자동 폐쇄식의 60분＋방화문 또는 60분방화문을 설치한다.

  ㉲ 출입구 문턱의 높이는 바닥면으로 0.1m 이상으로 한다.

  ㉳ 내부에 체류한 가연성 증기 또는 가연성의 미분을 지붕 위로 방출하는 설비를 한다.

참고

배합실에서 배합하여서는 안되는 위험물 : 과산화수소.

(2) 제2종 판매 취급소

저장 또는 취급하는 위험물의 수량이 40배 이하인 취급소이다.

예제

제4류 위험물 중 경유를 판매하는 제2종 판매취급소를 허가받아 운영하고자 한다. 취급할 수 있는 최대 수량은?

풀이 제2종 판매취급소의 최대허가량은 지정수량의 40배 이하이다.
경유는 지정수량이 1,000L이므로
∴ 40배×1,000L＝40,000L

답 40,000L

4-3 이송 취급소

① 이송 기지 내의 지상에 설치되는 배관 등은 전체 용접부의 20% 이상 발췌하여 비파괴 시험을 할 수 있다.
② 경보설비
   ㉮ 이송 기지 : 확성 장치, 비상벨 장치
   ㉯ 가연성 증기를 발생하는 위험물을 취급하는 펌프실 등 : 가연성 증기 경보설비

4-4 일반 취급소

(1) 특례 적용 대상 일반 취급소

① 분무 도장 작업 등의 일반 취급소
② 세정 작업의 일반 취급소
③ 열처리 작업 등의 일반 취급소
④ 보일러 등으로 위험물을 소비하는 일반 취급소
⑤ **충전하는 일반 취급소** : 이동 저장 탱크에 액체 위험물(알킬알루미늄 등, 아세트알데하이드 등 하이드록실아민 등을 제외한다)을 주입하는 일반 취급소(액체 위험물을 용기에 옮겨 담는 취급소를 포함)
⑥ 옮겨 담는 일반 취급소
⑦ 유압 장치 등을 설치하는 일반 취급소
⑧ 절삭 장치 등을 설치하는 일반 취급소
⑨ 열매체유 순환 장치를 설치하는 일반 취급소
⑩ 화학 실험의 일반 취급소

5 소화 난이도 등급별 소화 설비, 경보 설비 및 피난 설비

5-1 소화 설비

(1) 소화 난이도 등급 I의 제조소 등의 소화 설비 구분

① 소화 난이도 등급 I에 해당하는 제조소 등

제조소 등의 구분	제조소 등의 규모, 저장 또는 취급하는 위험물의 품명 및 최대 수량 등
제조소 일반 취급소	연면적 1,000m² 이상인 것
	지정 수량의 100배 이상인 것(고인화점 위험물만을 100℃ 미만의 온도에서 취급하는 것 및 제48조의 위험물을 취급하는 것은 제외)
	지반면으로부터 6m 이상의 높이에 위험물 취급 설비가 있는 것(고인화점 위험물만을 100℃ 미만의 온도에서 취급하는 것은 제외)
	일반 취급소로 사용되는 부분 외의 부분을 갖는 건축물에 설치된 것(내화 구조로 개구부 없이 구획된 것 및 고인화점 위험물만을 100℃ 미만의 온도에서 취급하는 것 및 별표 16 X의 2의 화학 실험의 일반 취급소는 제외)
주유 취급소	별표 13 V 제2호에 따른 면적의 합의 500m²를 초과하는 것
옥내 저장소	지정 수량의 150배 이상인 것(고인화점 위험물만을 저장하는 것 및 제48조의 위험물을 저장하는 것은 제외)
	연면적 150m²를 초과하는 것(150m² 이내마다 불연 재료로 개구부 없이 구획된 것 및 인화성 고체 외의 제2류 위험물 또는 인화점 70℃ 이상의 제4류 위험물만을 저장하는 것은 제외)
	처마 높이가 6m 이상인 단층 건물의 것
	옥내 저장소로 사용되는 부분 외의 부분이 있는 건축물에 설치된 것(내화 구조로 개구부 없이 구획된 것 및 인화성 고체 외의 제2류 위험물 또는 인화점 70℃ 이상의 제4류 위험물만을 저장하는 것은 제외)
옥외 탱크 저장소	액표면적이 40m² 이상인 것(제6류 위험물을 저장하는 것 및 고인화점 위험물만을 100℃ 미만의 온도에서 저장하는 것은 제외)
	지반면으로부터 탱크 옆판의 상단까지 높이가 6m 이상인 것(제6류 위험물을 저장하는 것 및 고인화점 위험물만을 100℃ 미만의 온도에서 저장하는 것은 제외)
	지중 탱크 또는 해상 탱크로서 지정 수량의 100배 이상인 것(제6류 위험물을 저장하는 것 및 고인화점 위험물만을 100℃ 미만의 온도에서 저장하는 것은 제외)
	고체 위험물을 저장하는 것으로서 지정 수량의 100배 이상인 것
옥내 탱크 저장소	액표면적이 40m² 이상인 것(제6류 위험물을 저장하는 것 및 고인화점 위험물만을 100℃ 미만의 온도에서 저장하는 것은 제외)

	바닥면으로부터 탱크 옆판의 상단까지 높이가 6m 이상인 것(제6류 위험물을 저장하는 것 및 고인화점 위험물만을 100℃ 미만의 온도에서 저장하는 것은 제외)
	탱크 전용실이 단층 건물 외의 건축물에 있는 것으로 인화점 38℃ 이상 70℃ 미만의 위험물을 지정 수량 5배 이상 저장하는 것(내화 구조로 개구부 없이 구획된 것은 제외한다)
옥외 저장소	덩어리 상태의 황 등을 저장하는 것으로서 경계 표시 내부의 면적(2 이상의 경계 표시가 있는 경우에는 각 경계 표시의 내부의 면적을 합한 면적)이 100m² 이상인 것
	별표 11 III의 위험물을 저장하는 것으로서 지정 수량의 100배 이상인 것
암반 탱크 저장소	액표면적이 40m² 이상인 것(제6류 위험물을 저장하는 것 및 고인화점 위험물만을 100℃ 미만의 온도에서 저장하는 것은 제외)
	고체 위험물을 저장하는 것으로서 지정 수량의 100배 이상인 것
이송 취급소	모든 대상

[비고] 제조소 등의 구분별로 오른쪽란에 정한 제조소 등의 규모, 저장 또는 취급하는 위험물의 수량 및 최대 수량 등의 어느 하나에 해당하는 제조소 등은 소화 난이도 등급 I에 해당하는 것으로 한다.

② 소화 난이도 등급 I의 제조소 등에 설치하여야 하는 소화 설비

제조소 등의 구분			소화 설비
제조소 및 일반 취급소			옥내 소화전 설비, 옥외 소화전 설비, 스프링클러 설비 또는 물분무 등 소화 설비(화재 발생 시 연기가 충만할 우려가 있는 장소에는 스프링클러 설비 또는 이동식 외의 물분무 등 소화 설비에 한한다)
주유 취급소			스프링클러 설비(건축물에 한정한다), 소형 수동식 소화기 등(능력 단위의 수치가 건축물 그 밖의 공작물 및 위험물의 소요단위의 수치에 이르도록 설치할 것
옥내 저장소	처마 높이가 6m 이상인 단층 건물 또는 다른 용도의 부분이 있는 건축물에 설치한 옥내 저장소		스프링클러 설비 또는 이동식 외의 물분무 등 소화 설비
	그 밖의 것		옥외 소화전 설비, 스프링클러 설비, 이동식 외의 물분무 등 소화 설비 또는 이동식 포 소화 설비(포 소화전을 옥외에 설치하는 것에 한한다)
옥외 탱크 저장소	지중 탱크 또는 해상 탱크 외의 것	황만을 저장 취급하는 것	물분무 소화 설비
		인화점 70℃ 이상의 제4류 위험물만을 저장 취급하는 것	물분무 소화 설비 또는 고정식 포 소화 설비
		그 밖의 것	고정식 포 소화 설비(포 소화 설비가 적응성이 없는 경우에는 분말 소화 설비)

	지중 탱크	고정식 포 소화 설비, 이동식 이외의 불활성 가스 소화 설비 또는 이동식 이외의 할로겐 화합물 소화 설비
	해상 탱크	고정식 포 소화 설비, 물분무 소화 설비, 이동식 외의 불활성 가스 소화 설비 또는 이동식 이외의 할로겐 화합물 소화 설비
옥내 탱크 저장소	황만을 저장 취급하는 것	물분무 소화 설비
	인화점 70℃ 이상의 제4류 위험물만을 저장 취급하는 것	물분무 소화 설비, 고정식 포 소화 설비, 이동식 이외의 불활성 가스 소화 설비, 이동식 이외의 할로겐 화합물 소화 설비 또는 이동식 이외의 분말 소화 설비
	그 밖의 것	고정식 포 소화 설비, 이동식 이외의 불활성 가스 소화 설비, 이동식 이외의 할로겐 화합물 소화 설비 또는 이동식 이외의 분말 소화 설비
옥외 저장소 및 이송 취급소		옥내 소화전 설비, 옥외 소화전 설비, 스프링클러 설비 또는 물분무 등 소화 설비(화재 발생 시 연기가 충만할 우려가 있는 장소에는 스프링클러 설비 또는 이동식 이외의 물분무 등 소화 설비에 한한다)
암반 탱크 저장소	황만을 저장 취급하는 것	물분무 소화 설비
	인하점 70℃ 이상의 제4류 위험물만을 저장 취급하는 것	물분무 소화 설비 또는 고정식 포 소화 설비
	그 밖의 것	고정식 포 소화 설비(포 소화 설비가 적응성이 없는 경우에는 분말 소화 설비)

(2) 소화 설비의 적응성

소화 설비의 구분		건축물 · 그 밖의 공작물	전기 설비	제1류 위험물		제2류 위험물		제3류 위험물		제4류 위험물	제5류 위험물	제6류 위험물
				알칼리 금속 과산화물 등	그밖의 것	철분 · 금속분 · 마그네슘 등	인화성 고체	그밖의 것	금수성 물품	그밖의 것			
옥내 소화전 설비 또는 옥외 소화전 설비		○			○		○	○		○		○	○
스프링클러 설비		○			○		○	○		○	△	○	○
물분무 등 소화 설비	물분무 소화 설비	○	○		○		○	○		○	○	○	○
	포 소화 설비	○			○		○	○		○	○	○	○
	불활성 가스 소화 설비		○					○			○		

구분	항목												
	할로젠 화합물 소화 설비		○			○				○		
분말 소화 설비	인산염류 등	○	○		○		○	○			○		○
	탄산수소염류 등		○	○		○	○		○		○		
	그 밖의 것			○		○			○				
대형·소형 수동식 소화기	봉상수(棒狀水) 소화기	○			○		○	○		○		○	○
	무상수(霧狀水) 소화기	○	○		○		○	○		○		○	○
	봉상 강화액 소화기	○			○		○	○		○		○	○
	무상 강화액 소화기	○	○		○		○	○		○	○	○	○
	포 소화기	○			○		○	○		○	○	○	○
	이산화탄소 소화기		○				○				○		△
	할론 소화 설비		○				○				○		
	분말 소화기 — 인산염류 소화기	○	○		○		○				○		○
	분말 소화기 — 탄산수소염류 소화기		○	○		○	○		○		○		
	분말 소화기 — 그 밖의 것			○		○			○				
기타	물통 또는 수조	○			○		○	○		○		○	○
	건조사			○	○	○	○	○	○	○	○	○	○
	팽창 질석 또는 팽창 진주암			○	○	○	○	○	○	○	○	○	○

[비고] 1. "○" 표시는 당해 소방 대상물 및 위험물에 대하여 소화 설비가 적응성이 있음을 표시하고, "△" 표시는 제4류 위험물을 저장 또는 취급하는 장소의 살수 기준 면적에 따라 스프링클러 설비의 살수 밀도가 표에서 정하는 기준 이상인 경우에는 당해 스프링클러 설비가 제4류 위험물에 대하여 적응성이 있음을, 제6류 위험물을 저장 또는 취급하는 장소로서 폭발의 위험이 없는 장소에 한하여 이산화탄소 소화기가 제6류 위험물에 대하여 적응성이 있음을 각각 표시한다.

살수 기준 면적아(m²)	방사 밀도(L/m²)		비고
	인화점 38℃ 미만	인화점 38℃ 이상	
279 미만	16.3 이상	12.2 이상	살수 기준 면적은 내화 구조의 벽 및 바닥으로 구획된 하나의 실의 바닥 면적을 말하고, 하나의 실의 바닥 면적이 465m² 이상인 경우의 살수 기준 면적은 465m²로 한다. 다만, 위험 물의 취급을 주된 작업 내용으로 하지 아니하고 소량의 위험 물을 취급하는 설비 또는 부분이 넓게 분산되어 있는 경우에는 방사 밀도는 8.2L/m² 이상, 살수 기준 면적은 279m² 이상으로 할 수 있다.
279 이상 372 미만	15.5 이상	11.8 이상	
372 이상 465 미만	13.9 이상	9.8 이상	
465 이상	12.2 이상	8.1 이상	

2. 인산염류 등은 인산염류, 황산염류, 그 밖에 방염성이 있는 약제를 말한다.

3. 탄산수소염류 등은 탄산수소염류 및 탄산수소염류와 요소의 반응 생성물을 말한다.

4. 알칼리 금속 과산화물 등은 알칼리 금속의 과산화물 및 알칼리 금속의 과산화물을 함유한 것을 말한다.

5. 철분·금속분·마그네슘 등은 철분·금속분·마그네슘과 철분·금속분 또는 마그네슘을 함유한 것을 말한다.

5-2 제조소 등의 경보 설비

〈제조소 등별로 설치하여야 하는 경보 설비의 종류〉

제조소 등의 구분	제조소 등의 규모, 저장 또는 취급하는 위험물의 종류 및 최대 수량 등	경보 설비
제조소 및 일반 취급소	• 연면적 500m^2 이상인 것 • 옥내에서 지정 수량의 100배 이상을 취급하는 것(고인화점 위험물만을 100℃ 미만의 온도에서 취급하는 것을 제외한다) • 일반 취급소로 사용되는 부분 외의 부분이 있는 건축물에 설치된 일반 취급소(일반 취급소와 일반 취급소 외의 부분이 내화구조의 바닥 또는 벽으로 개구부 없이 구획된 것을 제외한다)	자동 화재 탐지 설비
옥내 저장소	• 지정 수량의 100배 이상을 저장 또는 취급하는 것(고인화점 위험물만을 저장 또는 취급하는 것을 제외한다) • 저장 창고의 연면적이 150m^{2}를 초과하는 것[당해 저장 창고가 연면적 150m^2 이내마다 불연재료의 격벽으로 개구부 없이 완전히 구획된 것과 제2류 또는 제4류의 위험물(인화성 고체 및 인화점이 70℃ 미만인 제4류 위험물을 제외한다)만을 저장 또는 취급하는 것에 있어서는 저장 창고의 연면적이 500m^2 이상의 것에 한한다] • 처마 높이가 6m 이상인 단층 건물의 것 • 옥내 저장소로 사용되는 부분 외의 부분이 있는 건축물에 설치된 옥내 저장소[옥내 저장소와 옥내 저장소 외의 부분이 내화 구조의 바닥 또는 벽으로 개구부 없이 구획된 것과 제2류 또는 제4류의 위험물(인화성 고체 및 인화점이 70℃ 미만인 제4류 위험물을 제외한다)만을 저장 또는 취급하는 것을 제외한다]	
옥내 탱크 저장소	단층 건물 외의 건축물에 설치된 옥내 탱크 저장소로서 소화 난이도 등급 I에 해당하는 것	
주유 취급소	옥내 주유 취급소	
옥외 탱크 저장소	특수인화물, 제1석유류 및 알코올류를 저장 또는 취급하는 탱크의 용량이 1,000만리터 이상인 것	자동 화재 탐지 설비, 자동 화재 속보 설비
제1호 내지 제5호의 자동 화재 탐지 설비 설치 대상에 해당하지 아니하는 제조소 등	지정 수량의 10배 이상을 저장 또는 취급하는 것	자동 화재 탐지 설비, 비상 경보 설비, 확성 장치 또는 비상 방송 설비 중 1종 이상

[비고] 이송취급소의 경보설비는 별표 15 IV 제14호의 규정에 의한다.

6 위험물의 운송 시에 준수하는 기준

위험물 운송자는 장거리(고속 국도에 있어서는 340km 이상, 그 밖의 도로에 있어서는 200km 이상을 말한다)에 걸친 운송을 하는 때에는 2명 이상의 운전자로 한다.

다음의 어느 하나에 해당하는 경우에는 그러하지 아니하다.

① 운송 책임자를 동승시킨 경우

② 운송하는 위험물이 제2류 위험물, 제3류 위험물(칼슘 또는 알루미늄의 탄화물과 이것만을 함유한 것에 한한다) 또는 제4류 위험물(특수 인화물 제외한다)인 경우

③ 운송 도중에 2시간 이내마다 20분 이상씩 휴식하는 경우

※ 서울 – 부산 거리(서울 톨게이트에서 부산 톨게이트까지) : 410.3km

7 위험물제조소 등의 소방시설 일반점검표

(1) 이동탱크 저장소

① 점검항목 : 가연성 증기 회수설비

② 점검내용

㉮ 회수구의 변형 · 손상의 유무

㉯ 호스결합장치의 균열 · 손상의 유무

㉰ 완충이음 등의 균열 · 변형 · 손상의 유무

(2) 옥외 저장소

① 점검항목 : 선반

② 점검내용

㉮ 변형 · 손상의 유무

㉯ 고정상태의 적부

㉰ 낙하방지조치의 적부

(3) 스프링클러 설비

① 점검항목 : 헤드

② 점검내용

㉮ 변형·손상의 유무

㉯ 부착각도의 적부

㉰ 기능의 적부

(4) 포소화설비

① 점검항목 : 약제저장탱크

② 점검내용

㉮ 누설의 유무

㉯ 변형·손상의 유무

㉰ 도장상황 및 부식의 유무

㉱ 배관접속부의 이탈의 유무

㉲ 고정상태의 적부

㉳ 통기관의 막힘의 유무

㉴ 압력탱크방식의 경우 압력계의 지시상황

과년도 출제문제

- **직무 분야 :** 화학, 위험물
- **자격 종목 :** 위험물 기능사
- **필기 검정 방법 :** 객관식(60문항)
- **시험 시간 :** 1시간

01 연소가 잘 이루어지는 조건으로 거리가 먼 것은?

① 가연물의 발열량이 클 것
② 가연물의 열전도율이 클 것
③ 가연물과 산소와의 접촉 표면적이 클 것
④ 가연물의 활성화 에너지가 작을 것

> **해설** ② 가연물의 열전도율이 작을 것

02 위험물안전관리법령상 위험등급 Ⅰ의 위험물에 해당하는 것은?

① 무기 과산화물 　　　② 황화인
③ 제1석유류 　　　　　④ 황

> **해설** 위험물의 위험 등급

구분	위험 등급 Ⅰ	위험 등급 Ⅱ	위험 등급 Ⅲ
제1류 위험물	아염소산염류, 염소산염류, 과염소산염류, 무기과산화물, 그 밖에 지정수량이 50kg인 위험물	브로민산염류, 질산염류, 아이오딘산염류, 그 밖에 지정수량이 300kg인 위험물	위험 등급 Ⅰ, 위험 등급 Ⅱ 외의 것
제2류 위험물		황화인, 적린, 황, 그 밖에 지정수량이 100kg인 위험물	
제3류 위험물	칼륨, 나트륨, 알킬알루미늄, 알킬리튬, 황린, 그 밖에 지정수량이 10kg 또는 20kg인 위험물	알칼리금속(칼륨 및 나트륨을 제외), 알칼리토금속, 유기금속화합물(알킬알루미늄 및 알킬리튬을 제외), 그 밖에 지정수량이 50kg인 위험물	
제4류 위험물	특수인화물	제1석유류, 알코올류	
제5류 위험물	지정수량이 제1종 : 10kg인 위험물	지정수량이 제2종 : 100kg인 위험물	
제6류 위험물	모두		

03 피크린산의 위험성과 소화방법에 대한 설명으로 틀린 것은?

① 금속과 화합하여 예민한 금속염이 만들어질 수 있다.
② 운반시 건조한 것보다는 물에 젖게 하는 것이 안전하다.
③ 알코올과 혼합된 것은 충격에 의한 폭발 위험이 있다.
④ 화재 시에는 질식 소화가 효과적이다.

> **해설** ④ 화재 시에는 다량의 주수 소화에 의한 냉각 소화

04 위험물안전관리법령상 제6류 위험물에 적응성이 없는 것은?

① 스프링클러 설비
② 포 소화 설비
③ 불활성 가스 소화 설비
④ 물분무 소화설비

> **해설**

		대상물 구분									
소화 설비의 구분		건축물·그 밖의 공작물	전기 설비	제1류 위험물		제2류 위험물			제3류 위험물		제4류 위험물	제5류 위험물	제6류 위험물
				알칼리 금속 과산화물 등	그 밖의 것	철분·금속분·마그네슘 등	인화성 고체	그 밖의 것	금수성 물품	그 밖의 것			
옥내 소화전 설비 또는 옥외 소화전 설비		○			○		○	○		○		○	○
스프링클러 설비		○			○		○	○		○	△	○	○
물분무 등 소화 설비	물분무 소화 설비	○	○		○		○	○		○	○	○	○
	포 소화 설비	○			○		○	○		○	○	○	○
	불활성 가스 소화 설비		○				○				○		
	할로젠 화합물 소화 설비		○				○				○		
	분말 소화 설비	인산염류 등	○	○		○		○	○			○		○
		탄산 수소 염류 등		○	○		○		○		○			
		그 밖의 것			○				○		○			

		봉상수 (棒狀水) 소화기	○		○		○	○	○		○	○	○
대형·소형수동식소화기		무상수(無狀水) 소화기	○	○	○		○	○	○		○	○	○
		봉상강화액 소화기	○		○		○	○	○		○	○	○
		무상강화액 소화기	○	○	○		○	○	○	○	○	○	○
		포 소화기	○		○		○	○	○		○	○	○
		이산화탄소 소화기		○			○			○			△
		할론 소화 설비		○		○	○			○			
	분말소화기	인산염류 소화기	○	○		○	○			○			
		탄산수소염류 소화기		○	○		○	○		○	○		
		그 밖의 것			○		○			○			
기타		물통 또는 수조	○		○		○			○		○	○
		건조사			○		○	○	○	○	○	○	○
		팽창 질석 또는 팽창 진주암			○		○	○	○	○	○	○	○

05 석유류가 연소할 때 발생하는 가스로 강한 자극적인 냄새가 나며 취급하는 장치를 부식시키는 것은?

① H_2 ② CH_4

③ NH_3 ④ SO_2

해설 아황산가스(SO_2)의 설명이다.

06 다음 중 연소의 3요소를 모두 갖춘 것은?

① 휘발유＋공기＋수소

② 적린＋수소＋성냥불

③ 성냥불＋황＋염소산암모늄

④ 알코올＋수소＋염소산암모늄

해설 연소의 3요소

가연물(황), 산소 공급원(염소산암모늄), 점화원(성냥불)

07 위험물을 취급함에 있어서 정전기를 유효하게 제거하기 위한 설비를 설치하고자 한다. 위험물안전관리법령상 공기 중의 상대 습도를 몇 % 이상 되게 하여야 하는가?

① 50%   ② 60%

③ 70%   ④ 80%

해설 위험물의 정전기를 제거하기 위하여 공기 중의 상대 습도를 70% 이상 되게 한다.

08 그림과 같이 횡으로 설치한 원통형 위험물 탱크에 대하여 탱크의 용량을 구하면 약 몇 m^3 인가? (단, 공간 용적은 탱크 내용적의 100분의 5로 한다.)

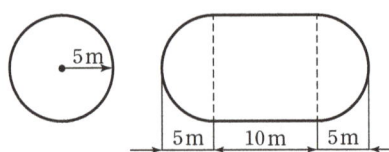

① $52.4m^3$ ② $261.6m^3$

③ $994.8m^3$ ④ $1047.2m^3$

해설 $V = \pi r^2 \left(l + \dfrac{l_1 + l_2}{3} \right) = \pi \times 5^2 \left(10 + \dfrac{5+5}{3} \right)$

$= 1046.67m^3$

∴ 공간 용적이 5%인 탱크의 용량 $= 1046.67 \times 0.95$

$= 994.34m^3$

09 위험물 제조소의 경우 연면적이 최소 몇 m^2일 때 자동 화재탐지설비를 설치해야 하는가? (단, 원칙적인 경우에 한한다.)

① $100m^2$ ② $300m^2$

③ $500m^2$ ④ $1,000m^2$

해설 자동 화재 탐지 설비 : 위험물 제조소의 경우 연면적이 최소 $500m^2$이면 설치한다.

10 제3종 분말 소화 약제의 열분해 시 생성되는 메타인산의 화학식은?

① H_3PO_4 ② HPO_3

③ $H_4P_2O_7$ ④ $CO(NH_2)_2$

해설 제3종 분말 소화 약제 열분해 반응식

$NH_4H_2PO_4 \longrightarrow HPO_3 + NH_3 + H_2O$
                 메타인산(질식)   냉각

11 주된 연소 형태가 증발 연소인 것은?

① 나트륨   ② 코크스

③ 양초   ④ 니트로셀룰로오스

해설 ① 표면(직접) 연소   ② 표면(직접) 연소

③ 증발 연소   ④ 내부(자기) 연소

12 위험물안전관리법령상 제조소 등의 관계인은 예방 규정을 정하여 누구에게 제출하여야 하는가?

① 소방청장 또는 행정자치부장관
② 소방청장 또는 소방서장
③ 시 · 도지사 또는 소방서장
④ 한국소방안전원장 또는 소방청장

해설 제조소 등의 관계인은 예방 규정을 정하여 시·도지사 또는 소방서장에게 제출한다.

13 금속 화재에 마른 모래를 피복하여 소화하는 방법은?

① 제거 소화
② 질식 소화
③ 냉각 소화
④ 억제 소화

해설 질식 소화의 설명이다.

14 단층 건물에 설치하는 옥내 탱크 저장소의 탱크 전용실에 비수용성의 제2석유류 위험물을 저장하는 탱크 1개를 설치할 경우, 설치할 수 있는 탱크의 최대 용량은?

① 10,000L
② 20,000L
③ 40,000L
④ 80,000L

해설 ㉠ 1층 이하 층의 건물에 설치 시 : 지정 수량 40배(제4석유류 또는 동식물류 외의 제4류 위험물로서 당해 수량이 20,000L를 초과하는 경우에는 20,000L) 이하
㉡ 2층 이상 층의 건물에 설치 시 : 지정 수량의 10배(제4석유류 또는 동식물류 외의 제4류 위험물로서 당해 수량이 5,000L를 초과하는 경우에는 5,000L) 이하

15 메틸알코올 8,000리터에 대한 소화 능력으로는 삽을 포함한 마른 모래를 몇 리터 설치하여야 하는가?

① 100L
② 200L
③ 300L
④ 400L

해설 소요 단위 $=\dfrac{\text{저장량}}{\text{지정 수량} \times 10배}=\dfrac{8,000}{400 \times 10}=2$단위
마른 모래(50L, 삽 1개 포함) : 0.5단위이므로
50L : xL＝0.5단위 : 2단위
$x=\dfrac{50 \times 2}{0.5}=200$L

16 위험물안전관리법령상 옥내 저장소에서 기계에 의하여 하역하는 구조로 된 용기만을 겹쳐 쌓아 위험물을 저장하는 경우 그 높이는 몇 미터를 초과하지 않아야 하는가?

① 2m
② 4m
③ 6m
④ 8m

해설 옥내 저장소
㉠ 기계에 의하여 하역하는 구조로 된 용기만을 겹쳐 쌓는 경우 : 6m
㉡ 제4류 위험물 중 제3석유류, 제4석유류 및 동·식물유를 수납하는 용기만을 겹쳐 쌓는 경우 : 4m
㉢ 그 밖의 경우 : 3m

17 위험물안전관리법령상 위험물의 운반에 관한 기준에서 적재 시 혼재가 가능한 위험물을 옳게 나타낸 것은? (단, 각각 지정 수량의 10배 이상인 경우이다.)

① 제1류와 제4류
② 제3류와 제6류
③ 제1류와 제5류
④ 제2류와 제4류

해설 유별을 달리하는 위험물의 혼재 기준

구 분	제1류	제2류	제3류	제4류	제5류	제6류
제1류		×	×	×	×	○
제2류	×		×	○	○	×
제3류	×	×		○	×	×
제4류	×	○	○		○	×
제5류	×	○	×	○		×
제6류	○	×	×	×	×	

18 지정 수량의 몇 배 이상의 위험물을 취급하는 제조소에는 화재 발생 시 이를 알릴 수 있는 경보 설비를 설치하여야 하는가?

① 5배
② 10배
③ 20배
④ 100배

해설 위험물 제조소의 경보 설비의 설치 : 지정 수량 10배 이상

정답 12 ③ 13 ② 14 ② 15 ② 16 ③ 17 ④ 18 ②

19 위험물 제조소 표지 및 게시판에 대한 설명이다. 위험물안전관리법령상 옳지 않은 것은?

① 표지는 한 변의 길이가 0.3m, 다른 한 변의 길이가 0.6m 이상으로 하여야 한다.
② 표지의 바탕은 백색, 문자는 흑색으로 하여야 한다.
③ 취급하는 위험물에 따라 규정에 의한 주의 사항을 표시한 게시판을 설치하여야 한다.
④ 제2류 위험물(인화성 고체 제외)은 "화기 엄금" 주의 사항 게시판을 설치하여야 한다.

해설 ④ 제2류 위험물(인화성 고체 제외)은 "화기 주의" 주의 사항 게시판을 설치하여야 한다.

20 위험물안전관리법령상 위험물 옥외 탱크 저장소에 방화에 관하여 필요한 사항을 게시한 게시판에 기재하여야 하는 내용이 아닌 것은?

① 위험물의 지정 수량의 배수
② 위험물의 저장 최대 수량
③ 위험물의 품명
④ 위험물의 성질

해설 위험물 옥외 탱크 저장소에 게시판에 기재하여야 하는 내용
㉠ 위험물의 지정 수량의 배수
㉡ 위험물의 저장 최대 수량
㉢ 위험물의 품명

21 위험물안전관리법령상 자동 화재 탐지 설비의 설치 기준으로 옳지 않은 것은?

① 경계 구역은 건축물의 최소 2개 이상의 층에 걸치도록 할 것
② 하나의 경계 구역의 면적은 600m² 이하로 할 것
③ 감지기는 지붕 또는 벽의 옥내에 면한 부분에 유효하게 화재의 발생을 감지할 수 있도록 설치할 것
④ 비상전원을 설치할 것

해설 ① 경계 구역은 건축물, 그 밖의 공작물의 2 이상의 층에 걸치지 아니하도록 한다.

22 연소할 때 연기가 거의 나지 않아 밝은 곳에서 연소 상태를 잘 느끼지 못하는 물질로, 독성이 매우 강해 먹으면 실명 또는 사망에 이를 수 있는 것은?

① 메틸알코올
② 에틸알코올
③ 등유
④ 경유

해설 ① 메틸알코올 : 연소 상태를 잘 느끼지 못하고 독성이 매우 강해 먹으면 실명(7~8mL) 또는 사망(30~100mL)에 이를 수 있다.

23 위험물안전관리법령상 옥내 저장소 저장 창고의 바닥은 물이 스며나오거나 스며들지 아니 하는 구조로 하여야 한다. 다음 중 반드시 이 구조로 하지 않아도 되는 위험물은?

① 제1류 위험물 중 알칼리 금속의 과산화물
② 제4류 위험물
③ 제5류 위험물
④ 제2류 위험물 중 철분

해설 옥내 저장소 저장 창고의 바닥이 물이 스며나오거나 스며들지 않는 구조로 해야 하는 위험물

유 별	적용대상
제1류 위험물	알칼리금속의 과산화물
제2류 위험물	·철분 ·금속분 ·마그네슘
제3류 위험물	금수성 물질
제4류 위험물	전부

24 위험물안전관리법령상 제조소에서 취급하는 제4류 위험물의 최대 수량의 합이 지정 수량의 12만 배 미만인 사업소에 두어야 하는 화학 소방 자동차 및 자체 소방 대원 수의 기준으로 옳은 것은?

① 1대, 5인
② 2대, 10인
③ 3대, 15인
④ 4대, 20인

해설 제조소 및 일반 취급소 등의 자체 소방대의 기준

사업소의 구분	화학소방 자동차	자체 소방대원의 수
제조소 또는 일반 취급소에서 취급하는 제4류 위험물의 최대 수량의 합이 지정 수량의 3천 배 이상 12만 배 미만의 사업소	1대	5인
제조소 또는 일반 취급소에서 취급하는 제4류 위험물의 최대 수량의 합이 지정 수량의 12만 배 이상 24만 배 미만인 사업소	2대	10인
제조소 또는 일반 취급소에서 취급하는 제4류 위험물의 최대 수량의 합이 지정 수량의 24만 배 이상 48만 배 미만인 사업소	3대	15인
제조소 또는 일반 취급소에서 취급하는 제4류 위험물의 최대 수량의 합이 지정 수량의 48만 배 이상인 사업소	4대	20인
옥외 탱크 저장소에 저장하는 제4류 위험물의 최대 수량이 지정 수량의 50만 배 이상인 사업소	2대	10인

25 가솔린의 연소 범위(vol%)에 가장 가까운 것은?

① 1.4~7.6vol% ② 8.3~11.4vol%
③ 12.5~19.7vol% ④ 22.3~32.8vol%

해설

위험물	연소 범위(vol%)
가솔린	1.4~7.6

26 위험물안전관리법령상 품명이 나머지 셋과 다른 하나는?

① 트라이나이트로톨루엔 ② 나이트로글리세린
③ 나이트로글리콜 ④ 셀룰로이드

해설 (1) 질산에스터류
ㄱ 질산메틸　　ㄴ 질산에틸
ㄷ 나이트로셀룰로오스　ㄹ 나이트로글리세린
ㅁ 나이트로글리콜　ㅂ 펜트리트
ㅅ 셀룰로이드
(2) 나이트로 화합물
ㄱ 트라이나이트로톨루엔　ㄴ 트라이나이트로페놀
ㄷ 다이나이트로톨루엔　ㄹ 다이나이트로나프탈렌
ㅁ 트라이나이트로페놀나이트로아민

27 다음 중 위험물안전관리법에서 정의한 '제조소'의 의미로 가장 옳은 것은?

① '제조소'라 함은 위험물을 제조할 목적으로 지정 수량 이상의 위험물을 취급하기 위하여 허가를 받은 장소임
② '제조소'라 함은 지정 수량 이상의 위험물을 제조할 목적으로 위험물을 취급하기 위하여 허가를 받은 장소임
③ '제조소'라 함은 지정 수량 이상의 위험물을 제조할 목적으로 지정 수량 이상의 위험물을 취급하기 위하여 허가를 받은 장소임
④ '제조소'라 함은 위험물을 제조할 목적으로 위험물을 취급하기 위하여 허가를 받은 장소임

해설 제조소 : 위험물을 제조할 목적으로 지정 수량 이상의 위험물을 취급하기 위하여 허가를 받은 장소

28 위험물안전관리법령상 위험물 운반 시 방수성 덮개를 하지 않아도 되는 위험물은?

① 나트륨 ② 적린
③ 철분 ④ 과산화칼륨

해설 방수성이 있는 피복 조치 위험물

유별	적용 대상
제1류 위험물	알칼리 금속의 과산화물(과산화칼륨)
제2류 위험물	·철분　·금속분　·마그네슘
제3류 위험물	금수성 물품(나트륨)

29 위험물안전관리법령상 운반 차량에 혼재해서 적재할 수 없는 것은? (단, 각각의 지정 수량은 10배인 경우이다.)

① 염소화규소 화합물 – 특수 인화물
② 고형 알코올 – 나이트로 화합물
③ 염소산염류 – 질산
④ 질산구아니딘 – 황린

정답　25 ①　26 ①　27 ①　28 ②　29 ④

해설 유별을 달리하는 위험물의 혼재 기준

구분	제1류	제2류	제3류	제4류	제5류	제6류
제1류		×	×	×	×	○
제2류	×		×	○	○	×
제3류	×	×		○	×	×
제4류	×	○	○		○	×
제5류	×	○	×	○		×
제6류	○	×	×	×	×	

① 염소화규소 화합물 : 제3류 위험물, 특수 인화물 : 제4류 위험물
② 고형 알코올 : 제2류 위험물, 나이트로 화합물 : 제5류 위험물
③ 염소산염류 : 제1류 위험물, 질산 : 제6류 위험물
④ 질산구아니딘 : 제5류 위험물, 황린 : 제3류 위험물

30 제4류 위험물의 화재 예방 및 취급 방법으로 옳지 않은 것은?

① 이황화탄소는 물속에 저장한다.
② 아세톤은 일광에 의해 분해될 수 있으므로 갈색 병에 보관한다.
③ 초산은 내산성 용기에 저장하여야 한다.
④ 건성유는 다공성 가연물과 함께 보관한다.

해설 ④ 건성유는 다공성 가연물과 함께 보관하지 않는다.

31 위험물안전관리법령상 운송 책임자의 감독·지원을 받아 운송하여야 하는 위험물에 해당하는 것은?

① 특수 인화물   ② 알킬리튬
③ 질산구아니딘   ④ 하이드라진 유도체

해설 이동 탱크 저장소의 위험물 운송 시 운송 책임자의 감독·지원을 받아야 하는 위험물
㉠ 알킬알루미늄   ㉡ 알킬리튬
㉢ 알킬알루미늄 또는 알킬리튬을 함유하는 위험물

32 다음 중 산화성 고체 위험물에 속하지 않는 것은?

① Na_2O_2 ② $HClO_4$
③ NH_4ClO_4 ④ $KClO_3$

해설 ㉠ 산화성 고체 : Na_2O_2, NH_4ClO_4, $KClO_3$
㉡ 산화성 액체 : $HClO_4$

33 질산암모늄에 대한 설명으로 옳은 것은?

① 물에 녹을 때 발열 반응을 한다.
② 가열하면 폭발적으로 분해하여 산소와 암모니아를 생성한다.
③ 소화 방법으로 질식 소화가 좋다.
④ 단독으로도 급격한 가열, 충격으로 분해·폭발할 수 있다.

해설 ① 물에 녹을 때 흡열 반응을 한다.
② 가열하면 폭발적으로 분해하여 질소, 산소, 수증기를 생성한다.

$$NH_4NO_3 \longrightarrow N_2 + 2H_2O + 0.5O_2$$

③ 소화 방법으로 주수 소화가 좋다.

34 상온에서 액체인 물질로만 조합된 것은?

① 질산메틸, 나이트로글리세린
② 피크린산, 질산메틸
③ 트라이나이트로톨루엔, 다이나이트로벤젠
④ 나이트로글리콜, 테트릴

해설 5류 위험물 중 상온에서 액체인 물질 : 질산메틸, 질산에틸, MEKPO, 나이트로글리세린

35 위험물안전관리법령상 위험물 운반 용기의 외부에 표시하여야 하는 사항에 해당하지 않는 것은?

① 위험물에 따라 규정된 주의 사항
② 위험물의 지정 수량
③ 위험물의 수량
④ 위험물의 품명

해설 위험물 운반 용기의 외부에 표시하여 하는 사항
㉠ 위험물의 품명   ㉡ 위험물의 수량
㉢ 위험물에 따라 규정된 주의 사항

36 나이트로화합물, 나이트로소화합물, 질산에스터류, 하이드록실아민을 각각 50kg씩 저장하고 있을 때 지정 수량의 배수가 가장 큰 것은?

① 나이트로 화합물   ② 나이트로소 화합물
③ 질산에스터류   ④ 하이드록실아민

정답 30 ④ 31 ② 32 ② 33 ④ 34 ① 35 ② 36 ③

해설 ① 나이트로 화합물 : $\frac{50kg}{100kg}=0.5$배

② 나이트로소 화합물 : $\frac{50kg}{100kg}=0.5$배

③ 질산에스터류 : $\frac{50kg}{10kg}=5$배

④ 하이드록실아민 : $\frac{50kg}{100kg}=0.5$배

37 다음 위험물 중 착화 온도가 가장 높은 것은?

① 이황화탄소   ② 디에틸에테르
③ 아세트알데하이드   ④ 산화프로필렌

해설 ① 100℃   ② 180℃
③ 185℃   ④ 465℃

38 저장 또는 취급하는 위험물의 최대 수량이 지정 수량의 500배 이하일 때 옥외 저장 탱크의 측면으로부터 몇 m 이상의 보유 공지를 유지하여야 하는가? (단, 제6류 위험물은 제외한다.)

① 1m   ② 2m   ③ 3m   ④ 4m

해설 옥외 탱크 저장소의 보유 공지

저장 또는 취급하는 위험물의 최대 수량	공지의 너비
지정 수량의 500배 이하	3m 이상
지정 수량의 500배 초과 1,000배 이하	5m 이상
지정 수량의 1,000배 초과 2,000배 이하	9m 이상
지정 수량의 2,000배 초과 3,000배 이하	12m 이상
지정 수량의 3,000배 초과 4,000배 이하	15m 이상
지정 수량의 4,000배 초과	당해 탱크의 수평 단면의 최대 지름(횡형인 경우에는 긴 변)과 높이 중 큰 것과 같은 거리 이상, 다만, 30m 초과의 경우에는 30m 이상으로 할 수 있고, 15m 미만의 경우에는 15m 이상으로 하여야 한다.

39 적린이 연소하였을 때 발생하는 물질은?

① 인화수소   ② 포스겐
③ 오산화인   ④ 이산화황

해설 $4P+5O_2 \longrightarrow 2P_2O_5$

40 나이트로글리세린은 여름철(30℃)과 겨울철(0℃)에 어떤 상태인가?

① 여름 — 기체, 겨울 — 액체
② 여름 — 액체, 겨울 — 액체
③ 여름 — 액체, 겨울 — 고체
④ 여름 — 고체, 겨울 — 고체

해설 나이트로글리세린 : 여름철(30℃) 액체, 겨울철(0℃) 고체이다. 순수한 것은 동결 온도가 8~10℃이며, 얼게 되면 백색 결정으로 변한다.

41 동·식물유에 대한 설명으로 틀린 것은?

① 연소하면 열에 의해 액온이 상승하여 화재가 커질 위험이 있다.
② 아이오딘값이 낮을수록 자연발화의 위험이 높다.
③ 동유는 건성유이므로 자연발화의 위험이 있다.
④ 아이오딘값이 100~130인 것을 반건성유라고 한다.

해설 ② 아이오딘값이 높을수록 자연발화의 위험이 높다.

42 위험물의 인화점에 대한 설명으로 옳은 것은?

① 톨루엔이 벤젠보다 낮다.
② 피리딘이 톨루엔보다 낮다.
③ 벤젠이 아세톤보다 낮다.
④ 아세톤이 피리딘보다 낮다.

해설

위험물	인화점	위험물	인화점
톨루엔	4.5℃	피리딘	20℃
벤젠	−11.1℃	아세톤	−18℃

정답 37 ④   38 ③   39 ③   40 ③   41 ②   42 ④

43 위험물안전관리법령상 지정 수량이 50kg인 것은?

① KMnO₄   ② KClO₂
③ NaIO₃   ④ NH₄NO₃

해설 ① 1,000kg   ② 50kg
③ 300kg   ④ 300kg

44 특수 인화물 200L와 제4석유류 12,000L를 저장할 때 각 지정 수량 배수의 합은 얼마인가?

① 3   ② 4
③ 5   ④ 6

해설 $\dfrac{200L}{50L} + \dfrac{12,000L}{6,000L} = 6$배

45 저장하는 위험물의 최대 수량이 지정 수량의 15 배일 경우, 건축물의 벽·기둥 및 바닥이 내화 구조로 된 위험물 옥내 저장소의 보유 공지는 몇 m 이상이어야 하는가?

① 0.5m   ② 1m
③ 2m   ④ 3m

해설 옥내 저장소의 보유 공지

저장 또는 취급하는 위험물의 최대 수량	공지의 너비	
	벽·기둥 및 바닥이 내화 구조로 된 건축물	그 밖의 건축물
지정 수량의 5배 이하	―	0.5m 이상
지정 수량의 5배 초과 10배 이하	1m 이상	1.5m 이상
지정 수량의 10배 초과 20배 이하	2m 이상	3m 이상
지정 수량의 20배 초과 50배 이하	3m 이상	5m 이상
지정 수량의 50배 초과 200배 이하	5m 이상	10m 이상
지정 수량의 200배 초과	10m 이상	15m 이상

단, 지정 수량의 20배를 초과하는 옥내 저장소와 동일 한 부지 내에 있는 다른 옥내 저장소와의 사이에는 공지 너비의 $\dfrac{1}{3}$(당해 수치가 3m 미만인 경우는 3m)의 공지를 보유할 수 있다.

46 제조소 등의 위치·구조 또는 설비의 변경 없이 해당 제조소 등에서 저장하거나 취급하는 위험물의 품명·수량 또는 지정 수량의 배수를 변경하고자 하는 자는 행정안전부령이 정하는 바에 따라 변경하고자 하는 날의 며칠 전까지 시·도지사에게 신고하여야 하는가?

① 1일   ② 14일   ③ 21일   ④ 30일

해설 제조소 등의 변경 신고
1일 전까지 시·도지사에게 신고한다.

47 위험물의 저장 방법에 대한 설명으로 옳은 것은?

① 황화인은 알코올 또는 과산화물 속에 저장하여 보관한다.
② 마그네슘은 건조하면 분진 폭발의 위험성이 있으므로 물에 습윤하여 저장한다.
③ 적린은 화재 예방을 위해 할로겐 원소와 혼합하여 저장한다.
④ 수소화리튬은 저장 용기에 아르곤과 같은 불활성 기체를 봉입한다.

해설 ① 황화인은 소량인 경우 유리병, 대량인 경우 양철통에 넣은 후 나무 상자에 보관한다.
② 마그네슘은 물과 반응하여 수소를 발생하므로 물과 접촉을 피한다.
③ 적린은 화재 예방을 위해 [석유(등유), 경유, 유동 파라핀] 속에 보관한다.

48 부틸리튬(n-Butyl Lithium)에 대한 설명으로 옳은 것은?

① 무색의 가연성 고체이며 자극성이 있다.
② 증기는 공기보다 가볍고 점화원에 의해 선화의 위험이 있다.
③ 화재 발생 시 불활성가스 소화 설비는 적용성이 없다.
④ 탄화수소나 다른 극성의 액체에 용해가 잘 되며 휘발성은 없다.

해설 ① 무색의 가연성 액체이며 자극성이 있다.
② 증기는 공기보다 무겁고 점화원에 의해 역화의 위험이 있다.
④ 탄화수소나 다른 비극성 액체에 용해가 잘 되며 휘발성이 크다.

49 과산화벤조일과 과염소산의 지정 수량의 합은 몇 kg인가?

① 310kg   ② 350kg
③ 400kg   ④ 500kg

해설

위험물	지정 수량
과산화벤조일	10kg
과염소산	300kg

∴ 10kg＋300kg＝310kg

50 질산과 과산화수소의 공통적인 성질을 옳게 설명한 것은?

① 물보다 가볍다.
② 물에 녹는다.
③ 점성이 큰 액체로서 환원제이다.
④ 연소가 매우 잘 된다.

해설 ㉠ 물보다 무겁다.

위험물	비중
질산	1.49
과산화수소	1.465

㉡

위험물	일반적 성질
질산	무색의 액체
과산화수소	점성이 있는 무색의 액체

㉢ 연소가 되지 않는 불연성 물질로서 강산화제이다.

51 제3류 위험물 중 금수성 물질을 제외한 위험물에 적응성이 있는 소화 설비가 아닌 것은 어느 것인가?

① 분말 소화 설비
② 스프링클러 설비
③ 옥내 소화전 설비
④ 포 소화 설비

해설 소화 설비의 적응성

소화 설비의 구분		건축물·그 밖의 공작물	전기 설비	제1류 위험물		제2류 위험물			제3류 위험물		제4류 위험물	제5류 위험물	제6류 위험물
				알칼리 금속 과산화물 등	그 밖의 것	철분·금속분·마그네슘 등	인화성 고체	그 밖의 것	금수성 물품	그 밖의 것			
옥내 소화전 설비 또는 옥외 소화전 설비		○			○		○	○		○		○	○
물분무 등 소화 설비	스프링클러 설비	○			○		○	○		△	○	○
	물분무 소화 설비	○	○		○		○	○		○	○	○	○
	포 소화 설비	○			○		○	○		○	○	○	○
	불활성 가스 소화 설비		○				○			○		
	할로겐 화합물 소화 설비		○				○			○		
분말 소화 설비	인산염류 등	○	○				○	○			○		○
	탄산 수소 염류 등		○	○			○		○	○		
	그 밖의 것			○			○		○			

52 위험물안전관리법령상 "연소의 우려가 있는 외벽"이란 기산점이 되는 선으로부터 3m(2층 이상의 층에 대해서는 5m) 이내에 있는 제조소 등의 외벽을 말하는데, 이 기산점이 되는 선에 해당하지 않는 것은?

① 동일부지 내의 다른 건축물과 제조소 부지 간의 중심선
② 제조소 등에 인접한 도로의 중심선
③ 제조소 등이 설치된 부지의 경계선
④ 제조소 등의 외벽과 동일부지 내 다른 건축물의 외벽 간의 중심선

해설 기산점(거리를 산정하기 위한 기점)이 되는 선
㉠ 제조소 등에 인접한 도로의 중심선
㉡ 제조소 등이 설치된 부지의 경계선
㉢ 제조소 등의 외벽과 동일부지 내의 다른 건축물과의 외벽 간의 중심선

53 다음 중 위험물에 대한 설명으로 틀린 것은?

① 과산화나트륨은 산화성이 있다.
② 과산화나트륨은 인화점이 매우 낮다.
③ 과산화바륨과 염산을 반응시키면 과산화수소가 생긴다.
④ 과산화바륨의 비중은 물보다 크다.

해설 ② 과산화나트륨은 인화성이 없다.

54 위험물안전관리법령에 명기된 위험물의 운반 용기 재질에 포함되지 않는 것은?

① 고무류
② 유리
③ 도자기
④ 종이

해설 위험물의 운반 용기 재질 : 고무류, 유리, 종이, 강판, 알루미늄판, 양철판, 금속판, 플라스틱, 섬유판, 합성 섬유, 삼, 짚, 나무

55 염소산칼륨의 성질에 대한 설명으로 옳은 것은?

① 가연성 고체이다.
② 강력한 산화제이다.
③ 물보다 가볍다.
④ 열분해하면 수소를 발생한다.

해설 ① 산화성 고체이다.
③ 물보다 무겁다(비중 2.32).
④ 열분해하면 산소를 발생한다.

56 황가루가 공기 중에 떠 있을 때의 주된 위험성에 해당하는 것은?

① 수증기 발생   ② 전기 감전
③ 분진 폭발   ④ 인화성 가스 발생

해설 황가루가 공기 중에 떠 있으면 분진 폭발의 위험이 있다.

57 위험물의 저장 방법에 대한 설명 중 틀린 것은?

① 황린은 공기와의 접촉을 피해 물속에 저장한다.
② 황은 정전기의 축적을 방지하여 저장한다.
③ 알루미늄 분말은 건조한 공기 중에서 분진 폭발의 위험이 있으므로 정기적으로 분무상의 물을 뿌려야 한다.
④ 황화인은 산화제와의 혼합을 피해 격리해야 한다.

해설 ③ 알루미늄 분말은 찬물과 반응하면 매우 느리고, 미미하지만 뜨거운 물과는 격렬하게 반응하여 수소를 발생한다.
$$2Al + 6H_2O \longrightarrow 2Al(OH)_3 + 3H_2$$

58 정기 점검 대상 제조소 등에 해당하지 않는 것은?

① 이동 탱크 저장소
② 지정 수량 120배의 위험물을 저장하는 옥외 저장소
③ 지정 수량 120배의 위험물을 저장하는 옥내 저장소
④ 이송 취급소

해설 정기 점검 대상 제조소 등
(1) 예방 규정 작성 대상인 제조소 등
  ㉠ 지정 수량의 10배 이상의 제조소·일반 취급소
  ㉡ 지정 수량의 100배 이상의 옥외 저장소
  ㉢ 지정 수량의 150배 이상의 옥내 저장소
  ㉣ 지정 수량의 200배 이상의 옥외 탱크 저장소
  ㉤ 암반 탱크 저장소
  ㉥ 이송 취급소
(2) 지하 탱크 저장소
(3) 이동 탱크 저장소
(4) 위험물을 취급하는 탱크로서 지하에 매설된 탱크가 있는 제조소·주유 취급소 또는 일반 취급소

59 다음은 P_2S_5와 물의 화학 반응이다. ( ) 안에 알맞은 숫자를 차례대로 나열한 것은?

$$P_2S_5+(\quad)H_2O \longrightarrow (\quad)H_2S+(\quad)H_3PO_4$$

① 2, 8, 5
② 2, 5, 8
③ 8, 5, 2
④ 8, 2, 5

해설 오황화인은 물이나 알칼리와 반응하면 분해하여 유독성 가스인 황화수소(H_2S)와 인산(H_3PO_4)으로 된다.
$$P_2S_5+8H_2O \longrightarrow 5H_2S+2H_3PO_4$$

60 다음 중 탄화칼슘의 성질에 대하여 옳게 설명한 것은?

① 공기 중에서 아르곤과 반응하여 불연성 기체를 발생한다.
② 공기 중에서 질소와 반응하여 유독한 기체를 낸다.
③ 물과 반응하면 탄소가 생성된다.
④ 물과 반응하여 아세틸렌 가스가 생성된다.

해설 탄화칼슘 저장 용기 등에는 질소 가스 등 불연성 가스를 봉입한다. 물과 반응하여 아세틸렌 가스가 생성된다.
$$CaC_2+2H_2O \longrightarrow Ca(OH)_2+C_2H_2$$

01 다음 중 제4류 위험물의 화재 시 물을 이용한 소화를 시도하기 전에 고려해야 하는 위험물의 성질로 가장 옳은 것은?

① 수용성, 비중
② 증기 비중, 끓는점
③ 색상, 발화점
④ 분해 온도, 녹는점

해설 ㉠ 수용성 : 가연성 액체로서 물과 혼합하기 쉬운 것은 그렇지 않은 것에 비해 안전한 편이다. 그 이유는 물에 녹기 때문에 증기압을 저하시켜 증발량을 감소시 킬 수 있고 화재 시 물을 잘 이용하여 희석 소화가 가능하기 때문이다. 또한 정전기 위험도 줄일 수 있다.
㉡ 비중 : 물보다 작을 때는 수면 위에 떠 있기 때문에 소화가 곤란하고 화재 면적을 확대한다.

02 다음 점화 에너지 중 물리적 변화에서 얻어지는 것은?

① 압축열
② 산화열
③ 중합열
④ 분해열

해설 점화 에너지
㉠ 물리적 변화에서 얻어지는 것 : 압축열
㉡ 화학적 변화에서 얻어지는 것 : 산화열, 중합열, 분해열

03 금속분의 연소 시 주수 소화하면 위험한 원인으로 옳은 것은?

① 물에 녹아 산이 된다.
② 물과 작용하여 유독 가스를 발생한다.
③ 물과 작용하여 수소 가스를 발생한다.
④ 물과 작용하여 산소 가스를 발생한다.

해설 위험물안전관리 법령상 품명이 금속분인 것
알루미늄분, 아연분 등
㉠ $2Al + 6H_2O \longrightarrow 2Al(OH)_3 + 3H_2$
㉡ $Zn + H_2O \longrightarrow Zn(OH)_2 + H_2$

04 다음 중 유류 저장 탱크 화재에서 일어나는 현상으로 거리가 먼 것은?

① 보일 오버
② 플래시 오버
③ 슬롭 오버
④ BLEVE

해설 유류 저장 탱크 화재에서 일어나는 현상
㉠ 보일 오버 ㉡ 슬롭 오버 ㉢ BLEVE
㉣ 프로스 오버 ㉤ 파이어 볼

05 다음 중 정전기 방지 대책으로 가장 거리가 먼 것은?

① 접지를 한다.
② 공기를 이온화한다.
③ 21% 이상의 산소 농도를 유지하도록 한다.
④ 공기의 상대 습도를 70% 이상으로 한다.

해설 정전기 방지 대책
㉠ 접지를 한다.
㉡ 공기를 이온화한다.
㉢ 공기의 상대 습도를 70% 이상으로 한다.

06 폭발의 종류에 따른 물질이 잘못 짝지어진 것은?

① 분해 폭발 ― 아세틸렌, 산화에틸렌
② 분진 폭발 ― 금속분, 밀가루
③ 중합 폭발 ― 시안화수소, 염화비닐
④ 산화 폭발 ― 하이드라진, 과산화수소

해설 ④ 분해 폭발 ― 하이드라진, 과산화수소

07 착화 온도가 낮아지는 원인과 가장 관계가 있는 것은?

① 발열량이 적을 때
② 압력이 높을 때
③ 습도가 높을 때
④ 산소와의 결합력이 나쁠 때

정답 01 ① 02 ① 03 ③ 04 ② 05 ③ 06 ④ 07 ②

해설 착화 온도가 낮아지는 원인

㉠ 발열량이 클 때

㉡ 습도가 낮을 때

㉢ 산소와 결합력이 좋을 때

08 제5류 위험물의 화재 예방상 유의 사항 및 화재 시 소화 방법에 관한 설명으로 옳지 않은 것은?

① 대량의 주수에 의한 소화가 좋다.

② 화재 초기에는 질식 소화가 효과적이다.

③ 일부 물질의 경우 운반 또는 저장 시 안정제를 사용해야 한다.

④ 가연물과 산소 공급원이 같이 있는 상태이므로 점화원의 방지에 유의하여야 한다.

해설 ② 질식 소화는 효과가 없다.

09 과염소산의 화재 예방에 요구되는 주의 사항에 대한 설명으로 옳은 것은?

① 유기물과 접촉 시 발화의 위험이 있기 때문에 가연물과 접촉시키지 않는다.

② 자연발화의 위험이 높으므로 냉각시켜 보관한다.

③ 공기 중 발화하므로 공기와의 접촉을 피해야 한다.

④ 액체 상태는 위험하므로 고체 상태로 보관한다.

해설 ② 유리나 도자기 등의 밀폐 용기에 넣어 저장하고 저온에서 통풍이 잘 되는 곳에 저장한다.

③ 공기 중 발화하지 않는다.

④ 액체 상태로 보관한다.

10 15℃의 기름 100g에 8,000J의 열량을 주면 기름의 온도는 몇 ℃가 되겠는가? (단, 기름의 비열은 2J/g·℃이다.)

① 25

② 45

③ 50

④ 55

해설 기름 온도$(℃) = 15℃ + \dfrac{8,000J}{100g} \times \dfrac{g·℃}{2J} = 55℃$

11 제6류 위험물의 화재에 적응성이 없는 소화 설비는?

① 옥내 소화전 설비

② 스프링클러 설비

③ 포 소화 설비

④ 불활성 가스 소화 설비

해설 소화 설비의 적응성

소화 설비의 구분		대상물 구분									
		건축물·그 밖의 공작물	전기 설비	제1류 위험물		제2류 위험물			제3류 위험물		제4류 위험물	제5류 위험물	제6류 위험물
				알칼리 금속 과산화물 등	그 밖의 것	철분·금속분·마그네슘 등	인화성 고체	그 밖의 것	금수성 물품	그 밖의 것			
옥내 소화전 설비 또는 옥외 소화전 설비		○			○		○	○		○	○	○	○
스프링클러 설비		○			○		○	○		○	△	○	○
물분무 등 소화 설비	물분무 소화 설비	○	○		○		○	○		○	○	○	○
	포 소화 설비	○			○		○	○		○	○	○	○
	불활성 가스 소화 설비		○				○				○		
	할로겐 화합물 소화 설비		○				○				○		
분말 소화 설비	인산염류 등	○	○		○		○	○			○		○
	탄산 수소 염류 등		○	○		○	○		○		○		
	그 밖의 것			○		○			○				

12 소화 약제로서 물의 단점인 동결 현상을 방지하기 위하여 주로 사용되는 물질은?

① 에틸알코올

② 글리세린

③ 에틸렌글리콜

④ 탄산칼슘

해설 에틸렌글리콜의 설명이다.

13 위험물안전관리법령상 철분, 금속분, 마그네슘에 적응성이 있는 소화 설비는?

① 불활성 가스 소화 설비

② 할로겐 화합물 소화 설비

③ 포 소화 설비

④ 탄산수소염류 소화 설비

해설 11번 해설 참조

정답 08 ② 09 ① 10 ④ 11 ④ 12 ③ 13 ④

14 다음 중 D급 화재에 해당하는 것은?

① 플라스틱 화재   ② 나트륨 화재
③ 휘발유 화재   ④ 전기 화재

해설 ① 플라스틱 화재 : A급 화재
② 나트륨 화재 : D급 화재
③ 휘발유 화재 : B급 화재
④ 전기 화재 : C급 화재

15 위험물안전관리법령상 제4류 위험물에 적응성이 없는 소화 설비는?

① 옥내 소화전 설비
② 포 소화 설비
③ 불활성 가스 소화 설비
④ 할로겐 화합물 소화 설비

해설 11번 해설 참조

16 물은 냉각 소화가 주된 대표적인 소화 약제이다. 물의 소화 효과를 높이기 위하여 무상 주수를 함으로써 부가적으로 작용하는 소화 효과로 이루어진 것은?

① 질식 소화 작용, 제거 소화 작용
② 질식 소화 작용, 유화 소화 작용
③ 타격 소화 작용, 유화 소화 작용
④ 타격 소화 작용, 피복 소화 작용

해설 **물을 무상 주수 하면**
㉠ 질식 소화 작용 : 물의 입자 직경이 0.01~1.0mm로 되어 공기 중에 구름모양의 층, 안개모양을 형성하여 화재를 일으키고 있는 가연 물질에 공기 중의 산소가 공급되지 못하도록 차단시킴으로써 한계 산소 농도 이하가 되게 한다.
㉡ 유화 소화 작용 : 분무상의 미립자가 물보다 비중이 큰 제4류 위험물 중 제3석유류인 중유 또는 윤활유 등의 화재에 접촉하면 화재의 표면에 엷은 막이 유화층을 형성하여 이 유화층의 엷은 막이 공기 중의 산소를 차단함으로써 화재를 소화하는 기능이다.

17 다음 중 소화 약제 강화액의 주성분에 해당하는 것은?

① K_2CO_3 ② K_2O_2
③ CaO_2 ④ $KBrO_3$

해설 강화액의 주성분 : K_2CO_3

18 다음 중 공기 포 소화 약제가 아닌 것은?

① 단백 포 소화 약제
② 합성계면활성제 포 소화 약제
③ 화학 포 소화 약제
④ 수성막 포 소화 약제

해설 **포 소화 약제**
(1) 화학 포 소화 약제
(2) 공기(기계) 포 소화 약제
   ㉠ 단백 포 소화 약제
   ㉡ 합성계면활성제 포 소화 약제
   ㉢ 수성막 포 소화 약제
   ㉣ 불화 단백 포 소화 약제
   ㉤ 알코올형(내알코올) 포 소화 약제

19 위험물안전관리법령상 소화 설비의 적응성에 관한 내용이다. 옳은 것은?

① 마른 모래는 대상물 중 제1류~제6류 위험물에 적응성이 있다.
② 팽창 질석은 전기 설비를 포함한 모든 대상물에 적응성이 있다.
③ 분말 소화 약제는 셀룰로이드류의 화재에 가장 적당하다.
④ 물분무 소화 설비는 전기 설비에 사용할 수 없다.

해설 11번 해설 참조

20 분말 소화 약제 중 제1종과 제2종 분말이 각각 열분해될 때 공통적으로 생성되는 물질은?

① N_2, CO_2 ② N_2, O_2
③ H_2O, CO_2 ④ H_2O, N_2

해설 분말 소화 약제 열분해 반응식

㉠ 제1종 : $2NaHCO_3 \longrightarrow Na_2CO_3 + CO_2 + H_2O$

㉡ 제2종 : $2KHCO_3 \longrightarrow K_2CO_3 + CO_2 + H_2O$

∴ 공통적으로 생성되는 물질 : CO_2, H_2O

21 폼산에 대한 설명으로 옳지 않은 것은?

① 물, 알코올, 에테르에 잘 녹는다.

② 개미산이라고도 한다.

③ 강한 산화제이다.

④ 녹는점이 상온보다 낮다.

해설 ③ 강한 환원제이다.

22 제3류 위험물에 해당하는 것은?

① NaH   ② Al

③ Mg   ④ P_4S_3

해설 ① : 제3류 위험물

②, ③, ④ : 제2류 위험물

23 지방족 탄화수소가 아닌 것은?

① 톨루엔   ② 아세트알데하이드

③ 아세톤   ④ 디에틸에테르

해설 ① 톨루엔 : 방향족 탄화수소

24 위험물안전관리법령상 위험물의 지정 수량으로 옳지 않은 것은?

① 나이트로셀룰로오스 : 10kg

② 하이드록실아민 : 100kg

③ 아조벤젠 : 50kg

④ 트라이나이트로페놀 : 200kg

해설 ③ 아조벤젠 : 200kg

25 셀룰로이드에 대한 설명으로 옳은 것은?

① 질소가 함유된 무기물이다.

② 질소가 함유된 유기물이다.

③ 유기의 염화물이다.

④ 무기의 염화물이다.

해설 셀룰로이드는 질소가 함유된 유기물이다.

26 에틸알코올의 증기 비중은 약 얼마인가?

① 0.72   ② 0.91

③ 1.13   ④ 1.59

해설 에틸알코올의 증기 비중 : 1.59

27 과염소산나트륨의 성질이 아닌 것은?

① 물과 급격히 반응하여 산소를 발생한다.

② 가열하면 분해되어 조연성 가스를 방출한다.

③ 융점은 400℃보다 높다.

④ 비중은 물보다 무겁다.

해설 ① 물에 매우 잘 녹는다.

28 인화칼슘이 물과 반응할 경우에 대한 설명 중 틀린 것은?

① 발생 가스는 가연성이다.

② 포스겐 가스가 발생한다.

③ 발생 가스는 독성이 강하다.

④ $Ca(OH)_2$가 생성된다.

해설 $Ca_3P_2 + 6H_2O \longrightarrow 3Ca(OH)_2 + 2PH_3$

29 화학적으로 알코올을 분류할 때 3가 알코올에 해당하는 것은?

① 에탄올   ② 메탄올

③ 에틸렌글리콜   ④ 글리세린

해설 **화학적으로 알코올의 분류**

(1) −OH가 1개인 것 : 1가 알코올

    ㉠ 메탄올   ㉡ 에탄올

(2) −OH가 2개인 것 : 2가 알코올

    · 에틸렌글리콜

(3) −OH가 3개인 것 : 3가 알코올

    · 글리세린

30 위험물안전관리법령상 품명이 다른 하나는?

① 나이트로글리콜   ② 나이트로글리세린

③ 셀룰로이드   ④ 테트릴

해설 (1) **질산에스터류**

    ㉠ 나이트로글리세린 ㉡ 나이트로글리콜 ㉢ 셀룰로이드

(2) **나이트로 화합물**

    · 테트릴(트라이나이트로페놀나이트로아민)

31 주수 소화를 할 수 없는 위험물은?

① 금속분   ② 적린

③ 황   ④ 과망가니즈산칼륨

해설 금속분에 주수 소화하면 물과 작용하여 수소 가스를 발생한다.

32 제1류 위험물 중 흑색 화약의 원료로 사용되는 것은?

① KNO_3 ② $NaNO_3$

③ BaO_2 ④ NH_4NO_3

해설 **흑색 화약의 원료**

㉠ 질산칼륨(KNO_3)

㉡ 황(S)

㉢ 목탄분(C)

33 다음 중 제6류 위험물에 해당하는 것은?

① IF_5 ② $HClO_3$

③ NO_3 ④ H_2O

해설 **제6류 위험물의 품명과 지정 수량**

성질	품명	지정 수량	위험 등급
산화성 액체	1. 과염소산	300kg	I
	2. 과산화수소	300kg	
	3. 질산	300kg	
	4. 그 밖에 행정안전부령이 정하는 것 · 할로겐간 화합물(BrF_3, IF_5 등)	300kg	
	5. 제1호 내지 제4호의1에 해당하는 어느 하나 이상을 함유한 것	300kg	

34 다음 중 제4류 위험물에 해당하는 것은?

① $Pb(N_3)_2$ ② CH_3ONO_2

③ N_2H_4 ④ NH_2OH

해설 ① $Pb(N_3)_2$: 제5류 위험물 중 금속 아지화합물

② CH_3ONO_2 : 제5류 위험물 중 질산에스터류

③ N_2H_4 : 제4류 위험물 중 제2석유류

④ NH_2OH : 제5류 위험물 중 하이드록실아민

35 다음의 분말은 모두 150마이크로미터의 체를 통과하는 것이 50중량퍼센트 이상이 된다. 이들 분말 중 위험물안전관리법령상 품명이 "금속분"으로 분류되는 것은?

① 철분   ② 구리분

③ 알루미늄분   ④ 니켈분

해설 위험물안전관리법령상 품명이 금속분으로 분류되는 것 : 알루미늄분, 아연분, 티탄분, 코발트분 등

36 다음 중 분자량이 가장 큰 위험물은?

① 과염소산   ② 과산화수소

③ 질산   ④ 하이드라진

해설 **분자량**

① $HClO_4$: $1 \times 1 + 35.5 \times 1 + 16 \times 4 = 100.5$

② H_2O_2 : $1 \times 2 + 16 \times 2 = 34$

③ HNO_3 : $1 \times 1 + 14 \times 1 + 16 \times 3 = 63$

④ N_2H_4 : $14 \times 2 + 1 \times 4 = 28 + 4 = 32$

37 인화칼슘, 탄화알루미늄, 나트륨이 물과 반응하였을 때 발생하는 가스에 해당하지 않는 것은?

① 포스핀가스
② 수소
③ 이황화탄소
④ 메탄

해설 ① $Ca_3P_2 + 6H_2O \longrightarrow 3Ca(OH)_2 + 2PH_3$
② $Al_4C_3 + 12H_2O \longrightarrow 4Al(OH)_3 + 3CH_4$
③ $2Na + 2H_2O \longrightarrow 2NaOH + H_2$
∴ 발생 가스 : 포스핀(PH_3), 메탄(CH_4), 수소(H_2)

38 연소 시 발생하는 가스를 옳게 나타낸 것은?

① 황린 − 황산 가스
② 황 − 무수인산 가스
③ 적린 − 아황산 가스
④ 삼황화사인(삼황화인) − 아황산 가스

해설 ① $P_4 + 5O_2 \longrightarrow 2P_2O_5$
② $S + O_2 \longrightarrow SO_2$
③ $4P + 5O_2 \longrightarrow 2P_2O_5$
④ $P_4S_3 + 8O_2 \longrightarrow 2P_2O_5 + 3SO_2$

39 염소산나트륨에 대한 설명으로 틀린 것은?

① 조해성이 크므로 보관 용기는 밀봉하는 것이 좋다.
② 무색, 무취의 고체이다.
③ 산과 반응하여 유독성의 이산화나트륨 가스가 발생한다.
④ 물, 알코올, 글리세린에 녹는다.

해설 $2NaClO_3 + 2HCl \longrightarrow 2Nacl + 2ClO_2 + H_2O_2$

40 질산칼륨을 약 400℃에서 가열하여 열분해 시킬 때 주로 생성되는 물질은?

① 질산과 산소   ② 질산과 칼륨
③ 아질산칼륨과 산소   ④ 아질산칼륨과 질소

해설 $2KNO_3 \longrightarrow 2KNO_2 + O_2$
                     (아질산칼륨)

41 위험물안전관리법령에서 정한 피난 설비에 관한 내용이다. (   )에 알맞은 것은?

> 주유 취급소 중 건축물의 2층 이상의 부분을 점포·휴게 음식점 또는 전시장의 용도로 사용하는 것에 있어서는 해당 건축물의 2층 이상으로부터 주유 취급소의 부지 밖으로 통하는 출입구와 해당 출입구로 통하는 통로·계단 및 출입구에 (   )을(를) 설치하여야 한다.

① 피난 사다리   ② 유도등
③ 공기 호흡기   ④ 시각 경보기

해설 주유 취급소 : 해당 출입구로 통하는 통로·계단 및 출입구에 유도등을 설치하여야 한다.

42 옥내 저장소에 제3류 위험물인 황린을 저장하면서 위험물안전관리법령에 의한 최소한의 보유 공지로 3m를 옥내 저장소 주위에 확보하였다. 이 옥내 저장소에 저장하고 있는 황린의 수량은? (단, 옥내 저장소의 구조는 벽·기둥 및 바닥이 내화 구조로 되어 있고 그 외의 다른 사항은 고려하지 않는다.)

① 100kg 초과 500kg 이하
② 400kg 초과 1,000kg 이하
③ 500kg 초과 5,000kg 이하
④ 1,000kg 초과 40,000kg 이하

해설 황린의 지정 수량은 20kg이며 보유 공지가 3m 이상인 경우는 20배 초과 50배 이하이다. 따라서 20kg×20배~20kg×50배=400kg 초과 1,000kg 이하이다.

옥내 저장소의 보유 공지

저장 또는 취급하는 위험물의 최대 수량	공지의 너비	
	벽·기둥 및 바닥이 내화 구조로 된 건축물	그 밖의 건축물
지정 수량의 5배 이하	−	0.5m 이상
지정 수량의 5배 초과 10배 이하	1m 이상	1.5m 이상
지정 수량의 10배 초과 20배 이하	2m 이상	3m 이상
지정 수량의 20배 초과 50배 이하	3m 이상	5m 이상

지정 수량의 50배 초과 200배 이하	5m 이상	10m 이상
지정 수량의 200배 초과	10m 이상	15m 이상

단, 지정 수량의 20배를 초과하는 옥내 저장소와 동일한 부지 내에 있는 다른 옥내 저장소와의 사이에는 공지 너비의 $\frac{1}{3}$(당해 수치가 3m 미만인 경우는 3m)의 공지를 보유할 수 있다.

43 위험물안전관리법령상 이동 탱크 저장소에 의한 위험물 운송 시 위험물 운송자는 장거리에 걸치는 운송을 하는 때에는 2명 이상의 운전자로 하여야 한다. 다음 중 그러하지 않아도 되는 경우 가 아닌 것은?

① 적린을 운송하는 경우
② 알루미늄의 탄화물을 운송하는 경우
③ 이황화탄소를 운송하는 경우
④ 운송 도중에 2시간 이내마다 20분 이상씩 휴식하는 경우

해설 위험물 운송자는 장거리(고속 국도에 있어서는 340km 이상, 그 밖의 도로에 있어서는 200km 이상을 말한다)에 걸친 운송을 하는 때에는 2명 이상의 운전자로 한다.
다음의 어느 하나에 해당하는 경우에는 그러하지 아니하다.
① 운송 책임자를 동승시킨 경우
② 운송하는 위험물이 제2류 위험물, 제3류 위험물(칼슘 또는 알루미늄의 탄화물과 이것만을 함유한 것에 한한다) 또는 제4류 위험물(특수 인화물 제외한다)인 경우
③ 운송 도중에 2시간 이내마다 20분 이상씩 휴식하는 경우

44 각각 지정 수량의 10배인 위험물을 운반할 경우 제5류 위험물과 혼재 가능한 위험물에 해당하는 것은?

① 제1류 위험물 　　② 제2류 위험물
③ 제3류 위험물 　　④ 제6류 위험물

해설 유별을 달리하는 위험물의 혼재 기준

구 분	제1류	제2류	제3류	제4류	제5류	제6류
제1류		×	×	×	×	○
제2류	×		×	○	○	×
제3류	×	×		○	×	×
제4류	×	○	○		○	×

제5류	×	○	×	○		×
제6류	○	×	×	×	×	

45 위험물안전관리법령상 옥외 탱크 저장소의 기준에 따라 다음의 인화성 액체 위험물을 저장하는 옥외 저장 탱크 1~4호를 동일의 방유제 내에 설치하는 경우 방유제에 필요한 최소 용량으로서 옳은 것은? (단, 암반탱크 또는 특수 액체 위험물 탱크의 경우는 제외한다.)

- 1호 탱크 – 등유 1,500kL
- 2호 탱크 – 가솔린 100kL
- 3호 탱크 – 경유 500kL
- 4호 탱크 – 중유 250kL

① 1,650kL 　　② 1,500kL
③ 500kL 　　④ 250kL

해설 **방유제 용량**
인화성 액체 위험물(CS_2 제외)의 옥외 탱크 저장소의 탱크
㉠ 1기 이상 : 탱크 용량의 110% 이상(인화성이 없는 액체 위험물을 탱크 용량의 100% 이상)
㉡ 2기 이상 : 최대 용량의 110% 이상
∴ 방유제에 필요한 최소 용량＝1,500kL × 0.1
　　　　　　　　　　　　　＝1,650kL

46 소화 난이도 등급 Ⅱ의 제조소에 소화 설비를 설치할 때 대형 수동식 소화기와 함께 설치하 여야 하는 소형 수동식 소화기 등의 능력 단위에 관한 설명으로 옳은 것은?

① 위험물의 소요 단위에 해당하는 능력 단위의 소형 수동식 소화기 등을 설치할 것
② 위험물의 소요 단위의 1/2 이상에 해당하는 능력 단위의 소형 수동식 소화기 등을 설치할 것
③ 위험물의 소요 단위의 1/5 이상에 해당하는 능력 단위의 소형 수동식 소화기 등을 설치할 것
④ 위험물의 소요 단위의 10배 이상에 해당하는 능력 단위의 소형 수동식 소화기 등을 설치할 것

해설 소화 난이도 등급 Ⅱ의 제조소 등에 설치하여야 하는 소화 설비

제조소 등의 구분	소화 설비
· 제조소 · 옥내 저장소 · 옥외 저장소 · 주유 취급소 · 판매 취급소 · 일반 취급소	방사 능력 범위 내에 당해 건축물, 그 밖의 인공 구조물 및 위험물이 포함되도록 대형 수동식 소화기를 설치하고, 당해 위험물의 소요 단위의 1/5 이상에 해당하는 능력 단위의 소형 수동식 소화기 등을 설치할 것
· 옥외 탱크 저장소 · 옥내 탱크 저장소	대형 수동식 소화기 및 소형 수동식 소화기 등을 각각 1개 이상 설치할 것

47 위험물안전관리법령상 사업소의 관계인이 자체 소방대를 설치하여야 할 제조소 등의 기준으로 옳은 것은?

① 제4류 위험물을 지정 수량의 3천 배 이상 취급하는 제조소 또는 일반 취급소
② 제4류 위험물을 지정 수량의 5천 배 이상 취급하는 제조소 또는 일반 취급소
③ 제4류 위험물 중 특수 인화물을 지정 수량의 3천 배 이상 취급하는 제조소 또는 일반 취급소
④ 제4류 위험물 중 특수 인화물을 지정 수량의 5천 배 이상 취급하는 제조소 또는 일반 취급소

해설 자체 소방대를 설치하여야 할 제조소 등
㉠ 제4류 위험물을 지정 수량의 3천 배 이상 취급하는 제조소 또는 일반 취급소
㉡ 옥외 탱크 저장소에 저장하는 제4류 위험물의 최대 수량이 지정 수량의 50만 배 이상인 사업소

48 다음 중 위험물안전관리법이 적용되는 영역은?

① 항공기에 의한 대한민국 영공에서의 위험물의 저장, 취급 및 운반
② 궤도에 의한 위험물의 저장, 취급 및 운반
③ 철도에 의한 위험물의 저장, 취급 및 운반
④ 자가용 승용차에 의한 지정 수량 이하의 위험물의 저장, 취급 및 운반

해설 위험물안전관리법의 적용 제외 : 항공기, 선박, 철도, 궤도

49 위험물안전관리법령상 위험물의 운반 시 운반 용기는 다음의 기준에 따라 수납 적재하여야 한다. 다음 중 틀린 것은?

① 수납하는 위험물과 위험한 반응을 일으키지 않아야 한다.
② 고체 위험물은 운반 용기 내용적의 95% 이하로 수납하여야 한다.
③ 액체 위험물은 운반 용기 내용적의 95% 이하로 수납하여야 한다.
④ 하나의 외장 용기에는 다른 종류의 위험물을 수납하지 않는다.

해설 ③ 액체 위험물은 운반 용기 내용적의 98% 이하로 수납하여야 한다.

50 위험물안전관리법령상 위험물을 운반하기 위해 적재할 때 예를 들어 제6류 위험물은 1가지 유별(제1류 위험물)하고만 혼재할 수 있다. 다음 중 가장 많은 유별과 혼재가 가능한 것은? (단, 지정 수량의 $\frac{1}{10}$을 초과하는 위험물이다.)

① 제1류　　　　② 제2류
③ 제3류　　　　④ 제4류

해설 44번 해설 참조

51 다음 위험물 중에서 옥외 저장소에서 저장·취급할 수 없는 것은? (단, 특별시·광역시 또는 도의 조례에서 정하는 위험물과 IMDG Code에 적합한 용기에 수납된 위험물의 경우는 제외한다.)

① 아세트산　　　② 에틸렌글리콜
③ 크레오소트유　④ 아세톤

해설 옥외 저장소에 저장할 수 있는 위험물
㉠ 제2류 위험물 중 황, 인화성 고체(인화점이 0℃ 이상인 것에 한함)
㉡ 제4류 위험물 중 제1석유류(인화점이 0℃ 이상인 것에 한함), 알코올류, 제2석유류, 제3석유류, 제4석유류, 동·식물유류

52 다음 중 디에틸에테르에 대한 설명으로 틀린 것은?

① 일반식은 $R-CO-R'$이다.
② 연소 범위는 약 1.9~48%이다.
③ 증기 비중 값이 비중 값보다 크다.
④ 휘발성이 높고 마취성을 가진다.

해설 ① 일반식은 $R-O-R'$이다.

53 위험물안전관리법령상 지하 탱크 저장소 탱크 전용실의 안쪽과 지하 저장 탱크와의 사이는 몇 m 이상의 간격을 유지하여야 하는가?

① 0.1   ② 0.2
③ 0.3   ④ 0.5

해설 지하 저장 탱크 저장소
탱크 전용실은 지하의 가장 가까운 벽·피트·가스관 등의 시설물 및 대지 경계선으로부터 0.1m 이상 떨어진 곳에 설치하고, 지하 저장 탱크와 탱크 전용실의 안쪽과의 사이에는 0.1m 이상의 간격을 유지한다.

54 다음 ( ) 안에 들어갈 수치를 순서대로 올바르게 나열한 것은? (단, 제4류 위험물에 적용성을 갖기 위한 살수 밀도 기준을 적용하는 경우를 제외한다.)

위험물 제조소 등에 설치하는 폐쇄형 헤드의 스프링클러 설비는 30개의 헤드를 동시에 사용할 경우 각 선단의 방사 압력이 (   )kPa 이상이고 방수량이 1분당 (   )L 이상이어야 한다.

① 100, 80
② 120, 80
③ 100, 100
④ 120, 100

해설 위험물 제조소 등에 설치하는 폐쇄형 헤드의 스프링클러 설비는 30개의 헤드를 동시에 사용할 경우 각 선단의 방사 압력이 100kPa 이상이고 방수량이 1분당 80L 이상이어야 한다.

55 위험물안전관리법령상 제조소 등의 위치·구조 또는 설비 가운데 행정안전부령이 정하는 사항을 변경 허가를 받지 아니하고 제조소 등의 위치·구조 또는 설비를 변경한 때 1차 행정 처분 기준으로 옳은 것은?

① 사용 정지 15일
② 경고 또는 사용 정지 15일
③ 사용 정지 30일
④ 경고 또는 업무 정지 30일

해설 제조소 등의 위치·구조 또는 설비 가운데 행정안전부령이 정하는 사항을 변경 허가를 받지 아니하고 제조소 등의 위치·구조 또는 설비를 변경한 때 1차 행정 처분 기준 : 경고 또는 사용 정지 15일

56 위험물안전관리법령상 제조소 등의 관계인이 정기적으로 점검하여야 할 대상이 아닌 것은?

① 지정 수량의 10배 이상의 위험물을 취급하는 제조소
② 지하 탱크 저장소
③ 이동 탱크 저장소
④ 지정 수량의 100배 이상의 위험물을 취급하는 옥외 탱크 저장소

해설 제조소 등의 관계인이 정기적으로 점검하여야 할 대상
(1) 예방 규정 작성 대상인 제조소 등
  ㉠ 지정 수량의 10배 이상의 제조소·일반 취급소
  ㉡ 지정 수량의 100배 이상의 옥외 저장소
  ㉢ 지정 수량의 150배 이상의 옥내 저장소
  ㉣ 지정 수량의 200배 이상의 옥외 탱크 저장소
  ㉤ 암반 탱크 저장소
  ㉥ 이송 취급소
(2) 지하 탱크 저장소
(3) 이동 탱크 저장소
(4) 위험물을 취급하는 탱크로서 지하에 매설된 탱크가 있는 제조소, 주유 취급소 또는 일반 취급소

정답 52 ① 53 ① 54 ① 55 ② 56 ④

57 위험물안전관리법령상 위험물 제조소의 옥외에 있는 하나의 액체 위험물 취급 탱크 주위에 설치하는 방유제의 용량은 해당 탱크 용량의 몇 % 이상으로 하여야 하는가?

① 50% ② 60% ③ 100% ④ 110%

해설 위험물 제조소의 옥외에 있는 위험물 취급 탱크

㉠ 1개의 탱크 : 방유제 용량＝탱크 용량×0.5

㉡ 2개 이상의 탱크 : 방유제 용량＝최대 탱크 용량×0.5＋기타 탱크 용량의 합×0.1

58 위험물안전관리법령상 이송 취급소에 설치하는 경보 설비의 기준에 따라 이송 기지에 설치하여야 하는 경보 설비로만 이루어진 것은?

① 확성 장치, 비상벨 장치
② 비상 방송 설비, 비상 경보 설비
③ 확성 장치, 비상 방송 설비
④ 비상 방송 설비, 자동 화재 탐지 설비

해설 이송 기지에 설치하여야 하는 경보 설비

㉠ 확성 장치

㉡ 비상벨 장치

59 위험물안전관리법령상 위험물의 탱크 내용적 및 공간 용적에 관한 기준으로 틀린 것은?

① 위험물을 저장 또는 취급하는 탱크의 용량은 해당 탱크의 내용적에서 공간 용적을 뺀 용적으로 한다.
② 탱크의 공간 용적은 탱크의 내용적의 100분의 5 이상 100분의 10 이하의 용적으로 한다.
③ 소화 설비(소화 약제 방출구를 탱크 안의 윗부분에 설치하는 것에 한한다)를 설치하는 탱크의 공간 용적은 해당 소화 설비의 소화 약제 방출구 아래의 0.3m 이상 1m 미만 사이의 면으로부터 윗부분의 용적으로 한다.
④ 암반 탱크에 있어서는 해당 탱크 내에 용출하는 30일간의 지하수의 양에 상당하는 용적과 해당 탱크의 내용적의 100분의 1의 용적 중에서 보다 큰 용적을 공간 용적으로 한다.

해설 ④ 암반 탱크에 있어서는 해당 탱크 내에 용출하는 7일 간의 지하수의 양에 상당하는 용적과 해당 탱크의 내용적의 100분의 1의 용적 중에서 보다 큰 용적을 공간 용적으로 한다.

60 위험물안전관리법령상 위험 등급의 종류가 나머지 셋과 다른 하나는?

① 제1류 위험물 중 다이크로뮴산염류
② 제2류 위험물 중 인화성 고체
③ 제3류 위험물 중 금속의 인화물
④ 제4류 위험물 중 알코올류

해설 위험물의 위험 등급

구분	위험 등급 Ⅰ	위험 등급 Ⅱ	위험 등급 Ⅲ
제1류 위험물	아염소산염류, 염소산염류, 과염소산염류, 무기과산화물, 그 밖에 지정수량이 50kg인 위험물	브로민산염류, 질산염류, 아이오딘산염류, 그 밖에 지정수량이 300kg인 위험물	위험 등급 Ⅰ, 위험 등급 Ⅱ 외의 것
제2류 위험물		황화인, 적린, 황, 그 밖에 지정수량이 100kg인 위험물	
제3류 위험물	칼륨, 나트륨, 알킬알루미늄, 알킬리튬, 황린, 그 밖에 지정수량이 10kg 또는 20kg인 위험물	알칼리금속(칼륨 및 나트륨을 제외) 알칼리토금속, 유기금속화합물(알킬알루미늄 및 알킬리튬을 제외), 그 밖에 지정수량이 50kg인 위험물	
제4류 위험물	특수인화물	제1석유류, 알코올류	
제5류 위험물	지정수량이 제1종 : 10kg인 위험물	지정수량이 제2종 : 100kg인 위험물	
제6류 위험물	모두		

01 다음과 같은 반응에서 $5m^3$의 탄산 가스를 만들기 위해 필요한 탄산수소나트륨의 양은 약 몇 kg인가? (단, 표준 상태이고 나트륨의 원자량은 23이다.)

$$2NaHCO_3 \longrightarrow Na_2CO_3 + CO_2 + H_2O$$

① 18.75　　　　　② 37.5
③ 56.25　　　　　④ 75

해설 $2NaHCO_3 \longrightarrow Na_2CO_3 + CO_2 + H_2O$

$2 \times 84kg$ 　　　　　 $22.4m^3$
$x kg$ 　　　　　 $5m^3$

$x = \dfrac{2 \times 84 \times 5}{22.4}$

$\therefore x = 37.5kg$

02 연소의 3요소인 산소의 공급원이 될 수 없는 것은?

① H_2O_2　　　　　② KNO_3
③ HNO_3　　　　　④ CO_2

해설 ① H_2O_2(산화성 액체) : 산소 공급원
② KNO_3(산화성 고체) : 산소 공급원
③ HNO_3(산화성 액체) : 산소 공급원
④ CO_2 : 불연성 가스

03 탄화칼슘은 물과 반응 시 위험성이 증가하는 물질이다. 주수 소화 시 물과 반응하면 어떤 가스가 발생하는가?

① 수소　　　　　② 메탄
③ 에탄　　　　　④ 아세틸렌

해설 $CaC_2 + 2H_2O \longrightarrow Ca(OH)_2 + C_2H_2$

04 위험물의 자연 발화를 방지하는 방법으로 가장 거리가 먼 것은?

① 통풍을 잘 시킬 것
② 저장실의 온도를 낮출 것
③ 습도가 높은 곳에 저장할 것
④ 정촉매 작용을 하는 물질과의 접촉을 피할 것

해설 ③ 습도가 높은 것을 피한다.

05 공기 중의 산소 농도를 한계 산소량 이하로 낮추어 연소를 중지시키는 소화 방법은?

① 냉각 소화　　　　　② 제거 소화
③ 억제 소화　　　　　④ 질식 소화

해설 ① 냉각 소화 : 연소의 3요소나 4요소를 구성하고 있는 점화원을 물 등을 사용하여 냉각시킴으로써 가연물을 발화점 이하의 온도로 낮추어 연소의 진행을 막는 소화 방법
② 제거 소화 : 연소의 3요소나 4요소를 구성하는 가연물을 연소 구역으로부터 제거함으로써 화재의 확산을 저지하는 소화 방법
③ 억제 소화 : 불꽃 연소의 4요소 중 하나인 가연물의 순조로운 연쇄 반응이 진행되지 않도록 연소 반응의 억제제인 부촉매 소화 약제를 이용하여 소화하는 방법

06 다음 중 제5류 위험물의 화재 시 가장 적당한 소화 방법은?

① 물에 의한 냉각 소화
② 질소에 의한 질식 소화
③ 사염화탄소에 의한 부촉매 소화
④ 이산화탄소에 의한 질식 소화

해설 제5류 위험물 소화방법 : 물에 의한 냉각 소화

07 인화칼슘이 물과 반응하였을 때 발생하는 가스는?

① 수소　　　　　　② 포스겐

③ 포스핀　　　　　④ 아세틸렌

해설　$Ca_3P_2 + 6H_2O \longrightarrow 3Ca(OH)_2 + 2PH_3$

08 위험물안전관리법령상 제3류 위험물 중 금수성 물질의 제조소에 설치하는 주의 사항 게시판의 바탕색과 문자색을 옳게 나타낸 것은?

① 청색 바탕에 황색 문자　② 황색 바탕에 청색 문자

③ 청색 바탕에 백색 문자　④ 백색 바탕에 청색 문자

해설　제조소의 게시판 주의 사항

위험물		주의 사항
제1류 위험물	알칼리 금속의 과산화물	· 물기 엄금
	기타	· 별도의 표시를 하지 않는다.
제2류 위험물	인화성 고체	· 화기 엄금
	기타	· 화기 주의
제3류 위험물	자연 발화성 물질	· 화기 엄금
	금수성 물질	· 물기 엄금
제4류 위험물		· 화기 엄금
제5류 위험물		
제6류 위험물		· 별도의 표시를 하지 않는다.

※ 물기 엄금 : 청색 바탕에 백색 문자

09 폭굉 유도 거리(DID)가 짧아지는 경우는?

① 정상 연소 속도가 작은 혼합 가스일수록 짧아진다.

② 압력이 높을수록 짧아진다.

③ 관 지름이 넓을수록 짧아진다.

④ 점화원 에너지가 약할수록 짧아진다.

해설　① 정상 연소 속도가 큰 혼합 가스일수록 짧아진다.
③ 관 지름이 가늘수록 짧아진다.
④ 점화원 에너지가 강할수록 짧아진다.

10 연소에 대한 설명으로 옳지 않은 것은?

① 산화되기 쉬운 것일수록 타기 쉽다.

② 산소와의 접촉 면적이 큰 것일수록 타기 쉽다.

③ 충분한 산소가 있어야 타기 쉽다.

④ 열전도율이 큰 것일수록 타기 쉽다.

해설　④ 열전도율이 작은 것일수록 타기 쉽다.

11 수성막 포 소화 약제에 사용되는 계면활성제는?

① 염화단백 포 계면활성제

② 산소계 계면활성제

③ 황산계 계면활성제

④ 불소계 계면활성제

해설　기계 포 소화 약제
(1) 비수용성 액체(석유류)용 포 소화 약제
　① 단백 포 소화 약제
　　－ 단백질의 가수분해물
　　－ 단백질의 가수분해물과 불소계 계면활성제의 혼합물
　② 합성계면활성제 포 소화 약제
　　－ 탄화수소계 계면활성제
　③ 수성막 포 소화 약제
　　－ 불소계 계면활성제
(2) 알코올형 포 소화 약제(수용성 액체용 포 소화 약제)
　① 금속 석검형
　　－ 단백질의 가수분해물, 계면활성제와 지방산금속염의 혼합물
　② 불화 단백형
　　－ 단백질의 가수분해물과 불소계 계면활성제의 혼합물
　③ 고분자 겔(Gel) 생성형
　　－ 불소계 계면활성제 겔(Gel) 생성물의 혼합물
　　－ 탄화수소계 계면활성제와 겔(Gel) 생성물의 혼합물

12 위험물안전관리법령상 제4류 위험물에 적응성이 있는 소화기가 아닌 것은?

① 이산화탄소 소화기

② 봉상강화액 소화기

③ 포 소화기

④ 인산염류 분말

해설 소화 설비의 적응성

소화 설비의 구분		건축물·그 밖의 공작물	전기 설비	제1류 위험물		제2류 위험물			제3류 위험물		제4류 위험물	제5류 위험물	제6류 위험물
				알칼리 금속 과산화물 등	그 밖의 것	철분·금속분·마그네슘 등	인화성 고체	그 밖의 것	금수성 물품	그 밖의 것			
옥내 소화전 설비 또는 옥외 소화전 설비		○			○		○	○		○		○	○
스프링클러 설비		○			○		○	○		○		△	○
물분무 등 소화 설비	물분무 소화 설비	○	○		○		○	○		○	○	○	○
	포 소화 설비	○			○		○	○		○	○	○	○
	불활성 가스 소화 설비		○				○				○		
	할로젠 화합물 소화 설비		○				○				○		
	분말 소화 설비 인산염류 등	○	○		○		○	○			○		○
	탄산 수소 염류 등		○	○		○	○		○		○		
	그 밖의 것			○		○			○				

13 위험물안전관리법령상 알칼리금속 과산화물에 적응성이 있는 소화설비는?

① 할로젠 화합물 소화 설비
② 탄산수소염류 분말 소화 설비
③ 물분무 소화 설비
④ 스프링클러 설비

해설 12번 해설 참조

14 다음 중 강화액 소화 약제의 주된 소화 원리에 해당하는 것은?

① 냉각 소화
② 절연 소화
③ 제거 소화
④ 발포 소화

해설 강화액 소화 약제의 주된 소화 원리는 화재에 방사되는 즉시 화재 주위로부터 열을 빼앗는 냉각 소화 작용이다.

15 Halon 1001의 화학식에서 수소 원자의 수는?

① 0
② 1
③ 2
④ 3

해설 ㉠ Halon 번호
첫째 − 탄소 수, 둘째 − 불소 수, 셋째 − 염소 수, 넷째 − 브롬 수
㉡ Halon 1001−CH_3Br

16 다음 중 탄산칼륨을 물에 용해시킨 강화액 소화 약제의 pH에 가장 가까운 값은?

① 1
② 4
③ 7
④ 12

해설 강화액 소화 약제 pH : 11∼12

17 이산화탄소 소화 약제에 관한 설명 중 틀린 것은?

① 소화 약제에 의한 오손이 없다.
② 소화 약제 중 증발 잠열이 가장 크다.
③ 전기 절연성이 있다.
④ 장기간 저장이 가능하다.

해설 ② CO_2의 증발 잠열은 액화 이산화탄소 1g에 대하여 56.13cal로서 액상의 물 1g에 대한 기화열 539.6cal에 비하여 낮으나 다른 소화 약제에 비하여 냉각 소화 기능이 우수한 편이다.

18 질소와 아르곤과 이산화탄소의 용량비가 52 : 40 : 8인 혼합물 소화 약제에 해당하는 것은?

① IG − 541
② HCFC BLEND A
③ HFC − 125
④ HFG − 23

해설 불활성 가스 청정 소화 약제

소화 약제	상품명	화학식
IG - 541	Inergen	N_2 : 52%, Ar : 40%, CO_2 : 8%
HCFC BLEND A	NAFS - Ⅲ	· HCFC - 22($CHCIF_2$) : 82% · HCFC - 123($CHCl_2CF_3$) : 4.75% · HCFC - 124($CHClFCF_3$) : 9.5% · $C_{10}H_6$: 3.75%
HFC - 125	FE - 25	CHF_2CF_3
HFC - 23	FE - 13	CHF_3

19 물과 친화력이 있는 수용성 용매의 화재에 보통의 포 소화 약제를 사용하면 포가 파괴되기 때문에 소화 효과를 잃게 된다. 이와 같은 단점을 보완한 소화 약제로 가연성인 수용성 용매의 화재에 유효한 효과를 가지고 있는 것은?

① 알코올형 포 소화 약제
② 단백 포 소화 약제
③ 합성계면활성제 포 소화 약제
④ 수성막 포 소화 약제

해설 ② 단백 포 소화 약제 : 단백질을 가수분해한 것을 주원료로 하는 포 소화 약제
③ 합성계면활성제 포 소화 약제 : 합성계면활성제를 주원료로 하는 포 소화 약제(수성막 포 소화 약제에서 정의하는 것은 제외)
④ 수성막 포 소화 약제 : 합성계면활성제를 주원료로 하는 포 소화 약제 중 기름표면에서 수성막을 형성하는 포 소화 약제

20 불활성 가스 청정 소화 약제의 기본 성분이 아닌 것은?

① 헬륨   ② 질소
③ 불소   ④ 아르곤

해설 불활성 가스 청정 소화 약제의 기본 성분 : 헬륨, 네온, 아르곤, 질소 가스 중 하나 이상의 원소를 기본 성분으로 하는 소화 약제

21 질산과 과염소산의 공통 성질이 아닌 것은?

① 가연성이며 강산화제이다.
② 비중이 1보다 크다.
③ 가연물과 혼합으로 발화의 위험이 있다.
④ 물과 접촉하면 발열한다.

해설 ① 불연성 물질이며 강산화제이다.

22 물과 반응하여 가연성 가스를 발생하지 않는 것은?

① 칼륨   ② 과산화칼륨
③ 탄화알루미늄   ④ 트라이에틸알루미늄

해설 ① $2K + 2H_2O \longrightarrow 2KOH + H_2$
② $2K_2O_2 + 2H_2O \longrightarrow 4KOH + O_2$
③ $Al_4C_3 + 12H_2O \longrightarrow 4Al(OH)_3 + 3CH_4$
④ $(C_2H_5)_3Al + 3H_2O \longrightarrow Al(OH)_3 + 3C_2H_6$

23 위험물안전관리법령에서는 특수 인화물을 1기압에서 발화점이 100℃ 이하인 것 또는 인화점은 얼마 이하이고 비점이 40℃ 이하인 것으로 정의하는가?

① −10℃   ② −20℃
③ −30℃   ④ −40℃

해설 특수 인화물 : 1기압에서 발화점이 100℃ 이하인 것 또는 인화점 −20℃ 이하, 비점이 40℃ 이하인 것

24 다음 중 제6류 위험물이 아닌 것은?

① 할로겐간 화합물   ② 과염소산
③ 아염소산   ④ 과산화수소

해설 ③ 아염소산 : 제1류 위험물

25 다음 중 제1류 위험물에 해당되지 않는 것은?

① 염소산칼륨
② 과염소산암모늄
③ 과산화바륨
④ 질산구아니딘

해설 ④ 질산구아니딘 : 제5류 위험물

26 나이트로글리세린에 대한 설명으로 옳은 것은?

① 물에 매우 잘 녹는다.
② 공기 중에서 점화하면 연소하나 폭발의 위험은 없다.
③ 충격에 대하여 민감하여 폭발을 일으키기 쉽다.
④ 제5류 위험물의 니트로화합물에 속한다.

해설 ① 물에는 거의 녹지 않는다.
② 공기 중에서 점화하면 연소하고 다량이면 폭발한다.
④ 제5류 위험물의 질산에스테르류에 속한다.

27 과산화나트륨에 대한 설명으로 틀린 것은?

① 알코올에 잘 녹아서 산소와 수소를 발생시킨다.
② 상온에서 물과 격렬하게 반응한다.
③ 비중이 약 2.8이다.
④ 조해성 물질이다.

> 해설 ① 과산화나트륨은 에틸알코올에는 녹지 않으나 묽은 산과 반응하여 과산화수소(H_2O_2)를 생성시킨다.
> $Na_2O_2 + 2CH_3COOH \longrightarrow 2CH_3COONa + H_2O_2$

28 제4류 위험물의 일반적인 성질에 대한 설명 중 틀린 것은?

① 대부분 유기 화합물이다.
② 액체 상태이다.
③ 대부분 물보다 가볍다.
④ 대부분 물에 녹기 쉽다.

> 해설 ④ 대부분 물에 녹기 어렵다.

29 다음 위험물 중 지정 수량이 나머지 셋과 다른 하나는?

① 마그네슘 ② 금속분 ③ 철분 ④ 황

> 해설 ① 500kg ② 500kg
> ③ 500kg ④ 100kg

30 다음 물질 중 과염소산칼륨과 혼합했을 때 발화 폭발의 위험이 가장 높은 것은?

① 석면 ② 금 ③ 유리 ④ 목탄

> 해설 목탄, 인, 황, 탄소, 가연성 고체, 유기물 등이 혼합했을 때 발화 폭발의 위험이 가장 높다.

31 피리딘의 일반적인 성질에 대한 설명 중 틀린 것은?

① 순수한 것은 무색 액체이다.
② 약알칼리성을 나타낸다.
③ 물보다 가볍고, 증기는 공기보다 무겁다.
④ 흡습성이 없고, 비수용성이다.

> 해설 ④ 흡습성이 있고, 수용성이다.

32 메틸리튬과 물의 반응 생성물로 옳은 것은?

① 메탄, 수소화리튬 ② 메탄, 수산화리튬
③ 에탄, 수소화리튬 ④ 에탄, 수산화리튬

> 해설 $CH_3Li + H_2O \longrightarrow LiOH + CH_4$

33 위험물의 성질에 대한 설명 중 틀린 것은?

① 황린은 공기 중에서 산화할 수 있다.
② 적린은 $KClO_3$와 혼합하면 위험하다.
③ 황은 물에 매우 잘 녹는다.
④ 황화인은 가연성 고체이다.

> 해설 ③ 황은 물에 녹지 않는다.

34 다음 중 인화점이 가장 높은 것은?

① 등유 ② 벤젠
③ 아세톤 ④ 아세트알데하이드

> 해설

위험물의 종류	비 중
등유	30~60℃
벤젠	−11.1℃
아세톤	−18℃
아세트알데하이드	−37.7℃

35 다음 위험물 중 물보다 가벼운 것은?

① 메틸에틸케톤 ② 나이트로벤젠
③ 에틸렌글리콜 ④ 글리세린

> 해설

위험물 종류	비 중
메틸에틸케톤	0.8
나이트로벤젠	1.2
에틸렌글리콜	1.113
글리세린	1.26

정답 | 27 ① 28 ④ 29 ④ 30 ④ 31 ④ 32 ② 33 ③ 34 ① 35 ①

36 트라이나이트로톨루엔의 작용기에 해당하는 것은?

① $-NO$
② $-NO_2$
③ $-NO_3$
④ $-NO_4$

해설 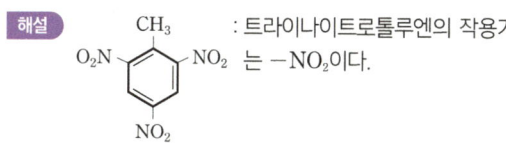 : 트라이나이트로톨루엔의 작용기 는 $-NO_2$이다.

37 다음 중 제5류 위험물로만 나열되지 않은 것은?

① 과산화벤조일, 질산메틸
② 과산화초산, 다이나이트로벤젠
③ 과산화요소, 나이트로글리콜
④ 아세토나이트릴, 트라이나이트로톨루엔

해설 ㉠ 아세토나이트릴 : 제4류 위험물 중 제1석유류
㉡ 트라이나이트로톨루엔 : 제5류 위험물 중 나이트로화합물류

38 제4류 위험물인 클로로벤젠의 지정 수량으로 옳은 것은?

① 200L
② 400L
③ 1,000L
④ 2,000L

해설 제4류 위험물의 품명과 지정 수량

성 질	품 명		지정수량	위험등급
인화성 액체	1. 특수 인화물류		50L	I
	2. 제1석유류	비수용성 액체	200L	II
		수용성 액체	400L	
	3. 알코올류		400L	
	4. 제2석유류	비수용성 액체 (클로로벤젠)	1,000L	III
		수용성 액체	2,000L	
	5. 제3석유류	비수용성 액체	2,000L	
		수용성 액체	4,000L	
	6. 제4석유류		6,000L	
	7. 동·식물유류		10,000L	

39 알루미늄분의 성질에 대한 설명으로 옳은 것은?

① 금속 중에서 연소 열량이 가장 작다.
② 끓는 물과 반응해서 수소를 발생한다.
③ 수산화나트륨 수용액과 반응해서 산소를 발생한다.
④ 안전한 저장을 위해 할로겐 원소와 혼합한다.

해설 ① 금속 중에서 연소 열량이 가장 크다.
③ 수산화나트륨 수용액과 반응해서 수소를 발생한다.
$$2Al + 2NaOH + 2H_2O \longrightarrow 2NaAlO_2 + 3H_2$$
④ 안전한 저장을 위해 할로겐 원소와 혼합하지 않는다.

40 아조 화합물 800kg, 하이드록실아민 300kg, 유기 과산화물 40kg의 총 양은 지정 수량의 몇 배에 해당하는가?

① 7배
② 9배
③ 10배
④ 11배

해설 $\dfrac{800kg}{200kg} + \dfrac{300kg}{100kg} + \dfrac{40kg}{10kg} = 11배$

41 위험물안전관리법령상 위험물 제조소에 설치하는 배출 설비에 대한 내용으로 틀린 것은?

① 배출 설비는 예외적인 경우를 제외하고는 국소 방식으로 하여야 한다.
② 배출 설비는 강제 배출 방식으로 한다.
③ 급기구는 낮은 장소에 설치하고 인화 방지망을 설치한다.
④ 배출구는 지상 2m 이상 높이에 연소의 우려가 없는 곳에 설치한다.

해설 ③ 급기구는 높은 장소에 설치하고 인화 방지망을 설치한다.

42 위험물안전관리법령상 주유 취급소 중 건축물의 2층을 휴게 음식점의 용도로 사용하는 것에 있어 해당 건축물의 2층으로부터 직접 주유 취급소의 부지 밖으로 통하는 출입구와 해당 출입구로 통하는 통로·계단에 설치하여야 하는 것은?

① 비상 경보 설비
② 유도등
③ 비상 조명등
④ 확성 장치

해설 주유 취급소 : 해당 출입구로 통하는 통로·계단 및 출입구에 유도등을 설치하여야 한다.

43 아염소산나트륨의 저장 및 취급 시 주의 사항으로 가장 거리가 먼 것은?

① 물속에 넣어 냉암소에 저장한다.
② 강산류와의 접촉을 피한다.
③ 취급 시 충격, 마찰을 피한다.
④ 가연성 물질과 접촉을 피한다.

해설 ① 화기를 엄금하며 직사광선을 피하고 용기를 건조하며 차고 어두운 곳에 저장한다.

44 인화점이 $21℃$ 미만인 액체 위험물의 옥외 저장 탱크 주입구에 설치하는 "옥외 저장 탱크 주입구"라고 표시한 게시판의 바탕 및 문자색을 옳게 나타낸 것은?

① 백색 바탕 — 적색 문자
② 적색 바탕 — 백색 문자
③ 백색 바탕 — 흑색 문자
④ 흑색 바탕 — 백색 문자

해설 $21℃$ 미만
㉠ 옥외 저장 탱크 주입구 게시판 설치
㉡ 백색 바탕에 흑색 문자

45 위험물의 운반에 관한 기준에서 다음 ( )에 알맞은 온도는 몇 $℃$인가?

> 적재하는 제5류 위험물 중 ( )$℃$ 이하의 온도에서 분해될 우려가 있는 것은 보냉 컨테이너에 수납하는 등 적정한 온도 관리를 유지하여야 한다.

① 40   ② 50
③ 55   ④ 60

해설 적재하는 제5류 위험물 중 $55℃$ 이하의 온도에서 분해될 우려가 있는 것은 보냉 컨테이너에 수납하는 등 적정한 온도 관리를 유지하여야 한다.

46 위험물안전관리법령상 배출 설비를 설치하여야 하는 옥내 저장소의 기준에 해당하는 것은?

① 가연성 증기가 액화할 우려가 있는 장소
② 모든 장소의 옥내 저장소
③ 가연성 미분이 체류할 우려가 있는 장소
④ 인화점이 $70℃$ 미만인 위험물의 옥내 저장소

해설 인화점이 $70℃$ 미만 : 옥내 저장소 저장 창고는 배출 설비를 설치한다.

47 위험물안전관리법령상 위험물 안전관리자의 책무에 해당하지 않는 것은?

① 화재 등의 재난이 발생할 경우 소방관서 등에 대한 연락 업무
② 화재 등의 재난이 발생한 경우 응급조치
③ 위험물의 취급에 관한 일지의 작성 · 기록
④ 위험물 안전 관리자의 선임 · 신고

해설 위험물 안전 관리자의 책무
(1) 위험물의 취급 작업에 참여하여 당해 작업이 저장 또는 취급에 관한 기술 기준과 예방 규정에 적합하도록 해당 작업자(당해 작업에 참여하는 위험물 취급 자격자를 포함한다. 이와 같다)에 대하여 지시 및 감독하는 업무
(2) 화재 등의 재난이 발생한 경우 응급 조치 및 소방관서 등에 대한 연락 업무
(3) 위험물 시설의 안전을 담당하는 자를 따로 두는 제조소 등의 경우에는 그 담당자에게 다음 규정에 의한 업무의 지시, 그 밖의 제조소 등의 경우에는 다음의 규정에 의한 업무
  ㉠ 제조소 등의 위치·구조 및 설비를 기술 기준에 적합하도록 유지하기 위한 점검과 점검 상황의 기록·보존
  ㉡ 제조소 등의 구조 또는 설비의 이상을 발견한 경우 관계자에 대한 연락 및 응급 조치
  ㉢ 화재가 발생하거나 화재 발생의 위험성이 현저한 경우 소방관서 등에 대한 연락 및 응급 조치
  ㉣ 제조소 등의 계측 장치, 제어 장치 및 안전 장치 등의 적정한 유지·관리
  ㉤ 제조소 등의 위치·구조 및 설비에 관한 설계 도서 등의 정비·보존 및 제조소 등의 구조 및 설비의 안전에 관한 사무의 관리
(4) 화재 등의 재해의 방지에 관하여 인접하는 제조소 등과 그 밖의 관련되는 시설의 관계자와 협조 체제의 유지

정답 43 ① 44 ③ 45 ③ 46 ④ 47 ④

(5) 위험물의 취급에 관한 일지의 작성·기록
(6) 그 밖에 위험물을 수납한 용기를 차량에 적재하는 작업, 위험물 설비를 보수하는 작업 등 위험물의 취급과 관련된 작업의 안전에 관하여 필요한 감독의 수행

48 위험물안전관리법령상 옥내 소화전 설비의 기준에 따르면 펌프를 이용한 가압송수장치에서 펌프의 토출량은 옥내 소화전의 설치 개수가 가장 많은 층에 대해 해당 설치 개수(5개 이상인 경우에는 5개)에 얼마를 곱한 양 이상이 되도록 하여야 하는가?

① 260L/min　　　② 360L/min
③ 460L/min　　　④ 560L/min

해설 옥내 소화전 : $Q(\text{m}^3) = N \times 7.8\text{m}^3$
여기서, Q : 수원의 양
　　　　N : 옥내 소화전 설비 설치 개수(5개 이상인 경우에는 5개)
즉 7.8m³란 법정 방수량 260L/min으로 30min 이상 기동할 수 있는 양

49 위험물안전관리법령상 연면적이 450m²인 저장소의 건축물 외벽이 내화 구조가 아닌 경우 이 저장소의 소화기 소요 단위는?

① 3　　　② 4.5　　　③ 6　　　④ 9

해설 저장소 건축물의 경우
㉠ 외벽이 내화 구조로 된 것으로 연면적이 110m²
㉡ 외벽이 내화 구조가 아닌 것으로 연면적이 75m²
∴ $\dfrac{450\text{m}^2}{75\text{m}^2} = 6$단위

50 위험물안전관리법령상 주유 취급소에 설치·운영할 수 없는 건축물 또는 시설은?

① 주유 취급소를 출입하는 사람을 대상으로 하는 그림 전시장
② 주유 취급소를 출입하는 사람을 대상으로 하는 일반 음식점
③ 주유원 주거 시설
④ 주유 취급소를 출입하는 사람을 대상으로 하는 휴게 음식점

해설 주유 취급소에 설치할 수 있는 건축물
㉠ 주유 또는 등유·경유를 옮겨 담기 위한 작업장
㉡ 주유 취급소의 업무를 행하기 위한 사무소
㉢ 자동차 등의 점검 및 간이정비를 위한 작업장
㉣ 자동차 등의 세정을 위한 작업장
㉤ 주유 취급소에 출입하는 사람을 대상으로 한 점포·휴게 음식점 또는 전시장
㉥ 주유 취급소의 관계자가 거주하는 주거 시설
㉦ 전기 자동차용 충전 설비(전기를 동력원으로 하는 자동차에 직접 전기를 공급하는 장치)

51 제2류 위험물 중 인화성 고체의 제조소에 설치하는 주의 사항 게시판에 표시할 내용을 옳게 나타낸 것은?

① 적색 바탕에 백색 문자로 "화기 엄금" 표시
② 적색 바탕에 백색 문자로 "화기 주의" 표시
③ 백색 바탕에 적색 문자로 "화기 엄금" 표시
④ 백색 바탕에 적색 문자로 "화기 주의" 표시

해설 8번 해설 참조

52 위험물안전관리법령상 옥내 탱크 저장소의 기준에서 옥내 저장 탱크 상호간에는 몇 m 이상의 간격을 유지하여야 하는가?

① 0.3　　　　② 0.5
③ 0.7　　　　④ 1.0

해설 탱크 전용물의 벽과의 사이 및 옥내 저장 탱크 상호간 간격 : 0.5m 이상

53 위험물안전관리법령상 제4류 위험물의 품명에 따른 위험 등급과 옥내 저장소 하나의 저장 창고 바닥 면적 기준을 옳게 나열한 것은? (단, 전용의 독립된 단층 건물에 설치하며, 구획된 실이 없는 하나의 저장 창고인 경우에 한한다.)

① 제1석유류 : 위험 등급 Ⅰ, 최대 바닥 면적 1,000m²
② 제2석유류 : 위험 등급 Ⅰ, 최대 바닥 면적 2,000m²
③ 제3석유류 : 위험 등급 Ⅱ, 최대 바닥 면적 2,000m²
④ 알코올류 : 위험 등급 Ⅱ, 최대 바닥 면적 1,000m²

정답 48 ①　49 ③　50 ②　51 ①　52 ②　53 ④

해설 (1) 옥내 저장소의 하나의 저장 창고 바닥 면적 1,000m² 이하

유별	품명
제1류 위험물	· 아염소산염류 · 염소산염류 · 과염소산염류 · 무기 과산화물 · 지정 수량 50kg인 위험물
제3류 위험물	· 칼륨 · 나트륨 · 알킬알루미늄 · 알킬리튬 · 황린 · 지정 수량 10kg인 위험물
제4류 위험물	· 특수 인화물 · 제1석유류 · 알코올류
제5류 위험물	· 유기 과산화물 · 질산에스터류 · 지정 수량 10kg인 위험물
제6류 위험물	· 전부

(2) (1)의 위험물 외의 위험물 저장 창고 바닥 면적 : 2,000m²

(3) ① 제1석유류 : 위험 등급 Ⅱ, 최대 바닥 면적 : 1,000m²

② 제2석유류 : 위험 등급 Ⅲ, 최대 바닥 면적 : 2,000m²

③ 제3석유류 : 위험 등급 Ⅲ, 최대 바닥 면적 : 2,000m²

54 위험물안전관리법령상 소화 전용 물통 8L의 능력 단위는?

① 0.3 　　　② 0.5

③ 1.0 　　　④ 1.5

해설 기타 소화 설비 능력의 단위

소화 설비	용량	능력 단위
소화 전용(專用) 물통	8L	0.3
수조(소화 전용 물통 3개 포함)	80L	1.5
수조(소화 전용 물통 6개 포함)	190L	2.5
마른 모래(삽 1개 포함)	50L	0.5
팽창 질석 또는 팽창 진주암(삽 1개 포함)	160L	1.0

55 위험물 옥외 저장 탱크의 통기관에 관한 사항으로 옳지 않는 것은?

① 밸브 없는 통기관의 직경은 30mm 이상으로 한다.

② 대기 밸브 부착 통기관은 항시 열려 있어야 한다.

③ 밸브 없는 통기관의 끝부분은 수평면보다 45° 이상 구부려 빗물 등의 침투를 막는 구조로 한다.

④ 대기 밸브 부착 통기관은 5kPa 이하의 압력 차이로 작동할 수 있어야 한다.

해설 밸브 없는 통기관은 가연성 증기를 회수하기 위한 밸브를 통기관에 설치하는 경우에 있어서는 해당 통기관 밸브의 저장 탱크에 위험물을 주입하는 경우를 제외하고는 항상 개방되어 있는 구조로 한다.

56 위험물 옥외 저장소에서 지정 수량 200배 초과의 위험물을 저장할 경우 경계 표시 주위의 보유 공지 너비는 몇 m 이상으로 하여야 하는가? (단, 제4류 위험물과 제6류 위험물이 아닌 경우이다.)

① 0.5 　　② 2.5 　　③ 10 　　④ 15

해설 옥외 저장소

저장 또는 취급하는 위험물의 최대 수량	공지의 너비
지정 수량의 10배 이하	3m 이상
지정 수량의 10배 초과 20배 이하	5m 이상
지정 수량의 20배 초과 50배 이하	9m 이상
지정 수량의 50배 초과 200배 이하	12m 이상
지정 수량의 200배 초과	15m 이상

단, 제4류 위험물 중 제4석유류와 제6류 위험물을 저장 또는 취급하는 보유 공지는 공지 너비의 1/3 이상으로 할 수 있다.

57 이동 저장 탱크에 알킬알루미늄을 저장하는 경우에 불활성 기체를 봉입하는데 이때의 압력은 몇 kPa 이하이어야 하는가?

① 100 　　② 200 　　③ 300 　　④ 400

해설 이동 저장 탱크 : 알킬알루미늄 등을 저장하는 경우에는 200kPa 이하의 압력으로 불활성의 기체를 봉입하여 둔다.

58 다음 중 위험물안전관리법령상 지정 수량의 1/10을 초과하는 위험물을 운반할 때 혼재할 수 없는 경우는?

① 제1류 위험물과 제6류 위험물
② 제2류 위험물과 제4류 위험물
③ 제4류 위험물과 제5류 위험물
④ 제5류 위험물과 제3류 위험물

해설 유별을 달리하는 위험물의 혼재 기준

구 분	제1류	제2류	제3류	제4류	제5류	제6류
제1류		×	×	×	×	○
제2류	×		×	○	○	×
제3류	×	×		○	×	×
제4류	×	○	○		○	×
제5류	×	○	×	○		×
제6류	○	×	×	×	×	

59 위험물안전관리법령상 옥외 저장소 중 덩어리 상태의 황만을 지반면에 설치한 경계 표시의 안쪽에서 저장 또는 취급할 때 경계 표시의 높이는 몇 m 이하로 하여야 하는가?

① 1
② 1.5
③ 2
④ 2.5

해설 황 옥외 저장소의 경계 표시 높이 규칙 : 1.5m 이하

60 그림과 같은 위험물 저장 탱크의 내용적은 약 몇 m³인가?

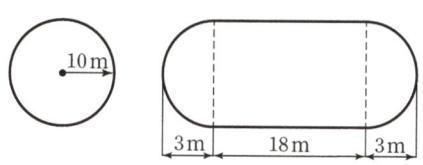

① 4,681
② 5,482
③ 6,283
④ 7,080

해설 $V = \pi r^2 \left(l + \dfrac{l_1 + l_2}{3} \right)$

$= \pi \times 10^2 \left(18 + \dfrac{3+3}{3} \right) = 6,280 \text{m}^3$

위험물 기능사 (2017. 1. 14 시행)

01 위험물 제조소를 설치하고자 하는 경우, 제조소와 초등학교 사이에는 몇 m 이상의 안전 거리를 두어야 하는가?

① 50   ② 40
③ 30   ④ 20

해설 제조소의 안전 거리

(1) 3m 이상 : 사용 전압이 7,000V 초과 35,000V 이하의 특고압 가공 전선

(2) 5m 이상 : 사용 전압이 35,000V 초과 특고압 가공 전선

(3) 10m 이상 : 주거용으로 사용되는 것

(4) 20m 이상
    ㉠ 고압가스 제조 시설(용기에 충전하는 것 포함)
    ㉡ 고압가스 사용 시설(1일 30m³ 이상 용적 취급)
    ㉢ 고압가스 저장 시설
    ㉣ 액화 산소 소비 시설
    ㉤ 액화 석유가스 제조·저장 시설
    ㉥ 도시가스 공급 시설

(5) 30m 이상
    ㉠ 학교, 병원, 공연장, 영화관(300명 이상 수용)
    ㉡ 노유자 시설 등(20명 이상 수용)

(6) 50m 이상
    ㉠ 유형 문화재
    ㉡ 지정 문화재

02 제5류 위험물의 화재 예방상 주의 사항으로 가장 거리가 먼 것은?

① 점화원의 접근을 피한다.
② 통풍이 양호한 찬 곳에 저장한다.
③ 소화 설비는 질식 효과가 있는 것을 위주로 준비한다.
④ 가급적 소분하여 저장한다.

해설 제5류 위험물은 대량의 주수 소화가 효과적이다.

03 전기 불꽃에 의한 에너지식을 옳게 나타낸 것은? (단, E는 전기 불꽃 에너지, C는 전기 용량, Q는 전기량, V는 방전 전압이다.)

① $E = \frac{1}{2}QV$ ② $E = \frac{1}{2}QV^2$

③ $E = \frac{1}{2}CV$ ④ $E = \frac{1}{2}VQ^2$

해설 최소 착화 에너지(최소 회로 전류치) : 가연성 혼합 기체에 전기적 스파크로 점화시 착화되기 위하여 필요한 최소한의 에너지이다.

최소 착화 에너지$(E) = \frac{1}{2}QV$

여기서, Q : 전기량
       V : 전압

04 액화 이산화탄소 1kg이 25℃, 2atm의 공기 중으로 방출되었을 때 방출된 기체상의 이산화탄소의 부피는 약 몇 L가 되는가?

① 278   ② 556
③ 1,111   ④ 1,985

해설 $PV = \frac{W}{M}RT$

$$V = \frac{WRT}{PM}$$

$$= \frac{1,000 \times 0.082 \times (25+273)}{2 \times 44} = \frac{24,436}{88} = 278L$$

05 소화 작용에 대한 설명으로 옳지 않은 것은?

① 냉각 소화 : 물을 뿌려서 온도를 저하시키는 방법
② 질식 소화 : 불연성 포말로 연소물을 덮어 씌우는 방법
③ 제거 소화 : 가연물을 제거하여 소화시키는 방법
④ 희석 소화 : 산·알칼리를 중화시켜 연쇄 반응을 억제시키는 방법

정답   01 ③   02 ③   03 ①   04 ①   05 ④

해설 **희석 소화**

물에 용해하는 성질을 가지는 가연 물질인 알코올류, 에테르류, 에스테르류, 알데히드류, 케톤류 등을 저장하는 탱크 또는 용기에서 화재가 발생하였을 때 많은 양의 물을 일시에 방사함으로써 수용성 가연 물질의 농도를 묽게 희석시켜 연소 농도 이하가 되게 하여 소화시키는 소화 작용

06 위험물안전관리법령상 피난 구조 설비에 해당하는 것은?

① 자동 화재 탐지 설비 ② 비상 방송 설비
③ 자동식 사이렌 설비 ④ 유도등

해설 ㉠ 경보 설비 : 자동 화재 탐지 설비, 비상 방송 설비, 자동식 사이렌 설비
㉡ 피난 구조 설비 : 유도등

07 위험물을 취급함에 있어서 정전기를 유효하게 제거하기 위한 설비를 설치하고자 한다. 공기 중의 상대 습도를 몇 % 이상 되게 하여야 하는가?

① 50   ② 60
③ 70   ④ 80

해설 **정전기 재해 방지법**

㉠ 공기 중의 습도를 높인다(실내의 경우 상대 습도를 70% 이상으로 한다).
㉡ 접지를 한다.
㉢ 공기를 이온화한다.

08 공기포 소화 약제의 혼합 방식 중 펌프의 토출관과 흡입관 사이의 배관 도중에 설치된 흡입기에 펌프에서 토출된 물의 일부를 보내고 농도 조절 밸브에서 조정된 포 소화 약제의 필요량을 포 소화 약제 탱크에서 펌프 흡입측으로 보내어 이를 혼합하는 방식은?

① 프레셔 프로포셔너 방식
② 펌프 프로포셔너 방식
③ 프레셔 사이드 프로포셔너 방식
④ 라인 프로포셔너 방식

해설 ① 프레셔 프로포셔너 방식(pressure proportioner) : 펌프와 발포기의 배관 도중에 벤투리(venturi)관을 설치하여 벤투리 작용에 의하여 포 소화 약제를 혼합하는 방식이다. 공기 포말 소화제의 비례 혼합 저장조와 고정 흡입구로 구성되어 있으며, 펌프와 발포 기기의 중간에 접속시켜 물에 의한 치환 작용과 흡입 작용으로 물속에 공기포 소화제를 넣어 규정 농도의 수용액으로 조정한 다음 송액관으로 발포 기기에 보내어 공기를 흡입함으로써 공기포를 발생시키는 기구이다.

② 펌프 프로포셔너 방식(pump proportioner) : 펌프의 토출관과 흡입관 사이의 배관 도중에 설치한 흡입기에 펌프에서 토출된 물의 일부를 보내고 농도 조정 밸브에서 조정된 포 소화 약제의 필요량을 포 소화 약제 탱크에서 펌프 흡입측으로 보내어 이를 혼합하는 방식이다.

③ 프레셔 사이드 프로포셔너 방식(pressure side proportioner) : 펌프의 토출관에 압입기를 설치하여 압입용 포 소화 약제를 압입시켜 혼합하는 방식이다. 공기포 소화 원액 가압 송액 장치와 압입기로 구성되어 있으며, 소화 펌프에 주배관 중간에 설치한 압입기에 공기포 소화 원액을 압송 펌프 등으로 압송하여 규정 농도의 수용액으로 조정, 송액관으로 발포 기기에 보내어 공기를 흡입함으로써 공기포를 발생시키는 구조이다. 이 방식은 대규모의 혼합 장치에 사용되며, 압입기를 혼합기로 사용한 것이다.

④ 라인 프로포셔너 방식(line proportioner) : 급수관의 배관 도중에 포 소화 약제 혼합기를 설치하여 그 흡입관에서 포 소화 약제의 소화 약제를 혼입하여 혼합하는 방식이다. 공기포 원액조와 흡상관, 흡입기, 발포 기기 등으로 구성되어 있으며 흡입기에 보내어진 압력수에 의하여 흡입기 내부는 부압으로 되어 흡상관에 의하여 공기포 소화제를 흡입시킴으로써 공기를 흡입, 공기포를 발생시키는 기구이다.

09 위험물 제조소에서 국소 방식의 배출 설비 배출 능력은 1시간당 배출 장소 용적의 몇 배 이상인 것으로 하여야 하는가?

① 5   ② 10
③ 15   ④ 20

해설 배출 설비는 국소 방식으로 한다. 배출 설비 배출 능력은 1시간당 배출 장소 용적의 20배 이상인 것으로 한다.

정답 06 ④   07 ③   08 ②   09 ④

10 다음 중 물과 반응하여 산소를 발생하는 것은 어느 것인가?

① $KClO_3$　　　　② $NaNO_3$
③ Na_2O_2　　　　④ $KMnO_4$

해설　$2Na_2O_2 + 4H_2O \longrightarrow 4NaOH + 2H_2O + O_2$

11 등유에 대한 설명으로 틀린 것은?

① 휘발유보다 발화점이 높다.
② 증기는 공기보다 무겁다.
③ 인화점은 상온(25℃)보다 높다.
④ 물보다 가볍고 비수용성이다.

해설

위험물	발화점
등유	254℃
휘발유	300℃

12 다음 중 제5류 위험물이 아닌 것은?

① 나이트로글리세린　　② 나이트로톨루엔
③ 나이트로글리콜　　　④ 트라이나이트로톨루엔

해설　① 나이트로글리세린 : 제5류 위험물 중 질산에스터류
② 나이트로톨루엔 : 제4류 위험물 중 제3석유류
③ 나이트로글리콜 : 제5류 위험물 중 질산에스터류
④ 트라이나이트로톨루엔 : 제5류 위험물 중 나이트로 화합물류

13 다이너마이트의 원료로 사용되며 건조한 상태에서는 타격, 마찰에 의하여 폭발의 위험이 있으므로 운반 시 물 또는 알코올을 첨가하여 습윤시키는 위험물은?

① 벤조일퍼옥사이드
② 트라이나이트로톨루엔
③ 나이트로셀룰로오스
④ 다이나이트로나프탈렌

해설　나이트로셀룰로오스는 물과 혼합할수록 위험성이 감소되므로 운반 시 물(20%), 용제 또는 알코올(30%)을 첨가하여 습윤시킨다. 건조 상태에 이르면 즉시 습한 상태를 유지시킨다.

14 질산암모늄에 대한 설명으로 틀린 것은?

① 열분해하여 산화이질소가 발생한다.
② 폭약 제조 시 산소 공급제로 사용된다.
③ 물에 녹을 때 많은 열을 발생한다.
④ 무취의 결정이다.

해설　물에 잘 녹고, 물에 녹을 때 다량의 물을 흡수하여(흡열 반응) 온도가 내려간다.

15 다음 위험물 중 발화점이 가장 낮은 것은?

① 황　　　　　　② 삼황화인
③ 황린　　　　　④ 아세톤

해설　① 황 : 232℃　　② 삼황화인 : 100℃
③ 황린 : 34℃　　④ 아세톤 : 538℃

16 트라이에틸알루미늄의 안전 관리에 관한 설명 중 틀린 것은?

① 물과의 접촉을 피한다.
② 냉암소에 저장한다.
③ 화재 발생 시 팽창 질석을 사용한다.
④ I_2 또는 Cl_2 가스의 분위기에서 저장한다.

해설　트라이에틸알루미늄은 산화제, 할로겐 화합물, 강산류, 알코올류와는 철저히 격리하고 외부와는 떨어진 곳에 저장한다.

17 다음 중 분자량이 약 74, 비중이 약 0.71인 물질로서 에탄올 두 분자에서 물이 빠지면서 축합 반응이 일어나 생성되는 물질은?

① $C_2H_5OC_2H_5$　　② C_2H_5OH
③ C_6H_5Cl　　　　④ CS_2

해설　에테르 제법 : 에탄올에 진한 황산을 넣고 130~140℃로 가열하면 에탄올 2분자 중에서 간단히 물이 빠지면서 축합 반응이 일어나 에테르가 얻어진다.

$$2C_2H_5OH \xrightarrow{c-H_2SO_4} C_2H_5OC_2H_5 + H_2O$$

정답　10 ③　11 ①　12 ②　13 ③　14 ③　15 ③　16 ④　17 ①

18 다음 위험물에 대한 설명 중 옳은 것은?

① 벤조일퍼옥사이드는 건조할수록 안전도가 높다.
② 테트릴은 충격과 마찰에 민감하다.
③ 트라이나이트로페놀은 공기 중 분해하므로 장기간 저장이 불가능하다.
④ 다이나이트로톨루엔은 액체상의 물질이다.

해설 ① 벤조일퍼옥사이드는 건조할수록 폭발성이 크다.
③ 트라이나이트로페놀은 충격, 마찰에 비교적 둔감하여 공기 중 자연 분해되지 않기 때문에 장기간 저장할 수 있다.
④ 다이나이트로톨루엔은 담황색의 결정이다.

19 무색의 액체로 융점이 −112℃이고 물과 접촉하면 심하게 발열하는 제6류 위험물은?

① 과산화수소
② 과염소산
③ 질산
④ 오플루오로아이오딘

해설 과염소산($HClO_4$)의 설명이다.

20 과산화수소의 운반 용기 외부에 표시하여야 하는 주의 사항은?

① 화기 주의
② 충격 주의
③ 물기 엄금
④ 가연물 접촉 주의

해설 위험물 운반 용기의 주의 사항

위험물		주의 사항
제1류 위험물	알칼리 금속의 과산화물	· 화기·충격 주의 · 물기 엄금 · 가연물 접촉 주의
	기타	· 화기·충격 주의 · 가연물 접촉 주의
제2류 위험물	철분·금속분·마그네슘	· 화기 주의 · 물기 엄금
	인화성 고체	화기 엄금
	기타	화기 주의
제3류 위험물	자연 발화성 물질	· 화기 엄금 · 공기 접촉 엄금
	금수성 물질	물기 엄금
제4류 위험물		화기 엄금
제5류 위험물		· 화기 엄금 · 충격 주의
제6류 위험물		가연물 접촉 주의

21 알칼리 금속 과산화물에 관한 일반적인 설명으로 옳은 것은?

① 안정한 물질이다.
② 물을 가하면 발열한다.
③ 주로 환원제로 사용된다.
④ 더 이상 분해되지 않는다.

해설 ① 일반적으로 불안정한 화합물이다.
③ 강력한 산화제이다.
④ 분해가 용이하고 산소를 방출한다.

22 트라이에틸알루미늄이 물과 반응하였을 때 발생하는 가스는?

① 메탄
② 에탄
③ 프로판
④ 부탄

해설 $(C_2H_5)_3Al + 3H_2O \rightarrow Al(OH)_3 + 3C_2H_6$

23 위험물 시설에 설치하는 소화 설비와 관련한 소요 단위의 산출 방법에 관한 설명 중 옳은 것은?

① 제조소 등의 옥외에 설치된 인공 구조물은 외벽이 내화 구조인 것으로 간주한다.
② 위험물은 지정 수량의 20배를 1소요 단위로 한다.
③ 취급소의 건축물은 외벽이 내화 구조인 것은 연면적 75m²를 1소요 단위로 한다.
④ 제조소의 건축물은 외벽이 내화 구조인 것은 연면적 150m²를 1소요 단위로 한다.

해설 ② 위험물은 지정 수량의 10배를 1소요 단위로 한다.
③ 취급소의 건축물은 외벽이 내화 구조인 것은 연면적 100m²를 1소요 단위로 한다.
④ 제조소의 건축물은 외벽이 내화 구조인 것은 연면적 100m²를 1소요 단위로 한다.

24 다음 중 위험물의 분류가 옳은 것은?

① 유기 과산화물 − 제1류 위험물
② 황화인 − 제2류 위험물
③ 금속분 − 제3류 위험물
④ 무기 과산화물 − 제5류 위험물

해설 ① 유기 과산화물 : 제5류 위험물
③ 금속분 : 제2류 위험물
④ 무기 과산화물 : 제1류 위험물

25 다음 중 일반적으로 알려진 황화인의 3종류에 속하지 않는 것은?

① P_4S_3　　　　② P_2S_5
③ P_4S_7　　　　④ P_2S_9

해설 황화인의 종류
삼황화인(P_4S_3), 오황화인(P_2S_5), 칠황화인(P_4S_7)

26 나이트로셀룰로오스에 관한 설명으로 옳은 것은?

① 용제에는 전혀 녹지 않는다.
② 질화도가 클수록 위험성이 증가한다.
③ 물과 작용하여 수소를 발생한다.
④ 화재 발생 시 질식 소화가 가장 적합하다.

해설 ① 용제에는 녹는다.
③ 물과 혼합할수록 위험성이 감소한다.
④ 화재 발생 시 질식 소화는 효과가 적으며 특히 CO_2, 건조 분말 및 할로겐 화합물 소화 약제는 적응성이 없으며 다량의 물로 냉각 소화한다.

27 다음 중 벤젠의 성질에 대한 설명으로 틀린 것은?

① 무색의 액체로서 휘발성이 있다.
② 불을 붙이면 그을음을 내며 탄다.
③ 증기는 공기보다 무겁다.
④ 물에 잘 녹는다.

해설 ④ 물에 녹지 않는다.

28 염소산나트륨을 가열하여 분해시킬 때 발생하는 기체는?

① 산소　　　　② 질소
③ 나트륨　　　　④ 수소

해설 $2NaClO_3 \longrightarrow 2NaCl + 3O_2$

29 다음 중 제6류 위험물에 해당하는 것은?

① 과산화수소
② 과산화나트륨
③ 과산화칼륨
④ 과산화벤조일

해설 ① 과산화수소 : 제6류 위험물
② 과산화나트륨 : 제1류 위험물 중 무기 과산화물류
③ 과산화칼륨 : 제1류 위험물 중 무기 과산화물류
④ 과산화벤조일 : 제5류 위험물 중 유기 과산화물류

30 아세톤의 물리·화학적 특성과 화재 예방 방법에 대한 설명으로 틀린 것은?

① 물에 잘 녹는다.
② 증기가 공기보다 가벼우므로 확산에 주의한다.
③ 화재 발생 시 물분무에 의한 소화가 가능하다.
④ 휘발성이 있는 가연성 액체이다.

해설 ② 증기는 공기보다 무겁다(증기 비중 2.0).

31 인화성 액체 위험물에 대한 소화 방법에 대한 설명으로 틀린 것은?

① 탄산수소염류 소화기는 적응성이 있다.
② 포 소화기는 적응성이 있다.
③ 이산화탄소 소화기에 의한 질식 소화가 효과적이다.
④ 물통 또는 수조를 이용한 냉각 소화가 효과적이다.

해설 인화성 액체의 소화에 물을 사용하면 화면이 확대가 되어서 위험하다.

32 옥내 소화전 설비를 설치하였을 때 그 대상으로 옳지 않은 것은?

① 제2류 위험물 중 인화성 고체
② 제3류 위험물 중 금수성 물품
③ 제5류 위험물
④ 제6류 위험물

해설

소화 설비의 구분		건축물·그 밖의 공작물	전기 설비	제1류 위험물		제2류 위험물			제3류 위험물		제4류 위험물	제5류 위험물	제6류 위험물
				알칼리 금속 과산화물 등	그 밖의 것	철분·금속분·마그네슘 등	인화성 고체	그 밖의 것	금수성 물품	그 밖의 것			
옥내 소화전 설비 또는 옥외 소화전 설비		○			○		○	○		○		○	○
스프링클러 설비		○			○		○	○		○	△	○	○
물분무 등 소화 설비	물분무 소화 설비	○	○		○		○	○		○	○	○	○
	포 소화 설비	○			○		○	○		○	○	○	○
	불활성 가스 소화 설비		○				○				○		
	할로젠 화합물 소화 설비		○				○				○		
	분말 소화 설비 / 인산염류 등	○	○		○		○	○			○		○
	분말 소화 설비 / 탄산 수소 염류 등		○	○		○	○		○		○		
	분말 소화 설비 / 그 밖의 것			○		○			○				
대형·소형 수동식 소화기	봉상수(棒狀水) 소화기	○			○		○	○		○		○	○
	무상수(霧狀水) 소화기	○	○		○		○	○		○		○	○
	봉상강화액 소화기	○			○		○	○		○		○	○
	무상강화액 소화기	○	○		○		○	○		○	○	○	○
	포 소화기	○			○		○	○		○	○	○	○
	이산화탄소 소화기		○				○				○		△
	할론 소화 설비		○				○				○		
	분말 소화기 / 인산염류 소화기	○	○		○		○	○			○		○
	분말 소화기 / 탄산수소염류 소화기		○	○		○	○		○		○		
	분말 소화기 / 그 밖의 것			○		○			○				
기타	물통 또는 수조	○			○		○	○		○		○	○
	건조사			○	○	○	○	○	○	○	○	○	○
	팽창 질석 또는 팽창 진주암			○	○	○	○	○	○	○	○	○	○

33 옥외 저장소에 덩어리 상태의 황만을 지반면에 설치한 경계 표시의 안쪽에서 저장할 경우 하나의 경계 표시의 내부 면적은 몇 m^2 이하이어야 하는가?

① 75   ② 100   ③ 300   ④ 500

해설 옥외 저장소 중 덩어리 상태의 황만을 지반면에 설치한 경계 표시의 안쪽에서 저장·취급하는 것
㉠ 하나의 경계 표시의 내부 면적 : $100m^2$ 이하
㉡ 2 이상의 경계 표시를 설치하는 경우에 있어서는 각각의 경계 표시 내부의 면적을 합산한 면적 : $1,000m^2$ 이하
㉢ 황 옥외 저장소의 경계 표시 높이 : 1.5m 이하

34 다음 중 위험물안전관리법에 따른 소화 설비의 구분에서 "물분무 등 소화 설비"에 속하지 않는 것은?

① 불활성 가스 소화 설비
② 포 소화 설비
③ 스프링클러 설비
④ 분말 소화 설비

해설 물분무 등 소화 설비
㉠ 물분무 소화 설비
㉡ 미분무 소화 설비
㉢ 포 소화 설비
㉣ 이산화탄소 가스 소화 설비
㉤ 할론 소화 설비
㉥ 할로겐화합물 및 불활성 기체 소화 설비
㉦ 분말 소화 설비
㉧ 강화액 소화 설비
㉨ 고체 에어로졸 소화 설비

35 금속분, 나트륨, 코크스 같은 물질이 공기 중에서 점화원을 제공받아 연소할 때의 주된 연소 형태는?

① 표면 연소   ② 확산 연소
③ 분해 연소   ④ 증발 연소

해설 ① 표면 연소(직접 연소) : 공기 중에서 점화원을 제공받아 연소할 때의 주된 연소 형태
예 목탄, 코크스, 금속분, 나트륨 등
② 확산 연소(기체의 연소, 발염 연소) : 가연성 기체와 공기의 혼합 방법에 따라 확산 연소와 혼합 연소로 구분되며, 가연성 가스가 배관의 출구 등에서 공기 중으로 유출하면서 연소하는 것
예 산소, 아세틸렌 등
③ 분해 연소 : 가연성 고체에 충분한 열이 공급되면 가열 분해에 의하여 발생된 가연성 가스(CO, H_2, CH_4 등)가 공기와 혼합되어 연소하는 형태
예 목재, 석탄, 종이, 플라스틱 등
④ 증발 연소 : 고체 가연물을 가열하면 열분해를 일으키지 않고 증발하여 그 증기가 연소하거나 열에 의한 상태 변화를 일으켜 액체가 된 후 어떤 일정한 온도에서 발생된 가연성 증기가 연소하는 형태
예 황, 나프탈렌, 장뇌, 촛불 등

36 그림과 같이 횡으로 설치한 원통형의 위험물 탱크에 대하여 탱크 용적을 구하면 약 몇 m³인가? (단, 공간 용적은 탱크 내용적의 100분의 5로 한다.)

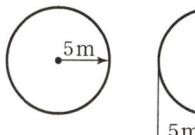 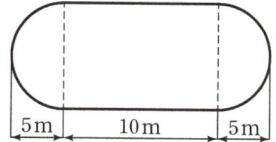

① 196.25
② 261.60
③ 785.00
④ 994.84

해설 $V = \pi r^2 \left(l + \dfrac{l_1 + l_2}{3} \right)$

$= \pi \times 5^2 \left(10 + \dfrac{5+5}{3} \right)$

$= 1046.6\,\text{m}^3$

$\therefore\ 1046.6 - 52.3 = 994.3\,\text{m}^3$

37 다음 물질 중 분진 폭발의 위험성이 가장 낮은 것은?

① 밀가루
② 알루미늄 분말
③ 모래
④ 석탄

해설 분진 폭발
공기 중의 산소와 반응하여 폭발하는 성질을 가지고 있는 물질을 대상으로 가능하며 분진은 가연성의 고체를 세분화한 것으로 상당히 입자가 적다.
예 밀가루, 알루미늄 분말, 석탄 등

38 이동 저장 탱크에 알킬알루미늄을 저장하는 경우에 불활성 기체를 봉입하는데, 이때의 압력은 몇 kPa 이하이어야 하는가?

① 10
② 20
③ 30
④ 40

해설 이동 저장 탱크에 알킬알루미늄을 저장하는 경우에 불활성 기체를 봉입하는 압력은 20kPa 이하이다.

39 옥외 탱크 저장소의 제4류 위험물의 저장 탱크에 설치하는 통기관에 관한 설명으로 틀린 것은?

① 제4류 위험물을 저장하는 압력 탱크 외의 탱크에는 밸브 없는 통기관 또는 대기 밸브 부착 통기관을 설치하여야 한다.
② 밸브 없는 통기관은 직경을 30mm 미만으로 하고, 끝부분은 수평면보다 45도 이상 구부려 빗물 등의 침투를 막는 구조로 한다.
③ 인화점 70℃ 이상의 위험물만을 해당 위험물의 인화점 미만의 온도로 저장 또는 취급하는 탱크에 설치하는 통기관에는 인화 방지 장치를 설치하지 않아도 된다.
④ 옥외 저장 탱크 중 압력 탱크란 탱크의 최대 상용 압력이 부압 또는 정압 5kPa을 초과하는 탱크를 말한다.

해설 ② 밸브 없는 통기관은 직경을 30mm 이상으로 하고, 끝부분은 수평면보다 45도 이상 구부려 빗물 등의 침투를 막는 구조로 한다.

40 위험물 제조소 등에 설치하여야 하는 자동 화재 탐지 설비의 설치 기준에 대한 설명 중 틀린 것은?

① 자동 화재 탐지 설비의 경계 구역은 건축물 그 밖에 인공 구조물의 2 이상의 층에 걸치도록 할 것
② 하나의 경계 구역에서 그 한 변의 길이는 50m (광전식 분리형 감지기를 설치할 경우에는 100m) 이하로 할 것
③ 자동 화재 탐지 설비의 감지기는 지붕 또는 벽의 옥내에 면한 부분에 유효하게 화재의 발생을 감지할 수 있도록 설치할 것
④ 자동 화재 탐지 설비에는 비상 전원을 설치할 것

해설 ① 자동 화재 탐지 설비의 경계 구역은 건축물 그 밖에 인공 구조물의 2 이상의 층에 걸치지 아니 하도록 한다.

41 다음 물질 중 과산화나트륨과 혼합하였을 때 수산화나트륨과 산소를 발생하는 것은?

① 온수
② 일산화탄소
③ 이산화탄소
④ 초산

정답 36 ④ 37 ③ 38 ② 39 ② 40 ① 41 ①

해설 ㉠ 물이 차고 다량인 경우

$$Na_2O_2+2H_2O \longrightarrow 2NaOH+H_2O_2$$

㉡ 상온에서 적당한 물과 반응한 경우

$$2Na_2O_2+4H_2O \longrightarrow 4NaOH+2H_2O+O_2$$

㉢ 온도가 높은 소량의 물과 반응한 경우

$$2Na_2O_2+2H_2O \longrightarrow 4NaOH+O_2$$

42 다음 중 수소화나트륨의 소화 약제로 적당하지 않은 것은?

① 물
② 건조사
③ 팽창 질석
④ 탄산수소염류

해설 32번 해설 참조

43 산화성 고체 위험물의 화재 예방과 소화 방법에 대한 설명 중 틀린 것은?

① 무기 과산화물의 화재 시 물에 의한 냉각 소화 원리를 이용하여 소화한다.
② 통풍이 잘되는 차가운 곳에 저장한다.
③ 분해 촉매, 이물질과의 접촉을 피한다.
④ 조해성 물질은 방습하고 용기는 밀전한다.

해설 ① 무기 과산화물의 화재 시 건조사에 의한 소화를 한다.

44 제조소 등에서 위험물을 유출·방출 또는 확산시켜 사람을 상해에 이르게 한 경우의 벌칙에 관한 기준에 해당하는 것은?

① 3년 이상 10년 이하의 징역
② 무기 또는 10년 이하의 징역
③ 무기 또는 3년 이상의 징역
④ 무기 또는 5년 이상의 징역

해설 제조소 등에서 위험물을 유출·방출 또는 확산시켜 사람을 상해에 이르게 한 경우의 벌칙은 무기 또는 3년 이상의 징역이다.

45 이동 탱크 저장소에 의한 위험물의 운송 시 준수하여야 하는 기준에서 다음 중 어떤 위험물을 운송할 때 위험물 운송자는 위험물 안전카드를 휴대하여야 하는가?

① 특수 인화물 및 제1석유류
② 알코올류 및 제2석유류
③ 제3석유류 및 동·식물유류
④ 제4석유류

해설 이동 탱크 저장소에서 위험물을 운송할 때 위험물 운송자가 위험물 안전카드를 휴대하여야 하는 것

㉠ 제1류 위험물
㉡ 제2류 위험물
㉢ 제3류 위험물
㉣ 제4류 위험물(특수 인화물, 제1석유류)
㉤ 제5류 위험물
㉥ 제6류 위험물

46 다음 중 위험 등급이 나머지 셋과 다른 하나는?

① 나이트로소 화합물
② 유기 과산화물
③ 아조 화합물
④ 하이드록실아민

해설 제5류 위험물의 위험 등급과 품명

성질	품명	지정 수량	위험 등급
자기 반응성 물질	1. 유기 과산화물 2. 질산에스터류 3. 나이트로 화합물 4. 나이트로소 화합물 5. 아조 화합물 6. 다이아조 화합물 7. 하이드라진 유도체 8. 하이드록실아민 9. 하이드록실아민염류 10. 그 밖의 행정안전부령이 정하는 것 11. 제1호부터 제10호까지의 어느 하나에 해당하는 위험물을 하나 이상 함유한 것	제1종 : 10kg 제2종 : 100kg	제1종 : I 제2종 : II

47 위험물 저장소에 다음과 같이 2가지 위험물을 저장하고 있다. 지정 수량 이상에 해당하는 것은?

① 브로민산칼륨 80kg, 염소산칼륨 40kg
② 질산 100kg, 과산화수소 150kg
③ 질산칼륨 120kg, 다이크로뮴산나트륨 500kg
④ 휘발류 20L, 윤활류 2,000L

해설 ① $\frac{80}{300}+\frac{40}{50}=1.07$ ② $\frac{100}{300}+\frac{150}{300}=0.83$

③ $\frac{120}{300}+\frac{500}{1,000}=0.9$ ④ $\frac{20}{200}+\frac{2,000}{6,000}=0.43$

48 다음 수용액 중 알코올의 함유량이 60중량 퍼센트 이상일 때 위험물안전관리법상 제4류 알코올류에 해당하는 물질은?

① 에틸렌글리콜[$C_2H_4(OH)_2$]
② 알릴알코올($CH_2=CHCH_2OH$)
③ 부틸알코올(C_4H_9OH)
④ 에틸알코올(CH_3CH_2OH)

해설 알코올류
㉠ 알코올 수용액의 농도가 60wt%인 것
㉡ 한 분자 내의 탄소 원자 수가 3개 이하인 포화 1가의 알코올로서 변성 알코올을 포함한다.
  예 CH_3OH(메틸알코올), C_2H_5OH(에틸알코올), C_3H_7OH(프로필알코올)

49 아염소산염류 500kg과 질산염류 3,000kg을 저장하는 경우 위험물의 소요 단위는 얼마인가?

① 2   ② 4
③ 6   ④ 8

해설 위험물 소요 단위 $=\frac{저장량}{지정 수량 \times 10}$

㉠ 아염소산염류 : $\frac{500}{50 \times 10}=1$소요 단위

㉡ 질산염류 : $\frac{3,000}{300 \times 10}=1$소요 단위

즉, 1+1=2소요 단위

50 다음 중 제6류 위험물인 과염소산의 분자식은?

① $HClO_4$ ② $KClO_4$ ③ $KClO_2$ ④ $HClO_2$

해설 ① $HClO_4$: 과염소산 ② $KClO_4$: 과염소산칼륨
③ $KClO_2$: 아염소산칼륨 ④ $HClO_2$: 아염소산

51 위험물 저장 탱크의 내용적이 300L일 때 탱크에 저장하는 위험물 용량의 범위로 적합한 것은? (단, 원칙적인 경우에 한한다.)

① 240~270L   ② 270~285L
③ 290~295L   ④ 295~298L

해설 위험물 탱크의 공간 용적은 탱크 용적의 100분의 5 이상 100분의 10 이하로 한다.
㉠ $300L \times \frac{5}{100}=15L$, $300-15=285L$
㉡ $300L \times \frac{10}{100}=30L$, $300-30=270L$
∴ 270~285L가 원칙적인 위험물 용량의 범위이다.

52 질산에틸의 분자량은 얼마인가?

① 76   ② 82   ③ 91   ④ 105

해설 $C_2H_5ONO_2$
$=(12\times2)+(1\times5)+(16\times3)+(14\times1)=91$

53 다음 중 인화점이 가장 높은 것은?

① 등유   ② 벤젠
③ 아세톤   ④ 아세트알데하이드

해설

위험물	인화점
등유	30~60℃
벤젠	−11.1℃
아세톤	−18℃
아세트알데하이드	−37.7℃

54 옥내 소화전의 개폐 밸브 및 호스 접속구는 바닥면으로부터 몇 미터 이하의 높이에 설치하여야 하는가?

① 0.5   ② 1   ③ 1.5   ④ 1.8

해설 옥내 소화전의 개폐 밸브 및 호스 접속구를 바닥면으로부터 1.5m 이하의 높이에 설치한다.

55 다음 중 에틸렌글리콜과 혼재할 수 없는 위험물은? (단, 지정 수량의 10배일 경우이다.)

① 황
② 과망가니즈산나트륨
③ 알루미늄분
④ 트라이나이트로톨루엔

해설 에틸렌글리콜 : 제4류 위험물
① 황 : 제2류 위험물
② 과망가니즈산나트륨 : 제1류 위험물
③ 알루미늄분 : 제2류 위험물
④ 트라이나이트로톨루엔 : 제5류 위험물
유별을 달리하는 위험물의 혼재 기준

구 분	제1류	제2류	제3류	제4류	제5류	제6류
제1류		×	×	×	×	○
제2류	×		×	○	○	×
제3류	×	×		○	×	×
제4류	×	○	○		○	×
제5류	×	○	×	○		×
제6류	○	×	×	×	×	

56 다음 중 증기 비중이 가장 큰 것은?

① 벤젠   ② 등유
③ 메틸알코올   ④ 에테르

해설 ① 벤젠 : 2.77   ② 등유 : 4~5
③ 메틸알코올 : 1.1   ④ 에테르 : 2.6

57 다음의 위험물 중에서 화재가 발생하였을 때, 내알코올 포 소화 약제를 사용하는 것이 효과가 가장 높은 것은?

① C_6H_6 ② $C_6H_5CH_3$
③ $C_6H_4(CH_3)_2$ ④ CH_3COOH

해설 초산(CH_3COOH)은 수용성이므로 초기 화재 시는 물, CO_2, 분말, 알코올형 포가 유효하지만 대형 화재인 경우는 다량의 물로 분무 주수하거나 알코올성 포로 일시에 소화한다.

58 트라이나이트로페놀에 대한 설명으로 옳은 것은?

① 폭발 속도가 100m/s 미만이다.
② 분해하여 다량의 가스를 발생한다.
③ 표면 연소를 한다.
④ 상온에서 자연 발화한다.

해설 ① 점화하면 서서히 다량의 유독성 흑연을 내면서 연소하고 뇌관을 넣어 폭발시키면 폭굉하여 8,100m/s의 폭발 속도를 나타낸다.
② 분해하여 다량의 가스를 발생한다.
$$2C_6H_2OH(NO_2)_3 \longrightarrow \underbrace{12CO+H_2+3N_2+2H_2O}_{\text{다량의 가스}}$$
③ 자기(내부) 연소를 한다.
④ 상온에서 자연 발화하지 않는다.

59 과산화칼륨의 위험성에 대한 설명 중 틀린 것은?

① 가연물과 혼합 시 충격이 가해지면 발화할 위험이 있다.
② 접촉 시 피부를 부식시킬 위험이 있다.
③ 물과 반응하여 산소를 방출한다.
④ 가연성 물질이므로 화기 접촉에 주의하여야 한다.

해설 불연성 물질이지만 물과 급격히 반응하여 발열하므로 물기의 접촉에 주의하여야 한다.

60 위험물 제조소의 연면적이 몇 m^2 이상이 되면 경보 설비 중 자동 화재 탐지 설비를 설치하여야 하는가?

① 400   ② 500
③ 600   ④ 800

해설 위험물 제조소의 연면적이 500m^2 이상이 되면 경보 설비 중 자동 화재 탐지 설비를 설치한다.

위험물 기능사 (2017. 3. 25 시행)

01 물은 냉각 소화가 주된 대표적인 소화 약제이다. 물의 소화 효과를 높이기 위하여 무상 주수를 함으로써 부가적으로 작용하는 소화 효과로 이루어진 것은?

① 질식 소화 작용, 제거 소화 작용
② 질식 소화 작용, 유화 소화 작용
③ 타격 소화 작용, 유화 소화 작용
④ 타격 소화 작용, 피복 소화 작용

해설 (1) 무상 주수 : 물을 구름 또는 안개 모양으로 방사하는 방법으로 방사하는 부분이 특수적으로 제작되어 있으며, 고압으로 방사되기 때문에 물 입자가 서로 이격되어 있고 입자의 직경이 0.01~1.0mm로 적어 대기에 방사되면 안개 모양을 갖는다.
(2) 무상 주수 효과
　㉠ 질식 소화 작용 : 안개 모양의 물 입자는 공기 중의 산소의 공급을 차단하기 때문에 질식 소화 작용을 한다.
　㉡ 유화 소화 작용 : 비점이 비교적 높은 제4류 제3석유류인 중질유 및 고비중을 가지는 윤활유, 아스팔트유 등의 화재 시 유류 표면에 엷은 유화층을 형성하여 공기 중의 산소의 공급을 차단 하는 에멀션 효과를 나타낸다.

02 폭굉 유도 거리(DID)가 짧아지는 경우는?

① 정상 연소 속도가 작은 혼합가스일수록 짧아진다.
② 압력이 높을수록 짧아진다.
③ 관 속에 방해물이 있거나 관지름이 넓을수록 짧아진다.
④ 점화원 에너지가 약할수록 짧아진다.

해설 폭굉 유도 거리(DID)가 짧아지는 경우
㉠ 정상 연소 속도가 큰 혼합 가스일수록
㉡ 압력이 높을수록
㉢ 관 속에 방해물이 있거나 관지름이 가늘수록
㉣ 점화원의 에너지가 강할수록

03 불활성 가스 소화 설비의 소화 약제 저장 용기 설치 장소로 적합하지 않은 곳은?

① 방호 구역 외의 장소
② 온도가 40℃ 이하이고 온도 변화가 적은 장소
③ 빗물이 침투할 우려가 적은 장소
④ 직사일광이 잘 들어오는 장소

해설 불활성 가스 소화 설비 저장 용기 설치 기준
㉠ 방호 구역 외의 장소에 설치할 것
㉡ 온도가 40℃ 이하이고, 온도 변화가 적은 곳에 설치할 것
㉢ 직사광선 및 빗물이 침투할 우려가 적은 장소에 설치한다.
㉣ 저장 용기에는 안전 장치(용기밸브에 설치되어 있는 것 포함)를 설치한다.
㉤ 저장 용기는 외면에 소화 약제의 종류와 양, 제조년도 및 제조자를 표시할 것

04 위험물안전관리법령상 특수 인화물의 정의에 대해 다음 ( ) 안에 알맞은 수치를 차례대로 옳게 나열한 것은?

"특수 인화물"이라 함은 이황화탄소, 디에틸에테르, 그 밖에 1기압에서 발화점이 섭씨 ( )도 이하인 것 또는 인화점이 섭씨 영하 ( )도 이하이고 비점이 섭씨 40도 이하인 것을 말한다.

① 100, 20　　　　② 25, 0
③ 100, 0　　　　④ 25, 20

해설 특수 인화물이란 이황화탄소, 디에틸에테르 그 밖에 1기압에서 발화점이 섭씨 100도 이하인 것 또는 인화점이 섭씨 영하 20도 이하이고 비점이 섭씨 40도 이하인 것을 말한다.

정답 01 ②　02 ②　03 ④　04 ①

05 과산화벤조일(benzoyl peroxide)에 대한 설명 중 옳지 않은 것은?

① 지정 수량은 10kg이다.
② 저장 시 희석제로 폭발의 위험성을 낮출 수 있다.
③ 알코올에는 녹지 않으나 물에 잘 녹는다.
④ 건조 상태에서는 마찰·충격으로 폭발의 위험이 있다.

해설 ③ 알코올, 식용유에 약간 녹으며 대부분의 유기 용제에 녹고 물에 녹지 않는다.

06 촛불의 화염을 입김으로 불어 끄는 소화 방법은?

① 냉각 소화　　② 촉매 소화
③ 제거 소화　　④ 억제 소화

해설 제거 소화 : 연소의 3요소 중 하나인 가연 물질을 안전한 장소로 이동·제거 또는 격리시켜 더 이상 연소 또는 화재가 진행하지 않도록 하여 소화시키는 소화 방법
예 연소하지 아니한 미연소 가스를 제거하거나 화염을 불어 점화원과 가연성 가스와의 접촉을 차단한다. 특히 고체 파라핀 양초로부터 증발된 가연성 가스를 입으로 불어 점화원과의 접촉을 차단시켜 소화시키는 것

07 방호 대상물의 바닥 면적이 150m² 이상인 경우에 개방형 스프링클러 헤드를 이용한 스프링클러 설비의 방사 구역은 얼마 이상으로 하여야 하는가?

① 100m²　　② 150m²
③ 200m²　　④ 400m²

해설 스프링클러 설비

구분	기준
수평 거리	1.7m 이하
방사 구역(개방형)	150m² 이상
방수량	80L/min 이상
방사 압력	100kPa 이상

08 탄화칼슘 저장소에 수분이 침투하여 반응하였을 때 발생하는 가연성 가스는?

① 메탄　　② 아세틸렌
③ 에탄　　④ 프로판

해설 $CaC_2 + 2H_2O \longrightarrow Ca(OH)_2 + C_2H_2$

09 다음 중 위험물 제조소 등에 설치하는 경보 설비에 해당하는 것은?

① 피난 사다리　　② 확성 장치
③ 완강기　　④ 구조대

해설 ㉠ 피난 구조 설비 : 피난 사다리, 완강기, 구조대
㉡ 경보 설비 : 확성 장치

10 다음 위험물 중 끓는점이 가장 높은 것은?

① 벤젠　　② 디에틸에테르
③ 메탄올　　④ 아세트알데하이드

해설

위험물	끓는점
벤젠	80℃
디에틸에테르	35℃
메탄올	64℃
아세트알데하이드	21℃

11 제2류 위험물의 화재 발생 시 소화 방법 또는 주의할 점으로 적합하지 않은 것은?

① 마그네슘의 경우 이산화탄소를 이용한 질식 소화는 위험하다.
② 황은 비산에 주의하여 분무 주수로 냉각 소화한다.
③ 적린의 경우 물을 이용한 냉각 소화는 위험하다.
④ 인화성 고체는 이산화탄소로 질식 소화할 수 있다.

해설 적린의 경우 다량의 물로 냉각 소화하며, 소량인 경우는 모래나 CO_2도 효과가 있다.

12 과염소산에 대한 설명으로 틀린 것은?

① 가열하면 쉽게 발화한다.
② 강한 산화력을 갖고 있다.
③ 무색의 액체이다.
④ 물과 접촉하면 발열한다.

해설 ① 순수한 것이나 농도가 높으면 모든 유기물과 폭발적으로 반응하고 디에틸에테르, 황산, 무수초산, 빙초산, 목탄분, 메탄올, 에탄올 등의 알코올류와 혼합하면 심한 반응을 일으켜 발화 또는 폭발한다.

13 아연분이 염산과 반응할 때 발생하는 가연성 기체는?

① 아황산 가스　　② 산소
③ 수소　　　　　④ 일산화탄소

해설 $Zn + 2HCl \longrightarrow ZnCl_2 + H_2$

14 질산의 성상에 대한 설명으로 옳은 것은?

① 흡습성이 강하고 부식성이 있는 무색 액체이다.
② 햇빛에 의해 분해하여 암모니아가 생성되어 흰색을 띤다.
③ An, Pt와 잘 반응하여 질산염과 질소가 생성된다.
④ 비휘발성이고 정전기에 의한 발화에 주의해야 한다.

해설 ② 햇빛에 의해 일부 분해하여 자극성의 과산화질소를 만들기 때문에 황색을 나타내며 물에 잘 녹아 강한 산성 반응을 나타내는 강산이다.
③ Au, Pt는 질산에 녹지 않지만 왕수(질산 1 : 염산 3)에 녹는다.
④ 불연성 물질이지만 강한 산화력을 가지고 있고 발연 질산은 셀렌화수소, 옥화수소산과 접촉하면 발화한다.

15 위험물 제조소와 환기 설비의 기준에서 급기구가 설치된 실의 바닥 면적 150m²마다 1개 이상 설치하는 급기구의 크기는 몇 cm² 이상이어야 하는가? (단, 바닥 면적이 150m² 미만인 경우는 제외한다.)

① 200　　　　　② 400
③ 600　　　　　④ 800

해설 환기 설비 : 급기구는 당해 급기구가 설치된 실의 바닥 면적 150m²마다 1개 이상으로 하되 급기구의 크기는 800cm² 이상으로 한다.

16 위험물 제조소에서 다음과 같이 위험물을 취급하고 있는 경우 각각의 지정 수량 배수의 총합은 얼마인가?

- 브로민산나트륨 : 300kg
- 과산화나트륨 : 150kg
- 다이크로뮴산나트륨 : 500kg

① 3.5　　　　　② 4.0
③ 4.5　　　　　④ 5.0

해설 $\dfrac{300}{300} + \dfrac{150}{50} + \dfrac{500}{1,000} = 4.5$배

17 다음 중 제5류 위험물에 해당하지 않는 것은?

① 하이드라진　　　② 하이드록실아민
③ 하이드라진유도체　④ 하이드록실아민염류

해설 하이드라진(N_2H_4) : 제4류 위험물 중 제2석유류

18 고정식 포 소화 설비에 관한 기준에서 방유제 외측에 설치하는 보조포 소화전의 상호 간의 거리는?

① 보행 거리 40m 이하
② 수평 거리 40m 이하
③ 보행 거리 75m 이하
④ 수평 거리 75m 이하

해설 고정식 포 소화 설비 : 방유제 외측에 설치하는 보조포 소화전 상호 간의 거리는 보행 거리 75m 이하이다.

19 위험물 운반에 관한 기준 중 위험 등급 I에 해당하는 위험물은?

① 황화인　　　　　② 피크린산
③ 벤조일퍼옥사이드　④ 질산나트륨

해설 위험물의 위험 등급

구분	위험 등급 Ⅰ	위험 등급 Ⅱ	위험 등급 Ⅲ
제1류 위험물	아염소산염류, 염소산염류, 과염소산염류, 무기과산화물, 그 밖에 지정수량이 50kg인 위험물	브로민산염류, 질산염류, 아이오딘산염류, 그 밖에 지정수량이 300kg인 위험물	
제2류 위험물		황화인, 적린, 황, 그 밖에 지정수량이 100kg인 위험물	
제3류 위험물	칼륨, 나트륨, 알킬알루미늄, 알킬리튬, 황린, 그 밖에 지정수량이 10kg 또는 20kg인 위험물	알칼리금속(칼륨 및 나트륨을 제외) 알칼리토금속, 유기금속화합물(알킬알루미늄 및 알킬리튬을 제외), 그 밖에 지정수량이 50kg인 위험물	위험 등급 Ⅰ, 위험 등급 Ⅱ 외의 것
제4류 위험물	특수인화물	제1석유류, 알코올류	
제5류 위험물	지정수량이 제1종 : 10kg인 위험물	지정수량이 제2종 : 100kg인 위험물	
제6류 위험물	모두		

20 다음 중 과산화수소에 대한 설명이 틀린 것은?

① 열에 의해 분해한다.
② 농도가 높을수록 안정하다.
③ 인산, 요산과 같은 분해 방지 안정제를 사용한다.
④ 강력한 산화제이다.

해설 ② 농도가 높을수록 불안정하다.
ⓐ 3% : 산화제, 발포제, 탈색제, 방부제, 살균제, 소독제
ⓑ 30% : 양모, 펄프, 종이, 면, 실, 식품, 섬유, 명주, 유지 등
ⓒ 85% : 비닐 화합물 등의 중합 촉진제, 중합 촉매, 폭약, 유기 과산화물의 제조, 농약, 의약, 제트기, 로켓의 산소 공급제

21 위험물의 운반에 관한 기준에서 다음 ( ) 안에 알맞은 온도는 몇 ℃인가?

적재하는 제5류 위험물 중 (   )℃ 이하의 온도에서 분해될 우려가 있는 것은 보냉 컨테이너에 수납하는 등 적정한 온도 관리를 유지하여야 한다.

① 40
② 50
③ 55
④ 60

해설 적재하는 제5류 위험물 중 55℃ 이하의 온도에서 분해될 우려가 있는 것은 보냉 컨테이너에 수납하는 등 적정한 온도 관리를 유지하여야 한다.

22 다음 ( )에 알맞은 용어를 모두 옳게 나타낸 것은?

( ) 또는 ( )은(는) 위험불의 운송에 따른 화재의 예방을 위하여 필요하다고 인정하는 경우에는 주행 중의 이동 탱크 저장소를 정지시켜 당해 이동 탱크 저장소에 승차하고 있는 자에 대하여 위험물의 취급에 관한 국가기술자격증 또는 교육 수료증의 제시를 요구할 수 있다.

① 지방소방공무원, 지방행정공무원
② 국가소방공무원, 국가행정공무원
③ 소방공무원, 경찰공무원
④ 국가행정공무원, 경찰공무원

해설 감독 및 조치 명령 : 소방공무원 또는 경찰공무원은 위험물의 운송에 따른 화재의 예방을 위하여 꼭 필요하다고 인정하는 경우에는 주행 중의 이동 탱크 저장소를 정지시켜 당해 이동 탱크 저장소에 승차하고 있는 자에 대하여 위험물의 취급에 관한 국가기술자격증 또는 교육수료증의 제시를 요구할 수 있다. 이 직무는 수행하는 경우에 있어서 소방공무원과 국가경찰공무원은 긴밀히 협력하여야 한다.

23 위험물의 화재 시 소화 방법에 대한 다음 설명 중 옳은 것은?

① 아연분은 주수 소화가 적당하다.
② 마그네슘은 봉상 주수 소화가 적당하다.
③ 알루미늄은 건조사로 피복하여 소화하는 것이 좋다.
④ 황화인은 산화제로 피복하여 소화하는 것이 좋다.

해설 ① 아연분은 화재 초기에는 마른 모래 또는 건조 분말로 질식 소화한다.
② 마그네슘은 일단 연소하면 소화가 곤란하지만 초기 소화 또는 소규모 화재 시는 석회분, 마른 모래 등으로 소화하고 기타의 경우는 다량의 소화 분말, 소석회, 건조사 등으로 질식 소화한다.
④ 황화인은 물에 의한 냉각 소화는 적당하지 않으며 CO_2, 건조 소금 분말, 건조 분말, 마른 모래 등으로 질식 소화한다.

24 그림과 같이 횡으로 설치한 원형 탱크의 용량은 약 몇 m^3인가? (단, 공간 용적은 내용적의 $\frac{10}{100}$이다.)

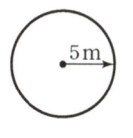 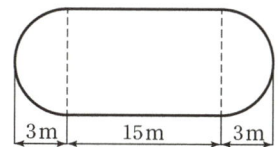

① 1690.9
② 1335.1
③ 1268.4
④ 1201.7

해설 $V = \pi r^2 \left(l + \dfrac{l_1 + l_2}{3} \right) = \pi \times 5^2 \left(15 + \dfrac{3+3}{3} \right)$
$\qquad = 1334.5m^3$
$\therefore 1334.5 - 133.45 = 1201.1m^3$

25 질산에틸의 성질에 대한 설명 중 틀린 것은?

① 비점은 약 88℃이다.
② 무색의 액체이다.
③ 증기는 공기보다 무겁다.
④ 물에 잘 녹는다.

해설 ④ 물에는 녹지 않지만 유기 용제에는 잘 녹는다.

26 위험물안전관리법령에 따른 위험물의 운송에 관한 설명 중 틀린 것은?

① 알킬리튬과 알킬알루미늄 또는 이 중 어느 하나 이상을 함유한 것은 운송 책임자의 감독·지원을 받아야 한다.
② 이동 탱크 저장소에 의하여 위험물을 운송할 때의 운송 책임자에는 법정의 교육이수자도 포함된다.
③ 서울에서 부산까지 금속의 인화물 300kg을 1명의 운전자가 휴식 없이 운송해도 규정 위반이 아니다.
④ 운송 책임자의 감독 또는 지원의 방법에는 동승하는 방법과 별도의 사무실에서 대기하면서 규정된 사항을 이행하는 방법이 있다.

해설 위험물 운송자는 장거리(고속국도에 있어서는 340km 이상, 그 밖의 도로에 있어서는 200km 이상을 말한다.)에 걸치는 운송을 하는 때에는 2명 이상의 운전자로 한다. 다음의 어느 하나에 해당하는 경우에는 그러하지 아니하다.
㉠ 운송 책임자를 동승시킨 경우
㉡ 운송하는 위험물이 제2류 위험물, 제3류 위험물(칼슘 또는 알루미늄의 탄화물과 이것만을 함유한 것에 한한다) 또는 제4류 위험물(특수 인화물 제외한다)인 경우
㉢ 운송 도중에 2시간 이내마다 20분씩 이상씩 휴식하는 경우
※ 서울 – 부산 거리(서울 톨게이트에서 부산 톨게이트까지) : 410.3km

27 황은 순도가 몇 wt% 이상이어야 위험물에 해당하는가?

① 40
② 50
③ 60
④ 70

해설 황은 순도가 60wt% 이상인 것을 말한다.

28 적린은 다음 중 어떤 물질과 혼합 시 마찰, 충격, 가열에 의해 폭발할 위험이 가장 높은가?

① 염소산칼륨
② 이산화탄소
③ 공기
④ 물

해설 적린(P)은 염소산염류 및 과염소산염류 등 강산화제와 혼합하면 불안정한 폭발물과 같이 되어 약간의 가열, 충격, 마찰에 의해 폭발한다.

$$6P + 5KClO_3 \longrightarrow 5KCl + 3P_2O_5$$

29 다음 ( ) 안에 들어갈 수치를 순서대로 올바르게 나열한 것은? (단, 제4류 위험물에 적응성을 갖기 위한 살수 밀도 기준을 적용하는 경우를 제외한다.)

위험물 제조소 등에 설치하는 폐쇄형 헤드의 스프링클러 설비는 30개의 헤드(헤드 설치수가 30 미만의 경우는 당해 설치 개수)를 동시에 사용할 경우 각 선단의 방사 압력이 ( )kPa 이상이고 방수량이 1분당 ( )L 이상이어야 한다.

① 100, 80
② 120, 80
③ 100, 100
④ 120, 100

해설 **폐쇄형 스프링클러 헤드** : 정상 상태에서 방수구를 막고 있는 감열체가 일정 온도에서 자동적으로 파괴·용해 또는 이탈됨으로써 방수구가 개방되는 스프링클러 헤드이다.

30 다음 소화 약제 중 오존 파괴 지수(ODP)가 가장 큰 것은?

① IG－541
② Halon 2402
③ Halon 1211
④ Halon 1301

해설 ㉠ 오존 파괴 지수(ODP ; Ozone Depletion Potential) : 3염화 1불화메탄(CFCl₃)인 CFC－11이 오존층의 오존을 파괴하는 능력을 1로 기준하였을 때 다른 할로겐 화합물질이 오존층의 오존을 파괴하는 능력을 비교한 지수이다.

$$ODP = \frac{\text{어떠한 물질 1kg에 의해 파괴되는 오존량}}{\text{CFC－11 물질 1kg에 의해 파괴되는 오존량}}$$

㉡ Halon 1301 : 포화탄화수소인 메탄에 불소 3분자와 취소 1분자를 치환시켜 제조된 물질(CF₃Br)로서, 비점(bp)이 영하 57.75℃이며, 모든 Halon 소화 약제 중 소화 성능이 가장 우수하나 오존층을 구성하는 오존(O₃)과의 반응성이 강하여 오존 파괴 지수가 가장 높다.

31 철분, 금속분, 마그네슘에 적응성이 있는 소화 설비는?

① 불활성 가스 소화 설비
② 할로젠 화합물 소화 설비
③ 포 소화 설비
④ 탄산수소염류 소화 설비

해설

소화 설비의 구분			건축물·그 밖의 공작물	전기 설비	제1류 위험물		제2류 위험물			제3류 위험물		제4류 위험물	제5류 위험물	제6류 위험물
					알칼리 금속 과산화물 등	그 밖의 것	철분·금속분·마그네슘 등	인화성 고체	그 밖의 것	금수성 물품	그 밖의 것			
옥내 소화전 설비 또는 옥외 소화전 설비			○			○		○	○		○	○	○	○
스프링클러 설비			○			○			○		○	△	○	○
물 분무 등 소화 설비		물분무 소화 설비	○	○		○		○	○		○	○	○	○
		포 소화 설비	○			○		○	○		○	○	○	○
		불활성 가스 소화 설비		○				○				○		
		할로젠 화합물 소화 설비		○				○				○		
	분말 소화 설비	인산염류 등	○	○		○		○	○			○		○
		탄산 수소 염류 등		○	○		○		○	○		○		
		그 밖의 것			○		○			○				
대형·소형 수동식 소화기		봉상수(棒狀水) 소화기	○			○		○	○		○	○	○	○
		무상수(無狀水) 소화기	○	○		○		○	○		○	○	○	○
		봉상강화액 소화기	○			○		○	○		○	○	○	○
		무상강화액 소화기	○	○		○		○	○		○	○	○	○
		포 소화기	○			○		○	○		○	○	○	○
		이산화탄소 소화기		○				○				○		△
		할론 소화 설비		○				○				○		
	분말 소화기	인산염류 소화기	○	○		○		○	○			○		○
		탄산수소염류 소화기		○	○		○		○	○		○		
		그 밖의 것			○		○			○				
기타		물통 또는 수조	○			○		○	○		○	○	○	○
		건조사			○	○	○	○	○	○	○	○	○	○
		팽창 질석 또는 팽창 진주암			○	○	○	○	○	○	○	○	○	○

32 옥외 저장소에서 지정 수량 200배 초과의 위험물을 저장할 경우 보유 공지의 너비는 몇 m 이상으로 하여야 하는가? (단, 제4류 위험물과 제6류 위험물은 제외한다.)

① 0.5   ② 2.5
③ 10   ④ 15

해설 옥외 저장소의 보유 공지

위험물의 최대 수량	공지 너비
지정 수량의 10배 이하	3m 이상
지정 수량의 11~20배 이하	5m 이상
지정 수량의 21~50배 이하	9m 이상
지정 수량의 51~200배 이하	12m 이상
지정 수량의 200배 초과	15m 이상

33 공기 중의 산소 농도를 한계 산소량 이하로 낮추어 연소를 중지시키는 소화 방법은?

① 냉각 소화   ② 제거 소화
③ 억제 소화   ④ 질식 소화

해설 질식 소화 : 가연 물질이 연소하고 있는 경우 공급되는 공기 중의 산소의 양을 15%(용량) 이하로 하면 산소 결핍에 의하여 자연적으로 연소 상태가 정지되는 소화

34 위험물안전관리법령에 의하면 옥외 소화전이 6개 있을 경우 수원의 수량은 몇 m^3 이상이어야 하는가?

① 48   ② 54
③ 60   ④ 81

해설 수원의 양(Q) : 옥외 소화전 설비의 설치 개수(N : 설치 개수가 4개 이상인 경우는 4개의 옥외 소화전)에 $13.5m^3$를 곱한 양 이상
$Q(m^3) = 4 \times 13.5m^3 = 54m^3$ 이상

35 마른 모래(삽 1개 포함) 50L의 소화 능력 단위는?

① 0.1   ② 0.5
③ 1   ④ 1.5

해설 능력 단위
소방 기구의 소화 능력을 나타내는 수치, 즉 소요 시간에 대응하는 소화 설비·소화 능력의 기준 단위이다.
㉠ 마른 모래(50L, 삽 1개 포함) : 0.5단위
㉡ 팽창 질석 또는 팽창 진주암(160L, 삽 1개 포함) : 1단위
㉢ 소화 전용 물통(8L) : 0.3단위
㉣ 수조
  ⓐ 190L(8L 소화 전용 물통 6개 포함) : 2.5단위
  ⓑ 80L(8L 소화 전용 물통 3개 포함) : 1.5단위

36 황의 화재 예방 및 소화 방법에 대한 설명 중 틀린 것은?

① 산화제와 혼합하여 저장한다.
② 정전기가 축적되는 것을 방지한다.
③ 화재 시 분무 주수하여 소화할 수 있다.
④ 화재 시 유독 가스가 발생하므로 보호 장구를 착용하고 소화한다.

해설 산화제와 혼합하여 저장하면 마찰이나 열에 의해 착화 폭발을 일으킨다.

37 옥내에서 지정 수량 100배 이상을 취급하는 일반 취급소에 설치하여야 하는 경보 설비는? (단, 고인화점 위험물만을 취급하는 경우는 제외한다.)

① 비상 경보 설비
② 자동 화재 탐지 설비
③ 비상 방송 설비
④ 비상벨 설비 및 확성 장치

해설 자동 화재 탐지 설비의 설명이다.

38 다음 아세톤의 완전 연소 반응식에서 ( )에 알맞은 계수를 차례대로 옳게 나타낸 것은?

$$CH_3COCH_3 + (\quad)O_2 \longrightarrow (\quad)CO_2 + 3H_2O$$

① 3, 4   ② 4, 3
③ 6, 3   ④ 3, 6

해설 $CH_3COCH_3 + 4O_2 \longrightarrow 3CO_2 + 3H_2O$

39 황 500kg, 인화성 고체 1,000kg을 저장하려 한다. 각각의 지정 수량 배수의 합은 얼마인가?

① 3배   ② 4배
③ 5배   ④ 6배

해설 $\dfrac{500}{100}+\dfrac{1,000}{1,000}=6$배

40 다음 중 공기에서 산화되어 액 표면에 피막을 만드는 경향이 가장 큰 것은?

① 올리브유   ② 낙화생유
③ 야자유   ④ 동유

해설 동유의 설명이다.

41 위험물을 저장할 때 필요한 보호 물질을 옳게 연결한 것은?

① 황린 − 석유   ② 금속 칼륨 − 에탄올
③ 이황화탄소 − 물   ④ 금속 나트륨 − 산소

해설

위험물	보호액
K, Na, 적린	등유(석유), 경유, 유동 파라핀
황린, CS₂	물속(수조)

42 제5류 위험물 중 지정 수량이 잘못된 것은?

① 유기 과산화물 : 10kg
② 하이드록실아민 : 100kg
③ 질산에스터류 : 100kg
④ 나이트로 화합물 : 200kg

해설 ③ 질산에스터류 : 10kg

43 가연성 고체에 해당하는 물품으로서 위험 등급 Ⅱ에 해당하는 것은?

① P_4S_3, P   ② Mg, $(CH_3CHO)_4$
③ P_4, AlP   ④ NaH, Zr

해설 19번 해설 참조

44 금속 나트륨을 페놀프탈레인 용액이 몇 방울 섞인 물속에 넣었다. 이때 일어나는 현상을 잘못 설명한 것은?

① 물이 붉은색으로 변한다.
② 물이 산성으로 변하게 된다.
③ 물과 반응하여 수소를 발생한다.
④ 물과 격렬하게 반응하면서 발열한다.

해설 금속 나트륨은 액체 암모니아에 녹아 청색으로 변하고 나트륨아미드와 수소를 발생한다.
$2Na+2NH_3 \longrightarrow 2NaNH_2+H_2$
이 나트륨아미드는 물과 반응하여 NH_3를 발생한다.

45 탄화칼슘의 성질에 대하여 옳게 설명한 것은?

① 공기 중에서 아르곤과 반응하여 불연성 기체를 발생한다.
② 공기 중에서 질소와 반응하여 유독한 기체를 낸다.
③ 물과 반응하면 탄소가 생성된다.
④ 물과 반응하여 아세틸렌 가스가 생성된다.

해설 $CaC_2+2H_2O \longrightarrow Ca(OH)_2+C_2H_2+Qkcal$

46 질산에스터류에 속하지 않는 것은?

① 나이트로셀룰로오스   ② 질산에틸
③ 나이트로글리세린   ④ 다이나이트로페놀

해설 ④ 다이나이트로페놀 : 나이트로 화합물류

47 질산암모늄의 위험성에 대한 설명에 해당하는 것은?

① 폭발기와 산화기가 결합되어 있어 100℃에서 분해 폭발한다.
② 인화성 액체로 정전기에 주의해야 한다.
③ 400℃에서 분해되기 시작하여 540℃에서 급격히 분해 폭발할 위험성이 있다.
④ 단독으로도 급격한 가열, 충격으로 분해하여 폭발의 위험이 있다.

해설 질산암모늄(NH_4NO_3)은 단독으로도 급격한 가열, 충격으로 분해하여 폭발의 위험이 있으므로 각국 방제 기관에서도 불안정한 물질로 지정하여 위험성을 연구하고 있다.

48 금속 나트륨의 일반적인 성질에 대한 설명 중 틀린 것은?

① 비중은 약 0.97이다.
② 화학적으로 활성이 크다.
③ 은백색의 가벼운 금속이다.
④ 알코올과 반응하여 질소를 발생한다.

해설 ④ 알코올과 반응하여 수소를 발생한다.
$$2Na + 2C_2H_5OH \longrightarrow 2C_2H_5ONa + H_2$$

49 제조소 등의 관계인은 위험물 제조소 등에 대하여 기술 기준에 적합한 지의 여부를 정기적으로 점검을 하여야 하는 바, 법적 최소 점검 주기에 해당하는 것은?

① 주 1회 이상
② 월 1회 이상
③ 6개월 1회 이상
④ 연 1회 이상

해설 제조소 등의 관계인이 위험물 제조소 등에 대하여 적합한지의 여부 점검 주기는 연 1회 이상이다.

50 제5류 위험물의 화재 예방 및 진압 대책에 대한 설명 중 틀린 것은?

① 벤조일퍼옥사이드의 저장 시 저장 용기에 희석제를 넣으면 폭발 위험성을 낮출 수 있다.
② 건조 상태의 나이트로셀룰로오스는 위험하므로 운반 시에는 물, 알코올 등으로 습윤시킨다.
③ 다이나이트로톨루엔은 폭발 감도가 매우 민감하고 폭발력이 크므로 가열, 충격 등에 주의하여 조심스럽게 취급해야 한다.
④ 트라이나이트로톨루엔은 폭발 시 다량의 가스가 발생하므로 공기 호흡기 등의 보호 장구를 착용하고 소화한다.

해설 다이나이트로톨루엔[DNT, $C_6H_3(NO_2)_2CH_3$]은 폭약으로서는 둔감하고 폭굉이 어려우며 폭발력도 작아서 단독으로 사용하지 않는다. 따라서 고온뿐만 아니라 충격, 마찰에 의해 연소, 폭발한다.

51 요리용 기름의 화재 시 비누화 반응을 일으켜 질식 효과와 재발화 방지 효과를 나타내는 소화 약제는?

① $NaHCO_3$
② $KHCO_3$
③ $BaCl_2$
④ $NH_4H_2PO_4$

해설 비누화 반응에 의한 질식 소화 : 가열 상태의 유지에 제1종 분말 약제가 반응하여 금속 비누를 만들고 이 비누가 거품을 생성하여 질식 효과를 갖는 것으로, 식용유나 지방질유 등의 화재에는 제1종 분말 약제가 효과적이다.

52 인화점이 21℃ 미만인 액체 위험물의 옥외 저장 탱크 주입구에 설치하는 "옥외 저장 탱크 주입구"라고 표시한 게시판의 바탕 및 문자색을 옳게 나타낸 것은?

① 백색 바탕 − 적색 문자
② 적색 바탕 − 백색 문자
③ 백색 바탕 − 흑색 문자
④ 흑색 바탕 − 백색 문자

해설 인화점이 21℃ 미만인 액체 위험물의 옥외 저장 탱크 주입구 게시판은 백색 바탕에 흑색 문자로 한다.

53 폭발의 종류에 따른 물질이 잘못 짝지어진 것은?

① 분해 폭발 − 아세틸렌, 산화 에틸렌
② 분진 폭발 − 금속분, 밀가루
③ 중합 폭발 − 시안화수소, 염화비닐
④ 산화 폭발 − 하이드라진, 과산화수소

해설 ④ 분해폭발 − 하이드라진, 과산화수소

54 순수한 것은 무색, 투명한 기름상의 액체이고 공업용은 담황색인 위험물로 충격, 마찰에는 매우 예민하고 겨울철에는 동결할 우려가 있는 것은?

① 펜트리트　　　② 트라이나이트로벤젠
③ 나이트로글리세린　　④ 질산메틸

해설　나이트로글리세린[$C_3H_5(ONO_2)_3$]의 설명이다.

55 과산화나트륨 78g과 충분한 양의 물이 반응하여 생성되는 기체의 종류와 생성량을 옳게 나타낸 것은?

① 수소, 1g　　　② 산소, 16g
③ 수소, 2g　　　④ 산소, 32g

해설
$$Na_2O_2+2H_2O \longrightarrow 2NaOH+H_2O+\frac{1}{2}O_2$$
78g　　　　　고체　액체 기체(16g)

56 자기 반응성 물질에 해당하는 물질은?

① 과산화칼륨　　② 벤조일퍼옥사이드
③ 트라이에틸알루미늄　④ 메틸에틸케톤

해설　① 과산화칼륨 : 산화성 고체
② 벤조일퍼옥사이드 : 자기 반응성 물질
③ 트라이에틸알루미늄 : 자연 발성 및 금수성 물질
④ 메틸에틸케톤 : 인화성 액체

57 황화인에 대한 설명 중 옳지 않은 것은?

① 삼황화인은 황색 결정으로 공기 중 약 100℃에서 발화할 수 있다.
② 오황화인은 담황색 결정으로 조해성이 있다.
③ 오황화인은 물과 접촉하여 황화수소를 발생할 위험이 있다.
④ 삼황화인은 차가운 물에서도 잘 녹으므로 주의해야 한다.

해설　삼황화인(P_4S_3)은 황색의 결정성 덩어리로, 이황화탄소, 질산, 알칼리에 녹지만 물, 염소, 염산, 황산에는 녹지 않는다.

58 위험물안전관리법령상 인화성 액체의 인화점 시험 방법이 아닌 것은?

① 태그(tag) 밀폐식 인화점 측정기에 의한 인화점 측정
② 세타 밀폐식 인화점 측정기에 의한 인화점 측정
③ 클리블랜드 개방식 인화점 측정기에 의한 인화점 측정
④ 펜스키－마텐스식 인화점 측정기에 의한 인화점 측정

해설　인화성 액체의 인화점 시험 방법
㉠ 태그(tag) 밀폐식 인화점 측정기에 의한 인화점 측정
㉡ 세타 밀폐식 인화점 측정기에 의한 인화점 측정
㉢ 클리블랜드 개방식 인화점 측정기에 의한 인화점 측정

59 다음은 P_2S_5와 물의 화학 반응이다. (　) 안에 알맞은 숫자를 차례대로 나열한 것은?

$$P_2S_5+(\ \ )H_2O \longrightarrow (\ \ )H_2S+(\ \ )H_3PO_4$$

① 2, 8, 5　　　② 2, 5, 8
③ 8, 5, 2　　　④ 8, 2, 5

해설　$P_2S_5+8H_2O \longrightarrow 5H_2S+2H_3PO_4$

60 적갈색의 고체 위험물은?

① 칼슘　　　② 탄화칼슘
③ 금속 나트륨　　④ 인화칼슘

해설　① 은백색의 금속
② 순수한 것은 무색 투명하나 보통 흑회색
③ 은백색의 광택이 있는 경금속

위험물 기능사 (2017. 6. 10 시행)

01 다음 중 산화 반응이 일어날 가능성이 가장 큰 화합물은?

① 아르곤
② 질소
③ 일산화탄소
④ 이산화탄소

해설 ① 아르곤 : 0족 원소로서 가연물이 될 수 없다.
② 질소 : 산소와 반응하나 흡열 반응하므로 가연물이 될 수 없다.
③ 일산화탄소 : $C + O_2 \longrightarrow CO_2$로 된다.
④ 이산화탄소 : 산화 반응이 완결된 물질로서 가연물이 될 수 없다.

02 금속 칼륨에 화재가 발생했을 때 사용할 수 없는 소화 약제는?

① 이산화탄소
② 건조사
③ 팽창 질석
④ 팽창 진주암

해설

		대상물 구분										
소화 설비의 구분	건축물·그 밖의 공작물	전기 설비	제1류 위험물		제2류 위험물			제3류 위험물		제4류 위험물	제5류 위험물	제6류 위험물
			알칼리금속 과산화물 등	그 밖의 것	철분·금속분·마그네슘 등	인화성 고체	그 밖의 것	금수성 물품	그 밖의 것			
옥내 소화전 설비 또는 옥외 소화전 설비	○			○		○	○		○		○	○
물분무 등 소화 설비 / 스프링클러 설비	○			○		○	○		○	△	○	○
물분무 소화 설비	○	○		○		○	○		○	○	○	○
포 소화 설비	○			○		○	○		○	○	○	○
불활성 가스 소화 설비		○				○				○		
할로겐 화합물 소화 설비		○				○				○		
분말 소화 설비 / 인산염류 등	○	○		○		○	○			○		○
탄산 수소 염류 등		○	○		○	○		○		○		
그 밖의 것			○		○			○				

03 일반 건축물 화재에서 내장재로 사용한 폴리스티렌 폼(polystyrene foam)이 화재 중 연소를 했다면 이 플라스틱의 연소 형태는?

① 증발 연소
② 자기 연소
③ 분해 연소
④ 표면 연소

해설 고체의 연소 형태
㉠ 표면(직접) 연소 : 목탄, 숯, 코크스, 금속분, Na 등
㉡ 분해 연소 : 석탄, 목재, 종이, 플라스틱, 고무 등
㉢ 증발 연소 : 촛불, 황, 나프탈렌, 왁스, 파라핀, 장뇌 등
㉣ 자기(내부) 연소 : 제5류 위험물(나이트로셀룰로오스, 셀룰로이드, TNT, 피크린산, 하이드라진 유도체 등)

04 20℃의 물 100kg이 100℃ 수증기로 증발하면 최대 몇 kcal의 열량을 흡수할 수 있는가?

① 540
② 7,800
③ 62,000
④ 108,000

해설 흡수 열량
$Q = Gc\Delta t + G\gamma$
$= 100\text{kg} \times 1\text{kcal/kg·℃} \times (100℃ - 20℃)$
$\quad + 100\text{kg} \times 540\text{kcal/kg}$
$= 62,000\text{kcal}$
여기서, c : 물의 비열, γ : 증발 잠열

상단 우측 표 (소화설비)

		봉상수 (棒狀水) 소화기	○		○		○	○	○			○	○
대형·소형 수동식 소화기		무상수 (霧狀水) 소화기	○	○		○		○	○			○	○
		봉상강화액 소화기	○			○		○	○			○	○
		무상강화액 소화기	○	○		○		○	○		○	○	○
		포 소화기	○			○		○	○		○	○	○
		이산화탄소 소화기		○				○				○	△
		할론 소화 설비		○				○				○	
	분말 소화 기	인산염류 소화기	○			○		○	○		○		○
		탄산수소염류 소화기		○	○		○	○		○	○		
		그 밖의 것			○		○			○			
기타		물통 또는 수조	○			○		○	○			○	○
		건조사			○	○	○	○	○	○	○	○	○
		팽창 질석 또는 팽창 진주암			○	○	○	○	○	○	○	○	○

05 소화기 속에 압축되어 있는 이산화탄소 1.1kg을 표준 상태에서 분사하였다. 이산화탄소의 부피는 몇 m³가 되는가?

① 0.56　　　　　　② 5.6
③ 11.2　　　　　　④ 24.6

해설　$PV = \dfrac{W}{M}RT$

$V = \dfrac{WRT}{PM}$

$\quad = \dfrac{1.1\text{kg} \times 0.082 \times (273+0)}{1\text{atm} \times 44\text{kg}} = 0.56\text{m}^3$

06 $NH_4H_2PO_4$가 열분해하여 생성되는 물질 중 암모니아와 수증기의 부피 비율은?

① 1 : 1　　　　　　② 1 : 2
③ 2 : 1　　　　　　④ 3 : 2

해설　인산암모늄($NH_4H_2PO_4$)의 열분해 반응식

$NH_4H_2PO_4 \longrightarrow \underset{\text{메타인산}}{HPO_3} + \underset{\text{암모니아}}{NH_3} + \underset{\text{수증기}}{H_2O}$

$\qquad\qquad\qquad\quad 1 \qquad :1$

07 탄산수소나트륨과 황산알루미늄의 소화 약제가 반응을 하여 생성되는 이산화탄소를 이용해 화재를 진압하는 소화 약제는?

① 단백포　　　　　② 수성막포
③ 화학포　　　　　④ 내알코올포

해설　화학포 반응식

$6NaHCO_3 + Al_2(SO_4)_3 \cdot 18H_2O$
$\longrightarrow 3Na_2SO_4 + 2Al(OH)_3 + 6CO_2 + 18H_2O$

08 가솔린의 연소 범위에 가장 가까운 것은?

① 1.4~7.6%　　　　② 2.0~23.0%
③ 1.8~36.5%　　　　④ 1.0~50.0%

해설　가솔린(휘발유)
㉠ 연소 범위 : 1.4~7.6%
㉡ 위험도(H) = $\dfrac{7.6-1.4}{1.4}$ = 4.43

09 위험물안전관리법에서 정한 위험물의 운반에 관한 다음 내용 중 ( ) 안에 들어갈 용어가 아닌 것은?

> 위험물의 운반은 ( ), ( ) 및 ( )에 관해 법에서 정한 중요 기준과 세부 기준을 따라 행하여야 한다.

① 용기　　　　　　② 적재 방법
③ 운반 방법　　　　④ 검사 방법

해설　위험물의 운반을 용기, 적재 방법, 운반 방법에 관해 법에서 정한 중요 기준과 세부 기준을 따라 행하여야 한다.

10 위험물안전관리법에서 정의하는 다음 용어는 무엇인가?

> 인화성 또는 발화성 등의 성질을 가지는 것으로서, 대통령령이 정하는 물품을 말한다.

① 위험물
② 인화성 물질
③ 자연 발화성 물질
④ 가연물

해설　위험물의 정의이다.

11 제2류 위험물에 속하지 않는 것은?

① 구리분　　　　　② 알루미늄분
③ 크롬분　　　　　④ 몰리브덴분

해설　구리(Cu)분은 원소이다.

12 다음의 위험물 중 비중이 물보다 큰 것은 모두 몇 개인가?

> 과염소산, 과산화수소, 질산

① 0　　　　　　　　② 1
③ 2　　　　　　　　④ 3

해설 제1류, 제2류, 제5류, 제6류 위험물은 비중이 1보다 크다(물의 비중 1).

제6류 위험물	비 중
과염소산	1.76
과산화수소	1.465
질산	1.49

13 다음 중 위험물안전관리법령의 위험물 운반에 관한 기준에서 고체 위험물은 운반 용기 내용적의 몇 % 이하의 수납률로 수납하여야 하는가?

① 80   ② 85   ③ 90   ④ 95

해설 운반 용기의 수납률

위험물	수납률
알킬알루미늄 등	90% 이하 (50℃에서 5% 이상 공간 용적 유지)
고체 위험물	95% 이하
액체 위험물	98% 이하 (55℃에서 누설되지 않는 것)

14 제6류 위험물 성질로 알맞은 것은?

① 금수성 물질   ② 산화성 액체
③ 산화성 고체   ④ 자연 발화성 물질

해설 ① 금수성 물질 : 제3류 위험물
② 산화성 액체 : 제6류 위험물
③ 산화성 고체 : 제1류 위험물
④ 자연 발화성 물질 : 제3류 위험물

15 다음 중 톨루엔의 위험성에 대한 설명으로 틀린 것은?

① 증기 비중은 약 0.87이므로 높은 곳에 체류하기 쉽다.
② 독성이 있으나 벤젠보다는 약하다.
③ 약 4℃의 인화점을 갖는다.
④ 유체 마찰 등으로 정전기가 생겨 인화하기도 한다.

해설 증기 비중은 $\frac{92}{29}$ = 3.17이므로 낮은 곳에 체류하기 쉽다.

16 적재 시 일광의 직사를 피하기 위하여 차광성 있는 피복으로 가려야 하는 위험물은?

① 아세트알데하이드
② 아세톤
③ 에틸알코올
④ 아세트산

해설 차광성이 있는 피복 조치

유 별	적용 대상
제1류 위험물	전부
제3류 위험물	자연 발화성 물품
제4류 위험물	특수 인화물
제5류 위험물	전부
제6류 위험물	

17 다음 중 고정식의 포 소화 설비의 기준에서 포 헤드 방식의 포 헤드는 방호 대상물의 표면적 몇 m^2당 1개 이상의 헤드를 설치하여야 하는가?

① 3
② 9
③ 15
④ 30

해설 포 헤드(foam head) 방식의 포 헤드 설치 기준
㉠ 포 헤드는 방호 대상물의 모든 표면이 포 헤드의 유효 사정 내에 있도록 설치
㉡ 방호 대상물 표면적(건축물의 경우 바닥 면적) $9m^2$ 당 1개 이상의 헤드를 설치
㉢ 표준 방사량＝방호 대상물 표면적(건축물의 경우 바닥 면적, m^2)×6.5L/min·m^2
㉣ 방사 구역은 $100m^2$ 이상으로 할 것(방호 대상물 표면적이 $100m^2$ 미만일 경우는 당해 표면적)
＊ 포 수용액량＝표준 방사량×10min

18 A·B·C급 화재에 모두 적응성이 있는 소화 약제는?

① 제1종 분말 소화 약제
② 제2종 분말 소화 약제
③ 제3종 분말 소화 약제
④ 제4종 분말 소화 약제

해설 분말 소화 약제 종류별 적응 화재

분말 소화 약제 종류	적응 화재
제1종	B·C
제2종	B·C
제3종	A·B·C
제4종	B·C

19 디에틸에테르의 저장 시 소량의 염화칼슘을 넣어주는 목적은?

① 정전기 발생 방지
② 과산화물 생성 방지
③ 저장 용기의 부식 방지
④ 동결 방지

해설 에테르는 건조 과정이나 여과를 할 경우는 유체 마찰에 의해 정전기를 발생·축적하기 쉬우며, 또한 소량의 물을 함유하고 있는 경우 이 수분으로 대전되기 쉬우므로 비닐관 등의 절연성 물체 내를 흐르면 정전기를 발생한다. 이 정전기로 인한 스파크는 에테르 증기의 연소 폭발을 일으키는 데 충분하다. 정전기 생성 방지를 위해 약간의 $CaCl$을 넣어준다.

20 폭발 시 연소파의 전파 속도 범위에 가장 가까운 것은?

① 0.1 ~ 10m/s
② 100~1,000m/s
③ 2,000~3,500m/s
④ 5,000~10,000m/s

해설 ㉠ 연소 시 연소파 속도(연소 속도) : 0.1~10m/s
㉡ 폭핑 시 충격파 속도(화염 전파 속도) : 1,000~3,500m/s

21 산화열에 의한 발열이 자연 발화의 주된 요인으로 작용하는 것은?

① 건성유
② 퇴비
③ 목탄
④ 셀룰로이드

해설 자연 발화의 요인
㉠ 분해열 : 나이트로셀룰로오스, 셀룰로이드, 과산화수소 등
㉡ 산화열 : 석탄, 건성유, 고무 분말, 원면 등
㉢ 중합열 : 시안화수소, 산화에틸렌 등
㉣ 미생물(발효열) : 퇴비, 먼지, 퇴적물, 곡물 등
㉤ 흡착열 : 목탄, 활성탄 등

22 이산화탄소 소화기 사용 시 줄－톰슨 효과에 의해서 생성되는 물질은?

① 포스겐
② 일산화탄소
③ 드라이아이스
④ 수성 가스

해설 줄－톰슨 효과에 의해 액화 이산화탄소가 대기에 급격하게 방출되는 경우, 주위로부터 일시에 많은 기화열을 흡수하지 못해 고체상의 드라이아이스(dryice)가 생성된다. 한편, 이산화탄소 소화기의 수분 함유량은 이산화탄소 중량의 0.05% 이하여야 하는데, 그 이유는 줄－톰슨 효과에 의해 온도가 내려가게 되면 수분이 결빙되어 노즐이 막힐 우려가 있기 때문이다.

23 과망가니즈산칼륨의 성질에 대한 설명 중 옳은 것은?

① 강력한 산화제이다.
② 물에 녹아서 연한 분홍색을 나타낸다.
③ 물에는 용해하나 에탄올에 불용이다.
④ 묽은 황산과는 반응을 하지 않지만 진한 황산과 접촉하면 서서히 반응한다.

해설 ② 물에 녹았을 때는 진한 보라색을 띤다.
③ 물, 에탄올, 빙초산, 아세톤에 녹는다.
④ 묽은 황산과는 반응을 하고 진한 황산의 경우는 격렬하게 튀는 듯이 폭발을 일으킨다.

24 액체 위험물의 운반 용기 중 금속제 내장 용기의 최대 용적은 몇 L인가?

① 5
② 10
③ 20
④ 30

정답 18 ③ 19 ① 20 ① 21 ① 22 ③ 23 ① 24 ④

해설 위험물 운반 용기 중 내장 용기의 최대 용적 또는 중량

고체 위험물 운반 용기		액체 위험물 운반 용기	
용기 종류	최대 용적 또는 중량	용기 종류	최대 용적
유리 또는 플라스틱 용기	10L	유리 용기	5L, 10L
금속제 용기	30L	플라스틱 용기	10L
플라스틱 필름 포대 또는 종이 포대	5~225kg	금속제 용기	30L

25 질산에틸에 관한 설명으로 옳은 것은?

① 인화점이 낮아 인화되기 쉽다.
② 증기는 공기보다 가볍다.
③ 물에 잘 녹는다.
④ 비점은 약 28℃ 정도이다.

해설 ② 증기 비중이 3.14로 공기보다 무겁다.
③ 물에 녹지 않으며 알코올에는 잘 녹는다.
④ 비점은 88℃이다.

26 제조소 등의 위치·구조 또는 설비의 변경 없이 당해 제조소 등에서 취급하는 위험물의 품명을 변경하고자 하는 자는 변경하고자 하는 날의 며칠(몇 개월) 전까지 신고하여야 하는가?

① 7일
② 14일
③ 1개월
④ 6개월

해설 제조소 등의 변경 신고 : 변경하고자 하는 날의 7일 전까지 시·도지사에게 신고하여야 한다.

27 다음 중 지정 수량이 다른 물질은?

① 황화인   ② 적린
③ 철분   ④ 황

해설 ①, ②, ④ 100kg
③ 500kg

28 그림과 같은 타원형 위험물 탱크의 내용적을 구하는 식을 옳게 나타낸 것은?

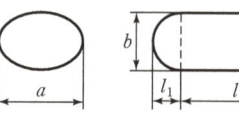

① $\dfrac{\pi ab}{4}\left(l + \dfrac{l_1 + l_2}{3}\right)$ ② $\dfrac{\pi ab}{4}\left(l + \dfrac{l_1 - l_2}{3}\right)$

③ $\pi ab\left(l + \dfrac{l_1 + l_2}{3}\right)$ ④ πabl^2

해설 탱크의 내용적 계산법

(1) 타원형 탱크의 내용적
  ㉠ 양쪽이 볼록한 경우

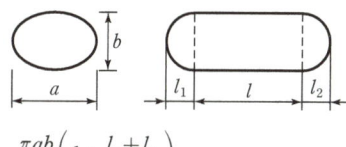

$$V = \frac{\pi ab}{4}\left(l + \frac{l_1 + l_2}{3}\right)$$

  ㉡ 한쪽이 볼록하고 다른 한쪽은 오목한 경우

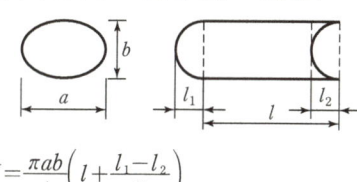

$$V = \frac{\pi ab}{4}\left(l + \frac{l_1 - l_2}{3}\right)$$

(2) 원통형 탱크의 내용적
  ㉠ 횡(수평)으로 설치한 것

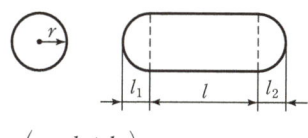

$$V = \pi r^2\left(l + \frac{l_1 + l_2}{3}\right)$$

  ㉡ 종(수직)으로 설치한 것

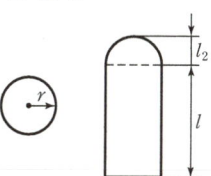

$$V = \pi r^2 l \,(탱크의 지붕 부분(l_2)은 제외)$$

29 다음의 위험물을 위험 등급 Ⅰ, 위험 등급 Ⅱ, 위험 등급 Ⅲ의 순서로 옳게 나열한 것은?

> 황린, 수소화나트륨, 리튬

① 황린, 수소화나트륨, 리튬
② 황린, 리튬, 수소화나트륨
③ 수소화나트륨, 황린, 리튬
④ 수소화나트륨, 리튬, 황린

해설 제3류 위험물의 위험 등급

구분	위험 등급 Ⅰ	위험 등급 Ⅱ	위험 등급 Ⅲ
제1류 위험물	아염소산염류, 염소산염류, 과염소산염류, 무기과산화물, 그 밖에 지정수량이 50kg인 위험물	브로민산염류, 질산염류, 아이오딘산염류, 그 밖에 지정수량이 300kg인 위험물	위험 등급 Ⅰ, 위험 등급 Ⅱ 외의 것
제2류 위험물		황화인, 적린, 황, 그 밖에 지정수량이 100kg인 위험물	
제3류 위험물	칼륨, 나트륨, 알킬알루미늄, 알킬리튬, 황린, 그 밖에 지정수량이 10kg 또는 20kg인 위험물	알칼리금속(칼륨 및 나트륨을 제외) 알칼리토금속, 유기금속화합물(알킬알루미늄 및 알킬리튬을 제외), 그 밖에 지정수량이 50kg인 위험물	
제4류 위험물	특수인화물	제1석유류, 알코올류	
제5류 위험물	지정수량이 제1종 : 10kg인 위험물	지정수량이 제2종 : 100kg인 위험물	
제6류 위험물	모두		

30 에테르(ether)의 일반식으로 옳은 것은?

① ROR′
② RCHO
③ RCOR
④ RCOOH

해설 에테르(디에틸에테르, 제4류 특수 인화물)
㉠ 화학식(시성식) : $C_2H_5OC_2H_5$
㉡ 일반식 : R—O—R′(R : 알킬기)

ⓒ 구조식

$$
\begin{array}{ccccc}
 & H & H & & H & H \\
 & | & | & & | & | \\
H- & C- & C- & O- & C- & C-H \\
 & | & | & & | & | \\
 & H & H & & H & H
\end{array}
$$

31 위험물안전관리법령에서 정한 이산화탄소 소화 약제의 저장 용기 설치 기준으로 옳은 것은?

① 저압식 저장 용기의 충전비 : 1.0 이상 1.3 이하
② 고압식 저장 용기의 충전비 : 1.3 이상 1.7 이하
③ 저압식 저장 용기의 충전비 : 1.1 이상 1.4 이하
④ 고압식 저장 용기의 충전비 : 1.7 이상 2.1 이하

해설 이산화탄소 소화 약제 저장 용기 충전비
㉠ 고압식 : 1.5~1.9L/kg
㉡ 저압식 : 1.1~1.4L/kg

32 옥내 저장소에서 지정 수량의 몇 배 이상을 저장 또는 취급할 때 자동 화재 탐지 설비를 설치하여야 하는가? (단, 원칙적인 경우에 한한다.)

① 지정 수량의 10배 이상을 저장 또는 취급할 때
② 지정 수량의 50배 이상을 저장 또는 취급할 때
③ 지정 수량의 100배 이상을 저장 또는 취급할 때
④ 지정 수량의 150배 이상을 저장 또는 취급할 때

해설 옥내 저장소에서 지정 수량의 100배 이상을 저장 또는 취급할 때 자동 화재 탐지 설비를 설치한다.

33 할로겐 화합물의 소화 약제 중 할론 2402의 화학식은?

① $C_2Br_4F_2$
② $C_2Cl_4F_2$
③ $C_2Cl_4Br_2$
④ $C_2F_4Br_2$

해설 할로겐 화합물 소화 약제 화학식 명명법

$$
\begin{array}{cccc}
\text{Halon} & A & B & C & D \\
 & \downarrow & \downarrow & \downarrow & \downarrow \\
 & C & F & Cl & Br \quad \text{원자수}
\end{array}
$$

㉠ Halon 1301 : CF_3Br ㉡ Halon 1211 : CF_2ClBr
ⓒ Halon 2402 : $C_2F_4Br_2$ ㉣ Halon 1011 : CH_2ClBr
㉤ Halon 1001 : CH_3Br ㉥ Halon 1040 : CCl_4

34 정전기의 발생 요인에 대한 설명으로 틀린 것은?

① 접촉 면적이 클수록 정전기의 발생량은 많아진다.
② 분리 속도가 빠를수록 정전기의 발생량은 많아진다.
③ 대전 서열에서 먼 위치에 있을수록 정전기의 발생량이 많아진다.
④ 접촉과 분리가 반복됨에 따라 정전기의 발생량은 증가한다.

해설 ④ 접촉과 분리가 반복되면 정전기가 축적되지 않는다.

35 제3종 분말 소화 약제의 열분해 반응식을 옳게 나타낸 것은?

① $NH_4H_2PO_4 \longrightarrow HPO_3 + NH_3 + H_2O$
② $2KNO_3 \longrightarrow 2KNO_2 + O_2$
③ $KClO_4 \longrightarrow KCl + 2O_2$
④ $2CaHCO_3 \longrightarrow 2CaO + H_2CO_3$

해설 분말 소화 약제

종 별	열분해 반응식
제1종	$2NaHCO_3 \longrightarrow Na_2CO_3 + CO_2 + H_2O$
제2종	$2KHCO_3 \longrightarrow K_2CO_3 + CO_2 + H_2O$
제3종	$NH_4H_2PO_4 \longrightarrow HPO_3 + NH_3 + H_2O$
제4종	$2KHCO_3 + (NH_2)_2CO$ $\longrightarrow K_2CO_3 + 2NH_3 + 2CO_2$

36 위험물 제조소 등에 설치하여야 하는 자동 화재 탐지 설비의 설치 기준에 대한 설명 중 틀린 것은?

① 자동 화재 탐지 설비의 경계 구역은 건축물, 그 밖의 인공 구조물의 2 이상의 층에 걸치도록 할 것
② 하나의 경계 구역에서 그 한 변의 길이는 50m (광전식 분리형 감지기를 설치할 경우에는 100m) 이하로 할 것
③ 자동 화재 탐지 설비의 감지기는 지붕 또는 벽의 옥내에 면한 부분에 유효하게 화재의 발생을 감지할 수 있도록 설치할 것
④ 자동 화재 탐지 설비에는 비상 전원을 설치할 것

해설 위험물 제조소 등 자동 화재 탐지 설비 설치 기준 중 경계 구역 기준
㉠ 건축물, 그 밖의 인공 구조물의 2 이상의 층에 걸치지 아니

하도록 할 것. 다만, 하나의 경계 구역 면적이 500m² 이하이면서 당해 경계 구역이 두 개의 층에 걸치는 경우이거나 계단·경사로·승강기의 승강로, 그 밖에 이와 유사한 장소에 연기 감지기를 설치하는 경우에는 그러하지 아니하다.
㉡ 하나의 경계 구역 면적은 600m² 이하로 할 것. 다만, 당해 건축물, 그 밖의 인공 구조물의 주요한 출입구에서 그 내부 전체를 볼 수 있는 경우에 있어서는 1,000m² 이하로 할 수 있다.
㉢ 하나의 경계 구역의 한 변의 길이는 50m 이하로 할 것. 다만, 광전식 분리형 감지기를 설치한 경우는 100m 이하로 할 수 있다.

37 위험물은 지정 수량의 몇 배를 1소요 단위로 하는가?

① 1   ② 10   ③ 50   ④ 100

해설 소요 단위 = $\dfrac{\text{저장(운반) 수량}}{\text{지정 수량} \times 10\text{배}}$

38 제6류 위험물을 수납한 용기에 표시하여야 하는 주의 사항은?

① 가연물 접촉 주의   ② 화기 엄금
③ 화기 · 충격 주의   ④ 물기 엄금

해설 위험물 운반 용기의 주의 사항

위험물		주의 사항
제1류 위험물	알칼리 금속의 과산화물	·화기·충격 주의 ·물기 엄금 ·가연물 접촉 주의
	기타	·화기·충격 주의 ·가연물 접촉 주의
제2류 위험물	철분·금속분·마그네슘	·화기 주의 ·물기 엄금
	인화성 고체	화기 엄금
	기타	화기 주의
제3류 위험물	자연 발화성 물질	·화기 엄금 ·공기 접촉 엄금
	금수성 물질	물기 엄금
제4류 위험물		화기 엄금
제5류 위험물		·화기 엄금 ·충격 주의
제6류 위험물		가연물 접촉 주의

정답 34 ④ 35 ① 36 ① 37 ② 38 ①

39 황린에 대한 설명으로 틀린 것은?

① 환원력이 강하다.
② 담황색 또는 백색의 고체이다.
③ 벤젠에는 불용이나 물에 잘 녹는다.
④ 마늘 냄새와 같은 자극적인 냄새가 난다.

해설 황린은 물과 반응하지 않으며 물에 녹지 않는다. 따라서 물속에 저장한다. C_6H_6, CS_2에는 잘 녹는다.

40 옥내 저장소에서 위험물을 유별로 정리하고 서로 1m 이상의 간격을 두는 경우 유별을 달리하는 위험물을 동일한 저장소에 저장할 수 있는 것은?

① 과산화나트륨과 벤조일퍼옥사이드
② 과염소산나트륨과 질산
③ 황린과 트라이에틸알루미늄
④ 황과 아세톤

해설 ② 과염소산나트륨(제1류 위험물)과 질산(제6류 위험물)

옥내 저장소, 옥외 저장소에서 유별을 달리하는 위험물의 저장 기준

(1) 원칙 : 유별을 달리하는 위험물은 동일한 저장소에 저장 불가
(2) 예외 : 유별로 정리하고 서로 1m 이상 간격을 두는 경우에 저장 가능
　　㉠ 제1류 위험물(알칼리 금속 과산화물 제외)＋제5류 위험물
　　㉡ 제1류 위험물＋제6류 위험물
　　㉢ 제1류 위험물＋자연 발화성 물품(황린 포함)
　　㉣ 제2류 위험물 중 인화성 고체＋제4류 위험물
　　㉤ 제3류 위험물 중 알킬알루미늄 등＋제4류 위험물 중 알킬알루미늄 등 함유한 것
　　㉥ 제4류 위험물 중 유기 과산화물＋제5류 위험물 중 유기과산화물

41 위험물의 운반에 관한 기준에서 다음 위험물 중 혼재 가능한 것끼리 연결된 것은? (단, 지정 수량의 10배이다.)

① 제1류 ─ 제6류　　② 제2류 ─ 제3류
③ 제3류 ─ 제5류　　④ 제5류 ─ 제1류

해설 유별을 달리하는 위험물의 혼재 기준

구 분	제1류	제2류	제3류	제4류	제5류	제6류
제1류		×	×	×	×	○
제2류	×		×	○	○	×
제3류	×	×		○	×	×
제4류	×	○	○		○	×
제5류	×	○	×	○		×
제6류	○	×	×	×	×	

42 다음 ( ) 안에 알맞은 수치를 차례대로 옳게 나열한 것은?

> 위험물 암반 탱크의 공간 용적은 당해 탱크 내에 하는 ( )일간의 지하수 양에 상당하는 용적과 당해 탱크 내용적의 100분의 ( )의 용적 중에서 보다 큰 것을 공간 용적으로 한다.

① 1, 7　　　　② 3, 5
③ 5, 3　　　　④ 7, 1

해설 위험물 암반 탱크의 공간 용적은 당해 탱크 내에 용출하는 7일간의 지하수 양에 상당하는 용적과 당해 탱크 내용적의 $\frac{1}{100}$의 용적 중 보다 큰 용적으로 한다.

43 제5류 위험물에 대한 설명으로 옳지 않은 것은?

① 대표적인 성질은 자기 반응성 물질이다.
② 피크린산은 니트로 화합물이다.
③ 모두 산소를 포함하고 있다.
④ 나이트로 화합물은 나이트로기가 많을수록 폭발력이 커진다.

해설 ③ 모두 산소를 포함하고 있지 않다.
예 아조벤젠($C_6H_5N=NC_6H_5$), 아지화연($Pb(N_3)_2$, 질화납), 염산하이드라진($N_2H_4 \cdot HCl$) 등

44 위험물안전관리법령상 셀룰로이드의 품명과 지정 수량을 옳게 연결한 것은?

① 나이트로 화합물 − 200kg
② 나이트로 화합물 − 10kg
③ 질산에스터류 − 200kg
④ 질산에스터류 − 10kg

해설 셀룰로이드
제5류 위험물, 질산에스터류, 지정 수량 10kg, 위험 등급 Ⅰ

45 0.99atm, 55℃에서 이산화탄소의 밀도는 약 몇 g/L인가?

① 0.62   ② 1.62   ③ 9.65   ④ 12.65

해설 $PV = \dfrac{W}{M}RT$

밀도$(\rho) = \dfrac{M}{V} = \dfrac{PM}{RT} = \dfrac{0.99 \times 44}{0.082 \times (273+55)} = 1.62\text{g/L}$

46 다음 중 과산화수소의 저장 용기로 가장 적합한 것은?

① 뚜껑에 작은 구멍을 뚫은 갈색 용기
② 뚜껑을 밀전한 투명 용기
③ 구리로 만든 용기
④ 아이오딘화칼륨을 첨가한 종이 용기

해설 과산화수소(H_2O_2) 저장 용기 : 구멍 뚫린 마개가 달린 갈색병 사용

47 위험물 저장소에서 다음과 같이 제4류 위험물을 저장하고 있는 경우 지정 수량의 몇 배가 보관되어 있는가?

- 디에틸에테르 : 50L
- 이황화탄소 : 150L
- 아세톤 : 800L

① 4배   ② 5배
③ 6배   ④ 8배

해설 ㉠ 디에틸에테르($C_2H_5OC_2H_5$, 특수 인화물) : 지정 수량 50L
㉡ 이황화탄소(CS_2, 특수 인화물) : 지정 수량 50L
㉢ 아세톤(CH_3COCH_3, 제1석유류, 수용성) : 지정 수량 400L
∴ 지정 수량의 배수 $= \dfrac{50}{50} + \dfrac{150}{50} + \dfrac{800}{400} = 6$배

48 다이크로뮴산칼륨의 화재 예방 및 진압 대책에 관한 설명 중 틀린 것은?

① 가열, 충격, 마찰을 피한다.
② 유기물, 가연물과 격리하여 저장한다.
③ 화재 시 물과·반응하여 폭발하므로 주수 소화를 금한다.
④ 소화 작업 시 폭발 우려가 있으므로 충분한 안전거리를 확보한다.

해설 제1류 위험물 : 주수에 의한 냉각 효과(무기 과산화물 제외)

49 다음 중 분진 폭발의 원인 물질로 작용할 위험성이 가장 낮은 것은?

① 마그네슘 분말   ② 밀가루
③ 담배 분말   ④ 시멘트 분말

해설 ㉠ 분진 폭발 : 가연성 고체 분진이 공기 중에서 일정 농도 이상으로 부유하다 점화원을 만나면 폭발을 일으킨다. 특성은 가스 폭발과 비슷하다.
㉡ 폭발 농도 : 25~80mg/L
㉢ 원인 물질 : 마그네슘 분말, 밀가루, 담배 분말 등

50 물질의 발화점이 낮아지는 경우는?

① 발열량이 작을 때
② 산소의 농도가 작을 때
③ 화학적 활성도가 클 때
④ 산소와 친화력이 작을 때

해설 ① 발열량이 클 때
② 산소의 농도가 클 때
④ 산소와 친화력이 클 때

51 팽창 질석(삽 1개 포함) 160L의 소화 능력 단위는?

① 0.5 ② 1.0
③ 1.5 ④ 2.0

해설 팽창 질석 또는 팽창 진주암(160L, 삽 1개 포함) : 1단위

52 같은 위험 등급의 위험물로만 이루어지지 않은 것은?

① Fe, Sb, Mg
② Zn, Al, S
③ 황화인, 적린, 칼슘
④ 메탄올, 에탄올, 벤젠

해설 29번 해설 참조

53 위험성 예방을 위해 물속에 저장하는 것은?

① 칠황화인 ② 이황화탄소
③ 오황화인 ④ 톨루엔

해설 이황화탄소(CS_2)는 용기 또는 탱크에 저장실 공간 용적에 불활성 가스를 봉입하거나 물을 채운 수조 탱크 안에 저장하면 안전하다. 그 이유는 가연성 증기 발생을 억제할 수 있기 때문이다.

54 다음은 위험물 탱크의 공간 용적에 관한 내용이다. ( ) 안에 숫자를 차례대로 올바르게 나열한 것은? (단, 소화 설비를 설치하는 경우와 암반 탱크는 제외한다.)

> 탱크의 공간 용적은 탱크 내용적의 100분의 ( ) 이상 100분의 ( ) 이하의 용적으로 한다.

① 5, 10 ② 5, 15
③ 10, 15 ④ 10, 20

해설 탱크의 공간 용적 : 탱크 용적의 100분의 5 이상 100분의 10 이하

55 나이트로셀룰로오스에 대한 설명으로 틀린 것은?

① 다이너마이트의 원료로 사용된다.
② 물과 혼합하면 위험성이 감소된다.
③ 셀룰로오스에 진한 질산과 진한 황산을 작용 시켜 만든다.
④ 품명이 니트로 화합물이다.

해설 ④ 품명은 질산에스터류이다.

56 메탄올과 에탄올의 공통점에 대한 설명으로 틀린 것은?

① 증기 비중이 같다.
② 무색 투명한 액체이다.
③ 비중이 1보다 작다.
④ 물에 잘 녹는다.

해설

	메탄올	에탄올
①	증기 비중 1.1	증기 비중 1.6
②	무색 투명한 액체	무색 투명한 액체
③	비중 0.8	비중 0.8
④	물에 잘 녹는다.	물에 잘 녹는다.

57 분말의 형태로서 $150\mu m$의 체를 통과하는 50wt% 이상인 것만 위험물로 취급되는 것은?

① Fe ② Sn
③ Ni ④ Cu

해설 금속 분류
알칼리 금속, 알칼리 토금속류(이상 제3류 위험물), 철(제2류 위험물 중 개별 품명) 및 마그네슘 이외의 금속분을 말하며 구리, 니켈분과 $150\mu m$(약 100mesh)의 체를 통과하는 것이 50wt% 미만인 것은 위험물에서 제외된다.

58 CaC_2의 저장 장소로서 적합한 곳은?

① 가스가 발생하므로 밀전을 하지 않고 공기 중에 보관한다.
② HCl 수용액 속에 저장한다.
③ CCl_4 분위기의 수분이 많은 장소에 보관한다.
④ 건조하고 환기가 잘되는 장소에 보관한다.

해설 ① 가스가 발생하므로 밀전된 저장 용기 중에 저장한다.
② HCl 와 혼합 시 가열, 충격, 마찰에 의해 심하게 발열하거나 발화 위험이 있다.
③ CCl_4와 혼합 시 가열, 충격, 마찰에 의해 심하게 발열하거나 발화 위험이 있다.

59 다음에서 설명하고 있는 위험물은?

• 지정 수량은 20kg이고, 백색 또는 담황색 고체이다.
• 비중은 약 1.82이고, 융점은 약 44℃이다.
• 비점은 약 280℃이고, 증기 비중은 약 4.3이다.

① 적린
② 황린
③ 황
④ 마그네슘

해설 황린의 설명이다.

60 위험물에 대한 유별 구분이 잘못된 것은?

① 브로민산염류 — 제1류 위험물
② 황 — 제2류 위험물
③ 금속의 인화물 — 제3류 위험물
④ 무기 과산화물 — 제5류 위험물

해설 ④ 무기 과산화물 — 제1류 위험물

위험물 기능사 (2017. 8. 26 시행)

01 위험물 안전관리자의 책무에 해당하지 않는 것은?

① 화재 등의 재난이 발생한 경우 소방관서 등에 대한 연락 업무
② 화재 등의 재난이 발생한 경우 응급 조치
③ 위험물의 취급에 관한 일지의 작성·기록
④ 위험물 안전관리자의 선임·신고

> **해설** ④ 사업주의 의무 사항이다.

02 메틸알코올 8,000L에 대한 소화 능력으로 삽을 포함한 마른 모래를 몇 L 설치하여야 하는가?

① 100 　　　② 200
③ 300 　　　④ 400

> **해설** 소요 단위 $= \dfrac{\text{저장량}}{\text{지정 수량} \times 10\text{배}}$
>
> $= \dfrac{8,000}{400 \times 10} = 2$단위
>
> 능력 단위 : 마른 모래(50L, 삽 1개 포함) : 0.5단위
>
> 즉, $50\text{L} : x(\text{L}) = 0.5 : 2$
>
> $\therefore \ x = 200\text{L}$

03 철분·마그네슘·금속분에 적응성이 있는 소화 설비는?

① 스프링클러 설비
② 할로겐 화합물 소화 설비
③ 대형 수동식 포 소화기
④ 건조사

> **해설**

소화 설비의 구분		건축물·그 밖의 공작물	전기 설비	제1류 위험물 알칼리 금속 과산화물 등	제1류 위험물 그 밖의 것	제2류 위험물 철분·금속분·마그네슘 등	제2류 위험물 인화성 고체	제2류 위험물 그 밖의 것	제3류 위험물 금수성 물품	제3류 위험물 그 밖의 것	제4류 위험물	제5류 위험물	제6류 위험물
옥내 소화전 설비 또는 옥외 소화전 설비		○			○		○	○		○		○	○
스프링클러 설비		○			○		○	○		△		○	○
물분무 등 소화 설비	물분무 소화 설비	○	○		○		○	○		○		○	○
	포 소화 설비	○			○		○	○		○		○	○
	불활성 가스 소화 설비		○				○			○			
	할로겐 화합물 소화 설비		○				○			○			
분말 소화 설비	인산염류 등	○	○		○		○			○			○
	탄산 수소 염류 등		○	○		○	○		○		○			
	그 밖의 것			○		○			○				
대형·소형 수동식 소화기	봉상수(棒狀水) 소화기	○			○		○	○		○		○	○
	무상수(無狀水) 소화기	○	○		○		○	○		○		○	○
	봉상강화액 소화기	○			○		○	○		○		○	○
	무상강화액 소화기	○	○		○		○	○		○		○	○
	포 소화기	○			○		○	○		○		○	○
	이산화탄소 소화기		○				○			○			△
	할론 소화 설비		○				○			○			
분말 소화기	인산염류 소화기	○	○		○		○			○			○
	탄산수소염류 소화기		○	○		○	○		○		○			
	그 밖의 것			○		○			○				
기타	물통 또는 수조	○			○		○	○		○		○	○
	건조사			○	○	○	○	○	○	○	○	○	○
	팽창 질석 또는 팽창 진주암			○	○	○	○	○	○	○	○	○	○

> **정답** 01 ④　02 ②　03 ④

04 위험물안전관리법령에 의한 안전 교육에 대한 설명으로 옳은 것은?

① 제조소 등의 관계인은 교육대상자에 대하여 안전 교육을 받게 할 의무가 있다.
② 안전관리자, 탱크 시험자의 기술 인력 및 위험물 운송자는 안전 교육을 받을 의무가 없다.
③ 탱크 시험자의 업무에 대한 강습 교육을 받으면 탱크 시험자의 기술 인력이 될 수 있다.
④ 소방서장은 교육 대상자가 교육을 받지 아니한 때에는 그 자격을 정지하거나 취소할 수 있다.

해설 ② 안전관리자, 탱크 시험자의 기술 인력 및 위험물 운송자는 안전 교육을 받을 의무가 있다.
③ 탱크 시험자의 업무에 대한 강습 교육을 받으면 탱크 시험자의 기술 인력이 될 수 없다.
④ 소방서장은 교육 대상자가 교육을 받지 아니한 때에는 그 자격을 정지할 수는 있으나 취소할 수는 없다.

05 물의 소화 능력을 향상시키고 동절기 또는 한랭 지에서도 사용할 수 있도록 탄산칼륨 등의 알칼리 금속염을 첨가한 소화 약제는?

① 강화액
② 할로젠 화합물
③ 이산화탄소
④ 포(foam)

해설 강화액 소화 약제의 설명이다.

06 다음 중 연소 반응이 일어날 수 있는 가능성이 가장 큰 물질은?

① 산소와 친화력이 작고, 활성화 에너지가 작은 물질
② 산소와 친화력이 크고, 활성화 에너지가 큰 물질
③ 산소와 친화력이 작고, 활성화 에너지가 큰 물질
④ 산소와 친화력이 크고, 활성화 에너지가 작은 물질

해설 연소 반응(가연물)이 되기 쉬운 조건
㉠ 산소와 친화력이 클 것
㉡ 열전도율이 작을 것
㉢ 산소와의 접촉 면적이 클 것
㉣ 발열량이 클 것
㉤ 활성화 에너지가 작을 것
㉥ 건조도가 좋을 것

07 금속 화재에 대한 설명으로 틀린 것은?

① 마그네슘과 같은 가연성 금속의 화재를 말한다.
② 주수 소화 시 물과 반응하여 가연성 가스를 발생하는 경우가 있다.
③ 화재 시 금속 화재용 분말 소화 약제를 사용 할 수 있다.
④ D급 화재라고 하며 표시하는 색상은 청색이다.

해설 ④ D급 화재라고 하며 표시하는 색상은 무색이다.

08 위험물의 운반에 관한 기준에서 적재 방법 기준으로 틀린 것은?

① 고체 위험물은 운반 용기의 내용적 95% 이하의 수납률로 수납할 것
② 액체 위험물은 운반 용기의 내용적 98% 이하의 수납률로 수납할 것
③ 알킬알루미늄은 운반 용기 내용적의 95% 이하의 수납률로 수납하되, 50℃의 온도에서 5% 이상의 공간 용적을 유지할 것
④ 제3류 위험물 중 자연 발화성 물질에 있어서는 불활성 기체를 봉입하여 밀봉하는 등 공기와 접하지 아니하도록 할 것

해설 운반 용기의 수납률

위험물	수납률
알킬알루미늄 등	90% 이하 (50℃에서 5% 이상 공간 용적 유지)
고체 위험물	95% 이하
액체 위험물	98% 이하 (55℃에서 누설되지 않는 것)

09 서로 반응할 때 수소가 발생하지 않는 것은?

① 리튬＋염산
② 탄화칼슘＋물
③ 수소화칼슘＋물
④ 루비듐＋물

해설 ① $Li + HCl \longrightarrow LiCl + \frac{1}{2}H_2$
② $CaC_2 + 2H_2O \longrightarrow Ca(OH)_2 + C_2H_2$
③ $CaH_2 + 2H_2O \longrightarrow Ca(OH)_2 + 2H_2$
④ $2Rb + 2H_2O \longrightarrow 2RbOH + H_2$

정답 04 ① 05 ① 06 ④ 07 ④ 08 ③ 09 ②

10 위험물안전관리법령에 따른 위험물의 운송에 관한 설명 중 틀린 것은?

① 알킬리튬과 알킬알루미늄 또는 이 중 어느 하나 이상을 함유한 것은 운송 책임자의 감독ㆍ지원을 받아야 한다.

② 이동 탱크 저장소에 의하여 위험물을 운송할 때의 운송 책임자에는 법정의 교육을 이수하고 관련 업무에 2년 이상 경력이 있는 자도 포함된다.

③ 서울에서 부산까지 금속의 인화물 300kg을 1명의 운전자가 휴식 없이 운송해도 규정 위반이 아니다.

④ 운송 책임자의 감독 또는 지원의 방법에는 동승하는 방법과 별도의 사무실에서 대기하면서 규정된 사항을 이행하는 방법이 있다.

해설 위험물 운송자는 장거리(고속국도에 있어서는 340km 이상, 그 밖의 도로에 있어서는 200km 이상을 말한다.)에 걸치는 운송을 하는 때에는 2명 이상의 운전자로 한다. 다음의 어느 하나에 해당하는 경우에는 그러하지 아니하다.

㉠ 운송 책임자를 동승시킨 경우
㉡ 운송하는 위험물이 제2류 위험물, 제3류 위험물(칼슘 또는 알루미늄의 탄화물과 이것만을 함유한 것에 한한다) 또는 제4류 위험물(특수 인화물 제외한다)인 경우
㉢ 운송 도중에 2시간 이내마다 20분씩 이상씩 휴식하는 경우
※ 서울 – 부산 거리(서울 톨게이트에서 부산 톨게이트까지) : 410.3km

11 아염소산나트륨의 저장 및 취급 시 주의 사항으로 가장 거리가 먼 것은?

① 물속에 넣어 냉암소에 저장한다.
② 강산류와의 접촉을 피한다.
③ 취급 시 충격, 마찰을 피한다.
④ 가연성 물질과 접촉을 피한다.

해설 ① 화기를 엄금하여 직사광선을 피하고 용기는 건조하며 차고 어두운 곳에 저장한다.

12 아염소산염류 500kg과 질산염류 3,000kg을 함께 저장하는 경우 위험물의 소요 단위는 얼마인가?

① 2   ② 4   ③ 6   ④ 8

해설 $\dfrac{500}{50}+\dfrac{3,000}{300}=20$배

위험물 지정 수량 10배 : 1소요 단위

즉, 위험물 지정 수량 20배 : 2소요 단위

13 정기 점검 대상 제조소 등에 해당하지 않는 것은?

① 이동 탱크 저장소
② 지정 수량 100배 이상의 위험물 옥외 저장소
③ 지정 수량 100배 이상의 위험물 옥내 저장소
④ 이송 취급소

해설 정기 점검 대상 제조소 등

(1) 예방 규정 작성 대상인 제조소 등
  ㉠ 지정 수량의 10배 이상의 제조소ㆍ일반 취급소
  ㉡ 지정 수량의 100배 이상의 옥외 저장소
  ㉢ 지정 수량의 150배 이상의 옥내 저장소
  ㉣ 지정 수량의 200배 이상의 옥외 탱크 저장소
  ㉤ 암반 탱크 저장소
  ㉥ 이송 취급소
(2) 지하 탱크 저장소
(3) 이동 탱크 저장소
(4) 위험물을 취급하는 탱크로서 지하에 매설된 탱크가 있는 제조소ㆍ주유 취급소 또는 일반 취급소

14 물과 반응하여 가연성 가스를 발생하지 않는 것은?

① 나트륨   ② 과산화나트륨
③ 탄화알루미늄   ④ 트라이에틸알루미늄

해설
① $2Na+2H_2O \rightarrow 2NaOH+\underset{\text{가연성 가스}}{H_2}$

② $2Na_2O_2+2H_2O \rightarrow 4NaOH+\underset{\text{지연성 가스}}{O_2}$

③ $Al_4C_3+12H_2O \rightarrow 4Al(OH)_3+\underset{\text{가연성 가스}}{3CH_4}$

④ $(C_2H_5)_3Al+3H_2O \rightarrow Al(OH)_3+\underset{\text{가연성 가스}}{3C_2H_6}$

15 지하 저장 탱크에 경보음이 울리는 방법으로 과충전 방지 장치를 설치하고자 한다. 탱크 용량의 최소 몇 %가 찰 때 경보음이 울리도록 하여야 하는가?

① 80   ② 85   ③ 90   ④ 95

정답 10 ③   11 ①   12 ①   13 ③   14 ②   15 ③

해설 지하 저장 탱크 과충전 방지 장치
탱크 용량의 최소 90%가 찰 때 경보음이 울린다.

16 제2류 위험물에 대한 설명 중 틀린 것은?

① 황은 물에 녹지 않는다.
② 오황화인은 CS_2에 녹는다.
③ 삼황화인은 가연성 물질이다.
④ 칠황화인은 더운물에 분해되어 이산화황을 발생한다.

해설 ④ 칠황화인(P_4S_7)은 더운물에 분해되어 황화수소를 발생한다.

17 다음 중 지정 수량이 가장 큰 것은?

① 과염소산칼륨
② 트라이나이트로톨루엔
③ 황린
④ 황

해설

위험물	지정수량
과염소산칼륨	50kg
트라이나이트로톨루엔	200kg
황린	20kg
황	100kg

18 산화프로필렌의 성상에 대한 설명 중 틀린 것은?

① 청색의 휘발성이 강한 액체이다.
② 인화점이 낮은 인화성 액체이다.
③ 물에 잘 녹는다.
④ 에테르향의 냄새를 가진다.

해설 ① 무색의 휘발성 액체이다.

19 자기 반응성 물질의 화재 예방법으로 가장 거리가 먼 것은?

① 마찰을 피한다.
② 불꽃의 접근을 피한다.
③ 고온체로 건조시켜 보관한다.
④ 운반 용기 외부에 "화기 엄금" 및 "충격 주의"를 표시한다.

해설 ③ 직사광선 차단, 습도에 주의하고 통풍이 양호한 찬 곳에 보관한다.

20 소화 약제에 따른 주된 소화 효과로 틀린 것은?

① 수성막 포 소화 약제 : 질식 효과
② 제2종 분말 소화 약제 : 탈수 · 탄화 효과
③ 이산화탄소 소화 약제 : 질식 효과
④ 할로겐 화합물 소화 약제 : 화학 억제 효과

해설 ② 제2종 분말 소화 약제 : 질식 및 냉각 효과

21 위험물의 화재 위험에 관한 제반 조건을 설명한 것으로 옳은 것은?

① 인화점이 높을수록, 연소 범위가 넓을수록 위험하다.
② 인화점이 낮을수록, 연소 범위가 좁을수록 위험하다.
③ 인화점이 높을수록, 연소 범위가 좁을수록 위험하다.
④ 인화점이 낮을수록, 연소 범위가 넓을수록 위험하다.

해설 화재 위험은 인화점이 낮고 연소 범위가 넓을수록 위험하다.

22 가연성 고체의 미세한 분말이 일정 농도 이상 공기 중에 분산되어 있을 때 점화원에 의하여 연소 폭발되는 현상은?

① 분진 폭발
② 산화 폭발
③ 분해 폭발
④ 중합 폭발

해설 분진 폭발이 전파되기 위한 조건
㉠ 분진이 가연성이어야 한다.
㉡ 분진이 적당한 공기로 수송할 수 있어야 한다.
㉢ 분진이 화염을 전파할 수 있는 분진 크기 분포를 가져야 한다.
㉣ 분진 농도가 폭발 범위 이내여야 한다.
㉤ 화염 전파를 개시하는 충분한 에너지의 점화원이 존재해야 한다.
㉥ 충분한 산소가 연소를 지원하고 유지하도록 존재해야 하며 이 중에서 교반과 운동이 일어나야 한다.

정답 16 ④ 17 ② 18 ① 19 ③ 20 ② 21 ④ 22 ①

23 상온에서 액상인 것으로만 나열된 것은?

① 나이트로셀룰로오스, 나이트로글리세린
② 질산에틸, 나이트로글리세린
③ 질산에틸, 피크린산
④ 나이트로셀룰로오스, 셀룰로이드

해설 ① · 나이트로셀룰로오스 : 무색 또는 백색의 고체
· 나이트로글리세린 : 순수한 것은 무색 투명한 무거운 기름상의 액체(시판 공업용 제품은 담황색)
② · 질산에틸 : 무색 투명한 액체
· 나이트로글리세린 : 무색 투명한 액체
③ · 질산에틸 : 무색 투명한 액체
· 피크린산 : 순수한 것은 무색이지만 공업용은 보통 휘황색의 침상 결정
④ · 나이트로셀룰로오스 : 순수한 것은 무색이지만 공업용은 보통 휘황색의 침상 결정
· 셀룰로이드 : 무색 또는 황색의 반투명 유연성을 가진 고체

24 나이트로셀룰로오스에 관한 설명으로 옳은 것은?

① 용제에는 전혀 녹지 않는다.
② 질화도가 클수록 위험성이 증가한다.
③ 물과 작용하여 수소를 발생한다.
④ 화재 발생 시 질식 소화가 가장 적합하다.

해설 ① 아세톤, 초산에스테르, 나이트로벤젠 등의 용제에 녹는다.
③ 물과 혼합할수록 위험성이 감소된다.
④ 질식 소화는 효과가 적고 다량의 물로 냉각 소화한다.

25 위험물안전관리법령상 위험물의 운반에 관한 기준에 따르면 지정 수량 얼마 이하의 위험물에 대하여는 "유별을 달리하는 위험물의 혼재 기준"을 적용하지 아니하여도 되는가?

① $\frac{1}{2}$ ② $\frac{1}{3}$
③ $\frac{1}{5}$ ④ $\frac{1}{10}$

해설 위험물안전관리법령상 위험물의 운반에 관한 기준에 따르면 지정 수량 $\frac{1}{10}$ 이하의 위험물에 대하여는 유별을 달리하는 위험물의 혼재 기준을 적용하지 아니하여도 된다.

26 위험물안전관리법령상 품명이 질산에스터 류에 속하지 않는 것은?

① 질산에틸 ② 나이트로글리세린
③ 나이트로톨루엔 ④ 나이트로셀룰로오스

해설 나이트로톨루엔[$C_6H_4(CH_3)NO_2$]은 제4류 위험물 중 제3석 유류이다.

27 하이드록실아민을 취급하는 제조소에 두어야 하는 최소한의 안전 거리(D)를 구하는 계산식으로 옳은 것은? (단, N은 당해 제조소에서 취급하는 하이드록실아민의 지정 수량 배수를 나타낸다.)

① $D = \frac{40 \times N}{3}$ ② $D = \frac{51.1 \times N}{3}$
③ $D = \frac{55 \times N}{3}$ ④ $D = \frac{62.1 \times N}{3}$

해설 하이드록실아민의 안전 거리
$D = \frac{51.1 \times N}{3}$
여기서, D : 안전 거리(m)
N : 당해 제조소에서 취급하는 하이드록실아민의 지정 수량 배수

28 인화점이 $100°C$보다 낮은 물질은?

① 아닐린 ② 에틸렌글리콜
③ 글리세린 ④ 실린더유

해설

위험물	인화점
아닐린	75.8°C
에틸렌글리콜	111°C
글리세린	160°C
실린더유	250°C

29 다음 중 화재 시 사용하면 독성의 $COCl_2$ 가스를 발생시킬 위험이 가장 높은 소화 약제는?

① 액화 이산화탄소 ② 제1종 분말
③ 사염화탄소 ④ 공기포

해설 CCl_4 소화 약제
㉠ $2CCl_4 + O_2 \longrightarrow COCl_2 + 2Cl_2$

정답 23 ② 24 ② 25 ④ 26 ③ 27 ② 28 ① 29 ③

$\bigcirc$ $CCl_4 + H_2O \longrightarrow COCl_2 + 2HCl$

$\bigcirc$ $CCl_4 + CO_2 \longrightarrow 2COCl_2$

$\textcircled{e}$ $3CCl_4 + Fe_2O_3 \longrightarrow 3COCl_2 + 2FeCl_3$

30 주유 취급소에 다음과 같이 전용 탱크를 설치하였다. 최대로 저장·취급할 수 있는 용량은 얼마인가? (단, 고속도로 외의 도로변에 설치하는 자동차용 주유 취급소인 경우이다.)

- 간이 탱크 : 2기
- 폐유 탱크 등 : 1기
- 고정 주유 설비 및 급유 설비 접속하는 전용 탱크 : 2기

① 103,200L   ② 104,600L
③ 123,200L   ④ 124,200L

해설 탱크의 용량은 다음과 같다.
간이 탱크 : 600L
폐유 탱크 등 : 2,000L
고정 주유 설비 및 급유 설비 접속하는 전용 탱크 : 50,000L
$\bigcirc$ 600L × 2 = 1,200L
$\bigcirc$ 2,000L × 1 = 2,000L
$\textcircled{e}$ 50,000L × 2 = 100,000L
∴ 1,200 + 2,000 + 100,000L = 103,200L

31 지정 수량 10배의 위험물을 저장 또는 취급하는 제조소에 있어서 연면적이 최소 몇 m^2이면 자동 화재 탐지 설비를 설치해야 하는가?

① 100   ② 300   ③ 500   ④ 1,000

해설 자동 화재 탐지 설비 설치 : 지정 수량 10배의 위험물을 저장 또는 취급하는 제조소에 있어서 연면적 500m^2

32 이황화탄소의 성질에 대한 설명 중 틀린 것은?

① 연소할 때 주로 황화수소를 발생한다.
② 증기 비중은 약 2.6이다.
③ 보호액으로 물을 사용한다.
④ 인화점이 약 −30℃이다.

해설 ① $CS_2 + 3O_2 \longrightarrow CO_2 + 2SO_2$

33 제3류 위험물 중 은백색 광택이 있고 노란색 불꽃을 내며 연소하며 비중이 약 0.97, 융점이 약 97.7℃인 물질의 지정 수량은 몇 kg인가?

① 10   ② 20
③ 50   ④ 300

해설 나트륨(지정 수량 10kg)

34 그림과 같이 횡으로 설치한 원형 탱크의 용량은 약 몇 m^3인가? (단, 공간 용적은 내용적의 $\frac{10}{100}$이다.)

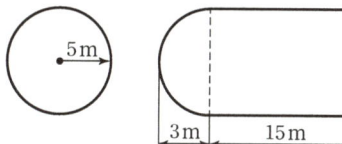

① 1690.9   ② 1335.1
③ 1268.4   ④ 1201.7

해설 $V = \pi r^2 \left(l + \frac{l_1 + l_2}{3} \right)$

$= \pi \times 5^2 \left(15 + \frac{3+3}{3} \right) = 1334.5 m^3$

∴ $1334.5 - 133.45 = 1201.1 m^3$

35 자동 화재 탐지 설비 일반 점검표의 점검 내용이 "변형·손상의 유무, 표시의 적부, 경계 구역 일람도의 적부, 기능의 적부"인 점검 항목은?

① 감지기   ② 중계기
③ 수신기   ④ 발신기

해설

점검 항목	점검 내용	점검 방법
감지기	변형·손상의 유무	육안
	감지 장해의 유무	육안
	기능의 적부	작동 확인
중계기	변형·손상의 유무	육안
	표시의 적부	육안
	기능의 적부	작동 확인

수신기 (통합 조작반)	변형·손상의 유무	육안
	표시의 적부	육안
	경계 구역 일람도의 적부	육안
	기능의 적부	작동 확인
주음향 장치 지구 음향 장치	변경·손상의 유무	육안
	기능의 적부	작동 확인
발신기	변경·손상의 유무	육안
	기능의 적부	작동 확인
비상 전원	변경·손상의 유무	육안
	전환의 적부	작동 확인
배선	변경·손상의 유무	육안
	접속 단자의 풀림·탈락의 유무	육안
기타 사항	—	—

36 다음 위험물 중 물에 대한 용해도가 가장 낮은 것은?

① 아크릴산 ② 아세트알데하이드
③ 벤젠 ④ 글리세린

해설 ① 아크릴산 : 물에 잘 녹는다.
② 아세트알데하이드 : 물에 잘 녹는다.
③ 벤젠 : 물에 녹지 않는다.
④ 글리세린 : 물과 임의로 혼합한다.

37 적린과 황의 공통되는 일반적 성질이 아닌 것은?

① 비중이 1보다 크다. ② 연소하기 쉽다.
③ 산화되기 쉽다. ④ 물에 잘 녹는다.

해설

적린	황
물에 녹지 않는다.	물에 녹지 않는다.

38 제6류 위험물에 해당하지 않는 것은?

① 농도가 50wt%인 과산화수소
② 비중이 1.5인 질산
③ 과아이오딘산
④ 삼플루오로브로민

해설 ③ 과아이오딘산(HIO_4) : 제1류 위험물(그 밖에 행정안전부령이 정하는 것)

39 제1류 위험물에 해당하지 않는 것은?

① 납의 산화물 ② 질산구아니딘
③ 퍼옥소이황산염류 ④ 염소화이소시아눌산

해설 ② 질산구아니딘 : 제5류 위험물 중 행정안전부령이 정하는 것

40 열의 이동 원리 중 복사에 관한 예로 적당하지 않은 것은?

① 그늘이 시원한 이유
② 더러운 눈이 빨리 녹는 현상
③ 보온병 내부를 거울벽으로 만드는 것
④ 해풍과 육풍이 일어나는 원리

해설 대류 : 액체와 기체를 가열하면 가열된 물질은 가벼워져 위로 올라가고, 차가운 물질은 아래로 내려오면서 전체의 온도가 올라가게 된다. 이와 같이 물질이 직접 이동하면서 열이 이동하는 것을 대류라고 한다. 햇빛이 비치는 낮에는 육지가 바다보다 먼저 데워진다. 그러면 육지 바로 위의 공기도 데워져 위로 올라가고, 이 빈자리를 육지보다 덜 데워진 바다 위의 공기가 채우게 된다. 이렇게 대류에 의해 공기가 크게 움직여 바닷가에서는 낮에는 해풍, 밤에는 육풍이 분다. 이와 같은 해풍, 육풍은 대기의 대류 현상에 의해 나타나는 기상 현상이다.

41 위험물안전관리법령상 옥내 소화전 설비의 비상 전원은 몇 분 이상 작동할 수 있어야 하는가?

① 45분 ② 30분 ③ 20분 ④ 10분

해설 옥내 소화전 설비의 비상 전원 : 45분 이상

42 제1류 위험물인 과산화나트륨의 보관 용기에 화재가 발생하였다. 소화 약제로 가장 적당한 것은?

① 포 소화 약제 ② 물
③ 마른 모래 ④ 이산화탄소

해설 3번 해설 참조

정답 36 ③ 37 ④ 38 ③ 39 ② 40 ④ 41 ① 42 ③

43 인화점이 200℃ 미만인 위험물을 저장하기 위하여 높이가 15m이고 지름이 18m인 옥외 저장 탱크를 설치하는 경우 옥외 저장 탱크와 방유제와의 사이에 유지하여야 하는 거리는?

① 5.0m 이상
② 6.0m 이상
③ 7.5m 이상
④ 9.0m 이상

해설 옥외 탱크 저장소의 방유제와 탱크 측면의 이격 거리

탱크 지름	이격 거리
15m 미만	탱크 높이의 $\frac{1}{3}$ 이상
15m 이상	탱크 높이의 $\frac{1}{2}$ 이상

즉, $15m \times \frac{1}{2} = 7.5m$ 이상

44 위험물안전관리법령상 위험물에 해당하는 것은?

① 황산
② 비중이 1.41인 질산
③ 53μm의 표준체를 통과하는 것이 50중량% 미만인 철의 분말
④ 농도가 40중량%인 과산화수소

해설 ① 황산 : 화공 약품
② 비중이 1.49인 질산
③ 53마이크로미터(μm)의 표준체를 통과하는 것이 50중량% 이상인 철의 분말
④ 수용액의 농도가 36중량%(비중 약 1.13) 이상인 과산화수소

45 과산화바륨의 성질에 대한 설명 중 틀린 것은?

① 고온에서 열분해하여 산소를 발생한다.
② 황산과 반응하여 과산화수소를 만든다.
③ 비중은 약 4.96이다.
④ 온수와 접촉하면 수소 가스를 발생한다.

해설 ④ $2BaO_2 + 2H_2O \longrightarrow 2Ba(OH)_2 + O_2$

46 지정 수량이 200kg인 물질은?

① 질산
② 피크린산
③ 질산메틸
④ 과산화벤조일

해설

위험물	지정수량
질산	300kg
피크린산	200kg
질산메틸	10kg
과산화벤조일	10kg

47 위험물안전관리법령상 제6류 위험물이 아닌 것은?

① H_3PO_4
② IF_5
③ BrF_5
④ BrF_3

해설 ① H_3PO_4 : 화공 약품

48 수소화나트륨의 소화 약제로 적당하지 않은 것은?

① 물
② 건조사
③ 팽창 질석
④ 팽창 진주암

해설 3번 해설참조

49 물과 작용하여 메탄과 수소를 발생시키는 것은?

① Al_4C_3
② Mn_3C
③ Na_2C_2
④ MgC_2

해설 ① $Al_4C_3 + 12H_2O \longrightarrow 4Al(OH)_3 + 3CH_4$
② $Mn_3C + 6H_2O \longrightarrow 3Mn(OH)_2 + CH_4 + H_2$
③ $Na_2C_2 + 2H_2O \longrightarrow 2NaOH + C_2H_2$
④ $MgC_2 + 2H_2O \longrightarrow Mg(OH)_2 + C_2H_2$

50 트라이나이트로톨루엔의 작용기에 해당하는 것은?

① $-NO$
② $-NO_2$
③ $-NO_3$
④ $-NO_4$

해설 ㉠

㉡ 트라이나이트로톨루엔의 작용기는 $-NO_2$이다.

51 다음 위험물 중 상온에서 액체인 것은?

① 질산에틸
② 트라이나이트로톨루엔
③ 셀룰로이드
④ 피크린산

해설 ① 무색 투명한 액체
② 순수한 것은 무색의 결정
③ 무색 또는 황색의 반투명 유연성을 가진 고체
④ 순수한 것은 무색이지만 보통 공업용은 휘황색의 침상 결정

52 제6류 위험물에 대한 설명으로 옳은 것은?

① 과염소산은 독성은 없지만 폭발의 위험이 있으므로 밀폐하여 보관한다.
② 과산화수소는 농도가 3% 이상일 때 단독으로 폭발하므로 취급에 주의한다.
③ 질산은 자연 발화의 위험이 높으므로 저온 보관한다.
④ 할로겐간 화합물의 지정 수량은 300kg이다.

해설 ① 과염소산은 흡습성이 대단히 강하고, 공기 중에서는 휘발성이 있으며 유리나 도자기 등의 밀폐 용기에 넣어 저장하고 저온에서 통풍이 잘되는 곳에 저장 한다.
② 과산화수소는 농도가 66% 이상일 때 단독으로 폭발하므로 취급에 주의한다.
③ 질산은 강한 산화력을 가지고 있는 강산화성 물질이며 소량의 경우는 갈색병에 보관하다.

53 위험물안전관리법령에서 제3류 위험물에 해당하지 않는 것은?

① 알칼리 금속
② 칼륨
③ 황화인
④ 황린

해설 ③ 황화인 : 제2류 위험물

54 질산칼륨의 성질에 해당하는 것은?

① 무색 또는 흰색 결정이다.
② 물과 반응하면 폭발의 위험이 있다.
③ 물에 녹지 않으나 알코올에 잘 녹는다.
④ 황산, 목분과 혼합하면 흑색 화약이 된다.

해설 ② 물과 반응하면 폭발의 위험이 없다.
③ 물, 글리세린, 에탄올에 잘 녹고 에테르에 녹지 않는다.
④ 질산칼륨(KNO_3)과 황(S), 목탄분(C)을 75% : 10% : 15% 비율로 혼합하면 흑색 화약(blackgun powder)이 된다.

55 〈보기〉의 위험물을 위험 등급 Ⅰ, 위험 등급 Ⅱ, 위험 등급 Ⅲ의 순서로 옳게 나열한 것은?

> 황린, 인화칼슘, 리튬

① 황린, 인화칼슘, 리튬
② 황린, 리튬, 인화칼슘
③ 인화칼슘, 황린, 리튬
④ 인화칼슘, 리튬, 황린

해설 위험물의 위험 등급

구분	위험 등급 Ⅰ	위험 등급 Ⅱ	위험 등급 Ⅲ
제1류 위험물	아염소산염류, 염소산염류, 과염소산염류, 무기과산화물, 그 밖에 지정수량이 50kg인 위험물	브로민산염류, 질산염류, 아이오딘산염류, 그 밖에 지정수량이 300kg인 위험물	위험 등급 Ⅰ, 위험 등급 Ⅱ 외의 것
제2류 위험물		황화인, 적린, 황, 그 밖에 지정수량이 100kg인 위험물	
제3류 위험물	칼륨, 나트륨, 알킬알루미늄, 알킬리튬, 황린, 그 밖에 지정수량이 10kg 또는 20kg인 위험물	알칼리금속(칼륨 및 나트륨을 제외) 알칼리토금속, 유기금속화합물(알킬알루미늄 및 알킬리튬을 제외), 그 밖에 지정수량이 50kg인 위험물	
제4류 위험물	특수인화물	제1석유류, 알코올류	
제5류 위험물	지정수량이 제1종 : 10kg인 위험물	지정수량이 제2종 : 100kg인 위험물	
제6류 위험물	모두		

정답 51 ① 52 ④ 53 ③ 54 ① 55 ②

56 휘발유에 대한 설명으로 옳지 않은 것은?

① 지정 수량은 200L이다.
② 전기의 불량 도체로서 정전기 축적이 용이하다.
③ 원유의 성질·상태·처리 방법에 따라 탄화 수소의 혼합 비율이 다르다.
④ 발화점은 −43∼−20℃ 정도이다.

해설 ④ 발화점은 300℃이다.

57 황린의 저장 및 취급에 있어서 주의할 사항 중 옳지 않은 것은?

① 독성이 있으므로 취급에 주의할 것
② 물과의 접촉을 피할 것
③ 산화제와의 접촉을 피할 것
④ 화기의 접근을 피할 것

해설 ② 물과 반응하지 않으며 물에 녹지 않는다. 따라서 물속에 저장한다.

58 횡으로 설치한 원통형 위험물 저장 탱크의 내용적이 500L일 때 공간 용적은 최소 몇 L이어야 하는가? (단, 원칙적인 경우에 한한다.)

① 15   ② 25
③ 35   ④ 50

해설 ㉠ 공간 용적
위험물의 과주입 또는 온도의 상승으로 부피의 증가에 따른 체적 팽창에 의한 위험물의 넘침을 막아 주는 기능을 한다.
㉡ 일반적인 탱크의 공간 용적
탱크 내용적의 $\frac{5}{100}$ 이상 $\frac{10}{100}$ 이하이다.
∴ $500L \times 0.05 = 25L$

59 탄화칼슘을 습한 공기 중에 보관하면 위험한 이유로 가장 옳은 것은?

① 아세틸렌과 공기가 혼합된 폭발성 가스가 생성될 수 있으므로
② 에틸렌과 공기 중 질소가 혼합된 폭발성 가스가 생성될 수 있으므로
③ 분진 폭발의 위험성이 증가하기 때문에
④ 포스핀과 같은 독성 가스가 발생하기 때문에

해설 $CaC_2 + 2H_2O \longrightarrow Ca(OH)_2 + C_2H_2$

60 인화성 액체 위험물을 저장 또는 취급하는 옥외 탱크 저장소의 방유제 내에 용량 100,000L와 50,000L인 옥외 저장 탱크 2기를 설치하는 경우에 확보하여야 하는 방유제의 용량은?

① 50,000L 이상   ② 80,000L 이상
③ 110,000L 이상   ④ 150,000L 이상

해설 옥외 탱크 저장소의 방유제 용량
㉠ 1기 : 탱크 용량의 110% 이상
㉡ 2기 이상 : 최대 용량의 110% 이상
즉, $100,000L \times 1.1 = 110,000L$ 이상

위험물 기능사 (2018. 1. 20 시행)

01 위험물 제조소 내의 위험물을 취급하는 배관에 대한 설명으로 옳지 않은 것은?

① 배관을 지하에 매설하는 경우 접합 부분에는 점검구를 설치하여야 한다.
② 배관을 지하에 매설하는 경우 금속성 배관의 외면에는 부식 방지 조치를 하여야 한다.
③ 최대 상용 압력의 1.5배 이상의 압력으로 수압 시험을 실시하여 이상이 없어야 한다.
④ 지상에 설치하는 경우에는 안전한 구조의 지지물로 지면에 밀착하여 설치하여야 한다.

해설 ④ 배관을 지상에 설치하는 경우에는 지진·풍압·지반 침하 및 온도 변화에 안전한 구조의 지지물에 설치하되, 지면에 닿지 아니하도록 하고 배관의 외면에 부식 방지를 위한 도장을 하여야 한다. 다만 불변강의 경우에는 부식 방지를 위한 도장을 아니할 수 있다.

02 소화 설비의 주된 소화 효과를 옳게 설명한 것은?

① 옥내·옥외 소화전 설비 : 질식 소화
② 스프링클러 설비, 물분무 소화 설비 : 억제 소화
③ 포, 분말 소화 설비 : 억제 소화
④ 할로겐 화합물 소화 설비 : 억제 소화

해설 ① 옥내·옥외 소화전 설비 : 냉각 소화
② 스프링클러 설비, 물분무 소화 설비 : 냉각 소화, 질식 소화
③ 포, 분말 소화 설비 : 질식 소화
④ 할로겐 화합물 소화 설비 : 억제 소화

03 유류 화재 소화 시 분말 소화 약제를 사용할 경우 소화 후에 재발화 현상이 가끔씩 발생할 수 있다. 다음 중 이러한 현상을 예방하기 위하여 병용하여 사용하면 가장 효과적인 포 소화 약제는?

① 단백포 소화 약제
② 수성막포 소화 약제
③ 알코올형 포 소화 약제
④ 합성 계면 활성제포 소화 약제

해설 ① 단백포 소화 약제(Protein foam, P) : 동식물성 단백질(동물의 뿔, 발톱 등)의 가수분해 생성물을 기제로 하고 포 안정제로서 제1철염, 부동액(에틸렌글리콜, 프로필렌글리콜 등) 등을 첨가하여 만든 것이다.
② 수성막포 소화 약제(Aqueous Film Forming Foam, AFFF) : 유류 화재 소화 시 분말 소화 약제를 사용할 경우 소화 후에 재발화 현상이 가끔씩 발생할 수 있다. 이러한 현상을 예방하기 위하여 병용하여 사용한다.
③ 알코올형 포 소화 약제(수용성 용제 포 소화 약제, Alcohol Resistant foam, AR) : 물과 친화력이 있는 알코올과 같은 수용성 용매(극성 용매)의 화재에 보통의 포 소화 약제를 사용하면 수용성 용매가 포 속의 물을 탈취하여 포가 파괴되기 때문에 효과를 잃게 된다. 이와 같은 현상은 온도가 높아지면 더욱 뚜렷이 나타나는데, 이같은 단점을 보완하기 위하여 단백질의 가수분해물에 금속 비누를 계면 활성제 등을 사용하여 유화, 분산시킨 것이다.
④ 합성 계면 활성제포 소화 약제(Synthetic surface active foam, S) : 계면 활성제를 기계로 하여 포막 안정제 등을 첨가하여 만든 소화 약제로 저팽창(3%, 6%) 및 고팽창(1%, 1.5%, 2%)으로 사용하는 것이다.

04 소화 효과 중 부촉매 효과를 기대할 수 있는 소화 약제는?

① 물 소화 약제
② 포 소화 약제
③ 분말 소화 약제
④ 이산화탄소 소화 약제

해설 제3종 분말 소화 약제의 부촉매 효과 : 제1인산암모늄($NH_4H_2PO_4$)으로부터 유리되어 나온 활성화된 암모늄 이온(NH_4^+)이 가연 물질 내부에 함유되어 있는 활성화된 수산 이온(OH^-)과 반응하여 연속적인 연소의 연쇄 반응을 억제·방해 또는 차단시킴으로써 화재를 소화한다.

05 위험물 제조소 등의 소화 설비 기준에 관한 설명으로 옳은 것은?

① 제조소 등 중에서 소화 난이도 등급 Ⅰ, Ⅱ 또는 Ⅲ의 어느 것에도 해당하지 않는 것도 있다.
② 옥외 탱크 저장소의 소화 난이도 등급을 판단하는 기준 중 탱크의 높이는 기초를 제외한 탱크 측판의 높이를 말한다.
③ 제조소의 소화 난이도 등급을 판단하는 기준 중 면적에 관한 기준은 건축물 외에 설치된 것에 대해서는 수평 투영 면적을 기준으로 한다.
④ 제4류 위험물을 저장·취급하는 제조소 등에도 스프링클러 소화 설비가 적응성이 인정되는 경우가 있으며 이는 수원의 수량을 기준으로 판단한다.

해설 ② 옥외 탱크 저장소의 소화 난이도 등급 Ⅰ은 지반면으로부터 탱크 상단의 높이가 6m 이상인 것
③ 제조소의 소화 난이도 등급 Ⅰ은 연면적 1,000m² 이상인 것
④ 제4류 위험물을 저장 또는 취급하는 장소의 살수 기준 면적에 따라 스프링클러 설비의 살수 밀도가 기준 이상인 경우에는 당해 스프링클러 설비가 제4류 위험물에 대하여 적응성이 있다.

06 위험물 옥외 저장소에서 지정 수량 200배 초과의 위험물을 저장할 경우 보유 공지의 너비는 몇 m 이상으로 하여야 하는가? (단, 제4류 위험물과 제6류 위험물이 아닌 경우이다.)

① 0.5 ② 2.5
③ 10 ④ 15

해설 옥외 저장소

저장 또는 취급하는 위험물의 최대 수량	공지의 너비
지정 수량의 10배 이하	3m 이상
지정 수량의 10배 초과 20배 이하	5m 이상
지정 수량의 20배 초과 50배 이하	9m 이상
지정 수량의 50배 초과 200배 이하	12m 이상
지정 수량의 200배 초과	15m 이상

단, 제4류 위험물 중 제4석유류와 제6류 위험물을 저장 또는 취급하는 보유 공지는 공지 너비의 1/3 이상으로 할 수 있다.

07 이산화탄소의 특성에 대한 설명으로 옳지 않은 것은?

① 전기 전도성이 우수하다.
② 냉각, 압축에 의하여 액화된다.
③ 과량 존재 시 질식할 수 있다.
④ 상온, 상압에서 무색, 무취의 불연성 기체이다.

해설 ① 전기 전도성이 없다.

08 위험물안전관리법령상 고정 주유 설비는 주유 설비의 중심선을 기점으로 하여 도로 경계선까지 몇 m 이상의 거리를 유지해야 하는가?

① 1 ② 3
③ 4 ④ 6

해설 고정 주유 설비 중심선을 기점으로
㉠ 도로 경계선까지 : 4m 이상
㉡ 부지 경계선·담 및 건축물의 벽 : 2m 이상
㉢ 개구부가 없는 벽 : 1m 이상
㉣ 고정 주유 설비와 고정 급유 설비 사이 : 4m 이상

09 이동 탱크 저장소에 의한 위험물의 운송에 있어서 운송 책임자의 감독 또는 지원을 받아야 하는 위험물은?

① 금속분 ② 알킬알루미늄
③ 아세트알데하이드 ④ 하이드록실아민

해설 이동 탱크 저장소의 위험물 운송 시 운송 책임자의 감독, 지원을 받아야 하는 위험물
㉠ 알킬알루미늄
㉡ 알킬리튬
㉢ 알킬알루미늄 또는 알킬리튬을 함유하는 위험물

10 화재 시 이산화탄소를 방출하여 산소의 농도를 12.5%로 낮추어 소화하려면 공기 중의 이산화탄소 농도는 약 몇 vol%로 해야 하는가?

① 30.7 ② 32.8
③ 40.5 ④ 68.0

해설 CO_2의 농도(%)$=\dfrac{21-O_2}{21}\times100$

$$=\dfrac{21-12.5}{21}\times100=40.5\text{vol}\%$$

11 다음 위험물 품명 중 지정 수량이 나머지 셋과 다른 것은?

① 염소산염류 ② 질산염류
③ 무기 과산화물 ④ 과염소산염류

해설 제1류 위험물의 종류와 지정 수량

성 질	품 명	지정 수량	위험 등급
산화성 고체	1. 아염소산염류	50kg	I
	2. 염소산염류	50kg	
	3. 과염소산염류	50kg	
	4. 무기과산화물	50kg	
	5. 브로민산염류	300kg	II
	6. 질산염류	300kg	
	7. 아이오딘산염류	300kg	
	8. 과망가니즈산염류	1,000kg	III
	9. 다이크로뮴산염류	1,000kg	
	10. 그 밖에 행정안전부령이 정하는 것 11. 제1호부터 제10호까지의 어느 하나에 해당하는 위험물을 하나 이상 함유한 것	50kg, 300kg 또는 1,000kg	I, II, III

12 에틸알코올의 증기 비중은 약 얼마인가?

① 0.72 ② 0.91
③ 1.13 ④ 1.59

해설 에틸알코올(C_2H_5OH)
㉠ 증기 비중 : 1.59 ㉡ 분자량 : 46
㉢ 비점 : 78℃ ㉣ 인화점 : 13℃
㉤ 발화점 : 363℃ ㉥ 연소 범위 : 3.3~19%

13 위험물안전관리법령상에 따른 다음에 해당하는 동식물유류의 규제에 관한 설명으로 틀린 것은?

"행정안전부령이 정하는 용기 기준과 수납·저장 기준에 따라 수납되어 저장·보관되고, 용기의 외부에 물품의 통칭명, 수량 및 화기 엄금(화기 엄금과 동일한 의미를 갖는 표시를 포함한다)의 표시가 있는 경우"

① 위험물에 해당하지 않는다.
② 제조소 등이 아닌 장소에 지정 수량 이상 저장할 수 있다.
③ 지정 수량 이상을 저장하는 장소도 제조소 등 설치 허가를 받을 필요가 없다.
④ 화물 자동차에 적재하여 운반하는 경우 위험물안전관리법상 운반 기준이 적용되지 않는다.

해설 ④ 화물 자동차에 적재하여 운반하는 경우 위험물안전관리법상 운반 기준이 적용된다.

14 내용적이 20,000L인 옥내 저장 탱크에 대하여 저장 또는 취급의 허가를 받을 수 있는 최대 용량은? (단, 원칙적인 경우에 한한다.)

① 18,000L ② 19,000L
③ 19,400L ④ 20,000L

해설 옥내 저장 탱크에 저장 또는 취급의 허가를 받을 수 있는 최대 용량$=$내용적$\times0.95$

∴ $20,000L\times0.95=19,000L$

15 위험물 옥외 탱크 저장소와 병원과는 안전 거리를 얼마 이상 두어야 하는가?

① 10m ② 20m ③ 30m ④ 50m

해설 제조소의 안전거리
(1) 3m 이상 : 사용 전압이 7,000V 초과 35,000V 이하의 특고압 가공 전선
(2) 5m 이상 : 사용 전압이 35,000V 초과인 특고압 가공 전선
(3) 10m 이상 : 주거용으로 사용되는 것
(4) 20m 이상
㉠ 고압가스 제조 시설(용기에 충전하는 것 포함)

　　ⓛ 고압가스 사용 시설(1일 30m³ 이상 용적 취급)
　　ⓒ 고압가스 저장 시설
　　ⓔ 액화산소 소비 시설
　　ⓜ 액화석유가스 제조·저장 시설
　　ⓑ 도시가스 공급 시설
(5) 30m 이상
　　㉠ 학교, 병원, 공연장, 영화관(300명 이상 수용)
　　㉡ 노유자 시설 등(20명 이상 수용)
(6) 50m 이상
　　㉠ 유형 문화재　　㉡ 지정 문화재

16 디에틸에테르에 관한 설명 중 틀린 것은 어느 것인가?

① 비전도성이므로 정전기를 발생하지 않는다.
② 무색 투명한 유동성의 액체이다.
③ 휘발성이 매우 높고, 마취성을 가진다.
④ 공기와 장시간 접촉하면 폭발성의 과산화물이 생성된다.

해설　① 비전도성이므로 정전기를 발생한다.

17 제5류 위험물을 취급하는 위험물 제조소에 설치하는 주의 사항 게시판에서 표시하는 내용과 바탕색, 문자색으로 옳은 것은?

① "화기 주의", 백색 바탕에 적색 문자
② "화기 주의", 적색 바탕에 백색 문자
③ "화기 엄금", 백색 바탕에 적색 문자
④ "화기 엄금", 적색 바탕에 백색 문자

해설　· 화기 엄금 : 적색 바탕에 백색 문자
· 화기 주의 : 적색 바탕에 백색 문자
· 물기 엄금 : 청색 바탕에 백색 문자

18 탄화알루미늄 1몰을 물과 반응시킬 때 발생하는 가연성 가스의 종류와 양은?

① 에탄, 4몰　　　　② 에탄, 3몰
③ 메탄, 4몰　　　　④ 메탄, 3몰

해설　$Al_4C_3 + 12H_2O \longrightarrow 4Al(OH)_3 + 3CH_4$

19 종류(유별)가 다른 위험물을 동일한 옥내 저장소의 동일한 실에 같이 저장하는 경우에 대한 설명으로 틀린 것은? (단, 유별로 정리하여 서로 1m 이상의 간격을 두는 경우에 한한다.)

① 제1류 위험물과 황린은 동일한 옥내 저장소에 저장할 수 있다.
② 제1류 위험물과 제6류 위험물은 동일한 옥내 저장소에 저장할 수 있다.
③ 제1류 위험물 중 알칼리 금속의 과산화물과 제5류 위험물은 동일한 옥내 저장소에 저장할 수 있다.
④ 제2류 위험물 중 인화성 고체와 제4류 위험물을 동일한 옥내 저장소에 저장할 수 있다.

해설　③ 제1류 위험물 중 알칼리 금속의 과산화물과 제5류 위험물은 동일한 옥내 저장소에 저장할 수 없다.

20 위험물안전관리법령상 지하 탱크 저장소의 위치·구조 및 설비의 기준에 따라 다음 (　) 안에 들어갈 수치로 옳은 것은?

> 탱크 전용실은 지하의 가장 가까운 벽·피트·가스관 등의 시설물 및 대지 경계선으로부터 (㉮)m 이상 떨어진 곳에 설치하고, 지하 저장 탱크와 탱크 전용실의 안쪽과의 사이는 (㉯)m 이상의 간격을 유지하도록 하며, 당해 탱크의 주위에 마른 모래 또는 습기 등에 의하여 응고되지 아니하는 입자 지름 (㉰)mm 이하의 마른 자갈분을 채워야 한다.

① ㉮ 0.1, ㉯ 0.1, ㉰ 5
② ㉮ 0.1, ㉯ 0.3, ㉰ 5
③ ㉮ 0.1, ㉯ 0.1, ㉰ 10
④ ㉮ 0.1, ㉯ 0.3, ㉰ 10

해설　지하 탱크 저장소의 기준
㉠ 탱크 전용실은 지하의 가장 가까운 벽·피트·가스관 등의 시설물 및 대지 경계선으로부터 0.1m 이상 떨어진 곳에 설치하고, 지하 저장 탱크와 탱크 전용실의 안쪽과의 사이는 0.1m 이상의 간격을 유지하도록 하며, 당해 탱크의 주위에 마른 모래 또는 습기 등에 의하여 응고되지 아니하는 입자 지름 5mm 이하의 마른 자갈분을 채워야 한다.
㉡ 지하 저장 탱크의 윗부분은 지면으로부터 0.6m 이상 아래에 있어야 한다.

정답　16 ①　17 ④　18 ④　19 ③　20 ①

21 에틸알코올에 관한 설명 중 옳은 것은?

① 인화점은 0℃ 이하이다.
② 비점은 물보다 낮다.
③ 증기 밀도는 메틸알코올보다 작다.
④ 수용성이므로 이산화탄소 소화기는 효과가 없다.

해설 ① 인화점은 13℃이다.
② 비점(78℃)은 물(100℃)보다 낮다.
③ 증기 밀도는 메틸알코올보다 크다.
④ 수용성이므로 이산화탄소 소화기는 효과가 있다.

22 다음 위험물 중 인화점이 가장 낮은 것은?

① 아세톤
② 이황화탄소
③ 클로로벤젠
④ 디에틸에테르

해설

위험물	인화점
아세톤	−18℃
이황화탄소	−30℃
클로로벤젠	32℃
디에틸에테르	−45℃

23 질산의 수소 원자를 알킬기로 치환한 제5류 위험물의 지정 수량은?

① 10kg
② 100kg
③ 200kg
④ 300kg

해설 질산에스터류(R−ONO$_2$, 지정 수량 10kg) : 질산(HNO$_3$)의 수소(H) 원자를 알킬기 CR, H$_{2n+1}$로 치환한 화합물

24 주유 취급소에서 자동차 등에 위험물을 주유할 때에 자동차 등의 원동기를 정지시켜야 하는 위험물의 인화점 기준은? (단, 연료 탱크에 위험물을 주유하는 동안 방출되는 가연성 증기를 회수하는 설비가 부착되지 않은 고정 주유 설비에 의하여 주유하는 경우이다.)

① 20℃ 미만
② 30℃ 미만
③ 40℃ 미만
④ 50℃ 미만

해설 주유 취급소 : 자동차 등에 위험물을 주유할 때에 자동차 등의 원동기를 정지시켜야 하는 위험물의 인화점은 40℃ 미만이다.

25 분말 소화기의 소화 약제로 사용되지 않는 것은?

① 탄산수소나트륨
② 탄산수소칼륨
③ 과산화나트륨
④ 인산암모늄

해설 ③ 과산화나트륨 : 제1류 위험물 무기 과산화물

26 위험물안전관리법령에 따른 위험물의 적재 방법에 대한 설명으로 옳지 않은 것은?

① 원칙적으로는 운반 용기를 밀봉하여 수납할 것
② 고체 위험물은 용기 내용적의 95% 이하의 수납률로 수납할 것
③ 액체 위험물은 용기 내용적의 99% 이상의 수납률로 수납할 것
④ 하나의 외장 용기에는 다른 종류의 위험물을 수납하지 않을 것

해설 운반 용기의 수납률

위험물	수납률
알킬알루미늄 등	90% 이하 (50℃에서 5% 이상 공간 용적 유지)
고체 위험물	95% 이하
액체 위험물	98% 이하 (55℃에서 누설되지 않는 것)

27 다음은 위험물을 저장하는 탱크의 공간 용적 산정 기준이다. ( ) 안에 알맞은 수치로 옳은 것은?

• 위험물을 저장 또는 취급하는 탱크의 공간 용적은 탱크의 내용적의 (㉮) 이상 (㉯) 이하의 용적으로 한다. 다만, 소화 설비(소화 약제 방출구를 탱크 안의 윗부분에 설치하는 것에 한한다)를 설치하는 탱크의 공간 용적은 당해 소화 설비의 소화 약제 방출구 아래의 0.3m 이상 1m 미만 사이의 면으로부터 윗부분의 용적으로 한다.
• 암반 탱크에 있어서는 당해 탱크 내에 용출하는 (㉰)일간의 지하수의 양에 상당하는 용적과 당해 탱크의 내용적의 (㉱)의 용적 중에서 보다 큰 용적을 공간 용적으로 한다.

정답 21 ② 22 ④ 23 ① 24 ③ 25 ③ 26 ③ 27 ③

① ㉮ 3/100, ㉯ 10/100, ㉰ 10, ㉱ 1/100
② ㉮ 5/100, ㉯ 5/100, ㉰ 10, ㉱ 1/100
③ ㉮ 5/100, ㉯ 10/100, ㉰ 7, ㉱ 1/100
④ ㉮ 5/100, ㉯ 10/100, ㉰ 10, ㉱ 3/100

해설 **공간 용적** : 위험물의 과주입 또는 온도의 상승으로 부피의 증가에 따른 체적 팽창에 의한 위험물의 넘침을 막아 주는 기능을 한다.

㉠ 일반적인 탱크 : 탱크 내용적의 $\frac{5}{100}$ 이상 $\frac{10}{100}$ 이하

㉡ 소화 설비를 설치한 탱크로서 소화 약제 방출구를 탱크 안의 윗부분에 설치한 탱크 : 당해 탱크의 내용적 중 당해 소화 약제 방출구의 아래 0.3m 내지 1m 사이의 면으로부터 윗부분의 용적

㉢ 암반 탱크 : 당해 탱크 내에 용출하는 7일간의 지하 수양에 상당하는 용적과 당해 탱크 내용적의 $\frac{1}{100}$의 용적 중에서 보다 큰 용적의 공간 용적

28 위험물 제조소에 옥외 소화전이 5개 설치되어 있다. 이 경우 확보하여야 하는 수원의 법정 최소량은 몇 m³인가?

① 28   ② 35   ③ 54   ④ 67.5

해설 **수원의 양**(Q) : 옥외 소화전 설비의 설치 개수(N : 설치 개수가 4개 이상인 경우는 4개의 옥외 소화전)에 13.5m³를 곱한 양 이상

$Q(m^3) = 4 \times 13.5m^3 = 54m^3$ 이상

29 인화칼슘이 물과 반응하였을 때 발생하는 가스에 대한 설명으로 옳은 것은?

① 폭발성인 수소를 발생한다.
② 유독한 인화수소를 발생한다.
③ 조연성인 산소를 발생한다.
④ 가연성인 아세틸렌을 발생한다.

해설 $Ca_3P_2 + 6H_2O \longrightarrow 3Ca(OH)_2 + 2PH_3$

30 위험물안전관리법령상 예방 규정을 정하여야 하는 제조소 등의 관계인은 위험물 제조소 등에 대하여 기술 기준에 적합한지의 여부를 정기적으로 점검하여야 한다. 법적 최소 점검 주기에 해당하는 것은? (단, 100만L 이상의 옥외 탱크 저장소는 제외한다.)

① 주 1회 이상   ② 월 1회 이상
③ 6개월 1회 이상   ④ 연 1회 이상

해설 예방 규정을 정하여야 하는 제조소 등의 관계인은 위험물 제조소 등에 대하여 기술 기준에 적합한지의 여부를 연 1회 이상 점검한다.

31 주된 연소 형태가 표면 연소인 것을 옳게 나타낸 것은?

① 중유, 알코올   ② 코크스, 숯
③ 목재, 종이   ④ 석탄, 플라스틱

해설 ① 중유 : 분해 연소, 알코올 : 증발 연소
② 코크스, 숯 : 표면 연소
③ 목재, 종이 : 분해 연소
④ 석탄, 플라스틱 : 분해 연소

32 제3류 위험물 중 금수성 물질에 적응할 수 있는 소화 설비는?

① 포 소화 설비
② 불활성 가스 소화 설비
③ 탄산수소염류 분말 소화 설비
④ 할로겐 화합물 소화 설비

해설

소화 설비의 구분	건축물·그밖의공작물	전기설비	제1류 위험물		제2류 위험물			제3류 위험물		제4류 위험물	제5류 위험물	제6류 위험물
			알칼리 금속 과산화물 등	그밖의것	철분·금속분·마그네슘 등	인화성 고체	그밖의것	금수성 물품	그밖의것			
옥내 소화전 설비 또는 옥외 소화전 설비	○			○		○	○		○	○	○	○

	스프링클러 설비	○		○		○	○		○	△	○	○
물분무 등 소화 설비	물분무 소화 설비	○	○		○		○		○	○	○	○
	포 소화 설비	○			○		○		○	○	○	○
	불활성 가스 소화 설비		○				○			○		
	할로겐 화합물 소화 설비		○				○			○		
분말 소화 설비	인산염류 등	○	○		○		○			○		○
	탄산 수소 염류 등		○	○		○	○		○	○		
	그 밖의 것			○		○			○			
대형·소형 수동식 소화기	봉상수 (棒狀水) 소화기	○		○		○	○		○		○	○
	무상수 (無狀水) 소화기	○	○		○		○		○		○	○
	봉상강화액 소화기	○		○		○	○		○		○	○
	무상강화액 소화기	○	○		○		○		○		○	○
	포 소화기	○			○		○		○		○	○
	이산화탄소 소화기		○				○			○		△
	할론 소화 설비		○				○			○		
분말 소화기	인산염류 소화기	○	○		○		○			○		○
	탄산수소염류 소화기		○	○		○	○		○			
	그 밖의 것			○		○			○			
기타	물통 또는 수조	○		○		○	○		○		○	○
	건조사			○	○	○	○	○	○	○	○	○
	팽창 질석 또는 팽창 진주암			○	○	○	○	○	○	○	○	○

[비고] '○' 표시는 당해 소방대상물 및 위험물에 대하여 소화설비가 적응성이 있음을 표시하고, '△' 표시는 제4류 위험물을 저장 또는 취급하는 장소의 살수기준면적에 따라 스프링클러설비의 살수밀도가 다음 표에 정하는 기준 이상인 경우에는 당해 스프링클러설비가 제4류 위험물에 대하여 적응성이 있음을, 제6류 위험물을 저장 또는 취급하는 장소로서 폭발의 위험이 없는 장소에 한하여 이산화탄소소화기가 제6류 위험물에 대하여 적응성이 있음을 각각 표시한다.

33 다음 중 오존층 파괴 지수가 가장 큰 것은?

① Halon 1040
② Halon 1211
③ Halon 1301
④ Halon 2402

해설 · 오존 파괴 지수(ODP ; Ozone Depletion Potential)가 높은 순 : Halon 1301 > Halon 2402 > Halon 1211
· 지구온난화 : 소화제로 사용하고 있는 Halon 1301, Halon 2402, Halon 1211은 비중이 공기보다 무겁고 열전도도 작아 대기 중에 방출되면 대기 중의 적외선을 흡수한 다음 대기로 다시 방출하고 지표면으로부터 복사열, 증발열 등의 발생을 억제하며 대기의 유통을 방해함으로써 지표면의 온도를 상승시켜 이산화탄소와 함께 지구를 온실화하는 역할을 한다.

34 다음 중 발화점이 달라지는 요인으로 가장 거리가 먼 것은?

① 가연성 가스와 공기의 조성비
② 발화를 일으키는 공간의 형태와 크기
③ 가열 속도와 가열 시간
④ 가열 도구의 내구 연한

해설 발화점이 달라지는 요인
㉠ 가연성 가스와 공기의 조성비
㉡ 발화를 일으키는 공간의 형태와 크기
㉢ 가열 속도와 가열 시간
㉣ 용기벽의 재질과 촉매
㉤ 점화원의 종류와 에너지 투입 방법

35 다음 중 폭발 범위가 가장 넓은 물질은?

① 메탄
② 톨루엔
③ 에틸알코올
④ 에틸에테르

해설

위험물	폭발범위
메탄	5~15%
톨루엔	1.4~6.7%
에틸알코올	4.3~19%
에틸에테르	1.9~48%

36 다음 중 나이트로셀룰로오스 화재 시 가장 적합한 소화 방법은?

① 할로젠 화합물 소화기를 사용한다.
② 분말 소화기를 사용한다.
③ 이산화탄소 소화기를 사용한다.
④ 다량의 물을 사용한다.

해설 나이트로셀룰로오스에 적합한 소화 방법 : 다량의 물을 용한다.

37 건축물의 1층 및 2층 부분만을 방사 능력 범위로 하고, 지하층 및 3층 이상의 층에 대하여 다른 소화 설비를 설치해야 하는 소화 설비는?

① 스프링클러 설비
② 포 소화 설비
③ 옥외 소화전 설비
④ 물분무 소화 설비

해설 옥외 소화전 설비의 설명이다.

38 위험물 취급소의 건축물은 외벽이 내화 구조인 경우 연면적 몇 m²를 1소요 단위로 하는가?

① 50   ② 100   ③ 150   ④ 200

해설 제조소 또는 취급소용 건축물의 소요 단위(1단위)
㉠ 외벽이 내화 구조로 된 경우 : 연면적 100m²
㉡ 외벽이 내화 구조가 아닌 경우 : 연면적 50m²

39 위험물 제조소에서 지정 수량 이상의 위험물을 취급하는 건축물(시설)에는 원칙상 최소 몇 m 이상의 보유 공지를 확보하여야 하는가? (단, 최대 수량은 지정 수량의 10배이다.)

① 1m 이상   ② 3m 이상
③ 5m 이상   ④ 7m 이상

해설 위험물 제조소의 보유 공지

취급하는 위험물의 최대 수량	공지의 너비
지정 수량 10배 이하	3m 이상
지정 수량 10배 초과	5m 이상

최대 수량은 지정 수량의 10배이므로 3m 이상으로 본다.

40 주수 소화를 하면 위험성이 증가하는 것은?

① 과산화칼륨   ② 과망가니즈산칼륨
③ 과염소산칼륨   ④ 브로민산칼륨

해설 과산화칼륨의 화재 시 금수성 물질이기 때문에 물 사용을 금한다. 자신은 불연성이지만 물과 급격히 반응하여 발열하고 산소를 방출한다.
$$2K_2O_2 + 2H_2O \longrightarrow 2KOH + O_2$$

41 가연성 고체 위험물의 일반적 성질로 틀린 것은?

① 비교적 저온에서 착화한다.
② 산화제와의 접촉 · 가열은 위험하다.
③ 연소 속도가 빠르다.
④ 산소를 포함하고 있다.

해설 가연성 고체 위험물의 일반적 성질
㉠ ①②③
㉡ 연소 시 연소열이 크고, 연소 온도가 높다.

42 1기압 20℃에서 액상이며, 인화점이 200℃ 이상인 물질은?

① 벤젠   ② 톨루엔
③ 글리세린   ④ 실린더유

해설 석유류의 구분
㉠ 제1석유류 : 1기압에서 인화점이 21℃ 미만인 것
  예 벤젠(인화점 −11.1℃), 톨루엔(인화점 4.5℃)
㉡ 제2석유류 : 1기압에서 인화점이 21℃ 이상 70℃ 미만인 것
  예 등유(인화점 30~60℃)
㉢ 제3석유류 : 1기압에서 인화점이 70℃ 이상 200℃ 미만인 것
  예 글리세린(인화점 160℃)
㉣ 제4석유류 : 1기압에서 인화점이 200℃ 이상 250℃ 미만인 것
  예 실린더유(인화점 250℃)

43 과산화벤조일의 지정 수량은 얼마인가?

① 10kg   ② 50L
③ 100kg   ④ 1,000L

해설 제5류 위험물의 품명과 지정 수량

성질	품명	지정 수량	위험 등급
자기 반응성 물질	1. 유기과산화물 (과산화벤조일) 2. 질산에스터류 3. 나이트로화합물 4. 나이트로소화합물 5. 아조화합물 6. 다이아조화합물 7. 하이드라진 유도체 8. 하이드록실아민 9. 하이드록실아민염류 10. 그 밖에 행정안전부령이 정하는 것 11. 제1호부터 제10호까지의 어느 하나에 해당하는 위험물을 하나 이상 함유한 것	제1종 : 10kg 제2종 : 100kg	제1종 : Ⅰ 제2종 : Ⅱ

44 과산화수소와 산화프로필렌의 공통점으로 옳은 것은?

① 특수 인화물이다.
② 분해 시 질소를 발생한다.
③ 끓는점이 200℃ 이하이다.
④ 수용액 상태에서도 자연 발화 위험이 있다.

해설

	과산화수소	산화프로필렌
①	제6류 위험물	제4류 위험물 중 특수 인화물
②	분해 시 산소 발생 $H_2O_2 \longrightarrow H_2O + [O]$	휘발, 인화하기 쉽고 연소 범위가 넓어서 위험성이 크다.
③	끓는점 152℃	끓는점 34℃
④	수용액 상태에서는 비교적 안정하다.	수용액 상태에서는 인화 위험이 높다.

45 제6류 위험물의 화재 예방 및 진압 대책으로 적합하지 않은 것은?

① 가연물과의 접촉을 피한다.
② 과산화수소를 장기 보존할 때는 유리 용기를 사용하여 밀전한다.
③ 옥내 소화전 설비를 사용하여 소화할 수 있다.
④ 물분무 소화 설비를 사용하여 소화할 수 있다.

해설 ② 유리 용기는 알칼리성으로 과산화수소(H_2O_2)를 분해 촉진하므로 유리 용기에 장기 보존하지 않아야 한다.

46 위험물안전관리법령에서 정하는 위험 등급 I에 해당하지 않는 것은?

① 제3류 위험물 중 지정 수량이 10kg인 위험물
② 제4류 위험물 중 특수 인화물
③ 제1류 위험물 중 무기 과산화물
④ 제5류 위험물 중 지정 수량이 100kg인 위험물

해설 위험물의 위험등급

구분	위험 등급 I	위험 등급 II	위험 등급 III
제1류 위험물	아염소산염류, 염소산염류, 과염소산염류, 무기과산화물, 그 밖에 지정수량이 50kg인 위험물	브로민산염류, 질산염류, 아이오딘산염류, 그 밖에 지정수량이 300kg인 위험물	위험 등급 I, 위험 등급 II 외의 것
제2류 위험물		황화인, 적린, 황, 그 밖에 지정수량이 100kg인 위험물	
제3류 위험물	칼륨, 나트륨, 알킬알루미늄, 알킬리튬, 황린, 그 밖에 지정수량이 10kg 또는 20kg인 위험물	알칼리금속(칼륨 및 나트륨을 제외) 알칼리토금속, 유기금속화합물(알킬알루미늄 및 알킬리튬을 제외), 그 밖에 지정수량이 50kg인 위험물	
제4류 위험물	특수인화물	제1석유류, 알코올류	
제5류 위험물	지정수량이 제1종 : 10kg인 위험물	지정수량이 제2종 : 100kg인 위험물	
제6류 위험물	모두		

47 정기 점검 대상 제조소 등에 해당하지 않는 것은?

① 이동 탱크 저장소
② 지정 수량 120배의 위험물을 저장하는 옥외 저장소
③ 지정 수량 120배의 위험물을 저장하는 옥내 저장소
④ 이송 취급소

해설 정기 점검 대상 제조소 등
(1) 예방 규정 작성 대상인 제조소 등
   ㉠ 지정 수량의 10배 이상의 제조소·일반 취급소
   ㉡ 지정 수량의 100배 이상의 옥외 저장소
   ㉢ 지정 수량의 150배 이상의 옥내 저장소
   ㉣ 지정 수량의 200배 이상의 옥외 탱크 저장소
   ㉤ 암반 탱크 저장소
   ㉥ 이송 취급소
(2) 지하 탱크 저장소
(3) 이동 탱크 저장소
(4) 위험물을 취급하는 탱크로서 지하에 매설된 탱크가 있는 제조소·주유 취급소 또는 일반 취급소

48 셀룰로이드에 관한 설명 중 틀린 것은?

① 물에 잘 녹으며, 자연 발화의 위험이 있다.
② 지정 수량은 10kg이다.
③ 탄력성이 있는 고체의 형태이다.
④ 장시간 방치된 것은 햇빛, 고온 등에 의해 분해가 촉진된다.

해설 ② 지정 수량은 100kg이다.

49 다음 물질 중 물보다 비중이 작은 것으로만 이루어진 것은?

① 에테르, 이황화탄소   ② 벤젠, 글리세린
③ 가솔린, 메탄올   ④ 글리세린, 아닐린

해설 ① 에테르 : 0.71, 이황화탄소 : 1.26
② 벤젠 : 0.879, 글리세린 : 1.26
③ 가솔린 : 0.65~0.8, 메탄올 : 0.79
④ 글리세린 : 1.26, 아닐린 : 1.02

50 위험물안전관리법령에 따른 소화 설비의 적응성에 관한 다음 내용 중 ( ) 안에 적합한 내용은?

> 제6류 위험물을 저장 또는 취급하는 장소로서 폭발의 위험이 없는 장소에 한하여 (   )가(이) 제6류 위험물에 대하여 적응성이 있다.

① 할로젠 화합물 소화기
② 분말 소화기 ─ 탄산수소염류 소화기
③ 분말 소화기 ─ 그 밖의 것
④ 이산화탄소 소화기

해설 32번 해설 참조

51 위험물을 운반 용기에 수납하여 적재할 때 차광성이 있는 피복으로 가려야 하는 위험물이 아닌 것은?

① 제1류 위험물   ② 제2류 위험물
③ 제5류 위험물   ④ 제6류 위험물

해설 차광성이 있는 피복 조치

유 별	적용 대상
제1류 위험물	전부
제3류 위험물	자연 발화성 물품
제4류 위험물	특수 인화물
제5류 위험물	전부
제6류 위험물	

52 위험물안전관리법상 주유 취급소의 소화 설비 기준과 관련한 설명 중 틀린 것은?

① 모든 주유 취급소는 소화 난이도 등급 Ⅱ 또는 소화 난이도 등급 Ⅲ에 속한다.
② 소화 난이도 등급 Ⅱ에 해당하는 주유 취급소에는 대형 수동식 소화기 및 소형 수동식 소화기 등을 설치하여야 한다.
③ 소화 난이도 등급 Ⅲ에 해당하는 주유 취급소에는 소형 수동식 소화기 등을 설치하여야 하며, 위험물의 소요 단위 산정은 지하 탱크 저장소의 기준을 준용한다.
④ 모든 주유 취급소의 소화 설비 설치를 위해서는 위험물의 소요 단위를 산출하여야 한다.

해설 ③ 소화 난이도 등급 Ⅲ의 주유 취급소는 소형 수동식 소화기 등을 설치해야 하고, 위험물은 지정 수량의 10배를 1소요 단위로 한다.

53 제1류 위험물의 일반적인 성질에 해당하지 않는 것은?

① 고체 상태이다.
② 분해하여 산소를 발생한다.
③ 가연성 물질이다.
④ 산화제이다.

해설 ③ 불연성 물질이다.

54 질산나트륨의 성상으로 옳은 것은?

① 황색 결정이다.
② 물에 잘 녹는다.
③ 흑색 화약의 원료이다.
④ 상온에서 자연 분해한다.

해설 ① 무색, 무취의 결정 또는 백색 분말이다.
③ 화약류의 산소 공급제이다.
④ 가열하면 380℃에서 열분해하여 산소를 방출하고 1,000℃ 이상 가열하면 폭발한다.

$$2NaNO_3 \longrightarrow 2NaNO_2 + O_2$$

55 위험물안전관리법령상 위험물 옥외 저장소에 저장할 수 있는 품명은? (단, 국제해상위험물규칙에 적합한 용기에 수납하는 경우를 제외한다.)

① 특수 인화물
② 무기 과산화물
③ 알코올류
④ 칼륨

해설 위험물 옥외 저장소에 저장할 수 있는 품명
㉠ 제2류 위험물 중 유황 또는 인화성 고체(인화점 0℃ 이상인 것에 한한다)
㉡ 제4류 위험물 중 제1석유류(인화점 0℃ 이상인 것에 한한다), 알코올류, 제2석유류, 제3석유류, 제4석유류, 동·식물유류
㉢ 제6류 위험물
㉣ 제2류 위험물, 제4류 위험물 중 특별시, 광역시 또는 도의 조례로 정하는 위험물(관세법 제15조의 규정에 의한 보세구역 안에 저장하는 경우에 한한다)
㉤ 국제해사기구에 관한 협약에 의하여 설치된 국제해사기구에서 채택한 국제해상위험물규칙(IMDG code)에 적합한 용기에 수납한 위험물을 저장하는 저장 시설

56 다음 중 위험물안전관리법령에 따른 지정 수량이 나머지 셋과 다른 하나는?

① 황린   ② 칼륨   ③ 나트륨   ④ 알킬리튬

해설

위험물	지정수량
황린	20kg
칼륨	10kg
나트륨	10kg
알킬리튬	10kg

57 과염소산나트륨의 성질이 아닌 것은?

① 황색의 분말로 물과 반응하여 산소를 발생한다.
② 가열하면 분해되어 산소를 방출한다.
③ 융점은 약 482℃이고, 물에 잘 녹는다.
④ 비중은 약 2.5로 물보다 무겁다.

해설 ① 무색, 무취의 결정 또는 백색 분말이며, 물에 매우 잘 녹는다.

58 아세트알데하이드와 아세톤의 공통 성질에 대한 설명 중 틀린 것은?

① 증기는 공기보다 무겁다.
② 무색 액체로서 인화점이 낮다.
③ 물에 잘 녹는다.
④ 특수 인화물로 반응성이 크다.

해설 ④ 아세트알데하이드는 특수 인화물이고, 아세톤은 제1석유류이다.

59 다음 중 분자량이 약 74, 비중이 약 0.71인 물질로서 에탄올 두 분자에서 물이 빠지면서 축합 반응이 일어나 생성되는 물질은?

① $C_2H_5OC_2H_5$
② C_2H_5OH
③ C_6H_5Cl
④ CS_2

해설 에테르 제법 : 에탄올에 진한 황산을 넣고 130~140℃로 가열하면 에탄올 2분자 중에서 간단히 물이 빠지면서 축합 반응이 일어나 에테르가 얻어진다.

$$2C_2H_5OH \xrightarrow{c-H_2SO_4} C_2H_5OC_2H_5 + H_2O$$

60 메탄올에 관한 설명으로 옳지 않은 것은?

① 인화점은 약 11℃이다.
② 술의 원료로 사용된다.
③ 휘발성이 강하다.
④ 최종 산화물은 의산(포름산)이다.

해설 ② 염료 용제, 매염제, 도료용 용제 등에 사용한다.

위험물 기능사 (2018. 3. 31 시행)

01 점화원으로 작용할 수 있는 정전기를 방지하기 위한 예방 대책이 아닌 것은?

① 정전기 발생이 우려되는 장소에 접지 시설을 한다.
② 실내의 공기를 이온화하여 정전기 발생을 억제 한다.
③ 정전기는 습도가 낮을 때 많이 발생하므로 상대 습도를 70% 이상으로 한다.
④ 전기의 저항이 큰 물질은 대전이 용이하므로 비 전도체 물질을 사용한다.

해설 정전기를 방지하기 위한 예방 대책
㉠ 공기 중의 습도를 높인다(실내의 경우 상대습도를 70% 이 상으로 한다).
㉡ 접지를 한다.
㉢ 공기를 이온화한다.

02 다음과 같은 반응에서 $5m^3$의 탄산 가스를 만들 기 위해 필요한 탄산수소나트륨의 양은 약 몇 kg인 가? (단, 표준 상태이고, 나트륨의 원자량은 23이다.)

$$2NaHCO_3 \longrightarrow Na_2CO_3 + CO_2 + H_2O$$

① 18.75
② 37.5
③ 56.25
④ 75

해설 $2NaHCO_3 \longrightarrow Na_2CO_3 + CO_2 + H_2O$

$2 \times 84kg$ ✕ $22.4m^3$
$x(kg)$ $5m^3$

$x = \dfrac{2 \times 84 \times 5}{22.4}$

$\therefore x = 37.5kg$

03 연쇄 반응을 억제하여 소화하는 소화 약제는?

① 할론 1301
② 물
③ 이산화탄소
④ 포

해설 Halon 1301 : 1취화3불화메탄(CF_3Br)은 가연 물질 의 활성기와 반응하는 부촉매 소화(연쇄 반응 억제) 기능이 우 수하고, 신속하게 화재를 소화한다.

04 화재별 급수에 따른 화재의 종류 및 표시 색상을 모두 옳게 나타낸 것은?

① A급 : 유류 화재 ─ 황색
② B급 : 유류 화재 ─ 황색
③ A급 : 유류 화재 ─ 백색
④ B급 : 유류 화재 ─ 백색

해설 화재의 종류 및 표시 색상

급 수	화재의 종류	표시색상
A급	일반 화재	백색
B급	유류 화재	황색
C급	전기 화재	청색
D급	금속 화재	─
K급	주방 화재	─

05 수용성 가연성 물질의 화재 시 다량의 물을 방사 하여 가연 물질의 농도를 연소 농도 이하가 되도록 하 여 소화시키는 것은 무슨 소화 원리 인가?

① 제거 소화
② 촉매 소화
③ 희석 소화
④ 억제 소화

해설 희석 소화 : 물에 용해하는 수용성 가연 물질인 알코 올, 에테르, 에스테르, 케톤류 등 화재에 많은 양의 물을 일시 에 방사하여 가연 물질의 연소 농도를 소화 농도 이하로 묽게 희석시켜 소화하는 소화 방법이다.

06 $15℃$의 기름 100g에 8,000J의 열량을 주면 기 름의 온도는 몇 $℃$가 되겠는가? (단, 기름의 비열은 $2J/g \cdot ℃$이다.)

① 25
② 45
③ 50
④ 55

정답 01 ④ 02 ② 03 ① 04 ② 05 ③ 06 ④

해설 기름의 온도 변화를 x라고 하면

$$x = \frac{8,000J}{2J/g \cdot ℃ \times 100g} = 40℃$$

기름의 온도 $= 15℃ + 40℃ = 55℃$

07 탱크 화재 현상 중 BLEVE(Boiling Liquid Expanding Vapor Explosion)에 대한 설명으로 가장 옳은 것은?

① 기름 탱크에서의 수증기 폭발 현상이다.
② 비등 상태의 액화 가스가 기화하여 팽창하고, 폭발하는 현상이다.
③ 화재 시 기름 속의 수분이 급격히 증발하여 기름 거품이 되고, 팽창해서 기름 탱크에서 밖으로 내뿜어져 나오는 현상이다.
④ 고점도의 기름 속에 수증기를 포함한 볼 형태의 물방울이 형성되어 탱크 밖으로 넘치는 형상이다.

해설 BLEVE : 액화 가스 탱크의 폭발로, 비등 상태의 액화 가스가 기화하여 팽창하고 폭발하는 현상이다.

08 위험물의 성질에 따라 강화된 기준을 적용하는 지정 과산화물을 저장하는 옥내 저장소에서 지정 과산화물에 대한 설명으로 옳은 것은?

① 지정 과산화물이란 제5류 위험물 중 유기 과산화물 또는 이를 함유한 것으로서 지정 수량이 10kg인 것을 말한다.
② 지정 과산화물에는 제4류 위험물에 해당하는 것도 포함된다.
③ 지정 과산화물이란 유기 과산화물과 알킬알루미늄을 말한다.
④ 지정 과산화물이란 유기 과산화물 중 소방청 고시로 지정한 물질을 말한다.

해설 지정 과산화물 : 제5류 위험물 중 유기 과산화물 또는 이를 함유한 것으로, 지정 수량이 10kg인 것을 말한다.

09 지정 수량의 100배 이상을 저장 또는 취급하는 옥내 저장소에 설치하여야 하는 경보 설비는? (단, 고인화점 위험물만을 저장 또는 취급하는 것은 제외한다.)

① 비상 경보 설비
② 자동 화재 탐지 설비
③ 비상 방송 설비
④ 비상 조명등 설비

해설 자동 화재 탐지 설비의 설명이다.

10 8L 용량의 소화전용 물통의 능력 단위는?

① 0.3
② 0.5
③ 1.0
④ 1.5

해설 능력 단위 : 소방 기구의 소화 능력을 나타내는 수치, 즉 소요 단위에 대응하는 소화 설비 소화 능력의 기준 단위이다.

11 염소산나트륨과 반응하여 ClO_2 가스를 발생 시키는 것은?

① 글리세린
② 질소
③ 염산
④ 산소

해설 $2NaClO_3 + 2HCl \longrightarrow 2NaCl + 2ClO_2 + H_2O_2$

12 다음 중 발화점이 가장 낮은 것은?

① 등유
② 가솔린
③ 아세톤
④ 톨루엔

해설

위험물	발화점
등유	254℃
가솔린	300℃
아세톤	538℃
톨루엔	552℃

13 시·도의 조례가 정하는 바에 따라 관할 소방서장의 승인을 받아 지정 수량 이상의 위험물을 제조소 등이 아닌 장소에서 임시로 저장 또는 취급하는 기간은 최대 며칠 이내인가?

① 30
② 60
③ 90
④ 120

해설 관할 소방서장의 승인을 받아 지정 수량 이상의 위험물을 제조소 등이 아닌 장소에서 임시로 저장 또는 취급하는 기간은 90일 이내이다.

정답 07 ② 08 ① 09 ② 10 ① 11 ③ 12 ① 13 ③

14 위험물안전관리법령상 제5류 위험물의 판정을 위한 시험의 종류로 옳은 것은?

① 폭발성 시험, 가열 분해성 시험
② 폭발성 시험, 충격 민감성 시험
③ 가열 분해성 시험, 착화의 위험성 시험
④ 충격 민감성 시험, 착화의 위험성 시험

해설 제5류 위험물의 판정을 위한 시험
㉠ 폭발성 시험 : 폭발성으로 인한 위험성의 정도를 판단하기 위한 시험
㉡ 가열 분해성 시험 : 가열 분해성으로 인한 위험성의 정도를 판단하기 위한 시험

15 위험물 운반에 관한 기준 중 위험 등급 I 에 해당하는 위험물은?

① 황화인   ② 피크린산
③ 벤조일퍼옥사이드   ④ 질산나트륨

해설 위험물의 위험등급

구분	위험 등급 I	위험 등급 II	위험 등급 III
제1류 위험물	아염소산염류, 염소산염류, 과염소산염류, 무기과산화물, 그 밖에 지정수량이 50kg인 위험물	브로민산염류, 질산염류, 아이오딘산염류, 그 밖에 지정수량이 300kg인 위험물	위험 등급 I, 위험 등급 II 외의 것
제2류 위험물		황화인, 적린, 황, 그 밖에 지정수량이 100kg인 위험물	
제3류 위험물	칼륨, 나트륨, 알킬알루미늄, 알킬리튬, 황린, 그 밖에 지정수량이 10kg 또는 20kg인 위험물	알칼리금속(칼륨 및 나트륨을 제외) 알칼리토금속, 유기금속화합물(알킬알루미늄 및 알킬리튬을 제외), 그 밖에 지정수량이 50kg인 위험물	
제4류 위험물	특수인화물	제1석유류, 알코올류	
제5류 위험물	지정수량이 제1종 : 10kg인 위험물	지정수량이 제2종 : 100kg인 위험물	
제6류 위험물	모두		

16 다음 중 질산나트륨의 성상에 대한 설명으로 틀린 것은?

① 조해성이 있다.
② 강력한 환원제이며, 물보다 가볍다.
③ 열분해하여 산소를 방출한다.
④ 가연물과 혼합하면 충격에 의해 발화할 수 있다.

해설 ② 강력한 산화제이며, 물보다 무겁다(비중 2.27).

17 주유 취급소 일반 점검표의 점검 항목에 따른 점검 내용 중 점검 방법이 육안 점검이 아닌 것은?

① 가연성 증기 검지 경보 설비 ― 손상의 유무
② 피난 설비의 비상 전원 ― 정전 시의 점등 상황
③ 간이 탱크의 가연성 증기 회수 밸브 ― 작동 상황
④ 배관의 전기 방식 설비 ― 단자의 탈락 유무

해설 피난 설비 비상 전원의 정전 시 점등 상황 점검은 기능 점검(작동 확인)으로 점등 여부를 확인해야 한다.

18 위험물 저장 탱크 중 부상 지붕 구조로 탱크의 직경이 53m 이상 60m 미만인 경우 고정식 포 소화 설비의 포 방출구 종류 및 수량으로 옳은 것은?

① I 형 8개 이상   ② II 형 8개 이상
③ III 형 10개 이상   ④ 특형 10개 이상

해설 포 방출구는 다음 표에 의하여 탱크의 직경, 구조 및 포 방출구의 종류에 따른 수 이상의 개수를 탱크 옆판의 외주에 균등한 간격으로 설치해야 한다.

탱크의 구조 및 포 방출구의 종류 탱크 직경	포 방출구의 개수		부상 덮개 부착 고정 지붕 구조	부상 지붕 구조
	고정 지붕 구조			
	I 형 또는 II 형	III 형 또는 IV 형	II 형	특형
13m 미만	2		2	2
13m 이상 19m 미만		1	3	3
19m 이상 24m 미만			4	4
24m 이상 35m 미만		2	5	5

35m 이상 42m 미만	3	3	6	6
42m 이상 46m 미만	4	4	7	7
46m 이상 53m 미만	6	6	8	8
53m 이상 60m 미만	8	8	10	10
60m 이상 67m 미만	왼쪽란에 해당하는 직경의 탱크에는 Ⅰ형 또는 Ⅱ형의 포 방출구를 8개 설치하는 것 외에 오른쪽란에 표시한 직경에 따른 포 방출구의 수에서 8을 뺀 수의 Ⅲ형 또는 Ⅳ형의 포 방출구를 폭 30m의 환상 부분을 제외한 중심부의 액표면에 방출할 수 있도록 추가로 설치할 것	10		
67m 이상 73m 미만		12		12
73m 이상 79m 미만		14		
79m 이상 85m 미만		16		14
85m 이상 90m 미만		18		
90m 이상 95m 미만		20		16
95m 이상 99m 미만		22		
99m 이상		24		18

[비고] Ⅲ형의 포 방출구를 이용하는 것은 온도 20℃의 물 100g에 용해되는 양이 1g 미만인 위험물(이하 '수용성'이라 한다) 또는 저장 온도가 50℃ 이하 또는 동점도가 100cSt 이하인 위험물을 저장 또는 취급하는 탱크에 한하여 설치 가능하다.
즉, 직경이 53m 이상 60m 미만인 부상 지붕 구조이므로, 특형 10개 이상이다.

19 메탄올과 에탄올의 공통점을 설명한 내용으로 틀린 것은?

① 휘발성의 무색 액체이다.
② 인화점이 0℃ 이하이다.
③ 증기는 공기보다 무겁다.
④ 비중이 물보다 작다.

해설

	메탄올	에탄올
인화점	11℃	13℃

20 다음 중 증기 비중이 가장 큰 것은?

① 벤젠
② 등유
③ 메틸알코올
④ 디에틸에테르

해설

위험물	증기비중
벤젠	2.8
등유	4~5
메틸알코올	1.1
디에틸에테르	2.6

21 다음 중 위험물안전관리법령에 의한 지정 수량이 가장 작은 품명은?

① 질산염류
② 인화성 고체
③ 금속분
④ 질산에스터류

해설

위험물	지정수량
질산염류	300kg
인화성 고체	1,000kg
금속분	500kg
질산에스터류	10kg

22 다음 위험물 중 발화점이 가장 낮은 것은?

① 황
② 삼황화인
③ 황린
④ 아세톤

해설

위험물	발화점
황	232℃
삼황화인	100℃
황린	34℃
아세톤	538℃

23 인화성 액체 위험물을 저장하는 옥외 탱크 저장소에 설치하는 방유제의 높이 기준은?

① 0.5m 이상 1m 이하
② 0.5m 이상 3m 이하
③ 0.3m 이상 1m 이하
④ 0.3m 이상 3m 이하

해설 방유제 높이는 0.5m 이상 3m 이하로 한다.

24 금속 나트륨과 금속 칼륨의 공통적인 성질에 대한 설명으로 옳은 것은?

① 불연성 고체이다.
② 물과 반응하여 산소를 발생한다.
③ 은백색의 매우 단단한 금속이다.
④ 물보다 가벼운 금속이다.

정답 19 ② 20 ② 21 ④ 22 ③ 23 ② 24 ④

해설

	Na	K
①	가연성 고체	가연성 고체
②	물과 반응하여 수소 발생	물과 반응하여 수소 발생
③	은백색의 광택이 있는 경금속	은백색의 광택이 있는 경금속
④	물보다 가벼움(비중 0.97)	물보다 가벼움(비중 0.86)

25 위험물 저장 탱크의 내용적이 300L일 때 탱크에 저장하는 위험물의 용량 범위로 적합한 것은? (단, 원칙적인 경우에 한한다.)

① 240~270L ② 270~285L
③ 290~295L ④ 295~298L

해설 위험물 저장 탱크의 용량 : 탱크의 공간 용적은 탱크 용적의 $\frac{5}{100}$ 이상 $\frac{10}{100}$ 이하로 한다.

㉠ $300L \times 0.90 = 270L$　㉡ $300L \times 0.95 = 285L$

26 과산화수소의 분해 방지제로 적합한 것은?

① 아세톤 ② 인산
③ 황 ④ 암모니아

해설 과산화수소는 농도가 클수록 위험성이 높아지므로 분해 방지 안정제(인산나트륨, 인산, 요산, 요소, 글리세린 등)를 넣어 산소 분해를 억제시킨다.

27 위험물안전관리법령상 염소화규소 화합물은 제 몇 류 위험물에 해당하는가?

① 제1류 ② 제2류 ③ 제3류 ④ 제5류

해설 염소화규소 화합물 : 제3류 위험물

28 옥내 저장 탱크 상호간에는 특별한 경우를 제외하고 최소 몇 m 이상의 간격을 유지하여야 하는가?

① 0.1 ② 0.2 ③ 0.3 ④ 0.5

해설 옥내 저장 탱크의 상호간에는 특별한 경우를 제외하고 0.5m 이상의 간격을 유지하다.

29 위험물 판매 취급소에 대한 설명 중 틀린 것은?

① 제1종 판매 취급소라 함은 저장 또는 취급하는 위험물의 수량이 지정 수량의 20배 이하인 판매 취급소를 말한다.
② 위험물을 배합하는 실의 바닥 면적은 $6m^2$ 이상 $15m^2$ 이하이어야 한다.
③ 판매 취급소에서는 도료류 외의 제1석유류를 배합하거나 옮겨 담는 작업을 할 수 없다.
④ 제1종 판매 취급소는 건축물의 2층까지만 설치가 가능하다.

해설 ④ 제1종 판매 취급소는 건축물의 1층에 설치한다.

30 옥내 저장소에 질산 600L를 저장하고 있다. 저장하고 있는 질산은 지정 수량의 몇 배인가? (단, 질산의 비중은 1.5이다.)

① 1 ② 2 ③ 3 ④ 4

해설 $1.5kg/L \times 600L = 900kg$

∴ $\frac{900kg}{300kg} = 3$배

31 위험물 제조소 등에 설치하는 옥외 소화전 설비의 기준에서 옥외 소화전함은 옥외 소화전으로부터 보행 거리 몇 m 이하의 장소에 설치하여야 하는가?

① 1.5 ② 5 ③ 7.5 ④ 10

해설 위험물 제조소 등에 설치하는 옥외 소화전 설비 기준 : 옥외 소화전함은 옥외 소화전으로부터 보행 거리 5m 이하의 장소에 설치한다.

32 질식 소화 효과를 주로 이용하는 소화기는?

① 포 소화기 ② 강화액 소화기
③ 수(물) 소화기 ④ 할로겐 화합물 소화기

해설 ① 포 소화기 : 질식 효과
② 강화액 소화기 : 냉각 효과 및 질식 효과
③ 수(물) 소화기 : 냉각 효과
④ 할로겐 화합물 소화기 : 냉각 효과 및 질식 효과

정답 25 ②　26 ②　27 ③　28 ④　29 ④　30 ③　31 ②　32 ①

33 위험물의 품명·수량 또는 지정 수량 배수의 변경 신고에 대한 설명으로 옳은 것은?

① 허가청과 협의하여 설치한 군용 위험물 시설의 경우에도 적용된다.
② 변경 신고는 변경한 날로부터 7일 이내에 완공 검사필증을 첨부하여 신고하여야 한다.
③ 위험물의 품명이나 수량의 변경을 위해 제조소 등의 위치·구조 또는 설비를 변경하는 경우에 신고한다.
④ 위험물의 품명·수량 및 지정 수량의 배수를 모두 변경할 때에는 신고를 할 수 없고 허가를 신청하여야 한다.

해설 ② 변경하고자 하는 날의 1일 전까지 완공검사필증을 첨부하여 신고하여야 한다.
③ 제조소 등의 위치·구조 또는 설비의 변경 없이 위험물의 품명·수량 또는 지정 수량의 배수를 변경하는 경우에 신고한다.
④ 제조소 등의 위치, 구조 또는 설비를 변경할 때에는 허가를 신청하여야 한다.

34 주유 취급소 중 건축물의 2층에 휴게 음식점의 용도로 사용하는 것에 있어 해당 건축물의 2층으로부터 직접 주유 취급소의 부지 밖으로 통하는 출입구와 해당 출입구로 통하는 통로·계단에 설치하여야 하는 것은?

① 비상 경보 설비 ② 유도등
③ 비상 조명등 ④ 확성 장치

해설 주유 취급소 : 해당 출입구로 통하는 통로·계단 및 출입구에 유도등을 설치하여야 한다.

35 위험물 제조소 등에 설치해야 하는 각 소화 설비의 설치 기준에 있어서 각 노즐 또는 헤드 선단의 방사 압력 기준이 나머지 셋과 다른 설비는?

① 옥내 소화전 설비
② 옥외 소화전 설비
③ 스프링클러 설비
④ 물분무 소화 설비

해설 위험물 제조소 등에 설치하는 각 소화 설비의 각 노즐 또는 헤드 선단의 방사 압력 기준

소화 설비 종류	방사 압력
옥내 소화전 설비	350kPa 이상
옥외 소화전 설비	350kPa 이상
스프링클러 설비	100kPa 이상
물분무 소화 설비	350kPa 이상

36 아세톤의 위험도를 구하면 얼마인가? (단, 아세톤의 연소 범위는 2~13vol%이다.)

① 0.846 ② 1.23
③ 5.5 ④ 7.5

해설 $H = \dfrac{U-L}{L} = \dfrac{13-2}{2} = 5.5$
여기서, H : 위험도
U : 연소 범위의 상한치
L : 연소 범위의 하한치

37 알루미늄 분말 화재 시 주수하여서는 안 되는 가장 큰 이유는?

① 수소가 발생하여 연소가 확대되기 때문에
② 유독 가스가 발생하여 연소가 확대되기 때문에
③ 산소의 발생으로 연소가 확대되기 때문에
④ 분말의 독성이 강하기 때문에

해설 $2Al + 6H_2O \longrightarrow 2Al(OH)_3 + 3H_2$

38 전기 화재의 급수와 표시 색상을 옳게 나타낸 것은?

① C급 - 백색 ② D급 - 백색
③ C급 - 청색 ④ D급 - 청색

해설 화재의 종류 및 표시 색상

급수	화재의 종류	표시색상
A급	일반 화재	백색
B급	유류 화재	황색
C급	전기 화재	청색
D급	금속 화재	—
K급	주방 화재	—

39 과산화리튬의 화재 현장에서 주수 소화가 불가능한 이유는?

① 수소가 발생하기 때문에
② 산소가 발생하기 때문에
③ 이산화탄소가 발생하기 때문에
④ 일산화탄소가 발생하기 때문에

해설 $2Li_2O_2 + 2H_2O \longrightarrow 4LiOH + O_2$

40 제6류 위험물을 저장하는 제조소 등에 적응성이 없는 소화 설비는?

① 옥외 소화전 설비
② 탄산수소염류 분말 소화 설비
③ 스프링클러 설비
④ 포 소화 설비

해설

소화 설비의 구분		건축물·그 밖의 공작물	전기 설비	제1류 위험물 알칼리 금속 과산화물 등	제1류 그 밖의 것	제2류 철분·금속분·마그네슘 등	제2류 인화성 고체	제2류 그 밖의 것	제3류 금수성 물품	제3류 그 밖의 것	제4류 위험물	제5류 위험물	제6류 위험물
옥내 소화전 설비 또는 옥외 소화전 설비		○			○		○	○		○		○	○
스프링클러 설비		○			○		○	○		○	△	○	○
물분무 등 소화 설비	물분무 소화 설비	○	○		○		○	○		○	○	○	○
	포 소화 설비	○			○		○	○		○	○	○	○
	불활성 가스 소화 설비		○				○				○		
	할로젠 화합물 소화 설비		○				○				○		
	분말 소화 설비 인산염류 등	○	○		○		○	○			○		○
	탄산 수소 염류 등		○	○		○	○		○		○		
	그 밖의 것			○		○			○				
대형·소형 수동식 소화기	봉상수(棒狀水) 소화기	○			○		○	○		○		○	○
	무상수(霧狀水) 소화기	○	○		○		○	○		○		○	○
	봉상강화액 소화기	○			○		○	○		○		○	○
	무상강화액 소화기	○	○		○		○	○		○	○	○	○
	포 소화기	○			○		○	○		○	○	○	○
	이산화탄소 소화기		○				○				○		△
	할론 소화설비		○				○				○		

		건축물·그 밖의 공작물	전기 설비	알칼리 금속 과산화물 등	제1류 그 밖의 것	철분·금속분·마그네슘 등	인화성 고체	제2류 그 밖의 것	금수성 물품	제3류 그 밖의 것	제4류	제5류	제6류
분말 소화기	인산염류 소화기	○	○		○		○	○			○		○
	탄산수소염류 소화기		○	○		○	○		○		○		
	그 밖의 것			○		○			○				
기타	물통 또는 수조	○					○	○		○		○	○
	건조사			○	○	○	○	○	○	○	○	○	○
	팽창 질석 또는 팽창 진주암			○	○	○	○	○	○	○	○	○	○

41 나이트로셀룰로오스의 자연 발화는 일반적으로 무엇에 기인한 것인가?

① 산화열   ② 중합열   ③ 흡착열   ④ 분해열

해설 자연 발화의 형태

㉠ 분해열에 의한 발화
　예 셀룰로이드류, 나이트로셀룰로오스(질화면), 과산화수소, 염소산칼륨 등
㉡ 산화열에 의한 발화
　예 건성유, 원면, 석탄, 고무 분말, 액체 산소, 발연 질산 등
㉢ 중합열에 의한 발화
　예 시안화수소(HCN), 산화에틸렌(C_2H_4O), 염화비닐(CH_2CHCl), 부타디엔(C_4H_6) 등
㉣ 흡착열에 의한 발화 예 활성탄, 목탄 분말 등
㉤ 미생물에 의한 발화 예 퇴비, 퇴적물, 먼지 등

42 제1종 판매 취급소에 설치하는 위험물 배합실의 기준으로 틀린 것은?

① 바닥 면적은 $6m^2$ 이상 $15m^2$ 이하일 것
② 내화 구조 또는 불연 재료로 된 벽으로 구획할 것
③ 출입구는 수시로 열 수 있는 자동 폐쇄식의 갑종 방화문으로 설치할 것
④ 출입구 문턱의 높이는 바닥면으로부터 0.2m 이상일 것

해설 제1종 판매 취급소 위험물 배합실 기준

㉠ 바닥 면적은 $6m^2$ 이상 $15m^2$ 이하일 것
㉡ 내화 구조 또는 불연 재료로 된 벽으로 구획할 것
㉢ 바닥은 위험물이 침투하지 아니하는 구조로 하여 적당한 경사를 두고 집유 설비를 할 것
㉣ 출입구는 수시로 열 수 있는 자동 폐쇄식의 갑종 방화문으로 설치할 것
㉤ 출입구 문턱의 높이는 바닥면으로부터 0.1m 이상으로 할 것
㉥ 내부에 체류한 가연성의 증기 또는 가연성의 미분을 지붕 위로 방출하는 설비를 할 것

정답 39 ② 40 ② 41 ④ 42 ④

43 $NaClO_2$를 수납하는 운반 용기의 외부에 표시하여야 할 주의 사항으로 옳은 것은?

① "화기 엄금" 및 "충격 주의"
② "화기 엄금" 및 "물기 엄금"
③ "화기·충격 주의" "가연물 접촉 주의"
④ "화기 엄금" 및 "공기 접촉 엄금"

해설 위험물 운반 용기 주의 사항

위험물		주의 사항
제1류 위험물	알칼리 금속의 과산화물 또는 이를 함유한 것	화기·충격 주의, 물기 엄금 및 가연물 접촉 주의
	기타	화기·충격 주의 및 가연물 접촉주의($NaClO_2$)
제2류 위험물	철분·금속분·마그네슘 또는 이들 중 어느 하나 이상을 함유한 것	화기 주의 및 물기 엄금
	인화성 고체	화기 엄금
	기타	화기 주의
제3류 위험물	자연 발화성 물질	화기 엄금 및 공기 접촉 엄금
	금수성 물질	물기 엄금
제4류 위험물		화기 엄금
제5류 위험물		화기 엄금 및 충격 주의
제6류 위험물		가연물 접촉 주의

44 다음 중 알루미늄분의 위험성에 대한 설명 중 틀린 것은?

① 할로겐 원소와 접촉 시 자연 발화의 위험성이 있다.
② 산과 반응하여 가연성 가스인 수소를 발생한다.
③ 발화하면 다량의 열이 발생한다.
④ 뜨거운 물과 격렬히 반응하여 산화알루미늄을 발생한다.

해설 ④ $2Al + 6H_2O \longrightarrow 2Al(OH)_3 + 3H_2$

45 오황화인과 칠황화인이 물과 반응했을 때 공통으로 나오는 물질?

① 이산화황
② 황화수소
③ 인화수소
④ 삼산화황

해설 ㉠ $P_2S_5 + 8H_2O \longrightarrow 5H_2S + 2H_3PO_4$
㉡ $P_4S_7 + 13H_2O \longrightarrow 3H_3PO_3 + 7H_2S + H_3PO_4$
∴ 공통물질 : 황화수소(H_2S)

46 메틸알코올의 위험성 설명으로 틀린 것은?

① 겨울에는 인화의 위험이 여름보다 작다.
② 증기 밀도는 가솔린보다 크다.
③ 독성이 있다.
④ 연소 범위는 에틸알코올보다 넓다.

해설 ② 증기 밀도는 가솔린보다 작다.

	메틸알코올	가솔린
증기 밀도	1.43	3.21 ~ 5.71

47 다음 중 제3류 위험물에 대한 설명으로 옳지 않은 것은?

① 황린은 공기 중에 노출되면 자연 발화하므로 물속에 저장하여야 한다.
② 나트륨은 물보다 무거우며 석유 등의 보호액 속에 저장하여야 한다.
③ 트리에틸알루미늄은 상온에서 액체 상태로 존재한다.
④ 인화칼슘은 물과 반응하여 유독성의 포스핀을 발생한다.

해설 ② 나트륨(비중 0.97)은 물보다 가볍고 석유 등의 보호액 속에 저장한다.

48 순수한 것은 무색, 투명한 기름상의 액체이고, 공업용은 담황색인 위험물로 충격, 마찰에 매우 예민하며, 겨울철에는 동결할 우려가 있는 것은?

① 펜트리트
② 트라이나이트로벤젠
③ 나이트로글리세린
④ 질산메틸

해설 나이트로글리세린[$C_3H_5(ONO_2)_3$]의 설명이다.

49 위험물안전관리법령에서 정한 물분무 소화 설비의 설치 기준으로 적합하지 않은 것은?

① 고압의 전기 설비가 있는 장소에는 해당 전기 설비와 분무 헤드 및 배관과 사이에 전기 절연을 위하여 필요한 공간을 보유한다.
② 스트레이너 및 일제 개방 밸브는 제어 밸브의 하류측 부근에 스트레이너, 일제 개방 밸브의 순으로 설치한다.
③ 물분무 소화 설비에 2 이상의 방사 구역을 두는 경우에는 화재를 유효하게 소화할 수 있도록 인접하는 방사 구역이 상호 중복되도록 한다.
④ 수원의 수위가 수평 회전식 펌프보다 낮은 위치에 있는 가압 송수 장치의 물올림 장치는 타설비와 겸용하여 설치한다.

해설 (1) 물분무 소화 설비의 설치 기준
ⓐ 물분무 소화 설비에 2 이상의 방사 구역을 두는 경우에 화재를 유효하게 소화할 수 있도록 인접하는 방사 구역이 상호 중복되도록 한다.
ⓑ 고압의 전기 설비가 있는 장소에는 당해 전기 설비와 분무 헤드 및 배관과 사이에 전기 절연을 위하여 필요한 공간을 보유한다.
ⓒ 물분무 소화 설비에는 각 측 또는 방사 구역마다 제어 밸브, 스트레이너 및 일제 개방 밸브 또는 수동식 개방 밸브를 다음에 정한 것에 의하여 설치한다.
　ⓐ 제어 밸브 및 일제 개방 밸브 또는 수동식 개방 밸브는 스프링클러 설비 기준의 예에 의한다.
　ⓑ 스트레이너 및 일제 개방 밸브 또는 수동식 개방 밸브는 제어 밸브의 하류측 부근에 스트레이너, 일제 개방 밸브 또는 수동식 개방 밸브의 순으로 설치한다.
ⓓ 기동 장치는 스프링클러 설비의 기준의 예에 의한다.
ⓔ 가압 송수 장치, 물올림 장치, 비상 전원, 조작 회로의 배선 및 배관 등은 옥내 소화전 설비의 예에 준하여 설치한다.
(2) 옥내 소화전 설비의 기준
수원의 수위가 펌프(수평 회전식의 것에 한한다) 보다 낮은 위치에 있는 가압 송수 장치는 다음에 정한 것에 의하여 물올림 장치를 설치한다.
ⓐ 물올림 장치에는 전용의 물올림 탱크를 설치한다.
ⓑ 물올림 탱크의 용량은 가압 송수 장치를 유효하게 작동할 수 있도록 한다.
ⓒ 물올림 탱크에는 감수 경보 장치 및 물올림 탱크에 물을 자동으로 보급하기 위한 장치가 설치되어 있을 것

50 액체 위험물을 운반 용기에 수납할 때 내용적의 몇 % 이하의 수납률로 수납하여야 하는가?

① 95　　　　　② 96
③ 97　　　　　④ 98

해설 운반 용기의 수납률

위험물	수납률
알킬알루미늄 등	90% 이하 (50℃에서 5% 이상 공간 용적 유지)
고체 위험물	95% 이하
액체 위험물	98% 이하 (55℃에서 누설되지 않는 것)

51 건성유에 해당되지 않는 것은?

① 들기름　　　　② 동유
③ 아마인유　　　④ 피마자유

해설 ④ 피마자유(81~91) : 불건성유

52 제5류 위험물의 설명으로 틀린 것은?

① $C_2H_5ONO_2$: 상온에서 액체이다.
② $C_6H_2OH(NO_2)_3$: 공기 중 자연 분해가 매우 잘 된다.
③ $C_6H_3(NO_2)_2CH_3$: 담황색의 결정이다.
④ $C_3H_5(ONO_2)_3$: 혼산 중에 글리세린을 반응시켜 제조한다.

해설 피크린산[$C_6H_2OH(NO_2)_3$] : 공기 중 자연 분해하지 않기 때문에 장기간 저장할 수 있다.

53 제조소 등에서 위험물을 유출시켜 사람의 신체 또는 재산에 대하여 위험을 발생시킨 자에 대한 벌칙 기준으로 옳은 것은?

① 1년 이상 3년 이하의 징역
② 1년 이상 5년 이하의 징역
③ 1년 이상 7년 이하의 징역
④ 1년 이상 10년 이하의 징역

해설 제조소 등에서 위험물을 유출시켜 사람의 신체 또는 재산에 대하여 위험물을 발생시킨 자에 대한 벌칙 : 1년 이상 10년 이하의 징역

정답　49 ④　50 ④　51 ④　52 ②　53 ④

54 위험물 운송 책임자의 감독 또는 지원의 방법으로 운송의 감독 또는 지원을 위하여 마련한 별도의 사무실에 운송 책임자가 대기하면서 이행하는 사항에 해당하지 않는 것은?

① 운송 후에 운송 경로를 파악하여 관할 경찰관서에 신고하는 것
② 이동 탱크 저장소의 운전자에 대하여 수시로 안전 확보 상황을 확인하는 것
③ 비상시의 응급 처치에 관하여 조언을 하는 것
④ 위험물의 운송 중 안전 확보에 관하여 필요한 정보를 제공하고 감독 또는 지원하는 것

해설 ① 운송 경로를 미리 파악하고 관할 소방관서 또는 관련 업체에 대한 연락 체계를 갖추는 것

55 아이오딘산아연의 성질에 대한 설명으로 가장 거리가 먼 것은?

① 결정성 분말이다.
② 유기물과 혼합 시 연소 위험이 있다.
③ 환원력이 강하다.
④ 제1류 위험물이다.

해설 아이오딘산아연[$Zn(IO_3)_2$]은 산화력이 강하다.

56 1몰의 에틸알코올이 완전 연소하였을 때 생성되는 이산화탄소는 몇 몰인가?

① 1몰 ② 2몰
③ 3몰 ④ 4몰

해설 $C_2H_5OH + 3O_2 \longrightarrow 2CO_2 + 3H_2O$

57 과염소산에 대한 설명으로 틀린 것은?

① 물과 접촉하면 발열한다.
② 불연성이지만 유독성이 있다.
③ 증기 비중은 약 3.5이다.
④ 산화제이므로 쉽게 산화할 수 있다.

해설 ④ 산화제이므로 쉽게 환원될 수 있다.

58 염소산나트륨의 저장 및 취급 시 주의할 사항으로 틀린 것은?

① 철제 용기에 저장은 피해야 한다.
② 열분해 시 이산화탄소가 발생하므로 질식에 유의한다.
③ 조해성이 있으므로 방습에 유의한다.
④ 용기에 밀전(密栓)하여 보관한다.

해설 ② 염소산나트륨($NaClO_3$)은 매우 불안정하여 300℃의 분해 온도에서 산소를 분해 방출하고 촉매에 의해서는 낮은 온도에서 분해한다.
$4NaClO_3 \longrightarrow 3NaClO_4 + NaCl$
$NaClO_4 \longrightarrow NaCl + 2O_2$
$2NaClO_3 \longrightarrow 2NaCl + 3O_2$

59 비중은 0.86이고 은백색의 무른 경금속으로 보라색 불꽃을 내면서 연소하는 제3류 위험물은?

① 칼슘 ② 나트륨
③ 칼륨 ④ 리튬

해설 칼륨(K)의 설명이다.

60 이황화탄소에 관한 설명으로 틀린 것은?

① 비교적 무거운 무색의 고체이다.
② 인화점이 0℃ 이하이다.
③ 약 100℃에서 발화할 수 있다.
④ 이황화탄소의 증기는 유독하다.

해설 ① 비교적 무거운(비중 1.26) 무색 투명한 액체이다.

정답 54 ① 55 ③ 56 ② 57 ④ 58 ② 59 ③ 60 ①

위험물 기능사 (2018. 7. 7 시행)

01 다음 중 증발 연소를 하는 물질이 아닌 것은?

① 황　　　　　　　② 석탄
③ 파라핀　　　　　④ 나프탈렌

해설 고체의 연소
㉠ 표면(직접) 연소 : 목탄, 코크스, 금속분 등
㉡ 분해 연소 : 목재, 석탄, 종이, 플라스틱 등
㉢ 증발 연소 : 황, 나프탈렌, 장뇌, 촛불 등
㉣ 내부(자기) 연소 : 질산에스터류, 셀룰로이드류, 나이트로 화합물 등

02 1몰의 이황화탄소와 고온의 물이 반응하여 생성되는 독성 기체 물질의 부피는 표준상태에서 얼마인가?

① 22.4L　② 44.8L　③ 67.2L　④ 134.4L

해설 $CS_2 + 2H_2O \longrightarrow CO_2 + 2H_2S$
∴ H_2S의 부피 : $2 \times 22.4L = 44.8L$

03 화재 시 이산화탄소를 사용하여 공기 중 산소의 농도를 21vol%에서 13vol%로 낮추려면 공기 중 이산화탄소의 농도는 약 몇 vol%가 되어야 하는가?

① 34.3　② 38.1　③ 42.5　④ 45.8

해설 CO_2의 소화 농도(vol%)

$$= \frac{21 - \text{한계 산소 농도(vol\%)}}{21} \times 100$$

$$= \frac{21 - 13}{21} \times 100$$

$$= 38.1 \text{vol\%}$$

04 다음 중 알킬리튬에 대한 설명으로 틀린 것은?

① 제3류 위험물이며, 지정 수량은 10kg이다.
② 가연성의 액체이다.
③ 이산화탄소와 격렬하게 반응한다.
④ 물로 주수가 불가하며 할로겐 화합물 소화 약제를 사용하여야 한다.

해설 ④ 소화 방법으로 물, 포, CO_2, 할로겐 화합물 소화 약제의 사용을 금하며, 건조사, 건조 분말을 사용하여 소화한다.

05 Halon 1301 소화 약제에 대한 설명으로 틀린 것은?

① 저장 용기에 액체상으로 충전한다.
② 화학식은 CF_3Br이다.
③ 비점이 낮아서 기화가 용이하다.
④ 공기보다 가볍다.

해설 CF_3Br은 분자량 149, 증기의 비중은 $\frac{149}{29} = 5.14$이다.

06 다음 고온체의 색상을 낮은 온도부터 나열한 것으로 옳은 것은?

① 암적색 < 황적색 < 백적색 < 휘적색
② 휘적색 < 백적색 < 황적색 < 암적색
③ 휘적색 < 암적색 < 황적색 < 백적색
④ 암적색 < 휘적색 < 황적색 < 백적색

해설 ④ 암적색(700℃) < 휘적색 (950℃) < 황적색(1,100℃) < 백적색(1,300℃)

07 위험물 화재 시 주수 소화가 가능한 것은?

① 철분　　　　　　② 마그네슘
③ 나트륨　　　　　④ 황

해설 ① 철분 : 건조사　② 마그네슘 : 건조사
③ 나트륨 : 건조사　④ 황 : 주수 소화

08 다음 위험물 중에서 이동 탱크 저장소에 의하여 위험물을 운송할 때 운송 책임자의 감독·지원을 받아야 하는 위험물은?

① 알킬리튬　　　　② 아세트알데하이드
③ 금속의 수소화물　④ 마그네슘

정답　01 ②　02 ②　03 ②　04 ④　05 ④　06 ④　07 ④　08 ①

해설 이동·탱크 저장소의 위험물 운송 시 운송 책임자의 감독·지원을 받아야 하는 위험물
㉠ 알킬알루미늄
㉡ 알킬리튬
㉢ 알킬알루미늄 또는 알킬리튬을 함유하는 위험물

09 위험물안전관리법령의 소화 설비 설치 기준에 의하면 옥외 소화전 설비의 수원의 수량은 옥외 소화전 설치 개수(설치 개수가 4 이상인 경우에는 4)에 몇 m^3를 곱한 양 이상이 되도록 하여야 하는가?

① 7.5 　　　　　　② 13.5
③ 20.5 　　　　　　④ 25.5

해설 옥외 소화전 설비 수원의 수량
$Q(m^3) = N \times 13.5m^3$
여기서, Q : 수원의 수량
　　　　N : 옥외 소화전 설치 개수(설치 개수가 4 이상인 경우에는 4)

10 폭발 시 연소파의 전파 속도 범위에 가장 가까운 것은?

① 0.1~10m/s 　　　② 100~1,000m/s
③ 2,000~3,500m/s 　④ 5,000~10,000m/s

해설 폭발 시 연소파의 전파 속도 범위는 0.1~10m/s이다.

11 황의 성질에 대한 설명 중 틀린 것은?

① 물에 녹지 않으나 이황화탄소에 녹는다.
② 공기 중에서 연소하여 아황산 가스를 발생한다.
③ 전도성 물질이므로 정전기 발생에 유의하여야 한다.
④ 분진 폭발의 위험성에 주의하여야 한다.

해설 ③ 전기를 통하지 않으므로 정전기 발생에 유의하여야 한다.

12 다음 중 금속 나트륨에 대한 설명으로 옳지 않은 것은?

① 물과 격렬히 반응하여 발열하고 수소 가스를 발생한다.
② 에틸알코올과 반응하여 나트륨에틸라이트와 수소 가스를 발생한다.
③ 할로겐 화합물 소화 약제는 사용할 수 없다.
④ 은백색의 광택이 있는 중금속이다.

해설 ④ 은백색의 광택이 있는 경금속이다.

13 위험물 저장소에 해당하지 않는 것은?

① 옥외 저장소 　　　② 지하 탱크 저장소
③ 이동 탱크 저장소 　④ 판매 저장소

해설 위험물 저장소의 종류
㉠ 옥내 저장소 　　　㉡ 옥외 탱크 저장소
㉢ 옥내 탱크 저장소 　㉣ 지하 탱크 저장소
㉤ 간이 탱크 저장소 　㉥ 이동 탱크 저장소
㉦ 옥외 저장소 　　　㉧ 암반 탱크 저장소

14 위험물 제조소 등에서 위험물안전관리법상 안전 거리 규제 대상이 아닌 것은?

① 제6류 위험물을 취급하는 제조소를 제외한 모든 제조소
② 주유 취급소
③ 옥외 저장소
④ 옥외 탱크 저장소

해설 위험물 제조소 등에서 안전 거리 규제 대상
㉠ 위험물 제조소(제6류 위험물을 취급하는 제조소 제외)
㉡ 일반 취급소 　　　㉢ 옥내 저장소
㉣ 옥외 탱크 저장소 　㉤ 옥외 저장소

15 다음 중 자연 발화의 위험성이 가장 큰 물질은?

① 아마인유 　　　　　② 야자유
③ 올리브유 　　　　　④ 피마자유

해설 자연 발화의 위험성은 건성유가 제일크다.
① 아마인유(건성유) : 아이오딘값 168~100
② 야자유(불건성유) : 아이오딘값 7~16

③ 올리브유(불건성유) : 아이오딘값 75~90

④ 피마자유(불건성유) : 아이오딘값 81~91

16 등유의 지정 수량에 해당하는 것은?

① 100L ② 200L ③ 1,000L ④ 2,000L

해설 제4류 위험물의 품명과 지정 수량

성 질	품 명		지정수량	위험등급
인화성 액체	1. 특수 인화물류		50L	I
	2. 제1석유류	비수용성 액체	200L	II
		수용성 액체	400L	
	3. 알코올류		400L	
	4. 제2석유류	비수용성 액체	1,000L	III
		수용성 액체	2,000L	
	5. 제3석유류	비수용성 액체	2,000L	
		수용성 액체	4,000L	
	6. 제4석유류		6,000L	
	7. 동·식물유류		10,000L	

17 옥내 탱크 저장소 중 탱크 전용실을 단층 건물 외의 건축물에 설치하는 경우 탱크 전용실을 건축물의 1층 또는 지하층에만 설치하여야 하는 위험물이 아닌 것은?

① 제2류 위험물 중 덩어리 황

② 제3류 위험물 중 황린

③ 제4류 위험물 중 인화점이 38℃ 이상인 위험물

④ 제6류 위험물 중 질산

해설 단층이 아닌 건축물에 전용실을 1층 또는 지하층에 설치하는 위험물

㉠ 제2류 위험물 중 황화인·적린 및 덩어리 황

㉡ 제3류 위험물 중 황린

㉢ 제6류 위험물 중 질산

18 황린의 저장 방법으로 옳은 것은?

① 물속에 저장한다.

② 공기 중에 보관한다.

③ 벤젠 속에 저장한다.

④ 이황화탄소 속에 보관한다.

해설 황린은 물속에 저장한다.

19 아염소산염류의 운반 용기 중 적응성 있는 내장 용기의 종류와 최대 용적이나 중량을 옳게 나타낸 것은? (단, 외장 용기의 종류는 나무 상자 또는 플라스틱 상자이고, 외장 용기의 최대 중량은 125kg으로 한다.)

① 금속제 용기 : 20L

② 종이 포대 : 55kg

③ 플라스틱 필름 포대 : 60kg

④ 유리 용기 : 10L

해설 운반 용기의 최대 용적 또는 중량(고체 위험물)

운반 용기				수납 위험물의 종류								
내장 용기		외장 용기		제1류			제2류		제3류		제5류	
용기 종류	최대 용적 또는 중량	용기 종류	최대 용적 또는 중량	I	II	III	II	III	I	II	I	II
유리 용기 또는 플라스틱 용기	10L	나무 상자 또는 플라스틱 상자(필요에 따라 불활성의 완충재를 채울 것)	125kg	○	○	○	○	○	○	○	○	○
			225kg		○	○		○		○		○
		파이버판 상자(필요에 따라 불활성의 완충재를 채울 것)	40kg	○	○	○	○	○	○	○	○	○
			55 kg		○	○		○		○		○
금속제 용기	30L	나무 상자 또는 플라스틱 상자	125kg	○	○	○	○	○	○	○	○	○
			225kg		○	○		○		○		○
		파이버판 상자	40kg	○	○	○	○	○	○	○	○	○
			55kg		○	○		○		○		○
플라스틱 필름 포대 또는 종이 포대	5kg	나무 상자 또는 플라스틱 상자	50kg		○	○	○	○		○		○
	50kg				○	○	○	○		○		○
	125kg		125kg			○	○	○				○
	225kg		225kg			○		○				○
	5kg	파이버판 상자	40kg		○	○	○	○		○		○
	40kg				○	○	○	○		○		○
	55kg		55kg			○	○	○				○
—		금속제 용기(드럼제외)	60L	○	○	○	○	○	○	○	○	○
		플라스틱 용기 (드럼 제외)	10L		○	○	○	○		○		○
			30L			○	○	○				○
		금속제 드럼	250L	○	○	○	○	○	○	○	○	○
		플라스틱 드럼 또는 파이버 드럼(방수성이 있는 것)	60L	○	○	○		○	○	○		○
			250L		○	○		○		○		○
		합성수지 포대(방수성이 있는 것), 플라스틱 필름 포대, 섬유 포대(방수성이 있는 것) 또는 종이 포대(여러 겹으로서 방수성이 있는것)	55kg		○	○	○	○		○		○

[비고] 1. "○" 표시는 수납 위험물의 종류별 각 란에 정한 위험물에 대하여 당해 각 란에 정한 운반 용기가 적응

성이 있음을 표시한다.
2. 내장 용기는 외장 용기에 수납하여야 하는 용기로서 위험물을 직접 수납하기 위한 것을 말한다.
3. 내장 용기의 종류란이 공란인 것은 외장 용기에 위험물을 직접 수납하거나 유리 용기, 플라스틱 용기, 금속제 용기, 폴리에틸렌 포대 또는 종이 포대를 내장 용기로 할 수 있음을 표시한다.

20 다음 중 증기의 밀도가 가장 큰 것은?

① 디에틸에테르
② 벤젠
③ 가솔린(옥탄 100%)
④ 에틸알코올

해설 증기 밀도$(g/L) = \dfrac{분자량(g)}{22.4L}$

① 디에틸에테르$(C_2H_5OC_2H_5)$: 분자량 74

∴ 증기 밀도 $= \dfrac{74g}{22.4L} = 3.30g/L$

② 벤젠(C_6H_6) : 분자량 78

∴ 증기 밀도 $= \dfrac{74g}{22.4L} = 3.48g/L$

③ 가솔린-옥탄 100%$(C_5H_{12} \sim C_9H_{20})$: 분자량 72~128

∴ 증기 밀도 $= \dfrac{72g}{22.4L} = 3.21g/L \sim \dfrac{128g}{22.4L} = 5.71g/L$

④ 에틸알코올(C_2H_5OH) : 분자량 46g

∴ 증기 밀도 $= \dfrac{46g}{22.4L} = 2.05g/L$

21 위험물안전관리법령상 제조소 등의 정기 점검 대상에 해당하지 않는 것은?

① 지정 수량 15배의 제조소
② 지정 수량 40배의 옥내 탱크 저장소
③ 지정 수량 50배의 이동 탱크 저장소
④ 지정 수량 20배의 지하 탱크 저장소

해설 정기 점검 대상 제조소 등
(1) 예방 규정 작성 대상인 제조소 등
ㄱ 지정 수량의 10배 이상의 제조소·일반 취급소
ㄴ 지정 수량의 100배 이상의 옥외 저장소
ㄷ 지정 수량의 150배 이상의 옥내 저장소
ㄹ 지정 수량의 200배 이상의 옥외 탱크 저장소
ㅁ 암반 탱크 저장소

ㅂ 이송 취급소
(2) 지하 탱크 저장소
(3) 이동 탱크 저장소
(4) 위험물을 취급하는 탱크로서 지하에 매설된 탱크가 있는 제조소·주유 취급소 또는 일반 취급소

22 다음에 설명하는 위험물에 해당하는 것은?

• 지정 수량은 300kg이다.
• 산화성 액체 위험물이다.
• 가열하면 분해하여 유독성 가스를 발생한다.
• 증기 비중은 약 3.5이다.

① 브로민산칼륨
② 클로로벤젠
③ 질산
④ 과염소산

해설 과염소산$(HClO_4)$의 설명이다.

23 과산화나트륨 78g과 충분한 양의 물이 반응하여 생성되는 기체의 종류와 생성량을 옳게 나타낸 것은?

① 수소, 1g
② 산소, 16g
③ 수소, 2g
④ 산소, 32g

해설 $Na_2O_2 + H_2O \longrightarrow 2NaOH + \dfrac{1}{2}O_2$

Na_2O_2 1몰 $= 2 \times 23 + 2 \times 16 = 78g$이므로

$\dfrac{1}{2}O_2 = \dfrac{1}{2} \times 16 \times 2 = 16g$의 산소가 발생한다.

24 다음 중 벤젠 증기의 비중에 가장 가까운 값은?

① 0.7 　② 0.9 　③ 2.1 　④ 3.9

해설 벤젠의 증기 비중은 2.8이다.

25 위험물안전관리법령상 동·식물유류의 경우 1기압에서 인화점을 섭씨 몇 도 미만으로 규정하고 있는가?

① 150℃
② 250℃
③ 450℃
④ 600℃

정답 20 ③ 21 ② 22 ④ 23 ② 24 ③ 25 ②

해설 동·식물유류 : 동물의 지육 등 또는 식물의 종자나 과육으로부터 추출한 것으로서 1기압에서 인화점이 250℃ 미만인 것

26 위험물 제조소 등에 옥내 소화전 설비를 설치할 때 옥내 소화전이 가장 많이 설치된 층의 소화전의 개수가 4개일 때 확보하여야 할 수원의 수량은?

① 10.4m³ ② 20.8m³
③ 31.2m³ ④ 41.6m³

해설 옥내 소화전 설비 수원의 수량

$Q(\text{m}^3) = N \times 7.8\text{m}^3$

여기서, Q : 수원의 수량

N : 옥내 소화전 설비 설치 개수(설치 개수가 5개 이상인 경우에는 5개)

$\therefore Q = 4 \times 7.8 = 31.2\text{m}^3$

27 과염소산나트륨에 대한 설명으로 옳지 않은 것은?

① 가열하면 분해하여 산소를 방출한다.
② 환원제이며, 수용액은 강한 환원성이 있다.
③ 수용성이며, 조해성이 있다.
④ 제1류 위험물이다.

해설 ② 산화제이며, 수용액은 강한 산화성이 있다.

28 위험물 제조소 등의 허가에 관계된 설명으로 옳은 것은?

① 제조소 등을 변경하고자 하는 경우에는 언제나 허가를 받아야 한다.
② 위험물의 품명을 변경하고자 하는 경우에는 언제나 허가를 받아야 한다.
③ 농예용으로 필요한 난방 시설을 위한 지정 수량 20배 이하의 저장소는 허가 대상이 아니다.
④ 저장하는 위험물의 변경으로 지정 수량의 배수가 달라지는 경우는 언제나 허가 대상이 아니다.

해설 ① 제조소 등을 변경하고자 하는 경우에는 언제나 허가를 받지 않는다.

② 위험물의 품명을 변경하고자 하는 경우에는 언제나 허가를 받지 않는다.
④ 저장하는 위험물의 변경으로 지정 수량의 배수가 달라지는 경우는 변경하고자 하는 날의 7일 전까지 시·도지사에게 신고한다.

29 위험물안전관리법에서 규정하고 있는 사항으로 옳지 않은 것은?

① 위험물 저장소를 경매에 의해 시설의 전부를 인수한 경우에는 30일 이내에, 저장소의 용도를 폐지한 경우에는 14일 이내에 시·도지 사에게 그 사실을 신고하여야 한다.
② 제조소 등의 위치·구조 및 설비 기준을 위반하여 사용한 때에 시·도지사는 허가 취소, 전부 또는 일부의 사용 정지를 명할 수 있다.
③ 경유 20,000L를 수산용 건조 시설에 사용하는 경우에는 위험물법의 허가는 받지 아니하고 저장소를 설치할 수 있다.
④ 위치·구조 또는 설비의 변경 없이 저장소에서 저장하는 위험물 지정 수량의 배수를 변경하고자 하는 경우에는 변경하고자 하는 날의 7일 전까지 시·도지사에게 신고하여야 한다.

해설 ② 제조소 등의 위치, 구조 및 설비 기준을 위반하여 사용한 때에 시·도지사는 허가를 취소하거나 6월 이내의 기간을 정하여 제조소 등의 전부 또는 일부의 사용 정지를 명할 수 있다.

30 제조소 등의 소화 설비 설치 시 소요 단위 산정에 관한 내용으로 다음 ( ) 안에 알맞은 수치를 차례대로 나열한 것은?

제조소 또는 취급소의 건축물은 외벽이 내화 구조인 것은 연면적(㉮)m²를 1소요 단위로 하며, 외벽이 내화 구조가 아닌 것은 연면적 (㉯)m²를 소요 단위로 한다.

① ㉮ 200, ㉯ 100 ② ㉮ 150, ㉯ 100
③ ㉮ 150, ㉯ 50   ④ ㉮ 100, ㉯ 50

[해설] 소요 단위(1단위)

소화 설비의 설치 대상이 되는 건축물, 그 밖의 공작물 규모 또는 위험물 양에 대한 기준 단위

(1) 제조소 또는 취급소용 건축물의 경우
　⊙ 외벽이 내화 구조로 된 것으로 연면적 100m^2
　ⓛ 외벽이 내화 구조가 아닌 것으로 연면적이 50m^2

(2) 저장소 건축물의 경우
　⊙ 외벽이 내화 구조로 된 것으로 연면적 150m^2
　ⓛ 외벽이 내화 구조가 아닌 것으로 연면적이 75m^2

(3) 위험물의 경우 : 지정 수량 10배

31 제5류 위험물의 일반적 성질에 관한 설명으로 옳지 않은 것은?

① 화재 발생 시 소화가 곤란하므로 적은 양으로 나누어 저장한다.
② 운반 용기 외부에 충격 주의, 화기 엄금의 주의 사항을 표시한다.
③ 자기 연소를 일으키며 연소 속도가 대단히 빠르다.
④ 가연성 물질이므로 질식 소화하는 것이 가장 좋다.

[해설] ④ 자기 반응성 물질이므로 다량의 물로 주수 소화하는 것이 가장 좋다.

32 화재 시 이산화탄소를 방출하여 산소의 농도를 13vol%로 낮추어 소화를 하려면 공기 중의 이산화탄소는 몇 vol%가 되어야 하는가?

① 28.1
② 38.1
③ 42.86
④ 48.36

[해설]
$$CO_2 \text{ 농도(\%)} = \frac{21 - O_2}{21} \times 100$$
$$= \frac{21 - 13}{21} \times 100$$
$$= 38.1 \text{vol}\%$$

33 다음 중 알칼리 금속의 과산화물 저장 창고에 화재가 발생하였을 때 가장 적합한 소화 약제는?

① 마른 모래
② 물
③ 이산화탄소
④ 할론

[해설]

소화 설비의 구분		건축물·그 밖의 공작물	전기 설비	제1류 위험물 알칼리 금속 과산화물 등	제1류 위험물 그 밖의 것	제2류 위험물 철분·금속분·마그네슘 등	제2류 위험물 인화성 고체	제2류 위험물 그 밖의 것	제3류 위험물 금수성 물품	제3류 위험물 그 밖의 것	제4류 위험물	제5류 위험물	제6류 위험물
옥내 소화전 설비 또는 옥외 소화전 설비		O			O		O	O		O		O	O
스프링클러 설비		O			O		O	O		O	△	O	O
물분무 등 소화 설비	물분무 소화 설비	O	O		O		O	O		O	O	O	O
	포 소화 설비	O			O		O	O		O	O	O	O
	불활성 가스 소화 설비		O				O				O		
	할로젠 화합물 소화 설비		O				O				O		
	분말 소화 설비 인산염류 등	O	O		O		O	O			O		O
	분말 소화 설비 탄산 수소 염류 등		O	O		O	O		O		O		
	분말 소화 설비 그 밖의 것			O		O			O				
대형·소형 수동식 소화기	봉상수(棒狀水) 소화기	O			O		O	O		O		O	O
	무상수(霧狀水) 소화기	O	O		O		O	O		O		O	O
	봉상강화액 소화기	O			O		O	O		O		O	O
	무상강화액 소화기	O	O		O		O	O		O	O	O	O
	포 소화기	O			O		O	O		O	O	O	O
	이산화탄소 소화기		O				O				O		△
	할론 소화설비		O				O				O		
	분말 소화기 인산염류 소화기	O	O		O		O	O			O		O
	분말 소화기 탄산수소염류 소화기		O	O		O	O		O		O		
	분말 소화기 그 밖의 것			O		O			O				
기타	물통 또는 수조	O			O		O	O		O		O	O
	건조사			O	O	O	O	O	O	O	O	O	O
	팽창 질석 또는 팽창 진주암			O	O	O	O	O	O	O	O	O	O

34 어떤 소화기에 "ABC"라고 표시되어 있다. 다음 중 사용할 수 없는 화재는?

① 금속 화재
② 유류 화재
③ 전기 화재
④ 일반 화재

[해설] 화재의 종류 및 표시 색상

급 수	화재의 종류	표시색상
A급	일반 화재	백색
B급	유류 화재	황색
C급	전기 화재	청색
D급	금속 화재	—
K급	주방 화재	—

35 소화전용 물통 3개를 포함한 수조 80L의 능력 단위는?

① 0.3   ② 0.5
③ 1.0   ④ 1.5

해설 능력 단위
소방 기구의 소화 능력을 나타내는 수치, 즉 소요 단위에 대응하는 소화 설비 소화 능력의 기준 단위
㉠ 마른 모래(50L, 삽 1개 포함) : 0.5단위
㉡ 팽창 질석 또는 팽창 진주암(160L, 삽 1개 포함) : 1단위
㉢ 소화전용 물통(8L) : 0.3단위
㉣ 수조
　ⓐ 190L(8L 소화전용 물통 6개 포함) : 2.5단위
　ⓑ 80L(8L 소화전용 물통 3개 포함) : 1.5단위

36 위험물안전관리법령상 제5류 위험물에 적응성이 있는 소화 설비는?

① 포 소화 설비
② 불활성 가스 소화 설비
③ 할로젠 화합물 소화 설비
④ 탄산수소염류 소화 설비

해설 33번 해설 참조

37 금속은 덩어리 상태보다 분말 상태일 때 연소 위험성이 증가하기 때문에 금속분을 제2류 위험물로 분류하고 있다. 연소 위험성이 증가하는 이유로 잘못된 것은?

① 비표면적이 증가하여 반응 면적이 증대되기 때문에
② 비열이 증가하여 열의 축적이 용이하기 때문에
③ 복사열의 흡수율이 증가하여 열의 축적이 용이하기 때문에
④ 대전성이 증가하여 정전기가 발생되기 쉽기 때문에

해설 금속이 덩어리 상태일 때보다 가루 상태일 때 연소 위험성이 증가하는 이유
㉠ 비표면적의 증가 → 반응 면적의 증가
㉡ 비열의 감소 → 적은 열로 고온 형성
㉢ 복사열의 흡수율 증가 → 열의 축적이 용이
㉣ 대전성이 증가 → 정전기가 발생

38 영하 20℃ 이하의 겨울철이나 한랭지에서 사용하기에 적합한 소화기는?

① 분무 주수 소화기   ② 봉상 주수 소화기
③ 물 주수 소화기   ④ 강화액 소화기

해설 강화액 소화기의 설명이다.

39 다음 중 화재 발생 시 물을 이용한 소화가 효과적인 물질은?

① 트라이메틸알루미늄   ② 황린
③ 나트륨   ④ 인화칼슘

해설 황린 : 물은 분무상으로 소화한다.

40 탄화칼슘과 물이 반응하였을 때 발생하는 가연성 가스의 연소 범위에 가장 가까운 것은?

① 2.1~9.5vol%   ② 2.5~81vol%
③ 4.1~74.2vol%   ④ 15.0~28vol%

해설 $CaC_2 + 2H_2O \longrightarrow Ca(OH)_2 + C_2H_2$
C_2H_2의 연소 범위 : 2.5~81vol%

41 위험물의 소화 방법으로 적합하지 않은 것은?

① 적린은 다량의 물로 소화한다.
② 황화인의 소규모 화재 시에는 모래로 질식 소화한다.
③ 알루미늄분은 다량의 물로 소화한다.
④ 황의 소규모 화재 시에는 모래로 질식 소화한다.

해설 33번 해설 참조

42 위험물안전관리법령상 다음 ( ) 안에 알맞은 수치는?

> 옥내 저장소에서 위험물을 저장하는 경우 기계에 의하여 하역하는 구조로 된 용기만을 겹쳐 쌓는 경우에 있어서는 ( )미터 높이를 초과하여 용기를 겹쳐 쌓지 아니하여야 한다.

① 2 ② 4 ③ 6 ④ 8

해설 옥내 저장소에서 위험물 용기를 겹쳐 쌓을 수 있는 높이
㉠ 기계에 의하여 하역하는 구조로 된 용기만을 겹쳐 쌓는 경우 : 6m
㉡ 제4류 위험물 중 제3석유류, 제4석유류 및 동·식물유류를 수납하는 용기만을 겹쳐 쌓는 경우 : 4m
㉢ 그 밖의 경우 : 3m

43 지정 수량 20배 이상의 제1류 위험물을 저장하는 옥내 저장소에서 내화 구조로 하지 않아도 되는 것은? (단, 원칙적인 경우에 한한다.)

① 바닥 ② 보 ③ 기둥 ④ 벽

해설 지정 수량 20배 이상의 제1류 위험물을 저장하는 옥내 저장소 : 벽, 기둥 및 바닥은 내화 구조로 하고 보와 서까래는 불연 재료로 한다.

44 다음 ( ) 안에 알맞은 수치를 차례대로 옳게 나열한 것은?

> 위험물 암반 탱크의 공간 용적은 당해 탱크 내에 용출하는 ( )일간의 지하수 양에 상당하는 용적과 당해 탱크 내용적의 100분의 ( )의 용적 중에서 보다 큰 용적을 공간 용적으로 한다.

① 1, 1 ② 7, 1 ③ 1, 5 ④ 7, 5

해설 위험물 암반 탱크의 공간 용적은 당해 탱크 내에 용출하는 7일간의 지하수 양에 상당하는 용적과 당해 탱크 내용적의 100분의 1의 용적 중에서 보다 큰 용적을 공간 용적으로 한다.

45 공기 중에서 산소와 반응하여 과산화물을 생성하는 물질은?

① 디에틸에테르 ② 이황화탄소
③ 에틸알코올 ④ 과산화나트륨

해설 디에틸에테르($C_2H_5OC_2H_5$)의 설명이다.

46 다음 중 제5류 위험물이 아닌 것은?

① 나이트로글리세린
② 나이트로톨루엔
③ 나이트로글리콜
④ 트라이나이트로톨루엔

해설 ① 나이트로글리세린 : 제5류 위험물 중 질산에스테르류
② 나이트로톨루엔 : 제4류 위험물 중 제3석유류
③ 나이트로글리콜 : 제5류 위험물 중 질산에스테르류
④ 트라이나이트로톨루엔 : 제5류 위험물 중 니트로 화합물

47 다음 위험물 중 발화점이 가장 낮은 것은?

① 피크린산 ② TNT
③ 과산화벤조일 ④ 나이트로셀룰로오스

해설

위험물	발화점
피크린산	300℃
TNT	300℃
과산화벤조일	125℃
나이트로셀룰로오스	160~170℃

48 건축물 외벽이 내화 구조이며, 연면적 $300m^2$인 위험물 옥내 저장소의 건축물에 대하여 소화 설비의 소화 능력 단위는 최소 몇 단위 이상이 되어야 하는가?

① 1단위 ② 2단위
③ 3단위 ④ 4단위

해설 소요 단위(1단위) : 저장소 건축물의 경우
㉠ 외벽이 내화 구조로 된 것으로 연면적 $150m^2$
㉡ 외벽이 내화 구조가 아닌 것으로 연면적 $75m^2$
즉, $\dfrac{300m^2}{150m^2} = 2$단위

49 다음 위험물 중 지정 수량이 가장 작은 것은?

① 나이트로글리세린
② 과산화수소
③ 트라이나이트로톨루엔
④ 피크르산

해설

위험물	지정 수량
나이트로글리세린	10kg
과산화수소	300kg
트라이나이트로톨루엔	200kg
피크르산	200kg

50 과망가니즈산칼륨의 위험성에 대한 설명 중 틀린 것은?

① 진한 황산과 접촉하면 폭발적으로 반응한다.
② 알코올, 에테르, 글리세린 등 유기물과 접촉을 금한다.
③ 가열하면 약 60℃에서 분해하여 수소를 방출한다.
④ 목탄, 황과 접촉 시 충격에 의해 폭발할 위험성이 있다.

해설 ③ 가열하면 240℃에서 분해하며 산소를 방출한다.
$2KMnO_4 \longrightarrow K_2MnO_4 + MnO_2 + O_2$

51 질산메틸에 대한 설명 중 틀린 것은?

① 액체 형태이다.
② 물보다 무겁다.
③ 알코올에 녹는다.
④ 증기는 공기보다 가볍다.

해설 ④ 증기는 공기보다 무겁다(증기 비중 2.66).

52 질산의 비중이 1.5일 때, 1소요 단위는 몇 L인가?

① 150 　② 200 　③ 1,500 　④ 2,000

해설 소요 단위(1단위)
위험물의 경우 지정 수량의 10배이다.
질산의 지정 수량은 300kg이다.

즉, 300kg × 10배 = 3,000kg이다.
1소요 단위는 3,000kg이다. 여기서, 비중이 1.5이므로 2,000L가 된다.

53 삼황화인의 연소 시 발생하는 가스에 해당하는 것은?

① 이산화황 　　　② 황화수소
③ 산소 　　　　　④ 인산

해설 $P_4S_3 + 8O_2 \longrightarrow 2P_2O_5 + 3SO_2$

54 HNO_3에 대한 설명으로 틀린 것은?

① Al, Fe은 진한 질산에서 부동태를 생성해 녹지 않는다.
② 질산과 염산을 3 : 1 비율로 제조한 것을 왕수라고 한다.
③ 부식성이 강하고, 흡습성이 있다.
④ 직사광선에서 분해하여 NO_2를 발생한다.

해설 ② 질산과 염산을 1 : 3 비율로 제조한 것을 왕수라고 한다.

55 적린의 일반적인 성질에 대한 설명으로 틀린 것은?

① 비금속 원소이다.
② 암적색의 분말이다.
③ 승화 온도가 약 260℃이다.
④ 이황화탄소에 녹지 않는다.

해설 ③ 승화 온도가 400℃이다.

56 위험물안전관리법령에 따라 위험물 운반을 위해 적재하는 경우 제4류 위험물과 혼재가 가능한 액화석유가스 또는 압축천연가스의 용기 내용적은 몇 L 미만인가?

① 120 　② 150 　③ 180 　④ 200

해설 위험물 운반을 위해 적재하는 경우 제4류 위험물과 혼재가 가능한 액화석유가스 또는 압축천연가스의 용기 내용적은 120L 미만이다.

정답 49 ① 　50 ③ 　51 ④ 　52 ④ 　53 ① 　54 ② 　55 ③ 　56 ①

57 다음 중 물과 반응하여 가연성 가스를 발생하지 않는 것은?

① 리튬　　　　　　② 나트륨
③ 황　　　　　　　④ 칼슘

해설 ① $2Li + 2H_2O \longrightarrow 2LiOH + H_2$
② $2Na + 2H_2O \longrightarrow 2NaOH + H_2$
③ 황(S)은 물에 녹지 않는다.
④ $Ca + 2H_2O \longrightarrow Ca(OH)_2 + H_2$

58 위험물을 저장할 때 필요한 보호 물질을 옳게 연결한 것은?

① 황린 − 석유
② 금속 칼륨 − 에탄올
③ 이황화탄소 − 물
④ 금속 나트륨 − 산소

해설

위험물	보호액
K, Na, 적린	등유(석유), 경유, 유동 파라핀
황린, CS_2	물속(수조)

59 다음 중 "인화점 50℃"의 의미를 가장 옳게 설명한 것은?

① 주변의 온도가 50℃ 이상이 되면 자발적으로 점화원 없이 발화한다.
② 액체의 온도가 50℃ 이상이 되면 가연성 증기를 발생하여 점화원에 의해 인화한다.
③ 액체를 50℃ 이상으로 가열하면 발화한다.
④ 주변의 온도가 50℃일 경우 액체가 발화한다.

해설 인화점 50℃란 액체의 온도가 50℃ 이상이 되면 가연성 증기를 발생하여 점화원에 의해 인화하는 것을 말한다.

60 에틸렌글리콜의 성질로 옳지 않은 것은?

① 갈색의 액체로 방향성이 있고, 쓴맛이 난다.
② 물, 알코올 등에 잘 녹는다.
③ 분자량은 약 62이고, 비중은 약 1.1 이다.
④ 부동액의 원료로 사용된다.

해설 ① 무색, 무취의 끈적끈적한 액체로서 강한 흡습성이 있고 단맛이 있다.

위험물 기능사 (2018. 9. 8 시행)

01 제조소 등의 소요 단위 산정 시 위험물은 지정 수량의 몇 배를 1소요 단위로 하는가?

① 5배 ② 10배
③ 20배 ④ 50배

해설 소요 단위(1단위) : 위험물의 경우 지정 수량 10배

02 다음 물질 중 분진 폭발의 위험이 가장 낮은 것은?

① 마그네슘 가루 ② 아연 가루
③ 밀가루 ④ 시멘트 가루

해설 ㉠ 분진 폭발을 하는 물질 : 마그네슘 가루, 아연 가루, 밀가루 등
㉡ 분진 폭발을 하지 않는 물질 : 시멘트 가루

03 다음 중 제4류 위험물의 화재에 적응성이 없는 소화기는?

① 포 소화기
② 봉상수 소화기
③ 인산염류 소화기
④ 이산화탄소 소화기

해설

소화 설비의 구분	건축물·그 밖의 공작물	전기 설비	제1류 위험물		제2류 위험물			제3류 위험물		제4류 위험물	제5류 위험물	제6류 위험물
			알칼리 금속 과산화물 등	그 밖의 것	철분·금속분·마그네슘 등	인화성 고체	그 밖의 것	금수성 물품	그 밖의 것			
옥내 소화전 설비 또는 옥외 소화전 설비	○			○		○	○		○		○	○
스프링클러 설비	○			○		○	○		○	△	○	○

(상단 우측 표)

물분무등소화설비	물분무 소화 설비	○	○			○		○	○
	포 소화 설비	○				○		○	○
	불활성 가스 소화 설비		○			○		○	
	할로겐 화합물 소화 설비		○			○		○	
분말 소화 설비	인산염류 등	○	○		○	○		○	○
	탄산 수소 염류 등		○	○		○	○		
	그 밖의 것		○			○		
대형·소형 수동식 소화기	봉상수 (棒狀水) 소화기	○		○		○		○	○
	무상수 (無狀水) 소화기	○	○		○		○		○	○
	봉상강화액 소화기	○			○		○		○	○
	무상강화액 소화기	○	○		○		○		○	○
	포 소화기	○			○		○		○	○
	이산화탄소 소화기		○			○			△
	할론 소화설비		○			○			
분말 소화기	인산염류 소화기	○	○		○		○		○
	탄산수소염류 소화기		○	○		○	○		
	그 밖의 것		○			○		
기타	물통 또는 수조	○		○		○		○	○
	건조사		○	○	○	○	○	○	○
	팽창 질석 또는 팽창 진주암		○	○	○	○	○	○	○

04 플래시오버(Flash Over)에 대한 설명으로 옳은 것은?

① 대부분 화재 초기(발화기)에 발생한다.
② 대부분 화재 종기(쇠퇴기)에 발생한다.
③ 내장재의 종류와 개구부 크기에 영향을 받는다.
④ 산소의 공급이 주요 요인이 되어 발생한다.

해설 플래시오버 : 화재가 구획된 방 안에서 발생되며, 방 상부의 복사열이 그 방 안에 있는 가연 물질을 동시에 점화시킬 수 있는 온도로 가열할 때 일어나며, 수 초 안에 온도는 수 배로 높아지고 산소가 급속히 감소되며 일산화탄소가 치사량으로 발생하며 이산화탄소가 급격히 증가한다. 이 가연성 가스 농도가 증가하여 연소 범위 내의 농도에 도달하면 착화하여 천장이 화염에 쌓이게 된다. 이 이후에는 천장면으로부터의 복사열에 의하여 바닥면 위의 가연물이 급격히 가열 착화하여 바닥면 전체가 화염으로 덮이게 된다. 이를 순발 연소라 한다. 순발 연소는 내장재의 재질과 두께, 화원 크기, 개구부의 크기 등에 따라 달라진다.

정답 01 ② 02 ④ 03 ② 04 ③

05 다음은 어떤 화합물의 구조식인가?

$$H - \underset{\underset{Br}{|}}{\overset{\overset{Cl}{|}}{C}} - H$$

① 할론 1301   ② 할론 1201
③ 할론 1011   ④ 할론 2402

해설 할론 1011 : CH_2ClBr,

$$H - \underset{\underset{Br}{|}}{\overset{\overset{Cl}{|}}{C}} - H$$

06 다음 중 분말 소화 약제를 방출시키기 위해 주로 사용되는 가압용 가스는?

① 산소   ② 질소
③ 헬륨   ④ 아르곤

해설 분말 소화 약제를 방출시키기 위해 주로 사용되는 가압용 가스 : 질소(N_2)

07 위험물안전관리법령상 위험 등급 Ⅰ의 위험물로 옳은 것은?

① 무기 과산화물   ② 황화인, 적린, 유황
③ 제1석유류   ④ 알코올류

해설 위험물의 위험등급

구분	위험 등급 Ⅰ	위험 등급 Ⅱ	위험 등급 Ⅲ
제1류 위험물	아염소산염류, 염소산염류, 과염소산염류, 무기과산화물, 그 밖에 지정수량이 50kg인 위험물	브로민산염류, 질산염류, 아이오딘산염류, 그 밖에 지정수량이 300kg인 위험물	위험 등급 Ⅰ, 위험 등급 Ⅱ 외의 것
제2류 위험물		황화인, 적린, 황, 그 밖에 지정수량이 100kg인 위험물	
제3류 위험물	칼륨, 나트륨, 알킬알루미늄, 알킬리튬, 황린, 그 밖에 지정수량이 10kg 또는 20kg인 위험물	알칼리금속(칼륨 및 나트륨을 제외) 알칼리토금속, 유기금속화합물(알킬알루미늄 및 알킬리튬을 제외), 그 밖에 지정수량이 50kg인 위험물	

	제4류 위험물	특수인화물	제1석유류, 알코올류
	제5류 위험물	지정수량이 제1종 : 10kg인 위험물	지정수량이 제2종 : 100kg인 위험물
	제6류 위험물	모두	

08 BCF(Bromochlorodifluoromethane) 소화 약제의 화학식으로 옳은 것은?

① CCl_4 ② CH_2ClBr
③ CF_3Br ④ CF_2ClBr

해설 BCF 소화 약제의 화학식 : CF_2ClBr(일취화 일염화 2불화 메탄, halon 1211)

09 다음은 위험물안전관리법령에 따른 판매 취급소에 대한 정의이다. ( ) 안에 알맞은 말은?

> 판매 취급소라 함은 점포에서 위험물을 용기에 담아 판매하기 위하여 지정 수량의 (㉮)배 이하의 위험물을 (㉯)하는 장소

① ㉮ 20, ㉯ 취급   ② ㉮ 40, ㉯ 취급
③ ㉮ 20, ㉯ 저장   ④ ㉮ 40, ㉯ 저장

해설 판매 취급소 : 점포에서 위험물을 용기에 담아 판매하기 위하여 지정 수량의 40배 이하의 위험물을 취급하는 장소

10 다음 중 위험물안전관리법령상 자동 화재 탐지 설비를 설치하지 않고 비상 경보 설비로 대신할 수 있는 것은?

① 일반 취급소로서 연면적 600m^2인 것
② 지정 수량 20배를 저장하는 옥내 저장소로서 처마 높이가 8m인 단층 건물
③ 단층 건물 외에 건축물에 설치된 지정 수량 15배 이상의 옥내 탱크 저장소로서 소화 난이도 등급 Ⅱ에 속하는 것
④ 지정 수량 20배를 저장 · 취급하는 옥내 주유 취급소

해설 제조소등별로 설치하여야 하는 경보설비의 종류

제조소 등의 구분	제조소 등의 규모, 저장 또는 취급하는 위험물의 종류 및 최대 수량 등	경보 설비
1. 제조소 및 일반 취급소	· 연면적 500m² 이상인 것 · 옥내에서 지정 수량의 100배 이상을 취급하는 것(고인화점 위험물만을 100℃ 미만의 온도에서 취급하는 것을 제외한다) · 일반 취급소로 사용되는 부분 외의 부분이 있는 건축물에 설치된 일반 취급소(일반 취급소와 일반 취급소 외의 부분이 내화구조의 바닥 또는 벽으로 개구부 없이 구획된 것을 제외한다)	
2. 옥내 저장소	· 지정 수량의 100배 이상을 저장 또는 취급하는 것(고인화점 위험물만을 저장 또는 취급하는 것을 제외한다) · 저장 창고의 연면적이 150m²를 초과하는 것[당해 저장 창고가 연면적 150m²이 내마다 불연재료의 격벽으로 개구부 없이 완전히 구획된 것과 제2류 또는 제4류의 위험물(인화성 고체 및 인화점이 70℃ 미만인 제4류 위험물을 제외한다)만을 저장 또는 취급하는 것에 있어서는 저장 창고의 연면적이 500m² 이상의 것에 한한다] · 처마 높이가 6m 이상인 단층 건물의 것 · 옥내 저장소로 사용되는 부분 외의 부분이 있는 건축물에 설치된 옥내 저장소[옥내 저장소와 옥내 저장소 외의 부분이 내화 구조의 바닥 또는 벽으로 개구부 없이 구획된 것과 제2류 또는 제4류의 위험물(인화성 고체 및 인화점이 70℃ 미만인 제4류 위험물을 제외한다)만을 저장 또는 취급하는 것을 제외한다]	자동 화재 탐지 설비
3. 옥내 탱크 저장소	단층 건물 외의 건축물에 설치 된 옥내 탱크 저장소로서 소화 난이도 등급 Ⅰ에 해당하는 것	
4. 주유 취급소	옥내주유취급소	
5. 옥외탱크 저장소	특수인화물, 제1석유류 및 알코올류를 저장 또는 취급하는 탱크의 용량이 1,000만리터 이상인 것	자동화재 탐지설비, 자동화재 속보설비
6. 제1호 내지 제5호의 자동 화재탐지 설비 설치대상에 해당하지 아니하는 제조소등	지정 수량의 10배 이상을 저장 또는 취급하는 것	자동 화재 탐지 설비, 비상 경보 설비, 확성 장치 또는 비상 방송 설비 중 1 종 이상

[비고]
이송취급소의 경보설비는 별표 15 Ⅳ제14호의 규정에 의한다.

11 다음 ( ) 안에 적합한 숫자를 차례대로 나열한 것은?

> 자연 발화성 물질 중 알킬알루미늄은 운반 용기 내용적의 (㉮)% 이하의 수납률로 수납하되, 50℃의 온도에서 (㉯)% 이상의 공간 용적을 유지하도록 할 것

① ㉮ 90, ㉯ 5　　　　② ㉮ 90, ㉯ 10
③ ㉮ 95, ㉯ 5　　　　④ ㉮ 95, ㉯ 10

해설 운반 용기의 수납률

위험물	수납률
알킬알루미늄 등	90% 이하 (50℃에서 5% 이상 공간 용적 유지)
고체 위험물	95% 이하
액체 위험물	98% 이하 (55℃에서 누설되지 않는 것)

12 삼황화인의 연소 생성물을 옳게 나열한 것은?

① P_2O_5, SO_2　　　　② P_2O_5, H_2S
③ H_3PO_4, SO_2　　　　④ H_3PO_4, H_2S

해설 $P_4S_3 + 8O_2 \longrightarrow 2P_2O_5 + 3SO_2$

13 0.99atm, 55℃에서 이산화탄소의 밀도는 약 몇 g/L인가?

① 0.62　　② 1.62　　③ 9.65　　④ 12.65

해설 밀도 = $\dfrac{질량(W)}{부피(V)}$ 이므로

$PV = \dfrac{W}{M}RT$ 에서

$\dfrac{W}{V} = \dfrac{PM}{RT}$

$= \dfrac{0.99 \times 44}{0.082 \times (273+55)} = 1.62 \text{g/L}$

14 제5류 위험물 중 나이트로 화합물의 지정 수량을 옳게 나타낸 것은?

① 10kg　　　　② 100kg
③ 150kg　　　　④ 200kg

해설 제5류 위험물의 품명과 지정 수량

성 질	품 명	지정 수량	위험 등급
자기 반응성 물질	1. 유기과산화물 (과산화벤조일) 2. 질산에스터류 3. 나이트로화합물 4. 나이트로소화합물 5. 아조화합물 6. 다이아조화합물 7. 하이드라진 유도체 8. 하이드록실아민 9. 하이드록실아민염류 10. 그 밖에 행정안전부령이 정하는 것 11. 제1호부터 제10호까지의 어느 하나에 해당하는 위험물을 하나 이상 함유한 것	제1종 : 10kg 제2종 : 100kg	제1종 : Ⅰ 제2종 : Ⅱ

15 제조소 등의 관계인이 예방 규정을 정하여야 하는 제조소 등이 아닌 것은?

① 지정 수량 100배의 위험물을 저장하는 옥외 탱크 저장소
② 지정 수량 150배의 위험물을 저장하는 옥내 저장소
③ 지정 수량 10배의 위험물을 취급하는 제조소
④ 지정 수량 5배의 위험물을 취급하는 이송 취급소

해설 예방 규정을 정하여야 하는 제조소

㉠ 지정 수량 10배 이상의 제조소 · 일반 취급소
㉡ 지정 수량 100배 이상의 옥외 저장소
㉢ 지정 수량 150배 이상의 옥내 저장소
㉣ 지정 수량 200배 이상의 옥외 탱크 저장소
㉤ 이송 취급소
㉥ 암반 탱크 저장소

16 다음 중 황 분말과 혼합했을 때 가열 또는 충격에 의해서 폭발할 위험이 가장 높은 것은?

① 질산암모늄　　　② 물
③ 이산화탄소　　　④ 마른 모래

해설 황은 염소산칼륨, 질산암모늄, 과산화나트륨 등 강산화제인 제1류 위험물 또는 PbO_2, Fe_2O_3, ClO_2과 혼합한 것을 가열, 충격, 마찰할 경우 발화, 폭발의 위험이 있다.

17 유별을 달리하는 위험물을 운반할 때 혼재할 수 있는 것은? (단, 지정 수량의 1/10을 넘는 양을 운반하는 경우이다.)

① 제1류와 제3류　　② 제2류와 제4류
③ 제3류와 제5류　　④ 제4류와 제6류

해설 유별을 달리하는 위험물의 혼재 기준

구 분	제1류	제2류	제3류	제4류	제5류	제6류
제1류		×	×	×	×	○
제2류	×		×	○	○	×
제3류	×	×		○	×	×
제4류	×	○	○		○	×
제5류	×	○	×	○		×
제6류	○	×	×	×	×	

18 제4류 위험물에 속하지 않는 것은?

① 아세톤
② 실린더유
③ 트라이나이트로톨루엔
④ 나이트로벤젠

해설 ① 아세톤 : 제4류 위험물 중 제1석유류

② 실린더유 : 제4류 위험물 중 제4석유류

③ 트라이나이트로톨루엔 : 제5류 위험물 중 나이트로 화합물

④ 나이트로벤젠 : 제4류 위험물 중 제3석유류

19 자기반응성 물질인 제5류 위험물에 해당하는 것은?

① $CH_3(C_6H_4)NO_2$ ② CH_3COCH_3

③ $C_6H_2(NO_2)_3OH$ ④ $C_6H_5NO_2$

해설 ③ $C_6H_2(NO_2)_3OH$: 제5류 위험물 나이트로 화합물류

20 제2석유류에 해당하는 물질로만 짝지어진 것은?

① 등유, 경유   ② 등유, 중유

③ 글리세린, 기계유   ④ 글리세린, 장뇌유

해설 ① 등유, 경유 : 제2석유류

② 등유 : 제2석유류, 중유 : 제3석유류

③ 글리세린 : 제3석유류, 기계유 : 제4석유류

④ 글리세린 : 제3석유류, 장뇌유 : 제2석유류

21 다음 중 지정 수량이 나머지 셋과 다른 물질은 어느 것인가?

① 황화인   ② 적린

③ 칼슘   ④ 황

해설

위험물	지정 수량
황화인	100kg
적린	100kg
칼슘	50kg
황	100kg

22 위험물과 그 보호액 또는 안정제의 연결이 틀린 것은?

① 황린 − 물   ② 인화석회 − 물

③ 금속 칼륨 − 등유   ④ 알킬알루미늄 − 헥산

해설 ② 인화석회 − 건조되고 환기가 잘 되는 곳

23 경유에 대한 설명으로 틀린 것은?

① 물에 녹지 않는다.

② 비중은 1 이하이다.

③ 발화점이 인화점보다 높다.

④ 인화점은 상온 이하이다.

해설 ④ 인화점은 50~70℃이다.

24 다음 중 인화점이 0℃보다 작은 것은 모두 몇 개인가?

$$C_2H_5OC_2H_5, CS_2, CH_3CHO$$

① 0개   ② 1개

③ 2개   ④ 3개

해설

위험물	인화점
$C_2H_5OC_2H_5$	−45℃
CS_2	−30℃
CH_3CHO	−37.7℃

25 위험물안전관리법령상 옥내 소화전 설비의 설치 기준에서 옥내 소화전은 제조소 등의 건축물의 층마다 해당 층의 부분에서 하나의 호스 접속 구까지의 수평 거리가 몇 m가 되도록 설치하여야 하는가?

① 5   ② 10

③ 15   ④ 25

해설 옥내 소화전 설비와 옥외 소화전 설비

구 분	옥내 소화전 설비	옥외 소화전 설비
수평 거리	25m 이하	40m 이하
방수량	260L/min 이상	450L/min 이상
방수 압력	350kPa 이상	350kPa 이상
수원의 수량	$Q≧7.8N$ (N : 최대 5개)	$Q≧13.5N$ (N : 최대 4개)

26 지하 탱크 저장소에 대한 설명으로 옳지 않은 것은?

① 탱크 전용실 벽의 두께는 0.3m 이상이어야 한다.
② 지하 저장 탱크의 윗부분은 지면으로부터 0.6m 이상 아래에 있어야 한다.
③ 지하 저장 탱크와 탱크 전용실 안쪽과의 간격은 0.1m 이상의 간격을 유지한다.
④ 지하 저장 탱크에는 두께 0.1m 이상의 철근 콘크리트조로 된 뚜껑을 설치한다.

해설 ④ 지하 저장 탱크에는 두께 0.3m 이상의 철근 콘크리트조로 된 뚜껑을 설치한다.

27 나이트로셀룰로오스 5kg과 트라이나이트로페놀을 함께 저장하려고 한다. 이때 지정 수량 1배로 저장하려면 트라이나이트로페놀을 몇 kg 저장하여야 하는가?

① 5   ② 10   ③ 50   ④ 100

해설 $\dfrac{5}{10} + \dfrac{x}{200} = 1$

$\dfrac{x}{200} = 1 - \dfrac{5}{10}$

$x = \left(1 - \dfrac{5}{10}\right) \times 200 = 100\text{kg}$

28 다음 설명 중 제2석유류에 해당하는 것은? (단, 1기압 상태이다.)

① 착화점이 21℃ 미만인 것
② 착화점이 30℃ 이상 50℃ 미만인 것
③ 인화점이 21℃ 이상 70℃ 미만인 것
④ 인화점이 21℃ 이상 90℃ 미만인 것

해설 석유류의 구분(단, 1기압 상태)
㉠ 제1석유류 : 인화점이 21℃ 미만인 것
㉡ 제2석유류 : 인화점이 21℃ 이상 70℃ 미만인 것
㉢ 제3석유류 : 인화점이 70℃ 이상 200℃ 미만인 것
㉣ 제4석유류 : 인화점이 200℃ 이상 250℃ 미만인 것

29 아염소산염류 500kg과 질산염류 3,000kg을 함께 저장하는 경우 위험물의 소요 단위는 얼마인가?

① 2   ② 4   ③ 6   ④ 8

해설 소요 단위 = $\dfrac{\text{저장량}}{\text{지정 수량} \times 10\text{배}}$

= $\dfrac{500}{50 \times 10} + \dfrac{3,000}{300 \times 10} = 2$

30 위험물의 저장 및 취급 방법에 대한 설명으로 틀린 것은?

① 적린은 화기와 멀리하고 가열, 충격이 가해지지 않도록 한다.
② 이황화탄소는 발화점이 낮으므로 물속에 저장한다.
③ 마그네슘은 산화제와 혼합되지 않도록 취급한다.
④ 알루미늄분은 분진 폭발의 위험이 있으므로 분무 주수하여 저장한다.

해설 ④ 알루미늄분은 분진 폭발의 위험이 있으므로 산, 물 또는 습기와의 접촉을 피하며 완전 밀봉 저장한다.

31 위험물안전관리법령에 따른 위험물의 운송에 관한 설명으로 틀린 것은?

① 알킬리튬과 알킬알루미늄 또는 이 중 어느 하나 이상을 함유한 것은 운송 책임자의 감독 · 지원을 받아야 한다.
② 이동 탱크 저장소에 의하여 위험물을 운송할 때의 운송 책임자에는 법정의 교육을 이수하고 관련 업무에 2년 이상 경력이 있는 자도 포함된다.
③ 서울에서 부산까지 금속의 인화물 300kg을 1명의 운전자가 휴식 없이 운송해도 규정 위반이 아니다.
④ 운송 책임자의 감독 또는 지원 방법에는 동승하는 방법과 별도의 사무실에서 대기하면서 규정된 사항을 이행하는 방법이 있다.

해설 위험물 운송자는 장거리(고속국도에 있어서는 340km 이상, 그 밖의 도로에 있어서는 200km 이상을 말한다.)에 걸치는 운송을 하는 때에는 2명 이상의 운전자로 한다. 다음의 어느 하나에 해당하는 경우에는 그러하지 아니하다.
㉠ 운송 책임자를 동승시킨 경우
㉡ 운송하는 위험물이 제2류 위험물, 제3류 위험물(칼슘 또는 알루미늄의 탄화물과 이것만을 함유한 것에 한한다) 또는 제4류 위험물(특수 인화물 제외한다)인 경우

정답 26 ④ 27 ④ 28 ③ 29 ① 30 ④ 31 ③

ⓒ 운송 도중에 2시간 이내마다 20분씩 이상씩 휴식하는 경우
※ 서울 − 부산 거리(서울 톨게이트에서 부산 톨게이트까지) :
410.3km

32 제3종 분말 소화 약제의 열분해 반응식을 옳게 나타낸 것은?

① $NH_4H_2PO_4 \longrightarrow HPO_3 + NH_3 + H_2O$
② $2KNO_3 \longrightarrow 2KNO_2 + O_2$
③ $KClO_4 \longrightarrow KCl + 2O_2$
④ $2CaHCO_3 \longrightarrow 2CaO + H_2CO_3$

해설 분말 소화 약제

종 별	열분해 반응식
제1종	$2NaHCO_3 \longrightarrow Na_2CO_3 + CO_2 + H_2O$
제2종	$2KHCO_3 \longrightarrow K_2CO_3 + CO_2 + H_2O$
제3종	$NH_4H_2PO_4 \longrightarrow HPO_3 + NH_3 + H_2O$
제4종	$2KHCO_3 + (NH_2)_2CO$ $\longrightarrow K_2CO_3 + 2NH_3 + 2CO_2$

33 위험물 제조소 등의 용도 폐지 신고에 대한 설명으로 옳지 않은 것은?

① 용도 폐지 후 30일 이내에 신고하여야 한다.
② 완공검사 필증을 첨부한 용도 폐지 신고서를 제출하는 방법으로 신고한다.
③ 전자 문서로 된 용도 폐지 신고서를 제출하는 경우에도 완공검사 필증을 제출하여야 한다.
④ 신고 의무의 주체는 해당 제조소 등의 관계인이다.

해설 제조소 등의 용도를 폐지한 날부터 14일 이내에 시·도지사에게 신고하여야 한다.

34 플래시오버에 대한 설명으로 틀린 것은?

① 국소 화재에서 실내의 가연물들이 연소하는 대화재로의 전이
② 환기 지배형 화재에서 연료 지배형 화재로의 전이
③ 실내의 천장 쪽에 축적된 미연소 가연성 증기나 가스를 통한 화염의 급격한 전파
④ 내화 건축물의 실내 화재 온도 상황으로 보아 성장기에서 최성기로의 진입

해설 ② 연료 지배형 화재에서 환기 지배형 화재로 전이

35 다음 중 수소, 아세틸렌과 같은 가연성 가스가 공기 중 누출되어 연소하는 형식에 가장 가까운 것은?

① 확산 연소
② 증발 연소
③ 분해 연소
④ 표면 연소

해설 ① 확산 연소 : 가연성 가스가 공기 중 누출되어 연소하는 형태
예 수소, 아세틸렌 등
② 증발 연소 : 액체 표면에서 발생한 가연성 증기가 착화되어 화염을 발생시키고 이 화염의 온도에 의해 액체의 표면이 더욱 가열되면서 액체의 증발을 촉진시켜 연소를 계속해가는 형태
예 에테르, 가솔린, 석유, 알코올 등
③ 분해 연소 : 가연성 고체에 충분한 열이 공급되면 가열 분해에 의하여 발생된 가연성 가스(CO, H_2, CH_4 등)가 공기와 혼합되어 연소하는 형태
예 목재, 석탄, 종이, 플라스틱 등
④ 표면(직접) 연소 : 열분해에 의해 가연성 가스를 발생시키지 않고 그 자체가 연소하는 형태
예 숯, 목탄, 코크스, 금속분(아연분) 등

36 위험물안전관리법령상 분말 소화 설비의 기준에서 규정한 전역 방출 방식 또는 국소 방출 방식 분말 소화 설비의 가압용 또는 축압용 가스에 해당하는 것은?

① 네온 가스
② 아르곤 가스
③ 수소 가스
④ 이산화탄소 가스

해설 분말 소화 설비에서 전역 방출 방식 또는 국소 방출 방식에서 가압용 또는 축압용 가스 : 이산화탄소

37 위험물안전관리법령에 의해 옥외 저장소에 저장을 허가받을 수 없는 위험물은?

① 제2류 위험물 중 황(금속제 드럼에 수납)
② 제4류 위험물 중 가솔린(금속제 드럼에 수납)
③ 제6류 위험물
④ 국제해상위험물규칙(IMDG Code)에 적합한 용기에 수납된 위험물

해설 옥외 저장소에 저장을 허가받을 수 있는 위험물

㉠ 제2류 위험물 중 황 또는 인화성 고체(인화점이 0℃ 이상인 것에 한한다)

㉡ 제4류 위험물 중 제1석유류(인화점이 0℃ 이상인 것에 한한다), 알코올류, 제2석유류, 제3석유류, 제4석유류, 동·식물유류

㉢ 제6류 위험물

㉣ 제2류 위험물, 제4류 위험물 중 특별시·광역시 또는 도의 조례로 정하는 위험물

㉤ 국제해상위험물규칙(IMDG Code)에 적합한 용기에 수납된 위험물

38 제1종, 제2종, 제3종 분말 소화 약제의 주성 분에 해당하지 않는 것은?

① 탄산수소나트륨   ② 황산마그네슘
③ 탄산수소칼륨   ④ 인산암모늄

해설 분말 소화 약제의 주성분

종류	착색
1종 분말($NaHCO_3$)	백색
2종 분말($KHCO_3$)	보라색
3종 분말($NH_4H_2PO_4$)	담홍색(핑크색)
4종 분말($KHCO_3+(NH_2)_2CO$)	회백색

39 다음 중 소화 효과에 대한 설명으로 틀린 것은?

① 기화 잠열이 큰 소화 약제를 사용할 경우 냉각 소화 효과를 기대할 수 있다.
② 이산화탄소에 의한 소화는 주로 질식 소화로 화재를 진압한다.
③ 할로겐 화합물 소화 약제는 주로 냉각 소화를 한다.
④ 분말 소화 약제는 질식 효과와 부촉매 효과 등으로 화재를 진압한다.

해설 ③ 할로겐 화합물 소화 약제는 주로 질식 효과, 부촉매 효과 및 냉각 효과를 한다.

40 금속 칼륨과 금속 나트륨은 어떻게 보관하여야 하는가?

① 공기 중에 노출하여 보관
② 물속에 넣어서 밀봉하여 보관
③ 석유 속에 넣어서 밀봉하여 보관
④ 그늘지고 통풍이 잘되는 곳에 산소 분위기에서 보관

해설

위험물	보호액
K, Na, 적린	등유(석유), 경유, 유동 파라핀
황린, CS_2	물속(수조)

41 위험물안전관리법령에 따른 스프링클러 헤드의 설치 방법에 대한 설명으로 옳지 않은 것은?

① 개방형 헤드는 반사판으로부터 하방으로 0.45m, 수평 방향으로 0.3m의 공간을 보유할 것
② 폐쇄형 헤드는 가연성 물질 수납 부분에 설치 시 반사판으로부터 하방으로 0.9m, 수평 방향으로 0.4m의 공간을 확보할 것
③ 폐쇄형 헤드 중 개구부에 설치하는 것은 해당 개구부의 상단으로부터 높이 0.15m 이내의 벽면에 설치할 것
④ 폐쇄형 헤드 설치 시 급배기용 덕트의 긴 변의 길이가 1.2m를 초과하는 것이 있는 경우에는 해당 덕트의 윗부분에만 헤드를 설치할 것

해설 ④ 폐쇄형 헤드 설치 시 급배기용 덕트의 긴 변의 길이가 1.2m를 초과하는 것이 있는 경우에는 해당 덕트의 아랫면에도 스프링클러 헤드를 설치한다.

42 위험물안전관리법령상의 제3류 위험물 중 금수성 물질에 해당하는 것은?

① 황린   ② 적린   ③ 마그네슘 ④ 칼륨

해설 ① 황린 : 제3류 위험물 중 자연발화성 물질
② 적린 : 제2류 위험물
③ 마그네슘 : 제2류 위험물
④ 칼륨 : 제3류 위험물 중 금수성 물질
$$2K+2H_2O \longrightarrow 2KOH+H_2$$

정답 38 ②   39 ③   40 ③   41 ④   42 ④

43 적린의 성질에 대한 설명 중 옳지 않은 것은?

① 황린과 성분 원소가 같다.
② 발화 온도는 황린보다 낮다.
③ 물, 이황화탄소에 녹지 않는다.
④ 브로민화인에 녹는다.

해설 ② 발화 온도는 황린보다 높다.

위험물	발화 온도
황린	34℃
적린	260℃

44 트라이메틸알루미늄이 물과 반응 시 생성되는 물질은?

① 산화알루미늄
② 메탄
③ 메틸알코올
④ 에탄

해설 $(CH_3)_3Al + 3H_2O \longrightarrow Al(OH)_3 + 3CH_4$

45 소화 설비의 기준에서 용량이 160L인 팽창 질석의 능력 단위는?

① 0.5　　② 1.0　　③ 1.5　　④ 2.5

해설

소화 설비	용량	능력 단위
팽창 질석 또는 팽창 진주암 (삽 1개 포함)	160L	1.0

46 흑색 화약의 원료로 사용되는 위험물의 유별을 옳게 나타낸 것은?

① 제1류, 제2류
② 제1류, 제4류
③ 제2류, 제4류
④ 제4류, 제5류

해설 흑색 화약(blackgun powder) : 질산칼륨(KNO_3)과 황(S), 목탄분(C)을 75% : 10% : 15%의 비율(표준 배합 비율)로 혼합한 것이다.
여기서, ㉠ 질산칼륨(KNO_3) : 제1류 위험물
　　　　㉡ 황(S) : 제2류 위험물

47 위험물안전관리법령상 행정안전부령으로 정하는 제1류 위험물에 해당하지 않는 것은?

① 과아이오딘산
② 질산구아니딘
③ 차아염소산염류
④ 염소화이소시아눌산

해설 행정안전부령으로 정하는 위험물의 구분

품명	지정 물질
제1류 위험물	1. 과아이오딘산염류 2. 과아이오딘산 3. 크로뮴, 납 또는 아이오딘의 산화물 4. 아질산염류 5. 차아염소산염류 6. 염소화이소시아눌산 7. 퍼옥소이황산염류 8. 퍼옥소붕산염류
제3류 위험물	염소화규소 화합물
제5류 위험물	1. 금속의 아지 화합물 2. 질산구아니딘
제6류 위험물	할로겐간 화합물

48 다음 물질 중 제1류 위험물이 아닌 것은?

① Na_2O_2
② $NaClO_3$
③ NH_4ClO_4
④ $HClO_4$

해설 ④ $HClO_4$(과염소산) : 제6류 위험물

49 적린의 위험성에 관한 설명 중 옳은 것은?

① 공기 중에 방치하면 폭발한다.
② 산소와 반응하여 포스핀 가스를 발생한다.
③ 연소 시 적색의 오산화인이 발생한다.
④ 강산화제와 혼합하면 충격·마찰에 의해 발화할 수 있다.

해설 ① 공기 중에 방치하면 황린과 같이 자연발화하지 않지만 260℃ 이상 가열하면 발화한다.
② 산소와 반응하여 오산화인을 발생한다.
③ 연소 시 백색의 오산화인이 발생한다.
　　$4P + 5O_2 \longrightarrow 2P_2O_5$

50 위험물 제조소에 설치하는 안전 장치 중 위험물의 성질에 따라 안전밸브의 작동이 곤란한 가압 설비에 한하여 설치하는 것은?

① 파괴판
② 안전밸브를 병용하는 경보 장치
③ 감압 측에 안전밸브를 부착한 감압 밸브
④ 연성계

해설 파괴판의 설명이다.

51 과산화나트륨이 물과 반응하면 어떤 물질과 산소를 발생하는가?

① 수산화나트륨
② 수산화칼륨
③ 질산나트륨
④ 아염소산나트륨

해설 과산화나트륨(Na_2O_2)과 물의 반응
㉠ 물이 차고 다량인 경우
$$Na_2O_2 + 2H_2O \longrightarrow 2NaOH + H_2O_2$$
㉡ 상온에서 적당한 물과 반응한 경우
$$2Na_2O_2 + 4H_2O \longrightarrow 4NaOH + 2H_2O + O_2$$
㉢ 온도가 높은 소량의 물과 반응한 경우
$$2Na_2O_2 + 2H_2O \longrightarrow 4NaOH + O_2$$

52 과염소산칼륨과 가연성 고체 위험물이 혼합되는 것은 위험하다. 그 주된 이유는 무엇인가?

① 전기가 발생하고 자연 가열되기 때문이다.
② 중합 반응을 하여 열이 발생되기 때문이다.
③ 혼합하면 과염소산칼륨이 연소하기 쉬운 액체로 변하기 때문이다.
④ 가열, 충격 및 마찰에 의하여 발화·폭발 위험이 높아지기 때문이다.

해설 과염소산칼륨($KClO_4$)과 가연성 고체 위험물이 혼합되는 것이 위험한 주된 이유 : 가열, 충격 및 마찰에 의하여 발화·폭발 위험이 높아지기 때문이다.

53 황의 성질을 설명한 것으로 옳은 것은?

① 전기의 양도체이다.
② 물에 잘 녹는다.
③ 연소하기 어려워 분진 폭발의 위험성은 없다.
④ 높은 온도에서 탄소와 반응하여 이황화탄소가 생긴다.

해설 ① 전기의 절연체이다.
② 물이나 산에 잘 녹지 않는다.
③ 미세한 가루 상태로 밀폐 공간 내에서 공기 중 부유할 때는 공기 중의 산소와 혼합하여 폭명기를 만들어 분진 폭발을 일으킨다.

54 다음 중 발화점이 가장 낮은 것은?

① 이황화탄소
② 산화프로필렌
③ 휘발유
④ 메탄올

해설

위험물	발화점
이황화탄소	100℃
산화프로필렌	465℃
휘발유	300℃
메탄올	464℃

55 질산칼륨에 대한 설명 중 옳은 것은?

① 유기물 및 강산에 보관할 때 매우 안정하다.
② 열에 안정하여 1,000℃를 넘는 고온에서도 분해되지 않는다.
③ 알코올에는 잘 녹으나 물, 글리세린에는 잘 녹지 않는다.
④ 무색, 무취의 결정 또는 분말로서 화약의 원료로 사용된다.

해설 ① 유기물과의 접촉을 피하고, 강산류는 같은 장소에 저장하지 않도록 철저히 격리한다.
② 가열하면 400℃에서 완전히 열분해하여 서서히 산소를 방출한다. 분해 시 산소의 방출량이 많아서 화약이나 폭약의 산소 공급제로 이용된다.
$$2KNO_3 \longrightarrow 2KNO_2 + O_2$$
③ 알코올, 물, 글리세린에는 잘 녹고 에테르에 녹지 않는다.

정답 50 ① 51 ① 52 ④ 53 ④ 54 ① 55 ④

56 칼륨을 물에 반응시키면 격렬한 반응이 일어난다. 이때 발생하는 기체는 무엇인가?

① 산소   ② 수소
③ 질소   ④ 이산화탄소

해설 $2K + 2H_2O \longrightarrow 2KOH + H_2$

57 다음 중 메틸알코올의 위험성으로 옳지 않은 것은?

① 나트륨과 반응하여 수소기체를 발생한다.
② 휘발성이 강하다.
③ 연소 범위가 알코올류 중 가장 좁다.
④ 인화점이 상온(25℃)보다 낮다.

해설 ③ 연소 범위가 알코올류 중 가장 넓다.

알코올류	연소 범위
메틸알코올	7.3~36%
에틸알코올	4.3~19%
프로필알코올	2.1~13.5%
이소프로필알코올	2.0~12%

58 다음 중 위험물안전관리법령상 제6류 위험물에 해당하는 것은?

① 황산   ② 염산
③ 질산염류   ④ 할로겐간 화합물

해설 (1) ①, ② : 화공약품
③ : 제1류 위험물
④ : 제6류 위험물
(2) 제6류 위험물의 품명 및 지정 수량

성질	품명	지정수량	위험등급
산화성 액체	1. 과염소산	300kg	I
	2. 과산화수소	300kg	
	3. 질산	300kg	
	4. 그 밖에 행정안전부령이 정하는 것 · 할로겐간 화합물(BrF$_3$, BrF$_5$, IF$_5$ 등)	300kg	
	5. 제1호 내지 제4호의1에 해당하는 어느 하나 이상을 함유한 것	300kg	

59 위험물안전관리법령상 제2류 위험물의 위험 등급에 대한 설명으로 옳은 것은?

① 제2류 위험물은 위험 등급 I에 해당되는 품명이 없다.
② 제2류 위험물 중 위험 등급 III에 해당되는 품명은 지정 수량이 500kg인 품명만 해당된다.
③ 제2류 위험물 중 황화인, 적린, 황 등 지정 수량이 100kg인 품명은 위험 등급 I에 해당한다.
④ 제2류 위험물 중 지정 수량이 1,000kg인 인화성 고체는 위험 등급 II에 해당한다.

해설 제2류 위험물의 품명 및 지정 수량

성질	품명	지정수량	위험등급
가연성 고체	1. 황화인	100kg	II
	2. 적린	100kg	
	3. 황	100kg	
	4. 철분	500kg	III
	5. 금속분	500kg	
	6. 마그네슘	500kg	
	7. 그 밖에 행정안전부령이 정하는 것	100kg 또는 500kg	II, III
	8. 제1호부터 제7호까지의 어느 하나에 해당하는 위험물을 하나 이상 함유한 것		
	9. 인화성고체	1,000kg	III

60 제5류 위험물 중 유기 과산화물 30kg과 히드록실아민 500kg을 함께 보관하는 경우 지정 수량의 몇 배인가?

① 3배   ② 8배
③ 10배   ④ 18배

해설 $\dfrac{30}{10} + \dfrac{500}{100} = 8$배

위험물 기능사 (2019. 1. 19 시행)

01 건조사와 같은 고체로 가연물을 덮는 것은 어떤 소화에 해당하는가?

① 제거 소화   ② 질식 소화
③ 냉각 소화   ④ 억제 소화

해설 건조사(마른 모래)와 같은 고체로 가연물을 덮는 것은 질식 소화이다. 즉 가연물이 연소하고 있는 경우 공급되는 공기 중의 산소의 양을 15%(용량) 이하로 하면 산소 결핍에 의하여 자연적으로 연소가 정지된다. 이러한 방법이 질식 소화이다.

02 제5류 위험물의 일반적인 화재 예방 및 소화 방법에 대한 설명으로 옳지 않은 것은?

① 불꽃, 고온체의 접근을 피한다.
② 할로겐 화합물 소화기는 소화에 적응성이 없으므로 사용해서는 안 된다.
③ 위험물 제조소에는 "화기 엄금" 주의 사항 게시판을 설치한다.
④ 화재 발생 시 팽창 질석에 의한 질식 소화를 한다.

해설 제5류 위험물은 화재 발생 시 다량의 물에 의한 주수 소화가 좋다.

03 다음 중 소화 약제에 대한 설명으로 틀린 것은 어느 것인가?

① 물은 기화 잠열이 크고 구하기 쉽다.
② 화학포 소화 약제는 물에 탄산칼슘을 보강시킨 소화 약제를 말한다.
③ 산ㆍ알칼리 소화 약제는 황산이 사용된다.
④ 탄산 가스는 전기 화재에 효과적이다.

해설 화학포(chemical foam) 소화 약제 : 탄산수소나트륨($NaHCO_3$)과 황산알루미늄$[Al_2(SO_4)_3 \cdot 18H_2O]$이 주성분으로 화재가 발생하였을 때 수용액 상태로 하여 서로 혼합시킴으로써 화학 반응을 일으킨다. 화학 반응에 의해 생성된 포의 내부에 들어있는 이산화탄소에 의해서 포가 외부로 방출됨으로써 질식 소화 작용, 냉각 소화 작용 및 유화 소화 작용에 의해 가연물의 화재를 소화한다.

04 탄화알루미늄이 물과 반응하면 폭발의 위험이 있는 것은 다음 중 어떤 가스가 발생하기 때문인가?

① 수소   ② 메탄
③ 아세틸렌   ④ 암모니아

해설 $Al_4C_3 + 12H_2O \longrightarrow 4Al(OH)_3 + 3CH_4$

05 과염소산에 화재가 발생했을 때 조치 방법으로 적합하지 않은 것은?

① 환원성 물질로 중화한다.
② 물과 반응하여 발열하므로 주의한다.
③ 마른 모래로 소화한다.
④ 인산염류 분말로 소화한다.

해설 과염소산($HClO_4$)은 다량의 물로 분무 주수하거나 분말 소화 약제를 사용한다.

06 자기 반응성 물질의 화재 예방에 대한 설명으로 옳지 않은 것은?

① 가열 및 충격을 피한다.
② 할로겐 화합물 소화기를 구비한다.
③ 가급적 소분하여 저장한다.
④ 차고 어두운 곳에 저장하여야 한다.

해설 ② 강산화제, 강산류, 기타 물질이 혼입되지 않도록 한다.

07 메틸알코올 8,000L에 대한 소화 능력으로 삽을 포함한 마른 모래를 몇 L 설치하여야 하는가?

① 100   ② 200   ③ 300   ④ 400

해설 소요 단위 $= \dfrac{\text{저장량}}{\text{지정 수량} \times 10\text{배}} = \dfrac{8,000}{400 \times 10} = 2$단위

즉, 마른 모래는 삽을 상비한 150L 이상의 것 1포가 0.5 단위이다.
50 : 0.5단위 $= x$: 2단위
∴ $x = 200$L

정답   01 ②   02 ④   03 ②   04 ②   05 ①   06 ②   07 ②

08 화재 시 이산화탄소를 방출하여 산소의 농도를 12.5%로 낮추어 소화하려면 공기 중 이산화탄소의 농도는 약 몇 vol%로 해야 하는가?

① 30.7 ② 32.8 ③ 40.5 ④ 68.0

해설 CO_2의 농도(%)$=\dfrac{21-O_2}{21}$
$$=\dfrac{21-12.5}{21}\times100=40.5\%$$

09 일반적 성질이 산소 공급원이 되는 위험물로 내부 연소를 하는 것은?

① 제1류 위험물 ② 제2류 위험물
③ 제5류 위험물 ④ 제6류 위험물

해설 제5류 위험물은 외부의 산소 없이도 내부 연소(자기 연소)하며 연소 속도가 빠르다.

10 피난 구조 설비를 설치하여야 하는 위험물 제조소 등에 해당하는 것은?

① 건축물의 2층 부분을 자동차 정비소로 사용하는 주유 취급소
② 건축물의 2층 부분을 전시장으로 사용하는 주유 취급소
③ 건축물의 2층 부분을 주유 사무소로 사용하는 주유 취급소
④ 건축물의 2층 부분을 관계자의 주거 시설로 사용하는 주유 취급소

해설 ㉠ 주유 취급소 중 건축물의 2층 부분을 점포, 휴게 음식점 또는 전시장의 용도로 사용하는 것과 옥내 주유 취급소에서는 피난 설비를 설치하여야 한다.
㉡ 피난 구조 설비란 화재가 발생할 경우 피난하기 위하여 사용하는 기구 또는 설비이다.

11 마그네슘분에 대한 설명으로 옳은 것은?

① 물보다 가벼운 금속이다.
② 분진 폭발이 없는 물질이다.
③ 황산과 반응하면 수소 가스를 발생한다.
④ 소화 방법으로 직접적인 주수 소화가 가장 좋다.

해설 ① 물보다 무거운 금속이다(비중 1.74).
② 공기 중에 미세한 분말이 밀폐 공간 내 부유할 때는 스파크 등 적은 점화원에 의해 분진 폭발을 일으키며 얇은박, 칩, 부스러기도 쉽게 발화한다.
③ 강산(황산)과 반응하여 수소 가스를 발생한다.
$$Mg+H_2SO_4 \longrightarrow MgSO_4+H_2$$
④ 일단 연소하면 소화가 곤란하며 초기 소화 또는 소규모 화재 시는 석회분, 마른 모래 등으로 소화하고, 기타의 경우는 다량의 소화 분말, 소석회, 건조사 등으로 질식 소화한다.

12 탄화칼슘의 성질에 대한 설명 중 틀린 것은?

① 질소 중에서 고온 가열하면 석회질소가 된다.
② 융점은 약 300℃이다.
③ 비중은 약 2.2이다.
④ 물질의 상태는 고체이다.

해설 ② 융점은 2,300℃이다.

13 벤조일퍼옥사이드의 성질 및 저장에 관한 설명으로 틀린 것은?

① 직사일광을 피하고 찬 곳에 저장한다.
② 산화제이므로 유기물, 환원성 물질과 접촉을 피한다.
③ 발화점이 상온 이하이므로 냉장 보관해야 한다.
④ 건조 방지를 위해 물 등의 희석제를 사용해야 한다.

해설 ③ 발화점이 125℃이며 직사광선 차단, 화기 엄금, 충격, 마찰 등의 물리적 에너지원 배제, 저장 중 전도·낙하를 방지한다.

14 아세트산의 일반적 성질에 대한 설명 중 틀린 것은?

① 무색 투명한 액체이다.
② 수용성이다.
③ 증기 비중은 등유보다 크다.
④ 겨울철에 고화될 수 있다.

해설

	아세트산	등유
증기 비중	2.1	4~5

15 가솔린의 위험성에 대한 설명 중 틀린 것은?

① 인화점이 낮아 인화하기 쉽다.
② 증기는 공기보다 가벼우며 쉽게 착화한다.
③ 사에틸납이 혼합된 가솔린은 유독하다.
④ 정전기 발생에 주의하여야 한다.

해설 가솔린의 증기는 공기보다 무겁기 때문에 낮은 곳에 흘러서 체류하기 쉬우며 먼 곳에서도 인화하기 쉽다.

16 다음 중 발화점이 가장 낮은 것은?

① 피크르산
② 적린
③ 에틸알코올
④ 트라이나이트로톨루엔

해설

위험물	발화점
피크르산	300℃
적린	260℃
에틸알코올	423℃
트라이나이트로톨루엔	300℃

17 피크르산의 성질에 대한 설명 중 틀린 것은?

① 황색의 액체이다.
② 쓴맛이 있으며 독성이 있다.
③ 납과 반응하여 예민하고 폭발 위험이 있는 물질을 형성한다.
④ 에테르, 알코올에 녹는다.

해설 ① 순수한 것은 무색이지만 보통 공업용은 휘황색의 침상 결정이다.

18 질산에스터류에 속하지 않는 것은?

① 트라이나이트로톨루엔
② 질산에틸
③ 나이트로글리세린
④ 나이트로셀룰로오스

해설 (1) 질산에스터류
　ⓒ 질산메틸　　　　　ⓛ 질산에틸
　ⓒ 나이트로셀룰로오스　ⓔ 나이트로글리세린
　ⓜ 펜트리트
(2) 나이트로 화합물
　ⓒ 트라이나이트로톨루엔　ⓛ 트라이나이트로페놀
　ⓒ 다이나이트로톨루엔　　ⓔ 다이나이트로나프탈렌

19 질산의 성질에 대한 설명으로 틀린 것은?

① 연소성이 있다.
② 물과 혼합하면 발열한다.
③ 부식성이 있다.
④ 강한 산화제이다.

해설 질산 자신은 불연성 물질이지만 강한 산화력을 가지고 있는 강산화성 물질이다.

20 제6류 위험물에 해당하지 않는 것은?

① 염산
② 질산
③ 과염소산
④ 과산화수소

해설 ① 염산은 화공 약품이다.

21 다음 중 과염소산이 물과 접촉 시 일어나는 반응은?

① 중합 반응
② 연소 반응
③ 흡열 반응
④ 발열 반응

해설 과염소산($HClO_4$)은 물과 반응하면 소리를 내며 심하게 발열 반응하며 생긴 혼합물로 강한 산화력을 가진다.

22 유기 과산화물에 대한 설명으로 옳은 것은?

① 제1류 위험물이다.
② 화재 발생 시 질식 소화가 가장 효과적이다.
③ 산화제 또는 환원제와 같이 보관하여 화재에 대비한다.
④ 지정 수량은 10kg이다.

정답 15 ② 16 ② 17 ① 18 ① 19 ① 20 ① 21 ④ 22 ④

해설 ① 제5류 위험물이다.
② 유기 과산화물의 내부에는 산소가 존재하기 때문에 질식 소화는 효과가 없고 고체인 경우는 분무 주수하면 유효하며 액체인 경우 또는 첨가한 유기 용제의 경우는 CO_2나 건조 분말은 양이 적거나 화재 초기에는 일부 효과가 있다.
③ 산화제 또는 환원제와 격리시킨다.

23 증기압이 높고 액체가 피부에 닿으면 동상과 같은 증상을 나타내며 Cu, Ag, Hg 등과 반응하여 폭발성 화합물을 만드는 것은?

① 메탄올
② 가솔린
③ 톨루엔
④ 산화프로필렌

해설 산화프로필렌(CH_3CHOCH_2)의 설명이다.

24 다음 중 탄화칼슘을 대량으로 저장하는 용기에 봉입하는 가스로 가장 적합한 것은?

① 포스겐
② 인화수소
③ 질소 가스
④ 아황산 가스

해설 탄화칼슘(CaC_2)을 대량 저장 시 용기에 질소 가스인 불연성 가스를 봉입한다.

25 다음 중 물에 녹지 않는 인화성 액체는?

① 벤젠
② 아세톤
③ 메틸알코올
④ 아세트알데하이드

해설 벤젠(C_6H_6)은 물에는 녹지 않지만 에탄올, 아세톤, 사염화탄소, 에테르에 임의로 녹으며 여러 가지의 유기 물질을 잘 녹인다.

26 아이소프로필알코올에 대한 설명으로 옳지 않은 것은?

① 탈수하면 프로필렌이 된다.
② 탈수소하면 아세톤이 된다.
③ 물에 녹지 않는다.
④ 무색 투명한 액체이다.

해설 아이소프로필알코올[$(CH_3)_2CHOH$]은 흡습성은 없으나 물, 알코올, 에테르에 녹는다.

27 지정 수량 이상의 위험물을 소방서장의 승인을 받아 제조소 등이 아닌 장소에서 임시로 저장 또는 취급할 수 있는 기간은 얼마 이내인가? (단, 군부대가 군사 목적으로 임시로 저장 또는 취급하는 경우는 제외한다.)

① 30일
② 60일
③ 90일
④ 180일

해설 지정 수량 이상의 위험물을 소방서장의 승인을 받아 제조소 등이 아닌 장소에서 임시로 저장 또는 취급할 수 있는 기간은 90일 이내이다.

28 과산화수소의 위험성에 대한 설명 중 틀린 것은?

① 오래 저장하면 자연발화의 위험이 있다.
② 햇빛에 의해 분해되므로 햇빛을 차단하여 보관한다.
③ 고농도의 것은 분해 위험이 있으므로 인산 등을 넣어 분해를 억제시킨다.
④ 농도가 진한 것은 피부와 접촉하면 수종을 일으킨다.

해설 ① 오래 저장하여도 자연발화의 위험은 없다.

29 제6류 위험물의 공통적 성질이 아닌 것은?

① 산화성 액체이다.
② 지정 수량이 300kg이다.
③ 무기 화합물이다.
④ 물보다 가볍다.

해설 ④ 물보다 무겁다.

제6류 위험물	비 중
$HClO_4$	1.76
H_2O_2	1.465
HNO_3	1.49

30 그림과 같은 타원형 위험물 탱크의 내용적을 구하는 식을 옳게 나타낸 것은?

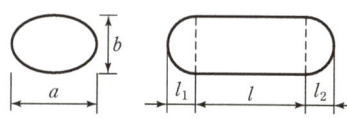

① $\dfrac{\pi ab}{4}\left(l+\dfrac{l_1+l_2}{3}\right)$ ② $\dfrac{\pi ab}{4}\left(l+\dfrac{l_1-l_2}{3}\right)$

③ $\pi ab\left(l+\dfrac{l_1+l_2}{3}\right)$ ④ πabl^2

해설 탱크의 내용적 계산법

(1) 타원형 탱크의 내용적

ㄱ 양쪽이 볼록한 경우

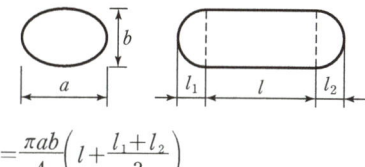

$V=\dfrac{\pi ab}{4}\left(l+\dfrac{l_1+l_2}{3}\right)$

ㄴ 한쪽이 볼록하고 다른 한쪽은 오목한 경우

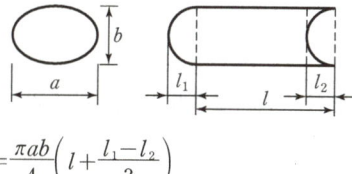

$V=\dfrac{\pi ab}{4}\left(l+\dfrac{l_1-l_2}{3}\right)$

(2) 원통형 탱크의 내용적

ㄱ 횡(수평)으로 설치한 것

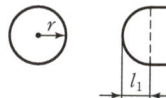

$V=\pi r^2\left[l+\dfrac{l_1+l_2}{3}\right]$

ㄴ 종(수직)으로 설치한 것

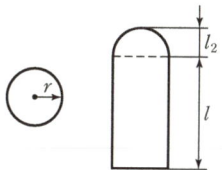

$V=\pi r^2 l$ (탱크의 지붕 부분(l_2)은 제외)

31 알코올류 20,000L에 대한 소화 설비 설치 시 소요 단위는?

① 5 ② 10
③ 15 ④ 20

해설 소요 단위$=\dfrac{저장량}{지정 수량\times 10배}=\dfrac{20,000}{400\times 10}=5$

32 탄산수소나트륨 분말 소화 약제에서 분말에 습기가 침투하는 것을 방지하기 위해서 사용하는 물질은?

① 스테아린산아연
② 수산화나트륨
③ 황산마그네슘
④ 인산

해설 분말 소화기는 소화 분말의 방습 표면 처리제로 금속 비누(스테아린산아연, 스테아린산알루미늄 등)를 사용한다.

33 화재가 발생한 후 실내 온도는 급격히 상승하고 축적된 가연성 가스가 착화하면 실내 전체가 화염에 휩싸이는 화재 현상은?

① 보일 오버
② 슬롭 오버
③ 플래시 오버
④ 파이어 볼

해설 ① 보일 오버(boil over) : 연소열에 의한 탱크 내부 수분층의 이상 팽창으로 수분 팽창층 윗부분의 기름이 급격히 넘쳐 나오는 현상이다.

② 슬롭 오버(slop over) : 중유는 인화점이 높기 때문에 한번 연소하기 시작하면 액온이 높아지므로 주수 소화를 하면 수분이 비등 증발하여 소화하기가 힘들어지는 현상이다.

③ 플래시 오버(flash over) : 화재가 발생한 후 실내 온도는 급격히 상승하고 축적된 가연성 가스가 착화하면 실내 전체가 화염에 휩싸이는 화재 현상을 말한다.

④ 파이어 볼(fire ball) : 액화 가스 탱크가 폭발하면서 flash 증발을 일으켜 가연성 기체 및 액체 혼합물이 대량으로 분출한다. 이것이 발화하면 지면에 반구상으로 화염을 형성한 후 부력으로 상승함과 동시에 주변의 공기를 말아 올려 화염은 구상으로 되 면서 버섯 형태의 화재를 만든다.

정답 30 ① 31 ① 32 ① 33 ③

34 인화점이 낮은 것부터 높은 순서로 나열된 것은?

① 톨루엔 - 아세톤 - 벤젠
② 아세톤 - 톨루엔 - 벤젠
③ 톨루엔 - 벤젠 - 아세톤
④ 아세톤 - 벤젠 - 톨루엔

해설

위험물 종류	인화점
아세톤	$-18℃$
벤젠	$-11.1℃$
톨루엔	$4.5℃$

35 옥외 소화전 설비의 기준에서 옥외 소화전함은 옥외 소화전으로부터 보행 거리 몇 m 이하의 장소에 설치하여야 하는가?

① 1.5 ② 5 ③ 7.5 ④ 10

해설 옥외 소화전 설비의 기준에서 옥외 소화전함은 옥외 소화전으로부터 보행 거리 5m 이하의 장소에 설치한다.

36 다음 중 화재 시 사용하면 독성의 $COCl_2$ 가스를 발생시킬 위험이 가장 높은 소화 약제는?

① 공기포 ② 제1종 분말
③ 사염화탄소 ④ 액화이산화탄소

해설 사염화탄소 소화 약제를 밀폐된 장소에서 사용해서는 안 되는 이유

㉠ $2CCl_4+O_2 \longrightarrow 2COCl_2+2Cl_2$(건조된 공기 중)
㉡ $CCl_4+H_2O \longrightarrow COCl_2+2HCl$(습한 공기 중)
㉢ $CCl_4+CO_2 \longrightarrow 2COCl_2$(탄산가스 중)
㉣ $3CCl_4+Fe_2O_3 \longrightarrow 3COCl_2+2FeCl_3$(철 존재 시)

37 산·알칼리 소화기에서 소화약제를 방출하는 데 방사 압력원으로 이용되는 것은?

① 공기 ② 질소
③ 아르곤 ④ 탄산 가스

해설 산·알칼리 소화 약제의 산인 황산 수용액과 알칼리인 탄산수소나트륨 수용액을 서로 혼합하면 황산나트륨

(Na_2SO_4), 이산화탄소(CO_2)가 발생되며, 이산화탄소가 포의 핵으로서 포를 외부로 방출시켜 주는 방출원 역할을 한다.
$2NaHCO_3+H_2SO_4$
$\longrightarrow Na_2SO_4+2CO_2+2H_2O$

38 위험물 제조소 등별로 설치하여야 하는 경보 설비의 종류에 해당하지 않는 것은?

① 비상 방송 설비 ② 비상 조명등 설비
③ 자동 화재 탐지 설비 ④ 비상 경보 설비

해설 (1) 경보 설비
㉠ 단독경보형 감지기
㉡ 비상경보설비: 비상벨설비·자동식사이렌설비
㉢ 시각경보기 ㉣ 자동화재탐지설비
㉤ 화재알림설비 ㉥ 비상방송설비
㉦ 자동화재속보설비 ㉧ 통합감시시설
㉨ 누전경보기 ㉩ 가스누설경보기
(2) 피난 구조 설비
㉠ 피난기구 ㉡ 인명구조기구
㉢ 유도등 ㉣ 비상조명등 및 휴대용비상조명등

39 제1류 위험물에 충분한 에너지를 가하면 공통적으로 발생하는 가스는?

① 염소 ② 질소
③ 수소 ④ 산소

해설 제1류 위험물은 산화성 고체이므로 충분한 에너지를 가하면 공통적으로 산소(O_2) 가스가 발생된다.

40 다음 ( ) 안에 알맞은 용어는?

( )이란 불을 끌어당기는 온도라는 뜻으로, 액체 표면의 근처에서 불이 붙는 데 충분한 농도의 증기를 발생하는 최저 온도를 말한다.

① 연소점 ② 발화점
③ 인화점 ④ 착화점

해설 인화점의 설명이다.

41 위험물안전관리법상 제6류 위험물에 해당하지 않는 것은?

① HNO_3 ② H_2SO_4
③ H_2O_2 ④ $HClO_4$

해설 황산(H_2SO_4)은 화공 약품이다.

42 제6류 위험물과 혼재가 가능한 위험물은? (단, 지정 수량의 10배를 초과하는 경우이다.)

① 제1류 위험물   ② 제2류 위험물
③ 제3류 위험물   ④ 제5류 위험물

해설 유별을 달리하는 혼재 기준

구 분	제1류	제2류	제3류	제4류	제5류	제6류
제1류		×	×	×	×	○
제2류	×		×	○	○	×
제3류	×	×		○	×	×
제4류	×	○	○		○	×
제5류	×	○	×	○		×
제6류	○	×	×	×	×	

43 다음 중 방향족 탄화수소에 해당하는 것은?

① 톨루엔   ② 아세트알데히드
③ 아세톤   ④ 디에틸에테르

해설 **방향족 탄화수소** : 벤젠 고리나 나프탈렌 고리를 가진 것으로, 지방족 탄화수소는 대부분 석유를 분별 증류하여 얻지만, 방향족 탄화수소는 석탄을 건류할 때 생기는 콜타르를 분별·증류하여 얻는다. 여기에는 벤젠, 톨루엔 등이 속한다.

44 다음 중 제3석유류로만 나열된 것은?

① 아세트산, 테레빈유
② 글리세린, 아세트산
③ 글리세린, 에틸렌글리콜
④ 아크릴산, 에틸렌글리콜

해설 ① 아세트산(제2석유류), 테레빈유(제2석유류)
② 글리세린(제3석유류), 아세트산(제2석유류)
③ 글리세린(제3석유류), 에틸렌글리콜(제3석유류)
④ 아크릴산(제2석유류), 에틸렌글리콜(제3석유류)

45 물에 의한 냉각 소화가 가능한 것은?

① 황   ② 철분
③ 부틸리튬   ④ 마그네슘

해설 ㉠ 황 : 물에 의한 냉각 소화
㉡ 철분, 부틸리튬, 마그네슘 : 건조사에 의한 질식 소화

46 질산의 위험성에 대한 설명으로 틀린 것은?

① 햇빛에 의해 분해된다.
② 금속을 부식시킨다.
③ 물을 가하면 발열한다.
④ 충격에 의해 쉽게 연소와 폭발을 한다.

해설 ④ 충격에 의해 쉽게 연소와 폭발을 하지 않는다.

47 과산화수소의 저장 및 취급 방법으로 옳지 않은 것은?

① 갈색 용기를 사용한다.
② 직사광선을 피하고 냉암소에 보관한다.
③ 농도가 클수록 위험성이 높아지므로 분해 방지 안정제를 넣어 분해를 억제시킨다.
④ 장기간 보관 시 철분을 넣어 유리 용기에 보관한다.

해설 유리 용기는 알칼리성으로 H_2O_2를 분해·촉진하므로 유리 용기에 장기 보존하지 않아야 한다.

48 다음 나이트로셀룰로오스에 대한 설명 중 틀린 것은?

① 천연 셀룰로오스를 염기와 반응시켜 만든다.
② 질화도가 클수록 위험성이 크다.
③ 질화도에 따라 크게 강면약과 약면약으로 구분할 수 있다.
④ 약 130℃에서 분해한다.

해설 천연 셀룰로오스를 진한 황산과 진한 질산의 혼산으로 반응시켜 만든다.

$$\underset{\text{셀룰로오스}}{C_6H_{10}O_5} + 11HNO_3 \xrightarrow{H_2SO_4} \underset{\text{나이트로셀룰로오스}}{C_{24}H_{29}O_9(NO_3)_{11}} + 11H_2O$$

정답 41 ②   42 ①   43 ①   44 ③   45 ①   46 ④   47 ④   48 ①

49 아세트알데하이드의 저장·취급 시 주의 사항으로 틀린 것은?

① 강산화제와의 접촉을 피한다.
② 취급 설비에는 구리 합금의 사용을 피한다.
③ 수용성이기 때문에 화재 시 물로 희석 소화가 가능하다.
④ 옥외 저장 탱크에 저장 시 조연성 가스를 주입한다.

해설 ④ 옥외 탱크에 저장 시에는 불연성 가스 또는 수증기를 봉입시키고 냉각 장치를 설치한다.

50 위험물 제조소 등에 전기 배선, 조명 기구 등을 제외한 전기 설비가 설치되어 있는 경우에는 당해 장소의 면적 몇 m²마다 소형 수동식 소화기를 1개 이상 설치하여야 하는가?

① 100
② 150
③ 200
④ 300

해설 위험물 제조소 등에 전기 배선, 조명 기구 등을 제외한 전기 설비가 설치되어 있는 경우에는 당해 장소의 면적 $100m^2$ 마다 소형 수동식 소화기를 1개 이상 설치해야 한다.

51 벤젠의 위험성에 대한 설명으로 틀린 것은?

① 휘발성이 있다.
② 인화점이 0℃ 보다 낮다.
③ 증기는 유독하여 흡입하면 위험하다.
④ 이황화탄소보다 발화점이 낮다.

해설

위험물 종류	발화점
벤젠	498℃
이황화탄소	100℃

52 분자량이 약 110인 무기 과산화물로 물과 접촉하여 발열하는 것은?

① 과산화벤젠
② 과산화마그네슘
③ 과산화칼슘
④ 과산화칼륨

해설 $2K_2O_2 + 2H_2O \longrightarrow 4KOH + O_2 + Qkacl$

53 제4류 위험물의 일반적인 화재 예방 방법이나 진압 대책과 관련한 설명 중 틀린 것은?

① 인화점이 높은 석유류일수록 불연성 가스를 봉입하여 혼합 기체의 형성을 억제하여야 한다.
② 메틸알코올의 화재에는 내알코올포를 사용하여 소화하는 것이 효과적이다.
③ 물에 의한 냉각 소화보다는 이산화탄소, 분말, 포에 의한 질식 소화를 시도하는 것이 좋다.
④ 중유 탱크 화재의 경우 boil over 현상이 일어나 위험한 상황이 발생할 수 있다.

해설 ① 높은 인화점을 갖거나 휘발성이 낮은 위험물을 저장하고 있는 탱크나 용기의 화재는 냉각을 위해 외부벽에 주수함으로써 가연성의 증기 발생을 억제 한다. 상황에 따라서 분무주수가 냉각시키기에는 지속적이고 효과적인 방법이 될 수 있다.

54 칼륨의 저장 시 사용하는 보호 물질로 가장 적당한 것은?

① 에탄올
② 이황화탄소
③ 석유
④ 이산화탄소

해설

위험물	보호액
칼륨, 나트륨, 적린(붉은인)	석유
CS_2, 황린(백인)	물속

55 다음 중 모두 고체로만 이루어진 위험물은 어느 것인가?

① 제1류 위험물, 제2류 위험물
② 제2류 위험물, 제3류 위험물
③ 제3류 위험물, 제5류 위험물
④ 제1류 위험물, 제5류 위험물

해설 ① 제1류 위험물(산화성 고체), 제2류 위험물(가연성 고체)

정답 49 ④ 50 ① 51 ④ 52 ④ 53 ① 54 ③ 55 ①

② 제2류 위험물(가연성 고체), 제3류 위험물(자연발 화성 및 금수성 물질)

③ 제3류 위험물(자연 발화성 및 금수성 물질), 제5류 위험물(자기 반응성 물질)

④ 제1류 위험물(산화성 고체), 제5류 위험물(자기 반응성 물질)

56 과산화벤조일 취급 시 주의 사항에 대한 설명 중 틀린 것은?

① 수분을 포함하고 있으면 폭발하기 쉽다.
② 가열, 충격, 마찰을 피해야 한다.
③ 저장 용기는 차고 어두운 곳에 보관한다.
④ 희석제를 첨가하여 폭발성을 낮출 수 있다.

해설 ① 물, 불활성 용매 등의 희석제를 혼합하면 폭발성이 줄어든다. 따라서 저장, 취급 중 희석제의 증발을 막아야 한다.

57 다음 반응식과 같이 벤젠 1kg이 연소할 때 발생되는 CO_2의 양은 약 몇 m^3인가? (단, 27℃, 750mmHg 기준이다.)

$$C_6H_6 + 7.5O_2 \longrightarrow 6CO_2 + 3H_2O$$

① 0.72
② 1.22
③ 1.92
④ 2.42

해설 $C_6H_6 + 7.5O_2 \longrightarrow 6CO_2 + 3H_2O$

78kg $\diagdown$ $6 \times 22.4m^3$
1kg $\diagup$ $x(m^3)$

$x = \dfrac{1 \times 6 \times 22.4}{78} = 1.723m^3$

$\dfrac{PV}{T} = \dfrac{P'V'}{T'}$ 에서

$\dfrac{760 \times 1.723}{0+273} = \dfrac{750 \times V'}{27+273}$

$\therefore V' = \dfrac{760 \times 1.723 \times (27+273)}{(0+273) \times 750} = 1.92m^3$

58 제4류 위험물 중 특수 인화물에 해당하지 않는 것은?

① 황화디메틸
② 이소프로필아민
③ 메틸에틸케톤
④ 아세트알데하이드

해설 ㉠ 특수 인화물 : 황화디메틸, 이소프로필아민, 아세트알데하이드
㉡ 제1석유류 : 메틸에틸케톤

59 다음 중 지정 수량이 나머지 셋과 다른 것은?

① 염소산나트륨
② 과산화칼슘
③ 질산칼륨
④ 아염소산나트륨

해설 ㉠ 염소산나트륨, 과산화칼슘, 아염소산나트륨의 지정 수량 : 50kg
㉡ 질산칼륨의 지정 수량 : 300kg

60 위험물안전관리법에서 정의하는 "제조소 등"에 해당되지 않는 것은?

① 제조소
② 저장소
③ 판매소
④ 취급소

해설 ㉠ 제조소 : 위험물을 제조할 목적으로 지정 수량 이상의 위험물을 취급하기 위하여 허가를 받은 장소
㉡ 제조소 등 : 제조소, 저장소, 취급소

위험물 기능사 (2019. 4. 6 시행)

01 위험물의 저장·취급에 관한 법적 규제를 설명하는 것으로 옳은 것은?

① 지정 수량 이상 위험물의 저장은 제조소, 저장소 또는 취급소에서 해야 한다.
② 지정 수량 이상 위험물의 취급은 제조소, 저장소 또는 취급소에서 해야 한다.
③ 제조소 또는 취급소에는 지정 수량 미만의 위험물은 저장할 수 없다.
④ 지정 수량 이상 위험물의 저장 · 취급 기준은 모두 중요 기준이므로 위반 시에는 벌칙이 따른다.

> **해설** ㉠ 지정 수량 : 제조소 등의 설치 허가 등에 있어서 최저의 기준이 되는 수량
> ㉡ 제조소 등 : 제조소, 저장소, 취급소

02 다음 아이오딘값에 관한 설명 중 틀린 것은 어느 것인가?

① 기름 100g에 흡수되는 아이오딘의 g수를 말한다.
② 아이오딘값은 유지에 함유된 지방산의 불포화 정도를 나타낸다.
③ 불포화 결합이 많이 포함되어 있는 것이 건성유이다.
④ 불포화 정도가 클수록 반응성이 작다.

> **해설** 아이오딘값(iodine value) : 동·식물유 내 불포화 결합의 정도를 나타내는 것이며, 불포화 정도가 클수록 반응이 크다.

03 제5류 위험물의 위험성에 대한 설명으로 옳은 것은?

① 유기 질소 화합물에는 자연발화의 위험성을 갖는 것도 있다.
② 연소 시 주로 열을 흡수하는 성질이 있다.
③ 나이트로 화합물은 나이트로기가 적을수록 분해가 용이하고, 분해 발열량도 크다.
④ 연소 시 발생하는 연소 가스가 없으나 폭발력이 매우 강하다.

> **해설** ② 연소 시 주로 열을 발생하는 성질이 있다.
> ③ 나이트로 화합물은 나이트로기가 많을수록 분해가 용이하고 가열·충격 등에 민감해지며 분해 발열량도 크며 폭발력도 커진다.
> ④ 연소 시 발생하는 연소 생성물은 다량이고 유독성 가스가 많이 함유되어 있어 밀폐된 곳에서의 화재 폭발 시 중독 위험이 높다.

04 다음 중 전기 화재의 표시 색상은 어느 것인가?

① 백색
② 황색
③ 무색
④ 청색

> **해설**
>
> | 화재의 종류 | 표시 색상 |
> | --- | --- |
> | 일반 화재(A급 화재) | 백색 |
> | 유류 화재(B급 화재) | 황색 |
> | 전기 화재(C급 화재) | 청색 |
> | 금속 화재(D급 화재) | — |
> | 주방 화재(K급 화재) | — |

05 폭발 시 연소파의 전파 속도 범위에 가장 가까운 것은?

① 0.1~10m/s
② 100~1,000m/s
③ 2,000~3,500m/s
④ 5,000~10,000m/s

> **해설** ㉠ 화재의 연소 속도(연소파) : 0.1~10m/s
> ㉡ 폭발의 연소 속도(폭굉파) : 1,000~3,500m/s

06 연소 중인 가연물의 온도를 떨어뜨려 연소 반응을 정지시키는 소화의 방법은?

① 냉각 소화
② 질식 소화
③ 제거 소화
④ 억제 소화

> **해설** ② 질식 소화 : 가연 물질이 연소하고 있는 경우 공급되는 공기 중의 산소의 양을 15%(용량) 이하로 하면 산소 결핍에 의하여 자연적으로 연소 상태가 정지 된다.

③ 제거 소화 : 가연 물질이 연소의 3요소 또는 4요소를 구성해 연소하고 있을 때 연소의 3요소 중의 하나인 가연 물질을 안전한 장소로 이동·제거 또는 격리시켜 더 이상 연소 또는 화재가 진행하지 않도록 하여 소화시키는 소화 방법이다.

④ 억제 소화 : 부촉매 소화라고 하며, 연소의 4요소 중 가연 물질의 연속적인 연소의 연쇄 반응이 진행하지 않도록 하여 연소 현상인 화재를 소화시키는 방법이다. 다시 말하면 항상 연소의 3요소인 가연 물질·산소 공급원 및 점화원이 연소 현상을 일으킨 후 연속적인 연쇄 반응에 의해 거대한 연소 현상을 가져와 인적·물적 재해를 수반하는 것이므로 연소의 연쇄 반응이 진행되지 않도록 연쇄 반응의 억제제인 부촉매를 이용하여 화재를 소화시키는 소화 방법으로서, 피연소 물질에 물리·화학적 변화를 초래하지 않는다.

07 가연물이 될 수 있는 조건이 아닌 것은?

① 열전달이 잘되는 물질이어야 한다.
② 반응에 필요한 에너지가 작아야 한다.
③ 산화 반응 시 발열량이 커야 한다.
④ 산소와 친화력이 좋아야 한다.

해설 가연물이 될 수 있는 조건
㉠ 산소와의 친화력이 클 것(화학적 활성이 강할 것)
㉡ 열전도율이 적을 것
㉢ 산소와의 접촉 면적이 클 것
㉣ 발열량(연소열)이 클 것
㉤ 활성화 에너지가 작을 것(발열 반응을 일으키는 물질)
㉥ 건조도가 좋을 것(수분의 함유가 적을 것)

08 화학포 소화 약제로 사용하여 만들어진 소화기를 사용할 때 다음 중 가장 주된 소화 효과에 해당하는 것은?

① 제거 소화와 질식 소화
② 냉각 소화와 제거 소화
③ 제거 소화와 억제 소화
④ 냉각 소화와 질식 소화

해설 화학포 소화 약제는 화학 반응에 의해서 생성된 포의 내부에 들어 있는 이산화탄소에 의해 포가 외부로 방출됨으로써 질식 소화 작용, 냉각 소화 작용, 유화 소화 작용에 의해서 가연 물질의 화재를 소화한다.

09 이산화탄소 소화 설비의 기준에서 전역 방출 방식의 분사 헤드의 방사 압력은 저압식의 것에 있어서는 1.05MPa 이상이어야 한다고 규정하고 있다. 이때 저압식의 것은 소화 약제가 몇 ℃ 이하의 온도로 용기에 저장되어 있는 것을 말하는가?

① −18 ② 0 ③ 10 ④ 25

해설 이산화탄소 소화 설비에서 저압식 저장 용기에는 용기 내부의 온도가 −18℃ 이하에서 2.1MPa의 압력을 유지할 수 있는 자동 냉동 장치를 설치한다.

10 할로젠화합물 소화 설비가 적응성이 있는 대상물은?

① 제1류 위험물 ② 제3류 위험물
③ 제4류 위험물 ④ 제5류 위험물

해설

소화 설비의 구분		건축물·그밖의공작물	전기설비	알칼리금속과산화물등	그밖의것	철분·금속분·마그네슘등	인화성고체	그밖의것	금수성물품	그밖의것	제4류위험물	제5류위험물	제6류위험물
				제1류 위험물		제2류 위험물			제3류 위험물				
옥내 소화전 설비 또는 옥외 소화전 설비		○			○		○	○		○		○	○
스프링클러 설비		○			○		○	○		○	△	○	○
물분무등소화설비	물분무 소화 설비	○	○		○		○	○		○	○	○	○
	포 소화 설비	○			○		○	○		○	○	○	○
	불활성 가스 소화 설비		○				○				○		
	할로젠 화합물 소화 설비		○				○				○		
	분말소화설비	인산염류 등	○	○		○		○	○			○		○
		탄산 수소 염류 등		○	○			○		○		○		
		그 밖의 것			○					○				
대형·소형수동식소화기	봉상수 (棒狀水) 소화기	○			○		○	○		○		○	○
	무상수 (無狀水) 소화기	○	○		○		○	○		○		○	○
	봉상강화액 소화기	○			○		○	○		○		○	○
	무상강화액 소화기	○	○		○		○	○		○	○	○	○
	포 소화기	○			○		○	○		○	○	○	○
	이산화탄소 소화기		○				○				○		△
	할론 소화 설비		○				○				○		

분말소화기	인산염류 소화기	○	○			○	○		○	○
	탄산수소염류 소화기		○	○			○		○	○
	그 밖의 것			○			○		○	
기타	물통 또는 수조	○			○	○		○	○	○
	건조사			○	○	○	○	○	○	○
	팽창 질석 또는 팽창 진주암			○	○	○	○	○	○	○

11 다음 중 질산에 대한 설명으로 옳은 것은 어느 것인가?

① 산화력은 없고 강한 환원력이 있다.
② 자체 연소성이 있다.
③ 구리와 반응을 한다.
④ 조연성과 부식성이 없다.

해설 Ag, Cu, Hg 등은 다른 산과 작용하지 않지만 질산과는 반응하여 질산염과 산화질소를 만든다.
$$3Cu + 8HNO_3 \longrightarrow 3Cu(NO_3)_2 + 2NO + 4H_2O$$

12 제조소 등의 용도를 폐지한 경우 제조소 등의 관계인은 용도를 폐지한 날로부터 며칠 이내에 용도 폐지 신고를 하여야 하는가?

① 3일
② 7일
③ 14일
④ 30일

해설 제조소 등의 용도 폐지는 14일 이내에 시·도지사에게 신고한다.

13 다음 중 제4류 위험물과 혼재할 수 없는 위험물은? (단, 지정 수량의 10배 위험물인 경우이다.)

① 제1류 위험물
② 제2류 위험물
③ 제3류 위험물
④ 제5류 위험물

해설 유별을 달리하는 위험물의 혼재 기준

구 분	제1류	제2류	제3류	제4류	제5류	제6류
제1류		×	×	×	×	○
제2류	×		×	○	○	×
제3류	×	×		○	×	×
제4류	×	○	○		○	×
제5류	×	○	×	○		×
제6류	○	×	×	×	×	

14 제4류 위험물 운반 용기 외부에 표시하여야 하는 주의 사항은?

① 화기·충격 주의
② 화기 엄금
③ 물기 엄금
④ 화기 주의

해설 위험물 운반 용기의 주의 사항

위험물		주의 사항
제1류 위험물	알칼리 금속의 과산화물	· 화기·충격 주의 · 물기 엄금 · 가연물 접촉 주의
	기타	· 화기·충격 주의 · 가연물 접촉 주의
제2류 위험물	철분·금속분·마그네슘	· 화기 주의 · 물기 엄금
	인화성 고체	화기 엄금
	기타	화기 주의
제3류 위험물	자연 발화성 물질	· 화기 엄금 · 공기 접촉 엄금
	금수성 물질	물기 엄금
제4류 위험물		화기 엄금
제5류 위험물		· 화기 엄금 · 충격 주의
제6류 위험물		가연물 접촉 주의

15 위험물에 관한 설명 중 틀린 것은?

① 할로겐간 화합물은 제6류 위험물이다.
② 할로겐간 화합물의 지정 수량은 200kg이다.
③ 과염소산은 불연성이나 산화성이 강하다.
④ 과염소산은 산소를 함유하고 있으며 물보다 무겁다.

해설 제6류 위험물의 품명과 지정 수량

성질	품명	지정 수량	위험 등급
산화성 액체	1. 과염소산	300kg	I
	2. 과산화수소	300kg	
	3. 질산	300kg	
	4. 그밖에 행정안전부령이 정하는 것 · 할로겐간 화합물(BrF_3, BrF_5, IF_5 등)	300kg	
	5. 제1호 내지 제4호의1에 해당하는 어느 하나 이상을 함유한 것	300kg	

16 다음 중 위험 등급 I의 위험물이 아닌 것은?

① 무기 과산화물　　　② 적린
③ 나트륨　　　　　　④ 과산화수소

해설 위험물의 위험등급

구분	위험 등급 I	위험 등급 II	위험 등급 III
제1류 위험물	아염소산염류, 염소산염류, 과염소산염류, 무기과산화물, 그 밖에 지정수량이 50kg인 위험물	브롬산염류, 질산염류, 아이오딘산염류, 그 밖에 지정수량이 300kg인 위험물	위험 등급 I, 위험 등급 II 외의 것
제2류 위험물		황화인, 적린, 황, 그 밖에 지정수량이 100kg인 위험물	
제3류 위험물	칼륨, 나트륨, 알킬알루미늄, 알킬리튬, 황린, 그 밖에 지정수량이 10kg 또는 20kg인 위험물	알칼리금속(칼륨 및 나트륨을 제외) 알칼리토금속, 유기금속화합물(알킬알루미늄 및 알킬리튬을 제외), 그 밖에 지정수량이 50kg인 위험물	
제4류 위험물	특수인화물	제1석유류, 알코올류	
제5류 위험물	지정수량이 제1종 : 10kg인 위험물	지정수량이 제2종 : 100kg인 위험물	
제6류 위험물	모두		

17 다음 중 피크린산과 반응하여 피크린산염을 형성하는 것은?

① 물　　② 수소　　③ 구리　　④ 산소

해설 트라이나이트로페놀(피크린산)은 금속과 반응하여 수소 가스를 발생하고 Fe, Pb, Cu, Al 등의 금속분과 화합하여 예민한 금속염을 만들어 본래의 피크린산보다 폭발 강도가 예민해 건조한 것은 폭발 위험이 있다.

18 제조소의 건축물 구조 기준 중 연소의 우려가 있는 외벽은 개구부가 없는 내화 구조의 벽으로 하여야 한다. 이때 연소의 우려가 있는 외벽은 제조소가 설치된 부지의 경계선에서 몇 m 이내에 있는 외벽을 말하는가? (단, 단층 건물일 경우이다.)

① 3　　　② 4　　　③ 5　　　④ 6

해설 위험물을 취급하는 건축물의 기준
(1) 불연 재료로 하여야 하는 것
　㉠ 벽　　　　㉡ 기둥　　　　㉢ 바닥
　㉣ 보　　　　㉤ 서까래　　　㉥ 계단
(2) 내화 구조로 하여야 하는 것 : 연소의 우려가 있는 외벽
(3) 연소의 우려가 있는 외벽은 제조소가 설치된 부지의 경계선에서 3m 이내에 있는 외벽이다.(단, 단층 건물일 경우이다.)

19 다음 중 금속 칼륨의 보호액으로 가장 적당한 것은?

① 물　　　　　　② 아세트산
③ 등유　　　　　④ 에틸알코올

해설

위험물	보호액
K, Na, 적린	등유(석유), 경유, 유동 파라핀
황린, CS_2	물속(수조)

20 다음 중 물과 반응하여 포스핀 가스를 발생하는 것은?

① Ca_3P_2　　　　　② CaC_2
③ LiH　　　　　　④ P_4

해설 $Ca_3P_2 + 6H_2O \longrightarrow 3Ca(OH)_2 + 2PH_3$

21 위험물안전관리법령상 자연 발화성 물질 및 금수성 물질은 제 몇 류 위험물로 지정되어 있는가?

① 제1류　　　　　② 제2류
③ 제3류　　　　　④ 제4류

해설 ㉠ 제1류 위험물 : 산화성 고체
㉡ 제2류 위험물 : 가연성 고체
㉢ 제3류 위험물 : 자연 발화성 및 금수성 물질
㉣ 제4류 위험물 : 인화성 액체
㉤ 제5류 위험물 : 자기 반응성 물질
㉥ 제6류 위험물 : 산화성 액체

정답　16 ②　17 ③　18 ①　19 ③　20 ①　21 ③

22 위험물이 2가지 이상의 성상을 나타내는 복수 성상 물품일 경우 유별(類別) 분류 기준으로 틀린 것은?

① 산화성 고체의 성상 및 가연성 고체의 성상을 가지는 경우 : 제1류 위험물
② 산화성 고체의 성상 및 자기반응성 물질의 성상을 가지는 경우 : 제5류 위험물
③ 자연발화성 물질의 성상, 금수성 물질의 성상 및 인화성 액체의 성상을 가지는 경우 : 제3류 위험물
④ 가연성 고체의 성상과 자연발화성 물질의 성상 및 금수성 물질의 성상을 가지는 경우 : 제3류 위험물

해설 ① 산화성 고체의 성상 및 가연성 고체의 성상을 가지 경우 : 제2류 위험물

23 다음 중 물과 작용하여 분자량이 26인 가연성 가스를 발생시키고 발생한 가스가 구리와 작용하면 폭발성 물질을 생성하는 것은?

① 칼슘   ② 인화석회
③ 탄화칼슘   ④ 금속 나트륨

해설 $CaC_2 + 2H_2O \longrightarrow Ca(OH)_2 + C_2H_2$
여기서, C_2H_2의 분자량은 26이다.
아세틸렌은 많은 금속(M)과 직접 반응하여 수소를 발생하고 아세틸레이트를 만든다.
$C_2H_2 + 2Ag \longrightarrow Ag_2C_2 + H_2$
여기서 만들어진 Ag_2C_2나 Cu_2C_2는 상당히 폭발이 용이한 위험한 물질이다.

24 나트륨 20kg과 칼슘 100kg을 저장하고자 할 때 각 위험물의 지정 수량 배수의 합은 얼마인가?

① 2   ② 4   ③ 5   ④ 12

해설 $\dfrac{20}{10} + \dfrac{100}{50} = 4$배

25 다음 중 벤젠 증기의 비중에 가장 가까운 값은?

① 0.7   ② 0.9   ③ 2.7   ④ 3.9

해설 벤젠(C_6H_6)
㉠ 증기 비중 2.8   ㉡ 비중 0.9

26 지하 탱크 저장소 탱크 전용실의 안쪽과 지하 저장 탱크와의 사이는 몇 m 이상의 간격을 유지하여야 하는가?

① 0.1   ② 0.2
③ 0.3   ④ 0.5

해설 지하 탱크 저장소의 위치·구조 및 설비의 기준
㉠ 탱크 전용실은 지하의 가장 가까운 벽·피트·가스관 등의 시설물 및 대지 경계선으로부터 0.1m 이상 떨어진 곳에 설치한다.
㉡ 지하 저장 탱크와 탱크 전용실의 안쪽과의 사이는 0.1m 이상의 간격을 유지하도록 한다.
㉢ 당해 탱크의 주위에 마른 모래 또는 습기 등에 의하여 응고되지 아니하는 입자 지름 5mm 이하의 마른 자갈분을 채운다.

27 다음 중 물과 접촉하면 발열하면서 산소를 방출하는 것은?

① 과산화칼륨   ② 염소산암모늄
③ 염소산칼륨   ④ 과망가니즈산칼륨

해설 $4K_2O_2 + 2H_2O \longrightarrow 4KOH + O_2$

28 다음 중 특수 인화물에 해당하는 것은?

① 헥세인   ② 아세톤
③ 가솔린   ④ 이황화탄소

해설 ① 헥세인(C_6H_{14}) : 제4류 위험물 중 제1석유류
② 아세톤(CH_3COCH_3) : 제4류 위험물 중 제1석유류
③ 가솔린($C_5H_{12} \sim C_9H_{20}$) : 제4류 위험물 중 제1석유류
④ 이황화탄소(CS_2) : 제4류 위험물 중 특수 인화물

29 위험물안전관리법령에서 농도를 기준으로 위험물을 정의하고 있는 것은?

① 아세톤   ② 마그네슘
③ 질산   ④ 과산화수소

해설 과산화수소는 농도가 36wt% 이상인 것을 위험물로 본다.

정답 22 ①   23 ③   24 ②   25 ③   26 ①   27 ①   28 ④   29 ④

30 산화성 고체 위험물에 속하지 않는 것은 어느 것인가?

① $KClO_3$ ② $NaClO_4$
③ KNO_3 ④ $HClO_4$

해설 $HClO_4$(과염소산) : 제6류 위험물(산화성 액체)이다.

31 소화기에 "A-2"로 표시되어 있었다면 숫자 "2"가 의미하는 것은 무엇인가?

① 소화기의 제조 번호   ② 소화기의 소요 단위
③ 소화기의 능력 단위   ④ 소화기의 사용 순위

해설 ㉠ A : 화재의 종류
㉡ 2 : 소화기의 능력 단위

32 Halon 1211에 해당하는 물질의 분자식은 어느 것인가?

① CBr_2FCl ② CF_2ClBr
③ CCl_2FBr ④ FC_2BrCl

해설 ㉠ Halon : 첫째 – 탄소 수
                둘째 – 불소 수
                셋째 – 염소 수
                넷째 – 브롬 수
㉡ Halon 1211 : CF_2ClBr

33 다음 중 자기반응성 물질이면서 산소 공급원의 역할을 하는 것은?

① 황화인
② 탄화칼슘
③ 이황화탄소
④ 트라이나이트로톨루엔

해설 ① 황화인 : 가연성 고체
② 탄화칼슘 : 금수성 물질
③ 이황화탄소 : 인화성 액체
④ 트라이나이트로톨루엔 : 자기반응성 물질(산소 공급원의 역할)

34 질소가 가연물이 될 수 없는 이유를 가장 옳게 설명한 것은?

① 산소와 산화 반응을 하지 않기 때문이다.
② 산소와 산화 반응을 하지만 흡열 반응을 하기 때문이다.
③ 산소와 환원 반응을 하지 않기 때문이다.
④ 산소와 환원 반응을 하지만 발열 반응을 하기 때문이다.

해설 질소(N_2)가 가연물이 될 수 없는 이유는 산소와 산화 반응을 하지만 흡열 반응을 하기 때문이다.

35 다음 중 주된 연소 형태가 분해 연소인 것은 어느 것인가?

① 목탄   ② 나트륨
③ 석탄   ④ 에테르

해설 ① 목탄 : 표면 연소(직접 연소)
② 나트륨 : 표면 연소(직접 연소)
③ 석탄 : 분해 연소
④ 에테르 : 증발 연소

36 제3종 분말 소화 약제의 주성분에 해당하는 것은?

① 탄산수소칼륨
② 인산암모늄
③ 탄산수소나트륨
④ 탄산수소칼륨과 요소의 반응 생성물

해설

종류	착색	적응화재
1종 분말($NaHCO_3$)	백색	B·C
2종 분말($KHCO_3$)	보라색	B·C
3종 분말($NH_4H_2PO_4$)	담홍색(핑크색)	A·B·C
4종 분말($KHCO_3 + (NH_2)_2CO$)	회백색	B·C

37 위험물안전관리법령에서 다음의 위험물 시설 중 안전거리에 관한 기준이 없는 것은 어느 것인가?

① 옥내 저장소
② 옥내 탱크 저장소
③ 충전하는 일반 취급소
④ 지하에 매설된 이송 취급소 배관

해설 옥내 탱크 저장소는 위험물 시설 중 안전거리에 관한 기준이 없다.

38 분말 소화 설비의 약제 방출 후 클리닝 장치로 배관 내를 청소하지 않을 때 발생하는 주된 문제점은?

① 배관 내에서 약제가 굳어져 차후에 사용 시 약제 방출에 장애를 초래한다.
② 배관 내 남아 있는 약제를 재사용할 수 없다.
③ 가압용 가스가 외부로 누출된다.
④ 선택 밸브의 작동이 불능이 된다.

해설 분말 소화 설비의 약제 방출 후 클리닝 장치로 배관 내를 청소하지 않을 때는 배관 내에서 약제가 굳어져 차후에 사용 시 약제 방출에 장애를 초래한다.

39 자동 화재 탐지 설비 설치 기준에 따르면 하나의 경계 구역 면적은 몇 m^2 이하로 하여야 하는가? (단, 원칙적인 경우에 한한다.)

① 150   ② 450   ③ 600   ④ 1,000

해설 ㉠ 경계 구역 : 소방 대상물 중 화재 신호를 발신하고 그 신호를 수신 및 유효하게 제어할 수 있는 구역이다.
㉡ 자동 화재 탐지 설비의 하나의 경계 구역 면적은 $600m^2$ 이하로 하고 한 변의 길이는 50m 이하로 한다.

40 다음 〈보기〉에서 올바른 정전기 방지 방법을 모두 나열한 것은?

㉮ 접지할 것
㉯ 공기를 이온화할 것
㉰ 공기 중의 상대 습도를 70% 미만으로 할 것

① ㉮, ㉯   ② ㉮, ㉰   ③ ㉯, ㉰   ④ ㉮, ㉯, ㉰

해설 정전기 방지 방법
㉠ 접지를 한다.   ㉡ 공기를 이온화한다.
㉢ 공기 중의 습도를 높인다(실내의 경우 상대 습도를 70% 이상으로 한다).

41 다음 중 탄화칼슘의 성질에 대한 설명으로 틀린 것은?

① 물보다 무겁다.
② 시판품은 회색 또는 회흑색의 고체이다.
③ 물과 반응해서 수산화칼슘과 아세틸렌이 생성된다.
④ 질소와 저온에서 작용하며 흡열 반응을 한다.

해설 ④ $CaC_2 + N_2 \longrightarrow CaCN_2 + C + 74.6kcal$

42 다음 벤조일퍼옥사이드에 대한 설명 중 틀린 것은?

① 물과 반응하여 가연성 가스가 발생하므로 주수 소화는 위험하다.
② 상온에서 고체이다.
③ 진한 황산과 접촉하면 분해 폭발의 위험이 있다.
④ 발화점은 약 125℃이고, 비중은 약 1.33이다.

해설 벤조일퍼옥사이드는 물, 불활성 용매 등의 희석제를 혼합하면 폭발성이 줄어든다. 그러므로 다량의 물로 냉각 소화한다.

43 다음 중 제1석유류에 속하지 않는 위험물은?

① 아세톤   ② 시안화수소
③ 클로로벤젠   ④ 벤젠

해설 ① 아세톤 : 제1석유류
② 시안화수소 : 제1석유류
③ 클로로벤젠 : 제2석유류
④ 벤젠 : 제1석유류

44 다음 중 위험물안전관리법령에서 정한 지정 수량이 50kg이 아닌 위험물은?

① 염소산나트륨   ② 금속 리튬
③ 과산화나트륨   ④ 디에틸에테르

정답 37 ② 38 ① 39 ③ 40 ① 41 ④ 42 ① 43 ③ 44 ④

해설

위험물	지정수량
염소산나트륨	50kg
금속 리튬	50kg
과산화나트륨	50kg
디에틸에테르	50L

45 다음 중 나트륨 또는 칼륨을 석유 속에 보관하는 이유로 가장 적합한 것은?

① 석유에서 질소를 발생하므로
② 기화를 방지하기 위하여
③ 공기 중 질소와 반응하여 폭발하므로
④ 공기 중 수분 또는 산소와의 접촉을 막기 위하여

해설 나트륨 또는 칼륨을 석유 속에 보관하는 이유는 공기 중 수분 또는 산소와의 접촉을 막기 위함이다.

46 다음 중 위험물의 유별 구분이 나머지 셋과 다른 하나는?

① 황린   ② 부틸리튬 ③ 칼슘   ④ 황

해설 ① 황린 : 제3류 위험물
② 부틸리튬 : 제3류 위험물
③ 칼슘 : 제3류 위험물
④ 황 : 제2류 위험물

47 위험물 운송 책임자의 감독 또는 지원의 방법으로 운송의 감독 또는 지원을 위하여 마련한 별도의 사무실에 운송 책임자가 대기하면서 이행하는 사항에 해당하지 않는 것은?

① 운송 후에 운송 경로를 파악하여 관할 경찰관서에 신고하는 것
② 이동 탱크 저장소의 운전자에 대하여 수시로 안전 확보 상황을 확인하는 것
③ 비상시의 응급 처치에 관하여 조언을 하는 것
④ 위험물의 운송 중 안전 확보에 관하여 필요한 정보를 제공하고 감독 또는 지원하는 것

해설 ① 운송 경로를 미리 파악하고 관할 소방관서 또는 관련 업체에 대한 연락 체제를 갖추는 것

48 다음 위험물 중 발화점이 가장 낮은 것은 어느 것인가?

① 이황화탄소   ② 디에틸에테르
③ 아세톤   ④ 아세트알데하이드

해설

위험물	발화점
이황화탄소	100℃
디에틸에테르	180℃
아세톤	538℃
아세트알데하이드	185℃

49 다음 중 제5류 위험물로서 화약류 제조에 사용되는 것은?

① 다이크로뮴산나트륨   ② 클로로벤젠
③ 과산화수소   ④ 나이트로셀룰로오스

해설 ① 다이크로뮴산나트륨 : 제1류 위험물
② 클로로벤젠 : 제4류 위험물 중 제2석유류
③ 과산화수소 : 제6류 위험물
④ 나이트로셀룰로오스 : 제5류 위험물(화약류 제조에 사용)

50 다음 (   ) 안에 알맞은 수치를 차례대로 옳게 나열한 것은?

위험물 암반 탱크의 공간 용적은 당해 탱크 내에 용출하는 (   )일간의 지하수 양에 상당하는 용적과 당해 탱크 내용적의 100분의 (   )의 용적 중에서 보다 큰 용적을 공간 용적으로 한다.

① 1, 7   ② 3, 5   ③ 5, 3   ④ 7, 1

해설 암반 탱크 저장소 : 일명 비축 기지라고 하며, 암반 내의 공간을 이용한 탱크에 액체의 위험물을 저장하는 장소

51 마그네슘에 대한 설명으로 옳은 것은?

① 수소와 반응성이 매우 높아 접촉하면 폭발한다.
② 브롬과 혼합하여 보관하면 안전하다.
③ 화재 시 CO_2 소화 약제의 사용이 가장 효과적이다.
④ 무기 과산화물과 혼합한 것은 마찰에 의해 발화할 수 있다.

해설 ① 수소와 반응하지 않는다.
② 할로겐 원소와 직접 반응하여 금속 할로겐화물을 만든다.
  예 $Mg+Br_2 \longrightarrow MgBr_2$
③ 건조사로 질식 소화하고, CO_2는 소화 적응성이 없으므로 절대 사용을 엄금한다.

52 다음 위험물에 대한 설명 중 틀린 것은?

① 아세트산은 약 16℃ 정도에서 응고한다.
② 아세트산의 분자량은 약 60이다.
③ 피리딘은 물에 용해되지 않는다.
④ 크실렌은 3가지의 이성질체를 가진다.

해설 피리딘(C_5H_5N) : 약알칼리성을 띠며, 물에 잘 녹고 흡습성이 있다.

53 질산칼륨에 대한 설명 중 틀린 것은?

① 물에 녹는다.
② 흑색 화약의 원료로 사용된다.
③ 가열하면 분해하여 산소를 방출한다.
④ 단독 폭발 방지를 위해 유기물 중에 보관한다.

해설 유기물과의 접촉을 피하고 밀폐 용기에 넣어 건조한 곳에 저장한다.

54 제5류 위험물에 대한 설명으로 옳지 않은 것은?

① 대표적인 성질은 자기반응성 물질이다.
② 피크린산은 나이트로 화합물이다.
③ 모두 산소를 포함하고 있다.
④ 나이트로 화합물은 나이트로기가 많을수록 폭발력이 커진다.

해설 산소가 포함된 것(유기 과산화물 등), 산소가 포함되지 않은 것(아조 화합물류 등) 등이 있다.

55 과망가니즈산칼륨에 대한 설명으로 틀린 것은?

① 분자식은 $KMnO_4$이며, 분자량은 약 158이다.
② 수용액은 보라색이며, 산화력이 강하다.
③ 가열하면 분해하여 산소를 방출한다.
④ 에탄올과 아세톤에는 불용이므로 보호액으로 사용한다.

해설 물, 에탄올, 빙초산, 아세톤에 녹는다. 물에 녹았을 때는 진한 보라색을 띠며, 강한 산화력과 살균력(3% : 피부 살균, 0.25% : 점막 살균)을 나타낸다.

56 적린의 성상 및 취급에 대한 설명 중 틀린 것은?

① 황린에 비하여 화학적으로 안정하다.
② 연소 시 오산화인이 발생한다.
③ 화재 시 냉각 소화가 가능하다.
④ 안전을 위해 산화제와 혼합하여 저장한다.

해설 염소산염류 및 과염소산염류 등 강산화제와 혼합하면 불안정한 폭발물과 같이 되어 약간의 가열·충격·마찰에 의해 폭발한다.
$6P+5KClO_3 \longrightarrow 5KCl+3P_2O_5$

57 물과 접촉할 때 열과 산소를 발생하는 것은?

① 과산화칼륨   ② 과망간산칼륨
③ 과산화수소   ④ 과염소산칼륨

해설 $2K_2O_2+2H_2O \longrightarrow 4KOH+O_2+Qkcal$

58 시약(고체)의 명칭이 불분명한 시약병의 내용물을 확인하려고 뚜껑을 열어 시계 접시에 소량을 담아 놓고 공기 중에서 햇빛을 받는 곳에 방치하던 중 시계 접시에서 갑자기 연소 현상이 일어났다. 이 시약의 명칭으로 예상할 수 있는 것은?

① 황   ② 황린
③ 적린   ④ 질산암모늄

해설 황린(P_4)은 대기 중의 공기와 쉽게 반응하기 때문에 자연에서 순수한 상태로 존재하지 않는다.

정답 52 ③ 53 ④ 54 ③ 55 ④ 56 ④ 57 ① 58 ②

59 A~D에 분류된 위험물의 지정 수량을 각각 합하였을 때 다음 중 그 값이 가장 큰 것은?

A. 이황화탄소+아닐린
B. 아세톤+피리딘+경유
C. 벤젠+클로로벤젠
D. 중유

① A 위험물의 지정 수량 합
② B 위험물의 지정 수량 합
③ C 위험물의 지정 수량 합
④ D 위험물의 지정 수량

해설 ① A : 50+2,000=2,050L
② B : 400+400+1,000=1,800L
③ C : 200+1,000=1,200L
④ D : 2,000L

60 과염소산 300kg, 과산화수소 450kg, 질산 900kg을 보관하는 경우 각각의 지정 수량 배수의 합은 얼마인가?

① 1.5
② 3
③ 5.5
④ 7

해설 $\dfrac{300}{300}+\dfrac{450}{300}+\dfrac{900}{300}=1+1.5+3=5.5$배

위험물 기능사 (2019. 7. 13 시행)

01 화재 시 이산화탄소를 사용하여 공기 중 산소 농도를 21vol%에서 13vol%로 낮추려면 공기 중 이산화탄소의 농도는 약 몇 vol%가 되어야 하는가?

① 34.3　　　　② 38.1
③ 42.5　　　　④ 45.8

해설
$$CO_2의\ 농도(\%) = \frac{21 - O_2}{21} \times 100$$
$$= \frac{21 - 13}{21} \times 100$$
$$= 38.1\%$$

02 위험물안전관리법령상 제3류 위험물 중 금 수성 물질에 적응성이 있는 것은?

① 스프링클러 설비
② 포 소화 설비
③ 탄산수소염류 분말 소화 설비
④ 할로젠 화합물 소화기

해설

소화 설비의 구분		대상물 구분									
		건축물·그밖의 공작물	전기 설비	제1류 위험물		제2류 위험물			제3류 위험물		제4류 위험물	제5류 위험물	제6류 위험물
				알칼리 금속 과산화물 등	그밖의 것	철분·금속분·마그네슘 등	인화성 고체	그밖의 것	금수성 물품	그밖의 것			
옥내 소화전 설비 또는 옥외 소화전 설비		○			○		○	○		○	○	○	○
스프링클러 설비		○			○			○		○	○	△	○	○
물분무 등 소화 설비	물분무 소화 설비	○	○		○			○			○	○	○	○
	포 소화 설비	○			○			○			○	○	○	○
	불활성 가스 소화 설비		○					○				○		
	할로젠 화합물 소화 설비		○					○				○		
	분말 소화 설비	인산염류 등	○	○		○			○			○		○	○
		탄산 수소 염류 등		○	○		○		○		○		○		
		그밖의 것			○		○				○			

03 제3종 분말 소화 약제의 소화 효과로 가장 거리가 먼 것은?

① 질식 효과　　　② 냉각 효과
③ 제거 효과　　　④ 부촉매 효과

해설 제3종 분말 소화 약제($NH_4H_2PO_4$)의 소화 효과
㉠ 질식 효과　㉡ 냉각 효과, ㉢ 부촉매 효과

04 소화 설비의 소요 단위 산정 방법에 대한 설명 중 옳은 것은?

① 위험물은 지정 수량의 100배를 1소요 단위로 함
② 저장소용 건축물로 외벽이 내화 구조인 것은 연면적 $100m^2$를 1소요 단위로 함
③ 계조소용 건축물로 외벽이 내화 구조가 아닌 것은 연면적 $50m^2$를 1소요 단위로 함
④ 저장소용 건축물로 외벽이 내화 구조가 아닌 것은 연면적 $25m^2$를 1소요 단위로 함

해설 소요 단위(1단위) : 소화 설비의 설치 대상이 되는 건축물, 그밖의 공작물 규모 또는 위험물 양에 대한 기준 단위

대형·소형 수동식 소화기	봉상수 (棒狀水) 소화기	○				○		○	○	○
	무상수 (霧狀水) 소화기	○	○			○		○	○	○
	봉상강화액 소화기	○				○		○	○	○
	무상강화액 소화기	○	○			○		○	○	○
	포 소화기	○				○		○	○	○
	이산화탄소 소화기		○			○			○	△
	할론 소화설비		○			○			○	
분말 소화기	인산염류 소화기	○	○			○			○	○
	탄산수소염류 소화기		○	○		○		○		
	그 밖의 것			○		○		○		
기타	물통 또는 수조	○			○		○		○	○
	건조사			○	○	○	○	○	○	○
	팽창 질석 또는 팽창 진주암			○	○	○	○	○	○	○

05 화학포 소화 약제에 사용되는 약제가 아닌 것은?

① 황산알루미늄 ② 과산화수소수
③ 사포닌 ④ 탄산수소나트륨

[해설] 화학포 소화 약제
㉠ A제(외통제) : 중조($NaHCO_3$)
㉡ B제(내통제) : 황산알루미늄[$Al_2(SO_4)_3$]
㉢ 기포 안정제 : 가수 분해 단백질, 젤라틴, 카세인, 사포닌, 계면 활성제 등

06 정전기의 제거 방법이 아닌 것은?

① 제전기를 설치한다. ② 공기를 이온화한다.
③ 습도를 낮춘다. ④ 접지를 한다.

[해설] 정전기 제거 방법
㉠ 대전성 위험이 있는 것은 사용하지 않는다.
㉡ 대전량을 감소시킨다.
㉢ 공기 중의 습도를 높인다(실내의 경우 상대 습도를 70% 이상으로 한다).
㉣ 접지를 한다.
㉤ 공기를 이온화한다.
㉥ 마찰 계수를 작게 한다.
㉦ 제전기를 설치한다.

07 위험물안전관리법령상 제5류 자기반응성 물질로 분류함에 있어 폭발성에 의한 위험도를 판단하기 위한 시험 방법은?

① 열분석 시험 ② 철관 파열 시험
③ 낙구 시험 ④ 연소 속도 측정 시험

[해설] 제5류 위험물의 위험성 평가
㉠ 열분석 시험 : 고체 또는 액체 물질의 폭발성을 판단하는 것을 목적으로 한다. 이를 위해 시험 물품의 온도 상승에 따른 분해 반응 등의 자기반응성에 의한 발열 특성을 측정한다.
㉡ 압력 용기 시험 : 고체 또는 액체 물질의 가열 분해의 격심한 정도를 판단하는 것을 목적으로 한다. 이를 위해 시험 물품을 압력 용기 속에서 가열했을 때에 규정의 오리피스판을 사용해서 50% 이상의 확률로 파열판이 파열하는가를 조사하는 것이다.
㉢ 내열 시험 : 화약류의 안정도에 대한 성능 시험 방법에 대하여 규정한 것이다.

㉣ 낙추 감도 시험 : 시험기의 받침쇠 위에 놓은 2개의 강철 원주의 평면 사이에 시료를 끼워놓고, 철추를 그 위에 떨어뜨려서, 그 떨어지는 높이와 폭발 발색 여부의 관계로서 화약의 감도를 조사하는 시험이다.
㉤ 순폭 시험 : 폭약이 근접하고 있는 다른 폭약의 폭발로 인하여 기폭되는 것을 순폭이라고 한다. 시험은 모래 위에서 한다.
㉥ 마찰 감도 시험 : 시험기에 부착된 자기제 마찰봉과 마찰판 사이에 소량의 시료를 끼워 놓고, 하중을 건 상태에서 마찰 운동을 시켜 그 하중과 폭발의 발생 여부로부터 화약류의 감도를 조사하는 시험이다.
㉦ 폭속 시험 : 화약류의 폭속에 대한 성능 시험으로서 폭속 시험은 도트리쉬법에 따른다.
㉧ 탄동 구포 시험 : 화약류의 폭발력에 대한 성능 시험 방법을 규정한 것이다.
㉨ 탄동 진자 시험 : 화약류의 폭발력에 대한 성능 시험 방법을 규정한 것이다.

08 이동 탱크 저장소에 의한 위험물의 운송에 있어 운송 책임자의 감독 또는 지원을 받아야 하는 위험물은?

① 금수성 물질 ② 알킬알루미늄 등
③ 아세트알데하이드 등 ④ 하이드록실아민 등

[해설] 위험물 운송 시 운송 책임자의 감독 · 지원을 받아야 하는 위험물
㉠ 알킬알루미늄 ㉡ 알킬리튬
㉢ 알킬알루미늄 또는 알킬리튬을 함유하는 위험물

09 다음 중 분말 약제의 식별색을 옳게 나타낸 것은?

① $KHCO_3$: 백색
② $NH_4H_2PO_4$: 담홍색
③ $NaHCO_3$: 보라색
④ $KHCO_3 + (NH_2)_2CO$: 초록색

[해설]

종류	착색	적응화재
1종 분말($NaHCO_3$)	백색	B·C
2종 분말($KHCO_3$)	보라색	B·C
3종 분말($NH_4H_2PO_4$)	담홍색(핑크색)	A·B·C
4종 분말($KHCO_3 + (NH_2)_2CO$)	회백색	B·C

10 소화전용 물통 3개를 포함한 수조 80L의 능력 단위는?

① 0.3   ② 0.5   ③ 1.0   ④ 1.5

해설 능력 단위 : 소방 기구의 소화 능력을 나타내는 수치, 즉 소요 단위에 대응하는 소화 설비로 소화 능력의 기준 단위는 다음과 같다.

㉠ 마른 모래(50L, 삽 1개 포함) : 0.5단위
㉡ 팽창 질석 또는 팽창 진주암(160L, 삽 1개 포함) : 1 단위
㉢ 소화전용 물통(8L) : 0.3단위
㉣ 수조
    ⓐ 190L(8L 소화전용 물통 6개 포함) : 2.5단위
    ⓑ 80L(8L 소화전용 물통 3개 포함) : 1.5단위

11 다음 중 나이트로글리세린에 대한 설명으로 옳은 것은?

① 물에 매우 잘 녹는다.
② 공기 중에서 점화하면 연소하나 폭발의 위험은 없다.
③ 충격에 대하여 민감하여 폭발을 일으키기 쉽다.
④ 제5류 위험물의 니트로 화합물에 속한다.

해설 ① 물에 녹지 않지만 알코올, 에테르, 벤젠, 아세톤, 초산에스테르, 클로로포름 등에 잘 녹는다.
② 점화하면 즉시 연소하고 다량이면 폭발력이 강하다.
④ 제5류 위험물의 질산에스터류에 속한다.

12 제6류 위험물인 질산은 비중이 최소 얼마 이상 되어야 위험물로 볼 수 있는가?

① 1.29   ② 1.39   ③ 1.49   ④ 1.59

해설 질산은 비중이 1.49 이상인 것을 위험물로 본다.

13 제2류 위험물에 대한 설명 중 틀린 것은?

① 아연분은 염산과 반응하여 수소를 발생한다.
② 적린은 연소하여 P_2O_5를 생성한다.
③ P_2O_5은 물에 녹아 주로 이산화황을 발생한다.
④ 제2류 위험물은 가연성 고체이다.

해설 $P_2S_5 + 8H_2O \longrightarrow 5H_2S + 2H_3PO_4$

14 다음 물질을 과산화수소에 혼합했을 때 위험성이 가장 낮은 것은?

① 산화제이수은   ② 물
③ 이산화망간   ④ 탄소 분말

해설 과산화수소(H_2O_2)에서 고농도의 것은 알칼리, Ag, Pb, Pt, Cu, Pd, 목탄분, 금속 분말, 탄소 분말, 불순물, 중금속 산화물(이산화망간, 산화코발트, 산화수은), 미세한 분말 또는 미립자에 의해 격렬히 분해하여 폭발한다. 이 분해 반응은 발열 반응이다.

15 염소산나트륨의 저장 및 취급에 관한 설명으로 틀린 것은?

① 건조하고 환기가 잘되는 곳에 저장한다.
② 방습에 유의하여 용기를 밀전시킨다.
③ 유리 용기는 부식되므로 철제 용기를 사용한다.
④ 금속분류의 혼입을 방지한다.

해설 염소산나트륨($NaClO_3$) : 철을 부식시키므로 철제 용기에 저장하지 말아야 한다.

16 폼산에 대한 설명으로 옳은 것은?

① 환원성이 있다.
② 초산 또는 빙초산이라고도 한다.
③ 독성은 거의 없고, 물에 녹지 않는다.
④ 비중은 약 0.6이다.

해설 ② 의산이라고 한다.
③ 맹독성 물질로, 무색 투명한 액체이고, 물, 에틸알코올, 에테르와 잘 혼합한다.
④ 비중은 1.22이다.

17 제4류 위험물을 취급하는 제조소가 있는 사업소에서 지정 수량 몇 배 이상의 위험물을 취급하는 경우 자체 소방대를 설치해야 하는가?

① 2,000   ② 2,500
③ 3,000   ④ 3,500

해설 자체 소방대를 설치하여야 할 제조소 등
㉠ 제4류 위험물을 지정 수량의 3천 배 이상 취급하는 제조소 또는 일반 취급소
㉡ 옥외탱크 저장소에 저장하는 제4류 위험물의 최대수량이 지정수량의 50만배 이상인 사업소

18 다음 위험물 중 지정 수량이 나머지 셋과 다른 것은?

① 적린　　　　　② 황
③ 황화인　　　　④ 철분

해설 제2류 위험물의 품명 및 지정 수량

성 질	품 명	지정수량	위험등급
가연성 고체	1. 황화인	100kg	Ⅱ
	2. 적린	100kg	
	3. 황	100kg	
	4. 철분	500kg	Ⅲ
	5. 금속분	500kg	
	6. 마그네슘	500kg	
	7. 그 밖에 행정안전부령이 정하는 것 8. 제1호부터 제7호까지의 어느 하나에 해당하는 위험물을 하나 이상 함유한 것	100kg 또는 500kg	Ⅱ, Ⅲ
	9. 인화성고체	1,000kg	Ⅲ

19 다음 위험물 중 인화점이 가장 낮은 것은?

① 산화프로필렌　　② 벤젠
③ 디에틸에테르　　④ 이황화탄소

해설

위험물 종류	인화점
산화프로필렌	$-37.2℃$
벤젠	$-11.1℃$
디에틸에테르	$-45℃$
이황화탄소	$-30℃$

20 지정 수량 20배 이상의 제1류 위험물을 저장하는 옥내 저장소에서 내화 구조로 하지 않아도 되는 것은? (단, 원칙적인 경우에 한한다.)

① 바닥　　　　　② 보
③ 기둥　　　　　④ 벽

해설 지정 수량 20배 이상의 제1류 위험물을 저장하는 옥내 저장소에서는 벽, 기둥, 바닥을 내화 구조로 한다(단, 보는 불연재료로 한다.)

21 황가루가 공기 중에 떠 있을 때의 주된 위험성에 해당하는 것은?

① 수증기 발생　　② 감전
③ 분진 폭발　　　④ 흡열 반응

해설 황은 미세한 가루 상태로 밀폐 공간 내에서 공기 중 부유할 때에는 공기 중의 산소와 혼합하여 폭명기(최저 폭발 한계 30mg/L)를 만들어 분진 폭발을 일으킨다.

22 위험물안전관리법령상 제조소 등에 대한 긴급 사용 정지 명령 등을 할 수 있는 권한이 없는 자는?

① 시·도지사　　　② 소방본부장
③ 소방서장　　　④ 소방청장

해설 제조소 등에 대한 긴급 사용 정지 명령 등을 할 수 있는 권한이 있는 자 : 시·도지사, 소방본부장, 소방서장

23 질산기의 수에 따라서 강면약과 약면약으로 나눌 수 있는 위험물로서 함수 알코올로 습면하여 저장 및 취급하는 것은?

① 나이트로글리세린
② 나이트로셀룰로오스
③ 트라이나이트로톨루엔
④ 질산에틸

해설 나이트로셀룰로오스($[C_6H_7O_2(ONO_2)_3]_n$) : 질산기의 수에 따라 강면약과 약면약으로 나누어지고 물과 혼합할수록 위험성이 감소되므로 운반 시는 물(20%), 용제 또는 알코올(30%)을 첨가 습윤시킨다.

24 제1류 위험물이 위험을 내포하고 있는 이유를 옳게 설명한 것은?

① 산소를 함유하고 있는 강산화제이기 때문에
② 수소를 함유하고 있는 강환원제이기 때문에
③ 염소를 함유하고 있는 독성 물질이기 때문에
④ 이산화탄소를 함유하고 있는 질식제이기 때문에

해설 제1류 위험물(산화성 고체)이 위험을 내포하고 있는 이유는 산소를 함유하고 있는 강산화제이기 때문이다.

25 염소산칼륨의 위험성에 관한 설명 중 옳은 것은?

① 요오드, 알코올류와 접촉하면 심하게 반응한다.
② 인화점이 낮은 가연성 물질이다.
③ 물에 접촉하면 가연성 가스를 발생한다.
④ 물을 가하면 발열하고 폭발한다.

해설 ② 강산화제이다.
③ 글리세린, 온수, 알칼리에 잘 녹으며, 알코올에는 약간 녹고, 냉수, 에테르에는 녹지 않는다.
④ 물을 가하면 조해 작용이 발생한다.

26 황린에 대한 설명 중 옳은 것은?

① 공기 중에서 안정한 물질이다.
② 물, 이황화탄소, 벤젠에 잘 녹는다.
③ KOH 수용액과 반응하여 유독한 포스핀 가스가 발생한다.
④ 담황색 또는 백색의 액체로 일광에 노출하면 색이 짙어지면서 적린으로 변한다.

해설 ① 발화점이 매우 낮고 공기 중의 산소와 산화할 때 산화열이 크고 발화점 자체가 낮기 때문에 공기 중 노출이 되어 방치하면 액화되면서 자연 발화한다. 일단 소화하여도 방치하면 재연소된다.
② 물과 반응하지 않으며 물에 녹지 않는다. 따라서 물속에 저장한다. C_6H_6, CS_2에는 잘 녹는다.
④ 백색 또는 담황색의 정사면체 구조를 가진 왁스상의 가연성 자연발화성 고체이다.

27 자동 화재 탐지 설비의 설치 기준으로 옳지 않은 것은?

① 경계 구역은 건축물의 최소 2개 이상의 층에 걸치도록 할 것
② 하나의 경계 구역의 면적은 600m² 이하로 할 것
③ 감지기는 지붕 또는 벽의 옥내에 면한 부분에 유효하게 화재의 발생을 감지할 수 있도록 설치할 것
④ 비상 전원을 설치할 것

해설 ① 하나의 경계 구역이 2개 이상의 층에 미치지 아니하도록 한다. 단, 500m² 이하의 범위 안에서는 2개의 층을 하나의 경계 구역으로 할 수 있다.

28 비중이 0.8인 메틸알코올의 지정 수량을 kg으로 환산하면 얼마인가?

① 200   ② 320   ③ 460   ④ 500

해설 메틸알코올의 지정 수량은 400kg이다.
0.8kg/L × 400kg = 320kg

29 그림과 같은 위험물 저장 탱크의 내용적은 약 몇 m³인가?

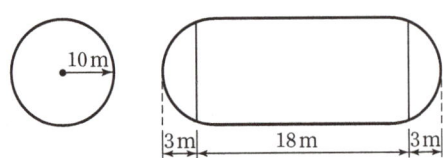

① 4,681   ② 5,482
③ 6,283   ④ 7,080

해설 $V = \pi r^2 \left(l + \dfrac{l_1 + l_2}{3} \right)$

$= \pi \times 10^2 \left(18 + \dfrac{3+3}{3} \right)$

$= 6,283 \text{m}^3$

30 다음 중 염소산칼륨의 지정 수량을 옳게 나타낸 것은?

① 10kg   ② 50kg
③ 500kg   ④ 1,000kg

해설 제1류 위험물의 종류와 지정 수량

성질	품명	지정 수량	위험 등급
산화성 고체	1. 아염소산염류	50kg	I
	2. 염소산염류	50kg	
	3. 과염소산염류	50kg	
	4. 무기과산화물	50kg	
	5. 브로민산염류	300kg	II
	6. 질산염류	300kg	
	7. 아이오딘산염류	300kg	
	8. 과망가니즈산염류	1,000kg	III
	9. 다이크로뮴산염류	1,000kg	
	10. 그 밖에 행정안전부령이 정하는 것 11. 제1호부터 제10호까지의 어느 하나에 해당하는 위험물을 하나 이상 함유한 것	50kg, 300kg 또는 1,000kg	I, II, III

31 다음 중 B급 화재로 볼 수 있는 것은?

① 목재, 종이 등의 화재
② 휘발유, 알코올 등의 화재
③ 누전, 과부하 등의 화재
④ 마그네슘, 알루미늄 등의 화재

해설 화재의 구분

화재별 급수	표시색상
A급 화재	종이, 목재, 고무, 섬유류 등
B급 화재	유류(가연성 액체 포함)
C급 화재	전기
D급 화재	금속
K급 화재	동식물유

32 다음 중 물이 소화 약제로 이용되는 주된 이유로 가장 적합한 것은?

① 물의 기화열로 가연물을 냉각하기 때문이다.
② 물이 산소를 공급하기 때문이다.
③ 물은 환원성이 있기 때문이다.
④ 물이 가연물을 제거하기 때문이다.

해설 물은 기화열(539cal/g)로 가연물을 냉각하므로 소화 약제로 이용된다.

33 다음 중 보일 오버(boil over) 현상과 가장 거리가 먼 것은?

① 기름이 열의 공급을 받지 아니하고 온도가 상승하는 현상
② 기름의 표면부에서 조용히 연소하다 탱크 내의 기름이 갑자기 분출하는 현상
③ 탱크 바닥에 물 또는 물과 기름의 에멀션 층이 있는 경우 발생하는 현상
④ 열유층이 탱크 아래로 이동하여 발생하는 현상

해설 ① 기름이 열의 공급을 받아 온도가 상승하는 현상
보일 오버(boil over) : 탱크 화재 현상의 종류로서, 원추형 탱크의 지붕판이 폭발에 의해 날아가고 화재가 확대될 때 저장된 연소 중인 기름에서 발생할 수 있는 현상이다.

34 고정식의 포 소화 설비의 기준에서 포 헤드 방식의 포 헤드는 방호 대상물의 표면적 몇 m²당 1개 이상의 헤드를 설치하여야 하는가?

① 3 　　② 9 　　③ 15 　　④ 30

해설 고정식 포 소화 설비에서 포 헤드 방식의 포 헤드는 방호 대상물의 표면적 9m²당 1개 이상의 헤드를 설치 하여야 한다.

35 이산화탄소 소화기가 제6류 위험물의 화재에 대하여 적응성이 인정되는 장소의 기준은?

① 습도의 정도 　　② 밀폐성 유무
③ 폭발 위험성의 유무 　　④ 건축물의 층수

해설 폭발 위험성의 유무 : 이산화탄소 소화기가 제6류 위험물의 화재에 대하여 적응성이 인정되는 장소

36 옥내 주유 취급소는 소화 난이도 등급 얼마에 해당하는가?

① 소화 난이도 등급 Ⅰ 　② 소화 난이도 등급 Ⅱ
③ 소화 난이도 등급 Ⅲ 　④ 소화 난이도 등급 Ⅳ

해설 옥내 주유 취급소 : 소화 난이도 등급 Ⅱ에 해당하며, 건축물 안에 설치하는 주유 취급소이다.

정답 31 ② 32 ① 33 ① 34 ② 35 ③ 36 ②

37 화재 예방 시 자연 발화를 방지하기 위한 일반적인 방법으로 옳지 않은 것은?

① 통풍을 막는다.
② 저장실의 온도를 낮춘다.
③ 습도가 높은 장소를 피한다.
④ 열의 축적을 막는다.

해설 자연 발화 방지법
㉠ 통풍이 잘되게 한다.
㉡ 저장실의 온도를 낮춘다.
㉢ 습도가 높은 것을 피한다.
㉣ 열의 축적을 방지한다.

38 높이 15m, 지름 20m인 옥외 저장 탱크에 보유 공지의 단축을 위해서 물 분무 설비로 방호 조치를 하는 경우 수원의 양은 약 몇 L 이상으로 하여야 하는가?

① 46,472   ② 58,090
③ 70,259   ④ 95,880

해설 옥외 저장 탱크 물 분무 설비의 방호 조치 기준
㉠ 탱크의 표면에 방사하는 물의 양은 탱크의 높이 15m 이하마다 원주 길이 37L/min·m 이상으로 한다.
㉡ 수원의 양은 ㉠의 규정에 의한 수량으로 20분 이상 방사할 수 있는 수량으로 한다.
㉢ 탱크의 높이가 15m를 초과하는 경우에는 15m 이하마다 분무 헤드를 설치하되, 분무 헤드는 탱크 높이 및 구조를 고려하여 분무가 적정하게 이루어 질 수 있도록 배치한다.
$$수원량 = \pi d \times 37 \times 20$$
$$= \pi \times 20 \times 37 \times 20$$
$$= 46,472L \text{ 이상}$$

11 제6류 위험물의 화재에 적응성이 없는 소화 설비는?

① 옥내 소화전 설비   ② 스프링클러 설비
③ 포 소화 설비   ④ 불활성 가스 소화 설비

해설 2번 해설 참조

40 줄 – 톰슨 효과에 의하여 드라이아이스를 방출하는 소화기로 질식 및 냉각 효과가 있는 것은?

① 산 · 알칼리 소화기
② 강화액 소화기
③ 이산화탄소 소화기
④ 할로젠 화합물 소화기

해설 이산화탄소 소화기의 설명이다.

41 다음 중 제5류 위험물이 아닌 것은?

① 질산에틸   ② 나이트로글리세린
③ 나이트로벤젠   ④ 나이트로글리콜

해설 ③ 나이트로벤젠 : 제4류 위험물 중 제3석유류

42 제1류 위험물의 일반적인 공통 성질에 대한 설명 중 틀린 것은?

① 대부분 유기물이며 무기물도 포함되어 있다.
② 산화성 고체이다.
③ 가연물과 혼합하면 연소 또는 폭발의 위험이 크다.
④ 가열, 충격, 마찰 등에 의해 분해될 수 있다.

해설 ① 모두 무기 화합물이다.

43 제3류 위험물의 위험성에 대한 설명으로 틀린 것은?

① 칼륨은 피부에 접촉하면 화상을 입을 위험이 있다.
② 수소화나트륨은 물과 반응하여 수소를 발생한다.
③ 트라이에틸알루미늄은 자연발화하므로 물속에 넣어 밀봉 저장한다.
④ 황린은 독성 물질이고, 증기는 공기보다 무겁다.

해설 ③ 물과 접족하면 폭발적으로 반응하여 에탄을 생성하고 이때 발열, 폭발에 이른다.
$$(C_2H_5)_3Al + 3H_2O \longrightarrow Al(OH)_3 + 3C_2H_6 + 발열$$

44 위험물의 성질에 대한 설명 중 틀린 것은?

① 황린은 공기 중에서 산화할 수 있다.
② 적린은 $KClO_3$와 혼합하면 위험하다.
③ 황은 물에 매우 잘 녹는다.
④ 황은 가연성 고체이다.

해설 황은 물이나 산에 녹지 않으나 알코올에는 조금 녹고, 고무상황을 제외하고 CS_2에 잘 녹는다.

45 이송 취급소의 교체 밸브, 제어 밸브 등의 설치 기준으로 틀린 것은?

① 밸브는 원칙적으로 이송 기지 또는 전용 부지 내에 설치할 것
② 밸브는 그 개폐 상태가 당해 밸브의 설치 장소에서 쉽게 확인할 수 있도록 할 것
③ 밸브를 지하에 설치하는 경우에는 점검 상자 안에 설치할 것
④ 밸브는 당해 밸브의 관리에 관계하는 자가 아니면 수동으로만 개폐할 수 있도록 할 것

해설 ④ 밸브는 당해 밸브의 관리에 관계하는 자가 아니면 자동으로만 개폐할 수 있도록 해야 한다.

46 오황화인에 물과 반응하여 발생하는 유독한 가스는?

① 황화수소
② 이산화황
③ 이산화탄소
④ 이산화질소

해설 $P_2S_5 + 8H_2O \longrightarrow 5H_2S + 2H_3PO_4$

47 불활성 가스 소화 설비의 기준에서 저장 용기 설치 기준에 관한 내용으로 틀린 것은 어느 것인가?

① 방호 구역 외의 장소에 설치할 것
② 온도가 50℃ 이하이고 온도 변화가 적은 장소에 설치할 것
③ 직사일광 및 빗물이 침투할 우려가 적은 장소에 설치할 것
④ 저장 용기에는 안전 장치를 설치할 것

해설 불활성 가스 소화 설비 저장 용기 설치 기준
㉠ 방호 구역 외의 장소에 설치할 것
㉡ 온도가 40℃ 이하이고 온도 변화가 적은 곳에 설치할 것
㉢ 직사광선 및 빗물이 침투할 우려가 없는 곳에 설치할 것
㉣ 저장 용기에는 안전 장치(용기 밸브에 설치되어 있는 것 포함)를 설치할 것
㉤ 저장 용기의 외면에 소화 약제의 종류와 양, 제조년도 및 제조자를 표시할 것

48 아세톤의 성질에 대한 설명 중 틀린 것은?

① 무색의 액체로서 인화성이 있다.
② 증기는 공기보다 무겁다.
③ 물에 잘 녹는다.
④ 무취이며, 휘발성이 없다.

해설 무색, 자극성의 과일 냄새가 나는 휘발성, 유동성, 가연성의 액체이다.

49 지정 수량의 얼마 이하의 위험물에 대하여는 위험물안전관리법령에서 정한 유별을 달리하는 위험물의 혼재 기준을 적용하지 아니하여도 되는가?

① $\dfrac{1}{2}$
② $\dfrac{1}{3}$
③ $\dfrac{1}{5}$
④ $\dfrac{1}{10}$

해설 지정 수량의 $\dfrac{1}{10}$ 이하의 위험물에 대하여는 적용하지 아니한다.

50 다음 질산나트륨의 성상에 대한 설명 중 틀린 것은?

① 조해성이 있다.
② 강력한 환원제이며, 물보다 가볍다.
③ 열분해하여 산소를 방출한다.
④ 가연물과 혼합하면 충격에 의해 발화할 수 있다.

해설 ② 강력한 산화제이며, 물보다 무겁다(비중 2.27).

정답 44 ③ 45 ④ 46 ① 47 ② 48 ④ 49 ④ 50 ②

51 알루미늄의 성질에 대한 설명 중 틀린 것은?

① 묽은 질산보다는 진한 질산에 훨씬 잘 녹는다.
② 열전도율, 전기 전도도가 크다.
③ 할로겐 원소와의 접촉은 위험하다.
④ 실온의 공기 중에서 표면에 치밀한 산화 피막이 형성되어 내부를 보호하므로 부식성이 적다.

해설 진한 질산에는 침식당하지 않지만 묽은 질산, 황산, 묽은 염산에 잘 녹는다.

52 과염소산의 성질에 대한 설명이 아닌 것은?

① 가연성 물질이다.
② 산화성이 있다.
③ 물과 반응하여 발열한다.
④ Fe와 반응하여 산화물을 만든다.

해설 ① 지연성(조연성) 물질이다.

53 물과 반응하여 메탄을 발생시키는 것은?

① 탄화알루미늄 　　② 금속 칼슘
③ 금속 리튬 　　　　④ 수소화나트륨

해설 $Al_4C_3 + 12H_2O \longrightarrow 4Al(OH)_3 + 3CH_4$

54 다음 위험물 중 지정 수량이 나머지 셋과 다른 것은?

① C_4H_9Li 　　　　② K
③ Na 　　　　　　　④ LiH

해설

위험물	지정 수량
C_4H_9Li	10kg
K	10kg
Na	10kg
LiH	300kg

55 옥내 소화전 설비의 설치 기준에서 옥내 소화전은 제조소 등의 건축물의 층마다 당해 층의 각 부분에서 하나의 호스 접속구까지의 수평 거리가 몇 m 이하가 되도록 설치하여야 하는가?

① 5 　　　　　　　② 10
③ 15 　　　　　　　④ 25

해설 옥내 소화전은 제조소 등의 건축물의 층마다 당해 층의 각 부분에서 하나의 호스 접속구까지의 수평 거리는 25m 이하이어야 한다.

56 가연성 고체에 대한 착화의 위험성 시험 방법에 관한 설명으로 옳은 것은?

① 시험 장소는 온도 20℃, 습도 50%, 1기압, 무풍 장소로 한다.
② 두께 5mm 이상의 무기질 단열판 위에 시험 물품 $30cm^3$를 둔다.
③ 시험 물품에 30초간 액화 석유가스의 불꽃을 접촉시킨다.
④ 시험을 2번 반복하여 착화할 때까지의 평균 시간을 측정한다.

해설 ① 시험을 행할 장소는 온도 20±5℃, 습도 50±10%의 대기압하의 무풍에 가까운 상태인 장소에서 한다.
② 두께 10mm 이상 한 변 12~15cm 네모진 무기질 단열판 위에 시험 물품 $3cm^3$를 둔다.
③ 시험 물품에 10초간 액화 석유가스 불꽃을 접촉시킨다.
④ 시험을 10번 반복하여 착화할 때까지의 평균 시간을 측정한다.

57 2몰의 브로민산칼륨이 모두 열분해되어 생긴 산소의 양은 2기압 27℃에서 약 몇 L인가?

① 32.42 　　　　　② 36.9
③ 41.34 　　　　　④ 45.64

해설 $2KBrO_3 \longrightarrow 2KBr + 3O_2$
3몰의 산소 생성
$PV = nRT$에서
$\therefore V = \dfrac{nRT}{P} = \dfrac{3 \times 0.082 \times 300}{2} = 36.9L$

58 과산화수소의 성질에 대한 설명 중 틀린 것은?

① 알칼리성 용액에 의해 분해될 수 있다.
② 산화제이다.
③ 농도가 높을수록 안정하다.
④ 열, 햇빛에 의해 분해될 수 있다.

해설 농도가 높을수록 불안정하여 방치하거나 누출되면 산소를 분해하며, 온도가 높아질수록 분해 속도가 증가하여 비점 이하에서도 폭발한다.

59 적갈색 고체로 융점이 1,600℃이며, 물 또는 산과 반응하여 유독한 포스핀 가스를 발생하는 제3류 위험물의 지정 수량은 몇 kg인가?

① 10
② 20
③ 50
④ 300

해설 인화석회(Ca_3P_2, 인화칼슘) 지정 수량 : 300kg
㉠ $Ca_3P_2 + 6H_2O \longrightarrow 3Ca(OH)_2 + 2PH_3$
㉡ $Ca_3P_2 + 6HCl \longrightarrow 3CaCl_2 + 2PH_3$

60 과염소산의 저장 및 취급 방법이 잘못된 것은?

① 가열 · 충격을 피한다.
② 화기를 멀리한다.
③ 저온의 통풍이 잘되는 곳에 저장한다.
④ 누설하면 종이, 톱밥으로 제거한다.

해설 누설 시 톱밥이나 종이, 나무 부스러기 등에 섞여 폐기되지 않도록 한다.

위험물 기능사 (2019. 9. 28 시행)

01 화학포를 만들 때 사용되는 기포 안정제가 아닌 것은?

① 사포닌
② 암분
③ 가수 분해 단백질
④ 계면 활성제

해설 기포 안정제 : 가수 분해 단백질, 젤라틴, 카세인, 사포닌, 계면 활성제 등

02 다음 중 소화기에 대한 설명으로 맞지 않는 것은?

① 화학포, 기계포 소화기는 포 소화기에 속한다.
② 탄산가스 소화기는 질식 및 냉각 소화 작용이 있다.
③ 분말 소화기는 가압 가스가 필요없다.
④ 화학포 소화기에는 탄산수소나트륨과 황산알루미늄이 사용된다.

해설 분말 소화기에서 분말 소화 약제를 구성하는 소화 분말은 수분의 흡수성이 강하고 미세한 분말 입자로 제조되어 있어서 소화 기구·저장 용기 등의 충전 시 굳거나 덩어리지는 경우가 발생되기도 한다. 가압식 저장보다는 축압용 가스인 N_2와 함께 혼합 충전하는 축압식으로 하는 것이 좋으며, 자기 자신이 유동할 수 없으므로 유동, 이송의 원천이 되는 방사원 가스인 질소(N_2)나 이산화탄소(CO_2)를 필요로 한다.

03 다음 중 B급 화재에 속하는 것은?

① 일반 화재
② 유류 화재
③ 전기 화재
④ 금속 화재

해설 화재의 종류 및 표시 색상

급 수	화재의 종류	표시색상
A급	일반 화재	백색
B급	유류 화재	황색
C급	전기 화재	청색
D급	금속 화재	―
K급	주방 화재	―

04 다음 중 주수 소화를 하면 위험성이 증가하는 것은?

① 과산화칼륨
② 과망가니즈산칼륨
③ 과염소산칼륨
④ 브로민산칼륨

해설 과산화칼륨(K_2O_2)은 물과 급격히 반응하여 발열하고 산소를 방출한다. 그러므로 초기 화재에는 CO_2 분말 소화기가 유효하며 건조사가 가장 좋다.

05 다음 중 분말 약제의 식별색을 옳게 나타낸 것은?

① $KHCO_3$: 백색
② $NH_4H_2PO_4$: 담홍색
③ $NaHCO_3$: 보라색
④ $KHCO_3 + (NH_2)_2CO$: 초록색

해설

종 류	착 색	적응화재
1종 분말($NaHCO_3$)	백색	B·C
2종 분말($KHCO_3$)	보라색	B·C
3종 분말($NH_4H_2PO_4$)	담홍색(핑크색)	A·B·C
4종 분말($KHCO_3 + (NH_2)_2CO$)	회백색	B·C

06 고체의 연소 형태에 해당하지 않는 것은?

① 증발 연소
② 확산 연소
③ 분해 연소
④ 표면 연소

해설 (1) 고체의 연소 형태
　㉠ 표면(직접) 연소　　㉡ 분해 연소
　㉢ 증발 연소　　㉣ 내부(자기) 연소
(2) 액체의 연소 형태 : 증발 연소(단, 중유는 액체이지만 분해 연소이다.)
(3) 기체의 연소 형태 : 발염(확산) 연소

07 물의 증발 잠열은 약 몇 cal/g인가?

① 329
② 439
③ 539
④ 639

해설 물의 증발 잠열은 100℃의 물 1g이 100℃의 기체상인 수증기 1g으로 상의 변화를 가져오는 데 필요한 열량으로 539cal/g이다.

08 다음 위험물 중 위험 등급 I에 속하지 않는 것은?

① 제6류 위험물
② 제5류 위험물 중 나이트로 화합물
③ 제4류 위험물 중 특수 인화물
④ 제3류 위험물 중 나트륨

해설 위험물의 위험 등급

구분	위험 등급 I	위험 등급 II	위험 등급 III
제1류 위험물	아염소산염류, 염소산염류, 과염소산염류, 무기과산화물, 그 밖에 지정수량이 50kg인 위험물	브로민산염류, 질산염류, 아이오딘산염류, 그 밖에 지정수량이 300kg인 위험물	위험 등급 I, 위험 등급 II 외의 것
제2류 위험물		황화인, 적린, 황, 그 밖에 지정수량이 100kg인 위험물	
제3류 위험물	칼륨, 나트륨, 알킬알루미늄, 알킬리튬, 황린, 그 밖에 지정수량이 10kg 또는 20kg인 위험물	알칼리금속(칼륨 및 나트륨을 제외) 알칼리토금속, 유기금속화합물(알킬알루미늄 및 알킬리튬을 제외), 그 밖에 지정수량이 50kg인 위험물	
제4류 위험물	특수인화물	제1석유류, 알코올류	
제5류 위험물	지정수량이 제1종 : 10kg인 위험물	지정수량이 제2종 : 100kg인 위험물	
제6류 위험물	모두		

09 할론 1301의 증기 비중은? (단, 불소의 원자량은 19, 브롬의 원자량은 80, 염소의 원자량은 35.5이고, 공기의 분자량은 29이다.)

① 2.14   ② 4.15   ③ 5.14   ④ 6.15

해설 증기 비중 $= \dfrac{분자량}{공기의\ 평균\ 분자량}$

$5.14 = \dfrac{149}{29}$

여기서, CF_3Br의 분자량 $= 149$, 탄소의 원자량 $= 12$

10 화염의 전파 속도가 음속보다 빠르며, 연소 시 충격파가 발생하여 파괴 효과가 증대되는 현상을 무엇이라 하는가?

① 폭연   ② 폭압   ③ 폭굉   ④ 폭명

해설
① 폭연 : 가연성 혼합 기체가 상대적으로 서서히 연소되는 것을 말한다.
② 폭압 : 폭발에 의한 급격한 열의 발생은 생성 가스의 압력을 급격히 높이고 그 결과 빛, 충격파, 폭음 등을 발생한다. 이렇게 해서 생기는 고압을 말한다.
④ 폭명 : 한 개의 산소 원자와 두 개의 수소 원자가 결합한 혼합 기체에서 불을 붙이는 요란한 폭음을 내는데 이 소리를 말한다.

11 다음 중 제1류 위험물로서 물과 반응하여 발열하면서 산소를 발생하는 것은?

① 염소산나트륨   ② 탄화칼슘
③ 질산암모늄   ④ 과산화나트륨

해설 $2Na_2O_2 + 2H_2O \longrightarrow 4NaOH + O_2 + Qkcal$

12 다음 중 제3류 위험물에 대한 설명으로 옳은 것은?

① 대부분 물과 접촉하면 안정하게 된다.
② 일반적으로 불연성 물질이고 강산화제이다.
③ 대부분 산과 접촉하면 흡열 반응을 한다.
④ 물에 저장하는 위험물도 있다.

해설
① 물과 반응하여 가연성 가스를 발생하는 물질로서 복합적 위험성을 가지고 있다.
② 자연발화성 및 금수성 물질이다.
③ 대부분 산과 접촉하면 발열 반응을 한다.
④ 황린처럼 물에 저장하는 위험물도 있다.

13 다음 제4류 위험물에 대한 설명 중 틀린 것은 어느 것인가?

① 이황화탄소는 물보다 무겁다.
② 아세톤은 물에 녹지 않는다.
③ 톨루엔 증기는 공기보다 무겁다.
④ 디에틸에테르의 연소 범위 하한은 약 1.9%이다.

해설 아세톤은 물, 알코올, 벤젠, 에테르, 클로로포름 및 휘발유에 잘 녹는다.

14 디에틸에테르와 벤젠의 공통 성질에 대한 설명으로 옳은 것은?

① 증기 비중은 1보다 크다.
② 인화점은 −10℃보다 높다.
③ 발화점은 200℃보다 낮다.
④ 연소 범위의 상한이 60%보다 크다.

해설

	디에틸에테르	벤 젠
증기 비중	2.6	2.8
인화점	−45℃	−11.1℃
발화점	180℃	498℃
연소 범위	1.9~48%	1.2~7.8%

15 TNT가 폭발했을 때 발생하는 유독 기체는?

① N_2　　② CO_2　　③ H a　　④ CO

해설　$2C_6H_5CH_3(NO_2)_3 \longrightarrow 12CO+2C+3N_2+5H_2$

16 디에틸에테르의 성질이 아닌 것은?

① 유동성　② 마취성
③ 인화성　④ 비휘발성

해설　디에틸에테르는 유동성 액체로서 마취성, 인화성, 휘발성이 크다.

17 트라이나이트로톨루엔의 성상으로 틀린 것은?

① 물에 잘 녹는다.　　② 담황색의 결정이다.
③ 폭약으로 사용된다.　④ 발화점은 약 300℃이다.

해설　① 물에 녹지 않는다.

18 나이트로셀룰로오스의 설명으로 틀린 것은?

① 약 130℃에서 서서히 분해된다.
② 셀룰로오스를 진한 질산과 진한 황산의 혼산으로 반응시켜 제조한다.
③ 수분과의 접촉을 피하기 위해 석유 속에 저장한다.
④ 발화점은 약 160~170℃이다.

해설　나이트로셀룰로오스는 물과 혼합할수록 위험성이 감소되므로 운반 시는 물(20%), 용제 또는 알코올(30%)을 첨가 습윤시킨다. 건조 상태에 이르면 즉시 습한 상태를 유지시킨다.

19 질산칼륨을 약 400℃에서 가열하여 열분해 시킬 때 주로 생성되는 물질은?

① 질산과 산소
② 질산과 칼륨
③ 아질산칼륨과 산소
④ 아질산칼륨과 질소

해설　$2KNO_3 \longrightarrow 2KNO_2+O_2$

20 질산이 직사일광에 노출될 때 어떻게 되는가?

① 분해되지는 않으나 붉은 색으로 변한다.
② 분해되지는 않으나 녹색으로 변한다.
③ 분해되어 질소를 발생한다.
④ 분해되어 이산화질소를 발생한다.

해설　질산은 직사광선에 의해 분해되어 이산화질소(NO_2)를 생성시킨다.
$4HNO_3 \longrightarrow 2H_2O+4NO_2+O_2$

21 위험물의 이동 탱크 저장소 차량에 "위험물"이라고 표시한 표지를 설치할 때 표지의 바탕 색은?

① 흰색　　　　　　② 적색
③ 흑색　　　　　　④ 황색

해설　이동 탱크 저장소 차량에 위험물 표지 : 흑색 바탕에 황색의 반사 도료 및 기타 반사성이 있는 재료

22 적린의 성질 및 취급 방법에 대한 설명으로 틀린 것은?

① 화재 발생 시 냉각 소화가 가능하다.
② 공기 중에 방치하면 자연 발화한다.
③ 산화제와 격리하여 저장한다.
④ 비금속 원소이다.

해설　② 적린을 공기 중에 방치하면 자연 발화하지 않지만 260℃ 이상 가열하면 발화한다.

정답　14 ①　15 ④　16 ④　17 ①　18 ③　19 ③　20 ④　21 ③　22 ②

23 일반적인 제5류 위험물 취급 시 주의 사항으로 가장 거리가 먼 것은?

① 화기의 접근을 피한다.
② 물과 격리하여 저장한다.
③ 마찰과 충격을 피한다.
④ 통풍이 잘되는 냉암소에 저장한다.

해설 제5류 위험물 취급 시 주의 사항
㉠ 화기의 접근을 피한다.
㉡ 물과 근접하여 저장한다.
㉢ 마찰과 충격을 피한다.
㉣ 통풍이 잘되는 냉암소에 저장한다.

24 마그네슘은 제 몇 류 위험물인가?

① 제1류 위험물
② 제2류 위험물
③ 제3류 위험물
④ 제5류 위험물

해설 마그네슘(Mg)은 제2류 위험물이다.

25 휘발유의 일반적인 성상에 대한 설명으로 틀린 것은?

① 물에 녹지 않는다.
② 전기 전도성이 뛰어나다.
③ 물보다 가볍다.
④ 주성분은 알칸 또는 알켄계 탄화수소이다.

해설 ② 휘발유는 비전도성이다.

26 다음 중 황(사방황)의 성질을 옳게 설명한 것은?

① 황색 고체로서 물에 녹는다.
② 이황화탄소에 녹는다.
③ 전기 양도체이다.
④ 연소 시 붉은색 불꽃을 내며 탄다.

해설 ① 황색의 결정 또는 미황색의 분말로서 물에 녹지 않는다.
③ 전기의 부도체이다.
④ 연소 시 푸른 불꽃을 내며 탄다.

27 $(C_2H_5)_3Al$이 공기 중에 노출되어 연소할 때 발생하는 물질은?

① Al_2O_3
② CH_4
③ $Al(OH)_3$
④ C_2H_6

해설 트라이에틸알루미늄[$(C_2H_5)_3Al$]은 공기 중에 노출되어 공기와 접촉하면 백연을 발생하며 연소한다.
$$2(C_2H_5)_3Al + 21O_2 \longrightarrow 12CO_2 + Al_2O_3 + 15H_2O$$
이 백연은 Al_2O_3의 미분이다.

28 다음 중 증기 비중이 가장 큰 것은?

① 벤젠
② 등유
③ 메틸알코올
④ 에테르

해설

위험물	증기 비중
벤젠	2.77
등유	4~5
메틸알코올	1.1
에테르	2.6

29 제2류 위험물의 화재 예방 및 진압 대책이 틀린 것은?

① 산화제의 접촉을 금지한다.
② 화기 및 고온체와의 접촉을 피한다.
③ 저장 용기의 파손과 누출에 주의한다.
④ 금속분은 냉각 소화하고 그 외는 마른 모래를 이용하여 소화한다.

해설 금속분은 마른 모래를 이용하고 그 외는 냉각 소화한다. 특히 금속분, 철분, 마그네슘이 연소하고 있을 때 주수하면 급격히 발생한 수증기의 압력이나 분해에 의해 발생한 수소에 의해 폭발의 위험이 있으며 연소 중인 금속의 비산을 가져와 오히려 화재 면적을 확대시킬 수 있으므로 절대 주수하여서는 안 된다.

정답 23 ② 24 ② 25 ② 26 ② 27 ① 28 ② 29 ④

30 지정 수량의 $\frac{1}{10}$ 을 초과하는 위험물을 혼재할 수 없는 경우는?

① 제1류 위험물과 제6류 위험물
② 제2류 위험물과 제4류 위험물
③ 제4류 위험물과 제5류 위험물
④ 제5류 위험물과 제3류 위험물

해설 유별을 달리하는 위험물의 혼재 기준

구 분	제1류	제2류	제3류	제4류	제5류	제6류
제1류		×	×	×	×	○
제2류	×		×	○	○	×
제3류	×	×		○	×	×
제4류	×	○	○		○	×
제5류	×	○	×	○		×
제6류	○	×	×	×		

31 다량의 주수에 의한 냉각 소화가 효과적인 위험물은?

① CH_3ONO_2
② Al_4C_3
③ Na_2O_2
④ Mg

해설

소화 설비의 구분		대상물 구분										
		건축물·그 밖의 공작물	전기 설비	제1류 위험물		제2류 위험물			제3류 위험물		제4류 위험물	제5류 위험물	제6류 위험물
				알칼리 금속 과산화물 등	그 밖의 것	철분·금속분·마그네슘 등	인화성 고체	그 밖의 것	금수성 물품	그 밖의 것			
옥내 소화전 설비 또는 옥외 소화전 설비		○			○		○	○		○		○	○
스프링클러 설비		○			○		○	○		△		○	○
물분무 등 소화 설비	물분무 소화 설비	○	○		○		○	○		○		○	○
	포 소화 설비	○			○		○	○		○		○	○
	불활성 가스 소화 설비		○				○					○	
	할로젠0 화합물 소화 설비		○				○					○	
	분말 소화 설비	인산염류 등	○	○		○		○	○			○		○
		탄산 수소 염류 등		○	○		○		○		○		○	
		그 밖의 것			○		○			○				

32 정전기 발생의 예방 방법이 아닌 것은?

① 접지에 의한 방법
② 공기를 이온화시키는 방법
③ 전기의 도체를 사용하는 방법
④ 공기 중의 상대 습도를 낮추는 방법

해설 정전기 발생의 예방 방법
㉠ 공기 중의 습도를 높인다(실내의 경우 상대 습도를 70% 이상으로 한다).
㉡ 접지를 한다.
㉢ 공기를 이온화한다.

33 옥내 주유 취급소에 있어서는 당해 사무소 등의 출입구 및 피난구와 당해 피난구로 통하는 통로·계단 및 출입구에 무엇을 설치해야 하는가?

① 화재 감지기
② 스프링클러
③ 자동 화재 탐지 설비
④ 유도등

해설 옥내 주유 취급소 : 당해 사무소 등의 출입구 및 피난구와 당해 피난구로 통하는 통로·계단 및 출입구에 유도등을 설치한다.

34 다음 중 발화점이 가장 낮은 물질은?

① 메틸알코올
② 등유
③ 아세트산
④ 아세톤

해설

위험물	발화점
메틸알코올	464℃
등유	254℃
아세트산	427℃
아세톤	538℃

(상단 우측 표)

대형·소형 수동식 소화기	봉상수 (棒狀水) 소화기	○		○		○	○		○	○ ○
	무상수 (霧狀水) 소화기	○ ○		○		○	○		○	○ ○
	봉상강화액 소화기	○		○		○	○		○	○ ○
	무상강화액 소화기	○ ○		○		○	○		○	○ ○
	포 소화기	○		○		○	○		○	○ ○
	이산화탄소 소화기		○			○			○	△
	할론 소화 설비		○			○			○	
분말 소화기	인산염류 소화기	○	○		○	○			○	
	탄산수소염류 소화기	○ ○		○	○	○				
	그 밖의 것		○	○						
기타	물통 또는 수조	○		○		○	○		○	○
	건조사	○	○	○	○	○	○		○	○
	팽창 질석 또는 팽창 진주암	○	○	○	○	○	○		○	○

35 스프링클러 설비의 장점이 아닌 것은?

① 화재의 초기 진압에 효율적이다.
② 사용 약제를 쉽게 구할 수 있다.
③ 자동으로 화재를 감지하고 소화할 수 있다.
④ 다른 소화 설비보다 구조가 간단하고 시설비가 적다.

해설 **스프링클러 설비의 장·단점**

장점	· 초기 진화에 특히 절대적인 효과가 있다. · 약제가 물이라서 값이 싸고, 복구가 쉽다. · 오동작, 오보가 없다(감지부가 기계적). · 조작이 간편하고 안전하다. · 야간이라도 자동으로 화재 감지 경보, 소화할 수 있다.
단점	· 초기 시설비가 많이 든다. · 시공이 다른 설비와 비교했을 때 복잡하다. · 물로 인한 피해가 크다.

36 다음 중 연소의 3요소를 모두 갖춘 것은?

① 휘발유＋공기＋수소　② 적린＋수소＋성냥불
③ 성냥불＋황＋산소　④ 알코올＋수소＋산소

해설 **연소의 3요소** : 가연물(황), 조연물(산소), 점화원(성냥불)

37 BCF 소화기의 약제를 화학식으로 옳게 나타낸 것은?

① CCl_4
② CH_2ClBr
③ CF_3Br
④ CF_2ClBr

해설 **Halon 소화 약제**

Halon No.	분자식	명명법
1040	CCl_4	Carbon Tetrachloride(CTC)
1011	CH_2ClBr	Bromo Thloro Methane(BT)
1211	CF_2ClBr	Bromo Chloro Difluoro Methane(BCF)
2402	$C_2F_4Br_2$	Dibromo Tetrafluoro Ethane(FB)
1301	CF_3Br	Bromo Trifluoro Methane(BT)

※ mono : 1, di : 2, tri : 3, tetra : 4, penta : 5, hexa : 6, hepta : 7

38 포 소화 약제의 주된 소화 효과에 해당하는 것은?

① 부촉매 효과　② 질식 효과
③ 억제 효과　④ 제거 효과

해설 포 소화 약제(foam agents)의 주된 소화 효과는 질식 효과이다.

39 다음 중 소화 설비의 설치 기준으로 틀린 것은?

① 능력 단위는 소요 단위에 대응하는 소화 설비의 소화 능력의 기준 단위이다.
② 소요 단위는 소화 설비의 설치 대상이 되는 건축물, 그 밖의 인공 구조물의 규모 또는 위험물의 양의 기준 단위이다.
③ 취급소의 외벽이 내화 구조인 건축물의 연면적 $50m^2$를 1소요 단위로 한다.
④ 저장소의 외벽이 내화 구조인 건축물의 연면적 $150m^2$를 1소요 단위로 한다.

해설 **소요 단위(1단위)** : 소화 설비의 설치 대상이 되는 건축물, 그 밖의 공작물 규모 또는 위험물 양에 대한 기준 단위를 말한다.
(1) 제조소 또는 취급소용 건축물의 경우
　㉠ 외벽이 내화 구조인 것으로 연면적 $100m^2$
　㉡ 외벽이 내화 구조가 아닌 것으로 연면적 $50m^2$
(2) 저장소 건축물의 경우
　㉠ 외벽이 내화 구조인 것으로 연면적 $150m^2$
　㉡ 외벽이 내화 구조가 아닌 것으로 연면적 $75m^2$
(3) 위험물의 경우 : 지정 수량 10배

40 8L 용량의 소화전용 물통의 능력 단위는?

① 0.3　② 0.5　③ 1.0　④ 1.5

해설 **능력 단위** : 소방 기구의 소화 능력을 나타내는 수치, 즉 소요 단위에 대응하는 소화 설비 소화 능력의 기준 단위를 말한다.
㉠ 마른 모래(50L, 삽 1개 포함) : 0.5단위
㉡ 팽창 질석 또는 팽창 진주암(160L, 삽 1개 포함) : 1단위
㉢ 소화 전용 물통(8L) : 0.3단위
㉣ 수조
　ⓐ 190L(8L 소화 전용 물통 6개 포함) : 2.5단위
　ⓑ 80L(8L 소화 전용 물통 3개 포함) : 1.5단위

정답　35 ④　36 ③　37 ④　38 ②　39 ③　40 ①

41 물에 녹지 않고 알코올에 녹으며 비점이 약 87℃, 분자량이 약 91인 무색 투명한 액체로서, 제5류 위험물에 해당하는 물질의 지정 수량은?

① 10kg
② 20kg
③ 100kg
④ 200kg

해설 질산에틸($C_2H_5ONO_2$)의 설명이며, 지정 수량은 10kg 이다.

42 자연발화성 물질 및 금수성 물질에 해당되지 않는 것은?

① 칼륨
② 황화인
③ 탄화칼슘
④ 수소화나트륨

해설 황화인은 가연성 고체이다.

43 제3류 위험물 중 금수성 물질을 제외한 위험물에 적응성이 있는 소화 설비가 아닌 것은?

① 분말 소화 설비
② 스프링클러 설비
③ 팽창 질석
④ 포 소화 설비

해설

소화 설비의 구분		건축물·그 밖의 공작물	전기 설비	제1류 위험물		제2류 위험물			제3류 위험물		제4류 위험물	제5류 위험물	제6류 위험물
				알칼리 금속 과산화물 등	그 밖의 것	철분·금속분·마그네슘 등	인화성 고체	그 밖의 것	금수성 물품	그 밖의 것			
옥내 소화전 설비 또는 옥외 소화전 설비		○			○		○	○		○		○	○
스프링클러 설비		○			○		○	○		○	△	○	○
물분무 등 소화 설비	물분무 소화 설비	○	○		○		○	○		○	○	○	○
	포 소화 설비	○			○		○	○		○	○	○	○
	불활성 가스 소화 설비		○				○				○		
	할로겐 화합물 소화 설비		○				○				○		
	분말 소화 설비	인산염류 등	○	○			○	○			○		○
		탄산 수소 염류 등		○	○		○		○			○		
		그 밖의 것			○				○				

봉상수 (棒狀水) 소화기 / 무상수 (無狀水) 소화기 / 봉상강화액 소화기 / 무상강화액 소화기 / 포 소화기 / 이산화탄소 소화기 / 할론 소화 설비 / 인산염류 소화기 / 탄산수소염류 소화기 / 그 밖의 것 / 물통 또는 수조 / 건조사 / 팽창 질석 또는 팽창 진주암

44 위험물의 운반에 관한 기준에 따라 다음 (㉮)와 (㉯)에 적합한 것은?

> 액체 위험물은 운반 용기의 내용적의 (㉮) 이하의 수납률로 수납하되, (㉯)의 온도에서 누설되지 않도록 충분한 공간 용적을 두어야 한다.

① ㉮ 98%, ㉯ 40℃
② ㉮ 98%, ㉯ 55℃
③ ㉮ 95%, ㉯ 40℃
④ ㉮ 95%, ㉯ 55℃

해설 운반 용기의 수납률

위험물	수납률
알킬알루미늄 등	90% 이하 (50℃에서 5% 이상 공간 용적 유지)
고체 위험물	95% 이하
액체 위험물	98% 이하 (55℃에서 누설되지 않을 것)

45 다음 품명 중 위험물의 유별 구분이 나머지 셋과 다른 것은?

① 질산에스테르류
② 아염소산염류
③ 질산염류
④ 무기 과산화물

해설 ㉠ 제1류 위험물 : 아염소산염류, 질산염류, 무기 과산화물
㉡ 제5류 위험물 : 질산에스터류

46 다음 중 위험물의 성질에 대한 설명으로 틀린 것은?

① 인화칼슘은 물과 반응하여 유독한 가스를 발생한다.
② 금속 나트륨은 물과 반응하여 산소를 발생시키고 발열한다.
③ 칼륨은 물과 반응하여 수소 가스를 발생한다.
④ 탄화칼슘은 물과 작용하여 발열하고 아세틸렌 가스를 발생한다.

해설 $2Na+2H_2O \longrightarrow 2NaOH+H_2+Qkcal$

47 알루미늄분의 성질에 대한 설명으로 옳은 것은?

① 금속 중에서 연소 열량이 가장 작다.
② 끓는물과 반응해서 수소를 발생한다.
③ 수산화나트륨 수용액과 반응해서 산소를 발생한다.
④ 안전한 저장을 위해 할로겐 원소와 혼합한다.

해설 ① $4Al+3O_2 \longrightarrow 2Al_2O_3+798.4kcal$
　연소 열량은 금속 중 가장 크다.
② $2Al+6H_2O \longrightarrow 2Al(OH)_3+3H_2$
　분말은 찬물과의 반응은 매우 느리고 미미하지만 뜨거운 물과는 격렬하게 반응하여 수소를 발생한다.
③ $2Al+2NaOH+2H_2O \longrightarrow 2NaAlO_2+3H_2$
　알칼리 수용액과 반응하여 수소를 발생한다.
④ 제1류 위험물이나 제6류 위험물 같은 산화제와 혼합되지 않도록 격리·저장한다.

48 트라이니트로페놀의 성상 및 위험성에 관한 설명 중 옳은 것은?

① 운반 시 에탄올을 첨가하면 안전하다.
② 강한 쓴맛이 있고, 공업용은 휘황색의 침상 결정이다.
③ 폭발성 물질이므로 철로 만든 용기에 저장한다.
④ 물, 아세톤, 벤젠 등에는 녹지 않는다.

해설 ① 운반 시 10~20% 물로 젖게 하면 안전하다.
③ 제조 시 중금속과의 접촉을 피하며, 철, 구리, 납으로 만든 용기에 저장하지 말아야 한다.
④ 더운물, 알코올, 에테르, 아세톤, 벤젠 등에 녹는다.

49 위험물의 위험 등급을 구분할 때 위험 등급 II에 해당하는 것은?

① 적린　　　　　② 철분
③ 마그네슘　　　④ 인화성 고체

해설 제2류 위험물의 품명과 지정 수량

성질	품명	지정수량	위험등급
가연성 고체	1. 황화인	100kg	II
	2. 적린	100kg	
	3. 황	100kg	
	4. 철분	500kg	III
	5. 금속분	500kg	
	6. 마그네슘	500kg	
	7. 그 밖에 행정안전부령이 정하는 것	100kg 또는 500kg	II, III
	8. 제1호부터 제7호까지의 어느 하나에 해당하는 위험물을 하나 이상 함유한 것		
	9. 인화성고체	1,000kg	III

50 위험물안전관리법상 위험물을 분류할 때 나이트로 화합물에 해당하는 것은?

① 하이드라진　　　② 나이트로셀룰로오스
③ 질산메틸　　　　④ 피크린산

해설 ① 하이드라진 : 하이드라진 유도체
② 나이트로셀룰로오스 : 질산에스터류
③ 질산메틸 : 질산에스터류
④ 피크린산 : 나이트로 화합물

51 위험물의 운반에 관한 기준에서 규정한 운반 용기의 재질에 해당하지 않는 것은?

① 금속판　　　　② 양철판
③ 짚　　　　　　④ 도자기

해설 위험물의 운반 용기 재질 : 고무류, 유리, 종이, 강판, 알루미늄판, 양철판, 금속판, 플라스틱, 섬유판, 합성 섬유, 삼, 짚, 나무

52 금속 칼륨과 금속 나트륨의 공통 성질이 아닌 것은?

① 비중이 1보다 작다.
② 용융점이 100℃보다 낮다.
③ 열전도가 크다.
④ 강하고 단단한 금속이다.

해설 ⊙ 금속 칼륨 : 은백색의 광택이 있는 경금속으로, 연하여 칼로 자르기 쉬우며, 융점이 낮다.
ⓛ 금속 나트륨 : 은백색의 광택이 있는 경금속으로, 칼로 잘 잘리는 연하고 무른 금속이다. 물보다 가볍고 융점이 낮다.

53 제6류 위험물의 일반적 성질에 대한 설명 중 틀린 것은?

① 산화제이다.　　② 물에 잘 녹는다.
③ 물보다 무겁다.　④ 쉽게 연소한다.

해설 ④ 자신들은 모두 불연성 물질이다.

54 벤조일퍼옥사이드 10kg, 나이트로글리세린 50kg, TNT 400kg을 저장하려 할 때 각 위험물의 지정 수량 배수의 총합은?

① 5　　② 7　　③ 8　　④ 10

해설 $\dfrac{10}{10}+\dfrac{50}{10}+\dfrac{400}{100}=10$배

55 지하 저장 탱크에 경보음을 울리는 방법으로 과충전 방지 장치를 설치하고자 한다. 탱크 용량의 최소 몇 %가 찰 때 경보음이 울리도록 하여야 하는가?

① 80　　② 85　　③ 90　　④ 95

해설 지하 저장 탱크에 경보음을 울리는 방법은 탱크 용량의 최소 90%가 찰 때 경보음이 울리도록 한다.

56 탄소 80%, 수소 14%, 황 6%인 물질 1kg이 완전 연소하기 위해 필요한 이론 공기량은 약 몇 kg인가? (단, 공기 중 산소는 중량 23%이다.)

① 3.31　② 7.05　③ 11.62　④ 14.41

해설 중량$(A_0)=\dfrac{1}{0.23}\left[2.667C+8\left(H-\dfrac{O}{8}+S\right)\right]$

$=\dfrac{1}{0.23}\left[2.667\times0.8+8\times\left(14-\dfrac{6}{8}+0.06\right)\right]$

$=14.41\text{kg}$

57 과염소산칼륨에 황린이나 마그네슘분을 혼합하면 위험한 이유를 가장 옳게 설명한 것은?

① 외부의 충격에 의해 폭발할 수 있으므로
② 전지가 형성되어 열이 발생하므로
③ 발화점이 높아지므로
④ 용융하므로

해설 과염소산칼륨에 황린이나 마그네슘분을 혼합하면 외부의 충격에 의해 폭발할 수 있다.

58 다음 중 황 분말과 혼합했을 때 가열 또는 충격에 의해서 폭발할 위험이 가장 높은 것은?

① 질산암모늄　　② 물
③ 이산화탄소　　④ 마른 모래

해설 황 분말(환원제)과 질산암모늄(산화제)을 혼합했을 때 가열 또는 충격에 의해서 폭발할 위험이 가장 높다.

59 위험물의 지하 저장 탱크 중 압력 탱크 외의 탱크에 대해 수압 시험을 실시할 때 몇 kPa의 압력으로 하여야 하는가? (단, 소방청장이 정하여 고시하는 기밀 시험과 비파괴 시험을 동시에 실시하는 방법으로 대신하는 경우는 제외한다.)

① 40　　② 50　　③ 60　　④ 70

해설 위험물의 지하 저장 탱크 중 압력 탱크 외의 탱크에 대해서는 수압 시험을 70kPa의 압력으로 한다.

60 운송 책임자의 감독·지원을 받아 운송하여야 하는 것으로 대통령령이 정하는 위험물에 해당하는 것은?

① 알킬리튬　　　② 디에틸에테르
③ 과산화나트륨　④ 과염소산

해설 이동 탱크 저장소의 위험물 운송 시 운송 책임자의 감독, 지원을 받아야 하는 위험물
⊙ 알킬알루미늄　ⓛ 알킬리튬
ⓒ 알킬알루미늄 또는 알킬리튬을 함유하는 위험물

위험물 기능사 (2020. 2. 9 시행)

01 연소가 잘 이루어지는 조건으로 거리가 먼 것은?

① 가연물의 발열량이 클 것
② 가연물의 열전도율이 클 것
③ 가연물과 산소와의 접촉 표면적이 클 것
④ 가연물의 활성화 에너지가 작을 것

> **해설** ② 가연물의 열전도율이 작을 것

02 피크린산의 위험성과 소화 방법에 대한 설명으로 틀린 것은?

① 금속과 화합하여 예민한 금속염이 만들어질 수 있다.
② 운반 시 건조한 것보다는 물에 젖게 하는 것이 안전하다.
③ 알코올과 혼합된 것은 충격에 의한 폭발 위험이 있다.
④ 화재 시에는 질식 소화가 효과적이다.

> **해설** ④ 화재 시에는 다량의 주수 소화에 의한 냉각 소화

03 석유류가 연소할 때 발생하는 가스로, 강한 자극적인 냄새가 나며 취급하는 장치를 부식시키는 것은?

① H_2 ② CH_4 ③ NH_3 ④ SO_2

> **해설** 아황산가스(SO_2)의 설명이다.

04 위험물을 취급함에 있어서 정전기를 유효하게 제거하기 위한 설비를 설치하고자 한다. 위험물안전관리법령상 공기 중의 상대습도를 몇 % 이상이 되도록 하여야 하는가?

① 50%   ② 60%   ③ 70%   ④ 80%

> **해설** 위험물의 정전기를 제거하기 위하여 공기 중의 상대습도를 70% 이상 되게 한다.

05 위험물 제조소의 경우 연면적이 최소 몇 m^2일 때 자동 화재 탐지 설비를 설치해야 하는가? (단, 원칙적인 경우에 한한다.)

① $100m^2$ ② $300m^2$
③ $500m^2$ ④ $1,000m^2$

> **해설** 자동 화재 탐지 설비 : 위험물 제조소의 경우 연면적이 최소 $500m^2$이면 설치한다.

06 주된 연소 형태가 증발 연소인 것은?

① 나트륨   ② 코크스
③ 양초   ④ 니트로셀룰로오스

> **해설** ① 표면(직접) 연소 ② 표면(직접) 연소
> ③ 증발 연소 ④ 내부(자기) 연소

07 금속 화재에 마른 모래를 피복하여 소화하는 방법은?

① 제거 소화   ② 질식 소화
③ 냉각 소화   ④ 억제 소화

> **해설** 질식 소화의 설명이다.

08 메틸알코올 8,000L에 대한 소화 능력으로는 삽을 포함한 마른 모래를 몇 L 설치하여야 하는가?

① 100L   ② 200L
③ 300L   ④ 400L

> **해설** 소요 단위 $= \dfrac{\text{저장량}}{\text{지정 수량} \times 10\text{배}} = \dfrac{8,000}{400 \times 10} = 2\text{단위}$
>
> 마른 모래(50L, 삽 1개 포함) : 0.5단위이므로
>
> $50L : x(L) = 0.5\text{단위} : 2\text{단위}$
>
> $\therefore \ x = \dfrac{50 \times 2}{0.5} = 200L$

09 위험물안전관리법령상 위험물의 운반에 관한 기준에서 적재 시 혼재가 가능한 위험물을 옳게 나타낸 것은? (단, 각각 지정 수량의 10배 이상인 경우이다.)

① 제1류와 제4류　　② 제3류와 제6류
③ 제1류와 제5류　　④ 제2류와 제4류

해설　유별을 달리하는 위험물의 혼재 기준

구 분	제1류	제2류	제3류	제4류	제5류	제6류
제1류		×	×	×	×	○
제2류	×		×	○	○	×
제3류	×	×		○	×	×
제4류	×	○	○		○	×
제5류	×	○	×	○		×
제6류	○	×	×	×	×	

10 위험물 제조소의 표지 및 게시판에 대한 설명이다. 위험물안전관리법령상 옳지 않은 것은 어느 것인가?

① 표지는 한 변의 길이를 0.3m, 다른 한 변의 길이를 0.6m 이상으로 하여야 한다.
② 표지의 바탕은 백색, 문자는 흑색으로 하여야 한다.
③ 취급하는 위험물에 따라 규정에 의한 주의 사항을 표시한 게시판을 설치하여야 한다.
④ 제2류 위험물(인화성 고체 제외)은 "화기 엄금" 주의 사항 게시판을 설치하여야 한다.

해설　④ 제2류 위험물(인화성 고체 제외)은 "화기 주의" 주의 사항 게시판을 설치하여야 한다.

11 위험물안전관리법령상 자동 화재 탐지 설비의 설치 기준으로 옳지 않은 것은?

① 경계 구역은 건축물의 최소 2개 이상의 층에 걸치도록 할 것
② 하나의 경계 구역의 면적은 600m² 이하로 할 것
③ 감지기는 지붕 또는 벽의 옥내에 면한 부분에 유효하게 화재의 발생을 감지할 수 있도록 설치할 것
④ 비상전원을 설치할 것

해설　① 경계 구역은 건축물, 그 밖의 공작물의 2 이상의 층에 걸치지 아니하도록 한다.

12 위험물안전관리법령상 옥내 저장소 저장 창고의 바닥은 물이 스며나오거나 스며들지 아니 하는 구조로 하여야 한다. 다음 중 반드시 이 구조로 하지 않아도 되는 위험물은?

① 제1류 위험물 중 알칼리 금속의 과산화물
② 제4류 위험물
③ 제5류 위험물
④ 제2류 위험물 중 철분

해설　옥내 저장소 저장 창고의 바닥이 물이 스며나오거나 스며들지 않는 구조로 해야 하는 위험물

유 별	품 명
제1류 위험물	알칼리금속의 과산화물
제2류 위험물	·철분　·금속분　·마그네슘
제3류 위험물	금수성 물질
제4류 위험물	전부

13 가솔린의 연소 범위(vol%)에 가장 가까운 것은?

① 1.4~7.6vol%　　② 8.3~11.4vol%
③ 12.5~19.7vol%　④ 22.3~32.8vol%

해설

위험물	연소 범위(vol%)
가솔린	1.4~7.6

14 다음 중 위험물안전관리법에서 정의한 '제조소'의 의미로 가장 옳은 것은?

① '제조소'라 함은 위험물을 제조할 목적으로 지정 수량 이상의 위험물을 취급하기 위하여 허가를 받은 장소임
② '제조소'라 함은 지정 수량 이상의 위험물을 제조할 목적으로 위험물을 취급하기 위하여 허가를 받은 장소임
③ '제조소'라 함은 지정 수량 이상의 위험물을 제조할 목적으로 지정 수량 이상의 위험물을 취급하기 위하여 허가를 받은 장소임
④ '제조소'라 함은 위험물을 제조할 목적으로 위험물을 취급하기 위하여 허가를 받은 장소임

해설　제조소 : 위험물을 제조할 목적으로 지정 수량 이상의 위험물을 취급하기 위하여 허가를 받은 장소

15 위험물안전관리법령상 운반 차량에 혼재해서 적재할 수 없는 것은? (단, 각각의 지정 수량은 10배인 경우이다.)

① 염소화규소 화합물 − 특수 인화물
② 고형 알코올 − 나이트로 화합물
③ 염소산염류 − 질산
④ 질산구아니딘 − 황린

해설 유별을 달리하는 위험물의 혼재 기준

구분	제1류	제2류	제3류	제4류	제5류	제6류
제1류		×	×	×	×	○
제2류	×		×	○	○	×
제3류	×	×		○	×	×
제4류	×	○	○		○	×
제5류	×	○	×	○		×
제6류	○	×	×	×	×	

① 염소화규소 화합물 : 제3류 위험물, 특수 인화물 : 제4류 위험물
② 고형 알코올 : 제2류 위험물, 나이트로 화합물 : 제5류 위험물
③ 염소산염류 : 제1류 위험물, 질산 : 제6류 위험물
④ 질산구아니딘 : 제5류 위험물, 황린 : 제3류 위험물

16 위험물안전관리법령상 운송 책임자의 감독·지원을 받아 운송하여야 하는 위험물에 해당하는 것은?

① 특수 인화물
② 알킬리튬
③ 질산구아니딘
④ 하이드라진 유도체

해설 이동 탱크 저장소의 위험물 운송 시 운송 책임자의 감독·지원을 받아야 하는 위험물
㉠ 알킬알루미늄
㉡ 알킬리튬
㉢ 알킬알루미늄 또는 알킬리튬을 함유하는 위험물

17 질산암모늄에 대한 설명으로 옳은 것은?

① 물에 녹을 때 발열 반응을 한다.
② 가열하면 폭발적으로 분해하여 산소와 암모니아를 생성한다.
③ 소화 방법으로 질식 소화가 좋다.
④ 단독으로도 급격한 가열, 충격으로 분해·폭발할 수 있다.

해설 ① 물에 녹을 때 흡열 반응을 한다.
② 가열하면 폭발적으로 분해하여 질소, 수증기, 산소를 생성한다.
$$2NH_4NO_3 \longrightarrow 2N_2 + 4H_2O + O_2$$
③ 소화 방법으로 주수 소화가 좋다.

18 다음 중 위험물안전관리법령상 위험물 운반 용기의 외부에 표시하여야 하는 사항에 해당하지 않는 것은?

① 위험물에 따라 규정된 주의 사항
② 위험물의 지정 수량
③ 위험물의 수량
④ 위험물의 품명

해설 위험물 운반 용기의 외부에 표시하여 하는 사항
㉠ 위험물의 품명
㉡ 위험물의 수량
㉢ 위험물에 따라 규정된 주의 사항

19 다음 위험물 중 착화 온도가 가장 높은 것은?

① 이황화탄소
② 디에틸에테르
③ 아세트알데하이드
④ 산화프로필렌

해설

위험물	착화 온도
이황화탄소	100℃,
디에틸에테르	180℃,
아세트알데하이드	185℃,
산화프로필렌	465℃

20 적린이 연소하였을 때 발생하는 물질은?

① 인화수소
② 포스겐
③ 오산화인
④ 이산화황

해설 $4P + 5O_2 \longrightarrow 2P_2O_5$

21 동·식물유에 대한 설명으로 틀린 것은?

① 연소하면 열에 의해 액온이 상승하여 화재가 커질 위험이 있다.
② 아이오딘값이 낮을수록 자연 발화의 위험이 높다.
③ 동유는 건성유이므로 자연 발화의 위험이 있다.
④ 아이오딘값이 100~130인 것을 반건성유라고 한다.

해설 ② 아이오딘값이 높을수록 자연 발화의 위험이 높다.

22 위험물안전관리법령상 지정 수량이 50kg인 것은?

① $KMnO_4$
② $KClO_2$
③ $NaIO_3$
④ NH_4NO_3

해설

위험물	지정 수량＋
$KMnO_4$	1,000kg
$KClO_2$	50kg
$NaIO_3$	300kg
NH_4NO_3	300kg

23 저장하는 위험물의 최대 수량이 지정 수량의 15배일 경우, 건축물의 벽·기둥 및 바닥이 내화 구조로 된 위험물 옥내 저장소의 보유 공지는 몇 m 이상이어야 하는가?

① 0.5m
② 1m
③ 2m
④ 3m

해설 옥내 저장소의 보유 공지

저장 또는 취급하는 위험물의 최대 수량	공지의 너비	
	벽·기둥 및 바닥이 내화 구조로 된 건축물	그 밖의 건축물
지정 수량의 5배 이하	－	0.5m 이상
지정 수량의 5배 초과 10배 이하	1m 이상	1.5m 이상
지정 수량의 10배 초과 20배 이하	2m 이상	3m 이상
지정 수량의 20배 초과 50배 이하	3m 이상	5m 이상
지정 수량의 50배 초과 200배 이하	5m 이상	10m 이상
지정 수량의 200배 초과	10m 이상	15m 이상

단, 지정 수량의 20배를 초과하는 옥내 저장소와 동일한 부지 내에 있는 다른 옥내 저장소와의 사이에는 공지 너비의 $\frac{1}{3}$(당해 수치가 3m 미만인 경우는 3m)의 공지를 보유할 수 있다.

24 다음 중 위험물에 대한 설명으로 틀린 것은?

① 과산화나트륨은 산화성이 있다.
② 과산화나트륨은 인화점이 매우 낮다.
③ 과산화바륨과 염산을 반응시키면 과산화수소가 생긴다.
④ 과산화바륨의 비중은 물보다 크다.

해설 ② 과산화나트륨은 인화성이 없다.

25 위험물의 저장 방법에 대한 설명으로 옳은 것은?

① 황화인은 알코올 또는 과산화물 속에 저장하여 보관한다.
② 마그네슘은 건조하면 분진 폭발의 위험성이 있으므로 물에 습윤하여 저장한다.
③ 적린은 화재 예방을 위해 할로겐 원소와 혼합하여 저장한다.
④ 수소화리튬은 저장 용기에 아르곤과 같은 불활성 기체를 봉입한다.

해설 ① 황화인은 소량인 경우 유리병, 대량인 경우 양철통에 넣은 후 나무 상자에 보관한다.
② 마그네슘은 물과 반응하여 수소를 발생하므로 물과 접촉을 피한다.
③ 적린은 화재 예방을 위해 석유(등유), 경유, 유동 파라핀 속에 보관한다.

26 제3류 위험물 중 금수성 물질을 제외한 위험물에 적응성이 있는 소화 설비가 아닌 것은 어느 것인가?

① 분말 소화 설비
② 스프링클러 설비
③ 옥내 소화전 설비
④ 포 소화 설비

해설 소화 설비의 적응성

	대상물 구분									
소화 설비의 구분	건축물·그 밖의 공작물	전기 설비	제1류 위험물		제2류 위험물			제3류 위험물		제4류 위험물	제5류 위험물	제6류 위험물
			알칼리 금속 과산화물 등	그 밖의 것	철분·금속분·마그네슘 등	인화성 고체	그 밖의 것	금수성 물품	그 밖의 것			

소화 설비의 구분	건축물·그밖의공작물	전기설비	알칼리금속과산화물등	그밖의것	철분·금속분·마그네슘등	인화성고체	그밖의것	금수성물품	그밖의것	제4류위험물	제5류위험물	제6류위험물
옥내 소화전 설비 또는 옥외 소화전 설비	○			○		○	○		○		○	○
스프링클러 설비	○			○		○	○		○	△	○	○
물분무 소화 설비	○	○		○		○	○		○	○	○	○
포 소화 설비	○			○		○	○		○	○	○	○
불활성 가스 소화 설비		○				○				○		
할로젠 화합물 소화 설비		○				○				○		
인산염류 등	○	○		○		○	○			○		○
탄산 수소 염류 등		○	○		○	○		○		○		
그 밖의 것			○		○			○				

27 과산화벤조일과 과염소산의 지정 수량의 합은 몇 kg인가?

① 310kg ② 350kg
③ 400kg ④ 500kg

해설

위험물	지정 수량
과산화벤조일	10kg
과염소산	300kg

∴ 10kg+300kg=310kg

28 염소산칼륨의 성질에 대한 설명으로 옳은 것은?

① 가연성 고체이다.
② 강력한 산화제이다.
③ 물보다 가볍다.
④ 열분해하면 수소를 발생한다.

해설 ① 산화성 고체이다.
③ 물보다 무겁다(비중 2.32).
④ 열분해하면 산소를 발생한다.

29 위험물의 저장 방법에 대한 설명 중 틀린 것은?

① 황린은 공기와의 접촉을 피해 물속에 저장한다.
② 황은 정전기의 축적을 방지하여 저장한다.
③ 알루미늄 분말은 건조한 공기 중에서 분진 폭발의 위험이 있으므로 정기적으로 분무상의 물을 뿌려야 한다.
④ 황화인은 산화제와의 혼합을 피해 격리해야 한다.

해설 ③ 알루미늄 분말은 찬물과 반응하면 매우 느리고, 미미하지만 뜨거운 물과는 격렬하게 반응하여 수소를 발생한다.
$$2Al+6H_2O \longrightarrow 2Al(OH)_3+3H_2$$

30 다음 중 제4류 위험물의 화재 시 물을 이용한 소화를 시도하기 전에 고려해야 하는 위험물의 성질로 가장 옳은 것은?

① 수용성, 비중 ② 증기 비중, 끓는점
③ 색상, 발화점 ④ 분해 온도, 녹는점

해설 ㉠ 수용성 : 가연성 액체로서 물과 혼합하기 쉬운 것은 그렇지 않은 것에 비해 안전한 편이다. 그 이유는 물에 녹기 때문에 증기압을 저하시켜 증발량을 감소시킬 수 있고 화재 시 물을 잘 이용하여 희석 소화가 가능하기 때문이다. 또한 정전기 위험도 줄일 수 있다.
㉡ 비중 : 물보다 작을 때는 수면 위에 떠 있기 때문에 소화가 곤란하고 화재 면적을 확대한다.

31 다음은 P_2S_5와 물의 화학 반응이다. ( ) 안에 알맞은 숫자를 차례대로 나열한 것은?

$$P_2S_5+(\quad)H_2O \longrightarrow (\quad)H_2S+(\quad)H_3PO_4$$

① 2, 8, 5 ② 2, 5, 8
③ 8, 5, 2 ④ 8, 2, 5

해설 $P_2S_5+8H_2O \longrightarrow 5H_2S+2H_3PO_4$

32 금속분의 연소 시 주수 소화하면 위험한 원인으로 옳은 것은?

① 물에 녹아 산이 된다.
② 물과 작용하여 유독 가스를 발생한다.
③ 물과 작용하여 수소 가스를 발생한다.
④ 물과 작용하여 산소 가스를 발생한다.

해설 위험물안전관리법령상 품명이 금속분인 것
알루미늄분, 아연분 등
㉠ $2Al + 6H_2O \longrightarrow 2Al(OH)_3 + 3H_2$
㉡ $Zn + H_2O \longrightarrow Zn(OH)_2 + H_2$

33 다음 중 정전기 방지 대책으로 가장 거리가 먼 것은?

① 접지를 한다.
② 공기를 이온화한다.
③ 21% 이상의 산소 농도를 유지하도록 한다.
④ 공기의 상대 습도를 70% 이상으로 한다.

해설 정전기 방지 대책
㉠ 접지를 한다.　　　　　㉡ 공기를 이온화한다.
㉢ 공기의 상대 습도를 70% 이상으로 한다.

34 착화 온도가 낮아지는 원인과 가장 관계가 있는 것은?

① 발열량이 적을 때
② 압력이 높을 때
③ 습도가 높을 때
④ 산소와의 결합력이 나쁠 때

해설 착화 온도가 낮아지는 원인
㉠ 발열량이 클 때
㉡ 습도가 낮을 때
㉢ 산소와 결합력이 좋을 때

35 과염소산의 화재 예방에 요구되는 주의 사항에 대한 설명으로 옳은 것은?

① 유기물과 접촉 시 발화의 위험이 있기 때문에 가연물과 접촉시키지 않는다.
② 자연발화의 위험이 높으므로 냉각시켜 보관한다.
③ 공기 중 발화하므로 공기와의 접촉을 피해야 한다.
④ 액체 상태는 위험하므로 고체 상태로 보관한다.

해설 ② 유리나 도자기 등의 밀폐 용기에 넣어 저장하고 저온에서 통풍이 잘 되는 곳에 저장한다.
③ 공기 중 발화하지 않는다.
④ 액체 상태로 보관한다.

36 제6류 위험물의 화재에 적응성이 없는 소화 설비는?

① 옥내 소화전 설비　　② 스프링클러 설비
③ 포 소화 설비　　　　④ 불활성 가스 소화 설비

해설 26번 해설 참조

37 위험물안전관리법령상 철분, 금속분, 마그네슘에 적응성이 있는 소화 설비는?

① 불활성 가스 소화 설비
② 할로젠 화합물 소화 설비
③ 포 소화 설비
④ 탄산수소염류 소화 설비

해설 26번 해설 참조

38 위험물안전관리법령상 제4류 위험물에 적응성이 없는 소화 설비는?

① 옥내 소화전 설비
② 포 소화 설비
③ 불활성 가스 소화 설비
④ 할로젠 화합물 소화 설비

해설 26번 해설 참조

39 다음 중 소화 약제 강화액의 주성분에 해당하는 것은?

① K_2CO_3
② K_2O_2
③ CaO_2
④ $KBrO_3$

해설 강화액의 주성분 : K_2CO_3

40 위험물안전관리법령상 소화 설비의 적응성에 관한 내용이다. 옳은 것은?

① 마른 모래는 대상물 중 제1류~제6류 위험물에 적응성이 있다.
② 팽창 질석은 전기 설비를 포함한 모든 대상물에 적응성이 있다.
③ 분말 소화 약제는 셀룰로이드류의 화재에 가장 적당하다.
④ 물 분무 소화 설비는 전기 설비에 사용할 수 없다.

해설 26번 해설 참조

41 화학적으로 알코올을 분류할 때 3가 알코올에 해당하는 것은?

① 에탄올
② 메탄올
③ 에틸렌글리콜
④ 글리세린

해설 화학적으로 알코올의 분류
(1) $-OH$가 1개인 것 : 1가 알코올
  ㉠ 메탄올 ㉡ 에탄올
(2) $-OH$가 2개인 것 : 2가 알코올
  • 에틸렌글리콜
(3) $-OH$가 3개인 것 : 3가 알코올
  • 글리세린

42 폼산에 대한 설명으로 옳지 않은 것은?

① 물, 알코올, 에테르에 잘 녹는다.
② 개미산이라고도 한다.
③ 강한 산화제이다.
④ 녹는점이 상온보다 낮다.

해설 ③ 강한 환원제이다.

43 지방족 탄화수소가 아닌 것은?

① 톨루엔
② 아세트알데히드
③ 아세톤
④ 디에틸에테르

해설 ① 톨루엔 : 방향족 탄화수소

44 셀룰로이드에 대한 설명으로 옳은 것은?

① 질소가 함유된 무기물이다.
② 질소가 함유된 유기물이다.
③ 유기의 염화물이다.
④ 무기의 염화물이다.

해설 셀룰로이드는 질소가 함유된 유기물이다.

45 과염소산나트륨의 성질이 아닌 것은?

① 물과 급격히 반응하여 산소를 발생한다.
② 가열하면 분해되어 조연성 가스를 방출한다.
③ 융점은 400℃보다 높다.
④ 비중은 물보다 무겁다.

해설 ① 물에 매우 잘 녹는다.

46 다음의 분말은 모두 150마이크로미터의 체를 통과하는 것이 50중량퍼센트 이상이 된다. 이들 분말 중 위험물안전관리법령상 품명이 "금속분"으로 분류되는 것은?

① 철분
② 구리분
③ 알루미늄분
④ 니켈분

해설 위험물안전관리법령상 품명이 금속분으로 분류되는 것 : 알루미늄분, 아연분, 티탄분, 코발트분 등

47 주수 소화를 할 수 없는 위험물은?

① 금속분
② 적린
③ 황
④ 과망가니즈산칼륨

해설 금속분에 주수 소화하면 물과 작용하여 수소 가스를 발생한다.

정답 39 ① 40 ① 41 ④ 42 ③ 43 ① 44 ② 45 ① 46 ③ 47 ①

48 다음 중 제6류 위험물에 해당하는 것은?

① IF_5 ② $HClO_3$
③ NO_3 ④ H_2O

해설 제6류 위험물의 품명과 지정 수량

성질	품 명	지정수량	위험등급
산화성 액체	1. 과염소산	300kg	I
	2. 과산화수소	300kg	
	3. 질산	300kg	
	4. 그 밖에 행정안전부령이 정하는 것 ・할로겐간화합물(BrF_3, BrF_5, IF_5 등)	300kg	
	5. 제1호 내지 제4호의1에 해당하는 어느 하나 이상을 함유한 것	300kg	

49 인화칼슘, 탄화알루미늄, 나트륨이 물과 반응하였을 때 발생하는 가스에 해당하지 않는 것은?

① 포스핀 가스   ② 수소
③ 이황화탄소   ④ 메탄

해설 ① $Ca_3P_2 + 6H_2O \longrightarrow 3Ca(OH)_2 + 2PH_3$
② $Al_4C_3 + 12H_2O \longrightarrow 4Al(OH)_3 + 3CH_4$
③ $2Na + 2H_2O \longrightarrow 2NaOH + H_2$
∴ 발생 가스 : 포스핀(PH_3), 메탄(CH_4), 수소(H_2)

50 염소산나트륨에 대한 설명으로 틀린 것은?

① 조해성이 크므로 보관 용기는 밀봉하는 것이 좋다.
② 무색, 무취의 고체이다.
③ 산과 반응하여 유독성의 이산화나트륨 가스가 발생한다.
④ 물, 알코올, 글리세린에 녹는다.

해설 ③ $2NaClO_3 + 2HCl \longrightarrow 2NaCl + 2ClO_2 + H_2O_2$

51 위험물안전관리법령에서 정한 피난 설비에 관한 내용이다. ( )에 알맞은 것은?

주유 취급소 중 건축물의 2층 이상의 부분을 점포・휴게 음식점 또는 전시장의 용도로 사용하는 것에 있어서는 해당 건축물의 2층 이상으로부터 주유 취급소의 부지 밖으로 통하는 출입구와 해당 출입구로 통하는 통로・계단 및 출입구에 ( )을(를) 설치하여야 한다.

① 피난 사다리   ② 유도등
③ 공기 호흡기   ④ 시각 경보기

해설 주유 취급소 : 통로・계단 및 출입구에 유도등을 설치한다.

52 위험물안전관리법령상 이동 탱크 저장소에 의한 위험물 운송 시 위험물 운송자는 장거리에 걸치는 운송을 하는 때에는 2명 이상의 운전자로 하여야 한다. 다음 중 그러하지 않아도 되는 경우가 아닌 것은?

① 적린을 운송하는 경우
② 알루미늄의 탄화물을 운송하는 경우
③ 이황화탄소를 운송하는 경우
④ 운송 도중에 2시간 이내마다 20분 이상씩 휴식는 경우

해설 위험물 운송자는 장거리(고속국도에 있어서는 340km 이상, 그 밖의 도로에 있어서는 200km 이상을 말한다.)에 걸치는 운송을 하는 때에는 2명 이상의 운전자로 한다. 다음의 어느 하나에 해당하는 경우에는 그러하지 아니하다.
㉠ 운송 책임자를 동승시킨 경우
㉡ 운송하는 위험물이 제2류 위험물, 제3류 위험물(칼슘 또는 알루미늄의 탄화물과 이것만을 함유한 것에 한한다) 또는 제4류 위험물(특수 인화물 제외한다)인 경우
㉢ 운송 도중에 2시간 이내마다 20분씩 이상씩 휴식하는 경우
※ 서울 − 부산 거리(서울 톨게이트에서 부산 톨게이트까지) : 410.3km

53 위험물안전관리법령상 옥외 탱크 저장소의 기준에 따라 다음의 인화성 액체 위험물을 저장하는 옥외 저장 탱크 1~4호를 동일의 방유제 내에 설치하는 경우 방유제에 필요한 최소 용량으로서 옳은 것은? (단, 암반 탱크 또는 특수 액체 위험물 탱크의 경우는 제외한다.)

- 1호 탱크 − 등유 1,500kL
- 2호 탱크 − 가솔린 100kL
- 3호 탱크 − 경유 500kL
- 4호 탱크 − 중유 250kL

① 1,650kL   ② 1,500kL
③ 500kL   ④ 250kL

해설 방유제 용량
인화성 액체 위험물(CS_2 제외)의 옥외 탱크 저장소의 탱크
㉠ 1기 이상 : 탱크 용량의 110% 이상(인화성이 없는 액체 위험물은 탱크 용량의 100% 이상)
㉡ 2기 이상 : 최대 용량의 110% 이상
∴ 방유제에 필요한 최소 용량＝1,500kL×0.1＝1,650kL

54 소화 난이도 등급 Ⅱ의 제조소에 소화 설비를 설치할 때 대형 수동식 소화기와 함께 설치하여야 하는 소형 수동식 소화기 등의 능력 단위에 관한 설명으로 옳은 것은?

① 위험물의 소요 단위에 해당하는 능력 단위의 소형 수동식 소화기 등을 설치할 것
② 위험물의 소요 단위의 1/2 이상에 해당하는 능력 단위의 소형 수동식 소화기 등을 설치할 것
③ 위험물의 소요 단위의 1/5 이상에 해당하는 능력 단위의 소형 수동식 소화기 등을 설치할 것
④ 위험물의 소요 단위의 10배 이상에 해당하는 능력 단위의 소형 수동식 소화기 등을 설치할 것

해설 소화 난이도 등급 Ⅱ의 제조소 등에 설치하여야 하는 소화 설비

제조소 등의 구분	소화 설비
· 제조소 · 옥내 저장소 · 옥외 저장소 · 주유 취급소 · 판매 취급소 · 일반 취급소	방사 능력 범위 내에 당해 건축물, 그 밖의 인공 구조물 및 위험물이 포함되도록 대형 수동식 소화기를 설치하고, 당해 위험물의 소요 단위의 1/5 이상에 해당하는 능력 단위의 소형 수동식 소화기 등을 설치할 것
· 옥외 탱크 저장소 · 옥내 탱크 저장소	대형 수동식 소화기 및 소형 수동식 소화기 등을 각각 1개 이상 설치할 것

55 위험물안전관리법령상 위험물의 운반 시 운반 용기는 다음의 기준에 따라 수납 적재하여야 한다. 다음 중 틀린 것은?

① 수납하는 위험물과 위험한 반응을 일으키지 않아야 한다.
② 고체 위험물은 운반 용기 내용적의 95% 이하로 수납하여야 한다.
③ 액체 위험물은 운반 용기 내용적의 95% 이하로 수납하여야 한다.
④ 하나의 외장 용기에는 다른 종류의 위험물을 수납하지 않는다.

해설 ③ 액체 위험물은 운반 용기 내용적의 98% 이하로 수납하여야 한다.

56 다음 위험물 중에서 옥외 저장소에서 저장·취급할 수 없는 것은? (단, 특별시·광역시 또는 도의 조례에서 정하는 위험물과 IMDG Code에 적합한 용기에 수납된 위험물의 경우는 제외한다.)

① 아세트산   ② 에틸렌글리콜
③ 크레오소트유   ④ 아세톤

해설 옥외 저장소에 저장할 수 있는 위험물
㉠ 제2류 위험물 중 황, 인화성 고체(인화점이 0℃ 이상인 것에 한함)
㉡ 제4류 위험물 중 제1석유류(인화점이 0℃ 이상인 것에 한함), 알코올류, 제2석유류, 제3석유류, 제4석유류, 동·식물유류

57 위험물안전관리법 령상 지하 탱크 저장소 탱크 전용실의 안쪽과 지하 저장 탱크와의 사이는 몇 m 이상의 간격을 유지하여야 하는가?

① 0.1   ② 0.2
③ 0.3   ④ 0.5

해설 지하 저장 탱크 저장소
탱크 전용실은 지하의 가장 가까운 벽·피트·가스관 등의 시설물 및 대지 경계선으로부터 0.1m 이상 떨어진 곳에 설치하고, 지하 저장 탱크와 탱크 전용실의 안쪽과의 사이에는 0.1m 이상의 간격을 유지한다.

58 위험물안전관리법령상 제조소 등의 위치·구조 또는 설비 가운데 행정안전부령이 정하는 사항을 변경 허가를 받지 아니하고 제조소 등의 위치·구조 또는 설비를 변경한 때 1차 행정 처분 기준으로 옳은 것은?

① 사용 정지 15일
② 경고 또는 사용 정지 15일
③ 사용 정지 30일
④ 경고 또는 업무 정지 30일

해설 제조소 등의 위치·구조 또는 설비 가운데 행정안전부령이 정하는 사항을 변경 허가를 받지 아니하고 제조소 등의 위치·구조 또는 설비를 변경한 때 1차 행정 처분 기준 : 경고 또는 사용 정지 15일

59 위험물안전관리법령상 위험물의 탱크 내용적 및 공간 용적에 관한 기준으로 틀린 것은?

① 위험물을 저장 또는 취급하는 탱크의 용량은 해당 탱크의 내용적에서 공간 용적을 뺀 용적으로 한다.
② 탱크의 공간 용적은 탱크의 내용적의 100분의 5 이상 100분의 10 이하의 용적으로 한다.
③ 소화 설비(소화 약제 방출구를 탱크 안의 윗부분에 설치하는 것에 한한다)를 설치하는 탱크의 공간 용적은 해당 소화 설비의 소화 약제 방출구 아래의 0.3m 이상 1m 미만 사이의 면으로부터 윗부분의 용적으로 한다.

해설 ④ 암반 탱크에 있어서는 해당 탱크 내에 용출하는 7일간의 지하수의 양에 상당하는 용적과 해당 탱크의 내용적의 100분의 1의 용적 중에서 보다 큰 용적을 공간 용적으로 한다.

60 위험물안전관리법령상 위험물 제조소의 옥외에 있는 하나의 액체 위험물 취급 탱크 주위에 설치하는 방유제의 용량은 해당 탱크 용량의 몇 % 이상으로 하여야 하는가?

① 50%   ② 60%
③ 100%   ④ 110%

해설 위험물 제조소의 옥외에 있는 위험물 취급 탱크
㉠ 1개의 탱크 : 방유제 용량＝탱크 용량×0.5
㉡ 2개 이상의 탱크 : 방유제 용량＝최대 탱크 용량×0.5＋기타 탱크 용량의 합×0.1

위험물 기능사 (2020. 4. 19 시행)

01 위험물안전관리법령상 위험 등급 Ⅰ의 위험물에 해당하는 것은?

① 무기 과산화물　　　② 황화인
③ 제1석유류　　　　　④ 황

> **해설**　① : 위험 등급 Ⅰ
> ②, ③, ④ : 위험 등급 Ⅱ

02 그림과 같이 횡으로 설치한 원통형 위험물 탱크에 대하여 탱크의 용량을 구하면 약 몇 m³인가? (단, 공간 용적은 탱크 내용적의 100분의 5로 한다.)

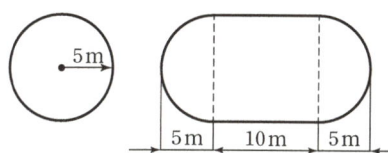

① 52.4m³　　　　　② 261.6m³
③ 994.8m³　　　　　④ 1,047.2m³

> **해설**　$V = \pi r^2 \left(l + \dfrac{l_1 + l_2}{3} \right)$
>
> $\quad = \pi \times 5^2 \left(10 + \dfrac{5+5}{3} \right) = 1046.67\text{m}^3$
>
> 공간 용적이 5%인 탱크의 용량$= 1046.67 \times 0.95 = 994.34\text{m}^3$

03 다음 중 연소의 3요소를 모두 갖춘 것은?

① 휘발유＋공기＋수소
② 적린＋수소＋성냥불
③ 성냥불＋황＋염소산암모늄
④ 알코올＋수소＋염소산암모늄

> **해설**　연소의 3요소
> 가연물(황), 산소 공급원(염소산암모늄), 점화원(성냥불)

04 제3종 분말 소화 약제의 열분해 시 생성되는 메타인산의 화학식은?

① H_3PO_4　　　　　② HPO_3
③ $H_4P_2O_7$　　　　④ $CO(NH_2)_2$

> **해설**　제3종 분말 소화 약제 열분해 반응식
> $NH_4H_2PO_4 \longrightarrow \underset{\text{메타인산(질식)}}{HPO_3} + NH_3 + \underset{\text{냉각}}{H_2O}$

05 위험물안전관리법령상 제6류 위험물에 적응성이 없는 것은?

① 스프링클러 설비　　② 포 소화 설비
③ 불활성 가스 소화 설비　④ 물분무 소화 설비

> **해설**　소화 설비의 적응성

소화 설비의 구분			건축물·그 밖의 공작물	전기 설비	제1류 위험물		제2류 위험물			제3류 위험물		제4류 위험물	제5류 위험물	제6류 위험물
					알칼리 금속 과산화물 등	그 밖의 것	철분·금속분·마그네슘 등	인화성 고체	그 밖의 것	금수성 물품	그 밖의 것			
옥내 소화전 설비 또는 옥외 소화전 설비			○			○		○	○		○		○	○
스프링클러 설비			○			○		○	○		○	△	○	○
물분무 등 소화 설비	물분무 소화 설비		○	○		○		○	○		○	○	○	○
	포 소화 설비		○			○		○	○		○	○	○	○
	불활성 가스 소화 설비			○				○				○		
	할로젠 화합물 소화 설비			○				○				○		
	분말 소화 설비	인산염류 등	○	○		○		○	○			○		○
		탄산 수소 염류 등		○	○		○	○		○		○		
		그 밖의 것			○		○			○				
대형·소형 수동식 소화기	봉상수(棒狀水) 소화기		○			○		○	○		○		○	○
	무상수(無狀水) 소화기		○	○		○		○	○		○		○	○
	봉상강화액 소화기		○			○		○	○		○		○	○
	무상강화액 소화기		○	○		○		○	○		○	○	○	○
	포 소화기		○			○		○	○		○	○	○	○
	이산화탄소 소화기			○				○				○		△
	할론 소화설비			○				○				○		
	분말 소화기	인산염류 소화기	○	○		○		○	○			○		○
		탄산수소염류 소화기		○	○		○	○		○		○		
		그 밖의 것			○		○			○				
기타	물통 또는 수조		○			○		○	○		○		○	○
	건조사				○	○	○	○	○	○	○	○	○	○
	팽창 질석 또는 팽창 진주암				○	○	○	○	○	○	○	○	○	○

정답　01 ①　02 ③　03 ③　04 ②　05 ③

06 위험물안전관리법령상 제조소 등의 관계인은 예방 규정을 정하여 누구에게 제출하여야 하는가?

① 소방청장 또는 행정자치부 장관
② 소방청장 또는 소방서장
③ 시·도지사 또는 소방서장
④ 한국소방안전원장 또는 소방청장

> **해설** 제조소 등의 관계인은 예방 규정을 정하여 시·도지사 또는 소방서장에게 제출한다.

07 단층 건물에 설치하는 옥내 탱크 저장소의 탱크 전용실에 비수용성의 제2석유류 위험물을 저장하는 탱크 1개를 설치할 경우, 설치할 수 있는 탱크의 최대 용량은?

① 10,000L
② 20,000L
③ 40,000L
④ 80,000L

> **해설** ㉠ 1층 이하 층의 건물에 설치 시 : 지정수량 40배(제4석유류 또는 동식물류 외의 제4류 위험물로서 당해 수량이 20000L를 초과하는 경우에는 20000L) 이하
> ㉡ 2층 이상 층의 건물에 설치 시 : 지정수량의 10배(제4석유류 또는 동식물유류 외의 제4류 위험물로서 당해 수량이 5000L를 초과하는 경우에는 5000L) 이하

08 위험물안전관리법령상 옥내 저장소에서 기계에 의하여 하역하는 구조로 된 용기만을 겹쳐 쌓아 위험물을 저장하는 경우 그 높이는 몇 m를 초과하지 않아야 하는가?

① 2m
② 4m
③ 6m
④ 8m

> **해설** 옥내 저장소
> ㉠ 기계에 의하여 하역하는 구조로 된 용기만을 겹쳐 쌓는 경우 : 6m
> ㉡ 제4류 위험물 중 제3석유류, 제4석유류 및 동·식물유를 수납하는 용기만을 겹쳐 쌓는 경우 : 4m
> ㉢ 그 밖의 경우 : 3m

09 지정 수량의 몇 배 이상의 위험물을 취급하는 제조소에는 화재 발생 시 이를 알릴 수 있는 경보 설비를 설치하여야 하는가?

① 5배
② 10배
③ 20배
④ 100배

> **해설** 위험물 제조소의 경보 설비의 설치 : 지정 수량 10배 이상

10 위험물안전관리법령상 위험물 옥외 탱크 저장소에 방화에 관하여 필요한 사항을 게시한 게시판에 기재하여야 하는 내용이 아닌 것은?

① 위험물의 지정 수량의 배수
② 위험물의 저장 최대 수량
③ 위험물의 품명
④ 위험물의 성질

> **해설** 위험물 옥외 탱크 저장소 게시판에 기재하여야 하는 내용
> ㉠ 위험물의 지정 수량의 배수
> ㉡ 위험물의 저장 최대 수량
> ㉢ 위험물의 품명

11 위험물안전관리법령상 제조소에서 취급하는 제4류 위험물의 최대 수량의 합이 지정 수량의 12만 배 미만인 사업소에 두어야 하는 화학 소방 자동차 및 자체 소방대원 수의 기준으로 옳은 것은?

① 1대, 5인
② 2대, 10인
③ 3대, 15인
④ 4대, 20인

> **해설** 제조소 및 일반 취급소의 자체 소방대의 기준

사업소의 구분	화학 소방 자동차	자체 소방 대원의 수
제조소 또는 일반취급소에서 취급하는 제4류 위험물의 최대수량의 합이 지정수량의 3천배 이상 12만배 미만의 사업소	1대	5인
제조소 또는 일반취급소에서 취급하는 제4류 위험물의 최대수량의 합이 지정수량의 12만배 이상 24만배 미만인 사업소	2대	10인
제조소 또는 일반취급소에서 취급하는 제4류 위험물의 최대수량의 합이 지정수량의 24만배 이상 48만배 미만인사업소	3대	15인

제조소 또는 일반취급소에서 취급하는 제4류 위험물의 최대수량의 합이 지정수량의 48만배 이상인 사업소	4대	20인
옥외탱크저장소에 저장하는 제4류 위험물의 최대수량이 지정수량의 50만배 이상인 사업소	2대	10인

해설 방수성이 있는 피복 조치 위험물

유 별	적용 대상
제1류 위험물	알칼리 금속의 과산화물(과산화칼륨)
제2류 위험물	·철분 ·금속분 ·마그네슘
제3류 위험물	금수성 물품(나트륨)

12 연소할 때 연기가 거의 나지 않아 밝은 곳에서 연소 상태를 잘 느끼지 못하는 물질로, 독성이 매우 강해 먹으면 실명 또는 사망에 이를 수 있는 것은?

① 메틸알코올   ② 에틸알코올
③ 등유   ④ 경유

해설 ① 메틸알코올 : 연소 상태를 잘 느끼지 못하고 독성이 매우 강해 먹으면 실명(7~8mL) 또는 사망(30~100mL)에 이를 수 있다.

13 위험물안전관리법령상 품명이 나머지 셋과 다른 하나는?

① 트라이나이트로톨루엔
② 나이트로글리세린
③ 나이트로글리콜
④ 셀룰로이드

해설 (1) 질산에스터류
  ㉠ 질산메틸   ㉡ 질산에틸
  ㉢ 나이트로셀룰로오스   ㉣ 나이트로글리세린
  ㉤ 나이트로글리콜   ㉥ 펜트리트
  ㉦ 셀룰로이드
(2) 나이트로 화합물
  ㉠ 트라이나이트로톨루엔   ㉡ 트라이나이트로페놀
  ㉢ 다이나이트로톨루엔   ㉣ 다이나이트로나프탈렌
  ㉤ 트라이나이트로페놀나이트로아민

14 위험물안전관리법령상 위험물 운반 시 방수성 덮개를 하지 않아도 되는 위험물은?

① 나트륨   ② 적린
③ 철분   ④ 과산화칼륨

15 제4류 위험물의 화재 예방 및 취급 방법으로 옳지 않은 것은?

① 이황화탄소는 물속에 저장한다.
② 아세톤은 일광에 의해 분해될 수 있으므로 갈색병에 보관한다.
③ 초산은 내산성 용기에 저장하여야 한다.
④ 건성유는 다공성 가연물과 함께 보관한다.

해설 ④ 건성유는 다공성 가연물과 함께 보관하지 않는다.

16 다음 중 산화성 고체 위험물에 속하지 않는 것은?

① Na_2O_2 ② $HClO_4$
③ NH_4ClO_4 ④ $KClO_3$

해설 (1) 산화성 고체 : Na_2O_2, NH_4ClO_4, $KClO_3$
(2) 산화성 액체 : $HClO_4$

17 상온에서 액체인 물질로만 조합된 것은?

① 질산메틸, 나이트로글리세린
② 피크린산, 질산메틸
③ 트라이나이트로톨루엔, 다이나이트로벤젠
④ 나이트로글리콜, 테트릴

해설 제5류 위험물 중 상온에서 액체인 물질 : 질산메틸, 질산에틸, MEKPO, 나이트로글리세린

18 나이트로 화합물, 나이트로소 화합물, 질산에스터류, 하이드록실아민을 각각 50kg씩 저장하고 있을 때 지정 수량의 배수가 가장 큰 것은?

① 나이트로 화합물   ② 나이트로소 화합물
③ 질산에스터류   ④ 하이드록실아민

정답 12 ①   13 ①   14 ②   15 ④   16 ②   17 ①   18 ③

해설 ① 나이트로 화합물 : $\dfrac{50kg}{100kg}=0.5$배

② 나이트로소 화합물 : $\dfrac{50kg}{100kg}=0.5$배

③ 질산에스테르류 : $\dfrac{50kg}{10kg}=5$배

④ 하이드록실아민 : $\dfrac{50kg}{100kg}=0.5$배

19 저장 또는 취급하는 위험물의 최대 수량이 지정 수량의 500배 이하일 때 옥외 저장 탱크의 측면으로부터 몇 m 이상의 보유 공지를 유지하여야 하는가? (단, 제6류 위험물은 제외한다.)

① 1m   ② 2m   ③ 3m   ④ 4m

해설 옥외 탱크 저장소의 보유 공지

저장 또는 취급하는 위험물의 최대 수량	공지의 너비
지정 수량의 500배 이하	3m 이상
지정 수량의 500배 초과 1,000배 이하	5m 이상
지정 수량의 1,000배 초과 2,000배 이하	9m 이상
지정 수량의 2,000배 초과 3,000배 이하	12m 이상
지정 수량의 3,000배 초과 4,000배 이하	15m 이상
지정 수량의 4,000배 초과	당해 탱크의 수평 단면의 최대 지름(횡형인 경우에는 긴 변)과 높이 중 큰 것과 같은 거리 이상, 다만, 30m 초과의 경우에는 30m 이상으로 할 수 있고, 15m 미만의 경우에는 15m 이상으로 하여야 한다.

20 나이트로글리세린은 여름철($3°C$)과 겨울철($0°C$)에 어떤 상태인가?

① 여름 — 기체, 겨울 — 액체
② 여름 — 액체, 겨울 — 액체
③ 여름 — 액체, 겨울 — 고체
④ 여름 — 고체, 겨울 — 고체

해설 나이트로글리세린 : 여름철($30°C$) 액체, 겨울철($0°C$) 고체이다. 순수한 것은 동결 온도가 8~10°C이며, 얼게 되면 백색 결정으로 변한다.

21 위험물의 인화점에 대한 설명으로 옳은 것은?

① 톨루엔이 벤젠보다 낮다.
② 피리딘이 톨루엔보다 낮다.
③ 벤젠이 아세톤보다 낮다.
④ 아세톤이 피리딘보다 낮다.

해설

위험물	인화점	위험물	인화점
톨루엔	4.5°C	피리딘	20°C
벤젠	−11.1°C	아세톤	−18°C

22 특수 인화물 200L와 제4석유류 12,000L를 저장할 때 각 지정 수량 배수의 합은 얼마인가?

① 3   ② 4   ③ 5   ④ 6

해설 $\dfrac{200L}{50L}+\dfrac{12,000L}{6,000L}=6$배

23 제조소 등의 위치·구조 또는 설비의 변경 없이 해당 제조소 등에서 저장하거나 취급하는 위험물의 품명·수량 또는 지정 수량의 배수를 변경하고자 하는 자는 행정안전부령이 정하는 바에 따라 변경하고자 하는 날의 며칠 전까지 시·도지사 에게 신고하여야 하는가?

① 7일   ② 14일
③ 21일   ④ 30일

해설 제조소 등의 변경 신고
7일 전까지 시·도지사에게 신고한다.

24 부틸리튬(n−Butyl Lithium)에 대한 설명으로 옳은 것은?

① 무색의 가연성 고체이며 자극성이 있다.
② 증기는 공기보다 가볍고 점화원에 의해 선화의 위험이 있다.
③ 화재 발생 시 불활성 가스 소화 설비는 적응성이 없다.
④ 탄화수소나 다른 극성의 액체에 용해가 잘 되며 휘발성은 없다.

정답   19 ③   20 ③   21 ④   22 ④   23 ①   24 ③

해설 ① 무색의 가연성 액체이며 자극성이 있다.
② 증기는 공기보다 무겁고 점화원에 의해 역화의 위험이 있다.
④ 탄화수소나 다른 비극성 액체에 용해가 잘 되며 휘발성이 크다.

25 질산과 과산화수소의 공통적인 성질을 옳게 설명한 것은?

① 물보다 가볍다.
② 물에 녹는다.
③ 점성이 큰 액체로서 환원제이다.
④ 연소가 매우 잘 된다.

해설 ① 물보다 무겁다.

위험물	비중
질산	1.49
과산화수소	1.465

③

위험물	일반적 성질
질산	무색 액체
과산화수소	점성이 있는 무색의 액체

④ 연소가 되지 않는 불연성 물질로서 강산화제이다.

26 위험물안전관리법령상 "연소의 우려가 있는 외벽"이란 기산점이 되는 선으로부터 3m(2층 이상의 층에 대해서는 5m) 이내에 있는 제조소 등의 외벽을 말하는데, 이 기산점이 되는 선에 해당하지 않는 것은?

① 동일 부지 내의 다른 건축물과 제조소 부지 간의 중심선
② 제조소 등에 인접한 도로의 중심선
③ 제조소 등이 설치된 부지의 경계선
④ 제조소 등의 외벽과 동일 부지 내 다른 건축물의 외벽 간의 중심선

해설 기산점(거리를 산정하기 위한 기점)이 되는 선
㉠ 제조소 등에 인접한 도로의 중심선
㉡ 제조소 등이 설치된 부지의 경계선
㉢ 제조소 등의 외벽과 동일 부지 내의 다른 건축물과의 외벽 간의 중심선

27 위험물안전관리법령에 명기된 위험물의 운반 용기 재질에 포함되지 않는 것은?

① 고무류
② 유리
③ 도자기
④ 종이

해설 위험물의 운반 용기 재질 : 고무류, 유리, 종이, 강판, 알루미늄판, 양철판, 금속판, 플라스틱, 섬유판, 합성 섬유, 삼, 짚, 나무

28 황가루가 공기 중에 떠 있을 때의 주된 위험성에 해당하는 것은?

① 수증기 발생
② 전기 감전
③ 분진 폭발
④ 인화성 가스 발생

해설 황가루가 공기 중에 떠 있으면 분진 폭발의 위험이 있다.

29 정기 점검 대상 제조소 등에 해당하지 않는 것은?

① 이동 탱크 저장소
② 지정 수량 120배의 위험물을 저장하는 옥외 저장소
③ 지정 수량 120배의 위험물을 저장하는 옥내 저장소
④ 이송 취급소

해설 정기 점검 대상 제조소 등
(1) 예방 규정 작성 대상인 제조소 등
　㉠ 지정 수량의 10배 이상의 제조소·일반 취급소
　㉡ 지정 수량의 100배 이상의 옥외 저장소
　㉢ 지정 수량의 150배 이상의 옥내 저장소
　㉣ 지정 수량의 200배 이상의 옥외 탱크 저장소
　㉤ 암반 탱크 저장소
　㉥ 이송 취급소
(2) 지하 탱크 저장소
(3) 이동 탱크 저장소
(4) 위험물을 취급하는 탱크로서 지하에 매설된 탱크가 있는 제조소·주유 취급소 또는 일반 취급소

정답 25 ②　26 ①　27 ③　28 ③　29 ③

30 다음 중 탄화칼슘의 성질에 대하여 옳게 설명한 것은?

① 공기 중에서 아르곤과 반응하여 불연성 기체를 발생한다.
② 공기 중에서 질소와 반응하여 유독한 기체를 낸다.
③ 물과 반응하면 탄소가 생성된다.
④ 물과 반응하여 아세틸렌 가스가 생성된다.

해설 탄화칼슘 저장 용기 등에는 질소 가스 등 불연성 가스를 봉입한다. 물과 반응하여 아세틸렌 가스가 생성된다.
$$CaC_2 + 2H_2O \longrightarrow Ca(OH)_2 + C_2H_2$$

31 다음 점화 에너지 중 물리적 변화에서 얻어지는 것은?

① 압축열   ② 산화열
③ 중합열   ④ 분해열

해설 점화 에너지
㉠ 물리적 변화에서 얻어지는 것 : 압축열
㉡ 화학적 변화에서 얻어지는 것 : 산화열, 중합열, 분해열

32 다음 중 유류 저장 탱크 화재에서 일어나는 현상으로 거리가 먼 것은?

① 보일 오버   ② 플래시 오버
③ 슬롭 오버   ④ BLEVE

해설 유류 저장 탱크 화재에서 일어나는 현상
㉠ 보일 오버   ㉡ 슬롭 오버
㉢ BLEVE   ㉣ 프로스 오버
㉤ 파이어 볼

33 폭발의 종류에 따른 물질이 잘못 짝지어진 것은?

① 분해 폭발 – 아세틸렌, 산화에틸렌
② 분진 폭발 – 금속분, 밀가루
③ 중합 폭발 – 시안화수소, 염화비닐
④ 산화 폭발 – 하이드라진, 과산화수소

해설 ④ 분해 폭발 – 하이드라진, 과산화수소

34 제5류 위험물의 화재 예방상 유의 사항 및 화재 시 소화 방법에 관한 설명으로 옳지 않은 것은?

① 대량의 주수에 의한 소화가 좋다.
② 화재 초기에는 질식 소화가 효과적이다.
③ 일부 물질의 경우 운반 또는 저장 시 안정제를 사용해야 한다.
④ 가연물과 산소 공급원이 같이 있는 상태이므로 점화원의 방지에 유의하여야 한다.

해설 ② 질식 소화는 효과가 없다.

35 15℃의 기름 100g에 8,000J의 열량을 주면 기름의 온도는 몇 ℃가 되겠는가? (단, 기름의 비열은 2J/g·℃이다.)

① 25   ② 45
③ 50   ④ 55

해설 기름 온도(℃) $= 15℃ + \dfrac{8,000J}{100g} \times \dfrac{g \cdot ℃}{2J} = 55℃$

36 소화 약제로서 물의 단점인 동결 현상을 방지하기 위하여 주로 사용되는 물질은?

① 에틸알코올   ② 글리세린
③ 에틸렌글리콜   ④ 탄산칼슘

해설 에틸렌글리콜의 설명이다.

37 다음 중 D급 화재에 해당하는 것은?

① 플라스틱 화재   ② 나트륨 화재
③ 휘발유 화재   ④ 전기 화재

해설 ① 플라스틱 화재 : A급 화재
② 나트륨 화재 : D급 화재
③ 휘발유 화재 : B급 화재
④ 전기 화재 : C급 화재

정답 30 ④ 31 ① 32 ② 33 ④ 34 ② 35 ④ 36 ③ 37 ②

38 물은 냉각 소화가 주된 대표적인 소화 약제이다. 물의 소화 효과를 높이기 위하여 무상 주수를 함으로써 부가적으로 작용하는 소화 효과로 이루어진 것은?

① 질식 소화 작용, 제거 소화 작용
② 질식 소화 작용, 유화 소화 작용
③ 타격 소화 작용, 유화 소화 작용
④ 타격 소화 작용, 피복 소화 작용

해설 물을 무상 주수하면
㉠ 질식 소화 작용 : 물의 입자 직경이 0.01~1.0mm로 되어 공기 중에 구름모양의 층, 안개모양을 형성하여 화재를 일으키고 있는 가연 물질에 공기 중의 산소가 공급되지 못하도록 차단시킴으로써 한계 산소 농도 이하가 되게 한다.
㉡ 유화 소화 작용 : 분무상의 미립자가 물보다 비중이 큰 제4류 위험물 중 제3석유류인 중유 또는 윤활유 등의 화재에 접촉하면 화재의 표면에 얇은 막이 유화층을 형성하여 이 유화층의 얇은 막이 공기 중의 산소를 차단함으로써 화재를 소화하는 기능이다.

39 다음 중 공기 포 소화 약제가 아닌 것은?

① 단백 포 소화 약제
② 합성 계면활성제 포 소화 약제
③ 화학 포 소화 약제
④ 수성막 포 소화 약제

해설 포 소화 약제
(1) 화학 포 소화 약제
(2) 공기(기계)포 소화 약제
  ㉠ 단백 포 소화 약제
  ㉡ 합성 계면활성제 포 소화 약제
  ㉢ 수성막 포 소화 약제
  ㉣ 불화 단백 포 소화 약제
  ㉤ 알코올형(내알코올) 포 소화 약제

40 분말 소화 약제 중 제1종과 제2종 분말이 각각 열분해될 때 공통적으로 생성되는 물질은?

① N_2, CO_2
② N_2, O_2
③ H_2O, CO_2
④ H_2O, N_2

해설 분말 소화 약제 열분해 반응식
㉠ 제1종 : $2NaHCO_3 \longrightarrow Na_2CO_3 + CO_2 + H_2O$
㉡ 제2종 : $2KHCO_3 \longrightarrow K_2CO_3 + CO_2 + H_2O$
∴ 공통적으로 생성되는 물질 : CO_2, H_2O

41 위험물안전관리법령상 품명이 다른 하나는?

① 나이트로글리콜
② 나이트로글리세린
③ 셀룰로이드
④ 테트릴

해설 (1) 질산에스터류
  ㉠ 나이트로글리세린
  ㉡ 나이트로글리콜
  ㉢ 셀룰로이드
(2) 나이트로 화합물
  · 테트릴(트라이나이트로페놀 나이트로아민)

42 제3류 위험물에 해당하는 것은?

① NaH
② Al
③ Mg
④ P_4S_3

해설 ① : 제3류 위험물
②, ③, ④ : 제2류 위험물

43 위험물안전관리법령상 위험물의 지정 수량으로 옳지 않은 것은?

① 나이트로셀룰로오스 : 10kg
② 하이드록실아민 : 100kg
③ 아조벤젠 : 50kg
④ 트라이나이트로페놀 : 100kg

해설 ③ 아조벤젠 : 100kg

44 에틸알코올의 증기 비중은 약 얼마인가?

① 0.72
② 0.91
③ 1.13
④ 1.59

해설 에틸알코올의 증기 비중 : 1.59

정답 38 ② 39 ③ 40 ③ 41 ④ 42 ① 43 ③ 44 ④

45 인화칼슘이 물과 반응할 경우에 대한 설명 중 틀린 것은?

① 발생 가스는 가연성이다.
② 포스겐 가스가 발생한다.
③ 발생 가스는 독성이 강하다.
④ $Ca(OH)_2$가 생성된다.

해설 $Ca_3P_2 + 6H_2O \longrightarrow 3Ca(OH)_2 + 2PH_3$

46 제1류 위험물 중 흑색 화약의 원료로 사용되는 것은?

① KNO_3 ② $NaNO_3$
③ BaO_2 ④ NH_4NO_3

해설 흑색 화약의 원료
㉠ 질산칼륨(KNO_3), ㉡ 황(S), ㉢ 목탄분(C)

47 다음 중 제4류 위험물에 해당하는 것은?

① $Pb(N_3)_2$ ② CH_3ONO_2
③ N_2H_4 ④ NH_2OH

해설 ① $Pb(N_3)_2$: 제5류 위험물 중 금속 아지 화합물
② CH_3ONO_2 : 제5류 위험물 중 질산에스터류
③ N_2H_4 : 제4류 위험물 중 제2석유류
④ NH_2OH : 제5류 위험물 중 하이드록실아민

48 다음 중 분자량이 가장 큰 위험물은?

① 과염소산 ② 과산화수소
③ 질산 ④ 하이드라진

해설 분자량
① $HClO_4$: $1 \times 1 + 35.5 \times 1 + 16 \times 4 = 100.5$
② H_2O_2 : $1 \times 2 + 16 \times 2 = 34$
③ HNO_3 : $1 \times 1 + 14 \times 1 + 16 \times 3 = 63$
④ N_2H_4 : $14 \times 2 + 1 \times 4 = 28 + 4 = 32$

49 연소 시 발생하는 가스를 옳게 나타낸 것은?

① 황린 — 황산 가스
② 황 — 무수인산 가스
③ 적린 — 아황산 가스
④ 삼황화사인(삼황화인) — 아황산 가스

해설 ① $P_4 + 5O_2 \longrightarrow 2P_2O_5$
② $S + O_2 \longrightarrow SO_2$
③ $4P + 5O_2 \longrightarrow 2P_2O_5$
④ $P_4S_3 + 8O_2 \longrightarrow 2P_2O_5 + 3SO_2$

50 다음 중 위험물안전관리법이 적용되는 영역은?

① 항공기에 의한 대한민국 영공에서의 위험물의 저장, 취급 및 운반
② 궤도에 의한 위험물의 저장, 취급 및 운반
③ 철도에 의한 위험물의 저장, 취급 및 운반
④ 자가용 승용차에 의한 지정 수량 이하의 위험물의 저장, 취급 및2 운반

해설 위험물안전관리법의 적용 제외 : 항공기, 선박, 철도, 궤도

51 질산칼륨을 약 400℃에서 가열하여 열분해 시킬 때 주로 생성되는 물질은?

① 질산과 산소 ② 질산과 칼륨
③ 아질산칼륨과 산소 ④ 아질산칼륨과 질소

해설 $2KNO_3 \longrightarrow \underset{\text{(아질산칼륨)}}{2KNO_2} + O_2$

52 옥내 저장소에 제3류 위험물인 황린을 저장하면서 위험물안전관리법령에 의한 최소한의 보유 공지로 3m를 옥내 저장소 주위에 확보하였다. 이 옥내 저장소에 저장하고 있는 황린의 수량은? (단, 옥내 저장소의 구조는 벽·기둥 및 바닥이 내화 구조로 되어 있고 그 외의 다른 사항은 고려 하지 않는다.)

① 100kg 초과 500kg 이하
② 400kg 초과 1,000kg 이하
③ 500kg 초과 5,000kg 이하
④ 1,000kg 초과 40,000kg 이하

정답 45 ② 46 ① 47 ③ 48 ① 49 ④ 50 ④ 51 ③ 52 ②

해설 황린의 지정 수량은 20kg이며 보유 공지가 3m 이상인 경우는 20배 초과 50배 이하이다. 따라서 20kg×20배~20kg×50배＝400kg 초과 1,000kg 이하이다.

옥내 저장소의 보유 공지

저장 또는 취급하는 위험물의 최대 수량	공지의 너비	
	벽·기둥 및 바닥이 내화 구조로 된 건축물	그 밖의 건축물
지정 수량의 5배 이하	—	0.5m 이상
지정 수량의 5배 초과 10배 이하	1m 이상	1.5m 이상
지정 수량의 10배 초과 20배 이하	2m 이상	3m 이상
지정 수량의 20배 초과 50배 이하	3m 이상	5m 이상
지정 수량의 50배 초과 200배 이하	5m 이상	10m 이상
지정 수량의 200배 초과	10m 이상	15m 이상

단, 지정 수량의 20배를 초과하는 옥내 저장소와 동일한 부지 내에 있는 다른 옥내 저장소와의 사이에는 공지 너비의 $\frac{1}{3}$(당해 수치가 3m 미만인 경우는 3m)의 공지를 보유할 수 있다.

53 각각 지정 수량의 10배인 위험물을 운반할 경우 제5류 위험물과 혼재 가능한 위험물에 해당하는 것은?

① 제1류 위험물
② 제2류 위험물
③ 제3류 위험물
④ 제6류 위험물

해설 유별을 달리하는 위험물의 혼재 기준

구 분	제1류	제2류	제3류	제4류	제5류	제6류
제1류		×	×	×	×	○
제2류	×		×	○	○	×
제3류	×	×		○	×	×
제4류	×	○	○		○	×
제5류	×	○	×	○		×
제6류	○	×	×	×	×	

54 위험물안전관리법령상 사업소의 관계인이 자체 소방대를 설치하여야 할 제조소 등의 기준으로 옳은 것은?

① 제4류 위험물을 지정 수량의 3천 배 이상 취급하는 제조소 또는 일반 취급소
② 제4류 위험물을 지정 수량의 5천 배 이상 취급하는 제조소 또는 일반 취급소
③ 제4류 위험물 중 특수 인화물을 지정 수량의 3천 배 이상 취급하는 제조소 또는 일반 취급소
④ 제4류 위험물 중 특수 인화물을 지정 수량의 5천 배 이상 취급하는 제조소 또는 일반 취급소

해설 자체 소방대를 설치하여야 할 제조소 등
㉠ 제4류 위험물을 지정 수량의 3천 배 이상 취급하는 제조소 또는 일반 취급소
㉡ 옥외탱크 저장소에 저장하는 제4류 위험물의 최대 수량이 지정 수량의 50만 배 이상인 사업소

55 위험물안전관리법령상 위험물을 운반하기 위해 적재할 때 예를 들어 제6류 위험물은 1가지 유별(제1류 위험물)하고만 혼재할 수 있다. 다음 중 가장 많은 유별과 혼재가 가능한 것은? (단, 지정 수량의 $\frac{1}{10}$을 초과하는 위험물이다.)

① 제1류
② 제2류
③ 제3류
④ 제4류

해설 53번 해설 참조

56 다음 중 디에틸에테르에 대한 설명으로 틀린 것은?

① 일반식은 R−CO−R′이다.
② 연소 범위는 약 1.9~48%이다.
③ 증기 비중 값이 비중 값보다 크다.
④ 휘발성이 높고 마취성을 가진다.

해설 ① 일반식은 R−O−R′이다.

정답 53 ② 54 ① 55 ④ 56 ①

57 빈칸에 들어갈 수치를 순서대로 올바르게 나열한 것은? (단, 제4류 위험물에 적응성을 갖기 위한 살수 밀도 기준을 적용하는 경우를 제외한다.)

위험물 제조소 등에 설치하는 폐쇄형 헤드의 스프링클러 설비는 30개의 헤드를 동시에 사용할 경우 각 선단의 방사 압력이 (   )kPa 이상이고 방수량이 1분당 (   )L 이상이어야 한다.

① 100, 80
② 120, 80
③ 100, 100
④ 120, 100

해설 위험물 제조소 등에 설치하는 폐쇄형 헤드의 스프링클러 설비는 30개의 헤드를 동시에 사용할 경우 각 선단의 방사 압력이 100kPa 이상이고 방수량이 1분당 80L 이상이어야 한다.

58 위험물안전관리법령상 이송 취급소에 설치하는 경보 설비의 기준에 따라 이송 기지에 설치하여야 하는 경보 설비로만 이루어진 것은?

① 확성 장치, 비상벨 장치
② 비상 방송 설비, 비상 경보 설비
③ 확성 장치, 비상 방송 설비
④ 비상 방송 설비, 자동 화재 탐지 설비

해설 이송 기지에 설치하여야 하는 경보 설비
㉠ 확성 장치
㉡ 비상벨 장치

59 위험물안전관리법령상 제조소 등의 관계인 이 정기적으로 점검하여야 할 대상이 아닌 것은?

① 지정 수량의 10배 이상의 위험물을 취급하는 제조소
② 지하 탱크 저장소
③ 이동 탱크 저장소
④ 지정 수량의 100배 이상의 위험물을 취급하는 옥외 탱크 저장소

해설 제조소 등의 관계인이 정기적으로 점검하여야 할 대상
(1) 예방 규정 작성 대상인 제조소 등
　㉠ 지정 수량의 10배 이상의 제조소·일반 취급소
　㉡ 지정 수량의 100배 이상의 옥외 저장소
　㉢ 지정 수량의 150배 이상의 옥내 저장소
　㉣ 지정 수량의 200배 이상의 옥외 탱크 저장소
　㉤ 암반 탱크 저장소
　㉥ 이송 취급소
(2) 지하 탱크 저장소
(3) 이동 탱크 저장소
(4) 위험물을 취급하는 탱크로서 지하에 매설된 탱크가 있는 제조소, 주유 취급소 또는 일반 취급소

60 위험물안전관리법령상 위험 등급의 종류가 나머지 셋과 다른 하나는?

① 제1류 위험물 중 다이크로뮴산염류
② 제2류 위험물 중 인화성 고체
③ 제3류 위험물 중 금속의 인화물
④ 제4류 위험물 중 알코올류

해설 ① 제1류 위험물 중 다이크로뮴산염류 : Ⅲ
② 제2류 위험물 중 인화성 고체 : Ⅲ
③ 제3류 위험물 중 금속의 인화물 : Ⅲ
④ 제4류 위험물 중 알코올류 : Ⅱ

위험물 기능사 (2020. 6. 28 시행)

01 다음과 같은 반응에서 $5m^3$의 탄산 가스를 만들기 위해 필요한 탄산수소나트륨의 양은 약 몇 kg인가? (단, 표준 상태이고 나트륨의 원자량은 23이다.)

$$2NaHCO_3 \longrightarrow Na_2CO_3+CO_2+H_2O$$

① 18.75   ② 37.5
③ 56.25   ④ 75

해설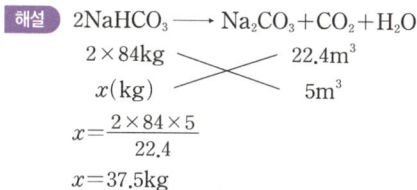

$$x=\frac{2 \times 84 \times 5}{22.4}$$
$$x=37.5kg$$

02 탄화칼슘은 물과 반응 시 위험성이 증가하는 물질이다. 주수 소화 시 물과 반응하면 어떤 가스가 발생하는가?

① 수소   ② 메탄
③ 에탄   ④ 아세틸렌

해설 $CaC_2+2H_2O \longrightarrow Ca(OH)_2+C_2H_2$

03 공기 중의 산소 농도를 한계 산소량 이하로 낮추어 연소를 중지시키는 소화 방법은?

① 냉각 소화   ② 제거 소화
③ 억제 소화   ④ 질식 소화

해설 ① 냉각 소화 : 연소의 3요소나 4요소를 구성하고 있는 점화원을 물 등을 사용하여 냉각시킴으로써 가연물을 발화점 이하의 온도로 낮추어 연소의 진행을 막는 소화 방법
② 제거 소화 : 연소의 3요소나 4요소를 구성하는 가연물을 연소 구역으로부터 제거함으로써 화재의 확산을 저지하는 소화 방법

③ 억제 소화 : 불꽃 연소의 4요소 중 하나인 가연물의 순조로운 연쇄 반응이 진행되지 않도록 연소 반응의 억제제인 부촉매 소화 약제를 이용하여 소화하는 방법

04 인화칼슘이 물과 반응하였을 때 발생하는 가스는?

① 수소   ② 포스겐
③ 포스핀   ④ 아세틸렌

해설 $Ca_3P_2+6H_2O \longrightarrow 3Ca(OH)_2+2PH_3$

05 수성막 포 소화 약제에 사용되는 계면활성제는?

① 염화단백 포 계면활성제
② 산소계 계면활성제
③ 황산계 계면활성제
④ 불소계 계면활성제

해설 기계 포 소화 약제
(1) 비수용성 액체(석유류)용 포 소화 약제
　㉠ 단백 포 소화 약제
　　－ 단백질의 가수 분해물
　　－ 단백질의 가수 분해물과 불소계 계면활성제의 혼합물
　㉡ 합성 계면활성제 포 소화 약제
　　－ 탄화수소계 계면활성제
　㉢ 수성막 포 소화 약제
　　－ 불소계 계면활성제
(2) 알코올형 포 소화 약제(수용성 액체용 포 소화 약제)
　㉠ 금속 석검형
　　－ 단백질의 가수 분해물, 계면활성제와 지방산 금속염의 혼합물
　㉡ 불화 단백형
　　－ 단백질의 가수 분해물과 불소계 계면활성제의 혼합물
　㉢ 고분자 겔(Gel) 생성형
　　－ 불소계 계면활성제 겔(Gel) 생성물의 혼합물
　　－ 탄화수소계 계면활성제와 겔(Gel) 생성물의 혼합물

06 폭굉 유도 거리(DID)가 짧아지는 경우는?

① 정상 연소 속도가 작은 혼합 가스일수록 짧아 진다.
② 압력이 높을수록 짧아진다.
③ 관 지름이 넓을수록 짧아진다.
④ 점화원 에너지가 약할수록 짧아진다.

> **해설** ① 정상 연소 속도가 큰 혼합 가스일수록 짧아진다.
> ③ 관 지름이 가늘수록 짧아진다.
> ④ 점화원 에너지가 강할수록 짧아진다.

07 위험물안전관리법령상 알칼리 금속 과산화물에 적응성이 있는 소화설비는?

① 할로젠 화합물 소화 설비
② 탄산수소염류 분말 소화 설비
③ 물분무 소화 설비
④ 스프링클러 설비

> **해설** 소화 설비의 적응성

소화 설비의 구분		대상물 구분									
		건축물 · 그 밖의 공작물	전기 설비	제1류 위험물		제2류 위험물			제3류 위험물		제4류 위험물	제5류 위험물	제6류 위험물
				알칼리 금속 과산화물 등	그 밖의 것	철분 · 금속분 · 마그네슘 등	인화성 고체	그 밖의 것	금수성 물품	그 밖의 것			

		건축물·그 밖의 공작물	전기 설비	알칼리 금속 과산화물 등	그 밖의 것	철분·금속분·마그네슘 등	인화성 고체	그 밖의 것	금수성 물품	그 밖의 것	제4류 위험물	제5류 위험물	제6류 위험물
옥내 소화전 설비 또는 옥외 소화전 설비		○			○		○	○		○		○	○
스프링클러 설비		○			○		○	○		○	△	○	○
물분무 등 소화 설비	물분무 소화 설비	○	○		○		○	○		○	○	○	○
	포 소화 설비	○			○		○	○		○	○	○	○
	불활성 가스 소화 설비		○					○			○		
	할로젠 화합물 소화 설비		○					○			○		
	분말 소화 설비	인산염류 등	○			○		○			○		○
		탄산 수소 염류 등	○	○			○	○		○		○	
		그 밖의 것		○		○			○			

08 Halon 1001의 화학식에서 수소 원자의 수는?

① 0   ② 1
③ 2   ④ 3

> **해설** ○ Halon 번호
> 첫째 – 탄소 수   둘째 – 불소 수
> 셋째 – 염소 수   넷째 – 브롬 수
> ○ Halon 1001 – CH_3Br

09 이산화탄소 소화 약제에 관한 설명 중 틀린 것은?

① 소화 약제에 의한 오손이 없다.
② 소화 약제 중 증발 잠열이 가장 크다.
③ 전기 절연성이 있다.
④ 장기간 저장이 가능하다.

> **해설** ② CO_2의 증발 잠열은 액화 이산화탄소 1g에 대하여 56.13cal로서 액상의 물 1g에 대한 기화열 539.6cal에 비하여 낮으나 다른 소화 약제에 비하여 냉각 소화 기능이 우수한 편이다.

10 물과 친화력이 있는 수용성 용매의 화재에 보통의 포 소화 약제를 사용하면 포가 파괴되기 때문에 소화 효과를 잃게 된다. 이와 같은 단점을 보완한 소화 약제로 가연성인 수용성 용매의 화재에 유효한 효과를 가지고 있는 것은?

① 알코올형 포 소화 약제
② 단백 포 소화 약제
③ 합성 계면활성제 포 소화 약제
④ 수성막 포 소화 약제

> **해설** ② 단백 포 소화 약제 : 단백질을 가수 분해한 것을 주원료로 하는 포 소화 약제
> ③ 합성 계면활성제 포 소화 약제 : 합성 계면활성제를 주원료로 하는 포 소화 약제(수성막 포 소화 약제에서 정의하는 것은 제외)
> ④ 수성막 포 소화 약제 : 합성 계면활성제를 주원료로 하는 포 소화 약제 중 기름 표면에서 수성막을 형성하는 포 소화 약제

11 질산과 과염소산의 공통 성질이 아닌 것은?

① 가연성이며 강산화제이다.
② 비중이 1보다 크다.
③ 가연물과 혼합으로 발화의 위험이 있다.
④ 물과 접촉하면 발열한다.

> **해설** ① 불연성 물질이며 강산화제이다.

12 위험물안전관리법령에서는 특수 인화물을 1기압에서 발화점이 100℃ 이하인 것 또는 인화점은 얼마 이하이고 비점이 40℃ 이하인 것으로 정의하는가?

① −10℃
② −20℃
③ −30℃
④ −40℃

해설 특수 인화물 : 1기압에서 발화점이 100℃ 이하인 것 또는 인화점 −20℃ 이하, 비점이 40℃ 이하인 것

13 다음 중 제1류 위험물에 해당되지 않는 것은?

① 염소산칼륨
② 과염소산암모늄
③ 과산화바륨
④ 질산구아니딘

해설 ④ 질산구아니딘 : 제5류 위험물

14 과산화나트륨에 대한 설명으로 틀린 것은?

① 알코올에 잘 녹아서 산소와 수소를 발생시킨다.
② 상온에서 물과 격렬하게 반응한다.
③ 비중이 약 2.8이다.
④ 조해성 물질이다.

해설 ① 과산화나트륨은 에틸알코올에는 녹지 않으나 묽은 산과 반응하여 과산화수소(H_2O_2)를 생성시킨다.
$Na_2O_2 + 2CH_3COOH \longrightarrow 2CH_3COONa + H_2O_2 \uparrow$

15 다음 위험물 중 지정 수량이 나머지 셋과 다른 하나는?

① 마그네슘
② 금속분
③ 철분
④ 황

해설

위험물	지정 수량
마그네슘	500kg
금속분	500kg
철분	500kg
황	100kg

16 피리딘의 일반적인 성질에 대한 설명 중 틀린 것은?

① 순수한 것은 무색 액체이다.
② 약알칼리성을 나타낸다.
③ 물보다 가볍고, 증기는 공기보다 무겁다.
④ 흡습성이 없고, 비수용성이다.

해설 ④ 흡습성이 있고, 수용성이다.

17 위험물의 성질에 대한 설명 중 틀린 것은?

① 황린은 공기 중에서 산화할 수 있다.
② 적린은 $KClO_3$와 혼합하면 위험하다.
③ 황은 물에 매우 잘 녹는다.
④ 황화인은 가연성 고체이다.

해설 ③ 황은 물에 녹지 않는다.

18 다음 위험물 중 물보다 가벼운 것은?

① 메틸에틸케톤
② 나이트로벤젠
③ 에틸렌글리콜
④ 글리세린

해설

위험물 종류	비 중
메틸에틸케톤	0.8
나이트로벤젠	1.2
에틸렌글리콜	1.113
글리세린	1.26

19 다음 중 제5류 위험물로만 나열되지 않은 것은?

① 과산화벤조일, 질산메틸
② 과산화초산, 다이나이트로벤젠
③ 과산화요소, 나이트로글리콜
④ 아세토나이트릴, 트라이나이트로톨루엔

해설 ㉠ 아세토나이트릴 : 제4류 위험물 중 제1석유류
㉡ 트라이나이트로톨루엔 : 제5류 위험물 중 나이트로 화합물류

20 다음 중 알루미늄분의 성질에 대한 설명으로 옳은 것은?

① 금속 중에서 연소 열량이 가장 작다.
② 끓는 물과 반응해서 수소를 발생한다.
③ 수산화나트륨 수용액과 반응해서 산소를 발생한다.
④ 안전한 저장을 위해 할로겐 원소와 혼합한다.

해설 ① 금속 중에서 연소 열량이 가장 크다.
③ 수산화나트륨 수용액과 반응해서 수소를 발생한다.
$$2Al + 2NaOH + 2H_2O \longrightarrow 2NaAlO_2 + 3H_2$$
④ 안전한 저장을 위해 할로겐 원소와 혼합하지 않는다.

21 위험물안전관리법령상 위험물 제조소에 설치하는 배출 설비에 대한 내용으로 틀린 것은?

① 배출 설비는 예외적인 경우를 제외하고는 국소 방식으로 하여야 한다.
② 배출 설비는 강제 배출 방식으로 한다.
③ 급기구는 낮은 장소에 설치하고 인화 방지망을 설치한다.
④ 배출구는 지상 2m 이상 높이에 연소의 우려가 없는 곳에 설치한다.

해설 ③ 급기구는 높은 장소에 설치하고 인화 방지망을 설치한다.

22 아염소산나트륨의 저장 및 취급 시 주의 사항으로 가장 거리가 먼 것은?

① 물속에 넣어 냉암소에 저장한다.
② 강산류와의 접촉을 피한다.
③ 취급 시 충격, 마찰을 피한다.
④ 가연성 물질과 접촉을 피한다.

해설 ① 화기를 엄금하며 직사광선을 피하고 용기를 건조하며 차고 어두운 곳에 저장한다.

23 위험물의 운반에 관한 기준에서 다음 ( )에 알맞은 온도는 몇 ℃인가?

적재하는 제5류 위험물 중 ( )℃ 이하의 온도에서 분해될 우려가 있는 것은 보냉 컨테이너에 수납하는 등 적정한 온도 관리를 유지하여야 한다.

① 40   ② 50   ③ 55   ④ 60

해설 적재하는 5류 위험물 중 55℃ 이하의 온도에서 분해될 우려가 있는 것은 보냉 컨테이너에 수납하는 등 적정한 온도 관리를 유지하여야 한다.

24 위험물안전관리법령상 위험물 안전관리자의 책무에 해당하지 않는 것은?

① 화재 등의 재난이 발생할 경우 소방관서 등에 대한 연락 업무
② 화재 등의 재난이 발생한 경우 응급 조치
③ 위험물의 취급에 관한 일지의 작성·기록
④ 위험물 안전 관리자의 선임·신고

해설 위험물 안전 관리자의 책무
(1) 위험물의 취급 작업에 참여하여 당해 작업이 저장 또는 취급에 관한 기술 기준과 예방 규정에 적합하도록 해당 작업자(당해 작업에 참여하는 위험물 취급 자격자를 포함한다. 이와 같다)에 대하여 지시 및 감독하는 업무
(2) 화재 등의 재난이 발생한 경우 응급 조치 및 소방 관서 등에 대한 연락 업무
(3) 위험물 시설의 안전을 담당하는 자를 따로 두는 제조소 등의 경우에는 그 담당자에게 다음 규정에 의한 업무의 지시, 그 밖의 제조소 등의 경우에는 다음의 규정에 의한 업무
　㉠ 제조소 등의 위치·구조 및 설비를 기술 기준에 적합하도록 유지하기 위한 점검과 점검 상황의 기록·보존
　㉡ 제조소 등의 구조 또는 설비의 이상을 발견한 경우 관계자에 대한 연락 및 응급 조치
　㉢ 화재가 발생하거나 화재 발생의 위험성이 현저한 경우 소방관서 등에 대한 연락 및 응급 조치
　㉣ 제조소 등의 계측 장치, 제어 장치 및 안전 장치 등의 적정한 유지·관리
　㉤ 제조소 등의 위치·구조 및 설비에 관한 설계 도서 등의 정비·보존 및 제조소 등의 구조 및 설비의 안전에 관한 사무의 관리
(4) 화재 등의 재해의 방지에 관하여 인접하는 제조소 등과 그 밖의 관련되는 시설의 관계자와 협조 체제의 유지
(5) 위험물의 취급에 관한 일지의 작성·기록
(6) 그 밖에 위험물을 수납한 용기를 차량에 적재하는 작업, 위험물 설비를 보수하는 작업 등 위험물의 취급과 관련된 작업의 안전에 관하여 필요한 감독의 수행

정답 21 ③ 22 ① 23 ③ 24 ④

25 위험물안전관리법령상 옥내 소화전 설비의 기준에 따르면 펌프를 이용한 가압 송수 장치에서 펌프의 토출량은 옥내 소화전의 설치 개수가 가장 많은 층에 대해 해당 설치 개수(5개 이상인 경우에는 5개)에 얼마를 곱한 양 이상이 되도록 하여야 하는가?

① 260L/min   ② 360L/min
③ 460L/min   ④ 560L/min

해설 옥내 소화전 : $Q(m^3) = N \times 7.8m^3$
여기서, Q : 수원의 양
       N : 옥내 소화전 설비 설치 개수(5개 이상인 경우에는 5개)
즉 7.8m^3란 법정 방수량 260L/min으로 30min 이상 기동할 수 있는 양

26 제2류 위험물 중 인화성 고체의 제조소에 설치하는 주의 사항 게시판에 표시할 내용을 옳게 나타낸 것은?

① 적색 바탕에 백색 문자로 "화기 엄금" 표시
② 적색 바탕에 백색 문자로 "화기 주의" 표시
③ 백색 바탕에 적색 문자로 "화기 엄금" 표시
④ 백색 바탕에 적색 문자로 "화기 주의" 표시

해설 제조소의 게시판 주의 사항

위험물		주의 사항
제1류 위험물	알칼리 금속의 과산화물	·물기 엄금
	기타	·별도의 표시를 하지 않는다.
제2류 위험물	인화성 고체	·화기 엄금
	기타	·화기 주의
제3류 위험물	자연 발화성 물질	·화기 엄금
	금수성 물질	·물기 엄금
제4류 위험물		·화기 엄금
제5류 위험물		
제6류 위험물		·별도의 표시를 하지 않는다.

※ 화기 엄금 : 적색 바탕에 백색 문자

27 위험물안전관리법령상 제4류 위험물의 품명에 따른 위험 등급과 옥내 저장소 하나의 저장 창고 바닥 면적 기준을 옳게 나열한 것은? (단, 전용의 독립된 단층 건물에 설치하며, 구획된 실이 없는 하나의 저장 창고인 경우에 한한다.)

① 제1석유류 : 위험 등급 Ⅰ, 최대 바닥 면적 1,000m^2
② 제2석유류 : 위험 등급 Ⅰ, 최대 바닥 면적 2,000m^2
③ 제3석유류 : 위험 등급 Ⅱ, 최대 바닥 면적 2,000m^2
④ 알코올류 : 위험 등급 Ⅱ, 최대 바닥 면적 1,000m^2

해설 (1) 옥내 저장소의 하나의 저장 창고 바닥 면적 1,000m^2 이하

유별	품명
제1류 위험물	·아염소산염류 ·염소산염류 ·과염소산염류 ·무기 과산화물 ·지정 수량 50kg인 위험물
제3류 위험물	·칼륨 ·나트륨 ·알킬알루미늄 ·알킬리튬 ·황린 ·지정 수량 10kg인 위험물
제4류 위험물	·특수 인화물 ·제1석유류 ·알코올류
제5류 위험물	·유기 과산화물 ·질산에스터류 ·지정 수량 10kg인 위험물
제6류 위험물	·전부

(2) (1)의 위험물 외의 위험물 저장 창고 바닥 면적 : 2,000m^2
(3) ① 제1석유류 : 위험 등급 Ⅱ, 최대 바닥 면적 : 1,000m^2
    ② 제2석유류 : 위험 등급 Ⅱ, 최대 바닥 면적 : 2,000m^2
    ③ 제3석유류 : 위험 등급 Ⅲ, 최대 바닥 면적 : 2,000m^2

28 위험물 옥외 저장 탱크의 통기관에 관한 사항으로 옳지 않은 것은?

① 밸브 없는 통기관의 직경은 30mm 이상으로 한다.
② 대기 밸브 부착 통기관은 항시 열려 있어야 한다.
③ 밸브 없는 통기관의 끝부분은 수평면보다 45° 이상 구부려 빗물 등의 침투를 막는 구조로 한다.
④ 대기 밸브 부착 통기관은 5kPa 이하의 압력 차이로 작동할 수 있어야 한다.

해설 밸브 없는 통기관은 가연성 증기를 회수하기 위한 밸브를 통기관에 설치하는 경우에 있어서는 해당 통기관 밸브의 저장 탱크에 위험물을 주입하는 경우를 제외하고는 항상 개방되어 있는 구조로 한다.

29 이동 저장 탱크에 알킬알루미늄을 저장하는 경우에 불활성 기체를 봉입하는데 이때의 압력은 몇 kPa 이하이어야 하는가?

① 10   ② 20
③ 30   ④ 40

해설 이동 저장 탱크 : 알킬알루미늄 등을 저장하는 경우에는 20kPa 이하의 압력으로 불활성의 기체를 봉입하여 둔다.

30 위험물안전관리법령상 옥외 저장소 중 덩어리 상태의 황만을 지반면에 설치한 경계 표시의 안쪽에서 저장 또는 취급할 때 경계 표시의 높이는 몇 m 이하로 하여야 하는가?

① 1   ② 1.5
③ 2   ④ 2.5

해설 황 옥외 저장소의 경계표시 높이 규칙 : 1.5m 이하

31 제3종 분말 소화 약제의 열분해 반응식을 옳게 나타낸 것은?

① $NH_4H_2PO_4 \longrightarrow HPO_3 + NH_3 + H_2O$
② $2KNO_3 \longrightarrow 2KNO_2 + O_2$
③ $KClO_4 \longrightarrow KCl + 2O_2$
④ $2CaHCO_3 \longrightarrow 2CaO + H_2CO_3$

해설 분말 소화 약제의 열분해 반응식
㉠ 1종 : $2NaHCO_3 \rightarrow Na_2CO_3 + CO_2 + H_2O$
㉡ 2종 : $2KHCO_3 \rightarrow K_2CO_3 + CO_2 + H_2O$
㉢ 3종 : $NH_4H_2PO_4 \rightarrow HPO_3 + NH_3 + H_2O$
㉣ 4종 : $2KHCO_3 + (NH_2)_2CO \rightarrow K_2CO_3 + 2NH_3 + 2CO_2$

32 위험물 제조소 등의 용도 폐지 신고에 대한 설명으로 옳지 않은 것은?

① 용도 폐지 후 30일 이내에 신고하여야 한다.
② 완공검사 필증을 첨부한 용도 폐지 신고서를 제출하는 방법으로 신고한다.
③ 전자 문서로 된 용도 폐지 신고서를 제출하는 경우에도 완공검사 필증을 제출하여야 한다.
④ 신고 의무의 주체는 해당 제조소 등의 관계인이다.

해설 제조소 등의 용도를 폐지한 날부터 14일 이내에 시·도지사에게 신고하여야 한다.

33 다음 중 플래시 오버에 대한 설명으로 틀린 것은?

① 국소 화재에서 실내의 가연물들이 연소하는 대화재로의 전이
② 환기 지배형 화재에서 연료 지배형 화재로의 전이
③ 실내의 천장 쪽에 축적된 미연소 가연성 증기나 가스를 통한 화염의 급격한 전파
④ 내화 건축물의 실내 화재 온도 상황으로 보아 성장기에서 최성기로의 진입

해설 ② 연료 지배형 화재에서 환기 지배형 화재로 전이

34 다음 중 수소, 아세틸렌과 같은 가연성 가스가 공기 중 누출되어 연소하는 형식에 가장 가까운 것은 어느 것인가?

① 확산 연소   ② 증발 연소
③ 분해 연소   ④ 표면 연소

해설 ① 확산 연소 : 가연성 가스가 공기 중 누출되어 연소는 형태 **예** 수소, 아세틸렌 등
② 증발 연소 : 액체 표면에서 발생한 가연성 증기가 착화되어 화염을 발생시키고 이 화염의 온도에 의해 액체의 표면이 더욱 가열되면서 액체의 증발을 촉진시켜 연소를 계속해 가는 형태 **예** 에테르, 가솔린, 석유, 알코올 등
③ 분해 연소 : 가연성 고체에 충분한 열이 공급되면 가열 분해에 의하여 발생된 가연성 가스(CO, H_2, CH_4 등)가 공기와 혼합되어 연소하는 형태
예 목재, 석탄, 종이, 플라스틱 등

④ 표면(직접) 연소 : 열분해에 의해 가연성 가스를 발생시키지 않고 그 자체가 연소하는 형태

　예 숯, 목탄, 코크스, 금속분(아연분) 등

35 위험물안전관리법령상 분말 소화 설비의 기준에서 규정한 전역 방출 방식 또는 국소 방출 방식 분말 소화 설비의 가압용 또는 축압용 가스에 해당하는 것은?

① 네온 가스　　② 아르곤 가스
③ 수소 가스　　④ 이산화탄소 가스

해설　분말 소화 설비에서 전역 방출 방식 또는 국소 방출 방식에서 가압용 또는 축압용 가스 : 이산화탄소

36 위험물안전관리법령에 의해 옥외 저장소에 저장을 허가받을 수 없는 위험물은?

① 제2류 위험물 중 황(금속제 드럼에 수납)
② 제4류 위험물 중 가솔린(금속제 드럼에 수납)
③ 제6류 위험물
④ 국제해상위험물규칙(IMDG Code)에 적합한 용기에 수납된 위험물

해설　옥외 저장소에 저장을 허가받을 수 있는 위험물
㉠ 제2류 위험물 중 황 또는 인화성 고체(인화점이 0℃ 이상인 것에 한한다)
㉡ 제4류 위험물 중 제1석유류(인화점이 0℃ 이상인 것에 한한다), 알코올류, 제2석유류, 제3석유류, 제4석유류, 동·식물유류
㉢ 제6류 위험물
㉣ 제2류 위험물, 제4류 위험물 중 특별시·광역시 또는 도의 조례로 정하는 위험물
㉤ 국제해상위험물규칙(IMDG Code)에 적합한 용기에 수납된 위험물

37 제1종, 제2종, 제3종 분말 소화 약제의 주성분에 해당하지 않는 것은?

① 탄산수소나트륨
② 황산마그네슘
③ 탄산수소칼륨
④ 인산암모늄

해설　분말 소화 약제의 주성분

종류	착색
1종 분말($NaHCO_3$)	백색
2종 분말($KHCO_3$)	보라색
3종 분말($NH_4H_2PO_4$)	담홍색(핑크색)
4종 분말($KHCO_3+(NH_2)_2CO$)	회백색

38 소화 효과에 대한 설명으로 틀린 것은?

① 기화 잠열이 큰 소화 약제를 사용할 경우 냉각 소화 효과를 기대할 수 있다.
② 이산화탄소에 의한 소화는 주로 질식 소화로 화재를 진압한다.
③ 할로겐 화합물 소화 약제는 주로 냉각 소화를 한다.
④ 분말 소화 약제는 질식 효과와 부촉매 효과 등으로 화재를 진압한다.

해설　③ 할로겐 화합물 소화 약제는 주로 질식 효과, 부촉매 효과 및 냉각 효과를 한다.

39 금속 칼륨과 금속 나트륨은 어떻게 보관하여야 하는가?

① 공기 중에 노출하여 보관
② 물속에 넣어서 밀봉하여 보관
③ 석유 속에 넣어서 밀봉하여 보관
④ 그늘지고 통풍이 잘되는 곳에 산소 분위기에서 보관

해설

위험물	보호액
K, Na, 적린	등유(석유), 경유, 유동 파라핀
황린, CS_2	물속(수조)

40 위험물안전관리법령에 따른 스프링클러 헤드의 설치 방법에 대한 설명으로 옳지 않은 것은?

① 개방형 헤드는 반사판으로부터 하방으로 0.45m, 수평 방향으로 0.3m의 공간을 보유할 것
② 폐쇄형 헤드는 가연성 물질 수납 부분에 설치 시 반사판으로부터 하방으로 0.9m, 수평 방향으로 0.4m의 공간을 확보할 것
③ 폐쇄형 헤드 중 개구부에 설치하는 것은 해당 개구부의 상단으로부터 높이 0.15m 이내의 벽면에 설치할 것
④ 폐쇄형 헤드 설치 시 급배기용 덕트의 긴 변의 길이가 1.2m를 초과하는 것이 있는 경우에는 해당 덕트의 윗부분에만 헤드를 설치할 것

해설 ④ 폐쇄형 헤드 설치 시 급배기용 덕트의 긴 변의 길이가 1.2m를 초과하는 것이 있는 경우에는 해당 덕트의 아래면에도 스프링클러 헤드를 설치한다.

41 위험물안전관리법령상의 제3류 위험물 중 금수성 물질에 해당하는 것은?

① 황린   ② 적린
③ 마그네슘   ④ 칼륨

해설 ① 황린 : 제3류 위험물 중 자연 발화성 물질
② 적린 : 제2류 위험물
③ 마그네슘 : 제2류 위험물
④ 칼륨 : 제3류 위험물 중 금수성 물질
$$2K + 2H_2O \longrightarrow 2KOH + H_2$$
물과 격렬히 반응하여 발열하고 수소를 발생한다.

42 적린의 성질에 대한 설명 중 옳지 않은 것은?

① 황린과 성분 원소가 같다.
② 발화 온도는 황린보다 낮다.
③ 물, 이황화탄소에 녹지 않는다.
④ 브로민화인에 녹는다.

해설 ② 발화 온도는 황린보다 높다.

위험물	발화 온도
황린	34℃
적린	260℃

43 트라이메틸알루미늄이 물과 반응 시 생성되는 물질은?

① 산화알루미늄   ② 메탄
③ 메틸알코올   ④ 에탄

해설 $(CH_3)_3Al + 3H_2O \longrightarrow Al(OH)_3 + 3CH_4$

44 소화 설비의 기준에서 용량이 160L인 팽창 질석의 능력 단위는?

① 0.5   ② 1.0   ③ 1.5   ④ 2.5

해설

소화 설비	용량	능력 단위
팽창 질석 또는 팽창 진주암 (삽 1개 포함)	160L	1.0

45 흑색 화약의 원료로 사용되는 위험물의 유별을 옳게 나타낸 것은?

① 제1류, 제2류   ② 제1류, 제4류
③ 제2류, 제4류   ④ 제4류, 제5류

해설 **흑색 화약**(blackgun powder)
질산칼륨(KNO_3)과 황(S), 목탄분(C)을 75% : 10% : 15%의 비율(표준 배합 비율)로 혼합한 것이다.
여기서, ㉠ 질산칼륨(KNO_3) : 제1류 위험물
㉡ 황(S) : 제2류 위험물

46 다음 물질 중 제1류 위험물이 아닌 것은?

① Na_2O_2 ② $NaClO_3$
③ NH_4ClO_4 ④ $HClO_4$

해설 ④ $HClO_4$(과염소산) : 제6류 위험물

47 적린의 위험성에 관한 설명 중 옳은 것은?

① 공기 중에 방치하면 폭발한다.
② 산소와 반응하여 포스핀 가스를 발생한다.
③ 연소 시 적색의 오산화인이 발생한다.
④ 강산화제와 혼합하면 충격·마찰에 의해 발화할 수 있다.

해설 ① 공기 중에 방치하면 황린과 같이 자연 발화하지 않지만 260℃ 이상 가열하면 발화한다.
② 산소와 반응하여 오산화인을 발생한다.
③ 연소 시 백색의 오산화인이 발생한다.

$$4P + 5O_2 \longrightarrow 2P_2O_5$$

48 위험물 제조소에 설치하는 안전장치 중 위험물의 성질에 따라 안전밸브의 작동이 곤란한 가압 설비에 한하여 설치하는 것은?

① 파괴판
② 안전밸브를 병용하는 경보 장치
③ 감압 측에 안전밸브를 부착한 감압 밸브
④ 연성계

해설 파괴판의 설명이다.

49 과산화나트륨이 물과 반응하면 어떤 물질과 산소를 발생하는가?

① 수산화나트륨　② 수산화칼륨
③ 질산나트륨　④ 아염소산나트륨

해설 과산화나트륨(Na_2O_2)과 물의 반응
㉠ 물이 차고 다량인 경우
$$Na_2O_2 + 2H_2O \longrightarrow 2NaOH + H_2O_2$$
㉡ 상온에서 적당한 물과 반응한 경우
$$2Na_2O_2 + 4H_2O \longrightarrow 4NaOH + 2H_2O + O_2$$
㉢ 온도가 높은 소량의 물과 반응한 경우
$$2Na_2O_2 + 2H_2O \longrightarrow 4NaOH + O_2$$

50 과염소산칼륨과 가연성 고체 위험물이 혼합되는 것은 위험하다. 그 주된 이유는 무엇인가?

① 전기가 발생하고 자연 가열되기 때문이다.
② 중합 반응을 하여 열이 발생되기 때문이다.
③ 혼합하면 과염소산칼륨이 연소하기 쉬운 액체로 변하기 때문이다.
④ 가열, 충격 및 마찰에 의하여 발화·폭발 위험이 높아지기 때문이다.

해설 과염소산칼륨($KClO_4$)과 가연성 고체 위험물이 혼합되는 것이 위험한 주된 이유 : 가열, 충격 및 마찰에 의하여 발화·폭발 위험이 높아지기 때문이다.

51 위험물의 품명 분류가 잘못된 것은?

① 제1석유류 : 휘발유　② 제2석유류 : 경유
③ 제3석유류 : 폼산　④ 제4석유류 : 기어유

해설 ③ 제2석유류 : 폼산

52 제5류 위험물의 위험성 설명으로 틀린 것은?

① 가연성 물질이다.
② 대부분 외부의 산소 없이도 연소하며, 연소 속도가 빠르다.
③ 물에 잘 녹지 않고 물과의 반응 위험성이 크다.
④ 가열, 충격, 타격 등에 민감하며 강산화제 또는 강산류와 접촉 시 위험하다.

해설 ③ 대부분 물에 잘 녹지 않으며 물과의 직접적인 반응 위험성은 적다.

53 다음에서 설명하는 물질은 무엇인가?

- 살균제 및 소독제로도 사용된다.
- 분해할 때 발생하는 발생기 산소[O]는 난분해성 유기 물질을 산화시킬 수 있다.

① $HClO_4$　② CH_3OH　③ H_2O_2　④ H_2SO_4

해설 난분해성 유기 물질 : 산화시키지 못한 물질

54 다음 중 위험물안전관리법령상 위험물 제조소와의 안전거리가 가장 먼 것은??

① 고등교육법에서 정하는 학교
② 의료법에 따른 병원급 의료 기관
③ 고압 가스 안전관리법에 의하여 허가를 받은 고압 가스 제조 시설
④ 문화재보호법에 의한 유형 문화재와 기념물 중 지정 문화재

해설 ① : 10m 이상　　② : 30m 이상
③ : 20m 이상　　④ : 50m 이상

55 위험물안전관리법령상의 위험물 운반에 관한 기준에서 액체 위험물은 운반 용기 내용적의 몇 % 이하의 수납률로 수납하여야 하는가?

① 80　　② 85　　③ 90　　④ 98

해설 운반 용기의 수납률

위험물	수납률
알킬알루미늄 등	90% 이하(50℃에서 5% 이상 공간 용적 유지)
고체 위험물	95% 이하
액체 위험물	98% 이하(55℃에서 누설되지 않는 것)

56 위험물 제조소의 건축물 구조 기준 중 연소의 우려가 있는 외벽은 출입구 외의 개구부가 없는 내화 구조의 벽으로 하여야 한다. 이때 연소의 우려가 있는 외벽은 제조소가 설치된 부지의 경계선에서 몇 m 이내에 있는 외벽을 말하는가? (단, 단층 건물일 경우이다.)

① 3　　② 4　　③ 5　　④ 6

해설 위험물 제조소의 건축물 구조 기준 중 연소의 우려가 있는 외벽은 제조소가 설치된 부지의 경계선에서 3m 이내에 있는 외벽을 말한다(단층 건물일 경우이다).

57 질산이 직사일광에 노출될 때 어떻게 되는가?

① 분해되지는 않으나 붉은 색으로 변한다.
② 분해되지는 않으나 녹색으로 변한다.
③ 분해되어 질소를 발생한다.
④ 분해되어 이산화질소를 발생한다.

해설 $4HNO_3 \longrightarrow 2H_2O + 4NO_2 + O_2$

58 위험물 저장 탱크의 공간 용적은 탱크 내용적의 얼마 이상, 얼마 이하로 하는가?

① $\frac{2}{100}$ 이상 $\frac{3}{100}$ 이하

② $\frac{2}{100}$ 이상 $\frac{5}{100}$ 이하

③ $\frac{5}{100}$ 이상 $\frac{10}{100}$ 이하

④ $\frac{10}{100}$ 이상 $\frac{20}{100}$ 이하

해설 위험물 저장 탱크의 공간 용적은 $\frac{5}{100}$ 이상 $\frac{10}{100}$ 이하이다.

59 지정 수량 20배의 알코올류를 저장하는 옥외 탱크 저장소의 경우 펌프실 외의 장소에 설치하는 펌프 설비의 기준으로 옳지 않은 것은?

① 펌프 설비 주위에는 3m 이상의 공지를 보유한다.
② 펌프 설비 그 직하의 지반면 주위에 높이 0.15m 이상의 턱을 만든다.
③ 펌프 설비 그 직하의 지반면 최저부에는 집유 설비를 만든다.
④ 집유 설비에는 위험물이 배수구에 유입되지 않도록 유분리 장치를 만든다.

해설 ④ 제4류 위험물(20℃의 물 100g에 용해되는 양이 1g 미만인 것에 한한다)을 취급하는 펌프 설비에 있어서는 해당 위험물이 직접 배수구에 유입되지 아니하도록 집유 설비에 유분리 장치를 설치하여야 한다.

60 위험물안전관리법령상 품명이 금속분에 해당하는 것은? (단, 150μm의 체를 통과하는 것이 50wt% 이상인 경우이다.)

① 니켈분　　② 마그네슘분
③ 알루미늄분　　④ 구리분

해설 위험물안전관리법령상 품명이 금속분에 해당하는 것 (150μm의 체를 통과하는 것이 50wt% 이상인 경우)
㉠ 알루미늄분(Al)　　㉡ 아연분(Zn)
㉢ 주석분(Sn)　　㉣ 안티몬분(Sb)

위험물 기능사 (2020. 10. 11 시행)

01 연소의 3요소인 산소의 공급원이 될 수 없는 것은?

① H_2O_2 ② KNO_3
③ HNO_3 ④ CO_2

> **해설** ① H_2O_2(산화성 액체) : 산소 공급원
> ② KNO_3(산화성 고체) : 산소 공급원
> ③ HNO_3(산화성 액체) : 산소 공급원
> ④ CO_2 : 불연성 가스

02 위험물의 자연 발화를 방지하는 방법으로 가장 거리가 먼 것은?

① 통풍을 잘 시킬 것
② 저장실의 온도를 낮출 것
③ 습도가 높은 곳에 저장할 것
④ 정촉매 작용을 하는 물질과의 접촉을 피할 것

> **해설** ③ 습도가 높은 것을 피한다.

03 다음 중 제5류 위험물의 화재 시 가장 적당한 소화 방법은?

① 물에 의한 냉각 소화
② 질소에 의한 질식 소화
③ 사염화탄소에 의한 부촉매 소화
④ 이산화탄소에 의한 질식 소화

> **해설** 5류 위험물 소화 방법 : 물에 의한 냉각 소화

04 위험물안전관리법령상 제3류 위험물 중 금수성 물질의 제조소에 설치하는 주의 사항 게시판의 바탕색과 문자색을 옳게 나타낸 것은?

① 청색 바탕에 황색 문자
② 황색 바탕에 청색 문자
③ 청색 바탕에 백색 문자
④ 백색 바탕에 청색 문자

> **해설** 제조소의 게시판 주의 사항
>
> | 위험물 | | 주의 사항 |
> |---|---|---|
> | 제1류 위험물 | 알칼리 금속의 과산화물 | · 물기 엄금 |
> | | 기타 | · 별도의 표시를 하지 않는다. |
> | 제2류 위험물 | 인화성 고체 | · 화기 엄금 |
> | | 기타 | · 화기 주의 |
> | 제3류 위험물 | 자연 발화성 물질 | · 화기 엄금 |
> | | 금수성 물질 | · 물기 엄금 |
> | 제4류 위험물 | | · 화기 엄금 |
> | 제5류 위험물 | | |
> | 제6류 위험물 | | · 별도의 표시를 하지 않는다. |
>
> ※ 물기 엄금 : 청색 바탕에 백색 문자

05 위험물안전관리법령상 제4류 위험물에 적응성이 있는 소화기가 아닌 것은?

① 이산화탄소 소화기 ② 봉상강화액 소화기
③ 포 소화기 ④ 인산염류 분말 소화기

> **해설** 소화 설비의 적응성
>
> | 소화 설비의 구분 | | 건축물·그 밖의 공작물 | 전기 설비 | 제1류 위험물 | | 제2류 위험물 | | | 제3류 위험물 | | 제4류 위험물 | 제5류 위험물 | 제6류 위험물 |
> |---|---|---|---|---|---|---|---|---|---|---|---|---|---|
> | | | | | 알칼리 금속 과산화물 등 | 그 밖의 것 | 철분·금속분·마그네슘 등 | 인화성 고체 | 그 밖의 것 | 금수성 물품 | 그 밖의 것 | | | |
> | 옥내 소화전 설비 또는 옥외 소화전 설비 | | ○ | | | ○ | | ○ | ○ | | ○ | | ○ | ○ |
> | 스프링클러 설비 | | ○ | | | ○ | | ○ | ○ | | ○ | △ | ○ | ○ |
> | 물분무 등 소화 설비 | 물분무 소화 설비 | ○ | ○ | | ○ | | ○ | ○ | | ○ | ○ | ○ | ○ |
> | | 포 소화 설비 | ○ | | | ○ | | ○ | ○ | | ○ | ○ | ○ | ○ |
> | | 불활성 가스 소화 설비 | | ○ | | | | ○ | | | | ○ | | |
> | | 할로젠 화합물 소화 설비 | | ○ | | | | ○ | | | | ○ | | |
> | | 분말 소화 설비 | 인산염류 등 | ○ | ○ | | ○ | | ○ | ○ | | ○ | | ○ |
> | | | 탄산 수소 염류 등 | | ○ | ○ | | ○ | ○ | | ○ | | ○ | |
> | | | 그 밖의 것 | | | ○ | | | | ○ | | | |

06 연소에 대한 설명으로 옳지 않은 것은?

① 산화되기 쉬운 것일수록 타기 쉽다.
② 산소와의 접촉 면적이 큰 것일수록 타기 쉽다.
③ 충분한 산소가 있어야 타기 쉽다.
④ 열전도율이 큰 것일수록 타기 쉽다.

해설 ④ 열전도율이 작은 것일수록 타기 쉽다.

07 다음 중 강화액 소화 약제의 주된 소화 원리에 해당하는 것은?

① 냉각 소화
② 절연 소화
③ 제거 소화
④ 발포 소화

해설 강화액 소화 약제의 주된 소화 원리는 화재에 방사되는 즉시 화재 주위로부터 열을 빼앗는 냉각 소화 작용이다.

08 다음 중 탄산칼륨을 물에 용해시킨 강화액 소화 약제의 pH에 가장 가까운 값은?

① 1
② 4
③ 7
④ 12

해설 강화액 소화 약제 pH : 11~12

09 질소와 아르곤과 이산화탄소의 용량비가 52 : 40 : 8인 혼합물 소화 약제에 해당하는 것은?

① IG−541
② HCFC BLEND A
③ HFC−125
④ HFC−23

해설 불활성 가스 청정 소화 약제

소화 약제	상품명	화학식
IG−541	Inergen	N_2 : 52%, Ar : 40%, CO_2 : 8%
HCFC BLEND A	NAFS−Ⅲ	· HCFC−22($CHClF_2$) : 82% · HCFC−123($CHCl_2CF_3$) : 4.75% · HCFC−124($CHClFCF_3$) : 9.5% · $C_{10}H_6$: 3.75%
HFC−125	FE−25	CHF_2CF_3
HFC−23	FE−13	CHF_3

10 불활성 가스 청정 소화 약제의 기본 성분이 아닌 것은?

① 헬륨
② 질소
③ 불소
④ 아르곤

해설 불활성 가스 청정 소화 약제의 기본 성분 : 헬륨, 네온, 아르곤, 질소 가스 중 하나 이상의 원소를 기본 성분으로 하는 소화 약제

11 물과 반응하여 가연성 가스를 발생하지 않는 것은?

① 칼륨
② 과산화칼륨
③ 탄화알루미늄
④ 트라이에틸알루미늄

해설
① $2K + 2H_2O \longrightarrow 2KOH + H_2$
② $2K_2O_2 + 2H_2O \longrightarrow 4KOH + O_2$
③ $Al_4C_3 + 12H_2O \longrightarrow 4Al(OH)_3 + 3CH_4$
④ $(C_2H_5)_3Al + 3H_2O \longrightarrow Al(OH)_3 + 3C_2H_6$

12 다음 중 제6류 위험물이 아닌 것은?

① 할로겐간 화합물
② 과염소산
③ 아염소산
④ 과산화수소

해설 ③ 아염소산 : 제1류 위험물

13 나이트로글리세린에 대한 설명으로 옳은 것은?

① 물에 매우 잘 녹는다.
② 공기 중에서 점화하면 연소하나 폭발의 위험은 없다.
③ 충격에 대하여 민감하여 폭발을 일으키기 쉽다.
④ 제5류 위험물의 나이트로 화합물에 속한다.

해설 ① 물에는 거의 녹지 않는다.
② 공기 중에서 점화하면 연소하고 다량이면 폭발한다.
④ 제5류 위험물의 질산에스터류에 속한다.

정답 06 ④ 07 ① 08 ④ 09 ① 10 ③ 11 ② 12 ③ 13 ③

14 제4류 위험물의 일반적인 성질에 대한 설명 중 틀린 것은?

① 대부분 유기 화합물이다.
② 액체 상태이다.
③ 대부분 물보다 가볍다.
④ 대부분 물에 녹기 쉽다.

해설 ④ 대부분 물에 녹기 어렵다.

15 다음 물질 중 과염소산칼륨과 혼합했을 때 발화 폭발의 위험이 가장 높은 것은?

① 석면 ② 금 ③ 유리 ④ 목탄

해설 목탄, 인, 황, 탄소, 가연성 고체, 유기물 등이 혼합했을 때 발화 폭발의 위험이 가장 높다.

16 메틸리튬과 물의 반응 생성물로 옳은 것은?

① 메탄, 수소화리튬 ② 메탄, 수산화리튬
③ 에탄, 수소화리튬 ④ 에탄, 수산화리튬

해설 $CH_3Li + H_2O \longrightarrow LiOH + CH_4$

17 다음 중 인화점이 가장 높은 것은?

① 등유 ② 벤젠
③ 아세톤 ④ 아세트알데하이드

해설

위험물	인화점
등유	30~60℃
벤젠	−11.1℃
아세톤	−18℃
아세트알데하이드	−37.7℃

18 트라이나이트로톨루엔의 작용기에 해당하는 것은?

① −NO ② −NO₂ ③ −NO₃ ④ −NO₄

해설 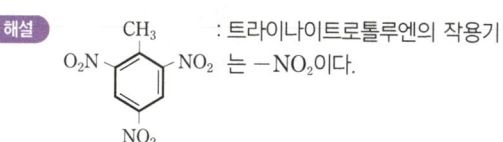 : 트라이나이트로톨루엔의 작용기 는 −NO₂이다.

19 제4류 위험물인 클로로벤젠의 지정 수량으로 옳은 것은?

① 200L ② 400L
③ 1,000L ④ 2,000L

해설 제4류 위험물의 품명과 지정 수량

성 질	품명		지정수량	위험등급
인화성 액체	1. 특수 인화물류		50L	Ⅰ
	2. 제1석유류	비수용성 액체	200L	Ⅱ
		수용성 액체	400L	
	3. 알코올류		400L	
	4. 제2석유류	비수용성 액체 (클로로벤젠)	1,000L	Ⅲ
		수용성 액체	2,000L	
	5. 제3석유류	비수용성 액체	2,000L	
		수용성 액체	4,000L	
	6. 제4석유류		6,000L	
	7. 동·식물유류		10,000L	

20 아조화합물 800kg, 하이드록실아민 300kg, 유기과산화물 40kg의 총 양은 지정 수량의 몇 배에 해당하는가?

① 7배 ② 9배
③ 13배 ④ 15배

해설 $\dfrac{800kg}{100kg} + \dfrac{300kg}{100kg} + \dfrac{40kg}{10kg} = 15$배

21 위험물안전관리법령상 주유 취급소 중 건축물의 2층을 휴게 음식점의 용도로 사용하는 것에 있어 해당 건축물의 2층으로부터 직접 주유 취급소의 부지 밖으로 통하는 출입구와 해당 출입구로 통하는 통로·계단에 설치하여야 하는 것은?

① 비상 경보 설비 ② 유도등
③ 비상 조명등 ④ 확성 장치

해설 주유 취급소 : 출입구와 해당 출입구로 통하는 통로·계단 및 출입구에 유도등을 설치하여야 한다.

22 인화점이 21℃ 미만인 액체 위험물의 옥외 저장 탱크 주입구에 설치하는 "옥외 저장 탱크 주입구"라고 표시한 게시판의 바탕 및 문자색을 옳게 나타낸 것은?

① 백색 바탕 — 적색 문자
② 적색 바탕 — 백색 문자
③ 백색 바탕 — 흑색 문자
④ 흑색 바탕 — 백색 문자

해설 **21℃ 미만**
㉠ 옥외 저장 탱크 주입구 게시판 설치
㉡ 백색 바탕에 흑색 문자

23 위험물안전관리법령상 배출 설비를 설치하여야 하는 옥내 저장소의 기준에 해당하는 것은?

① 가연성 증기가 액화할 우려가 있는 장소
② 모든 장소의 옥내 저장소
③ 가연성 미분이 체류할 우려가 있는 장소
④ 인화점이 70℃ 미만안 위험물의 옥내 저장소

해설 **인화점이 70℃ 미만** : 옥내 저장소 저장 창고는 배출 설비를 설치한다.

24 위험물안전관리법령상 연면적이 $450m^2$인 저장소의 건축물 외벽이 내화 구조가 아닌 경우 이 저장소의 소화기 소요 단위는?

① 3   ② 4.5   ③ 6   ④ 9

해설 **저장소 건축물의 경우**
㉠ 외벽이 내화 구조로 된 것으로 연면적이 $150m^2$
㉡ 외벽이 내화 구조가 아닌 것으로 연면적이 $75m^2$
∴ $\dfrac{450m^2}{75m^2} = 6$단위

25 위험물안전관리법령상 옥내 탱크 저장소의 기준에서 옥내 저장 탱크 상호간에는 몇 m 이상의 간격을 유지하여야 하는가?

① 0.3   ② 0.5   ③ 0.7   ④ 1.0

해설 탱크 전용물의 벽과의 사이 및 옥내 저장 탱크 상호 간 간격 : 0.5m 이상

26 위험물안전관리법령상 주유 취급소에 설치·운영할 수 없는 건축물 또는 시설은?

① 주유 취급소를 출입하는 사람을 대상으로 하는 그림 전시장
② 주유 취급소를 출입하는 사람을 대상으로 하는 일반 음식점
③ 주유원 주거 시설
④ 주유 취급소를 출입하는 사람을 대상으로 하는 휴게 음식점

해설 **주유 취급소에 설치할 수 있는 건축물**
㉠ 주유 또는 등유·경유를 옮겨 담기 위한 작업장
㉡ 주유 취급소의 업무를 행하기 위한 사무소
㉢ 자동차 등의 점검 및 간이정비를 위한 작업장
㉣ 자동차 등의 세정을 위한 작업장
㉤ 주유 취급소에 출입하는 사람을 대상으로 한 점포·휴게 음식점 또는 전시장
㉥ 주유 취급소의 관계자가 거주하는 주거 시설
㉦ 전기 자동차용 충전 설비(전기를 동력원으로 하는 자동차에 직접 전기를 공급하는 장치)

27 위험물안전관리법령상 소화 전용 물통 8L의 능력 단위는?

① 0.3   ② 0.5
③ 1.0   ④ 1.5

해설 **기타 소화 설비 능력의 단위**

소화 설비	용량	능력 단위
소화 전용(專用) 물통	8L	0.3
수조(소화 전용 물통 3개 포함)	80L	1.5
수조(소화 전용 물통 6개 포함)	190L	2.5
마른 모래(삽 1개 포함)	50L	0.5
팽창 질석 또는 팽창 진주암(삽 1개 포함)	160L	1.0

28 위험물 옥외 저장소에서 지정 수량 200배 초과의 위험물을 저장할 경우 경계 표시 주위의 보유 공지 너비는 몇 m 이상으로 하여야 하는가? (단, 제4류 위험물과 제6류 위험물이 아닌 경우이다.)

① 0.5   ② 2.5
③ 10   ④ 15

정답 22 ③ 23 ④ 24 ③ 25 ② 26 ② 27 ① 28 ④

해설 옥외 저장소

저장 또는 취급하는 위험물의 최대 수량	공지의 너비
지정 수량의 10배 이하	3m 이상
지정 수량의 10배 초과 20배 이하	5m 이상
지정 수량의 20배 초과 50배 이하	9m 이상
지정 수량의 50배 초과 200배 이하	12m 이상
지정 수량의 200배 초과	15m 이상

단, 제4류 위험물 중 제4석유류와 제6류 위험물을 저장 또는 취급하는 보유 공지는 공지 너비의 1/3 이상으로 할 수 있다.

29 다음 중 위험물안전관리법령상 지정 수량의 1/10을 초과하는 위험물을 운반할 때 혼재할 수 없는 경우는?

① 제1류 위험물과 제6류 위험물
② 제2류 위험물과 제4류 위험물
③ 제4류 위험물과 제5류 위험물
④ 제5류 위험물과 제3류 위험물

해설 유별을 달리하는 위험물의 혼재 기준

구 분	제1류	제2류	제3류	제4류	제5류	제6류
제1류		×	×	×	×	○
제2류	×		×	○	○	×
제3류	×	×		○	×	×
제4류	×	○	○		○	×
제5류	×	○	×	○		×
제6류	○	×	×	×	×	

30 그림과 같은 위험물 저장 탱크의 내용적은 약 몇 m^3인가?

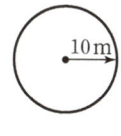
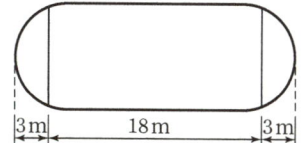

① 4,681
② 5,482
③ 6,283
④ 7,080

해설 $V = \pi r^2 \left(l + \dfrac{l_1 + l_2}{3} \right) = \pi \times 10^2 \left(18 + \dfrac{3+3}{3} \right)$

$= 6,280 m^3$

31 위험물안전관리법령상 제2류 위험물 중 지정 수량이 500kg인 물질에 의한 화재는?

① A급 화재
② B급 화재
③ C급 화재
④ D급 화재

해설 (1) 제2류 위험물의 품명 및 지정 수량

성 질	품 명	지정수량	위험등급
가연성 고체	1. 황화인	100kg	II
	2. 적린	100kg	
	3. 황	100kg	
	4. 철분	500kg	III
	5. 금속분	500kg	
	6. 마그네슘	500kg	
	7. 그 밖에 행정안전부령이 정하는 것	100kg 또는 500kg	II, III
	8. 제1호부터 제7호까지의 어느 하나에 해당하는 위험물을 하나 이상 함유한 것		
	9. 인화성고체	1,000kg	III

(2) **철분, 금속분, 마그네슘** : 금속(D급) 화재

32 할로겐 화합물의 소화 약제 중 할론 2402의 화학식은?

① $C_2Br_4F_2$
② $C_2Cl_4F_2$
③ $C_2Cl_4Br_2$
④ $C_2F_4Br_2$

해설 할로겐의 명칭 순서
㉠ 첫째 : 탄소 ㉡ 둘째 : 불소 ㉢ 셋째 : 염소 ㉣ 넷째 : 브롬
∴ 할론 2402 : $C_2F_4Br_2$

33 위험물 제조소 등에 설치하여야 하는 자동 화재 탐지 설비의 설치 기준에 대한 설명 중 틀린 것은?

① 자동 화재 탐지 설비의 경계 구역은 건축물 그 밖의 공작물의 2 이상의 층에 걸치도록 할 것
② 하나의 경계 구역에서 그 한 변의 길이는 50m (광전식 분리형 감지기를 설치할 경우에는 100m) 이하로 할 것
③ 자동 화재 탐지 설비의 감지기는 지붕 또는 벽의 옥내에 면한 부분에 유효하게 화재의 발생을 감지할 수 있도록 설치할 것
④ 자동 화재 탐지 설비에는 비상 전원을 설치할 것

기타	물통 또는 수조	○		○	○	○		○		○	○
	건조사				○	○	○	○	○	○	○
	팽창 질석 또는 팽창 진주암				○	○	○	○	○	○	○

해설 ① 자동 화재 탐지 설비의 경계 구역은 건축물 그 밖의 공작물의 2 이상의 층에 걸치지 아니하도록 할 것

34 알코올류 20,000L에 대한 소화 설비 설치 시 소요 단위는?

① 5　　　② 10　　　③ 15　　　④ 20

해설 소요 단위 $= \dfrac{\text{저장량}}{\text{지정 수량} \times 10\text{배}} = \dfrac{20,000}{400 \times 10} = 5$

35 과산화칼륨의 저장 창고에서 화재가 발생하였다. 다음 중 가장 적합한 소화 약제는?

① 물　　　　　　　② 이산화탄소
③ 마른 모래　　　　④ 염산

해설

소화 설비의 구분		대상물 구분									
		건축물·그 밖의 공작물	전기 설비	제1류 위험물		제2류 위험물			제3류 위험물		제4류 위험물	제5류 위험물	제6류 위험물
				알칼리 금속 과산화물 등	그 밖의 것	철분·금속분·마그네슘 등	인화성 고체	그 밖의 것	금수성 물품	그 밖의 것			

소화 설비의 구분			건축물·그 밖의 공작물	전기 설비	알칼리 금속 과산화물 등	그 밖의 것	철분·금속분·마그네슘 등	인화성 고체	그 밖의 것	금수성 물품	그 밖의 것	제4류 위험물	제5류 위험물	제6류 위험물
옥내 소화전 설비 또는 옥외 소화전 설비			○			○		○	○		○		○	○
스프링클러 설비			○			○		○	○		○	△	○	○
물분무 등 소화 설비		물분무 소화 설비	○	○		○		○	○		○	○	○	○
		포 소화 설비	○			○		○	○		○	○	○	○
		불활성 가스 소화 설비		○				○				○		
		할로젠 화합물 소화 설비		○				○				○		
	분말 소화 설비	인산염류 등	○	○		○		○				○		○
		탄산 수소 염류 등		○	○		○	○		○		○		
		그 밖의 것			○		○			○				
대형·소형 수동식 소화기		봉상수(棒狀水) 소화기	○			○		○	○		○		○	○
		무상수(霧狀水) 소화기	○	○		○		○	○		○		○	○
		봉상강화액 소화기	○			○		○	○		○		○	○
		무상강화액 소화기	○	○		○		○	○		○	○	○	○
		포 소화기	○			○		○	○		○	○	○	○
		이산화탄소 소화기		○				○				○		△
		할론 소화 설비		○				○				○		
	분말 소화기	인산염류 소화기	○	○		○		○				○		○
		탄산수소염류 소화기		○	○		○	○		○		○		
		그 밖의 것			○		○			○				

36 위험물안전관리법령상 제3류 위험물 중 금수성 물질의 화재에 적응성이 있는 소화 설비는?

① 탄산수소염류의 분말 소화 설비
② 불활성 가스 소화 설비
③ 할로젠 화합물 소화 설비
④ 인산염류의 분말 소화 설비

해설 35번 해설 참조

37 가연성 액화 가스의 탱크 주위에서 화재가 발생한 경우에 탱크의 가열로 인하여 그 부분의 강도가 약해져 탱크가 파열됨으로 내부의 가열된 액화 가스가 급속히 팽창하면서 폭발하는 현상은?

① 블레비(BLEVE) 현상
② 보일 오버(Boil Over) 현상
③ 플래시 백(Flash Back) 현상
④ 백드래프트(Back Draft) 현상

해설 ② 보일 오버(Boil Over) 현상 : 원추형 탱크의 지붕판이 폭발에 의해 날아가고 화재가 확대될 때 저장된 연소 중인 기름에서 발생할 수 있는 현상으로, 기름 표면부에서 장시간 조용히 타고 있는 동안 갑자기 탱크로부터 연소 중인 기름이 폭발적으로 분출되어 화재가 일시에 격화된다.
③ 플래시 백(Flash Back) 현상 : 연소 속도보다 가스 분출 속도가 작을 때 발생한다.
④ 백드래프트(Back Draft) 현상 : 산소가 부족하거나 훈소 상태에 있는 실내에 산소가 일시적으로 다량 공급될 때 연소 가스가 순간적으로 발화하는 것이다.

38 건조사와 같은 불연성 고체로 가연물을 덮는 것은 어떤 소화에 해당하는가?

① 제거 소화　　　　② 질식 소화
③ 냉각 소화　　　　④ 억제 소화

해설 질식 소화의 설명이다.

39 위험물 제조소 등에 설치하는 고정식 포 소화 설비의 기준에서 포 헤드 방식의 포 헤드는 방호 대상물의 표면적 몇 m^2당 1개 이상의 헤드를 설치하여야 하는가?

① 3
② 9
③ 15
④ 30

해설 고정식 포 소화 설비에서 포 헤드 방식의 포 헤드 설치 기준 : 방호 대상물의 표면적 9m^2당 1개 이상의 헤드를 설치한다.

40 Mg, Na의 화재에 이산화탄소 소화기를 사용하였다. 화재 현장에서 발생되는 현상은?

① 이산화탄소가 부착면을 만들어 질식 소화된다.
② 이산화탄소가 방출되어 냉각 소화된다.
③ 이산화탄소가 Mg, Na과 반응하여 화재가 확대된다.
④ 부촉매 효과에 의해 소화된다.

해설 $2Mg + CO_2 \longrightarrow 2MgO + 2C$
$Na + CO_2 \longrightarrow NaO_2 + C$
이때 분해된 C는 흑연을 내면서 연소하고 화재가 확대된다.

41 다음 중 위험성이 더욱 증가하는 경우는?

① 황린을 수산화칼륨 수용액에 넣었다.
② 나트륨을 등유 속에 넣었다.
③ 트라이에틸알루미늄 보관 용기 내에 아르곤 가스를 봉입시켰다.
④ 나이트로셀룰로오스를 알코올 수용액에 넣었다.

해설 ① 황린을 수산화칼륨 수용액에 넣으면 가연성, 유독성의 포스핀 가스를 발생한다.
$P_4 + 3KOH + H_2O \longrightarrow PH_3 + 3KH_2PO_2$

42 과산화칼륨과 과산화마그네슘이 염산과 각각 반응했을 때 공통으로 나오는 물질의 지정 수량은?

① 50L
② 100kg
③ 300kg
④ 1,000L

해설 ㉠ $K_2O_2 + 2HCl \longrightarrow 2KCl + H_2O_2$
㉡ $MgO_2 + 2HCl \longrightarrow MgCl_2 + H_2O_2$
위 반응에서 공통으로 나오는 물질은 H_2O_2이므로 지정 수량은 300kg이다.

43 위험물안전관리법령상 위험물 운반 시 차광 성이 있는 피복으로 덮지 않아도 되는 것은?

① 제1류 위험물
② 제2류 위험물
③ 제3류 위험물 중 자연 발화성 물질
④ 제5류 위험물

해설 차광성이 있는 피복 조치

유 별	적용 대상
제1류 위험물	전부
제3류 위험물	자연 발화성 물품
제4류 위험물	특수 인화물
제5류 위험물	전부
제6류 위험물	

44 이동 탱크 저장소에 의한 위험물의 운송 시 준수하여야 하는 기준에서 다음 중 어떤 위험물을 운송할 때 위험물 운송자는 위험물 안전카드를 휴대하여야 하는가?

① 특수 인화물 및 제1석유류
② 알코올류 및 제2석유류
③ 제3석유류 및 동·식물류
④ 제4석유류

해설 위험물을 운송할 때 위험물 운송자가 위험물 안전카드를 휴대하는 위험물
㉠ 제1류 위험물
㉡ 제2류 위험물
㉢ 제3류 위험물
㉣ 제4류 위험물(특수 인화물 및 제1석유류)
㉤ 제5류 위험물
㉥ 제6류 위험물

45 위험물안전관리법령상 행정안전부령으로 정하는 제1류 위험물에 해당하지 않는 것은?

① 과아이오딘산   ② 질산구아니딘
③ 차아염소산염류   ④ 염소화이소시아눌산

해설 행정안전부령으로 정하는 위험물의 구분

품 명	지정 물질
제1류 위험물	1. 과아이오딘산염류 2. 과아이오딘산 3. 크로뮴, 납 또는 아이오딘의 산화물 4. 아질산염류 5. 차아염소산염류 6. 염소화이소시아눌산 7. 퍼옥소이황산염류 8. 퍼옥소붕산염류
제3류 위험물	염소화규소 화합물
제5류 위험물	1. 금속의 아지 화합물 2. 질산구아니딘
제6류 위험물	할로겐간 화합물

46 다음 중 소화 난이도 등급 I의 옥내 저장소에 설치하여야 하는 소화 설비에 해당하지 않는 것은?

① 옥외 소화전 설비   ② 연결 살수 설비
③ 스프링클러 설비   ④ 물분무 소화 설비

해설 소화 난이도 등급 I의 제조소등에 설치하여야 하는 소화설비

제조소 등의 구분		소화 설비
제조소 및 일반 취급소		옥내 소화전 설비, 옥외 소화전 설비, 스프링클러 설비 또는 물분무 등 소화 설비(화재 발생 시 연기가 충만할 우려가 있는 장소에는 스프링클러 설비 또는 이동식 외의 물분무 등 소화 설비에 한한다)
주유 취급소		스프링클러 설비(건축물에 한정한다), 소형 수동식 소화기 등(능력 단위의 수치가 건축물 그 밖의 공작물 및 위험물의 소요단위의 수치에 이르도록 설치할 것
옥내 저장소	처마 높이가 6m 이상인 단층 건물 또는 다른 용도의 부분이 있는 건축물에 설치한 옥내 저장소	스프링클러 설비 또는 이동식 외의 물분무 등 소화 설비
	그 밖의 것	옥외 소화전 설비, 스프링클러 설비, 이동식 외의 물분무 등 소화 설비 또는 이동식 포 소화 설비(포 소화전을 옥외에 설치하는 것에 한한다)
옥외 탱크 저장소	지중 탱크 또는 해상 탱크 외의 것	황만을 저장 취급하는 것 → 물분무 소화 설비
		인화점 70℃ 이상의 제4류 위험물만을 저장 취급하는 것 → 물분무 소화 설비 또는 고정식 포 소화 설비
		그 밖의 것 → 고정식 포 소화 설비(포 소화 설비가 적응성이 없는 경우에는 분말 소화 설비)
	지중 탱크	고정식 포 소화 설비, 이동식 이외의 불활성 가스 소화 설비 또는 이동식 이외의 할로겐 화합물 소화 설비
	해상 탱크	고정식 포 소화 설비, 물분무 소화 설비, 이동식 이외의 불활성 가스 소화 설비 또는 이동식 이외의 할로겐 화합물 소화 설비
옥내 탱크 저장소	황만을 저장 취급하는 것	물분무 소화 설비
	인화점 70℃ 이상의 제4류 위험물만을 저장 취급하는 것	물분무 소화 설비, 고정식 포 소화 설비, 이동식 이외의 불활성 가스 소화 설비, 이동식 이외의 할로겐 화합물 소화 설비 또는 이동식 이외의 분말 소화 설비
	그 밖의 것	고정식 포 소화 설비, 이동식 이외의 불활성 가스 소화 설비, 이동식 이외의 할로겐 화합물 소화 설비 또는 이동식 이외의 분말 소화 설비
옥외 저장소 및 이송 취급소		옥내 소화전 설비, 옥외 소화전 설비, 스프링클러 설비 또는 물분무 등 소화 설비(화재 발생 시 연기가 충만할 우려가 있는 장소에는 스프링클러 설비 또는 이동식 이외의 물분무 등 소화 설비에 한한다)
암반 탱크 저장소	황만을 저장 취급하는 것	물분무 소화 설비
	인화점 70℃ 이상의 제4류 위험물만을 저장 취급하는 것	물분무 소화 설비 또는 고정식 포 소화 설비
	그 밖의 것	고정식 포 소화 설비(포 소화 설비가 적응성이 없는 경우에는 분말 소화 설비)

47 디에틸에테르에 대한 설명으로 옳은 것은?

① 연소하면 아황산 가스를 발생하고, 마취제로 사용한다.
② 증기는 공기보다 무거우므로 물속에 보관한다.
③ 에탄올을 진한 황산을 이용해 축합 반응시켜 제조할 수 있다.
④ 제4류 위험물 중 연소 범위가 좁은 편에 속한다.

해설 ① 연소하면 CO_2와 H_2O이 발생하고, 마취제로 사용한다.
$$C_2H_5OC_2H_5 + 6O_2 \longrightarrow 4CO_2 + 5H_2O$$
② 증기는 공기보다 무거우므로 직사광선을 피하고 밀폐된 용기나 탱크 중에 저장한다.
④ 제4류 위험물 중 연소 범위(1.9~48%)가 넓은 편에 속한다.

48 트라이나이트로톨루엔의 성질에 대한 설명 중 옳지 않은 것은?

① 담황색의 결정이다.
② 폭약으로 사용된다.
③ 자연 분해의 위험성이 적어 장기간 저장이 가능하다.
④ 조해성과 흡습성이 매우 크다.

해설 ④ 조해성과 흡습성이 없다.

49 다음 중 물에 녹고 물보다 가벼운 물질로 인화점이 가장 낮은 것은?

① 아세톤
② 이황화탄소
③ 벤젠
④ 산화프로필렌

해설

위험물	비중	인화점
아세톤	0.79	-18℃
이황화탄소	1.26	-30℃
벤젠	0.879	-11.1℃
산화프로필렌	0.83	-37.2℃

50 황의 성질을 설명한 것으로 옳은 것은?

① 전기의 양도체이다.
② 물에 잘 녹는다.
③ 연소하기 어려워 분진 폭발의 위험성은 없다.
④ 높은 온도에서 탄소와 반응하여 이황화탄소가 생긴다.

해설 ① 전기의 절연체이다.
② 물이나 산에 잘 녹지 않는다.
③ 미세한 가루 상태로 밀폐 공간 내에서 공기 중 부유할 때는 공기 중의 산소와 혼합하여 폭명기를 만들어 분진 폭발을 일으킨다.

51 다음 중 발화점이 가장 낮은 것은?

① 이황화탄소
② 산화프로필렌
③ 휘발유
④ 메탄올

해설

위험물	발화점
이황화탄소	100℃
산화프로필렌	465℃
휘발유	300℃
메탄올	464℃

52 질산칼륨에 대한 설명 중 옳은 것은?

① 유기물 및 강산에 보관할 때 매우 안정하다.
② 열에 안정하여 1,000℃를 넘는 고온에서도 분해되지 않는다.
③ 알코올에는 잘 녹으나 물, 글리세린에는 잘 녹지 않는다.
④ 무색, 무취의 결정 또는 분말로서 화약의 원료로 사용된다.

해설 ① 유기물과의 접촉을 피하고, 강산류와는 같은 장소에 저장하지 않도록 철저히 격리한다.
② 가열하면 400℃에서 완전히 열분해하여 서서히 산소를 방출한다. 분해 시 산소의 방출량이 많아서 화약이나 폭약의 산소 공급제로 이용된다.
$$2KNO_3 \longrightarrow 2KNO_2 + O_2$$
③ 알코올, 물, 글리세린에는 잘 녹고 에테르에 녹지 않는다.

53 다음의 위험물 중 비중이 물보다 큰 것은 모두 몇 개인가?

과염소산, 과산화수소, 질산

① 0   ② 1
③ 2   ④ 3

해설

위험물	비 중
과염소산	1.76
과산화수소	1.47
질 산	1.49

54 칼륨을 물에 반응시키면 격렬한 반응이 일어난다. 이때 발생하는 기체는 무엇인가?

① 산소   ② 수소
③ 질소   ④ 이산화탄소

해설 $2K + 2H_2O \longrightarrow 2KOH + H_2$

55 다음 중 메틸알코올의 위험성으로 옳지 않은 것은?

① 나트륨과 반응하여 수소 기체를 발생한다.
② 휘발성이 강하다.
③ 연소 범위가 알코올류 중 가장 좁다.
④ 인화점이 상온(25℃)보다 낮다.

해설 ③ 연소 범위가 알코올류 중 가장 넓다.
알코올류의 연소 범위

알코올류	연소 범위
메틸알코올	7.3~36%
에틸알코올	4.3~19%
프로필알코올	2.1~13.5%
아이소프로필알코올	2.0~12%

56 다음 중 위험물안전관리법령상 제6류 위험물에 해당하는 것은?

① 황산   ② 염산
③ 질산염류   ④ 할로겐간 화합물

해설 (1) ①, ② : 화공약품, ③ : 제1류 위험물,
④ : 제6류 위험물
(2) 제6류 위험물의 품명 및 지정 수량

성 질	품 명	지정수량	위험등급
산화성 액체	1. 과염소산	300kg	I
	2. 과산화수소	300kg	
	3. 질산	300kg	
	4. 그 밖에 행정안전부령이 정하는 것 · 할로겐간 화합물(BrF_3, BrF_5, IF_5 등)	300kg	
	5. 제1호 내지 제4호의1에 해당하는 어느 하나 이상을 함유한 것	300kg	

57 위험물안전관리법령상 제2류 위험물의 위험 등급에 대한 설명으로 옳은 것은?

① 제2류 위험물은 위험 등급 I에 해당되는 품명이 없다.
② 제2류 위험물 중 위험 등급 Ⅲ에 해당되는 품명은 지정 수량이 500kg인 품명만 해당된다.
③ 제2류 위험물 중 황화인, 적린, 황 등 지정 수량이 100kg인 품명은 위험 등급 I에 해당한다.
④ 제2류 위험물 중 지정 수량이 1,000kg인 인화성 고체는 위험 등급 Ⅱ에 해당한다.

해설 제2류 위험물의 품명 및 지정 수량

성질	품명	지정수량	위험등급
가연성 고체	1. 황화인	100kg	II
	2. 적린	100kg	
	3. 황	100kg	
	4. 철분	500kg	III
	5. 금속분	500kg	
	6. 마그네슘	500kg	
	7. 그 밖에 행정안전부령이 정하는 것 8. 제1호부터 제7호까지의 어느 하나에 해당하는 위험물을 하나 이상 함유한 것	100kg 또는 500kg	II, III
	9. 인화성고체	1,000kg	III

58 칼륨이 에틸알코올과 반응할 때 나타나는 현상은?

① 산소 가스를 생성한다.
② 칼륨에틸레이트를 생성한다.
③ 칼륨과 물이 반응할 때와 동일한 생성물이 나온다.
④ 에틸알코올이 산화되어 아세트알데히드를 생성한다.

해설 $2K + 2C_2H_5OH \longrightarrow 2C_2H_5OK + H_2$

59 제5류 위험물 중 유기 과산화물 30kg과 하이드록실아민 500kg을 함께 보관하는 경우 지정 수량의 몇 배인가?

① 3배
② 8배
③ 10배
④ 18배

해설 $\dfrac{30}{10} + \dfrac{500}{100} = 8$배

60 아세톤의 성질에 대한 설명으로 옳은 것은?

① 자연 발화성 때문에 유기 용제로서 사용할 수 없다.
② 무색, 무취이고 겨울철에 쉽게 응고한다.
③ 증기 비중은 약 0.79이고 아이오딘포름 반응을 한다.
④ 물에 잘 녹으며 끓는점이 60℃보다 낮다.

해설 ① 유기물을 잘 녹이므로 유기 용제로서 사용할 수 있다.
② 무색, 자극성의 과일 냄새가 나며 겨울철에 쉽게 응고하지 않는다.
③ 증기 비중은 약 2.0이고 아이오딘포름 반응을 한다.
④ 물에 잘 녹으며 끓는점이 56℃이다.

위험물 기능사 (2021. 1. 31 시행)

01 위험물의 품명·수량 또는 지정 수량 배수의 변경 신고에 대한 설명으로 옳은 것은?

① 허가청과 협의하여 설치한 군용 위험물 시설의 경우에도 적용된다.
② 변경 신고는 변경한 날로부터 7일 이내에 완공 검사필증을 첨부하여 신고하여야 한다.
③ 위험물의 품명이나 수량의 변경을 위해 제조소 등의 위치·구조 또는 설비를 변경하는 경우에 신고한다.
④ 위험물의 품명·수량 및 지정 수량의 배수를 모두 변경할 때에는 신고를 할 수 없고 허가를 신청하여야 한다.

해설 ② 변경하고자 하는 날의 7일 전까지 완공검사필증을 첨부하여 신고하여야 한다.
③ 제조소 등의 위치·구조 또는 설비의 변경 없이 위험물의 품명·수량 또는 지정 수량의 배수를 변경하는 경우에 신고한다.
④ 제조소 등의 위치·구조 또는 설비를 변경할 때에는 허가를 신청하여야 한다.

02 위험물 제조소 등에 설치해야 하는 각 소화 설비의 설치 기준에 있어서 각 노즐 또는 헤드 선단의 방사 압력 기준이 나머지 셋과 다른 설비는?

① 옥내 소화전 설비
② 옥외 소화전 설비
③ 스프링클러 설비
④ 물분무 소화 설비

해설 위험물 제조소 등에 설치하는 각 소화 설비의 각 노즐 또는 헤드 선단의 방사 압력 기준

소화 설비 종류	방사 압력
옥내 소화전 설비	350kPa 이상
옥외 소화전 설비	350kPa 이상
스프링클러 설비	100kPa 이상
물분무 소화 설비	350kPa 이상

03 제조소에서 취급하는 제4류 위험물의 최대 수량의 합이 지정 수량의 24만 배 이상 48만 배 미만인 사업소의 자체 소방대에 두는 화학 소방 자동차 수와 소방대원의 인원 기준으로 옳은 것은?

① 2대, 4인
② 2대, 12인
③ 3대, 15인
④ 3대, 24인

해설 제조소 및 일반 취급소의 자체 소방대의 기준

사업소의 구분	화학 소방 자동차	자체 소방 대원의 수
제조소 또는 일반취급소에서 취급하는 제4류 위험물의 최대수량의 합이 지정수량의 3천배 이상 12만배 미만의 사업소	1대	5인
제조소 또는 일반취급소에서 취급하는 제4류 위험물의 최대수량의 합이 지정 수량의 12만배 이상 24만배 미만인 사업소	2대	10인
제조소 또는 일반취급소에서 취급하는 제4류 위험물의 최대수량의 합이 지정 수량의 24만배 이상 48만배 미만인사 업소	3대	15인
제조소 또는 일반취급소에서 취급하는 제4류 위험물의 최대수량의 합이 지정 수량의 48만배 이상인 사업소	4대	20인
옥외탱크저장소에 저장하는 제4류 위험물의 최대수량이 지정수량의 50만배 이상인 사업소	2대	10인

04 아세톤의 위험도를 구하면 얼마인가? (단, 아세톤의 연소 범위는 2~13vol%이다.)

① 0.846
② 1.23
③ 5.5
④ 7.5

해설 $H = \dfrac{U-L}{L} = \dfrac{13-2}{2} = 5.5$

여기서, H : 위험도
U : 연소 범위의 상한치
L : 연소 범위의 하한치

05 위험물안전관리법령에 따른 옥외 소화전 설비의 설치 기준에 대해 다음 ( ) 안에 알맞은 수치를 차례대로 나타낸 것은?

> 옥외 소화전 설비는 모든 옥외 소화전(설치 개수가 4개 이상인 경우는 4개의 옥외 소화전)을 동시에 사용할 경우에 각 노즐 선단의 방수 압력이 ( )kPa 이상이고, 방수량이 1분당 ( )L 이상의 성능이 되도록 할 것

① 350, 260
② 300, 260
③ 350, 450
④ 300, 450

해설 옥외 소화전 설비 소화전 노즐 선단의 성능 기준
㉠ 방수압 : 350kPa 이상 ㉡ 방수량 : 450L/min 이상

06 위험물별로 설치하는 소화 설비 중 적응성이 없는 것과 연결된 것은?

① 제3류 위험물 중 금수성 물질 이외의 것 – 할로젠 화합물 소화 설비, 불활성 가스 소화 설비
② 제4류 위험물 – 물분무 소화 설비, 불활성 가스 소화 설비
③ 제5류 위험물 – 포 소화 설비, 스프링클러 설비
④ 제6류 위험물 – 옥내 소화전 설비, 물분무 소화 설비

해설 소화 설비의 적응성

		대상물 구분									
소화 설비의 구분	건축물·그 밖의 공작물	전기 설비	제1류 위험물 알칼리 금속 과산화물 등	제1류 위험물 그 밖의 것	제2류 위험물 철분·금속분·마그네슘 등	제2류 위험물 인화성 고체	제2류 위험물 그 밖의 것	제3류 위험물 금수성 물품	제3류 위험물 그 밖의 것	제4류 위험물	제5류 위험물	제6류 위험물
옥내 소화전 설비 또는 옥외 소화전 설비	○			○		○	○		○		○	○
스프링클러 설비	○			○		○	○		○	△	○	○
물분무 등 소화 설비	물분무 소화 설비	○	○		○		○	○		○	○	○	○
	포 소화 설비	○			○		○	○		○	○	○	○
	불활성 가스 소화 설비		○				○				○		
	할로젠 화합물 소화 설비		○				○				○		
분말 소화 설비	인산염류 등	○	○		○		○				○		○
	탄산수소 염류 등		○	○		○	○		○		○		
	그 밖의 것			○		○			○				

07 전기 화재의 급수와 표시 색상을 옳게 나타낸 것은?

① C급 — 백색
② D급 — 백색
③ C급 — 청색
④ D급 — 청색

해설 화재의 종류 및 표시 색상

급수	화재의 종류	표시색상
A급	일반 화재	백색
B급	유류 화재	황색
C급	전기 화재	청색
D급	금속 화재	—
K급	주방 화재	—

08 과산화리튬의 화재 현장에서 주수 소화가 불가능한 이유는?

① 수소가 발생하기 때문에
② 산소가 발생하기 때문에
③ 이산화탄소가 발생하기 때문에
④ 일산화탄소가 발생하기 때문에

해설 $2Li_2O_2 + 2H_2O \longrightarrow 4LiOH + O_2$

09 제6류 위험물을 저장하는 제조소 등에 적응성이 없는 소화 설비는?

① 옥외 소화전 설비
② 탄산수소염류 분말 소화 설비
③ 스프링클러 설비
④ 포 소화 설비

해설 6번 해설 참조

10 소화 난이도 등급 I에 해당하는 위험물 제조소 등이 아닌 것은? (단, 원칙적인 경우에 한하며 다른 조건은 고려하지 않는다.)

① 모든 이송 취급소
② 연면적 600m²의 제조소
③ 지정 수량의 150배인 옥내 저장소
④ 액표면적이 40m²인 옥외 탱크 저장소

정답 05 ③ 06 ① 07 ③ 08 ② 09 ② 10 ②

해설 소화 난이도 등급 I에 해당하는 제조소 등

구분	제조소등의 규모, 저장 또는 취급하는 위험물의 품명 및 최대수량 등
제조소 일반 취급소	· 연면적 1,000m² 이상인 것 · 지정 수량의 100배 이상인 것 · 지반면으로부터 6m 이상의 높이에 위험물 취급 설비가 있는 것 · 일반 취급소로 사용되는 부분 외의 부분을 갖는 건축물에 설치된 것
주유 취급소	면적의 합의 500m² 를 초과하는 것
옥내 저장소	· 지정 수량의 150배 이상인 것 · 연면적 150m²를 초과하는 것 · 처마 높이가 6m 이상인 단층 건물의 것 · 옥내 저장소로 사용되는 부분 외의 부분이 있는 건축물에 설치된 것
옥외 탱크 저장소	· 액표면적이 40m² 이상인 것 · 지반면으로부터 탱크 옆판의 상단까지 높이가 6m 이상인 것 · 지중 탱크 또는 해상 탱크로서 지정 수량의 100배 이상인 것 · 고체 위험물을 저장하는 것으로서 지정 수량의 100배 이상인 것
옥내 탱크 저장소	· 액표면적이 40m² 이상인 것 · 바닥면으로부터 탱크 옆판의 상단까지 높이가 6m 이상인 것 · 탱크 전용실이 단층 건물 외의 건축물에 있는 것으로 인화점 38℃ 이상 70℃ 미만의 위험물을 지정 수량 5배 이상 저장하는 것
옥외 저장소	· 덩어리 상태의 황 등을 저장하는 것으로서 경계 표시 내부의 면적이 100m² 이상인 것 · 지정 수량의 100배 이상인 것
암반 탱크 저장소	· 액표면적이 40m² 이상인 것 · 고체 위험물을 저장하는 것으로서 지정 수량의 100배 이상인 것
이송 취급소	모든 대상

11 규조토에 흡수시켜 다이너마이트를 제조할 때 사용되는 위험물은?

① 다이나이트로톨루엔
② 질산에틸
③ 나이트로글리세린
④ 나이트로셀룰로오스

해설 나이트로글리세린[$C_3H_5(ONO_2)_3$]의 설명이다.

12 이황화탄소 저장 시 물속에 저장하는 이유로 가장 옳은 것은?

① 공기 중 수소와 접촉하여 산화되는 것을 방지하기 위하여
② 공기와 접촉 시 환원하기 때문에
③ 가연성 증기의 발생을 억제하기 위해서
④ 불순물을 제거하기 위하여

해설 이황화탄소(CS_2)를 물속에 저장하는 이유 : 가연성 증기의 발생을 억제하기 위하여

13 인화점 70℃ 이상의 제4류 위험물을 저장하는 암반 탱크 저장소에 설치하여야 하는 소화 설비들로만 이루어진 것은? (단, 소화 난이도 등급 I에 해당한다.)

① 물분무 소화 설비 또는 고정식 포 소화 설비
② 불활성 가스 소화 설비 또는 물분무 소화 설비
③ 할로젠 화합물 소화 설비 또는 불활성 가스 소화 설비
④ 고정식 포 소화 설비 또는 할로젠 화합물 소화 설비

해설 소화 난이도 등급 I의 제조소 등의 소화 설비

구분		소화 설비
암반 탱크 저장소	황만을 저장 취급하는 것	물분무 소화 설비
	인화점 70℃ 이상의 제4류 위험물만을 저장 취급하는 것	물분무 소화 설비 또는 고정식 포 소화 설비
	그 밖의 것	고정식 포 소화 설비(포 소화 설비가 적응성이 없는 경우에는 분말 소화 설비)

14 위험물 제조소에서 다음과 같이 위험물을 취급하고 있는 경우 각각의 지정 수량 배수의 총 합은 얼마인가?

· 브로민산나트륨 300kg
· 과산화나트륨 150kg
· 다이크로뮴산나트륨 500kg

① 3.5   ② 4.0   ③ 4.5   ④ 5.0

해설 $\dfrac{300kg}{300kg} + \dfrac{150kg}{50kg} + \dfrac{500kg}{1,000kg} = 4.5$배

15 과산화벤조일의 일반적인 성질로 옳은 것은?

① 비중은 약 0.33이다.
② 무미, 무취의 고체이다.
③ 물에 잘 녹지만 디에틸에테르에는 녹지 않는다.
④ 녹는점은 약 30℃이다.

해설 ① 비중은 1.33이다.
③ 물에는 녹지 않으며 알코올, 식용유에 약간 녹고 디에틸에
테르에 녹는다.
④ 녹는점은 105℃이다.

16 위험물안전관리법령은 위험물의 유별에 따른 저장·취급상의 유의 사항을 규정하고 있다. 이 규정에서 특히 과열, 충격, 마찰을 피하여야 할 류(類)에 속하는 위험물 품명을 나열한 것은?

① 하이드록실아민, 금속의 아지 화합물
② 금속의 산화물, 칼슘의 탄화물
③ 무기 금속 화합물, 인화성 고체
④ 무기 과산화물, 금속의 산화물

해설 제5류 위험물은 특히 과열, 충격, 마찰을 피하여야 할 위험물이다.
예 하이드록실아민, 금속의 아지 화합물

17 과산화벤조일 100kg을 저장하려 한다. 지정 수량의 배수는 얼마인가?

① 5배
② 7배
③ 10배
④ 15배

해설 과산화벤조일[$(C_6H_5CO)_2O_2$]의 지정 수량은 10kg이다.

$\therefore \dfrac{100kg}{10kg} = 10$배

18 순수한 것은 무색, 투명한 기름상의 액체이고 공업용은 담황색인 위험물로 충격, 마찰에 매우 예민하며 겨울철에는 동결할 우려가 있는 것은?

① 펜트리트
② 트라이나이트로벤젠
③ 나이트로글리세린
④ 질산메틸

해설 나이트로글리세린[$C_3H_5(ONO_2)_3$]의 설명이다.

19 위험물안전관리법령에서 정한 물분무 소화 설비의 설치 기준으로 적합하지 않은 것은?

① 고압의 전기 설비가 있는 장소에는 해당 전기 설비와 분무 헤드 및 배관과 사이에 전기 절연을 위하여 필요한 공간을 보유한다.
② 스트레이너 및 일제 개방 밸브는 제어 밸브의 하류측 부근에 스트레이너, 일제 개방 밸브의 순으로 설치한다.
③ 물분무 소화 설비에 2 이상의 방사 구역을 두는 경우에는 화재를 유효하게 소화할 수 있도록 인접하는 방사 구역이 상호 중복되도록 한다.
④ 수원의 수위가 수평 회전식 펌프보다 낮은 위치에 있는 가압 송수 장치의 물올림 장치는 타 설비와 겸용하여 설치한다.

해설 (1) **물분무 소화 설비의 설치 기준**
㉠ 물분무 소화 설비에 2 이상의 방사 구역을 두는 경우에 화재를 유효하게 소화할 수 있도록 인접하는 방사 구역이 상호 중복되도록 한다.
㉡ 고압의 전기 설비가 있는 장소에는 당해 전기 설비와 분무 헤드 및 배관과 사이에 전기 절연을 위하여 필요한 공간을 보유한다.
㉢ 물분무 소화 설비에는 각 측 또는 방사 구역마다 제어 밸브, 스트레이너 및 일제 개방 밸브 또는 수동식 개방 밸브를 다음에 정한 것에 의하여 설치한다.
　ⓐ 제어 밸브 및 일제 개방 밸브 또는 수동식 개방 밸브는 스프링클러 설비 기준의 예에 의한다.
　ⓑ 스트레이너 및 일제 개방 밸브 또는 수동식 개방 밸브는 제어 밸브의 하류측 부근에 스트레이너, 일제 개방 밸브 또는 수동식 개방 밸브의 순으로 설치한다.
㉣ 기동 장치는 스프링클러 설비의 기준의 예에 의한다.
㉤ 가압 송수 장치, 물올림 장치, 비상 전원, 조작 회로의 배선 및 배관 등은 옥내 소화전 설비의 예에 준하여 설치한다.

(2) 옥내 소화전 설비의 기준

수원의 수위가 펌프(수평 회전식의 것에 한한다)보다 낮은 위치에 있는 가압 송수 장치는 다음 각 목에 정한 것에 의하여 물올림 장치를 설치한다.

㉠ 물올림 장치에는 전용의 물올림 탱크를 설치한다.

㉡ 물올림 탱크의 용량은 가압 송수 장치를 유효하게 작동할 수 있도록 한다.

㉢ 물올림 탱크에는 감수 경보 장치 및 물올림 탱크에 물을 자동으로 보급하기 위한 장치를 설치한다.

20 과산화수소의 운반 용기 외부에 표시하여야 하는 주의 사항은?

① 화기 주의 ② 충격 주의
③ 물기 엄금 ④ 가연물 접촉 주의

위험물 운반 용기의 주의 사항

위험물		주의 사항
제1류 위험물	알칼리 금속의 과산화물	· 화기, 충격 주의 · 물기 엄금 · 가연물 접촉 주의
	기타	· 화기, 충격 주의 · 가연물 접촉 주의
제2류 위험물	철분, 금속분, 마그네슘	· 화기 주의 · 물기 엄금
	인화성 고체	· 화기 엄금
	기타	· 화기 주의
제3류 위험물	자연 발화성 물질	· 화기 엄금 · 공기 접촉 엄금
	금수성 물질	· 물기 엄금
제4류 위험물		· 화기 엄금
제5류 위험물		· 화기 엄금 · 충격 주의
제6류 위험물(과산화수소)		· 가연물 접촉 주의

21 다음 중 위험물안전관리법령에서 정한 지정 수량이 500kg인 것은?

① 황화인 ② 금속분
③ 인화성 고체 ④ 황

해설 제2류 위험물의 품명 및 지정 수량

성질	품명	지정수량	위험등급
가연성 고체	1. 황화인	100kg	II
	2. 적린	100kg	
	3. 황	100kg	
	4. 철분	500kg	III
	5. 금속분	500kg	
	6. 마그네슘	500kg	
	7. 그 밖에 행정안전부령이 정하는 것 8. 제1호부터 제7호까지의 어느 하나에 해당하는 위험물을 하나 이상 함유한 것	100kg 또는 500kg	II, III
	9. 인화성고체	1,000kg	III

22 제5류 위험물의 설명으로 틀린 것은?

① $C_2H_5ONO_2$: 상온에서 액체이다.
② $C_6H_2OH(NO_2)_3$: 공기 중 자연 분해가 매우 잘된다.
③ $C_6H_3(NO_2)_2CH_3$: 담황색의 결정이다.
④ $C_3H_5(ONO_2)_3$: 혼산 중에 글리세린을 반응시켜 제조한다.

해설 피크린산[$C_6H_2OH(NO_2)_3$] : 공기 중 자연 분해하지 않기 때문에 장기간 저장할 수 있다.

23 위험물 운송 책임자의 감독 또는 지원의 방법으로 운송의 감독 또는 지원을 위하여 마련한 별도의 사무실에 운송 책임자가 대기하면서 이행하는 사항에 해당하지 않는 것은?

① 운송 후에 운송 경로를 파악하여 관할 경찰관서에 신고하는 것
② 이동 탱크 저장소의 운전자에 대하여 수시로 안전 확보 상황을 확인하는 것
③ 비상시의 응급 처치에 관하여 조언을 하는 것
④ 위험물의 운송 중 안전 확보에 관하여 필요한 정보를 제공하고 감독 또는 지원하는 것

해설 ① 운송 경로를 미리 파악하고 관할 소방관서 또는 관련 업체에 대한 연락 체계를 갖추는 것

24 아이오딘산아연의 성질에 대한 설명으로 가장 거리가 먼 것은?

① 결정성 분말이다.
② 유기물과 혼합 시 연소 위험이 있다.
③ 환원력이 강하다.
④ 제1류 위험물이다.

해설 아이오딘산아연[$Zn(IO_3)_2$]은 산화력이 강하다.

25 이송 취급소의 교체 밸브, 제어 밸브 등의 설치 기준으로 틀린 것은?

① 밸브는 원칙적으로 이송 기지 또는 전용 부지 내에 설치할 것
② 밸브는 그 개폐 상태를 설치 장소에서 쉽게 확인할 수 있도록 할 것
③ 밸브를 지하에 설치하는 경우에는 점검 상자 안에 설치할 것
④ 밸브는 당해 밸브의 관리에 관계하는 자가 아니면 수동으로만 개폐할 수 있도록 할 것

해설 ④ 밸브는 당해 밸브의 관리에 관계하는 자가 아니면 자동으로만 개폐할 수 있도록 해야 한다.

26 알킬알루미늄의 저장 및 취급 방법으로 옳은 것은?

① 용기는 완전 밀봉하고 CH_4, C_3H_8 등을 봉입한다.
② C_6H_6 등의 희석제를 넣어준다.
③ 용기의 마개에 다수의 미세한 구멍을 뚫는다.
④ 통기구가 달린 용기를 사용하여 압력 상승을 방지한다.

해설 **알킬알루미늄[$(C_2H_5)_3Al$]의 저장 및 취급 방법**
실제 사용 시에는 희석제(벤젠, 헥산, 톨루엔, 펜탄 등 탄화수소 용제)로 20~30% 희석하여 안전을 도모한다.

27 고정 지붕 구조를 가진 높이 15m의 원통 종형 옥외 위험물 저장 탱크 안의 탱크 상부로부터 아래로 1m 지점에 고정식 포 방출구가 설치되어 있다. 이 조건의 탱크를 신설하는 경우 최대 허가량은 얼마인가? (단, 탱크의 내부 단면적은 $100m^2$이고, 탱크 내부에는 별다른 구조물이 없으며, 공간 용적 기준은 만족하는 것으로 가정한다.)

① $1,400m^3$ ② $1,370m^3$
③ $1,350m^3$ ④ $1,300m^3$

해설 ㉠ 원통 종형 탱크의 내용적(V)
$= \pi r^2 l = 100m^2 \times 15m = 1,500m^3$

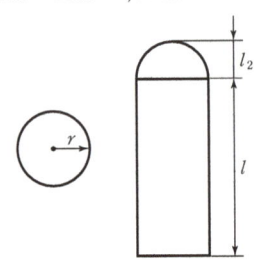

㉡ 소화 설비를 설치하는 탱크의 공간 용적 : 소화 약제 방출구 아래의 0.3m 이상 1m 미만 사이의 면으로부터 윗부분의 용적

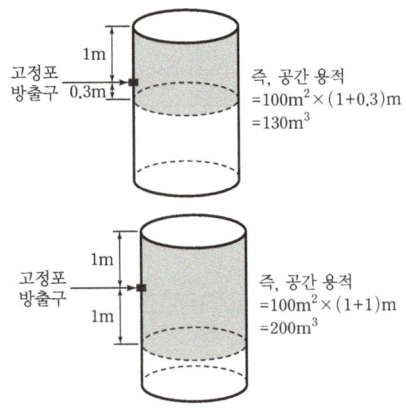

1m
고정포 방출구 0.3m
즉, 공간 용적
$=100m^2 \times (1+0.3)m$
$=130m^3$

1m
고정포 방출구
1m
즉, 공간 용적
$=100m^2 \times (1+1)m$
$=200m^3$

㉢ 탱크의 용량＝내용적－공간 용적
∴ $Q_1 = 1,500m^3 - 130m^2 = 1,370m^3$
$Q_2 = 1,500m^3 - 200m^3 = 1,300m^3$
그러므로, 탱크의 용량은 1,300~1,370m³이며, 최대 허가 용량은 1,370m³이다.

28 제4류 위험물의 옥외 저장 탱크에 대기 밸브 부착 통기관을 설치할 때 몇 kPa 이하의 압력 차이로 작동하여야 하는가?

① 5kPa 이하
② 10kPa 이하
③ 15kPa 이하
④ 20kPa 이하

해설 옥외 저장 탱크의 통기 장치
(1) 밸브 없는 통기관
　㉠ 직경 : 30mm 이상
　㉡ 끝부분 : 45° 이상
　㉢ 인화 방지 장치 : 가는 눈의 구리망 사용
(2) 대기 밸브 부착 통기관
　㉠ 작동 압력 차이 : 5kPa 이하
　㉡ 인화 방지 장치 : 가는 눈의 구리망 사용

29 위험물안전관리법령상 제3류 위험물에 속하는 담황색의 고체로서 물속에 보관해야 하는 것은?

① 황린
② 적린
③ 황
④ 나이트로글리세린

해설 황린(백인)의 설명이다.

30 다음은 위험물안전관리법령에 따른 이동 탱크 저장소에 대한 기준이다. ( ) 안에 들어갈 수치로 알맞은 것은?

> 이동 저장 탱크는 그 내부에 (㉮)L 이하마다 (㉯)mm 이상의 강철판 또는 이와 동등 이상의 강도·내열성 및 내식성이 있는 금속성의 것으로 칸막이를 설치하여야 한다.

① ㉮ 2,500, ㉯ 3.2
② ㉮ 2,500, ㉯ 4.8
③ ㉮ 4,000, ㉯ 3.2
④ ㉮ 4,000, ㉯ 4.8

해설 이동 저장 탱크의 안전칸막이 설치 기준
㉠ 4,000L 이하마다 구분하여 설치
㉡ 재질은 두께 3.2mm 이상의 강철판으로 제작

31 위험물안전관리법령에서 규정하고 있는 사항으로 틀린 것은?

① 법정의 안전교육을 받아야 하는 사람은 안전 관리자로 선임된 자, 탱크 시험자의 기술 인력으로 종사하는 자, 위험물 운송자로 종사하는 자이다.
② 지정 수량의 150배 이상의 위험물을 저장하는 옥내 저장소는 관계인이 예방 규정을 정하여야 하는 제조소 등에 해당한다.
③ 정기 검사의 대상이 되는 것은 액체 위험물을 저장 또는 취급하는 10만 리터 이상의 옥외 탱크 저장소, 암반 탱크 저장소, 이송 취급소이다.
④ 법정의 안전관리자 교육 이수자와 소방공무원으로 근무한 경력이 3년 이상인 자는 제4류 위험물에 대한 위험물 취급 자격자가 될 수 있다.

해설 ③ 정기 검사의 대상이 되는 것은 액체 위험물을 저장 또는 취급하는 100만L 이상의 옥외 탱크 저장소 제외한다.

32 인화점이 상온 이상인 위험물은?

① 중유
② 아세트알데하이드
③ 아세톤
④ 이황화탄소

해설

위험물	인화점
중유	60~150℃
아세트알데하이드	−37.7℃
아세톤	−18℃
이황화탄소	−30℃

33 다음 중 증발 연소를 하는 물질이 아닌 것은?

① 황
② 석탄
③ 파라핀
④ 나프탈렌

해설 고체의 연소
㉠ 표면(직접) 연소 : 목탄, 코크스, 금속분 등
㉡ 분해 연소 : 목재, 석탄, 종이, 플라스틱 등
㉢ 증발 연소 : 황, 나프탈렌, 장뇌, 촛불 등
㉣ 내부(자기) 연소 : 질산에스터류, 셀룰로이드류, 나이트로 화합물 등

34 제5류 위험물의 화재 시 소화 방법에 대한 설명으로 옳은 것은?

① 가연성 물질로서 연소 속도가 빠르므로 질식 소화가 효과적이다.
② 할로겐 화합물 소화기가 적응성이 있다.
③ CO_2 및 분말 소화기가 적응성이 있다.
④ 다량의 주수에 의한 냉각 소화가 효과적이다.

해설 제5류 위험물 화재 시에는 다량의 주수에 의한 냉각 소화를 한다.

35 다음 중 국소 방출 방식의 불활성가스 소화 설비의 분사 헤드에서 방출되는 소화 약제의 방사 기준으로 옳은 것은?

① 10초 이내에 균일하게 방사할 수 있을 것
② 15초 이내에 균일하게 방사할 수 있을 것
③ 30초 이내에 균일하게 방사할 수 있을 것
④ 60초 이내에 균일하게 방사할 수 있을 것

해설 국소 방출 방식의 불활성 가스 소화 설비의 분사 헤드에서 방출되는 소화 약제는 30초 이내에 균일하게 방사하는 것을 기준으로 한다.

36 화재 시 이산화탄소를 사용하여 공기 중 산소의 농도를 21vol%에서 13vol%로 낮추려면 공기 중 이산화탄소의 농도는 약 몇 vol%가 되어야 하는가?

① 34.3   ② 38.1   ③ 42.5   ④ 45.8

해설 CO_2의 소화 농도(vol%)
$$= \frac{21 - 한계\ 산소\ 농도\ (vol\%)}{21} \times 100$$
$$= \frac{21-13}{21} \times 100 = 38.1vol\%$$

37 알킬리튬에 대한 설명으로 틀린 것은?

① 제3류 위험물이며 지정 수량은 10kg이다.
② 가연성의 액체이다.
③ 이산화탄소와 격렬하게 반응한다.
④ 물로 주수가 불가하며 할로겐 화합물 소화 약제를 사용하여야 한다.

해설 ④ 소화 방법으로 물, 포, CO_2, 할로겐 화합물 소화 약제의 사용을 금하며 건조사, 건조 분말을 사용하여 소화한다.

38 Halon 1301 소화 약제에 대한 설명으로 틀린 것은?

① 저장 용기에 액체상으로 충전한다.
② 화학식은 CF_3Br이다.
③ 비점이 낮아서 기화가 용이하다.
④ 공기보다 가볍다.

해설 CF_3Br은 분자량 149, 증기의 비중은 $\frac{149}{29} = 5.14$이다.

39 다음 고온체의 색상을 낮은 온도부터 나열한 것으로 옳은 것은?

① 암적색 < 황적색 < 백적색 < 휘적색
② 휘적색 < 백적색 < 황적색 < 암적색
③ 휘적색 < 암적색 < 황적색 < 백적색
④ 암적색 < 휘적색 < 황적색 < 백적색

해설 ④ 암적색(700℃) < 휘적색(950℃) < 황적색(1,100℃) < 백적색 (1,300℃)

40 위험물안전관리법령상 옥내 주유 취급소의 소화 난이도 등급은?

① Ⅰ   ② Ⅱ   ③ Ⅲ   ④ Ⅳ

해설 소화 난이도 등급 Ⅱ에 해당하는 제조소 등

제조소 등의 구분	제조소 등의 규모, 저장 또는 취급하는 위험물의 품명 및 최대 수량 등
제조소 일반 취급소	연면적 600m 이상인 것
	지정 수량 10배 이상인 것(고인화점 위험물만을 100℃ 미만의 온도에서 취급하는 것은 제외)
	일반취급소로서 소화난이도등급 Ⅰ의 제조소등에 해당하지 아니하는 것(고인화점 위험물만을 100℃ 미만의 온도에서 취급하는 것은 제외)
옥내 저장소	단층 건물 이외의 것
	옥내저장소
	지정 수량의 10배 이상인 것(고인화점 위험물만을 저장하는 것 및 위험물을 저장하는 것은 제외)
	연면적 150m² 초과인 것
	옥내저장소로서 소화난이도등급 Ⅰ의 제조소등에 해당하지 아니하는 것

옥외·내 탱크 저장소	· 괴상의 황 등을 저장하는 것으로서 경계 표시 내부의 면적이 5~100m² 미만 · 지정 수량 100배 이상
옥외저장소	덩어리 상태의 황을 저장하는 것으로서 경계표시 내부의 면적(2 이상의 경계표시가 있는 경우에는 각 경계표시의 내부의 면적을 합한 면적)이 5m² 이상 미만인 것
	위험물을 저장하는 것으로서 지정 수량의 10배 이상 100m² 미만인 것
	지정 수량의 100배 이상인 것(덩어리 상태의 황 또는 고인화점 위험물을 저장하는 것은 제외)
주유취급소	옥내 주유 취급소로서 소화난이도등급 Ⅰ의 제조소등에 해당하지 아니하는 것
판매 취급소	제2종 판매 취급소

41 다음 〈보기〉에서 소화기의 사용 방법을 옳게 설명한 것을 모두 나열한 것은?

> ㉮ 적응 화재에만 사용할 것
> ㉯ 불과 최대한 멀리 떨어져서 사용할 것
> ㉰ 바람을 마주보고 풍하에서 풍상 방향으로 사용할 것
> ㉱ 양옆으로 비로 쓸듯이 골고루 사용할 것

① ㉮, ㉯
② ㉮, ㉰
③ ㉮, ㉱
④ ㉮, ㉰, ㉱

해설 소화기의 사용 방법
㉠ 적응 화재에만 사용할 것
㉡ 성능에 따라 화점 가까이 접근하여 사용할 것
㉢ 바람을 등지고 풍상에서 풍하의 방향으로 소화할 것
㉣ 양옆으로 비로 쓸듯이 골고루 사용할 것

42 화재의 원인에 대한 설명으로 틀린 것은?

① 연소 대상물의 열전도율이 좋을수록 연소가 잘 된다.
② 온도가 높을수록 연소 위험이 높아진다.
③ 화학적 친화력이 클수록 연소가 잘 된다.
④ 산소와 접촉이 잘 될수록 연소가 잘 된다.

해설 ① 연소 대상물의 열전도율이 좋을수록 연소가 안 된다.

43 스프링클러 설비의 장점이 아닌 것은?

① 화재의 초기 진압에 효율적이다.
② 사용 약제를 쉽게 구할 수 있다.
③ 자동으로 화재를 감지하고 소화할 수 있다.
④ 다른 소화 설비보다 구조가 간단하고 시설비가 적다.

해설 스프링클러 설비의 장단점

장 점	단 점
· 초기 진화에 특히 절대적인 효과가 있다. · 약제가 물이라서 값이 싸고 복구가 쉽다. · 오동작, 오보가 없다(감지부가 기계적). · 조작이 간편하고 안전하다. · 야간이라도 자동으로 화재 감지 경보, 소화할 수 있다.	· 초기 시설비가 많이 든다. · 시공이 다른 설비와 비교했을 때 복잡하다. · 물로 인한 피해가 크다.

44 산화제와 환원제를 연소의 4요소와 연관지어 연결한 것으로 옳은 것은?

① 산화제 - 산소 공급원, 환원제 - 가연물
② 산화제 - 가연물, 환원제 - 산소 공급원
③ 산화제 - 연쇄 반응, 환원제 - 점화원
④ 산화제 - 점화원, 환원제 - 가연물

해설 연소의 4요소
㉠ 산화제 - 산소 공급원 ㉡ 환원제 - 가연물
㉢ 점화원 ㉣ 순조로운 연쇄 반응

45 과염소산칼륨과 아염소산나트륨의 공통 성질이 아닌 것은?

① 지정수량이 50kg이다.
② 열분해 시 산소를 방출한다.
③ 강산화성 물질이며 가연성이다.
④ 상온에서 고체의 형태이다.

해설 ③ 강력한 산화제이며 불연성이다.

46 제5류 위험물의 나이트로 화합물에 속하지 않은 것은?

① 나이트로벤젠
② 테트릴
③ 트라이나이트로톨루엔
④ 피크린산

해설 ① 나이트로벤젠($C_6H_5NO_2$) : 제4류 위험물 중 제3석유류
② 테트릴[트라이나이트로페놀나이트로아민,

$(NO_2)_3C_6H_2N(CH_3)$,

CH_3-N-NO_2] : 제5류 위험물 중 나이트로 화합물

O_2N ⬡ NO_2
NO_2

③ 트라이나이트로톨루엔[트로틸, TNT, $C_6H_2CH_3(NO_2)_3$,

CH_3] : 제5류 위험물 중 나이트로 화합물

O_2N ⬡ NO_2
NO_2

④ 피크린산[TNP, $C_6H_2(OH)(NO_2)_3$,

OH] : 제5류 위험물 중 나이트로 화합물

O_2N ⬡ NO_2
NO_2

47 위험물 저장소에 해당하지 않는 것은?

① 옥외 저장소
② 지하 탱크 저장소
③ 이동 탱크 저장소
④ 판매 저장소

해설 위험물 저장소의 종류
㉠ ①②③　　　　　　　㉡ 옥내 저장소
㉢ 옥내 탱크 저장소　　㉣ 옥외 탱크 저장소
㉤ 간이 탱크 저장소　　㉥ 암반 탱크 저장소

48 위험물 제조소 등에서 위험물안전관리법상 안전거리 규제 대상이 아닌 것은?

① 제6류 위험물을 취급하는 제조소를 제외한 모든 제조소
② 주유 취급소
③ 옥외 저장소
④ 옥외 탱크 저장소

해설 위험물 제조소 등에서 안전거리 규제 대상이 아닌 것
㉠ 제6류 위험물을 취급하는 제조소, 저장소 또는 취급소
㉡ 옥내 탱크 저장소　　　㉢ 지하 탱크 저장소
㉣ 이동 탱크 저장소　　　㉤ 간이 탱크 저장소
㉥ 암반 탱크 저장소　　　㉦ 주유 취급소
㉧ 판매 취급소

49 다음 중 자연 발화의 위험성이 가장 큰 물질은?

① 아마인유　　　　② 야자유
③ 올리브유　　　　④ 피마자유

해설 자연 발화의 위험성은 건성유가 제일크다.
① 아마인유(건성유) : 아이오딘값 168~190
② 야자유(불건성유) : 아이오딘값 7~16
③ 올리브유(불건성유) : 아이오딘값 75~90
④ 피마자유(불건성유) : 아이오딘값 81~91

50 등유의 지정 수량에 해당하는 것은?

① 100L　　　　　② 200L
③ 1,000L　　　　④ 2,000L

해설 제4류 위험물의 품명과 지정 수량

성질	품명		지정수량	위험등급
인화성 액체	1. 특수 인화물류		50L	I
	2. 제1석유류	비수용성 액체	200L	II
		수용성 액체	400L	
	3. 알코올류		400L	
	4. 제2석유류	비수용성 액체 (등유)	1,000L	III
		수용성 액체	2,000L	
	5. 제3석유류	비수용성 액체	2,000L	
		수용성 액체	4,000L	
	6. 제4석유류		6,000L	
	7. 동·식물유류		10,000L	

51 옥내 탱크 저장소 중 탱크 전용실을 단층 건물 외의 건축물에 설치하는 경우 탱크 전용실을 건축물의 1층 또는 지하층에만 설치하여야 하는 위험물이 아닌 것은?

① 제2류 위험물 중 덩어리 황
② 제3류 위험물 중 황린
③ 제4류 위험물 중 인화점이 38℃ 이상인 위험물
④ 제6류 위험물 중 질산

해설 단층이 아닌 건축물에 전용실을 1층 또는 지하층에 설치하는 위험물
㉠ 제2류 위험물 중 황화인 · 적린 및 덩어리 황
㉡ 제3류 위험물 중 황린
㉢ 제6류 위험물 중 질산

52 황린의 저장 방법으로 옳은 것은?

① 물속에 저장한다.
② 공기 중에 보관한다.
③ 벤젠 속에 저장한다.
④ 이황화탄소 속에 보관한다.

해설 황린은 물속에 저장한다.

53 다음 중 증기의 밀도가 가장 큰 것은?

① 디에틸에테르   ② 벤젠
③ 가솔린(옥탄 100%)   ④ 에틸알코올

해설 증기 밀도$(g/L) = \dfrac{\text{분자량 (g)}}{22.4L}$
① 디에틸에테르$(C_2H_5OC_2H_5)$: 분자량 74

∴ 증기 밀도 $= \dfrac{74g}{22.4L} = 3.30g/L$

② 벤젠(C_6H_6) : 분자량 78

∴ 증기 밀도 $= \dfrac{78g}{22.4L} = 3.48g/L$

③ 가솔린－옥탄 100%$(C_5H_{12} \sim C_9H_{20})$: 분자량 72~128

∴ 증기 밀도 $= \dfrac{72g}{22.4L} = 3.21g/L \sim \dfrac{128g}{22.4L} = 5.71g/L$

④ 에틸알코올(C_2H_5OH) : 분자량 46

∴ 증기 밀도 $= \dfrac{46g}{22.4L} = 2.05g/L$

54 위험물안전관리법령상 제조소 등의 정기 점검 대상에 해당하지 않는 것은?

① 지정 수량 15배의 제조소
② 지정 수량 40배의 옥내 탱크 저장소
③ 지정 수량 50배의 이동 탱크 저장소
④ 지정 수량 20배의 지하 탱크 저장소

해설 제조소 등의 정기 점검 대상
(1) 예방 규정 작성 대상인 제조소 등
㉠ 지정 수량의 10배 이상의 제조소 · 일반 취급소
㉡ 지정 수량의 100배 이상의 옥외 저장소
㉢ 지정 수량의 150배 이상의 옥내 저장소
㉣ 지정 수량의 200배 이상의 옥외 탱크 저장소
㉤ 암반 탱크 저장소
㉥ 이송 취급소
(2) 지하 탱크 저장소
(3) 이동 탱크 저장소
(4) 위험물을 취급하는 탱크로서 지하에 매설된 탱크가 있는 제조소 · 주유 취급소 또는 일반 취급소

55 염소산나트륨의 저장 및 취급 방법으로 옳지 않은 것은?

① 철제 용기에 저장한다.
② 습기가 없는 찬 장소에 보관한다.
③ 조해성이 크므로 용기는 밀전한다.
④ 가열, 충격, 마찰을 피하고 점화원의 접근을 금한다.

해설 ① 철을 부식시키므로 철제 용기에 저장하지 않아야 한다.

56 다음 중 벤젠 증기의 비중에 가장 가까운 값은?

① 0.7   ② 0.9
③ 2.7   ④ 3.9

해설 벤젠의 증기 비중은 2.8이다.

정답   51 ③   52 ①   53 ③   54 ②   55 ①   56 ③

57 위험물안전관리법령상 제조소 등에 대한 긴급 사용 정지 명령 등을 할 수 있는 권한이 없는 자는?

① 시 · 도지사　　　② 소방본부장
③ 소방서장　　　　④ 소방청장

해설 제조소 등에 대한 긴급 사용 정지 명령 등을 할 수 있는 권한이 있는자
㉠ 시·도지사　　　　㉡ 소방본부장
㉢ 소방서장

58 지정 과산화물을 저장 또는 취급하는 위험물 옥내 저장소의 저장 창고 기준에 대한 설명으로 틀린 것은?

① 서까래의 간격은 30cm 이하로 할 것
② 저장 창고의 출입구에는 60분＋방화문 · 60분 방화문 또는 30분 방화문을 설치할 것
③ 저장 창고의 외벽을 철근 콘크리트조로 할 경우 두께를 10cm 이상으로 할 것
④ 저장 창고의 창은 바닥면으로부터 2m 이상의 높이에 둘 것

해설 지정 유기 과산화물의 저장 창고 두께
(1) 외벽
　㉠ 20cm 이상 : 철근 콘크리트조·철골 철근 콘크리트조
　㉡ 30cm 이상 : 보강 콘크리트 블록조
(2) 격벽
　㉠ 30cm 이상 : 철근 콘크리트조·철골 철근 콘크리트조
　㉡ 40cm 이상 : 보강 콘크리트 블록조

59 운반을 위하여 위험물을 적재하는 경우에 차광성이 있는 피복으로 가려주어야 하는 것은?

① 특수 인화물　　　② 제1석유류
③ 알코올류　　　　④ 동 · 식물유류

해설 차광성이 있는 피복 조치

유 별	적용 대상
제1류 위험물	전부
제3류 위험물	자연 발화성 물품
제4류 위험물	특수 인화물
제5류 위험물	전부
제6류 위험물	

60 위험물안전관리법령상 지정 수량이 다른 하나는?

① 인화칼슘　　　　② 루비듐
③ 칼슘　　　　　　④ 차아염소산칼륨

해설

위험물	지정 수량
인화칼슘	300kg
루비듐	50kg
칼슘	50kg
차아염소산칼륨	50kg

위험물 기능사 (2021. 4. 18 시행)

01 다음 중 알칼리 금속의 과산화물 저장 창고에 화재가 발생하였을 때 가장 적합한 소화 약제는?

① 마른 모래
② 물
③ 이산화탄소
④ 할론 1211

해설

소화 설비의 구분		대상물 구분									
		건축물·그 밖의 공작물	전기 설비	제1류 위험물		제2류 위험물			제3류 위험물		제4류 위험물	제5류 위험물	제6류 위험물
				알칼리 금속 과산화물 등	그 밖의 것	철분·금속분·마그네슘 등	인화성 고체	그 밖의 것	금수성 물품	그 밖의 것			

(표의 세부 열 구성으로 인해 아래 행 데이터는 구조상 정렬)

소화 설비의 구분	건축물·그 밖의 공작물	전기 설비	알칼리 금속 과산화물 등	그 밖의 것	철분·금속분·마그네슘 등	인화성 고체	그 밖의 것	금수성 물품	그 밖의 것	제4류 위험물	제5류 위험물	제6류 위험물
옥내 소화전 설비 또는 옥외 소화전 설비	○			○		○	○		○		○	○
스프링클러 설비	○			○		○	○		○	△	○	○
물분무 소화 설비	○	○		○		○	○		○	○	○	○
포 소화 설비	○			○		○	○		○	○	○	○
불활성 가스 소화 설비		○				○				○		
할로겐 화합물 소화 설비		○				○				○		
분말 소화 설비 인산염류 등	○	○				○				○		○
분말 소화 설비 탄산 수소 염류 등		○	○		○			○		○		
분말 소화 설비 그 밖의 것			○		○			○				
봉상수(棒狀水) 소화기	○			○		○	○		○		○	○
무상수(霧狀水) 소화기	○	○		○		○	○		○		○	○
봉상강화액 소화기	○			○		○	○		○		○	○
무상강화액 소화기	○	○		○		○	○		○	○	○	○
포 소화기	○			○		○	○		○	○	○	○
이산화탄소 소화기		○				○				○		△
할론 소화 설비		○				○				○		
분말 소화기 인산염류 소화기	○	○				○		○		○		○
분말 소화기 탄산수소염류 소화기		○	○		○			○		○		
분말 소화기 그 밖의 것			○		○			○				
물통 또는 수조	○			○		○	○		○		○	○
건조사			○	○	○	○	○	○	○	○	○	○
팽창 질석 또는 팽창 진주암			○	○	○	○	○	○	○	○	○	○

02 위험물 제조소 등에 옥외 소화전을 6개 설치할 경우 수원의 수량은 몇 m^3 이상이어야 하는가?

① 48   ② 54   ③ 60   ④ 81

해설 $Q(m^3) = N \times 13.5 = 4 \times 13.5 = 54m^3$
여기서, Q : 수원의 양, N : 옥외 소화전 설비 설치 개수
(설치 개수가 4개 이상인 경우는 4개의 옥외 소화전)

03 위험물안전관리법령상 위험물의 품명이 다른 하나는?

① CH_3COOH
② C_6H_5Cl
③ $C_6H_5CH_3$
④ C_6H_5Br

해설 ㉠ 제1석유류 : $C_6H_5CH_3$
㉡ 제2석유류, : CH_3COOH, C_6H_5Cl, C_6H_5Br

04 위험물안전관리법령에서 정한 위험물의 유별 성질을 잘못 나타낸 것은?

① 제1류 : 산화성
② 제4류 : 인화성
③ 제5류 : 자기 반응성
④ 제6류 : 가연성

해설 위험물의 유별 성질
㉠ 제1류 : 산화성
㉡ 제2류 : 가연성
㉢ 제3류 : 자연 발화성 및 금수성
㉣ 제4류 : 인화성
㉤ 제5류 : 자기 반응성
㉥ 제6류 : 산화성

05 주된 연소의 형태가 나머지 셋과 다른 하나는?

① 아연분
② 양초
③ 코크스
④ 목탄

해설 ① 아연분 : 표면(직접) 연소, ② 양초 : 증발 연소
③ 코크스 : 표면(직접) 연소, ④ 목탄 : 표면(직접) 연소

06 위험물안전관리법령상 스프링클러 설비가 제4류 위험물에 대하여 적응성을 갖는 경우는?

① 연기가 충만할 우려가 없는 경우
② 방사 밀도(살수 밀도)가 일정 수치 이상인 경우
③ 지하층의 경우
④ 수용성 위험물인 경우

해설 ㉠ 제4류 위험물을 저장 또는 취급하는 장소의 살수 기준 면적에 따라 스프링클러 설비의 방사 밀도(살수 밀도)가 일정 수치 이상인 경우에는 당해 스프링클러 설비가 제4류 위험물에 대하여 적응성이 있다.
㉡ 제6류 위험물을 저장 또는 취급하는 장소로서 폭발 위험이 없는 장소에 한하여 이산화탄소 소화기가 제6류 위험물에 대하여 적응성이 있음을 각각 표시한다.

07 위험물안전관리법령상 위험물의 운반에 관한 기준에 따르면 알코올류의 위험 등급은 얼마인가?

① 위험 등급 Ⅰ   ② 위험 등급 Ⅱ
③ 위험 등급 Ⅲ   ④ 위험 등급 Ⅳ

해설 위험물의 위험 등급

구분	위험 등급 Ⅰ	위험 등급 Ⅱ	위험 등급 Ⅲ
제1류 위험물	아염소산염류, 염소산염류, 과염소산염류, 무기과산화물, 그 밖에 지정수량이 50kg인 위험물	브로민산염류, 질산염류, 아이오딘산염류, 그 밖에 지정수량이 300kg인 위험물	
제2류 위험물		황화인, 적린, 황, 그 밖에 지정수량이 100kg인 위험물	
제3류 위험물	칼륨, 나트륨, 알킬알루미늄, 알킬리튬, 황린, 그 밖에 지정수량이 10kg 또는 20kg인 위험물	알칼리금속(칼륨 및 나트륨을 제외) 알칼리토금속, 유기금속화합물(알킬알루미늄 및 알킬리튬을 제외), 그 밖에 지정수량이 50kg인 위험물	위험 등급 Ⅰ, 위험 등급 Ⅱ 외의 것
제4류 위험물	특수인화물	제1석유류, 알코올류	
제5류 위험물	지정수량이 제1종 : 10kg인 위험물	지정수량이 제2종 : 100kg인 위험물	
제6류 위험물	모두		

08 위험물안전관리법령상 제조소 등의 관계인은 제조소 등의 화재 예방과 재해 발생 시의 비상 조치에 필요한 사항을 서면으로 작성하여 허가청에 제출하여야 한다. 이는 무엇에 관한 설명인가?

① 예방 규정   ② 소방 계획서
③ 비상 계획서   ④ 화재 영향 평가서

해설 예방 규정의 설명이다.

09 탄화칼슘과 물이 반응하였을 때 발생하는 가연성 가스의 연소 범위에 가장 가까운 것은?

① 2.1~9.5vol%   ② 2.5~81vol%
③ 4.1~74.2vol%   ④ 15.0~28vol%

해설 $CaC_2 + 2H_2O \rightarrow Ca(OH)_2 + C_2H_2$
C_2H_2의 연소 범위 : 2.5~81vol%

10 위험물의 소화 방법으로 적합하지 않은 것은?

① 적린은 다량의 물로 소화한다.
② 황화인의 소규모 화재 시에는 모래로 질식 소화한다.
③ 알루미늄분은 다량의 물로 소화한다.
④ 황의 소규모 화재 시에는 모래로 질식 소화한다.

해설 1번 해설 참조

11 위험물안전관리법령상 다음 ( ) 안에 알맞은 수치는?

> 옥내 저장소에서 위험물을 저장하는 경우 기계에 의하여 하역하는 구조로 된 용기만을 겹쳐 쌓는 경우에 있어서는 ( )미터 높이를 초과하여 용기를 겹쳐 쌓지 아니하여야 한다.

① 2   ② 4
③ 6   ④ 8

정답 06 ② 07 ② 08 ① 09 ② 10 ③ 11 ③

해설 옥내 저장소에서 위험물 용기를 겹쳐 쌓을 수 있는 높이
㉠ 기계에 의하여 하역하는 구조로 된 용기만을 겹쳐 쌓는 경우 : 6m
㉡ 제4류 위험물 중 제3석유류, 제4석유류 및 동·식물유류를 수납하는 용기만을 겹쳐 쌓는 경우 : 4m
㉢ 그 밖의 경우 : 3m

12 지정 수량 20배 이상의 제1류 위험물을 저장하는 옥내 저장소에서 내화 구조로 하지 않아도 되는 것은? (단, 원칙적인 경우에 한한다.)

① 바닥
② 보
③ 기둥
④ 벽

해설 지정 수량 20배 이상의 제1류 위험물을 저장하는 옥내 저장소 : 벽, 기둥 및 바닥은 내화 구조로 하고 보와 서까래는 불연 재료로 한다.

13 다음 ( ) 안에 알맞은 수치를 차례대로 옳게 나열한 것은?

위험물 암반 탱크의 공간 용적은 당해 탱크 내에 용출하는 ( )일간의 지하수 양에 상당하는 용적과 당해 탱크 내용적의 100분의 ( )의 용적 중에서 보다 큰 용적을 공간 용적으로 한다.

① 1, 1
② 7, 1
③ 1, 5
④ 7, 5

해설 위험물 암반 탱크의 공간 용적은 당해 탱크 내에 용출하는 7일간의 지하수 양에 상당하는 용적과 당해 탱크 내용적의 100분의 1의 용적 중에서 보다 큰 용적을 공간 용적으로 한다.

14 공기 중에서 산소와 반응하여 과산화물을 생성하는 물질은?

① 디에틸에테르
② 이황화탄소
③ 에틸알코올
④ 과산화나트륨

해설 디에틸에테르($C_2H_5OC_2H_5$)의 설명이다.

15 다음 중 제5류 위험물이 아닌 것은?

① 나이트로글리세린
② 나이트로톨루엔
③ 나이트로글리콜
④ 트라이나이트로톨루엔

해설 ① 나이트로글리세린 : 제5류 위험물 중 질산에스터류
② 나이트로톨루엔 : 제4류 위험물 중 제3석유류
③ 나이트로글리콜 : 제5류 위험물 중 질산에스터류
④ 트라이나이트로톨루엔 : 제5류 위험물 중 나이트로 화합물

16 칼륨의 화재 시 사용 가능한 소화제는?

① 물
② 마른 모래
③ 이산화탄소
④ 사염화탄소

해설 1번해설 참조

17 이황화탄소 기체는 수소 기체보다 20℃, 1기압에서 몇 배 더 무거운가?

① 11
② 22
③ 32
④ 38

해설 ㉠ 이황화탄소(CS_2) 분자량 : 76
㉡ 수소 (H_2) 분자량 : 2
즉, $76 \div 2 = 38$배

18 제2류 위험물의 종류에 해당되지 않는 것은?

① 마그네슘
② 고형 알코올
③ 칼슘
④ 안티몬분

해설 ③ 칼슘 : 제3류 위험물

19 위험물 운반에 관한 사항 중 위험물안전관리법령에서 정한 내용과 틀린 것은?

① 운반 용기에 수납하는 위험물이 디에틸에테르라면 운반 용기 중 최대 용적이 1L 이하라 하더라도 규정에 따른 품명, 주의사항 등 표시 사항을 부착하여야 한다.
② 운반 용기에 담아 적재하는 물품이 황린이라면 파라핀, 경유 등 보호액으로 채워 밀봉한다.
③ 운반 용기에 담아 적재하는 물품이 알킬알루미늄이라면 운반 용기 내용적의 90% 이하의 수납률을 유지하여야 한다.
④ 기계에 의하여 하역하는 구조로 된 경질 플라스틱제 운반 용기는 제조된 때로부터 5년 이내의 것이어야 한다.

해설 ② 운반 용기에 담아 적재하는 물품이 자연 발화성 물질외의 물품인 경우 파라핀, 경유, 등유 등의 보호 액으로 채워 밀봉하거나 불활성 기체를 봉입하여 밀봉하는 등 수분과 접하지 아니하도록 한다.

20 위험물 저장소에서 다음과 같이 제3류 위험물을 저장하고 있는 경우 지정 수량의 몇 배가 보관되어 있는가?

- 칼륨 : 20kg
- 황린 : 40kg
- 칼슘의 탄화물 : 300kg

① 4   ② 5
③ 6   ④ 7

해설 $\dfrac{20kg}{10kg} + \dfrac{40kg}{20kg} + \dfrac{300kg}{300kg} = 5$배

21 비스코스레이온 원료로서, 비중이 약 1.3, 인화점이 약 −30℃이고, 연소 시 유독한 아황산 가스를 발생시키는 위험물은?

① 황린   ② 이황화탄소
③ 테레핀유   ④ 장뇌유

해설 이황화탄소(CS_2)의 설명이다.

22 위험물안전관리법령에 따른 제3류 위험물에 대한 화재 예방 또는 소화의 대책으로 틀린 것은?

① 이산화탄소, 할로젠 화합물, 분말 소화약제를 사용하여 소화한다.
② 칼륨은 석유, 등유 등의 보호액 속에 저장한다.
③ 알킬알루미늄은 헥산, 톨루엔 등 탄화수소 용제를 희석제로 사용한다.
④ 알킬알루미늄, 알킬리튬을 저장하는 탱크에는 불활성 가스의 봉입 장치를 설치한다.

해설 1번 해설 참조

23 다음 물질 중에서 위험물안전관리법상 위험물의 범위에 포함되는 것은?

① 농도가 40중량퍼센트인 과산화수소 350kg
② 비중이 1.40인 질산 350kg
③ 직경 2.5mm의 막대 모양인 마그네슘 500kg
④ 순도가 55중량퍼센트인 황 50kg

해설 위험물의 범위
㉠ 수용액의 농도가 36wt%(비중 약 1.13) 이상인 과산화수소 300kg
㉡ 비중 1.49(약 89.6wt%) 이상인 질산 300kg
㉢ 직경 2mm 미만의 막대 모양인 마그네슘 500kg
㉣ 순도가 60wt% 이상인 황 100kg

24 위험물을 유별로 정리하여 상호 1m 이상의 간격을 유지하는 경우에도 동일한 옥내 저장소에 저장할 수 없는 것은?

① 제1류 위험물(알칼리 금속의 과산화물 또는 이를 함유한 것을 제외한다)과 제5류 위험물
② 제1류 위험물과 제6류 위험물
③ 제1류 위험물과 제3류 위험물 중 황린
④ 인화성 고체를 제외한 제2류 위험물과 제4류 위험물

해설 상호 1m 이상의 간격을 유지하는 경우에도 동일한 옥내 저장소에 저장할 수 있는 것

㉠ 제1류 위험물(알칼리 금속 과산화물 제외)+제5류 위험물

㉡ 제1류 위험물+제6류 위험물

㉢ 제1류 위험물+자연 발화성 물품(황린)

㉣ 제2류 위험물(인화성 고체)+제4류 위험물

㉤ 제3류 위험물(알킬알루미늄 등)+제4류 위험물(알킬알루미늄·알킬리튬을 함유한 것)

㉥ 제4류 위험물(유기 과산화물)+제5류 위험물(유기 과산화물)

25 위험물안전관리법에서 정의하는 다음 용어는 무엇인가?

> "인화성 또는 발화성 등의 성질을 가지는 것으로서 대통령령이 정하는 물품을 말한다."

① 위험물 　　　　② 인화성 물질

③ 자연 발화성 물질 　④ 가연물

해설 위험물의 설명이다.

26 제1류 위험물 중의 과산화칼륨을 다음과 같이 반응시켰을 때 공통적으로 발생되는 기체는?

> ㉮ 물과 반응을 시켰다.
> ㉯ 가열하였다.
> ㉰ 탄산 가스와 반응시켰다.

① 수소 　　　　② 이산화탄소

③ 산소 　　　　④ 이산화황

해설 ㉮ $2K_2O_2+2H_2O \longrightarrow 4KOH+O_2$

㉯ $2K_2O_2 \longrightarrow 2K_2O+O_2$

㉰ $2K_2O_2+2CO_2 \longrightarrow 2K_2CO_3+O_2$

27 등유의 성질에 대한 설명 중 틀린 것은?

① 증기는 공기보다 가볍다.

② 인화점이 상온보다 높다.

③ 전기에 대해 불량 도체이다.

④ 물보다 가볍다.

해설 ① 증기는 공기보다 무겁다(증기 비중 4~5).

28 위험물안전관리법령상 압력 수조를 이용한 옥내 소화전 설비의 가압 송수 장치에서 압력 수조의 최소 압력(MPa)은? (단, 소방용 호스의 마찰 손실 수두압은 3MPa, 배관의 마찰 손실 수두압은 1MPa, 낙차의 환산 수두압은 1.35MPa이다.)

① 5.35 　　　　② 5.70

③ 6.00 　　　　④ 6.35

해설 $P=P_1+P_2+P_3+0.35MPa$
$=3+1+1.35+0.35=5.70MPa$

29 다음 중 "인화점 50℃"의 의미를 가장 옳게 설명한 것은?

① 주변의 온도가 5℃ 이상이 되면 자발적으로 점화원 없이 발화한다.

② 액체의 온도가 50℃ 이상이 되면 가연성 증기를 발생하여 점화원에 의해 인화한다.

③ 액체를 50℃ 이상으로 가열하면 발화한다.

④ 주변의 온도가 50℃일 경우 액체가 발화한다.

해설 인화점 50℃란 액체의 온도가 50℃ 이상이 되면 가연성 증기를 발생하여 점화원에 의해 인화하는 것을 말한다.

30 에틸렌글리콜의 성질로 옳지 않은 것은?

① 갈색의 액체로 방향성이 있고 쓴맛이 난다.

② 물, 알코올 등에 잘 녹는다.

③ 분자량은 약 62이고, 비중은 약 1.1이다.

④ 부동액의 원료로 사용된다.

해설 ① 무색, 무취의 끈적끈적한 액체로서 강한 흡습성이 있고 단맛이 있다.

정답 25 ① 26 ③ 27 ① 28 ② 29 ② 30 ①

31 제조소 등의 소요단위 산정 시 위험물은 지정 수량의 몇 배를 1소요 단위로 하는가?

① 5배   ② 10배   ③ 20배   ④ 50배

해설 소요 단위(1 단위)
위험물의 경우 : 지정수량 10배

32 다음 중 알킬알루미늄의 소화 방법으로 가장 적합한 것은?

① 팽창 질석에 의한 소화
② 알코올 포에 의한 소화
③ 주수에 의한 소화
④ 산 · 알칼리 소화 약제에 의한 소화

해설 1번 해설 참조

33 다음 중 제4류 위험물의 화재에 적응성이 없는 소화기는?

① 포 소화기   ② 봉상수 소화기
③ 인산염류 소화기   ④ 이산화탄소 소화기

해설 1번 해설 참조

34 플래시오버(Flash Over)에 대한 설명으로 옳은 것은?

① 대부분 화재 초기(발화기)에 발생한다.
② 대부분 화재 종기(쇠퇴기)에 발생한다.
③ 내장재의 종류와 개구부 크기에 영향을 받는다.
④ 산소의 공급이 주요 요인이 되어 발생한다.

해설 **플래시오버** : 화재가 구획된 방 안에서 발생되며 방 상부의 복사열이 그 방 안에 있는 가연 물질을 동시에 점화시킬 수 있는 온도로 가열할 때 일어나며 수 초 안에 온도는 수 배로 높아지고 산소가 급속히 감소되며 일산화탄소가 치사량으로 발생하며 이산화탄소가 급격히 증가한다. 이 가연성 가스 농도가 증가하여 연소범위 내의 농도에 도달하면 착화하여 천장이 화염에 쌓이게 된다. 이 이후에는 천장면으로부터의 복사열에 의하여 바닥면 위의 가연물이 급격히 가열 착화하여 바닥면 전체가 화염으로 덮이게 된다. 이를 순발 연소라 한다.

순발 연소는 내장재의 재질과 두께, 화원 크기, 개구부의 크기 등에 따라 달라진다.

35 충격이나 마찰에 민감하고 가수 분해 반응을 일으키는 단점을 가지고 있어 이를 개선하여 다이너마이트를 발명하는 데 주원료로 사용한 위험물은?

① 셀룰로이드
② 나이트로글리세린
③ 트라이나이트로톨루엔
④ 트라이나이트로페놀

해설 나이트로글리세린의 설명이다.

36 위험물안전관리법령상 제4류 위험물을 지정 수량의 3천 배 초과 4천 배 이하로 저장하는 옥외 탱크 저장소의 보유 공지는 얼마인가?

① 6m 이상   ② 9m 이상
③ 12m 이상   ④ 15m 이상

해설 옥외 탱크 저장소 보유 공지

저장 또는 취급하는 위험물의 최대 수량	공지의 너비
지정 수량의 500배 이하	3m 이상
지정 수량의 500배 초과 1,000배 이하	5m 이상
지정 수량의 1,000배 초과 2,000배 이하	9m 이상
지정 수량의 2,000배 초과 3,000배 이하	12m 이상
지정 수량의 3,000배 초과 4,000배 이하	15m 이상
지정 수량의 4,000배 초과	당해 탱크의 수평 단면의 최대 지름(횡형인 경우에는 긴 변)과 높이 중 큰 것과 같은 거리 이상. 다만, 30m 초과의 경우에는 30m 이상으로 할 수 있고, 15m 미만의 경우에는 15m 이상으로 하여야 한다.

37 연소의 연쇄 반응을 차단 및 억제하여 소화하는 방법은?

① 냉각 소화　　　　② 부촉매 소화
③ 질식 소화　　　　④ 제거 소화

해설　부촉매의 설명이다.

38 소화기 속에 압축되어 있는 이산화탄소 1.1kg을 표준 상태에서 분사하였다. 이산화탄소의 부피는 몇 m³가 되는가?

① 0.56　　　　　　② 5.6
③ 11.2　　　　　　④ 2

해설　$PV = \dfrac{W}{M}RT$에서

$V = \dfrac{WRT}{PM} = \dfrac{1.1 \times 0.082 \times 273}{1 \times 44} = 0.56\text{m}^3$

39 양초, 고급 알코올 등과 같은 연료의 가장 일반적인 연소 형태는?

① 분무 연소　　　　② 증발 연소
③ 표면 연소　　　　④ 분해 연소

해설　증발 연소 : 양초, 고급 알코올

40 제2류 위험물인 마그네슘에 대한 설명으로 옳지 않은 것은?

① 2mm 체를 통과한 것만 위험물에 해당한다.
② 화재 시 이산화탄소 소화 약제로 소화가 가능하다.
③ 가연성 고체로 산소와 반응하여 산화 반응을 한다.
④ 주수 소화를 하면 가연성의 수소가스가 발생한다.

해설　② 화재 시 건조사로 소화한다.

41 다음은 위험물안전관리법령에 따른 판매 취급소에 대한 정의이다. (　) 안에 알맞은 말은?

> 판매 취급소라 함은 점포에서 위험물을 용기에 담아 판매하기 위하여 지정 수량의 (㉮)배 이하의 위험물을 (㉯)하는 장소

① ㉮ 20, ㉯ 취급　　② ㉮ 40, ㉯ 취급
③ ㉮ 20, ㉯ 저장　　④ ㉮ 40, ㉯ 저장

해설　판매 취급소
점포에서 위험물을 용기에 담아 판매하기 위하여 지정 수량의 40배 이하의 위험물을 취급하는 장소

42 취급하는 제4류 위험물의 수량이 지정 수량의 30만 배인 일반 취급소가 있는 사업장에 자체 소방대를 설치함에 있어서 전체 화학 소방차 중 포 수용액을 방사하는 화학 소방차는 몇 대 이상 두어야 하는가?

① 필수적인 것은 아니다.　② 1
③ 2　　　　　　　　　　　④ 3

해설　㉠ 제조소 및 일반 취급소 등의 자체 소방대의 기준

사업소의 구분	화학 소방 자동차	자체 소방 대원의 수
제조소 또는 일반취급소에서 취급하는 제4류 위험물의 최대수량의 합이 지정수량의 3천배 이상 12만배 미만의 사업소	1대	5인
제조소 또는 일반취급소에서 취급하는 제4류 위험물의 최대수량의 합이 지정수량의 12만배 이상 24만배 미만인 사업소	2대	10인
제조소 또는 일반취급소에서 취급하는 제4류 위험물의 최대수량의 합이 지정수량의 24만배 이상 48만배 미만인사업소	3대	15인
제조소 또는 일반취급소에서 취급하는 제4류 위험물의 최대수량의 합이 지정수량의 48만배 이상인 사업소	4대	20인
옥외탱크저장소에 저장하는 제4류 위험물의 최대수량이 지정수량의 50만배 이상인 사업소	2대	10인

㉡ 포 수용액을 방사하는 화학 소방차의 대수는 화학 소방차 대수의 $\dfrac{2}{3}$ 이상이므로 3대 $\times \dfrac{2}{3} = \dfrac{6}{3} = 2$대 이상이다.

43 정전기로 인한 재해 방지 대책 중 틀린 것은?

① 접지를 한다.
② 실내를 건조하게 유지한다.
③ 공기 중의 상대 습도를 70% 이상으로 유지한다.
④ 공기를 이온화한다.

해설 정전기로 인한 재해 방지 대책
㉠ 접지를 한다.
㉡ 공기 중의 상대 습도를 70% 이상으로 유지한다.
㉢ 공기를 이온화한다.

44 삼황화인의 연소 생성물을 옳게 나열한 것은?

① P_2O_5, SO_2
② P_2O_5, H_2S
③ H_3PO_4, SO_2
④ H_3PO_4, H_2S

해설 $P_4S_3 + 8O_2 \longrightarrow 2P_2O_5 + 3SO_2$

45 제3류 위험물에 해당하는 것은?

① 황
② 적린
③ 황린
④ 삼황화인

해설 ① 황 : 제2류 위험물
② 적린 : 제2류 위험물
③ 황린 : 제3류 위험물
④ 삼황화인 : 제2류 위험물

46 과염소산칼륨의 성질에 대한 설명 중 틀린 것은?

① 무색, 무취의 결정으로 물에 잘 녹는다.
② 화학식은 $KClO_4$이다.
③ 에탄올, 에테르에는 녹지 않는다.
④ 화약, 폭약, 섬광제 등에 쓰인다.

해설 ① 무색, 무취의 결정으로 물에 그다지 녹지 않는다.

47 위험물안전관리법령에서 정한 제5류 위험물 이동 저장 탱크의 외부 도장 색상은?

① 황색
② 회색
③ 적색
④ 청색

해설 위험물 이동 저장 탱크의 외부 도장 색상
㉠ 제1류 위험물 : 회색
㉡ 제2류 위험물 : 적색
㉢ 제3류 위험물 : 청색
㉣ 제4류 위험물 : 도장에 색상 제한은 없으나 적색을 권장한다.
㉤ 제5류 위험물 : 황색
㉥ 제6류 위험물 : 청색

48 위험물안전관리법령상 제5류 위험물의 공통 된 취급 방법으로 옳지 않은 것은?

① 용기의 파손 및 균열에 주의한다.
② 저장 시 과열, 충격, 마찰을 피한다.
③ 운반 용기 외부에 주의 사항으로 "화기 주의" 및 "물기 엄금"을 표기한다.
④ 불티, 불꽃, 고온체와의 접근을 피한다.

해설 ③ 운반 용기 외부에 주의 사항으로 "화기 주의" 및 "충격 주의"를 표기한다.

49 다음은 위험물안전관리법령에서 정한 내용 ( ) 안에 알맞은 용어는?

( ) 라 함은 고형 알코올 그 밖에 1기압에서 인화점이 섭씨 40도 미만인 고체를 말한다.

① 가연성 고체
② 산화성 고체
③ 인화성 고체
④ 자기 반응성 고체

해설 인화성 고체의 설명이다.

50 그림의 원통형 중으로 설치된 탱크에서 공간 용적을 내용적의 10%라고 하면 탱크 용량(허가 용량)은 약 얼마인가?

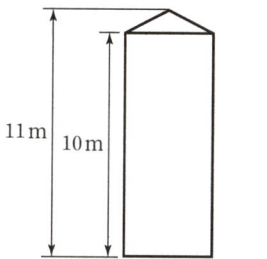 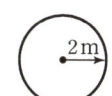

① 113.04

② 124.34

③ 129.06

④ 138.16

해설 탱크 용량(허가 용량)
=내용적－공간 용적
$=\pi r^2 l-0.1\times\pi r^2 l$
$=0.9\pi r^2 l$
$=0.9\times\pi\times2^2\times10=113.04\text{m}^3$

51 자기 반응성 물질인 제5류 위험물에 해당하는 것은?

① $CH_3(C_6H_4)NO_2$

② CH_3COCH_3

③ $C_6H_2(NO_2)_3OH$

④ $C_6H_5NO_2$

해설 ③ $C_6H_2(NO_2)_3OH$: 제5류 위험물 나이트로 화합물류

52 제2석유류에 해당하는 물질로만 짝지어진 것은?

① 등유, 경유

② 등유, 중유

③ 글리세린, 기계유

④ 글리세린, 장뇌유

해설 ① 등유, 경유 : 제2석유류
② 등유 : 제2석유류, 중유 : 제3석유류
③ 글리세린 : 제3석유류, 기계유 : 제4석유류
④ 글리세린 : 제3석유류, 장뇌유 : 제2석유류

53 다음 중 지정 수량이 나머지 셋과 다른 물질은?

① 황화인

② 적린

③ 칼슘

④ 황

해설

위험물	지정 수량
황화인	100kg
적린	100kg
칼슘	50kg
황	100kg

54 위험물과 그 보호액 또는 안정제의 연결이 틀린 것은?

① 황린 － 물

② 인화석회 － 물

③ 금속칼륨 － 등유

④ 알킬알루미늄 － 헥산

해설 ② 인화석회 － 건조되고 환기가 잘되는 곳

55 다음은 위험물안전관리법령상 이동 탱크 저장소에 설치하는 게시판의 설치 기준에 관한 내용이다. ( ) 안에 해당하지 않는 것은?

> 이동 저장 탱크의 뒷면 중 보기 쉬운 곳에는 해당 탱크에 저장 또는 취급하는 위험물의 ( ), ( ), ( ) 및 적재 중량을 게시한 게시판을 설치하여야 한다.

① 최대 수량

② 품명

③ 유별

④ 관리자명

해설 이동 저장 탱크의 뒷면 중 보기 쉬운 곳에는 해당 탱크에 저장 또는 취급하는 위험물의 유별, 품명, 최대 수량 및 적재 중량을 게시한 게시판을 설치하여야 한다.

56 경유에 대한 설명으로 틀린 것은?

① 물에 녹지 않는다.

② 비중은 1 이하이다.

③ 발화점이 인화점보다 높다.

④ 인화점은 상온 이하이다.

해설 ④ 인화점은 50~70℃이다.

57 나이트로셀룰로오스의 저장 방법으로 올바른 것은?

① 물이나 알코올로 습윤시킨다.
② 에탄올과 에테르 혼액에 침윤시킨다.
③ 수은염을 만들어 저장한다.
④ 산에 용해시켜 저장한다.

해설 나이트로셀룰로오스의 저장 방법 : 물이나 알코올로 습윤시킨다.

58 위험물안전관리법령상 옥내 소화전 설비의 설치 기준에서 옥내 소화전은 제조소 등의 건축물의 층마다 해당 층의 부분에서 하나의 호스 접속구까지의 수평 거리가 몇 m가 되도록 설치하여야 하는가?

① 5
② 10
③ 15
④ 25

해설 옥내 소화전 설비와 옥외 소화전 설비

구 분	옥내 소화전 설비	옥외 소화전 설비
수평 거리	25m 이하	40m 이하
방수량	260L/min 이상	450L/min 이상
방수 압력	350kPa 이상	350kPa 이상
수원의 수량	$Q \geq 7.8N$ (N : 최대 5개)	$Q \geq 13.5N$ (N : 최대 4개)

59 지하 탱크 저장소에 대한 설명으로 옳지 않은 것은?

① 탱크 전용실 벽의 두께는 0.3m 이상이어야 한다.
② 지하 저장 탱크의 윗부분은 지면으로부터 0.6m 이상 아래에 있어야 한다.
③ 지하 저장 탱크와 탱크 전용실 안쪽과의 간격은 0.1m 이상의 간격을 유지한다.
④ 지하 저장 탱크에는 두께 0.1m 이상의 철근 콘크리트조로 된 뚜껑을 설치한다.

해설 ④ 지하 저장 탱크에는 두께 0.3m 이상의 철근 콘크리트조로 된 뚜껑을 설치한다.

60 황린의 위험성에 대한 설명으로 틀린 것은?

① 공기 중에서 자연 발화의 위험성이 있다.
② 연소 시 발생되는 증기는 유독하다.
③ 화학적 활성이 커서 CO_2, H_2O와 격렬히 반응한다.
④ 강알칼리 용액과 반응하여 독성 가스를 발생한다.

해설 ③ 화학적 활성이 커서 황, 산소, 할로겐과 격렬히 반응한다.

위험물 기능사 (2021. 6. 27 시행)

01 위험물 제조소 등의 용도 폐지 신고에 대한 설명으로 옳지 않은 것은?

① 용도 폐지 후 30일 이내에 신고하여야 한다.
② 완공검사 필증을 첨부한 용도 폐지 신고서를 제출하는 방법으로 신고한다.
③ 전자 문서로 된 용도 폐지 신고서를 제출하는 경우에도 완공검사 필증을 제출하여야 한다.
④ 신고 의무의 주체는 해당 제조소 등의 관계인이다.

해설 제조소 등의 용도를 폐지한 날부터 14일 이내에 시·도지사에게 신고하여야 한다.

02 할로겐 화합물의 소화 약제 중 할론 2402의 화학식은?

① $C_2Br_4F_2$
② $C_2Cl_4F_2$
③ $C_2Cl_4Br_2$
④ $C_2F_4Br_2$

해설 할로겐의 명칭 순서
㉠ 첫째 : 탄소 ㉡ 둘째 : 불소
㉢ 셋째 : 염소 ㉣ 넷째 : 브롬
∴ 할론 2402 : $C_2F_4Br_2$

03 위험물 제조소 등에 설치하여야 하는 자동 화재 탐지 설비의 설치 기준에 대한 설명 중 틀린 것은?

① 자동 화재 탐지 설비의 경계 구역은 건축물 그 밖의 공작물의 2 이상의 층에 걸치도록 할 것
② 하나의 경계 구역에서 그 한 변의 길이는 50m(광전식 분리형 감지기를 설치할 경우에는 100m) 이하로 할 것
③ 자동 화재 탐지 설비의 감지기는 지붕 또는 벽의 옥내에 면한 부분에 유효하게 화재의 발생을 감지할 수 있도록 설치할 것
④ 자동 화재 탐지 설비에는 비상 전원을 설치할 것

해설 ① 자동 화재 탐지 설비의 경계 구역은 건축물 그 밖의 공작물의 2 이상의 층에 걸치지 아니하도록 할 것

04 알코올류 20,000L에 대한 소화 설비 설치 시 소요 단위는?

① 5
② 10
③ 15
④ 20

해설 소요 단위 $= \dfrac{저장량}{지정 수량 \times 10} = \dfrac{20,000}{400 \times 10} = 5$

05 위험물안전관리법령상 분말 소화 설비의 기준에서 규정한 전역 방출 방식 또는 국소 방출 방식 분말 소화 설비의 가압용 또는 축압용 가스에 해당하는 것은?

① 네온 가스
② 아르곤 가스
③ 수소 가스
④ 이산화탄소 가스

해설 분말 소화 설비에서 전역 방출 방식 또는 국소 방출 방식에서 가압용 또는 축압용 가스 : 이산화탄소

06 과산화칼륨의 저장 창고에서 화재가 발생하였다. 다음 중 가장 적합한 소화 약제는?

① 물
② 이산화탄소
③ 마른 모래
④ 염산

해설

소화 설비의 구분	건축물·그밖의 공작물	전기 설비	제1류 위험물 알칼리 금속 과산화물 등	제1류 위험물 그 밖의 것	제2류 위험물 철분·금속분·마그네슘 등	제2류 위험물 인화성 고체	제2류 위험물 그 밖의 것	제3류 위험물 금수성 물품	제3류 위험물 그 밖의 것	제4류 위험물	제5류 위험물	제6류 위험물
옥내 소화전 설비 또는 옥외 소화전 설비	○			○		○	○		○		○	○
스프링클러 설비	○			○		○	○		○	△	○	○

물분무 등 소화 설비	물분무 소화 설비	○	○		○		○	○	○	○	○	○
	포 소화 설비	○			○			○		○	○	○
	불활성 가스 소화 설비		○					○			○	
	할로젠 화합물 소화 설비		○				○	○			○	
	분말 소화 설비 인산염류 등	○	○		○		○	○			○	○
	탄산 수소 염류 등		○	○		○	○		○		○	
	그 밖의 것			○		○			○			
대형·소형 수동식 소화기	봉상수 (棒狀水) 소화기	○		○		○	○	○		○	○	○
	무상수 (霧狀水) 소화기	○	○	○		○	○	○		○	○	○
	봉상강화액 소화기	○		○		○	○	○		○	○	○
	무상강화액 소화기	○	○	○		○	○	○		○	○	○
	포 소화기	○		○		○	○	○		○	○	○
	이산화탄소 소화기		○				○	○			○	△
	할론 소화 설비		○				○	○			○	
	분말 소화기 인산염류 소화기	○	○		○		○	○			○	○
	탄산수소염류 소화기		○	○		○	○		○		○	
	그 밖의 것			○		○			○			
기타	물통 또는 수조	○			○		○	○		○	○	○
	건조사			○	○	○	○	○	○	○	○	○
	팽창 질석 또는 팽창 진주암			○	○	○	○	○	○	○	○	○

07 위험물안전관리법령상 제3류 위험물 중 금수성 물질의 화재에 적응성이 있는 소화 설비는?

① 탄산수소염류의 분말 소화 설비
② 불활성 가스 소화 설비
③ 할로젠 화합물 소화 설비
④ 인산염류의 분말 소화 설비

해설 6번 해설 참조

08 제1종, 제2종, 제3종 분말 소화 약제의 주성 분에 해당하지 않는 것은?

① 탄산수소나트륨 ② 황산마그네슘
③ 탄산수소칼륨 ④ 인산암모늄

해설 분말 소화 약제의 주성분

종 류	착 색
1종 분말($NaHCO_3$)	백색
2종 분말($KHCO_3$)	보라색
3종 분말($NH_4H_2PO_4$)	담홍색(핑크색)
4종 분말($KHCO_3+(NH_2)_2CO$)	회백색

09 다음 중 소화 효과에 대한 설명으로 틀린 것은?

① 기화 잠열이 큰 소화 약제를 사용할 경우 냉각 소화 효과를 기대할 수 있다.
② 이산화탄소에 의한 소화는 주로 질식 소화로 화재를 진압한다.
③ 할로겐 화합물 소화 약제는 주로 냉각 소화를 한다.
④ 분말 소화 약제는 질식 효과와 부촉매 효과 등 으로 화재를 진압한다.

해설 ③ 할로겐 화합물 소화 약제는 주로 질식 효과, 부촉 매 효과 및 냉각 효과를 한다.

10 건조사와 같은 불연성 고체로 가연물을 덮는 것 은 어떤 소화에 해당하는가?

① 제거 소화 ② 질식 소화
③ 냉각 소화 ④ 억제 소화

해설 질식 소화의 설명이다.

11 위험물 제조소 등에 설치하는 고정식 포 소화 설 비의 기준에서 포 헤드 방식의 포 헤드는 방호 대상물 의 표면적 몇 m²당 1개 이상의 헤드를 설치하여야 하 는가?

① 3 ② 9
③ 15 ④ 30

해설 고정식 포 소화 설비에서 포 헤드 방식의 포 헤드 설치 기준 : 방호 대상물의 표면적 9m²당 1개 이상의 헤드를 설치한다.

12 Mg, Na의 화재에 이산화탄소 소화기를 사용하 였다. 화재 현장에서 발생되는 현상은?

① 이산화탄소가 부착면을 만들어 질식 소화된다.
② 이산화탄소가 방출되어 냉각 소화된다.
③ 이산화탄소가 Mg, Na과 반응하여 화재가 확대 된다.
④ 부촉매 효과에 의해 소화된다.

해설 $2Mg+CO_2 \longrightarrow 2MgO+2C$
$Na+CO_2 \longrightarrow NaO_2+C$
이때 분해된 C는 흑연을 내면서 연소하고 화재가 확대된다.

13 위험물안전관리법령상의 제3류 위험물 중 금수성 물질에 해당하는 것은?

① 황린　　　　　　　② 적린
③ 마그네슘　　　　　④ 칼륨

해설　① 황린 : 제3류 위험물 중 자연 발화성 물질
② 적린 : 제2류 위험물
③ 마그네슘 : 제2류 위험물
④ 칼륨 : 제3류 위험물 중 금수성 물질
$$2K + 2H_2O \longrightarrow 2KOH + H_2$$
물과 격렬히 반응하여 발열하고 수소를 발생한다.

14 적린의 성질에 대한 설명 중 옳지 않은 것은?

① 황린과 성분 원소가 같다.
② 발화 온도는 황린보다 낮다.
③ 물, 이황화탄소에 녹지 않는다.
④ 브로민화인에 녹는다.

해설　② 발화 온도는 황린보다 높다.

위험물	발화 온도
황린	34℃
적린	260℃

15 트라이메틸알루미늄이 물과 반응 시 생성되는 물질은?

① 산화알루미늄　　　② 메탄
③ 메틸알코올　　　　④ 에탄

해설　$(CH_3)_3Al + 3H_2O \longrightarrow Al(OH)_3 + 3CH_4$

16 소화 설비의 기준에서 용량이 160L인 팽창 질석의 능력 단위는?

① 0.5　　　　　　　② 1.0
③ 1.5　　　　　　　④ 2.5

해설

소화 설비	용량	능력 단위
팽창 질석 또는 팽창 진주암 (삽 1개 포함)	160L	1.0

17 흑색 화약의 원료로 사용되는 위험물의 유별을 옳게 나타낸 것은?

① 제1류, 제2류　　　② 제1류, 제4류
③ 제2류, 제4류　　　④ 제4류, 제5류

해설　흑색 화약(blackgun powder)
질산칼륨(KNO_3)과 황(S), 목탄분(C)을 75% : 10% : 15%의 비율(표준 배합 비율)로 혼합한 것이다.
여기서, ㉠ 질산칼륨(KNO_3) : 제1류 위험물
　　　　㉡ 황(S) : 제2류 위험물

18 다음 물질 중 제1류 위험물이 아닌 것은?

① Na_2O_2　　　　　② $NaClO_3$
③ NH_4ClO_4　　　　④ $HClO_4$

해설　④ $HClO_4$(과염소산) : 제6류 위험물

19 적린의 위험성에 관한 설명 중 옳은 것은?

① 공기 중에 방치하면 폭발한다.
② 산소와 반응하여 포스핀 가스를 발생한다.
③ 연소 시 적색의 오산화인이 발생한다.
④ 강산화제와 혼합하면 충격·마찰에 의해 발화할 수 있다.

해설　① 공기 중에 방치하면 황린과 같이 자연 발화하지 않지만 260℃ 이상 가열하면 발화한다.
② 산소와 반응하여 오산화인을 발생한다.
③ 연소 시 백색의 오산화인이 발생한다.
$$4P + 5O_2 \longrightarrow 2P_2O_5$$

20 디에틸에테르에 대한 설명으로 옳은 것은?

① 연소하면 아황산 가스를 발생하고, 마취제로 사용한다.
② 증기는 공기보다 무거우므로 물속에 보관한다.
③ 에탄올을 진한 황산을 이용해 축합 반응시켜 제조할 수 있다.
④ 제4류 위험물 중 연소 범위가 좁은 편에 속한다.

해설　① 연소하면 CO_2와 H_2O이 발생하고, 마취제로 사용한다.
$$C_2H_5OC_2H_5 + 6O_2 \longrightarrow 4CO_2 + 5H_2O$$

정답　13 ④　14 ②　15 ②　16 ②　17 ①　18 ④　19 ④　20 ③

② 증기는 공기보다 무거우므로 직사광선을 피하고 밀폐된 용기나 탱크 중에 저장한다.

④ 제4류 위험물 중 연소 범위(1.9~48%)가 넓은 편에 속한다.

21 트라이나이트로톨루엔의 성질에 대한 설명 중 옳지 않은 것은?

① 담황색의 결정이다.

② 폭약으로 사용된다.

③ 자연 분해의 위험성이 적어 장기간 저장이 가능하다.

④ 조해성과 흡습성이 매우 크다.

> **해설** ④ 조해성과 흡습성이 없다.

22 다음 중 물에 녹고 물보다 가벼운 물질로 인화점이 가장 낮은 것은?

① 아세톤

② 이황화탄소

③ 벤젠

④ 산화프로필렌

> **해설**

위험물	비중	인화점
아세톤	0.79	$-18℃$
이황화탄소	1.26	$-30℃$
벤젠	0.879	$-11.1℃$
산화프로필렌	0.83	$-37.2℃$

23 황의 성질을 설명한 것으로 옳은 것은?

① 전기의 양도체이다.

② 물에 잘 녹는다.

③ 연소하기 어려워 분진 폭발의 위험성은 없다.

④ 높은 온도에서 탄소와 반응하여 이황화탄소가 생긴다.

> **해설** ① 전기의 절연체이다.
> ② 물이나 산에 잘 녹지 않는다.
> ③ 미세한 가루 상태로 밀폐 공간 내에서 공기 중 부유할 때는 공기 중의 산소와 혼합하여 폭명기를 만들어 분진 폭발을 일으킨다.

24 다음 중 발화점이 가장 낮은 것은?

① 이황화탄소

② 산화프로필렌

③ 휘발유

④ 메탄올

> **해설**

위험물	발화점
이황화탄소	100℃
산화프로필렌	465℃
휘발유	300℃
메탄올	464℃

25 질산칼륨에 대한 설명 중 옳은 것은?

① 유기물 및 강산에 보관할 때 매우 안정하다.

② 열에 안정하여 1,000℃를 넘는 고온에서도 분해되지 않는다.

③ 알코올에는 잘 녹으나 물, 글리세린에는 잘 녹지 않는다.

④ 무색, 무취의 결정 또는 분말로서 화약의 원료로 사용된다.

> **해설** ① 유기물과의 접촉을 피하고, 강산류와는 같은 장소에 저장하지 않도록 철저히 격리한다.
> ② 가열하면 400℃에서 완전히 열분해하여 서서히 산소를 방출한다. 분해 시 산소의 방출량이 많아서 화약이나 폭약의 산소 공급제로 이용된다.
> $$2KNO_3 \longrightarrow 2KNO_2 + O_2$$
> ③ 알코올, 물, 글리세린에는 잘 녹고 에테르에 녹지 않는다.

26 다음의 위험물 중 비중이 물보다 큰 것은 모두 몇 개인가?

> 과염소산, 과산화수소, 질산

① 0

② 1

③ 2

④ 3

> **해설**

위험물	비중
과염소산	1.76
과산화수소	1.47
질산	1.49

27 칼륨을 물에 반응시키면 격렬한 반응이 일어난다. 이때 발생하는 기체는 무엇인가?

① 산소   ② 수소
③ 질소   ④ 이산화탄소

해설 $2K + 2H_2O \longrightarrow 2KOH + H_2$

28 다음 중 메틸알코올의 위험성으로 옳지 않은 것은?

① 나트륨과 반응하여 수소 기체를 발생한다.
② 휘발성이 강하다.
③ 연소 범위가 알코올류 중 가장 좁다.
④ 인화점이 상온(25℃)보다 낮다.

해설 ③ 연소 범위가 알코올류 중 가장 넓다.
알코올류의 연소 범위

알코올류	연소 범위
메틸알코올	7.3~36%
에틸알코올	4.3~19%
프로필알코올	2.1~13.5%
아이소프로필알코올	2.0~12%

29 질산이 직사일광에 노출될 때 어떻게 되는가?

① 분해되지는 않으나 붉은 색으로 변한다.
② 분해되지는 않으나 녹색으로 변한다.
③ 분해되어 질소를 발생한다.
④ 분해되어 이산화질소를 발생한다.

해설 $4HNO_3 \longrightarrow 2H_2O + 4NO_2 + O_2$

30 위험물 저장 탱크의 공간 용적은 탱크 내용적의 얼마 이상, 얼마 이하로 하는가?

① $\frac{2}{100}$ 이상 $\frac{3}{100}$ 이하   ② $\frac{2}{100}$ 이상 $\frac{5}{100}$ 이하
③ $\frac{5}{100}$ 이상 $\frac{10}{100}$ 이하   ④ $\frac{10}{100}$ 이상 $\frac{20}{100}$ 이하

해설 위험물 저장 탱크의 공간 용적은 $\frac{5}{100}$ 이상 $\frac{10}{100}$ 이하이다.

31 지정 수량 20배의 알코올류를 저장하는 옥외 탱크 저장소의 경우 펌프실 외의 장소에 설치하는 펌프 설비의 기준으로 옳지 않은 것은?

① 펌프 설비 주위에는 3m 이상의 공지를 보유한다.
② 펌프 설비 그 직하의 지반면 주위에 높이 0.15m 이상의 턱을 만든다.
③ 펌프 설비 그 직하의 지반면 최저부에는 집유 설비를 만든다.
④ 집유 설비에는 위험물이 배수구에 유입되지 않도록 유분리 장치를 만든다.

해설 ④ 제4류 위험물(20℃의 물 100g에 용해되는 양이 1g 미만인 것에 한한다)을 취급하는 펌프 설비에 있어서는 해당 위험물이 직접 배수구에 유입되지 아니하도록 집유 설비에 유분리 장치를 설치하여야 한다.

32 위험물안전관리법령상 품명이 금속분에 해당하는 것은? (단, $150\mu m$의 체를 통과하는 것이 50wt% 이상인 경우이다.)

① 니켈분   ② 마그네슘분
③ 알루미늄분   ④ 구리분

해설 위험물안전관리법령상 품명이 금속분에 해당하는 것 ($150\mu m$의 체를 통과하는 것이 50wt% 이상인 경우)
㉠ 알루미늄분(Al)   ㉡ 아연분(Zn)
㉢ 주석분(Sn)   ㉣ 안티몬분(Sb)

33 아세톤의 성질에 대한 설명으로 옳은 것은?

① 자연 발화성 때문에 유기 용제로서 사용할 수 없다.
② 무색, 무취이고 겨울철에 쉽게 응고한다.
③ 증기 비중은 약 0.79이고 요오드포름 반응을 한다.
④ 물에 잘 녹으며 끓는점이 60℃보다 낮다.

해설 ① 유기물을 잘 녹이므로 유기 용제로서 사용할 수 있다.
② 무색, 자극성의 과일 냄새가 나며 겨울철에 쉽게 응고하지 않는다.
③ 증기 비중은 약 2.0이고 요오드포름 반응을 한다.
④ 물에 잘 녹으며 끓는점이 56℃이다.

정답   27 ②   28 ③   29 ④   30 ③   31 ④   32 ③   33 ③

34 다음 중 가연물이 고체 덩어리보다 분말 가루일 때 화재 위험성이 큰 이유로 가장 옳은 것은?

① 공기와의 접촉 면적이 크기 때문이다.
② 열전도율이 크기 때문이다.
③ 흡열 반응을 하기 때문이다.
④ 활성 에너지가 크기 때문이다.

해설 가연물이 고체 덩어리보다 분말 가루일 때 화재 위험성이 큰 이유
㉠ 공기와의 접촉 면적 증가 : 반응 면적의 증가
㉡ 체적의 증가 : 인화·발화의 위험성 증가
㉢ 보온성의 증가 : 발생열의 축적 용이
㉣ 비열의 감소 : 적은 열로 고온 형성
㉤ 유동성의 증가 : 공기와 혼합 가스 형성
㉥ 부유성의 증가 : 분진운(dust cloud)의 형성
㉦ 복사열의 흡수율 증가 : 수광면의 증가
㉧ 대전성의 증가 : 정전기의 발생

35 위험물안전관리법령에서 정한 자동 화재 탐지 설비에 대한 기준으로 틀린 것은? (단, 원칙적인 경우에 한한다.)

① 경계 구역은 건축물 그 밖의 공작물의 2 이상의 층에 걸치지 아니하도록 할 것
② 하나의 경계구역의 면적은 600m² 이하로 할 것
③ 하나의 경계구역의 한 변 길이는 30m 이하로 할 것
④ 자동 화재 탐지 설비에는 비상 전원을 설치할 것

해설 ③ 하나의 경계 구역의 한 변 길이는 50m(광전식 분리형 감지기를 설치할 경우에는 100m) 이하로 할 것

36 할론 1301의 증기 비중은? (단, 불소의 원자량은 19, 브롬의 원자량은 80, 염소의 원자량은 35.5이고, 공기의 분자량은 29이다.)

① 2.14
② 4.15
③ 5.14
④ 6.15

해설 할론의 명칭 순서
㉠ 첫째 : 탄소   ㉡ 둘째 : 불소
㉢ 셋째 : 염소   ㉣ 넷째 : 브롬
Halon 1301(CF_3Br) 분자량$=12+19\times3+80\times1=149$

증기 비중$=\dfrac{\text{물질의 분자량}}{\text{공기의 분자량}(29)}=\dfrac{149}{29}=5.14$

37 위험물안전관리법령에 따라 다음 ( ) 안에 알맞은 용어는?

주유 취급소 중 건축물의 2층 이상의 부분을 점포·휴게 음식점 또는 전시장의 용도로 사용하는 것에 있어서는 해당 건축물의 2층 이상으로부터 주유 취급소의 부지 밖으로 통하는 출입구와 해당 출입구로 통하는 통로·계단 및 출입구에 (   )을(를) 설치하여야 한다.

① 피난 사다리
② 경보기
③ 유도등
④ CCTV

해설 주유 취급소 : 해당 출입구로 통하는 통로, 계단 및 출입구에 유도등을 설치한다.

38 위험물안전관리법령상 제3류 위험물의 금수성 물질 화재 시 적응성이 있는 소화 약제는?

① 탄산수소염류 분말
② 물
③ 이산화탄소
④ 할로겐 화합물

해설 문제 7번 참조

39 가연성 물질과 주된 연소 형태의 연결이 틀린 것은?

① 종이, 섬유 － 분해 연소
② 셀룰로이드, TNT － 자기 연소
③ 목재, 석탄 － 표면 연소
④ 황, 알코올 － 증발 연소

해설 ③ 목재, 석탄 － 분해 연소

40 물과 접촉하면 열과 산소가 발생하는 것은?

① $NaClO_2$
② $NaClO_3$
③ $KMnO_4$
④ Na_2O_2

해설 $2Na_2O_2+2H_2O \longrightarrow 4NaOH+O_2+Q$kcal

41 위험물 제조소에서 국소 방식의 배출 설비 배출 능력은 1시간당 배출 장소 용적의 몇 배 이상인 것으로 하여야 하는가?

① 5 ② 10
③ 15 ④ 20

해설 국소 방식의 배출 설비 배출 능력은 1시간당 배출 장소 용적의 20배 이상인 것으로 하여야 한다. 다만, 전열 방식의 경우에는 바닥 면적 $1m^2$당 $18m^3$ 이상으로 할 수 있다.

42 소화 약제로 사용할 수 없는 물질은?

① 이산화탄소 ② 제1인산암모늄
③ 탄산수소나트륨 ④ 브로민산암모늄

해설 ④ 브로민산암모늄(NH_4BrO_3) : 제1류 위험물 중 브로민산염류

43 식용유 화재 시 제1종 분말 소화 약제를 이용하여 화재의 제어가 가능하다. 이때의 소화 원리에 가장 가까운 것은?

① 촉매 효과에 의한 질식 소화
② 비누화 반응에 의한 질식 소화
③ 아이오딘화에 의한 냉각 소화
④ 가수 분해 반응에 의한 냉각 소화

해설 비누화 반응에 의한 질식 소화 : 가열 상태의 유지에 제1종 분말 약제가 반응하여 금속 비누를 만들고 이 비누가 거품을 생성하여 질식 효과를 갖는 것으로, 식용유나 지방질유 등의 화재에는 제1종 분말 약제가 효과적이다.

44 위험물안전관리법령상 해당하는 품명이 나머지 셋과 다른 하나는?

① 트라이나이트로페놀 ② 트라이나이트로톨루엔
③ 나이트로셀룰로오스 ④ 테트릴

해설 나이트로 화합물류
㉠ 트라이나이트로페놀
㉡ 트라이나이트로톨루엔
㉢ 트라이나이트로페놀나이트로아민(테트릴)

45 위험물에 대한 설명으로 틀린 것은?

① 적린은 연소하면 유독성 물질이 발생한다.
② 마그네슘은 연소하면 가연성의 수소 가스가 발생한다.
③ 황은 분진 폭발의 위험이 있다.
④ 황화인에는 P_4S_3, P_2S_5, P_4S_7 등이 있다.

해설 $2Mg + O_2 \longrightarrow 2MgO$

46 질산과 과염소산의 공통 성질에 해당하지 않는 것은?

① 산소를 함유하고 있다.
② 불연성 물질이다.
③ 강산이다.
④ 비점이 상온보다 낮다.

해설

위험물	비점
질산	86℃
과염소산	39℃

47 위험물안전관리법령에서 정한 메틸알코올의 지정 수량을 kg 단위로 환산하면 얼마인가? (단, 메틸알코올의 비중은 0.8이다.)

① 200 ② 320
③ 400 ④ 460

해설

㉠	위험물	지정 수량
	메틸알코올	400kg

㉡ $400kg \times 0.8 = 320kg$

48 디에틸에테르의 성질에 대한 설명으로 옳은 것은?

① 발화 온도는 400℃이다.
② 증기는 공기보다 가볍고, 액상은 물보다 무겁다.
③ 알코올에 용해되지는 않지만 물에 잘 녹는다.
④ 연소 범위는 1.9~48% 정도이다.

정답 41 ④ 42 ④ 43 ② 44 ③ 45 ② 46 ④ 47 ② 48 ④

해설 ① 발화 온도는 180°C이다.
② 증기는 공기보다 무겁고, 액상은 물보다 가볍다.
③ 알코올에 잘 녹고 물에 잘 녹지 않는다.

49 과염소산암모늄에 대한 설명으로 옳은 것은?

① 물에 용해되지 않는다.
② 청록색의 침상 결정이다.
③ 130°C에서 분해하기 시작하여 CO_2가스를 방출한다.
④ 아세톤, 알코올에 용해된다.

해설 ① 물, 알코올, 아세톤에 녹으며 에테르에 녹지 않는다.

50 위험물안전관리법령상 특수 인화물의 정의에 관한 내용이다. ( ) 안에 알맞은 수치를 차례대로 나타낸 것은?

> "특수 인화물"이라 함은 이황화탄소, 디에틸에테르 그 밖에 1기압에서 발화점이 섭씨 100도 이하인 것 또는 인화점이 섭씨 영하 (   )도 이하이고 비점이 섭씨 (   )도 이하인 것을 말한다.

① 40, 20
② 20, 40
③ 20, 100
④ 40, 100

해설 특수 인화물 : 이황화탄소, 디에틸에테르 그 밖에 1기압에서 발화점이 섭씨 100도 이하인 것 또는 인화점이 섭씨 영하 20도 이하이고 비점이 섭씨 40도 이하인 것

51 제4류 위험물을 저장 및 취급하는 위험물 제조소에 설치한 "화기 엄금" 게시판의 색상으로 올바른 것은?

① 적색 바탕에 흑색 문자
② 흑색 바탕에 적색 문자
③ 백색 바탕에 적색 문자
④ 적색 바탕에 백색 문자

해설 제4류 위험물 제조소에 설치한 "화기 엄금" 게시판의 색상 : 적색 바탕에 백색 문자

52 1분자 내에 포함된 탄소의 수가 가장 많은 것은?

① 아세톤
② 톨루엔
③ 아세트산
④ 이황화탄소

해설 각 보기의 탄소의 수는 다음과 같다.
① CH_3COCH_3 : 3개
② $C_6H_5CH_3$: 7개
③ CH_3COOH : 2개
④ CS_2 : 1개

53 페놀을 황산과 질산의 혼산으로 나이트로화하여 제조하는 제5류 위험물은?

① 아세트산
② 피크린산
③ 나이트로글리콜
④ 질산에틸

해설 피크린산의 제법 : 페놀을 황산과 질산의 혼산으로 나이트로화하여 제조
$$C_6H_5OH + 3HNO_3 \xrightarrow{H_2SO_4} C_6H_2(OH)(NO_2)_3 + 3H_2O$$

54 금속염을 불꽃 반응 실험을 한 결과 노란색의 불꽃이 나타났다. 이 금속염에 포함된 금속은 무엇인가?

① Cu
② K
③ Na
④ Li

해설 ① Cu : 청록색
② K : 보라색
③ Na : 노란색
④ Li : 적색

55 등유에 관한 설명으로 틀린 것은?

① 물보다 가볍다.
② 녹는점은 상온보다 높다.
③ 발화점은 상온보다 높다.
④ 증기는 공기보다 무겁다.

해설 ② 녹는점 : −46°C로 상온보다 낮다.

56 위험물안전관리법령상 그림과 같이 횡으로 설치한 원형 탱크의 용량은 약 몇 m^3인가? (단, 공간 용적은 내용적의 $\frac{10}{100}$이다.)

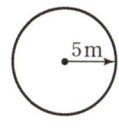
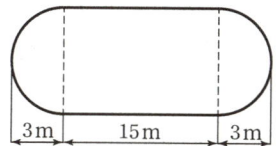

① 1690.9
② 1335.1
③ 1268.4
④ 1201.7

해설 $V = \pi r^2 \left(l + \frac{l_1 + l_2}{3} \right)$

$= \pi \times 5^2 \left(15 + \frac{3+3}{3} \right) = 1334.5 m^3$

여기서, 공간 용적이 10%인 탱크의 용량
$= 1334.5 \times 0.90 = 1201.7 m^3$

57 2가지 물질을 섞었을 때 수소가 발생하는 것은?

① 칼륨과 에탄올
② 과산화마그네슘과 염화수소
③ 과산화칼륨과 탄산 가스
④ 오황화인과 물

해설 ① $2K + 2C_2H_5OH \longrightarrow 2C_2H_5OK + H_2$
② $MgO_2 + 2HCl \longrightarrow MgCl_2 + H_2O_2$
③ $2K_2O_2 + 2CO_2 \longrightarrow 2K_2CO_3 + O_2$
④ $P_2S_5 + 8H_2O \longrightarrow 5H_2S \uparrow + 2H_3PO_4$

58 위험물안전관리법령상 위험 등급 Ⅰ의 위험물에 해당하는 것은?

① 무기 과산화물
② 황화인, 적린, 황
③ 제1석유류
④ 알코올류

해설 위험물의 위험등급

구분	위험 등급 Ⅰ	위험 등급 Ⅱ	위험 등급 Ⅲ
제1류 위험물	아염소산염류, 염소산염류, 과염소산염류, 무기과산화물, 그 밖에 지정수량이 50kg인 위험물	브로민산염류, 질산염류, 아이오딘산염류, 그 밖에 지정수량이 300kg인 위험물	위험 등급 Ⅰ, 위험 등급 Ⅱ 외의 것

제2류 위험물		황화인, 적린, 황, 그 밖에 지정수량이 100kg인 위험물
제3류 위험물	칼륨, 나트륨, 알킬알루미늄, 알킬리튬, 황린, 그 밖에 지정수량이 10kg 또는 20kg인 위험물	알칼리금속(칼륨 및 나트륨을 제외) 알칼리토금속, 유기금속화합물(알킬알루미늄 및 알킬리튬을 제외), 그 밖에 지정수량이 50kg인 위험물
제4류 위험물	특수인화물	제1석유류, 알코올류
제5류 위험물	지정수량이 제1종 : 10kg인 위험물	지정수량이 제2종 : 100kg인 위험물
제6류 위험물	모두	

59 위험물안전관리법령상 옥내 저장 탱크와 탱크 전용실의 벽과의 사이 및 옥내 저장 탱크의 상호간에는 몇 m 이상의 간격을 유지하여야 하는가? (단, 탱크의 점검 및 보수에 지장이 없는 경우는 제외한다.)

① 0.5
② 1
③ 1.5
④ 2

해설 옥내 저장 탱크와 탱크 전용실의 벽과의 사이 및 옥내 저장 탱크의 상호간 간격 : 0.5m 이상 유지한다(단, 탱크의 점검 및 보수에 지장이 없는 경우는 제외).

60 위험물안전관리법령상 운송 책임자의 감독·지원을 받아 운송하여야 하는 위험물은?

① 알킬리튬
② 과산화수소
③ 가솔린
④ 경유

해설 운송 책임자의 감독·지원을 받아 운송하여야 하는 위험물
㉠ 알킬알루미늄
㉡ 알킬리튬
㉢ 알킬알루미늄 또는 알킬리튬을 함유하는 위험물

정답 56 ④ 57 ① 58 ① 59 ① 60 ①

위험물 기능사 (2021. 10. 3 시행)

01 과산화나트륨의 화재 시 물을 사용한 소화가 위험한 이유는?

① 수소와 열을 발생하므로
② 산소와 열을 발생하므로
③ 수소를 발생하고 이 가스가 폭발적으로 연소하므로
④ 산소를 발생하고 이 가스가 폭발적으로 연소하므로

해설 $2Na_2O_2 + 2H_2O \longrightarrow 4NaOH + O_2 + Qkcal$

02 제1종 분말 소화 약제의 적응 화재 종류는?

① A급　　　　　② BC급
③ AB급　　　　　④ ABC급

해설 분말 소화 약제

종 류	분말 소화 약제 주성분	적응 화재 종류
1종	$NaHCO_3$	BC급
2종	$KHCO_3$	BC급
3종	$NH_4H_2PO_4$	ABC급
4종	$KHCO_3 + (NH_2)_2CO$	BC급

03 연소의 3요소를 모두 포함하는 것은?

① 과염소산, 산소, 불꽃
② 마그네슘 분말, 연소열, 수소
③ 아세톤, 수소, 산소
④ 불꽃, 아세톤, 질산암모늄

해설 연소의 3요소
㉠ 가연물 : 아세톤
㉡ 지연(조연)물 : 질산암모늄
㉢ 점화원 : 불꽃

04 위험물안전관리법령상 경보 설비로 자동 화재 탐지 설비를 설치해야 할 위험물 제조소의 규모의 기준에 대한 설명으로 옳은 것은?

① 연면적 500m² 이상인 것
② 연면적 1,000m² 이상인 것
③ 연면적 1,500m² 이상인 것
④ 연면적 2,000m² 이상인 것

해설 경보 설비로 자동 화재 탐지 설비를 설치해야 할 위험물 제조소의 규모 기준 : 연면적 500m² 이상인 것

05 액화 이산화탄소 1kg이 25℃, 2atm에서 방출되어 모두 기체가 되었다. 방출된 기체상의 이산화탄소 부피는 약 몇 L인가?

① 238　　　　　② 278
③ 308　　　　　④ 340

해설 $PV = \dfrac{W}{M}RT$, $V = \dfrac{WRT}{PM}$,

$\dfrac{1,000 \times 0.082 \times (25+273)}{2 \times 44} = 278L$

06 혼합물인 위험물이 복수의 성상을 가지는 경우에 적용하는 품명에 관한 설명으로 틀린 것은?

① 산화성 고체의 성상 및 가연성 고체의 성상을 가지는 경우 : 산화성 고체의 품명
② 산화성 고체의 성상 및 자기 반응성 물질의 성상을 가지는 경우 : 자기 반응성 물질의 품명
③ 가연성 고체의 성상과 자연 발화성 물질의 성상 및 금수성 물질의 성상을 가지는 경우 : 자연 발화성 물질 및 금수성 물질의 품명
④ 인화성 액체의 성상 및 자기 반응성 물질의 성상을 가지는 경우 : 자기 반응성 물질의 품명

해설 혼합물인 위험물이 복수의 성상을 가지는 경우에 적용하는 품명

㉠ 1류와 2류와의 복합 성상일 때 : 2류
㉡ 1류와 5류와의 복합 성상일 때 : 5류
㉢ 2류와 3류와의 복합 성상일 때 : 3류
㉣ 3류와 4류와의 복합 성상일 때 : 3류
㉤ 4류와 5류와의 복합 성상일 때 : 5류

07 제6류 위험물을 저장하는 장소에 적응성이 있는 소화 설비가 아닌 것은?

① 물분무 소화 설비　② 포 소화 설비
③ 불활성 가스 소화 설비　④ 옥내 소화전 설비

해설

소화 설비의 구분		건축물·그 밖의 공작물	전기 설비	제1류 위험물		제2류 위험물			제3류 위험물		제4류 위험물	제5류 위험물	제6류 위험물
				알칼리 금속 과산화물 등	그 밖의 것	철분·금속분·마그네슘 등	인화성 고체	그 밖의 것	금수성 물품	그 밖의 것			
옥내 소화전 설비 또는 옥외 소화전 설비		○			○		○	○		○	○		○	○
스프링클러 설비		○			○			○	○		○	△	○	○
물분무 등 소화 설비	물분무 소화 설비	○	○		○			○	○		○	○	○	○
	포 소화 설비	○			○			○	○		○	○	○	○
	불활성 가스 소화 설비		○					○				○		
	할로겐 화합물 소화 설비		○					○				○		
	분말 소화 설비 / 인산염류 등	○	○		○			○				○		○
	탄산 수소 염류 등		○	○		○		○	○			○		
	그 밖의 것			○					○					
대형·소형 수동식 소화기	봉상수(棒狀水) 소화기	○			○			○	○		○	○	○	○
	무상수(無狀水) 소화기	○	○		○			○	○		○	○	○	○
	봉상강화액 소화기	○			○			○	○		○	○	○	○
	무상강화액 소화기	○	○		○			○	○		○	○	○	○
	포 소화기	○			○			○	○		○	○	○	○
	이산화탄소 소화기		○					○				○		△
	할론 소화 설비		○					○				○		
	분말 소화기 / 인산염류 소화기	○	○		○			○				○		○
	탄산수소염류 소화기		○	○		○		○	○			○		
	그 밖의 것			○					○					
기타	물통 또는 수조	○			○			○	○		○	○	○	○
	건조사			○	○		○	○	○	○		○	○	○	○
	팽창 질석 또는 팽창 진주암			○	○		○	○	○	○		○	○	○	○

08 소화 약제에 따른 주된 소화 효과로 틀린 것은?

① 수성막 포 소화 약제 : 질식 효과
② 제2종 분말 소화 약제 : 탈수 탄화 효과
③ 이산화탄소 소화 약제 : 질식 효과
④ 할로겐 화합물 소화 약제 : 화학 억제 효과

해설 ② 제2종 분말 소화 약제 : 질식 효과

09 제5류 위험물을 저장 또는 취급하는 장소에 적응성이 있는 소화 설비는?

① 포 소화 설비
② 분말 소화 설비
③ 불활성 가스 소화 설비
④ 할로겐 화합물 소화 설비

해설 7번 해설 참조

10 위험물 시설에 설비하는 자동 화재 탐지 설비의 하나의 경계 구역 면적과 그 한 변의 길이의 기준으로 옳은 것은? (단, 광전식 분리형 감지기를 설치하지 않은 경우이다.)

① 300m² 이하, 50m 이하
② 300m² 이하, 100m 이하
③ 600m² 이하, 50m 이하
④ 600m² 이하, 100m 이하

해설 위험물 시설에 설비하는 자동 화재 탐지 설비의 설치 기준
하나의 경계 구역의 면적은 600m² 이하로 하고, 그 한 변의 길이는 50m(광전식 분리형 감지기를 설치할 경우에는 100m) 이하로 한다.

11 화재의 종류와 가연물이 옳게 연결된 것은?

① A급 − 플라스틱　② B급 − 섬유
③ A급 − 페인트　④ B급 − 나무

해설 ② A급 − 섬유, ③ B급 − 페인트, ④ A급 − 나무

12 다음 위험물 중 비중이 물보다 큰 것은?

① 디에틸에테르 ② 아세트알데하이드
③ 산화프로필렌 ④ 이황화탄소

해설

위험물	비중
디에틸에테르	0.71
아세트알데하이드	0.783
산화프로필렌	0.83
이황화탄소	1.26

13 과산화나트륨에 대한 설명 중 틀린 것은?

① 순수한 것은 백색이다.
② 상온에서 물과 반응하여 수소 가스를 발생한다.
③ 화재 발생 시 주수 소화는 위험할 수 있다.
④ CO 및 CO_2 제거제를 제조할 때 사용한다.

해설 $2Na_2O_2 + 2H_2O \longrightarrow 4NaOH + 2O_2$

14 위험물안전관리법령에서 정한 품명이 서로 다른 물질을 나열한 것은?

① 이황화탄소, 디에틸에테르
② 에틸알코올, 고형 알코올
③ 등유, 경유
④ 중유, 크레오소트유

해설 ① 제4류 위험물 중 특수 인화물 : 이황화탄소, 디에틸에테르
② 제4류 위험물 중 알코올류 : 에틸알코올,
    제4류 위험물 중 제2석유류 : 고형 알코올
③ 제4류 위험물 중 제2석유류 : 등유, 경유
④ 제4류 위험물 중 제3석유류 : 중유, 크레오소트유

15 위험물 안전관리자를 해임할 때에는 해임한 날로부터 며칠 이내에 위험물 안전관리자를 다시 선임하여야 하는가?

① 7   ② 14   ③ 30   ④ 60

해설 위험물 안전관리자의 재선임 : 30일 이내

16 염소산염류 250kg, 아이오딘산염류 600kg, 질산염류 900kg을 저장하고 있는 경우 지정 수량의 몇 배가 보관되어 있는가?

① 5배   ② 7배
③ 10배   ④ 12배

해설 $\dfrac{250}{50} + \dfrac{600}{300} + \dfrac{900}{300} = 5+2+3 = 10$배

17 위험물안전관리법령에 의한 위험물 운송에 관한 규정으로 틀린 것은?

① 이동 탱크 저장소에 의하여 위험물을 운송하는 자는 당해 위험물을 취급할 수 있는 국가기술자격자 또는 안전 교육을 받은 자이어야 한다.
② 안전관리자 · 탱크 시험자 · 위험물 운송자 등 위험물의 안전 관리와 관련된 업무를 수행하는 자는 시 · 도지사가 실시하는 안전 교육을 받아야 한다.
③ 운송 책임자의 범위, 감독 또는 지원의 방법 등에 관한 구체적인 기준은 행정안전부령으로 정한다.
④ 위험물 운송자는 이동 탱크 저장소에 의하여 위험물을 운송하는 때에는 행정안전부령으로 정하는 기준을 준수하는 등 당해 위험물의 안전 확보를 위하여 세심한 주의를 기울여야 한다.

해설 ② 안전관리자·위험물 운송자 등 위험물의 안전관리와 관련된 업무를 수행하는 자는 한국소방안전원에서 탱크 시험자는 한국소방기술원에서 실시하는 안전교육을 받아야 한다.

18 과산화수소의 성질에 대한 설명 중 틀린 것은?

① 알칼리성 용액에 의해 분해될 수 있다.
② 산화제로 사용할 수 있다.
③ 농도가 높을수록 안정하다.
④ 열, 햇빛에 의해 분해될 수 있다.

해설 ③ 농도가 높을수록 불안정하다.

정답 12 ④ 13 ② 14 ② 15 ③ 16 ③ 17 ② 18 ③

19 제6류 위험물을 저장하는 옥내 탱크 저장소로서 단층 건물에 설치된 것의 소화 난이도 등급은?

① Ⅰ등급
② Ⅱ등급
③ Ⅲ등급
④ 해당 없음

해설 제6류 위험물을 저장하는 옥내 탱크 저장소로서 단층 건물에 설치된 것의 소화 난이도 등급 : 해당 없음

20 황린에 관한 설명 중 틀린 것은?

① 물에 잘 녹는다.
② 화재 시 물로 냉각 소화할 수 있다.
③ 적린에 비해 불안정하다.
④ 적린과 동소체이다.

해설 ① 물과 반응하지 않으며 물에 녹지 않는다.

21 다음 중 제2석유류만으로 짝지어진 것은?

① 사이클로헥세인 – 피리딘
② 염화아세틸 – 휘발유
③ 사이클로헥세인 – 중유
④ 아크릴산 – 폼산

해설 ① 사이클로헥세인 : 제1석유류, 피리딘 : 제1석유류
② 염화아세틸 : 제1석유류, 휘발유 : 제1석유류
③ 사이클로헥세인 : 제1석유류, 중유 : 제3석유류

22 다음 중 물과의 반응성이 가장 낮은 것은?

① 인화알루미늄
② 트라이에틸알루미늄
③ 오황화인
④ 황린

해설 ① $AlP + 3H_2O \longrightarrow Al(OH)_3 + PH_3$
② $(C_2H_5)_3Al + 3H_2O \longrightarrow Al(OH)_3 + 3C_2H_6$
③ $P_2S_5 + 8H_2O \longrightarrow 5H_2S + 2H_3PO_4$
④ 황린은 물과 반응하지 않으며 물에 녹지 않는다. 따라서 물 속에 저장한다.

23 위험물안전관리법령에서 정한 특수 인화물의 발화점 기준으로 옳은 것은?

① 1기압에서 100℃ 이하
② 0기압에서 100℃ 이하
③ 1기압에서 25℃ 이하
④ 0기압에서 25℃ 이하

해설 특수 인화물류
디에틸에테르, 이황화탄소, 그 밖에 1기압에서 발화점이 100℃ 이하 또는 인화점이 −20℃ 이하로서 비점이 40℃이 하인 것

24 다음 중 아이오딘 값이 가장 낮은 것은?

① 해바라기유
② 오동유
③ 아마인유
④ 낙화생유

해설

위험물	아이오딘 값
해바라기유	113~146
오동유	155~175
아마인유	168~190
낙화생유	82~109

25 다음 중 위험물 운반 용기의 외부에 "제4류"와 "위험 등급 Ⅱ"의 표시만 보이고 품명이 잘 보이지 않을 때 예상할 수 있는 수납 위험물의 품명은?

① 제1석유류
② 제2석유류
③ 제3석유류
④ 제4석유류

해설 제4류 위험물의 품명과 지정 수량

성질	품명		지정수량	위험등급
인화성 액체	1. 특수 인화물류		50L	Ⅰ
	2. 제1석유류	비수용성 액체	200L	Ⅱ
		수용성 액체	400L	
	3. 알코올류		400L	
	4. 제2석유류	비수용성 액체	1,000L	Ⅲ
		수용성 액체	2,000L	
	5. 제3석유류	비수용성 액체	2,000L	
		수용성 액체	4,000L	
	6. 제4석유류		6,000L	
	7. 동·식물유류		10,000L	

정답 19 ④ 20 ① 21 ④ 22 ④ 23 ① 24 ④ 25 ①

26 다음 아세톤의 완전 연소 반응식에서 ( )에 알맞은 계수를 차례대로 옳게 나타낸 것은?

$$CH_3COCH_3 + (\quad)O_2 \longrightarrow (\quad)CO_2 + 3H_2O$$

① 3, 4   ② 4, 3   ③ 6, 3   ④ 3, 6

해설 $CH_3COCH_3 + (x)O_2 \longrightarrow (y)CO_2 + 3H_2O$
양변의 C의 원자 수를 동일하게 맞춘다.
왼쪽변의 C의 개수가 3개, 그러므로 오른쪽의 C의 개수도 3개
∴ $y=3$, y에 3을 대입하면 오른쪽의 O의 개수는
$3 \times 2 + 3 = 9$개
개수는 양쪽이 동일해야 하므로 왼쪽 O의 개수는
$1 + 2x = 9$, ∴ $x=4$
즉, $x=4$, $y=3$이다.

27 다음 중 위험 등급 Ⅰ의 위험물이 아닌 것은 어느 것인가?

① 무기 과산화물   ② 적린
③ 나트륨   ④ 과산화수소

해설 위험물의 위험등급

구분	위험 등급 Ⅰ	위험 등급 Ⅱ	위험 등급 Ⅲ
제1류 위험물	아염소산염류, 염소산염류, 과염소산염류, 무기과산화물, 그 밖에 지정수량이 50kg인 위험물	브로민산염류, 질산염류, 아이오딘산염류, 그 밖에 지정수량이 300kg인 위험물	
제2류 위험물		황화인, 적린, 황, 그 밖에 지정수량이 100kg인 위험물	
제3류 위험물	칼륨, 나트륨, 알킬알루미늄, 알킬리튬, 황린, 그 밖에 지정수량이 10kg 또는 20kg인 위험물	알칼리금속(칼륨 및 나트륨을 제외) 알칼리토금속, 유기금속화합물(알킬알루미늄 및 알킬리튬을 제외), 그 밖에 지정수량이 50kg인 위험물	위험 등급 Ⅰ, 위험 등급 Ⅱ 외의 것
제4류 위험물	특수인화물	제1석유류, 알코올류	
제5류 위험물	지정수량이 제1종 : 10kg인 위험물	지정수량이 제2종 : 100kg인 위험물	
제6류 위험물	모두		

28 디에틸에테르의 보관·취급에 관한 설명으로 틀린 것은?

① 용기는 밀봉하여 보관한다.
② 환기가 잘되는 곳에 보관한다.
③ 정전기가 발생하지 않도록 취급한다.
④ 저장 용기에 빈 공간이 없게 가득 채워 보관한다.

해설 ④ 저장 용기는 공간 용적을 유지하고 대량 저장 시에는 불활성 가스를 봉입시킨다.

29 옥외 저장소에서 저장 또는 취급할 수 있는 위험물이 아닌 것은? (단, 국제해상위험물규칙에 적합한 용기에 수납된 위험물의 경우는 제외한다.)

① 제2류 위험물 중 황
② 제1류 위험물 중 과염소산염류
③ 제6류 위험물
④ 제2류 위험물 중 인화점이 10℃인 인화성 고체

해설 옥외 저장소에서 저장 또는 취급할 수 있는 위험물
㉠ 제2류 위험물 중 황, 인화성 고체(인화점이 0℃ 이상인 것에 한함)
㉡ 제4류 위험물 중 제1석유류(인화점이 0℃ 이상인 것에 한함), 제2석유류, 제3석유류, 제4석유류, 알코올류, 동·식물 유류
㉢ 제6류 위험물

30 무색의 액체로 융점이 시 −112℃이고 물과 접촉하면 심하게 발열하는 제6류 위험물은?

① 과산화수소   ② 과염소산
③ 질산   ④ 오불화아이오딘

해설 과염소산의 설명이다.

31 하이드라진에 대한 설명으로 틀린 것은?

① 외관은 물과 같이 무색투명하다.
② 가열하면 분해하여 가스를 발생한다.
③ 위험물안전관리법령상 제4류 위험물에 해당한다.
④ 알코올, 물 등의 비극성 용매에 잘 녹는다.

해설 ④ 알코올, 물 등의 극성 용매에 잘 녹는다.

32 황의 성상에 관한 설명으로 틀린 것은?

① 연소할 때 발생하는 가스는 냄새를 가지고 있으나 인체에 무해하다.
② 미분이 공기 중에 떠 있을 때 분진 폭발의 우려가 있다.
③ 용융된 황을 물에서 급랭하면 고무상황을 얻을 수 있다.
④ 연소할 때 아황산 가스를 발생한다.

해설 ① 연소할 때 발생하는 가스는 자극성이 강하고 매우 유독하므로 인체에 유해하다.

33 무기 과산화물의 일반적인 성질에 대한 설명으로 틀린 것은?

① 과산화수소의 수소가 금속으로 치환된 화합물이다.
② 친화력이 강해 스스로 쉽게 산화한다.
③ 가열하면 분해되어 산소를 발생한다.
④ 물과의 반응성이 크다.

해설 ② 산화력이 강하여 가연물과 혼합되어 있을 때 충격, 마찰이 가해지거나 소량의 물과 접촉에 의해 스스로 쉽게 발화 또는 폭발한다.

34 과염소산의 성질로 옳지 않은 것은?

① 산화성 액체이다.
② 무기 화합물이며 물보다 무겁다.
③ 불연성 물질이다.
④ 증기는 공기보다 가볍다.

해설 ④ 증기는 공기보다 무겁다.

35 제조소의 옥외에 모두 3기의 휘발유 취급 탱크를 설치하고 그 주위에 방유제를 설치하고자 한다. 방유제 안에 설치하는 각 취급 탱크의 용량이 5만L, 3만L, 2만L일 때 필요한 방유제의 용량은 몇 L 이상인가?

① 66,000   ② 60,000
③ 33,000   ④ 30,000

해설 방유제 용량
=최대 용량×0.5+(기타 용량의 합×0.1)
=50,000×0.5+(30,000+20,000×0.1)
=25,000+5,000=30,000L 이상

36 다음 중 스프링클러 설비의 소화 작용으로 가장 거리가 먼 것은?

① 질식 작용   ② 희석 작용
③ 냉각 작용   ④ 억제 작용

해설 스프링클러 설비의 소화 작용
㉠ 질식 작용   ㉡ 희석 작용   ㉢ 냉각 작용

37 위험물안전관리법령상 개방형 스프링클러 헤드를 이용하는 스프링클러 설비에서 수동식 개방 밸브를 개방 조작하는 데 필요한 힘은 얼마 이하가 되도록 설치하여야 하는가?

① 5kg   ② 10kg   ③ 15kg   ④ 20kg

해설 개방형 스프링클러 헤드를 사용하는 경우 수동식 개방 밸브를 개방 조작하는 데 필요한 힘 : 15kg 이하

38 트라이에틸알루미늄의 화재 시 사용할 수 있는 소화 약제(설비)가 아닌 것은?

① 마른 모래   ② 팽창 질석
③ 팽창 진주암   ④ 이산화탄소

해설

소화 설비의 구분	건축물·그밖의공작물	전기설비	제1류 위험물		제2류 위험물			제3류 위험물		제4류위험물	제5류위험물	제6류위험물
			알칼리금속과산화물등	그밖의것	철분·금속분·마그네슘등	인화성고체	그밖의것	금수성물품	그밖의것			
옥내 소화전 설비 또는 옥외 소화전 설비	○			○		○	○		○		○	○
스프링클러 설비	○			○			○		○	△	○	○

물분무 등 소화 설비		물분무 소화 설비	○	○		○			○	○		○	○	○
		포 소화 설비	○			○				○			○	○
		불활성 가스 소화 설비		○						○				
		할로젠 화합물 소화 설비		○						○				
	분말 소화 설비	인산염류 등	○	○					○	○				○
		탄산 수소 염류 등		○	○		○	○		○	○			
		그 밖의 것			○		○			○				
대형·소형 수동식 소화기		봉상수 (棒狀水) 소화기			○		○	○		○			○	○
		무상수 (霧狀水) 소화기		○	○		○	○		○			○	○
		봉상강화액 소화기	○		○		○	○		○			○	○
		무상강화액 소화기	○	○	○		○	○		○			○	○
		포 소화기	○		○		○	○		○			○	○
		이산화탄소 소화기		○			○			○			○	△
		할론 소화 설비		○			○			○			○	
	분말 소화기	인산염류 소화기	○	○			○			○			○	
		탄산수소염류 소화기		○	○		○	○		○			○	
		그 밖의 것			○		○			○				
기타		물통 또는 수조	○			○		○		○			○	○
		건조사				○	○	○	○	○	○	○	○	○
		팽창 질석 또는 팽창 진주암				○	○	○	○	○	○	○	○	○

39 가연물이 되기 쉬운 조건이 아닌 것은?

① 산소와 친화력이 클 것
② 열전도율이 클 것
③ 발열량이 클 것
④ 활성화 에너지가 작을 것

해설 ② 열전도율이 적을 것

40 위험물안전관리법령상 옥내 주유 취급소에 있어서 해당 사무소 등의 출입구 및 피난구와 당해 피난구로 통하는 통로·계단 및 출입구에 무엇을 설치해야 하는가?

① 화재 감지기
② 스프링클러 설비
③ 자동 화재 탐지 설비
④ 유도등

해설 주유 취급소 : 통로·계단 및 출입구에 유도등을 설치한다.

41 제1종 분말 소화 약제의 주성분으로 사용되는 것은?

① $KHCO_3$
② H_2SO_4
③ $NaHCO_3$
④ $NH_4H_2PO_4$

해설 분말 소화 약제

종 류	주성분
제1종	$NaHCO_3$
제2종	$KHCO_3$
제3종	$NH_4H_2PO_4$
제4종	$KHCO_3 + (NH_2)_2CO$

42 위험물안전관리법령상 주유 취급소에서의 위험물 취급 기준으로 옳지 않은 것은?

① 자동차에 주유할 때에는 고정 주유 설비를 이용하여 직접 주유할 것
② 자동차에 경유 위험물을 주유할 때에는 자동차의 원동기를 반드시 정지시킬 것
③ 고정 주유 설비에는 당해 주유 설비에 접속한 전용 탱크 또는 간이 탱크의 배관 외의 것을 통하여서는 위험물을 공급하지 아니할 것
④ 고정 주유 설비에 접속하는 탱크에 위험물을 주입할 때에는 당해 탱크에 접속된 고정 주유 설비의 사용을 중지할 것

해설 ② 인화점이 40℃ 미만의 위험물을 주유할 때에는 차량 등의 시동을 끌 것

43 Halon 1211에 해당하는 물질의 분자식은?

① CBr_2FCl
② CF_2ClBr
③ CCl_2FBr
④ FC_2BrCl

해설 할론 번호 순서
㉠ 첫째 : 탄소(C)
㉡ 둘째 : 불소(F)
㉢ 셋째 : 염소(Cl)
㉣ 넷째 : 취소(Br)
∴ 1211 ⟶ CF_2ClBr

정답 39 ② 40 ④ 41 ③ 42 ② 43 ②

44 다음 중 위험물안전관리법령에서 정한 지정 수량이 나머지 셋과 다른 물질은?

① 아세트산
② 하이드라진
③ 클로로벤젠
④ 나이트로벤젠

해설

위험물	지정 수량
아세트산	2,000L
하이드라진	2,000L
클로로벤젠	1,000L
나이트로벤젠	2,000L

45 표준 상태에서 탄소 1몰이 완전히 연소하면 몇 L의 이산화탄소가 생성되는가?

① 11.2
② 22.4
③ 44.8
④ 56.8

해설 $\underset{\text{1mol}}{C} + O_2 \longrightarrow \underset{\text{22.4L}}{CO_2}$

46 제4류 위험물에 대한 일반적인 설명으로 옳지 않은 것은?

① 대부분 연소 하한값이 낮다.
② 발생 증기는 가연성이며 대부분 공기보다 무겁다.
③ 대부분 무기 화합물이므로 정전기 발생에 주의한다.
④ 인화점이 낮을수록 화재 위험성이 높다.

해설 ③ 대부분 유기 화합물이므로 정전기 발생에 주의한다.

47 위험물안전관리법령에서 정한 아세트알데하이드등을 취급하는 제조소의 특례에 따라 다음 ( )에 해당하지 않는 것은?

아세트알데하이드 등을 취급하는 설비는 ( )·( )·동·( ) 또는 이들을 성분으로 하는 합금으로 만들지 아니할 것

① 금
② 은
③ 수은
④ 마그네슘

해설 아세트알데하이드 취급 시 사용 금지 물질
㉠ 은
㉡ 수은
㉢ 동
㉣ 마그네슘

48 다음은 위험물을 저장하는 탱크의 공간 용적 산정 기준이다. ( )에 알맞은 수치로 옳은 것은?

암반 탱크에 있어서는 당해 탱크 내에 용출하는 ( )일간의 지하수의 양에 상당하는 용적과 당해 탱크의 내용적의 ( )의 용적 중에서 보다 큰 용적을 공간 용적으로 한다.

① 7, 1/100
② 7, 5/100
③ 10, 1/100
④ 10, 5/100

해설 암반 탱크 공간 용적 산정 기준
탱크 내에 용출하는 7일간의 지하수의 양에 상당하는 용적과 당해 탱크 내용적의 $\frac{1}{100}$의 용적 중에서 보다 큰 용적을 공간 용적으로 한다.

49 위험물안전관리법령상 제4석유류를 저장하는 옥내 저장 탱크의 용량은 지정 수량의 몇 배 이하이어야 하는가?

① 20
② 40
③ 100
④ 150

해설 ① 1층 이하 층의 건물에 탱크 전용실의 탱크 용량 설치 시 : 지정 수량 40배(제4석유류 또는 동식물류 외의 제4류 위험물로서 당해 수량이 20,000L를 초과하는 경우에는 20,000L) 이하
② 2층 이상 층의 건물에 설치 시 : 지정 수량 10배(제4석유류 또는 동식물류 외의 제4류 위험물로서 당해 수량이 5,000L를 초과하는 경우에는 5,000L) 이하

50 위험물 제조소 등의 종류가 아닌 것은?

① 간이 탱크 저장소
② 일반 취급소
③ 이송 취급소
④ 이동 판매 취급소

해설 위험물 제조소 등의 종류
(1) 제조소
(2) 저장소
㉠ 옥내 저장소
㉡ 옥내 탱크 저장소
㉢ 옥외 탱크 저장소
㉣ 지하 탱크 저장소
㉤ 간이 탱크 저장소
㉥ 이동 탱크 저장소
㉦ 옥외 저장소
㉧ 암반 탱크 저장소

정답 44 ③ 45 ② 46 ③ 47 ① 48 ① 49 ② 50 ④

(3) 취급소
- ㉠ 주유 취급소
- ㉡ 판매 취급소
- ㉢ 이송 취급소
- ㉣ 일반 취급소

51 위험물안전관리법령상 정기 점검 대상인 제조소 등의 조건이 아닌 것은?

① 예방 규정 작성 대상인 제조소 등
② 지하 탱크 저장소
③ 이동 탱크 저장소
④ 지정 수량 5배의 위험물을 취급하는 옥외 탱크를 둔 제조소

해설 정기 점검 대상인 제조소 등
㉠ 예방 규정 작성 대상인 제조소 등
㉡ 지하 탱크 저장소
㉢ 이동 탱크 저장소
㉣ 위험물을 취급하는 탱크로서 지하에 매설된 탱크가 있는 제조소·주유 취급소 또는 일반 취급소

52 제2류 위험물에 대한 설명으로 옳지 않은 것은?

① 대부분 물보다 가벼우므로 주수 소화는 어려움이 있다.
② 점화원으로부터 멀리하고 가열을 피한다.
③ 금속분은 물과의 접촉을 피한다.
④ 용기 파손으로 인한 위험물의 누설에 주의한다.

해설 ① 물보다 무겁고 적린과 유황은 주수 소화가 적당하다.

53 분자량이 약 110인 무기 과산화물로 물과 접촉하여 발열하는 것은?

① 과산화마그네슘
② 과산화벤젠
③ 과산화칼슘
④ 과산화칼륨

해설 과산화칼륨의 설명이다.

54 알루미늄분이 염산과 반응하였을 경우 생성되는 가연성 가스는?

① 산소
② 질소
③ 메탄
④ 수소

해설 $2Al + 6HCl \longrightarrow 2AlCl_3 + 3H_2$

55 위험물안전관리법령에서 정하는 위험 등급 II에 해당하지 않는 것은?

① 제1류 위험물 중 질산염류
② 제2류 위험물 중 적린
③ 제3류 위험물 중 유기 금속 화합물
④ 제4류 위험물 중 제2석유류

해설 27번 해설 참조

56 다음 중 산을 가하면 이산화염소를 발생시키는 물질로 분자량이 약 90.5인 것은?

① 아염소산나트륨
② 브로민산나트륨
③ 아이오딘산칼륨
④ 다이크로뮴산나트륨

해설 아염소산나트륨의 설명이다.

57 살충제 원료로 사용되기도 하는 암회색 물질로 물과 반응하여 포스핀 가스를 발생할 위험이 있는 물질은?

① 인화아연
② 수소화나트륨
③ 칼륨
④ 나트륨

해설 $Zn_3P_2 + 6H_2O \longrightarrow 3Zn(OH)_2 + 2PH_3$

58 과염소산칼륨의 성질에 관한 설명 중 틀린 것은?

① 무색, 무취의 결정이다.
② 알코올, 에테르에 잘 녹는다.
③ 진한 황산과 접촉하면 폭발할 위험이 있다.
④ 400℃ 이상으로 가열하면 분해하여 산소가 발생할 수 있다.

해설 ② 알코올, 에테르에 녹지 않는다.

정답 51 ④ 52 ① 53 ④ 54 ④ 55 ④ 56 ① 57 ① 58 ②

59 분말의 형태로서 150마이크로미터의 체를 통과하는 것이 50중량퍼센트 이상인 것만 위험물로 취급되는 것은?

① Zn   ② Fe   ③ Ni   ④ Cu

해설   Zn분의 설명이다.

60 다음 물질 중 인화점이 가장 높은 것은?

① 아세톤   ② 디에틸에테르
③ 메탄올   ④ 벤젠

해설

인화물	인화점
아세톤	$-18°C$
디에틸에테르	$-45°C$
메탄올	$11°C$
벤젠	$-11.1°C$

위험물 기능사 (2022. 1. 23 시행)

01 위험물 제조소 등에 설치하는 옥외 소화전 설비의 기준에서 옥외 소화전함은 옥외 소화전으로부터 보행 거리 몇 m 이하의 장소에 설치하여야 하는가?

① 1.5
② 5
③ 7.5
④ 10

해설 위험물 제조소 등에 설치하는 옥외 소화전 설비 기준 : 옥외 소화전함은 옥외 소화전으로부터 보행 거리 5m 이하의 장소에 설치한다.

02 질식 소화 효과를 주로 이용하는 소화기는?

① 포 소화기
② 강화액 소화기
③ 수(물) 소화기
④ 할로겐 화합물 소화기

해설 ① 포 소화기 : 질식 효과
② 강화액 소화기 : 냉각 효과 및 질식 효과
③ 수(물) 소화기 : 냉각 효과
④ 할로겐 화합물 소화기 : 냉각 효과 및 질식 효과

03 주유 취급소 중 건축물의 2층에 휴게 음식점의 용도로 사용하는 것에 있어 해당 건축물의 2층으로부터 직접 주유 취급소의 부지 밖으로 통하는 출입구와 해당 출입구로 통하는 통로·계단에 설치하여야 하는 것은?

① 비상 경보 설비
② 유도등
③ 비상 조명등
④ 확성 장치

해설 주유 취급소 : 통로·계단 및 출입구에 유도등을 설치한다.

04 높이 15m, 지름 20m인 옥외 저장 탱크에 보유 공지의 단축을 위해서 물 분무 설비로 방호 조치를 하는 경우 수원의 양은 약 몇 L 이상으로 하여야 하는가?

① 46,472
② 58,090
③ 70,259
④ 95,880

해설 옥외 저장 탱크 물 분무 설비의 방호 조치 기준
㉠ 탱크의 표면에 방사하는 물의 양은 탱크의 높이 15m 이하마다 원주 길이 37L/min·m 이상으로 한다.
㉡ 수원의 양은 ㉠의 규정에 의한 수량으로 20분 이상 방사할 수 있는 수량으로 한다.
㉢ 탱크의 높이가 15m를 초과하는 경우에는 15m이 하마다 분무 해드를 설치하되, 분무 헤드는 탱크 높이 및 구조를 고려하여 분무가 적정하게 이루어 질 수 있도록 배치한다.

$$수원량 = \pi d \times 37 \times 20$$
$$= 3.14 \times 20 \times 37 \times 20$$
$$= 46,472L \text{ 이상}$$

05 위험물 제조소 등에 설치하는 불활성 가스의 소화 약제 저장 용기 설치 장소로 적합하지 않은 곳은?

① 방호 구역 외의 장소
② 온도가 40℃ 이하이고 온도 변화가 적은 장소
③ 빗물이 침투할 우려가 적은 장소
④ 직사일광이 잘 들어오는 장소

해설 불활성 가스 소화 설비 저장 용기 설치 장소
㉠ 방호 구역 외의 장소에 설치할 것
㉡ 온도가 40℃ 이하이고, 온도 변화가 적은 곳에 설치할 것
㉢ 직사광선 및 빗물이 침투할 우려가 적은 장소에 설치할 것
㉣ 저장 용기에는 안전장치(용기밸브에 설치되어 있는 것 포함)를 설치할 것
㉤ 저장 용기는 외면에 소화약제의 종류와 양, 제조년도 및 제조자를 표시할 것

06 알루미늄 분말 화재 시 주수하여서는 안 되는 가장 큰 이유는?

① 수소가 발생하여 연소가 확대되기 때문에
② 유독 가스가 발생하여 연소가 확대되기 때문에
③ 산소의 발생으로 연소가 확대되기 때문에
④ 분말의 독성이 강하기 때문에

해설 $2Al + 6H_2O \rightarrow 2Al(OH)_3 + 3H_2$

07 탄화알루미늄이 물과 반응하면 폭발의 위험이 있는 것은 다음 중 어떤 가스가 발생하기 때문인가?

① 수소   ② 메탄
③ 아세틸렌   ④ 암모니아

해설 $Al_4C_3 + 12H_2O \rightarrow 4Al(OH)_3 + 3CH_4$

08 위험물 제조소에 설치하는 분말 소화 설비의 기준에서 분말 소화 약제의 가압용 가스로 사용할 수 있는 것은?

① 헬륨 또는 산소   ② 네온 또는 염소
③ 아르곤 또는 산소   ④ 질소 또는 이산화탄소

해설 분말 소화 약제의 가압용 가스 : 질소 또는 이산화탄소

09 니트로셀룰로오스의 자연 발화는 일반적으로 무엇에 기인한 것인가?

① 산화열   ② 중합열   ③ 흡착열   ④ 분해열

해설 자연 발화의 형태
㉠ 분해열에 의한 발화
　　예 셀룰로이드류, 나이트로셀룰로오스(질화면), 과산화수소, 염소산칼륨 등
㉡ 산화열에 의한 발화
　　예 건성유, 원면, 석탄, 고무 분말, 액체 산소, 발연 질산 등
㉢ 중합열에 의한 발화
　　예 시안화수소(HCN), 산화에틸렌(C_2H_4O), 염화비닐(CH_2CHCl), 부타디엔(C_4H_6) 등
㉣ 흡착열에 의한 발화　**예** 활성탄, 목탄 분말 등
㉤ 미생물에 의한 발화　**예** 퇴비, 퇴적물, 먼지 등

10 제1종 판매 취급소에 설치하는 위험물 배합실의 기준으로 틀린 것은?

① 바닥 면적은 $6m^2$ 이상 $15m^2$ 이하일 것
② 내화 구조 또는 불연 재료로 된 벽으로 구획할 것
③ 출입구는 수시로 열 수 있는 자동 폐쇄식의 갑종 방화문으로 설치할 것
④ 출입구 문턱의 높이는 바닥면으로부터 0.2m 이상일 것

해설 제1종 판매 취급소 위험물 배합실 기준
㉠ 바닥 면적은 $6m^2$ 이상 $15m^2$ 이하일 것
㉡ 내화 구조 또는 불연 재료로 된 벽으로 구획할 것
㉢ 바닥은 위험물이 침투하지 아니하는 구조로 하여 적당한 경사를 두고 집유 설비를 할 것
㉣ 출입구는 수시로 열 수 있는 자동 폐쇄식의 갑종 방화문으로 설치할 것
㉤ 출입구 문턱의 높이는 바닥면으로부터 0.1m 이상으로 할 것
㉥ 내부에 체류한 가연성의 증기 또는 가연성의 미분을 지붕 위로 방출하는 설비를 할 것

11 $NaClO_2$를 수납하는 운반 용기의 외부에 표시하여야 할 주의 사항으로 옳은 것은?

① "화기 엄금" 및 "충격 주의"
② "화기 엄금" 및 "물기 엄금"
③ "화기 · 충격 주의" "가연물 접촉 주의"
④ "화기 엄금" 및 "공기 접촉 엄금"

해설 위험물운반 용기의 주의 사항

위험물		주의 사항
제1류 위험물	알칼리 금속의 과산화물	· 화기 · 충격주의 · 물기 엄금 · 가연물 접촉 주의
	기타($NaClO_2$)	· 화기 · 충격주의 · 가연물 접촉 주의
제2류 위험물	철분 · 금속분 · 마그네슘	· 화기 주의 · 물기 엄금
	인화성 고체	화기 엄금
	기타	화기 주의
제3류 위험물	자연 발화성 물질	· 화기 엄금 · 공기 접촉 엄금
	금수성 물질	물기 엄금
제4류 위험물		화기 엄금
제5류 위험물		· 화기 엄금 · 충격 주의
제6류 위험물		가연물 접촉 주의

12 다음 중 알루미늄분의 위험성에 대한 설명 중 틀린 것은?

① 할로겐 원소와 접촉 시 자연 발화의 위험성이 있다.
② 산과 반응하여 가연성 가스인 수소를 발생한다.
③ 발화하면 다량의 열이 발생한다.
④ 뜨거운 물과 격렬히 반응하여 산화알루미늄을 발생한다.

해설 ④ $2Al+6H_2O \rightarrow 2Al(OH)_3+3H_2$

13 오황화인과 칠황화인이 물과 반응했을 때 공통으로 나오는 물질?

① 이산화황
② 황화수소
③ 인화수소
④ 삼산화황

해설 ㉠ $P_2S_5+8H_2O \rightarrow 5H_2S+2H_3PO_4$
㉡ $P_4S_7+13H_2O \rightarrow 3H_3PO_3+7H_2S+H_3PO_4$
∴ 공통물질 : H_2S

14 메틸알코올의 위험성 설명으로 틀린 것은?

① 겨울에는 인화의 위험이 여름보다 작다.
② 증기 밀도는 가솔린보다 크다.
③ 독성이 있다.
④ 연소 범위는 에틸알코올보다 넓다.

해설 ② 증기 밀도는 가솔린보다 작다.

	메틸알코올	가솔린
증기 밀도	1.43	3.21 ~ 5.71

15 다음 중 제3류 위험물에 대한 설명으로 옳지 않은 것은?

① 황린은 공기 중에 노출되면 자연 발화하므로 물 속에 저장하여야 한다.
② 나트륨은 물보다 무거우며 석유 등의 보호액 속에 저장하여야 한다.
③ 트라이에틸알루미늄은 상온에서 액체 상태로 존재한다.
④ 인화칼슘은 물과 반응하여 유독성의 포스핀을 발생한다.

해설 ② 나트륨(비중 0.97)은 물보다 가볍고 석유 등의 보호액 속에 저장한다.

16 과산화칼륨이 물 또는 이산화탄소와 반응할 경우 공통적으로 발생하는 물질은?

① 산소
② 과산화수소
③ 수산화칼륨
④ 수소

해설 ㉠ $2K_2O_2+2H_2O \rightarrow 4KOH+O_2$
㉡ $2K_2O_2+2CO_2 \rightarrow 2K_2CO_3+O_2$
∴ 공통물질 : O_2

17 액체 위험물을 운반 용기에 수납할 때 내용 적의 몇 % 이하의 수납률로 수납하여야 하는가?

① 95
② 96
③ 97
④ 98

해설 운반 용기의 수납률

위험물	수납률
알킬알루미늄 등	90% 이하 (50℃에서 5% 이상 공간 용적 유지)
고체 위험물	95% 이하
액체 위험물	98% 이하 (55℃에서 누설되지 않는 것)

18 건성유에 해당되지 않는 것은?

① 들기름   ② 동유

③ 아마인유   ④ 피마자유

해설 ④ 피마자유(81~91) : 불건성유

19 1몰의 에틸알코올이 완전 연소하였을 때 생성되는 이산화탄소는 몇 몰인가?

① 1몰   ② 2몰

③ 3몰   ④ 4몰

해설 $C_2H_5OH + 3O_2 \rightarrow 2CO_2 + 3H_2O$

20 위험물안전관리법령상 제5류 위험물의 위험 등급에 대한 설명 중 틀린 것은?

① 유기 과산화물과 질산에스테르류는 위험 등급 Ⅰ에 해당한다.

② 지정 수량 100kg인 히드록실아민과 히드록실아민염류는 위험등급 Ⅱ에 해당한다.

③ 지정 수량 200kg에 해당되는 품명은 모두 위험 등급 Ⅲ에 해당한다.

④ 지정 수량 10kg인 품명만 위험 등급 Ⅰ에 해당한다.

해설 (1) 위험 등급 Ⅰ의 위험물

유별	품명
제1류 위험물	· 아염소산염류 · 염소산염류 · 과염소산염류 · 무기 과산화물 · 지정 수량 50kg인 위험물
제3류 위험물	· 칼륨 · 나트륨 · 알킬알루미늄 · 알킬리튬 · 황린 · 지정 수량 10kg인 위험물
제4류 위험물	· 특수 인화물
제5류 위험물	· 유기 과산화물 · 질산에스터류 · 지정 수량 10kg인 위험물
제6류 위험물	· 전부

(2) 위험 등급 Ⅱ의 위험물

유별	품명
제1류 위험물	· 브로민산염류 · 질산염류 · 아이오딘산염류 · 지정 수량 300kg인 위험물
제2류 위험물	· 황화인 · 적린 · 황 · 지정 수량 100kg인 위험물
제3류 위험물	· 알칼리 금속(칼륨·나트륨 제외) · 알칼리 토금속 · 유기 금속 화합물(알킬알루미늄·알킬리튬 제외) · 지정 수량 50kg인 위험물
제4류 위험물	· 제1석유류 · 알코올류
제5류 위험물	위험 등급 Ⅰ의 위험물 외

21 제4류 위험물의 설명으로 가장 옳은 것은?

① 물과 접촉하면 발열하는 것

② 자기 연소성 물질

③ 많은 산소를 함유하는 강산화제

④ 상온에서 액상인 가연성 액체

해설 제4류 위험물(인화성 액체) : 상온에서 액상인 가연성 액체이다.

22 제조소 등에 있어서 위험물의 저장하는 기준으로 잘못된 것은?

① 황린은 제3류 위험물이므로 물기가 없는 건조한 장소에 저장하여야 한다.

② 덩어리 상태의 황은 위험물 용기에 수납하지 않고 옥내 저장소에 저장할 수 있다.

③ 옥내 저장소에서는 용기에 수납하여 저장하는 위험물의 온도가 55℃를 넘지 아니하도록 필요한 조치를 강구하여야 한다.

④ 이동 저장 탱크에는 저장 또는 취급하는 위험물의 유별·품명·최대 수량 및 적재 수량을 표시하고 잘 보일 수 있도록 관리하여야 한다.

해설 ① 제3류 위험물 중 황린 그 밖에 물속에 저장하는 물품과 금수성 물질은 동일한 저장소에서 저장하지 아니하여야 한다.

23 염소산나트륨의 저장 및 취급 시 주의할 사항으로 틀린 것은?

① 철제 용기에 저장은 피해야 한다.
② 열분해 시 이산화탄소가 발생하므로 질식에 유의한다.
③ 조해성이 있으므로 방습에 유의한다.
④ 용기에 밀전(密栓)하여 보관한다.

해설 ② 염소산나트륨($NaClO_3$)은 매우 불안정하여 300°C의 분해 온도에서 산소를 분해 방출하고 촉매에 의해서는 낮은 온도에서 분해한다.
$4NaClO_3 \longrightarrow 3NaClO_4 + NaCl$
$NaClO_4 \longrightarrow NaCl + 2O_2$
$2NaClO_3 \longrightarrow 2NaCl + 3O_2$

24 과염소산에 대한 설명으로 틀린 것은?

① 물과 접촉하면 발열한다.
② 불연성이지만 유독성이 있다.
③ 증기 비중은 약 3.5이다.
④ 산화제이므로 쉽게 산화할 수 있다.

해설 ④ 산화제이므로 쉽게 환원될 수 있다.

25 제조소 등에서 위험물을 유출시켜 사람의 신체 또는 재산에 대하여 위험을 발생시킨 자에 대한 벌칙 기준으로 옳은 것은?

① 1년 이상 3년 이하의 징역
② 1년 이상 5년 이하의 징역
③ 1년 이상 7년 이하의 징역
④ 1년 이상 10년 이하의 징역

해설 제조소 등에서 위험물을 유출시켜 사람의 신체 또는 재산에 대하여 위험물을 발생시킨 자에 대한 벌칙 : 1년 이상 10년 이하의 징역

26 비중은 0.86이고 은백색의 무른 경금속으로 보라색 불꽃을 내면서 연소하는 제3류 위험물은?

① 칼슘 ② 나트륨 ③ 칼륨 ④ 리튬

해설 칼륨(K)의 설명이다.

27 이황화탄소에 관한 설명으로 틀린 것은?

① 비교적 무거운 무색의 고체이다.
② 인화점이 0°C 이하이다.
③ 약 100°C에서 발화할 수 있다.
④ 이황화탄소의 증기는 유독하다.

해설 ① 비교적 무거운(비중 1.26) 무색 투명한 액체이다.

28 위험물 제조소의 연면적이 몇 m^2 이상이 되면 경보 설비 중 자동 화재 탐지 설비를 설치하여야 하는가?

① 400 ② 500 ③ 600 ④ 800

해설 제조소 등별로 설치하여야 하는 경보 설비의 종류

제조소 등의 구분	제조소 등의 규모, 저장 또는 취급하는 위험물의 종류 및 최대 수량 등	경보 설비
제조소 및 일반 취급소	·연면적 500m² 이상인 것 ·옥내에서 지정 수량의 100배 이상을 취급하는 것(고인화점 위험물만을 100°C 미만의 온도에서 취급하는 것을 제외한다) ·일반 취급소로 사용되는 부분 외의 부분이 있는 건축물에 설치된 일반 취급소(일반 취급소와 일반 취급소 외의 부분이 내화 구조의 바닥 또는 벽으로 개구부 없이 구획된 것을 제외한다)	자동 화재 탐지 설비

29 1몰의 이황화탄소와 고온의 물이 반응하여 생성되는 독성 기체 물질의 부피는 표준상태에서 얼마인가?

① 22.4L ② 44.8L
③ 67.2L ④ 134.4L

해설 이황화탄소는 고온의 물과 반응하여 이산화탄소(CO_2)와 독성 기체 물질인 황화수소(H_2S)를 발생한다.
$CS_2 + 2H_2O \longrightarrow CO_2 + 2H_2S$
∴ H_2S의 부피 : $2 \times 22.4L = 44.8L$

30 포 소화 약제에 의한 소화 방법으로 다음 중 가장 주된 소화 효과는?

① 희석 소화　　② 질식 소화
③ 제거 소화　　④ 자기 소화

해설 | 포 소화 약제의 주된 소화 효과는 질식 소화이다.

31 위험물안전관리법령상 위험물 제조소 등에서 전기 설비가 있는 곳에 적응하는 소화 설비는?

① 옥내 소화전 설비
② 스프링클러 설비
③ 포 소화 설비
④ 할로젠 화합물 소화 설비

해설

소화 설비의 구분		대상물 구분									
		건축물 · 그밖의 공작물	전기 설비	제1류 위험물		제2류 위험물			제3류 위험물		제4류 위험물	제5류 위험물	제6류 위험물
				알칼리 금속 과산화물 등	그 밖의 것	철분 · 금속분 · 마그네슘 등	인화성 고체	그밖의 것	금수성 물품	그밖의 것			
옥내 소화전 설비 또는 옥외 소화전 설비		○			○		○	○		○	○	○	○
스프링클러 설비		○			○		○	○		○	△	○	○
물분무 등 소화 설비	물분무 소화 설비	○	○		○		○	○		○	○	○	○
	포 소화 설비	○			○		○	○		○	○	○	○
	불활성 가스 소화 설비		○				○				○		
	할로젠 화합물 소화 설비		○				○				○		
	분말 소화 설비 - 인산염류 등	○	○		○		○	○			○		○
	분말 소화 설비 - 탄산 수소 염류 등		○	○		○	○		○		○		
	분말 소화 설비 - 그밖의 것			○		○			○				
대형 · 소형 수동식 소화기	봉상수 (棒狀水) 소화기	○			○		○	○		○	○	○	○
	무상수 (無狀水) 소화기	○	○		○		○	○		○	○	○	○
	봉상강화액 소화기	○			○		○	○		○	○	○	○
	무상강화액 소화기	○	○		○		○	○		○	○	○	○
	포 소화기	○			○		○	○		○	○	○	○
	이산화탄소 소화기		○				○				○		△
	할론 소화 설비		○				○				○		
	분말 소화기 - 인산염류 소화기	○	○		○		○	○			○		○
	분말 소화기 - 탄산수소염류 소화기		○	○		○	○		○		○		
	분말 소화기 - 그밖의 것			○		○			○				
기타	물통 또는 수조	○			○		○	○		○	○	○	○
	건조사			○	○	○	○	○	○	○	○	○	○
	팽창 질석 또는 팽창 진주암			○	○	○	○	○	○	○	○	○	○

32 위험물 제조소의 안전거리 기준으로 틀린 것은?

① 초 · 중등교육법 및 고등교육법에 의한 학교 - 20m 이상
② 의료법에 의한 병원급 의료기관 - 30m 이상
③ 문화재보호법 규정에 의한 지정문화재 - 50m
④ 사용 전압이 35,000V를 초과하는 특고압 가공 전선 - 5m

해설 | 초·중등교육법 및 고등교육법에 의한 학교 : 30m 이상

33 위험물 화재 시 주수 소화가 가능한 것은?

① 철분　　　　② 마그네슘
③ 나트륨　　　④ 황

해설 | ① 철분 : 건조사　　② 마그네슘 : 건조사
③ 나트륨 : 건조사　　④ 황 : 주수 소화

34 다음 위험물 중에서 이동 탱크 저장소에 의하여 위험물을 운송할 때 운송 책임자의 감독·지원을 받아야 하는 위험물은?

① 알킬리튬　　　② 아세트알데하이드
③ 금속의 수소화물　④ 마그네슘

해설 | 이동 탱크 저장소의 위험물 운송 시 운송 책임자의 감독·지원을 받아야 하는 위험물
㉠ 알킬알루미늄
㉡ 알킬리튬
㉢ 알킬알루미늄 또는 알킬리튬을 함유하는 위험물

35 위험물안전관리법령의 소화 설비 설치 기준에 의하면 옥외 소화전 설비의 수원의 수량은 옥외 소화전 설치 개수(설치 개수가 4 이상인 경우에는 4)에 몇 m³를 곱한 양 이상이 되도록 하여야 하는가?

① 7.5　　　　② 13.5
③ 20.5　　　④ 25.5

해설 옥외 소화전 설비 수원의 수량

$Q(\text{m}^3) = N \times 13.5\text{m}^3$

여기서, Q : 수원의 수량

$\qquad N$: 옥외 소화전 설치 개수(설치 개수가 4 이상인 경우에는 4)

36 폭발 시 연소파의 전파 속도 범위에 가장 가까운 것은?

① 0.1~10m/s
② 100~1,000m/s
③ 2,000~3,500m/s
④ 5,000~10,000m/s

해설 폭발 시 연소파의 전파 속도 범위는 0.1~10m/s이다.

37 다음 중 금속나트륨에 대한 설명으로 옳지 않은 것은?

① 물과 격렬히 반응하여 발열하고 수소 가스를 발생한다.
② 에틸알코올과 반응하여 나트륨에틸라이트와 수소 가스를 발생한다.
③ 할로젠 화합물 소화 약제는 사용할 수 없다.
④ 은백색의 광택이 있는 중금속이다.

해설 ④ 은백색의 광택이 있는 경금속이다.

38 황의 성질에 대한 설명 중 틀린 것은?

① 물에 녹지 않으나 이황화탄소에 녹는다.
② 공기 중에서 연소하여 아황산 가스를 발생한다.
③ 전도성 물질이므로 정전기 발생에 유의하여야 한다.
④ 분진 폭발의 위험성에 주의하여야 한다.

해설 ③ 전기를 통하지 않으므로 정전기 발생에 유의하여야 한다.

39 제2류 위험물의 일반적 성질에 대한 설명으로 가장 거리가 먼 것은?

① 가연성 고체 물질이다.
② 연소 시 연소열이 크고 연소 속도가 빠르다.
③ 산소를 포함하여 조연성 가스의 공급 없이 연소가 가능하다.
④ 비중이 1보다 크고 물에 녹지 않는다.

해설 ③ 대부분 비중은 1보다 크고 물에 녹지 않으며, 인화성 고체를 제외하고 모두 무기 화합물이며 강력한 환원성 물질이다.

40 옥외 탱크 저장소의 소화 설비를 검토 및 적용할 때에 소화 난이도 등급 Ⅰ에 해당되는지를 검토하는 탱크 높이의 측정 기준으로서 적합한 것은?

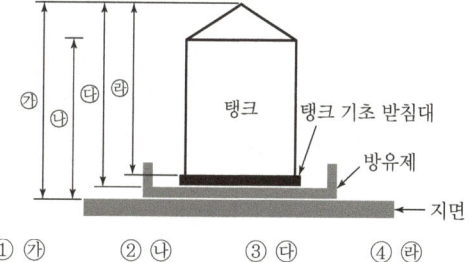

① ㉮   ② ㉯   ③ ㉰   ④ ㉱

해설 소화난이도 등급 Ⅰ에 해당하는 제조소 등

구분	제조소등의 규모, 저장 또는 취급하는 위험물의 품명 및 최대수량 등
제조소 일반 취급소	· 연면적 1,000m² 이상인 것 · 지정 수량의 100배 이상인 것 · 지반면으로부터 6m 이상의 높이에 위험물 취급 설비가 있는 것 · 일반 취급소로 사용되는 부분 외의 부분을 갖는 건축물에 설치된 것
주유 취급소	면적의 합이 500m²를 초과하는 것
옥내 저장소	· 지정 수량의 150배 이상인 것 · 연면적 150m²를 초과하는 것 · 처마 높이가 6m 이상인 단층 건물의 것 · 옥내 저장소로 사용되는 부분 외의 부분이 있는 건축물에 설치된 것

옥외 탱크 저장소	• 액표면적이 40m² 이상인 것 • 지반면으로부터 탱크 옆판의 상단까지 높이가 6m 이상인 것 • 지중 탱크 또는 해상 탱크로서 지정 수량의 100배 이상인 것 • 고체 위험물을 저장하는 것으로서 지정 수량의 100배 이상인 것
옥내 탱크 저장소	• 액표면적이 40m² 이상인 것 • 바닥면으로부터 탱크 옆판의 상단까지 높이가 6m 이상인 것 • 탱크 전용실이 단층 건물 외의 건축물에 있는 것으로 인화점 38℃ 이상 70℃ 미만의 위험물을 지정 수량 5배 이상 저장하는 것
옥외 저장소	• 덩어리 상태의 황 등을 저장하는 것으로서 경계 표시 내부의 면적이 100m² 이상인 것 • 지정 수량의 100배 이상인 것
암반 탱크 저장소	• 액표면적이 40m² 이상인 것 • 고체 위험물을 저장하는 것으로서 지정 수량의 100배 이상인 것
이송 취급소	모든 대상

41 벤젠 1몰을 충분한 산소가 공급되는 표준상태에서 완전 연소시켰을 때 발생하는 이산화탄소의 양은 몇 L인가?

① 22.4 ② 134.4
③ 168.8 ④ 224.0

해설 $C_6H_6 + 7.5O_2 \rightarrow 6CO_2 + 3H_2O$
∴ $6 \times 22.4L = 134.4L$

42 위험물 분류에서 제1석유류에 대한 설명으로 옳은 것은?

① 아세톤, 휘발유, 그 밖에 1기압에서 인화점이 섭씨 21도 미만인 것
② 등유, 경유, 그밖의 액체로서 인화점이 섭씨 21도 이상 70도 미만인 것
③ 중유, 도료류로서 인화점이 섭씨 70도 이상 200도 미만의 것
④ 기계유, 실린더유 그밖의 액체로서 인화점이 섭씨 200도 이상 250도 미만인 것

해설 제1석유류 : 아세톤, 휘발유, 그 밖에 1기압에서 인화점이 섭씨 21도 미만인 것

43 옥내 저장소의 저장 창고에 150m² 이내마다 일정 규격의 격벽을 설치하여 저장하여야 하는 위험물은?

① 제5류 위험물 중 지정 과산화물
② 알킬알루미늄 등
③ 아세트알데하이드 등
④ 하이드록실아민 등

해설 옥내 저장소의 저장 창고에 150m² 이내마다 일정 규격의 격벽을 설치하여 저장하는 위험물은 제5류 위험물 중 지정 과산화물이다.

44 황화인에 대한 설명 중 옳지 않은 것은?

① 삼황화인은 황색 결정으로 공기 중 약 100℃에서 발화할 수 있다.
② 오황화인은 담황색 결정으로 조해성이 있다.
③ 오황화인은 물과 접촉하여 유독성 가스를 발생할 위험이 있다.
④ 삼황화인은 연소하여 황화수소 가스를 발생할 위험이 있다.

해설 ④ $P_4S_3 + 8O_2 \rightarrow 2P_2O_5 + 3SO_2$

45 아염소산염류의 운반 용기 중 적응성 있는 내장 용기의 종류와 최대 용적이나 중량을 옳게 나타낸 것은? (단, 외장 용기의 종류는 나무 상자 또는 플라스틱 상자이고, 외장 용기의 최대 중량은 125kg으로 한다.)

① 금속제 용기 : 20L
② 종이 포대 : 55kg
③ 플라스틱 필름 포대 : 60kg
④ 유리 용기 : 10L

정답 41 ② 42 ① 43 ① 44 ④ 45 ④

해설 운반 용기의 최대 용적 또는 중량(고체 위험물)

운반 용기				수납 위험물의 종류									
내장 용기		외장 용기		제1류			제2류		제3류			제4류	
용기 종류	최대 용적 또는 중량	용기 종류	최대 용적 또는 중량	I	II	III	II	III	I	II	III	I	II
유리 용기 또는 플라스틱 용기	10L	나무상자 또는 플라스틱 상자(필요에 따라 불활성의 완충재를 채울 것)	125kg	O	O	O	O	O	O	O	O	O	O
			225kg		O		O		O		O		O
		파이버판 상자(필요에 따라 불활성의 완충재를 채울 것)	40kg	O	O	O	O	O	O	O	O	O	O
			55kg		O		O		O		O		O
금속제 용기	30L	나무상자 또는 플라스틱 상자	125kg	O	O	O	O	O	O	O	O	O	O
			225kg		O		O		O		O		O
		파이버판 상자	40kg	O	O	O	O	O	O	O	O	O	O
			55kg		O		O		O		O		O
플라스틱 필름 포대 또는 종이 포대	5kg	나무 상자 또는 플라스틱 상자	50kg	O	O		O	O		O			O
	50kg		125kg		O		O	O					O
	125kg		225kg					O					
	225kg												
	5kg	파이버판 상자	40kg	O	O		O	O		O			O
	40kg		55kg					O					
	55kg												
—		금속제 용기(드럼 제외)	60L	O	O	O	O	O	O	O		O	O
		플라스틱 용기(드럼 제외)	10L		O		O		O			O	O
			30L				O						O
		금속제 드럼	250L	O	O	O	O	O	O	O	O	O	O
		플라스틱 드럼 또는 파이버 드럼(방수성이 있는 것)	60L	O	O	O	O	O		O		O	O
			250L	O	O		O		O		O		O
		합성수지 포대(방수성이 있는 것), 플라스틱 필름 포대, 섬유 포대(방수성이 있는 것) 또는 종이 포대(여러 겹으로서 방수성이 있는 것)	50kg	O	O	O	O		O			O	O

46 아세트알데하이드의 저장·취급 시 주의 사항으로 틀린 것은?

① 강산화제와의 접촉을 피한다.
② 취급 설비에는 구리 합금의 사용을 피한다.
③ 수용성이기 때문에 화재 시 물로 희석 소화가 가능하다.
④ 옥외 저장 탱크에 저장 시 조연성 가스를 주입한다.

해설 ④ 옥외 저장 탱크에 저장 시 냉각 장치 또는 보냉 장치 그리고 혼합 기체의 생성에 의한 폭발을 방지하기 위한 불활성 기체를 봉입하는 장치를 설치한다.

47 질산메틸의 성질에 대한 설명으로 틀린 것은?

① 비점은 약 66℃이다.
② 증기는 공기보다 가볍다.
③ 무색 투명한 액체이다.
④ 자기 반응성 물질이다.

해설 ② 증기는 공기보다 무겁다(증기 비중 2.66)

48 다음에 설명하는 위험물에 해당하는 것은?

- 지정 수량은 300kg이다.
- 산화성 액체 위험물이다.
- 가열하면 분해하여 유독성 가스를 발생한다.
- 증기 비중은 약 3.5이다.

① 브로민산칼륨
② 클로로벤젠
③ 질산
④ 과염소산

해설 과염소산($HClO_4$)의 설명이다.

49 과산화나트륨 78g과 충분한 양의 물이 반응하여 생성되는 기체의 종류와 생성량을 옳게 나타낸 것은?

① 수소, 1g
② 산소, 16g
③ 수소, 2g
④ 수소, 32g

해설 $Na_2O_2 + H_2O \rightarrow 2NaOH + \frac{1}{2}O_2$

Na_2O_2 1몰=$2 \times 23 + 2 \times 16 = 78g$이므로

$\frac{1}{2}O_2 = \frac{1}{2} \times 16 \times 2 = 16g$의 산소가 발생한다.

50 다음 중 나이트로글리세린을 다공질의 규조토에 흡수시켜 제조한 물질은?

① 흑색 화약
② 나이트로셀룰로오스
③ 다이너마이트
④ 면화약

해설 ③ 다이너마이트 : 나이트로글리세린을 다공질의 규조토에 흡수시켜 제조한 물질

51 위험물 제조소 등의 허가에 관계된 설명으로 옳은 것은?

① 제조소 등을 변경하고자 하는 경우에는 언제나 허가를 받아야 한다.
② 위험물의 품명을 변경하고자 하는 경우에는 언제나 허가를 받아야 한다.
③ 농예용으로 필요한 난방 시설을 위한 지정 수량 20배 이하의 저장소는 허가 대상이 아니다.
④ 저장하는 위험물의 변경으로 지정 수량의 배수가 달라지는 경우는 언제나 허가 대상이 아니다.

해설 ① 제조소 등을 변경하고자 하는 경우에는 언제나 허가를 받지 않는다.
② 위험물의 품명을 변경하고자 하는 경우에는 언제나 허가를 받지 않는다.
④ 저장하는 위험물의 변경으로 지정 수량의 배수가 달라지는 경우는 변경하고자 하는 날의 7일 전까지 시·도지사에게 신고한다.

52 위험물 제조소 등에 옥내 소화전 설비를 설치할 때 옥내 소화전이 가장 많이 설치된 층의 소화전의 개수가 4개일 때 확보하여야 할 수원의 수량은?

① 10.4m³
② 20.8m³
③ 31.2m³
④ 41.6m³

해설 옥내 소화전 설비 수원의 수량

$Q(m^3) = N \times 7.8m^3$

여기서, Q : 수원의 수량
N : 옥내 소화전 설비 설치 개수(설치 개수가 5개 이상인 경우에는 5개)

∴ $Q = 4 \times 7.8 = 31.2m^3$

53 과염소산나트륨에 대한 설명으로 옳지 않은 것은?

① 가열하면 분해하여 산소를 방출한다.
② 환원제이며, 수용액은 강한 환원성이 있다.
③ 수용성이며, 조해성이 있다.
④ 제1류 위험물이다.

해설 ② 산화제이며, 수용액은 강한 산화성이 있다.

54 위험물안전관리법령상 동·식물유류의 경우 1기압에서 인화점을 섭씨 몇 도 미만으로 규정하고 있는가?

① 150℃
② 250℃
③ 450℃
④ 600℃

해설 동·식물유류 : 동물의 지육 등 또는 식물의 종자나 과육으로부터 추출한 것으로서 1기압에서 인화점이 250℃ 미만인 것

55 물과 접촉 시 발열하면서 폭발 위험성이 증가하는 것은?

① 과산화칼륨
② 과망가니즈산나트륨
③ 아이오딘산칼륨
④ 과염소산칼륨

해설 $2K_2O_2 + 2H_2O \rightarrow 4KOH + O_2 + Qkcal$

56 과산화수소의 위험성으로 옳지 않은 것은?

① 산화제로서 불연성 물질이지만 산소를 함유하고 있다.
② 이산화망간 촉매하에서 분해가 촉진된다.
③ 분해를 막기 위해 하이드라진을 안정제로 사용할 수 있다.
④ 고농도의 것은 피부에 닿으면 화상의 위험이 있다.

해설 ③ 과산화수소 농도가 클수록 위험성이 높아지므로 분해 방지 안정제(인산나트륨, 인산, 요산, 요소, 글리세린 등)를 넣어 산소 분해를 억제시킨다.

57 위험물안전관리법에서 규정하고 있는 사항으로 옳지 않은 것은?

① 위험물 저장소를 경매에 의해 시설의 전부를 인수한 경우에는 30일 이내에, 저장소의 용도를 폐지한 경우에는 14일 이내에 시 · 도지사에게 그 사실을 신고하여야 한다.
② 제조소 등의 위치 · 구조 및 설비 기준을 위반하여 사용한 때에 시 · 도지사는 허가 취소, 전부 또는 일부의 사용 정지를 명할 수 있다.
③ 경유 20,000L를 수산용 건조 시설에 사용하는 경우에는 위험물법의 허가는 받지 아니하고 저장소를 설치할 수 있다.
④ 위치 · 구조 또는 설비의 변경 없이 저장소에서 저장하는 위험물 지정 수량의 배수를 변경하고자 하는 경우에는 변경하고자 하는 날의 1일 전까지 시 · 도지사에게 신고하여야 한다.

해설 ② 제조소 등의 위치, 구조 및 설비 기준을 위반하여 사용한 때에 시·도지사는 허가를 취소하거나 6월 이내의 기간을 정하여 제조소 등의 전부 또는 일부의 사용 정지를 명할 수 있다.

58 제조소 등의 소화 설비 설치 시 소요 단위 산정에 관한 내용으로 다음 ( ) 안에 알맞은 수치를 차례대로 나열한 것은?

제조소 또는 취급소의 건축물은 외벽이 내화 구조인 것은 연면적(㉮)m²를 1소요 단위로 하며, 외벽이 내화 구조가 아닌 것은 연면적 (㉯)m²를 소요 단위로 한다.

① ㉮ 200, ㉯ 100　　② ㉮ 150, ㉯ 100
③ ㉮ 150, ㉯ 50　　④ ㉮ 100, ㉯ 50

해설 소요 단위(1단위)

소화 설비의 설치 대상이 되는 건축물, 그 밖의 공작물 규모 또는 위험물 양에 대한 기준 단위
(1) 제조소 또는 취급소용 건축물의 경우
　㉠ 외벽이 내화 구조로 된 것으로 연면적 100m²
　㉡ 외벽이 내화 구조가 아닌 것으로 연면적이 50m²
(2) 저장소 건축물의 경우
　㉠ 외벽이 내화 구조로 된 것으로 연면적 150m²
　㉡ 외벽이 내화 구조가 아닌 것으로 연면적이 75m²
(3) 위험물의 경우 : 지정 수량 10배

59 탄화칼슘의 취급 방법에 대한 설명으로 옳지 않은 것은?

① 물, 습기와의 접촉을 피한다.
② 건조한 장소에 밀봉 · 밀전하여 보관한다.
③ 습기와 작용하여 다량의 메탄이 발생하므로 저장 중에 메탄 가스의 발생 유무를 조사한다.
④ 저장 용기에 질소 가스 등 불활성 가스를 충전하여 저장한다.

해설 ② $CaC_2 + 2H_2O \rightarrow Ca(OH)_2 + C_2H_2$

60 제5류 위험물의 일반적 성질에 관한 설명으로 옳지 않은 것은?

① 화재 발생 시 소화가 곤란하므로 적은 양으로 나누어 저장한다.
② 운반 용기 외부에 충격 주의, 화기 엄금의 주의 사항을 표시한다.
③ 자기 연소를 일으키며 연소 속도가 대단히 빠르다.
④ 가연성 물질이므로 질식 소화하는 것이 가장 좋다.

해설 ④ 자기 반응성 물질이므로 다량의 물로 주수 소화하는 것이 가장 좋다.

위험물 기능사 (2022. 3. 27 시행)

01 화재 시 이산화탄소를 방출하여 산소의 농도를 13vol%로 낮추어 소화를 하려면 공기 중의 이산화탄소는 몇 vol%가 되어야 하는가?

① 28.1 　② 38.1 　③ 42.86 　④ 48.36

해설

$$CO_2\ 농도(\%) = \frac{21 - O_2}{21} \times 100$$
$$= \frac{21 - 13}{21} \times 100$$
$$= 38.1\text{vol}\%$$

02 위험물안전관리법령에 따른 대형 수동식 소화기의 설치 기준에서 방호 대상물의 각 부분으로부터 하나의 대형 수동식 소화기까지의 보행 거리는 몇 m 이하가 되도록 설치하여야 하는가? (단, 옥내 소화전 설비, 옥외 소화전 설비, 스프링클러 설비 또는 물분무 등 소화 설비와 함께 설치하는 경우는 제외한다.)

① 10 　② 15 　③ 20 　④ 30

해설 수동식 소화기의 설치 기준

구분	설치 거리
소형	보행 거리 20m 이하
대형	보행 거리 30m 이하

03 어떤 소화기에 "ABC"라고 표시되어 있다. 다음 중 사용할 수 없는 화재는?

① 금속 화재　　② 유류 화재
③ 전기 화재　　④ 일반 화재

해설 화재의 종류 및 표시 색상

급수	화재의 종류	표시색상
A급	일반 화재	백색
B급	유류 화재	황색
C급	전기 화재	청색
D급	금속 화재	—
K급	주방 화재	—

04 소화 전용 물통 3개를 포함한 수조 80L의 능력 단위는?

① 0.3 　② 0.5 　③ 1.0 　④ 1.5

해설 기타 소화 설비 능력의 단위

소화 설비	용량	능력 단위
소화 전용(專用) 물통	8L	0.3
수조(소화 전용 물통 3개 포함)	80L	1.5
수조(소화 전용 물통 6개 포함)	190L	2.5
마른 모래(삽 1개 포함)	50L	0.5
팽창 질석 또는 팽창 진주암(삽 1개 포함)	160L	1.0

05 위험물안전관리법령상 제5류 위험물에 적응성이 있는 소화 설비는?

① 포 소화 설비
② 불활성 가스 소화 설비
③ 할로겐 화합물 소화 설비
④ 탄산수소염류 소화 설비

해설

소화 설비의 구분		건축물·그 밖의 공작물	전기 설비	제1류 위험물 알칼리 금속 과산화물 등	제1류 위험물 그 밖의 것	제2류 위험물 철분·금속분·마그네슘 등	제2류 위험물 인화성 고체	제2류 위험물 그 밖의 것	제3류 위험물 금수성 물품	제3류 위험물 그 밖의 것	제4류 위험물	제5류 위험물	제6류 위험물
옥내 소화전 설비 또는 옥외 소화전 설비		○			○		○	○		○		○	○
스프링클러 설비		○			○		○	○		○	△	○	○
물분무 등 소화 설비	물분무 소화 설비	○	○		○		○	○		○	○	○	○
	포 소화 설비	○			○		○	○		○	○	○	○
	불활성 가스 소화 설비		○				○				○		
	할로겐 화합물 소화 설비		○				○				○		
	분말 소화 설비 인산염류 등	○	○		○		○				○		○
	분말 소화 설비 탄산 수소 염류 등		○	○		○	○		○		○		
	분말 소화 설비 그 밖의 것			○		○			○				

정답 01 ② 02 ④ 03 ① 04 ④ 05 ①

대형·소형 수동식 소화기	봉상수 (棒狀水) 소화기	○		○		○	○		○		○ ○
	무상수 (無狀水) 소화기	○	○		○	○	○		○		○ ○
	봉상강화액 소화기	○		○		○	○		○		○ ○
	무상강화액 소화기	○	○		○	○	○	○	○		○ ○
	포 소화기	○		○		○	○		○		○ ○
	이산화탄소 소화기		○				○			○	△
	할론 소화설비		○				○			○	
분말 소화기	인산염류 소화기	○	○		○		○			○	○
	탄산수소염류 소화기		○	○		○ ○		○		○	
	그 밖의 것			○		○			○		
기타	물통 또는 수조	○		○		○			○		○ ○
	건조사			○	○			○	○		○ ○
	팽창 질석 또는 팽창 진주암			○	○			○	○		○ ○

06 금속은 덩어리 상태보다 분말 상태일 때 연소 위험성이 증가하기 때문에 금속분을 제2류 위험물로 분류하고 있다. 연소 위험성이 증가하는 이유로 잘못된 것은?

① 비표면적이 증가하여 반응 면적이 증대되기 때문에
② 비열이 증가하여 열의 축적이 용이하기 때문에
③ 복사열의 흡수율이 증가하여 열의 축적이 용이하기 때문에
④ 대전성이 증가하여 정전기가 발생되기 쉽기 때문에

> **해설** 금속이 덩어리 상태일 때보다 가루 상태일 때 연소 위험성이 증가하는 이유
> ㉠ 비표면적의 증가 → 반응 면적의 증가
> ㉡ 비열의 감소 → 적은 열로 고온 형성
> ㉢ 복사열의 흡수율 증가 → 열의 축적이 용이
> ㉣ 대전성이 증가 → 정전기가 발생

07 영하 20℃ 이하의 겨울철이나 한랭지에서 사용하기에 적합한 소화기는?

① 분무 주수 소화기
② 봉상 주수 소화기
③ 물 주수 소화기
④ 강화액 소화기

> **해설** 강화액 소화기의 설명이다.

08 다음 중 화재 발생 시 물을 이용한 소화가 효과적인 물질은?

① 트라이메틸알루미늄
② 황린
③ 나트륨
④ 인화칼슘

> **해설** 황린 : 물은 분무상으로 소화한다.

09 다음 중 기체 연료가 완전 연소하기에 유리한 이유로 가장 거리가 먼 것은?

① 활성화 에너지가 크다.
② 공기 중에서 확산되기 쉽다.
③ 산소를 충분히 공급받을 수 있다.
④ 분자의 운동이 활발하다.

> **해설** 기체 연료가 완전 연소하기에 유리한 이유
> ㉠ 활성화 에너지가 작다.
> ㉡ 공기 중에서 확산되기 쉽다.
> ㉢ 산소를 충분히 공급받을 수 있다.
> ㉣ 분자의 운동이 활발하다.

10 위험물안전관리법령에서 정한 소화 설비의 소요 단위 산정 방법에 대한 설명 중 옳은 것은?

① 위험물은 지정 수량의 100배를 1소요 단위로 함
② 저장소용 건축물로 외벽이 내화 구조인 것은 연면적 $100m^2$를 1소요 단위로 함
③ 제조소용 건축물로 외벽이 내화 구조가 아닌 것은 연면적 $50m^2$를 1소요 단위로 함
④ 저장소용 건축물로 외벽이 내화 구조가 아닌 것은 연면적 $25m^2$를 1소요 단위로 함

> **해설** 소요 단위(1단위)
> 소화 설비의 설치 대상이 되는 건축물, 그 밖의 공작물 규모 또는 위험물 양에 대한 기준 단위
> (1) 제조소 또는 취급소용 건축물의 경우
> ㉠ 외벽이 내화 구조로 된 것으로 연면적 $100m^2$
> ㉡ 외벽이 내화 구조가 아닌 것으로 연면적 $50m^2$
> (2) 저장소 건축물의 경우
> ㉠ 외벽이 내화 구조로 된 것으로 연면적 $150m^2$
> ㉡ 외벽이 내화 구조가 아닌 것으로 연면적 $75m^2$
> (3) 위험물의 경우 : 지정 수량 10배

11 질화면을 강면약과 약면약으로 구분하는 기준은?

① 물질의 경화도
② 수산기의 수
③ 질산기의 수
④ 탄소 함유량

해설 질화면은 질산기의 수를 기준으로 강면약과 약면약으로 구분한다.

12 다음 중 제1류 위험물에 속하지 않는 것은?

① 질산구아니딘
② 과아이오딘산
③ 납 또는 아이오딘의 산화물
④ 염소화이소시아눌산

해설 ① 질산구아니딘 : 제5류 위험물

13 주유 취급소의 고정 주유 설비에서 펌프 기기의 주유관 선단에서 최대 토출량으로 틀린 것은?

① 휘발유는 분당 50리터 이하
② 경유는 분당 180리터 이하
③ 등유는 분당 80리터 이하
④ 제1석유류(휘발유 제외)는 분당 100리터 이하

해설 펌프 기기의 주유관 선단에서 최대 토출량
㉠ 제1석유류(휘발유) : 50L/min 이하
㉡ 경유 : 180L/min 이하
㉢ 등유 : 80L/min 이하

14 위험물 이동 저장 탱크의 외부 도장 색상으로 적합하지 않은 것은?

① 제2류 － 적색
② 제3류 － 청색
③ 제5류 － 황색
④ 제6류 － 회색

해설 위험물 이동 저장 탱크의 외부 도장 색상
㉠ 제1류 위험물 : 회색
㉡ 제2류 위험물 : 적색
㉢ 제3류 위험물 : 청색
㉣ 제4류 위험물 : 도장에 색상 제한은 없으나 적색을 권장한다.
㉤ 제5류 위험물 : 황색
㉥ 제6류 위험물 : 청색

15 벤젠에 대한 설명으로 옳은 것은?

① 휘발성이 강한 액체이다.
② 물에 매우 잘 녹는다.
③ 증기의 비중은 1.5이다.
④ 순수한 것의 융점은 30℃이다.

해설 ② 물에 녹지 않는다.
③ 증기의 비중은 2.8이다.
④ 순수한 것의 융점은 5.5℃이다.

16 다음 위험물 중 발화점이 가장 낮은 것은?

① 피크린산
② TNT
③ 과산화벤조일
④ 나이트로셀룰로오스

해설 ① 피크린산 : 300℃
② TNT : 300℃
③ 과산화벤조일 : 125℃
④ 나이트로셀룰로오스 : 160~170℃

17 건축물 외벽이 내화 구조이며, 연면적 $300m^2$ 인 위험물 옥내 저장소의 건축물에 대하여 소화 설비의 소화 능력 단위는 최소 몇 단위 이상이 되어야 하는가?

① 1단위
② 2단위
③ 3단위
④ 4단위

해설 소요단위(1 단위) : 저장소 건축물의 경우
㉠ 외벽이 내화 구조로 된 것으로 연면적 $150m^2$
㉡ 외벽이 내화 구조가 아닌 것으로 연면적 $75m^2$
즉, $\frac{300m^2}{150m^2} = 2$단위

18 다음 위험물 중 지정 수량이 가장 작은 것은?

① 나이트로글리세린
② 과산화수소
③ 트라이나이트로톨루엔
④ 피크르산

해설

위험물	지정 수량
나이트로글리세린	10kg
과산화수소	300kg
트라이나이트로톨루엔	200kg
피크르산	200kg

정답 11 ③ 12 ① 13 ④ 14 ④ 15 ① 16 ③ 17 ② 18 ①

19 질산메틸에 대한 설명 중 틀린 것은?

① 액체 형태이다.　　　② 물보다 무겁다.
③ 알코올에 녹는다.　　④ 증기는 공기보다 가볍다.

해설 ④ 증기는 공기보다 무겁다(증기 비중 2.66).

20 과망가니즈산칼륨의 위험성에 대한 설명 중 틀린 것은?

① 진한 황산과 접촉하면 폭발적으로 반응한다.
② 알코올, 에테르, 글리세린 등 유기물과 접촉을 금한다.
③ 가열하면 약 60℃에서 분해하여 수소를 방출한다.
④ 목탄, 황과 접촉 시 충격에 의해 폭발할 위험성이 있다.

해설 ③ 가열하면 240℃에서 분해하며 산소를 방출한다.
$2KMnO_4 \longrightarrow K_2MnO_4 + MnO_2 + O_2$

21 질산의 비중이 1.5일 때, 1소요 단위는 몇 L인가?

① 150　　　　　　　② 200
③ 1,500　　　　　　④ 2,000

해설 소요 단위(1단위)
위험물의 경우 지정 수량의 10배이다.
질산의 지정 수량은 300kg이다.
즉, 300kg × 10배 = 3,000kg이다.
1소요 단위는 3,000kg이다. 여기서, 비중이 1.5이므로 2,000L가 된다.

22 삼황화인의 연소 시 발생하는 가스에 해당하는 것은?

① 이산화황　　　　　② 황화수소
③ 산소　　　　　　　④ 인산

해설 $P_4S_3 + 8O_2 \rightarrow 2P_2O_5 + 3SO_2$

23 HNO_3에 대한 설명으로 틀린 것은?

① Al, Fe은 진한 질산에서 부동태를 생성해 녹지 않는다.
② 질산과 염산을 3 : 1 비율로 제조한 것을 왕수라고 한다.
③ 부식성이 강하고, 흡습성이 있다.
④ 직사광선에서 분해하여 NO_2를 발생한다.

해설 ② 질산과 염산을 1 : 3 비율로 제조한 것을 왕수라고 한다.

24 적린의 일반적인 성질에 대한 설명으로 틀린 것은?

① 비금속 원소이다.
② 암적색의 분말이다.
③ 승화 온도가 약 260℃이다.
④ 이황화탄소에 녹지 않는다.

해설 ③ 승화 온도가 400℃이다.

25 위험물안전관리법령에 따라 위험물 운반을 위해 적재하는 경우 제4류 위험물과 혼재가 가능한 액화석유가스 또는 압축천연가스의 용기 내용 적은 몇 L 미만인가?

① 120　　　　　　　② 150
③ 180　　　　　　　④ 200

해설 위험물 운반을 위해 적재하는 경우 제4류 위험물과 혼재가 가능한 액화석유가스 또는 압축천연가스의 용기 내용 적은 120L 미만이다.

26 다음 중 물과 반응하여 가연성 가스를 발생하지 않는 것은?

① 리튬　　　　　　　② 나트륨
③ 황　　　　　　　　④ 칼슘

해설 ① $2Li + 2H_2O \rightarrow 2LiOH + H_2$
② $2Na + 2H_2O \rightarrow 2NaOH + H_2$
③ 황(S)은 물에 녹지 않는다.
④ $Ca + 2H_2O \rightarrow Ca(OH)_2 + H_2$

27 위험물을 저장할 때 필요한 보호 물질을 옳게 연결한 것은?

① 황린 － 석유
② 금속 칼륨 － 에탄올
③ 이황화탄소 － 물
④ 금속 나트륨 － 산소

해설

위험물	보호액
K, Na, 적린	등유(석유), 경유, 유동 파라핀
황린, CS_2	물속(수조)

28 위험물의 지정 수량이 틀린 것은?

① 과산화칼륨 : 50kg
② 질산나트륨 : 50kg
③ 과망가니즈산나트륨 : 1,000kg
④ 다이크로뮴산암모늄 : 1,000kg

해설 ② 질산나트륨 : 300kg

29 위험물안전관리법령상 위험물 운송 시 제1류 위험물과 혼재 가능한 위험물은? (단, 지정 수량의 10배를 초과하는 경우이다.)

① 제2류 위험물
② 제3류 위험물
③ 제5류 위험물
④ 제6류 위험물

해설 유별을 달리하는 위험물의 혼재 기준

구 분	제1류	제2류	제3류	제4류	제5류	제6류
제1류		×	×	×	×	○
제2류	×		×	○	○	×
제3류	×	×		○	×	×
제4류	×	○	○		○	×
제5류	×	○	×	○		×
제6류	○	×	×	×	×	

30 위험물 옥외 저장 탱크 중 압력 탱크에 저장하는 디에틸에테르 등의 저장 온도는 몇 ℃ 이하 이어야 하는가?

① 60
② 40
③ 30
④ 15

해설 옥외 저장 탱크의 위험물 저장 기준

(1) 옥외 저장 탱크(옥내 저장 탱크 또는 지하 저장 탱크) 중 압력 탱크 외의 탱크에 저장하는 경우
  ㉠ 에틸에테르 또는 산화프로필렌 : 30℃ 이하
  ㉡ 아세트알데하이드 : 15℃ 이하

(2) 옥외 저장 탱크(옥내 저장 탱크 또는 지하 저장 탱크) 중 압력 탱크에 저장하는 경우
  에틸에테르, 아세트알데하이드 또는 산화프로필렌의 온도
  : 40℃ 이하

31 위험물안전관리법령상 제5류 위험물의 화재 발생 시 적응성이 있는 소화 설비는?

① 분말 소화 설비
② 물분무 소화 설비
③ 불활성 가스 소화 설비
④ 할로젠 화합물 소화 설비

해설 소화 설비의 적응성

소화 설비의 구분		대상물 구분									
		건축물·그 밖의 공작물	전기 설비	제1류 위험물 알칼리 금속 과산화물 등	제1류 위험물 그 밖의 것	제2류 위험물 철분·금속분·마그네슘 등	제2류 위험물 인화성 고체	제2류 위험물 그 밖의 것	제3류 위험물 금수성 물품	제3류 위험물 그 밖의 것	제4류 위험물	제5류 위험물	제6류 위험물
옥내 소화전 설비 또는 옥외 소화전 설비		○			○		○	○		○		○	○
스프링클러 설비		○			○		○	○		○	△	○	○
물분무 등 소화 설비	물분무 소화 설비	○	○		○		○	○		○	○	○	○
	포 소화 설비	○			○		○	○		○	○	○	○
	불활성 가스 소화 설비		○				○				○		
	할로젠 화합물 소화 설비		○				○				○		
	분말 소화 설비 인산염류 등	○	○		○		○				○		○
	분말 소화 설비 탄산수소염류 등		○	○		○	○		○		○		
	분말 소화 설비 그 밖의 것			○		○			○				

32 다음 물질 중 분진 폭발의 위험이 가장 낮은 것은?

① 마그네슘 가루 ② 아연 가루
③ 밀가루 ④ 시멘트 가루

해설 ㉠ 분진 폭발을 하는 물질 : 마그네슘 가루, 아연 가루, 밀가루 등
㉡ 분진 폭발을 하지 않는 물질 : 시멘트 가루

33 위험물안전관리법령상 자동 화재 탐지 설비의 경계 구역 하나의 면적은 몇 m^2 이하이어야 하는가? (단, 원칙적인 경우에 한한다.)

① 250 ② 300
③ 400 ④ 600

해설 위험물안전관리법령상 자동 화재 설비의 경계구역 하나의 면적 : $600m^2$ 이하

34 다음은 어떤 화합물의 구조식인가?

$$\begin{array}{c} Cl \\ | \\ H - C - H \\ | \\ Br \end{array}$$

① 할론 1301 ② 할론 1201
③ 할론 1011 ④ 할론 2402

해설 할론 1011 : CH_2ClBr,
$$\begin{array}{c} Cl \\ | \\ H - C - H \\ | \\ Br \end{array}$$

35 다음 중 분말 소화 약제를 방출시키기 위해 주로 사용되는 가압용 가스는?

① 산소 ② 질소
③ 헬륨 ④ 아르곤

해설 분말 소화 약제를 방출시키기 위해 주로 사용되는 가압용 가스 : 질소(N_2)

36 위험물안전관리법령상 위험 등급 Ⅰ의 위험물로 옳은 것은?

① 무기 과산화물 ② 황화인, 적린, 황
③ 제1석유류 ④ 알코올류

해설

구분	위험 등급 Ⅰ	위험 등급 Ⅱ	위험 등급 Ⅲ
제1류 위험물	아염소산염류, 염소산염류, 과염소산염류, 무기과산화물, 그 밖에 지정수량이 50kg인 위험물	브로민산염류, 질산염류, 아이오딘산염류, 그 밖에 지정수량이 300kg인 위험물	위험 등급 Ⅰ, 위험 등급 Ⅱ 외의 것
제2류 위험물		황화인, 적린, 황, 그 밖에 지정수량이 100kg인 위험물	
제3류 위험물	칼륨, 나트륨, 알킬알루미늄, 알킬리튬, 황린, 그 밖에 지정수량이 10kg 또는 20kg인 위험물	알칼리금속(칼륨 및 나트륨을 제외) 알칼리토금속, 유기금속화합물(알킬알루미늄 및 알킬리튬을 제외), 그 밖에 지정수량이 50kg인 위험물	
제4류 위험물	특수인화물	제1석유류, 알코올류	
제5류 위험물	지정수량이 제1종 : 10kg인 위험물	지정수량이 제2종 : 100kg인 위험물	
제6류 위험물	모두		

37 다음 ( ) 안에 적합한 숫자를 차례대로 나열한 것은?

자연발화성 물질 중 알킬알루미늄은 운반 용기 내용적의 (㉮)% 이하의 수납률로 수납하되, 50℃의 온도에서 (㉯)% 이상의 공간 용적을 유지하도록 할 것

① ㉮ 90, ㉯ 5 ② ㉮ 90, ㉯ 10
③ ㉮ 95, ㉯ 5 ④ ㉮ 95, ㉯ 10

해설 운반 용기의 수납률

위험물	수납률
알킬알루미늄 등	90% 이하 (50℃에서 5% 이상 공간 용적 유지)
고체 위험물	95% 이하
액체 위험물	98% 이하 (55℃에서 누설되지 않는 것)

38 다음 중 위험물안전관리법령상 자동 화재 탐지 설비를 설치하지 않고 비상 경보 설비로 대신할 수 있는 것은?

① 일반 취급소로서 연면적 600m²인 것
② 지정 수량 20배를 저장하는 옥내 저장소로서 처마 높이가 8m인 단층 건물
③ 단층 건물 외에 건축물에 설치된 지정 수량 15배 이상의 옥내 탱크 저장소로서 소화 난이도 등급 Ⅱ에 속하는 것
④ 지정 수량 20배를 저장·취급하는 옥내 주유 취급소

해설 제조소 등별로 설치하여야 하는 경보 설비의 종류

제조소 등의 구분	제조소 등의 규모, 저장 또는 취급하는 위험물의 종류 및 최대 수량 등	경보 설비
1. 제조소 및 일반 취급소	· 연면적 500m² 이상인 것 · 옥내에서 지정 수량의 100배 이상을 취급하는 것(고인화점 위험물만을 100℃ 미만의 온도에서 취급하는 것을 제외한다) · 일반 취급소로 사용되는 부분 외의 부분이 있는 건축물에 설치된 일반 취급소(일반 취급소와 일반 취급소 외의 부분이 내화 구조의 바닥 또는 벽으로 개구부 없이 구획된 것을 제외한다)	자동 화재 탐지 설비
2. 옥내 저장소	· 지정 수량의 100배 이상을 저장 또는 취급하는 것(고인화점 위험물만을 저장 또는 취급하는 것을 제외한다) · 저장 창고의 연면적이 150m²를 초과하는 것[당해 저장 창고가 연면적 150m² 이내마다 불연 재료의 격벽으로 개구부 없이 완전히 구획된 것과 제2류 또는 제4류의 위험물(인화성 고체 및 인화점이 70℃ 미만인 제4류 위험물을 제외한다)만을 저장 또는 취급하는 것에 있어서는 저장 창고의 연면적이 500m² 이상의 것에 한한다]	

	· 처마 높이가 6m 이상인 단층 건물의 것 · 옥내 저장소로 사용되는 부분 외의 부분이 있는 건축물에 설치된 옥내 저장소[옥내 저장소와 옥내 저장소 외의 부분이 내화 구조의 바닥 또는 벽으로 개구부 없이 구획된 것과 제2류 또는 제4류의 위험물(인화성 고체 및 인화점이 70℃ 미만인 제4류 위험물을 제외한다)만을 저장 또는 취급하는 것을 제외한다]	
3. 옥내 탱크 저장소	단층 건물 외의 건축물에 설치된 옥내탱크 저장소로서 소화 난이도 등급 Ⅰ에 해당하는 것	
4. 주유 취급소	옥내 주유 취급소	
5. 옥외탱크 저장소	특수인화물, 제1석유류 및 알코올류를 저장 또는 취급하는 탱크의 용량이 1,000 만리터 이상인 것	자동 화재 탐지 설비, 자동 화재 속보 설비
6. 1.~5.의 자동 화재 탐지 설비 설치 대상에 해당하지 아니하는 제조소 등	지정 수량의 10배 이상을 저장 또는 취급하는 것	자동 화재 탐지 설비, 비상 경보 설비, 확성 장치 또는 비상 방송 설비 중 1 종 이상

39 BCF(Bromochlorodifluoromethane) 소화 약제의 화학식으로 옳은 것은?

① CCl_4
② CH_2ClBr
③ CF_3Br
④ CF_2ClBr

해설 BCF 소화 약제의 화학식 : CF_2ClBr(일취화 일염화 2불화 메탄, halon 1211)

40 제5류 위험물 중 나이트로 화합물의 지정 수량을 옳게 나타낸 것은?

① 10kg
② 100kg
③ 150kg
④ 200kg

해설 제5류 위험물의 품명과 지정 수량

성질	품명	지정 수량	위험 등급
자기 반응성 물질	1. 유기과산화물 2. 질산에스터류 3. 나이트로화합물 4. 나이트로소화합물 5. 아조화합물 6. 다이아조화합물 7. 하이드라진 유도체 8. 하이드록실아민 9. 하이드록실아민염류	제1종 : 10kg 제2종 : 100kg	제1종 : I 제2종 : II
	10. 그 밖에 행정안전부령이 정하는 것 11. 제1호부터 제10호까지 의 어느 하나에 해당하는 위험물을 하나 이상 함유 한 것		

41 0.99atm, 55℃에서 이산화탄소의 밀도는 약 몇 g/L인가?

① 0.62
② 1.62
③ 9.65
④ 12.65

해설 밀도$=\dfrac{질량(W)}{부피(V)}$이므로

$PV=\dfrac{W}{M}RT$에서

$\dfrac{W}{V}=\dfrac{PM}{RT}=\dfrac{0.99\times44}{0.082\times(273+55)}=1.62\text{g/L}$

42 제조소 등의 관계인이 예방 규정을 정하여야 하는 제조소 등이 아닌 것은?

① 지정 수량 100배의 위험물을 저장하는 옥외 탱크 저장소
② 지정 수량 150배의 위험물을 저장하는 옥내 저장소
③ 지정 수량 10배의 위험물을 취급하는 제조소
④ 지정 수량 5배의 위험물을 취급하는 이송 취급소

해설 예방 규정을 정하여야 하는 제조소
㉠ 지정 수량 10배 이상의 제조소, 일반 취급소
㉡ 지정 수량 100배 이상의 옥외 저장소
㉢ 지정 수량 150배 이상의 옥내 저장소
㉣ 지정 수량 200배 이상의 옥외 탱크 저장소
㉤ 암반 탱크 저장소
㉥ 이송 취급소

43 다음 중 황 분말과 혼합했을 때 가열 또는 충격에 의해서 폭발할 위험이 가장 높은 것은?

① 질산암모늄
② 물
③ 이산화탄소
④ 마른 모래

해설 유황은 염소산칼륨, 질산암모늄, 과산화나트륨 등 강산화제인 제1류 위험물 또는 PbO_2, Fe_2O_3, ClO_2과 혼합한 것을 가열, 충격, 마찰할 경우 발화, 폭발의 위험이 있다

44 유별을 달리하는 위험물을 운반할 때 혼재할 수 있는 것은? (단, 지정 수량의 1/10을 넘는 양을 운반하는 경우이다.)

① 제1류와 제3류
② 제2류와 제4류
③ 제3류와 제5류
④ 제4류와 제6류

해설 유별을 달리하는 위험물의 혼재 기준

구 분	제1류	제2류	제3류	제4류	제5류	제6류
제1류		×	×	×	×	○
제2류	×		×	○	○	×
제3류	×	×		○	×	×
제4류	×	○	○		○	×
제5류	×	○	×	○		×
제6류	○	×	×	×	×	

45 제4류 위험물에 속하지 않는 것은?

① 아세톤
② 실린더유
③ 트라이나이트로톨루엔
④ 나이트로벤젠

해설 ① 아세톤 : 제4류 위험물 중 제1석유류
② 실린더유 : 제4류 위험물 중 제4석유류
③ 트라이나이트로톨루엔 : 제5류 위험물 중 나이트로 화합물
④ 나이트로벤젠 : 제4류 위험물 중 제3석유류

46 경유 2,000L, 글리세린 2,000L를 같은 장소에 저장하려 한다. 지정 수량 배수의 합은 얼마인가?

① 2.5 　　　　　　 ② 3.0
③ 3.5 　　　　　　 ④ 4.0

해설 $\dfrac{2,000}{1,000}+\dfrac{2,000}{4,000}=2.5$배

47 위험물안전관리법령상 염소화이소시아눌산은 제 몇 류 위험물인가?

① 제1류 　　　　　 ② 제2류
③ 제5류 　　　　　 ④ 제6류

해설 제1류 위험물의 종류와 지정 수량

성 질	품 명	지정 수량	위험 등급
산화성 고체	1. 아염소산염류	50kg	I
	2. 염소산염류	50kg	
	3. 과염소산염류	50kg	
	4. 무기과산화물	50kg	
	5. 브로민산염류	300kg	II
	6. 질산염류	300kg	
	7. 아이오딘산염류	300kg	
	8. 과망가니즈산염류	1,000kg	III
	9. 다이크로뮴산염류	1,000kg	
	10. 그 밖에 행정안전부령이 정하는 것 ① 과요오드산염류(300kg) ② 과요오드산(300kg) ③ 크롬, 납 또는 요오드의 산화물 ④ 아질산염류 ⑤ 차아염소산염류 ⑥ 염소화이소시아눌산 ⑦ 퍼옥소이황산염류 ⑧ 퍼옥소붕산염류	50kg, 300kg 또는 1,000kg	I, II, III
	11. 제1호부터 제10호까지의 어느 하나에 해당하는 위험물을 하나 이상 함유한 것		

48 과망가니즈산칼륨의 위험성에 대한 설명으로 틀린 것은?

① 황산과 격렬하게 반응한다.
② 유기물과 혼합 시 위험성이 증가한다.
③ 고온으로 가열하면 분해하여 산소와 수소를 방출한다.
④ 목탄, 황 등 환원성 물질과 격리하여 저장해야 한다.

해설 ③ 가열하면 240℃에서 분해하며 산소를 방출한다.
$2KMnO_4 \longrightarrow K_2MnO_4+MnO_2+O_2$

49 위험물의 품명이 질산염류에 속하지 않는 것은?

① 질산메틸 　　　 ② 질산칼륨
③ 질산나트륨 　　 ④ 질산암모늄

해설 ① 질산메틸 : 제5류 위험물 중 질산에스터류

50 다음 중 인화점이 0℃보다 작은 것은 모두 몇 개인가?

$$C_2H_5OC_2H_5, \; CS_2, \; CH_3CHO$$

① 0개 　　 ② 1개 　　 ③ 2개 　　 ④ 3개

해설

위험물	인화점
$C_2H_5OC_2H_5$	−45℃
CS_2	−30℃
CH_3CHO	−37.7℃

51 유기 과산화물의 저장 또는 운반 시 주의 사항으로서 옳은 것은?

① 일광이 드는 건조한 곳에 저장한다.
② 가능한 한 대용량으로 저장한다.
③ 알코올류 등 제4류 위험물과 혼재하여 운반할 수 있다.
④ 산화제이므로 다른 강산화제와 같이 저장해도 좋다.

해설 ① 직사광선을 피하고 냉암소에 저장한다.
② 가능한 한 소용량으로 저장한다.
④ 불티, 불꽃 등의 화기 및 열원으로부터 멀리하고 산화제 또는 환원제와도 격리시킨다.

52 나이트로셀룰로오스 5kg과 트라이나이트로페놀을 함께 저장하려고 한다. 이때 지정 수량 1배로 저장하려면 트라이나이트로페놀을 몇 kg 저장하여야 하는가?

① 5
② 10
③ 50
④ 100

해설 $\dfrac{5}{10}+\dfrac{x}{200}=1$

$\dfrac{x}{200}=1-\dfrac{5}{10}$

$x=\left(1-\dfrac{5}{10}\right)\times 200=100kg$

53 위험물안전관리법령에서 정한 제3류 위험물 금수성 물질의 소화 설비로 적응성이 있는 것은?

① 불활성 가스 소화 설비
② 할로젠 화합물 소화 설비
③ 인산염류 등 분말 소화 설비
④ 탄산수소염류 등 분말 소화 설비

해설

소화 설비의 구분		건축물 · 그 밖의 공작물	전기 설비	제1류 위험물		제2류 위험물			제3류 위험물		제4류 위험물	제5류 위험물	제6류 위험물
				알칼리 금속 과산화물 등	그 밖의 것	철분 · 금속분 · 마그네슘 등	인화성 고체	그 밖의 것	금수성 물품	그 밖의 것			
옥내 소화전 설비 또는 옥외 소화전 설비		○			○		○	○		○	○	○	○
스프링클러 설비		○			○		○	○		○	△	○	○

		건축물 · 그 밖의 공작물	전기설비	제1류 위험물 알칼리금속 과산화물 등	제1류 위험물 그 밖의 것	제2류 위험물 철분 · 금속분 · 마그네슘 등	제2류 위험물 인화성고체	제2류 위험물 그 밖의 것	제3류 위험물 금수성 물품	제3류 위험물 그 밖의 것	제4류 위험물	제5류 위험물	제6류 위험물
물분무 등 소화 설비	물분무 소화 설비	○	○		○		○	○	○		○	○	○
	포 소화 설비	○			○		○	○			○	○	○
	불활성 가스 소화 설비		○				○				○		
	할로젠 화합물 소화 설비		○				○				○		
분말 소화 설비	인산염류 등	○	○		○		○	○			○		○
	탄산 수소 염류 등		○	○		○	○		○		○		
	그 밖의 것			○		○			○				
대형 · 소형 수동식 소화기	봉상수 (棒狀水) 소화기	○			○		○	○		○		○	○
	무상수 (無狀水) 소화기	○	○		○		○	○		○		○	○
	봉상강화액 소화기	○			○		○	○		○		○	○
	무상강화액 소화기	○	○		○		○	○		○	○	○	○
	포 소화기	○			○		○	○		○	○	○	○
	이산화탄소 소화기		○				○				○		△
	할론 소화 설비		○				○				○		
분말 소화기	인산염류 소화기	○	○		○		○	○			○		○
	탄산수소염류 소화기		○	○		○	○		○		○		
	그 밖의 것			○		○			○				
기타	물통 또는 수조	○			○		○	○		○		○	○
	건조사			○	○	○	○	○	○	○	○	○	○
	팽창 질석 또는 팽창 진주암			○	○	○	○	○	○	○	○	○	○

54 다음 설명 중 제2석유류에 해당하는 것은? (단, 1기압 상태이다.)

① 착화점이 21℃ 미만인 것
② 착화점이 30℃ 이상 50℃ 미만인 것
③ 인화점이 21℃ 이상 70℃ 미만인 것
④ 인화점이 21℃ 이상 90℃ 미만인 것

해설 석유류의 구분(단, 1기압 상태)
㉠ 제1석유류 : 인화점이 21℃ 미만인 것
㉡ 제2석유류 : 인화점이 21℃ 이상 70℃ 미만인 것
㉢ 제3석유류 : 인화점이 70℃ 이상 200℃ 미만인 것
㉣ 제4석유류 : 인화점이 200℃ 이상 250℃ 미만인 것

55 질산암모늄의 일반적 성질에 대한 설명 중 옳은 것은?

① 불안정한 물질이고 물에 녹을 때는 흡열 반응을 나타낸다.
② 물에 대한 용해도 값이 매우 작아 물에 거의 불용이다.
③ 가열 시 분해하여 수소를 발생한다.
④ 과일향의 냄새가 나는 적갈색 비결정체이다.

해설 ② 물에 잘 녹고 물에 녹을 때 다량의 물을 흡수하여 온도가 내려가므로 한제로 쓰인다.
③ 가열 시 분해하여 N_2, H_2O(수증기), O_2를 발생한다.
$$2NH_4NO_3 \rightarrow 2N_2 + 4H_2O + O_2$$
④ 무취, 백색, 무색 또는 연회석의 결정이다.

56 아염소산염류 500kg과 질산염류 3,000kg을 함께 저장하는 경우 위험물의 소요 단위는 얼마 인가?

① 2   ② 4
③ 6   ④ 8

해설 소요 단위 = $\dfrac{\text{저장량}}{\text{지정 수량} \times 10\text{배}}$

$$= \dfrac{500}{50 \times 10} + \dfrac{3,000}{300 \times 10}$$
$$= 2$$

57 황에 대한 설명으로 옳지 않은 것은?

① 연소 시 황색 불꽃을 보이며 유독한 이황화탄소를 발생한다.
② 미세한 분말 상태에서 부유하면 분진 폭발의 위험이 있다.
③ 마찰에 의해 정전기가 발생할 우려가 있다.
④ 고온에서 용융된 유황은 수소와 반응한다.

해설 ① 연소 시 푸른 불꽃을 보이며 유독한 이산화황을 발생한다.

58 위험물의 저장 및 취급 방법에 대한 설명으로 틀린 것은?

① 적린은 화기와 멀리하고 가열, 충격이 가해지지 않도록 한다.
② 이황화탄소는 발화점이 낮으므로 물속에 저장한다.
③ 마그네슘은 산화제와 혼합되지 않도록 취급한다.
④ 알루미늄분은 분진 폭발의 위험이 있으므로 분무 주수하여 저장한다.

해설 ④ 알루미늄분은 분진 폭발의 위험이 있으므로 산, 물 또는 습기와의 접촉을 피하며 완전 밀봉 저장한다.

59 과산화벤조일(벤조일퍼옥사이드)에 대한 설명 중 틀린 것은?

① 환원성 물질과 격리하여 저장한다.
② 물에 녹지 않으나 유기 용매에 녹는다.
③ 희석제로 묽은 질산을 사용한다.
④ 결정성의 분말 형태이다.

해설 ③ 희석제로 프탈산디메틸, 프탈산디부틸 등을 사용한다.

60 위험물안전관리법령에 따른 위험물의 운송에 관한 설명 중 틀린 것은?

① 알킬리튬과 알킬알루미늄 또는 이 중 어느 하나 이상을 함유한 것은 운송 책임자의 감독ㆍ지원을 받아야 한다.
② 이동 탱크 저장소에 의하여 위험물을 운송할 때의 운송 책임자에는 법정의 교육을 이수하고 관련 업무에 2년 이상 경력이 있는 자도 포함된다.
③ 서울에서 부산까지 금속의 인화물 300kg을 1명의 운전자가 휴식 없이 운송해도 규정 위반이 아니다.
④ 운송 책임자의 감독 또는 지원의 방법에는 동승하는 방법과 별도의 사무실에서 대기하면서 규정된 사항을 이행하는 방법이 있다.

해설 위험물 운송자는 장거리(고속국도에 있어서는 340km 이상, 그 밖의 도로에 있어서는 200km 이상을 말한다.)에 걸치는 운송을 하는 때에는 2명 이상의 운전자로 한다. 다음의 어느 하나에 해당하는 경우에는 그러하지 아니하다.
㉠ 운송 책임자를 동승시킨 경우
㉡ 운송하는 위험물이 제2류 위험물, 제3류 위험물(칼슘 또는 알루미늄의 탄화물과 이것만을 함유한 것에 한한다) 또는 제4류 위험물(특수 인화물 제외한다)인 경우
㉢ 운송 도중에 2시간 이내마다 20분씩 이상씩 휴식하는 경우
※ 서울 – 부산 거리(서울 톨게이트에서 부산 톨게이트까지) : 410.3km

위험물 기능사 (2022. 6. 12 시행)

01 제3종 분말 소화 약제의 열분해 반응식을 옳게 나타낸 것은?

① $NH_4H_2PO_4 \rightarrow HPO_3 + NH_3 + H_2O$

② $2KNO_3 \rightarrow 2KNO_2 + O_2$

③ $KClO_4 \rightarrow KCl + 2O_2$

④ $2CaHCO_3 \rightarrow 2CaO + H_2CO_3$

해설 분말 소화 약제

종 별	열분해 반응식
제1종	$2NaHCO_3 \longrightarrow Na_2CO_3 + CO_2 + H_2O$
제2종	$2KHCO_3 \longrightarrow K_2CO_3 + CO_2 + H_2O$
제3종	$NH_4H_2PO_4 \longrightarrow HPO_3 + NH_3 + H_2O$
제4종	$2KHCO_3 + (NH_2)_2CO$ $\longrightarrow K_2CO_3 + 2NH_3 + 2CO_2$

02 위험물안전관리법령상 제2류 위험물 중 지정 수량이 500kg인 물질에 의한 화재는?

① A급 화재
② B급 화재
③ C급 화재
④ D급 화재

해설 (1) 제2류 위험물의 품명 및 지정 수량

성 질	품 명	지정수량	위험등급
가연성 고체	1. 황화인	100kg	Ⅱ
	2. 적린	100kg	
	3. 황	100kg	
	4. 철분	500kg	Ⅲ
	5. 금속분	500kg	
	6. 마그네슘	500kg	
	7. 그 밖에 행정안전부령이 정하는 것 8. 제1호부터 제7호까지의 어느 하나에 해당하는 위험물을 하나 이상 함유한 것	100kg 또는 500kg	Ⅱ, Ⅲ
	9. 인화성고체	1,000kg	Ⅲ

(2) **철분, 금속분, 마그네슘** : 금속(D급) 화재

03 플래시오버에 대한 설명으로 틀린 것은?

① 국소 화재에서 실내의 가연물들이 연소하는 대 화재로의 전이

② 환기 지배형 화재에서 연료 지배형 화재로의 전이

③ 실내의 천장 쪽에 축적된 미연소 가연성 증기나 가스를 통한 화염의 급격한 전파

④ 내화 건축물의 실내 화재 온도 상황으로 보아 성장기에서 최성기로의 진입

해설 ② 연료 지배형 화재에서 환기 지배형 화재로 전이

04 다음 중 수소, 아세틸렌과 같은 가연성 가스가 공기 중 누출되어 연소하는 형식에 가장 가까운 것은?

① 확산 연소
② 증발 연소
③ 분해 연소
④ 표면 연소

해설 ① 확산 연소 : 가연성 가스가 공기 중 누출되어 연소하는 형태

예 수소, 아세틸렌 등

② 증발 연소 : 액체 표면에서 발생한 가연성 증기가 착화되어 화염을 발생시키고 이 화염의 온도에 의해 액체의 표면이 더욱 가열되면서 액체의 증발을 촉진시켜 연소를 계속해가는 형태

예 에테르, 가솔린, 석유, 알코올 등

③ 분해 연소 : 가연성 고체에 충분한 열이 공급되면 가열 분해에 의하여 발생된 가연성 가스(CO, H_2, CH_4 등)가 공기와 혼합되어 연소하는 형태

예 목재, 석탄, 종이, 플라스틱 등

④ 표면(직접) 연소 : 열분해에 의해 가연성 가스를 발생시키지 않고 그 자체가 연소하는 형태

예 숯, 목탄, 코크스, 금속분(아연분) 등

05 위험물안전관리법령에 의해 옥외 저장소에 저장을 허가받을 수 없는 위험물은?

① 제2류 위험물 중 황(금속제 드럼에 수납)
② 제4류 위험물 중 가솔린(금속제 드럼에 수납)
③ 제6류 위험물
④ 국제해상위험물규칙(IMDG Code)에 적합한 용기에 수납된 위험물

해설 옥외 저장소에 저장을 허가받을 수 있는 위험물
㉠ 제2류 위험물 중 황 또는 인화성 고체(인화점이 0℃ 이상인 것에 한한다)
㉡ 제4류 위험물 중 제1석유류(인화점이 0℃ 이상인 것에 한한다), 알코올류, 제2석유류, 제3석유류, 제4석유류, 동·식물유류
㉢ 제6류 위험물
㉣ 제2류 위험물, 제4류 위험물 중 특별시·광역시 또는 도의 조례로 정하는 위험물
㉤ 국제해상위험물규칙(IMDG Code)에 적합한 용기에 수납된 위험물

06 가연성 액화 가스의 탱크 주위에서 화재가 발생한 경우에 탱크의 가열로 인하여 그 부분의 강도가 약해져 탱크가 파열됨으로 내부의 가열된 액화 가스가 급속히 팽창하면서 폭발하는 현상은?

① 블레비(BLEVE) 현상
② 보일오버(Boil Over) 현상
③ 플래시백(Flash Back) 현상
④ 백드래프트(Back Draft) 현상

해설 ② 보일오버(Boil Over) 현상 : 원추형 탱크의 지붕판이 폭발에 의해 날아가고 화재가 확대될 때 저장된 연소 중인 기름에서 발생할 수 있는 현상으로, 기름 표면부에서 장시간 조용히 타고 있는 동안 갑자기 탱크로부터 연소 중인 기름이 폭발적으로 분출되어 화재가 일시에 격화된다.
③ 플래시백(Flash Back) 현상 : 연소 속도보다 가스 분출 속도가 작을 때 발생한다.
④ 백드래프트(Back Draft) 현상 : 산소가 부족하거나 훈소 상태에 있는 실내에 산소가 일시적으로 다량 공급될 때 연소 가스가 순간적으로 발화하는 것이다.

07 금속 칼륨과 금속 나트륨은 어떻게 보관하여야 하는가?

① 공기 중에 노출하여 보관
② 물속에 넣어서 밀봉하여 보관
③ 석유 속에 넣어서 밀봉하여 보관
④ 그늘지고 통풍이 잘되는 곳에 산소 분위기에서 보관

해설

위험물	보호액
K, Na, 적린	등유(석유), 경유, 유동 파라핀
황린, CS$_2$	물속(수조)

08 위험물안전관리법령에 따른 스프링클러 헤드의 설치 방법에 대한 설명으로 옳지 않은 것은?

① 개방형 헤드는 반사판으로부터 하방으로 0.45m, 수평 방향으로 0.3m의 공간을 보유할 것
② 폐쇄형 헤드는 가연성 물질 수납 부분에 설치 시 반사판으로부터 하방으로 0.9m, 수평 방향으로 0.4m의 공간을 확보할 것
③ 폐쇄형 헤드 중 개구부에 설치하는 것은 해당 개구부의 상단으로부터 높이 0.15m 이내의 벽면에 설치할 것
④ 폐쇄형 헤드 설치 시 급배기용 덕트의 긴 변의 길이가 1.2m를 초과하는 것이 있는 경우에는 해당 덕트의 윗부분에만 헤드를 설치할 것

해설 ④ 폐쇄형 헤드 설치 시 급배기용 덕트의 긴 변의 길이가 1.2m를 초과하는 것이 있는 경우에는 해당 덕트의 아랫면에도 스프링클러 헤드를 설치한다.

09 다음 중 위험성이 더욱 증가하는 경우는?

① 황린을 수산화칼륨 수용액에 넣었다.
② 나트륨을 등유 속에 넣었다.
③ 트라이에틸알루미늄 보관 용기 내에 아르곤 가스를 봉입시켰다.
④ 나이트로셀룰로오스를 알코올 수용액에 넣었다.

해설 ① 황린을 수산화칼륨 수용액에 넣으면 가연성, 유독성의 포스핀 가스를 발생한다.

$$P_4 + 3KOH + H_2O \rightarrow PH_3 + 3KH_2PO_2$$

10 과산화칼륨과 과산화마그네슘이 염산과 각각 반응했을 때 공통으로 나오는 물질의 지정 수량은?

① 50L
② 100kg
③ 300kg
④ 1,000L

해설 ㉠ $K_2O_2 + 2HCl \rightarrow 2KCl + H_2O_2$
㉡ $MgO_2 + 2HCl \rightarrow MgCl_2 + H_2O_2$
위 반응에서 공통으로 나오는 물질은 H_2O_2이므로 지정 수량은 300kg이다.

11 위험물안전관리법령상 위험물 운반 시 차광성이 있는 피복으로 덮지 않아도 되는 것은?

① 제1류 위험물
② 제2류 위험물
③ 제3류 위험물 중 자연 발화성 물질
④ 제5류 위험물

해설 차광성이 있는 피복 조치

유 별	적용 대상
제1류 위험물	전부
제3류 위험물	자연 발화성 물품
제4류 위험물	특수 인화물
제5류 위험물	전부
제6류 위험물	

12 위험물안전관리법령상 행정안전부령으로 정하는 제1류 위험물에 해당하지 않는 것은?

① 과요오드산
② 질산구아니딘
③ 차아염소산염류
④ 염소화이소시아눌산

해설 행정안전부령으로 정하는 위험물의 구분

품 명	지정 물질
제1류 위험물	1. 과아이오딘산염류 2. 과아이오딘산 3. 크로뮴, 납 또는 아이오딘의 산화물 4. 아질산염류 5. 차아염소산염류 6. 염소화이소시아눌산 7. 퍼옥소이황산염류 8. 퍼옥소붕산염류
제3류 위험물	염소화규소 화합물
제5류 위험물	1. 금속의 아지 화합물 2. 질산구아니딘
제6류 위험물	할로겐간 화합물

13 이동 탱크 저장소에 의한 위험물의 운송 시 준수하여야 하는 기준에서 다음 중 어떤 위험물을 운송할 때 위험물 운송자는 위험물 안전카드를 휴대하여야 하는가?

① 특수 인화물 및 제1석유류
② 알코올류 및 제2석유류
③ 제3석유류 및 동·식물유류
④ 제4석유류

해설 위험물을 운송할 때 위험물 운송자가 위험물 안전카드를 휴대하는 위험물
㉠ 제1류 위험물
㉡ 제2류 위험물
㉢ 제3류 위험물
㉣ 제4류 위험물(특수 인화물, 제1석유류)
㉤ 제5류 위험물
㉥ 제6류 위험물

14 위험물 제조소에 설치하는 안전장치 중 위험물의 성질에 따라 안전밸브의 작동이 곤란한 가압 설비에 한하여 설치하는 것은?

① 파괴판
② 안전밸브를 병용하는 경보 장치
③ 감압 측에 안전밸브를 부착한 감압 밸브
④ 연성계

해설 파괴판의 설명이다.

15 과산화나트륨이 물과 반응하면 어떤 물질과 산소를 발생하는가?

① 수산화나트륨   ② 수산화칼륨
③ 질산나트륨   ④ 아염소산나트륨

해설 과산화나트륨(Na_2O_2)과 물의 반응
㉠ 물이 차고 다량인 경우
$$Na_2O_2 + 2H_2O \rightarrow 2NaOH + H_2O_2$$
㉡ 상온에서 적당한 물과 반응한 경우
$$2Na_2O_2 + 4H_2O \rightarrow 4NaOH + 2H_2O + O_2$$
㉢ 온도가 높은 소량의 물과 반응한 경우
$$2Na_2O_2 + 2H_2O \rightarrow 4NaOH + O_2$$

16 과염소산칼륨과 가연성 고체 위험물이 혼합되는 것은 위험하다. 그 주된 이유는 무엇인가?

① 전기가 발생하고 자연 가열되기 때문이다.
② 중합 반응을 하여 열이 발생되기 때문이다.
③ 혼합하면 과염소산칼륨이 연소하기 쉬운 액체로 변하기 때문이다.
④ 가열, 충격 및 마찰에 의하여 발화·폭발 위험이 높아지기 때문이다.

해설 과염소산칼륨($KClO_4$)과 가연성 고체 위험물이 혼합되는 것이 위험한 주된 이유 : 가열, 충격 및 마찰에 의하여 발화·폭발 위험이 높아지기 때문이다.

17 위험물의 품명 분류가 잘못된 것은?

① 제1석유류 : 휘발유   ② 제2석유류 : 경유
③ 제3석유류 : 폼산   ④ 제4석유류 : 기어유

해설 ③ 제2석유류 : 폼산

18 제5류 위험물의 위험성 설명으로 틀린 것은?

① 가연성 물질이다.
② 대부분 외부의 산소 없이도 연소하며, 연소 속도가 빠르다.
③ 물에 잘 녹지 않고 물과의 반응 위험성이 크다.
④ 가열, 충격, 타격 등에 민감하며 강산화제 또는 강산류와 접촉 시 위험하다.

해설 ③ 대부분 물에 잘 녹지 않으며 물과의 직접적인 반응 위험성은 적다.

19 다음 중 소화 난이도 등급 Ⅰ의 옥내 저장소에 설치하여야 하는 소화 설비에 해당하지 않는 것은?

① 옥외 소화전 설비   ② 연결 살수 설비
③ 스프링클러 설비   ④ 물분무 소화 설비

해설 소화 난이도 등급 Ⅰ의 제조소등에 설치하여야 하는 소화설비

제조소 등의 구분		소화 설비
제조소 및 일반 취급소		옥내 소화전 설비, 옥외 소화전 설비, 스프링클러 설비 또는 물분무 등 소화 설비(화재 발생 시 연기가 충만할 우려가 있는 장소에는 스프링클러 설비 또는 이동식 외의 물분무 등 소화 설비에 한한다)
주유 취급소		스프링클러 설비(건축물에 한정한다), 소형 수동식 소화기 등(능력 단위의 수치가 건축물 그 밖의 공작물 및 위험물의 소요단위의 수치에 이르도록 설치할 것
옥내 저장소	처마 높이가 6m 이상인 단층 건물 또는 다른 용도의 부분이 있는 건축물에 설치한 옥내 저장소	스프링클러 설비 또는 이동식 외의 물분무 등 소화 설비
	그 밖의 것	옥외 소화전 설비, 스프링클러 설비, 이동식 외의 물분무 등 소화 설비 또는 이동식 포 소화 설비(포 소화전을 옥외에 설치하는 것에 한한다)
옥외 탱크 저장소	지중 탱크 또는 해상 탱크 외의 것	황만을 저장 취급하는 것 — 물분무 소화 설비
		인화점 70℃ 이상의 제4류 위험물만을 저장 취급하는 것 — 물분무 소화 설비 또는 고정식 포 소화 설비
		그 밖의 것 — 고정식 포 소화 설비(포 소화 설비가 적응성이 없는 경우에는 분말 소화 설비)
	지중 탱크	고정식 포 소화 설비, 이동식 이외의 불활성 가스 소화 설비 또는 이동식 이외의 할로겐 화합물 소화 설비

	해상 탱크	고정식 포 소화 설비, 물분무 소화 설비, 이동식 외의 불활성 가스 소화 설비 또는 이동식 이외의 할로겐 화합물 소화 설비
	황만을 저장 취급하는 것	물분무 소화 설비
옥내 탱크 저장소	인화점 70℃ 이상의 제4류 위험물만을 저장 취급하는 것	물분무 소화 설비, 고정식 포 소화 설비, 이동식 이외의 불활성 가스 소화 설비, 이동식 이외의 할로겐 화합물 소화 설비 또는 이동식 이외의 분말 소화 설비
	그 밖의 것	고정식 포 소화 설비, 이동식 이외의 불활성 가스 소화 설비, 이동식 이외의 할로겐 화합물 소화 설비 또는 이동식 이외의 분말 소화 설비
옥외 저장소 및 이송 취급소		옥내 소화전 설비, 옥외 소화전 설비, 스프링클러 설비 또는 물분무 등 소화 설비(화재 발생 시 연기가 충만할 우려가 있는 장소에는 스프링클러 설비 또는 이동식 이외의 물분무 등 소화 설비에 한한다)
암반 탱크 저장소	황만을 저장 취급하는 것	물분무 소화 설비
	인하점 70℃ 이상의 제4류 위험물만을 저장 취급하는 것	물분무 소화 설비 또는 고정식 포 소화 설비
	그 밖의 것	고정식 포 소화 설비(포 소화 설비가 적응성이 없는 경우에는 분말 소화 설비)

20 다음에서 설명하는 물질은 무엇인가?

- 살균제 및 소독제로도 사용된다.
- 분해할 때 발생하는 발생기 산소[O]는 난분해성 유기 물질을 산화시킬 수 있다.

① $HClO_4$
② CH_3OH
③ H_2O_2
④ H_2SO_4

해설 난분해성 유기 물질 : 산화시키지 못한 물질

21 다음 중 위험물안전관리법령상 위험물 제조소와의 안전거리가 가장 먼 것은??

① 고등교육법에서 정하는 학교
② 의료법에 따른 병원급 의료 기관
③ 고압가스 안전관리법에 의하여 허가를 받은 고압가스 제조 시설
④ 문화재보호법에 의한 유형 문화재와 기념물 중 지정 문화재

해설 ① : 10m 이상   ② : 30m 이상
③ : 20m 이상   ④ : 50m 이상

22 위험물안전관리법령상의 위험물 운반에 관한 기준에서 액체 위험물은 운반 용기 내용적의 몇 % 이하의 수납률로 수납하여야 하는가?

① 80   ② 85   ③ 90   ④ 98

해설 운반 용기의 수납률

위험물	수납률
알킬알루미늄 등	90% 이하(50℃에서 5% 이상 공간 용적 유지)
고체 위험물	95% 이하
액체 위험물	98% 이하(55℃에서 누설되지 않는 것)

23 위험물 제조소의 건축물 구조 기준 중 연소의 우려가 있는 외벽은 출입구 외의 개구부가 없는 내화 구조의 벽으로 하여야 한다. 이때 연소의 우려가 있는 외벽은 제조소가 설치된 부지의 경계 선에서 몇 m 이내에 있는 외벽을 말하는가? (단, 단층 건물일 경우이다.)

① 3   ② 4   ③ 5   ④ 6

해설 위험물 제조소의 건축물 구조 기준 중 연소의 우려가 있는 외벽은 제조소가 설치된 부지의 경계선에서 3m 이내에 있는 외벽을 말한다(단층 건물일 경우이다).

24 다음 중 위험물안전관리법령상 제6류 위험물에 해당하는 것은?

① 황산
② 염산
③ 질산염류
④ 할로겐간 화합물

해설 (1) ①, ② : 화공약품
　　③ : 제1류 위험물
　　④ : 제6류 위험물
(2) 제6류 위험물의 품명 및 지정 수량

성 질	품 명	지정수량	위험등급
산화성 액체	1. 과염소산	300kg	Ⅰ
	2. 과산화수소	300kg	
	3. 질산	300kg	
	4. 그 밖에 행정안전부령이 정하는 것 · 할로겐간화합물(BrF_3, BrF_5, IF_5 등)	300kg	
	5. 제1호 내지 제4호의1에 해당하는 어느 하나 이상을 함유한 것	300kg	

25 위험물안전관리법령상 제2류 위험물의 위험 등급에 대한 설명으로 옳은 것은?

① 제2류 위험물은 위험 등급 Ⅰ에 해당되는 품명이 없다.
② 제2류 위험물 중 위험 등급 Ⅲ에 해당되는 품명은 지정 수량이 500kg인 품명만 해당된다.
③ 제2류 위험물 중 황화인, 적린, 황 등 지정 수량이 100kg인 품명은 위험 등급 Ⅰ에 해당한다.
④ 제2류 위험물 중 지정 수량이 1,000kg인 인화성 고체는 위험 등급 Ⅱ에 해당한다.

해설 제2류 위험물의 품명 및 지정 수량

성 질	품 명	지정수량	위험등급
가연성 고체	1. 황화인	100kg	Ⅱ
	2. 적린	100kg	
	3. 황	100kg	
	4. 철분	500kg	Ⅲ
	5. 금속분	500kg	
	6. 마그네슘	500kg	
	7. 그 밖에 행정안전부령이 정하는 것 8. 제1호부터 제7호까지의 어느 하나에 해당하는 위험물을 하나 이상 함유한 것	100kg 또는 500kg	Ⅱ, Ⅲ
	9. 인화성고체	1,000kg	Ⅲ

26 칼륨이 에틸알코올과 반응할 때 나타나는 현상은?

① 산소 가스를 생성한다.
② 칼륨에틸레이트를 생성한다.
③ 칼륨과 물이 반응할 때와 동일한 생성물이 나온다.
④ 에틸알코올이 산화되어 아세트알데하이드를 생성한다.

해설 $2K + 2C_2H_5OH \rightarrow 2C_2H_5OK + H_2$

27 제5류 위험물 중 유기 과산화물 30kg과 히드록실아민 500kg을 함께 보관하는 경우 지정 수량의 몇 배인가?

① 3배　　② 8배　　③ 10배　　④ 18배

해설 $\dfrac{30}{10} + \dfrac{500}{100} = 8$배

28 위험물안전관리법에서 정한 정전기를 유효하게 제거할 수 있는 방법에 해당하지 않는 것은?

① 위험물 이송 시 배관 내 유속을 빠르게 하는 방법
② 공기를 이온화하는 방법
③ 접지에 의한 방법
④ 공기 중의 상대 습도를 70% 이상으로 하는 방법

해설 정전기를 유효하게 제거할 수 있는 방법
㉠ 공기를 이온화하는 방법
㉡ 접지에 의한 방법
㉢ 공기 중의 상대 습도를 70% 이상으로 하는 방법

29 다음 중 물이 소화 약제로 쓰이는 이유로 가장 거리가 먼 것은?

① 쉽게 구할 수 있다.　② 제거 소화가 잘된다.
③ 취급이 간편하다.　④ 기화 잠열이 크다.

해설 물이 소화 약제로 쓰이는 이유
㉠ 기화 잠열이 크다.(539cal/g)
㉡ 쉽게 구할 수 있다.
㉢ 취급이 간편하다.
㉣ 가격이 싸다.
㉤ 분무 시 적외선 등을 흡수하여 외부로부터의 열을 차단하는 효과가 있다.

정답 25 ①　26 ②　27 ②　28 ①　29 ②

30 위험물안전관리법령상 전기 설비에 적응성이 없는 소화 설비는?

① 포 소화 설비
② 불활성 가스 소화 설비
③ 할로젠 화합물 소화 설비
④ 물분무 소화 설비

해설 소화 설비의 적응성

소화 설비의 구분		대상물 구분										
		건축물·그 밖의 공작물	전기 설비	제1류 위험물		제2류 위험물			제3류 위험물		제4류 위험물	제5류 위험물	제6류 위험물
				알칼리 금속 과산화물 등	그 밖의 것	철분·금속분·마그네슘 등	인화성 고체	그 밖의 것	금수성 물품	그 밖의 것			
옥내 소화전 설비 또는 옥외 소화전 설비		○			○		○	○		○		○	○
스프링클러 설비		○			○		○	○		○	△	○	○
물분무 등 소화 설비	물분무 소화 설비	○	○		○		○	○		○	○	○	○
	포 소화 설비	○			○		○	○		○	○	○	○
	불활성 가스 소화 설비		○					○			○		
	할로젠 화합물 소화 설비		○					○			○		
	분말 소화 설비	인산염류 등	○	○				○	○			○		○
		탄산수소염류 등		○	○		○		○	○		○		
		그 밖의 것			○		○			○				

31 B-C급 화재뿐만 아니라 A급 화재까지도 사용이 가능한 분말 소화 약제는?

① 제1종 분말 소화 약제
② 제2종 분말 소화 약제
③ 제3종 분말 소화 약제
④ 제4종 분말 소화 약제

해설 분말 소화 약제 종류별 적응 화재

분말 소화 약제 종류	적응 화재
제1종 분말 소화 약제	B·C
제2종 분말 소화 약제	B·C
제3종 분말 소화 약제	A·B·C
제4종 분말 소화 약제	B·C

32 나이트로셀룰로오스의 저장·취급 방법으로 틀린 것은?

① 직사광선을 피해 저장한다.
② 되도록 장기간 보관하여 안정화된 후에 사용한다.
③ 유기 과산화물류, 강산화제와의 접촉을 피한다.
④ 건조 상태에 이르면 위험하므로 습한 상태를 유지한다.

해설 ② 장기간 보존한 것은 직사광선과 습기의 영향에 따라 분해하여 자연 발화하고 폭발 위험이 증가한다.

33 제5류 위험물의 화재 시 적응성이 있는 소화 설비는?

① 분말 소화 설비
② 할로젠 화합물 소화 설비
③ 물분무 소화 설비
④ 불활성 가스 소화 설비

해설 30번 해설 참고

34 20℃의 물 100kg이 100℃ 수증기로 증발하면 최대 몇 kcal의 열량을 흡수할 수 있는가? (단, 물의 증발 잠열은 540cal/g이다.)

① 540
② 7,800
③ 62,000
④ 108,000

해설 $Q_1 = Gc\Delta t = 100 \times 1 \times (100-20) = 8,000\text{kcal}$
$Q_2 = G_r = 100 \times 540 = 54,000\text{kcal}$
$Q = Q_1 + Q_2 = 8,000 + 54,000 = 62,000\text{kcal}$

35 유류 화재 시 발생하는 이상 현상인 보일 오버(boil over)의 방지 대책으로 가장 거리가 먼 것은?

① 탱크 하부에 배수관을 설치하여 탱크 저면의 수층을 방지한다.
② 적당한 시기에 모래나 팽창 질석, 비등석을 넣어 물의 과열을 방지한다.
③ 냉각수를 대량 첨가하여 유류와 물의 과열을 방지한다.
④ 탱크 내용물의 기계적 교반을 통하여 에멀전 상태로 하여 수층 형성을 방지한다.

해설 (1) 보일 오버(boil over)

저장된 기름 표면부가 그 경질 성분의 연소에 의해 중질화되어서 아래 부분의 연소가 안 된 기름보다 비중이 커지면 표면 아래로 가라앉아서, 고온층을 형성하고 그 층의 연소에 의한 화재 액면이 타들어 가면서 저하되는 것보다 빠르게 아래 쪽으로 진행 될 때 발생한다.

(2) 보일 오버 방지 대책

    ㉠ 탱크 하부에 배수관을 설치하여 탱크 저면의 수층을 방지한다.

    ㉡ 적당한 시기에 모래나 팽창 질석, 비등석을 넣어 물의 과열을 방지한다.

    ㉢ 탱크 내용물의 기계적 교반을 통하여 에멀전 상태로 하여 수층 형성을 방지한다.

36 다음 중 산화성 물질이 아닌 것은?

① 무기 과산화물 　 ② 과염소산
③ 질산염류 　　 ④ 마그네슘

해설 ④ 마그네슘 : 가연성 고체

37 위험물안전관리법령상 간이 탱크 저장소에 대한 설명 중 틀린 것은?

① 간이 저장 탱크의 용량은 600L 이하여야 한다.
② 하나의 간이 탱크 저장소에 설치하는 간이 저장 탱크는 5개 이하여야 한다.
③ 간이 저장 탱크는 두께 3.2mm 이상의 강판으로 흠이 없도록 제작하여야 한다.
④ 간이 저장 탱크는 70kPa의 압력으로 10분간의 수압 시험을 실시하여 새거나 변형되지 않아야 한다.

해설 ② 하나의 간이 탱크 저장소에 설치하는 간이 저장 탱크는 3 이하로 하고, 동일한 품질인 위험물의 간이 저장 탱크를 2 이상 설치하지 아니하여야 한다.

38 다음 위험물의 지정 수량 배수의 총합은 얼마인가?

- 질산 150kg
- 과산화수소 420kg
- 과염소산 300kg

① 2.5　　② 2.9　　③ 3.4　　④ 3.9

해설 $\dfrac{150\text{kg}}{300\text{kg}}+\dfrac{420\text{kg}}{300\text{kg}}+\dfrac{300\text{kg}}{300\text{kg}}=0.5+1.4+1$
$=2.9$배

39 위험물안전관리법령상 혼재할 수 없는 위험물은? (단, 위험물은 지정 수량의 1/10을 초과하는 경우이다.)

① 적린과 황린
② 질산염류와 질산
③ 칼륨과 특수 인화물
④ 유기 과산화물과 황

해설 (1) 유별을 달리하는 위험물의 혼재 기준

구 분	제1류	제2류	제3류	제4류	제5류	제6류
제1류		×	×	×	×	○
제2류	×		×	○	○	×
제3류	×	×		○	×	×
제4류	×	○	○		○	×
제5류	×	○	×	○		×
제6류	○	×	×	×	×	

(2) ㉠ 적린 : 제2류 위험물, 황린 : 제3류 위험물

    ㉡ 질산염류 : 제1류 위험물, 질산 : 제6류 위험물

    ㉢ 칼륨 : 제3류 위험물, 특수 인화물 : 제4류 위험물

    ㉣ 유기 과산화물 : 제5류 위험물, 황 : 제2류 위험물

40 다음 반응식과 같이 벤젠 1kg이 연소할 때 발생되는 CO_2의 양은 약 몇 m^3인가? (단, 27℃, 750mmHg 기준이다.)

$$C_6H_6+7.5O_2 \rightarrow 6CO_2+3H_2O$$

① 0.72　　② 1.22　　③ 1.92　　④ 2.42

해설

$$\underline{C_6H_6} + 7.5O_2 \rightarrow \underline{6CO_2} + 3H_2O$$

$$
\begin{array}{ccc}
78kg & & 6 \times 22.4m^3 \\
& \times & \\
1kg & & x(m^3)
\end{array}
$$

$$x = \frac{1 \times 6 \times 22.4}{78} = 1.723m^3$$

$\dfrac{P}{T} = \dfrac{P'V'}{T'}$ 에서

$$\frac{760 \times 1.723}{0 + 273} = \frac{750 \times V'}{27 + 273}$$

$$V' = \frac{760 \times 1.723 \times (27+273)}{(0+273) \times 750} = \frac{392,844}{204,750} = 1.92m^3$$

41 위험물의 품명과 지정 수량이 잘못 짝지어진 것은?

① 황화인 – 50kg
② 마그네슘 – 500kg
③ 알킬알루미늄 – 10kg
④ 황린 – 20kg

해설 ① 황화인 – 100kg

42 자동 화재 탐지 설비 일반 점검표의 점검 내용이 "변형·손상의 유무, 표시의 적부, 경계 구역 일람도의 적부, 기능의 적부"인 점검 항목은?

① 감지기　　　　② 중계기
③ 수신기　　　　④ 발신기

해설 자동 화재 탐지 설비 일반 점검표

점검 항목	점검 내용	점검 방법
감지기	변형·손상의 유무	육안
	감지 장행의 유무	육안
	가능의 적부	작동 확인
중계기	변형·손상의 유무	육안
	표시의 적부	육안
	기능의 적부	작동 확인
수신기 (통합 조직반)	변형·손상의 유무	육안
	표시의 적부	육안
	경계 구역 일람도의 적부	육안
	기능의 적부	작동 확인
주음향 장치 지구 음향 장치	변경·손상의 유무	육안
	기능의 적부	작동 확인
발신기	변경·손상의 유무	육안
	기능의 적부	작동 확인
비상 전원	변경·손상의 유무	육안
	전환의 적부	작동 확인
배선	변경·손상의 유무	육안
	접속 단자의 풀림·탈락의 유무	육안
기타 사항	–	–

43 다음에서 나열한 위험물의 공통 성질을 옳게 설명한 것은?

> 나트륨, 황린, 트라이에틸알루미늄

① 상온, 상압에서 고체의 형태를 나타낸다.
② 상온, 상압에서 액체의 형태를 나타낸다.
③ 금수성 물질이다.
④ 자연 발화의 위험이 있다.

해설

위험물	성상	위험성
나트륨	은백색의 광택이 있는 경금속	금수성, 자연 발화성
황린	백색 또는 담황색의 정사면체 구조	자연 발화성
트라이에틸 알루미늄	무색 투명한 액체	금수성, 자연 발화성

44 휘발유의 일반적인 성질에 관한 설명으로 틀린 것은?

① 인화점이 0℃보다 낮다.
② 위험물안전관리법령상 제1석유류에 해당한다.
③ 전기에 대해 비전도성 물질이다.
④ 순수한 것은 청색이나 안전을 위해 검은색으로 착색해서 사용해야 한다.

해설 ④ 무색 투명한 액상 유분으로 휘발유 특유의 냄새가 난다.

45 과산화수소의 성질에 대한 설명으로 옳지 않은 것은?

① 산화성이 강한 무색 투명한 액체이다.
② 위험물안전관리법령상 일정 비중 이상일 때 위험물로 취급한다.
③ 가열에 의해 분해하면 산소가 발생한다.
④ 소독약으로 사용할 수 있다.

해설 ② 위험물안전관리법령상 수용액 농도 36wt%(비중 약 1.137) 이상을 위험물로 본다.

46 나이트로셀룰로오스의 안전한 저장을 위해 사용하는 물질은?

① 페놀
② 황산
③ 에탄올
④ 아닐린

해설 나이트로셀룰로오스의 안전한 저장을 위해 자연 발화 방지를 위한 안전 용제로서 에탄올, 메탄올, 초산에틸, 초산메틸, 아세톤, 메틸에틸케톤을 사용하며 이들이 휘발되지 않도록 주의한다.

47 벤조일퍼옥사이드에 대한 설명으로 틀린 것은?

① 무색, 무취의 투명한 액체이다.
② 가급적 소분하여 저장한다.
③ 제5류 위험물에 해당한다.
④ 품명은 유기 과산화물이다.

해설 ① 무미, 무취의 백색 분말 또는 무색의 결정성 고체이다.

48 다음 물질 중 위험물 유별에 따른 구분이 나머지 셋과 다른 하나는?

① 질산은
② 질산메틸
③ 무수크로뮴산
④ 질산암모늄

해설 ㉠ 제1류 위험물 : 질산은, 무수크로뮴산, 질산암모늄
㉡ 제5류 위험물 : 질산메틸

49 위험물안전관리법령에서 정한 아세트알데하이드 등을 취급하는 제조소의 특례에 관한 내용이다. ( )안에 해당하는 물질이 아닌 것은?

아세트알데하이드 등을 취급하는 설비는 ( )·( )·( )·( ) 또는 이들을 성분으로 하는 합금으로 만들지 아니할 것

① 동
② 은
③ 금
④ 마그네슘

해설 아세트알데하이드 취급 시 사용 금지 물질 : 은, 수은, 동, 마그네슘

50 다음 물질 중 인화점이 가장 낮은 것은?

① CH_3COCH_3
② $C_2H_5OC_2H_5$
③ $CH_3(CH_2)_3OH$
④ CH_3OH

해설

위험물	인화점
CH_3COCH_3	$-18℃$
$C_2H_5OC_2H_5$	$-45℃$
$CH_3(CH_2)_3OH$	$37℃$
CH_3OH	$11℃$

51 위험물안전관리법령에 의한 위험물에 속하지 않는 것은?

① CaC_2
② S
③ P_2O_5
④ K

해설 ① CaC_2 : 제3류 위험물
② S : 제2류 위험물
③ P_2O_5 : 유독성 가스
④ K : 제3류 위험물

52 톨루엔에 대한 설명으로 틀린 것은?

① 휘발성이 있고 가연성 액체이다.
② 증기는 마취성이 있다.
③ 알코올, 에테르, 벤젠 등과 잘 섞인다.
④ 노란색 액체로 냄새가 없다.

정답 45 ② 46 ③ 47 ① 48 ② 49 ③ 50 ② 51 ③ 52 ④

해설 ④ 무색 투명하며 벤젠향과 같은 독특한 냄새를 가진 휘발성 액체이다.

53 위험물안전관리법령상 지정 수량 10배 이상의 위험물을 저장하는 제조소에 설치하여야 하는 경보 설비의 종류가 아닌 것은?

① 자동 화재 탐지 설비 ② 자동 화재 속보 설비
③ 휴대용 확성기 ④ 비상 방송 설비

해설 ② 비상경보설비(비상벨 장치 또는 경종 포함)

54 위험물안전관리법령상 제3류 위험물에 해당하지 않는 것은?

① 적린 ② 나트륨
③ 칼륨 ④ 황린

해설 ① 적린 : 제2류 위험물

55 위험물안전관리법령상 제4류 위험물 운반 용기의 외부에 표시해야 하는 사항이 아닌 것은?

① 규정에 의한 주의 사항
② 위험물의 품명 및 위험 등급
③ 위험물의 관리자 및 지정 수량
④ 위험물의 화학명

해설 제4류 위험물 운반 용기의 외부에 표시해야 하는 사항
㉠ 위험물의 품명 및 위험 등급
㉡ 위험물의 화학명
㉢ 규정에 의한 주의 사항

56 산화성 액체인 질산의 분자식으로 옳은 것은?

① HNO_2 ② HNO_3
③ NO_2 ④ NO_3

해설

신화성 액체	분자식
질산	HNO_3

57 제4류 위험물의 옥외 저장 탱크에 설치하는 밸브 없는 통기관은 직경이 얼마 이상인 것으로 설치해야 되는가? (단, 입력 탱크는 제외한다.)

① 10mm ② 20mm
③ 30mm ④ 40mm

해설 옥외 저장 탱크의 통기 장치
(1) 밸브 없는 통기관
㉠ 직경 : 30mm 이상
㉡ 끝부분 : 45° 이상
㉢ 인화 방지 장치 : 가는 눈의 구리망 사용
(2) 대기 밸브 부착 통기관
㉠ 직동 압력 차이 : 5kPa
㉡ 인화 방지 장치 : 가는 눈의 구리망 사용

58 다음 중 위험물안전관리법령에 따라 정한 지정 수량이 나머지 셋과 다른 것은?

① 황화인 ② 적린
③ 황 ④ 철분

해설 제2류 위험물의 품명 및 지정 수량

성질	품명	지정수량	위험등급
가연성 고체	1. 황화인	100kg	II
	2. 적린	100kg	
	3. 황	100kg	
	4. 철분	500kg	III
	5. 금속분	500kg	
	6. 마그네슘	500kg	
	7. 그 밖에 행정안전부령이 정하는 것 8. 제1호부터 제7호까지의 어느 하나에 해당하는 위험물을 하나 이상 함유한 것	100kg 또는 500kg	II, III
	9. 인화성고체	1,000kg	III

59 벤젠(C_6H_6)의 일반 성질로서 틀린 것은?

① 휘발성이 강한 액체이다.
② 인화점은 가솔린보다 낮다.
③ 물에 녹지 않는다.
④ 화학적으로 공명 구조를 이루고 있다.

해설 ② 인화점은 가솔린보다 높다.

위험물	인화점
벤젠	−11.1℃
가솔린	−20~−43℃

60 위험물안전관리법령상 제1류 위험물의 질산염류가 아닌 것은?

① 질산은 ② 질산암모늄

③ 질산섬유소 ④ 질산나트륨

해설 제1류 위험물의 질산염류

㉠ 질산칼륨

㉡ 질산나트륨

㉢ 질산암모늄

㉣ 질산은

위험물 기능사 (2022. 8. 28 시행)

01 팽창 진주암(삽 1개 포함)의 능력 단위 1은 용량이 몇 L인가?

① 70　　② 100　　③ 130　　④ 160

해설 능력 단위

소방 기구의 소화 능력을 나타내는 수치, 즉 소요 단위에 대응하는 소화 설비 소화 능력의 기준 단위

㉠ 마른 모래(50L, 삽 1개 포함) : 0.5단위
㉡ 팽창 질석 또는 팽창 진주암(160L, 삽 1개 포함) : 1단위
㉢ 소화 전용 물통(8L) : 0.3단위
㉣ 수조
 ·190L(8L 소화 전용 물통 6개 포함) : 2.5단위
 ·80L(8L 소화 전용 물통 3개 포함) : 1.5단위

02 다음 위험물의 저장 창고에 화재가 발생하였을 때 주수(注水)에 의한 소화가 오히려 더 위험한 것은?

① 염소산칼륨　　② 과염소산나트륨
③ 질산암모늄　　④ 탄화칼슘

해설 탄화칼슘은 물과 심하게 반응하여 수산화칼슘과 아세틸렌을 만들며 공기 중 수분과 반응하여도 아세틸렌을 발생한다.
$CaC_2 + 2H_2O \longrightarrow Ca(OH)_2 + C_2H_2$
이때 아세틸렌은 연소 범위가 2.5~81%로 대단히 넓고 때로는 폭발한다.
$2C_2H_2 + 5O_2 \longrightarrow 4CO_2 + 2H_2O$

03 피난 설비를 설치하여야 하는 위험물 제조소 등에 해당하는 것은?

① 건축물의 2층 부분을 자동차 정비소로 사용하는 주유 취급소
② 건축물의 2층 부분을 전시장으로 사용하는 주유 취급소
③ 건축물의 1층 부분을 주유사무소로 사용하는 주유 취급소
④ 건축물의 1층 부분을 관계자의 주거시설로 사용하는 주유 취급소

해설 주유 취급소 : 해당 출입구로 통하는 통로·계단 및 출입구에 유도등을 설치하여야 한다.

04 위험물안전관리법령상 위험물을 유별로 정리하여 저장하면서 서로 1m 이상의 간격을 두면 동일한 옥내 저장소에 저장할 수 있는 경우는?

① 제1류 위험물과 제3류 위험물 중 금수성 물질을 저장하는 경우
② 제1류 위험물과 제4류 위험물을 저장하는 경우
③ 제1류 위험물과 제6류 위험물을 저장하는 경우
④ 제2류 위험물 중 금속분과 제4류 위험물 중 동·식물유류를 저장하는 경우

해설 상호 1m 이상의 간격을 유지하는 경우에도 동일한 옥내 저장소에 저장할 수 있는 것
㉠ 제1류 위험물(알칼리 금속 과산화물 제외)＋제5류 위험물
㉡ 제1류 위험물＋제6류 위험물
㉢ 제1류 위험물＋자연발화성 물품(황린)
㉣ 제2류 위험물(인화성 고체)＋제4류 위험물
㉤ 제3류 위험물(알킬알루미늄 등)＋제4류 위험물(알킬알루미늄·알킬리튬을 함유한 것)
㉥ 제4류 위험물(유기 과산화물)＋제5류 위험물(유기 과산화물)

05 위험물안전관리법령에서 정한 "물분무 등 소화 설비"의 종류에 속하지 않는 것은?

① 스프링클러 설비　　② 포 소화 설비
③ 분말 소화 설비　　④ 불활성 가스 소화 설비

해설 물분무 등 소화 설비의 종류
㉠ 물분무 소화 설비　　㉡ 미분무 소화 설비
㉢ 포 소화 설비　　㉣ 이산화탄소가스 소화 설비
㉤ 할론 소화 설비
㉥ 할로겐화합물 및 불활성기체 소화 설비
㉦ 분말 소화 설비　　㉧ 강화액 소화 설비
㉨ 고체에어로졸 소화 설비

06 제3류 위험물 중 금수성 물질에 적응성이 있는 소화 설비는?

① 할로젠 화합물 소화 설비
② 포 소화 설비
③ 불활성 가스 소화 설비
④ 탄산수소염류 등 분말 소화 설비

해설

소화 설비의 구분			대상물 구분										
		건축물·그 밖의 공작물	전기 설비	제1류 위험물		제2류 위험물			제3류 위험물		제4류 위험물	제5류 위험물	제6류 위험물
				알칼리 금속 과산화물 등	그 밖의 것	철분·금속분·마그네슘 등	인화성 고체	그 밖의 것	금수성 물품	그 밖의 것			
옥내 소화전 설비 또는 옥외 소화전 설비		○			○		○	○		○		○	○
스프링클러 설비		○			○		○	○		○	△	○	○
물분무 등 소화 설비	물분무 소화 설비	○	○		○		○	○		○		○	○
	포 소화 설비	○			○		○	○		○		○	○
	불활성 가스 소화 설비		○				○					○	
	할로젠 화합물 소화 설비		○				○					○	
	분말 소화 설비	인산염류 등	○	○		○		○	○				○	○
		탄산 수소 염류 등		○	○		○	○		○		○		
		그밖의 것			○		○			○				
대형·소형 수동식 소화기	봉상수(棒狀水) 소화기	○			○		○	○		○		○	○
	무상수(霧狀水) 소화기	○	○		○		○	○		○		○	○
	봉상강화액 소화기	○			○		○	○		○		○	○
	무상강화액 소화기	○	○		○		○	○		○		○	○
	포 소화기	○			○		○	○		○		○	○
	이산화탄소 소화기		○				○					○	△
	할론 소화 설비		○				○					○	
	분말 소화기	인산염류 소화기	○	○		○		○	○				○	○
		탄산수소염류 소화기		○	○		○	○		○		○		
		그밖의 것			○		○			○				
기타	물통 또는 수조	○			○		○	○		○		○	○
	건조사			○	○	○	○	○	○	○	○	○	○
	팽창 질석 또는 팽창 진주암			○	○	○	○	○	○	○	○	○	○

07 $NH_4H_2PO_4$이 열분해하여 생성되는 물질 중 암모니아와 수증기의 부피 비율은?

① 1 : 1
② 1 : 2
③ 2 : 1
④ 3 : 2

해설 $NH_4H_2PO_4 \longrightarrow HPO_3 + \underset{1}{NH_3} + \underset{1}{H_2O}$

08 옥외 저장소에 덩어리 상태의 황만을 지반면에 설치한 경계 표시의 안쪽에서 저장할 경우 하나의 경계 표시의 내부 면적은 몇 m^2 이하이어야 하는가?

① 75
② 100
③ 150
④ 300

해설 옥외 저장소에 덩어리 상태의 황만을 지반면에 설치한 경계 표시의 안쪽에서 저장할 경우
㉠ 하나의 경계 표시의 내부 면적 : 100m² 이하
㉡ 2 이상의 경계 표시를 설치하는 경우에 있어서는 각각의 경계 표시 내부의 면적을 합산한 면적 : 1,000m² 이하 (단, 지정 수량의 200배 이상인 경우 : 10m 이상)

09 위험물안전관리법령에서 정한 탱크 안전 성능 검사의 구분에 해당하지 않는 것은?

① 기초·지반 검사
② 충수·수압 검사
③ 용접부 검사
④ 배관 검사

해설 탱크 안전 성능 검사의 구분
㉠ 기초·지반 검사
㉡ 충수·수압 검사
㉢ 용접부 검사
㉣ 암반 탱크 검사

10 위험물안전관리법령상 위험물의 운송에 있어서 운송 책임자의 감독 또는 지원을 받아 운송하여야 하는 위험물에 속하지 않는 것은?

① $Al(CH_3)_3$
② CH_3Li
③ $Cd(CH_3)_2$
④ $Al(C_4H_9)_3$

해설 위험물의 운송에 있어서 운송 책임자의 감독 또는 지원을 받아 운송하여야 하는 위험물
㉠ 알킬알루미늄[$Al(CH_3)_3$, $Al(C_4H_9)_3$]
㉡ 알킬리튬(CH_3Li)
㉢ 알킬알루미늄 또는 알킬리튬을 함유하는 위험물

정답 06 ④ 07 ① 08 ② 09 ④ 10 ③

11 위험물 탱크의 용량은 탱크의 내용적에서 공간 용적을 뺀 용적으로 한다. 이 경우 소화 약제 방출구를 탱크 안의 윗부분에 설치하는 탱크의 공간 용적은 당해 소화 설비의 소화 약제 방출구 아래의 어느 범위의 면으로부터 윗부분의 용적으로 하는가?

① 0.1미터 이상 0.5미터 미만 사이의 면
② 0.3미터 이상 1미터 미만 사이의 면
③ 0.5미터 이상 1미터 미만 사이의 면
④ 0.5미터 이상 1.5미터 미만 사이의 면

해설 위험물 탱크의 용량=탱크의 내용적-공간 용적(소화 약제 방출구를 탱크 안의 윗부분에 설치하는 탱크의 공간 용적 : 당해 소화 설비의 소화 약제 방출구 아래의 0.3m 이상 1m 미만 사이의 면으로부터 윗부분의 용적)

12 위험물 옥내 저장소에 과염소산 300kg, 과산화수소 300kg을 저장하고 있다. 저장 창고에는 지정 수량 몇 배의 위험물을 저장하고 있는가?

① 4
② 3
③ 2
④ 1

해설 $\dfrac{300}{300}+\dfrac{300}{300}=2$배

13 위험물안전관리법령상 품명이 "유기 과산화물"인 것으로만 나열된 것은?

① 과산화벤조일, 과산화메틸에틸케톤
② 과산화벤조일, 과산화마그네슘
③ 과산화마그네슘, 과산화메틸에틸케톤
④ 과산화초산, 과산화수소

해설 유기 과산화물
과산화기($-O-O-$)를 가진 유기 화합물과 소방청장이 정하여 고시하는 품명을 말한다.
과산화벤조일(B. P. O), 과산화메 틸에틸케톤(MEKPO)

14 위험물안전관리법령상 판매 취급소에 관한 설명으로 옳지 않은 것은?

① 건축물의 1층에 설치하여야 한다.
② 위험물을 저장하는 탱크 시설을 갖추어야 한다.
③ 건축물의 다른 부분과는 내화 구조의 격벽으로 구획하여야 한다.
④ 제조소와 달리 안전 거리 또는 보유 공지에 관한 규제를 받지 않는다.

해설 ② 용기에 수납하여 위험물을 판매하므로 위험물을 저장하는 탱크 시설을 갖추지 않아도 된다.

15 $C_6H_2CH_3(NO_2)_3$을 녹이는 용제가 아닌 것은?

① 물　　② 벤젠　　③ 에테르　　④ 아세톤

해설 T.N.T는 물에 녹지 않고 벤젠, 아세톤, 에테르 등에 잘 녹는다.

16 그림의 시험 장치는 제 몇 류 위험물의 위험성 판정을 위한 것인가? (단, 고체 물질의 위험성 판정이다.)

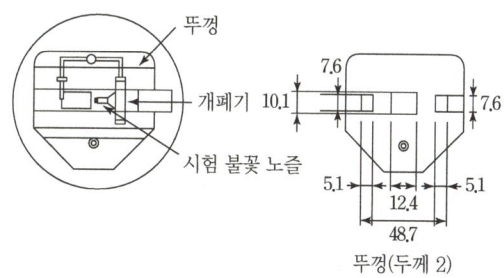

뚜껑(두께 2)

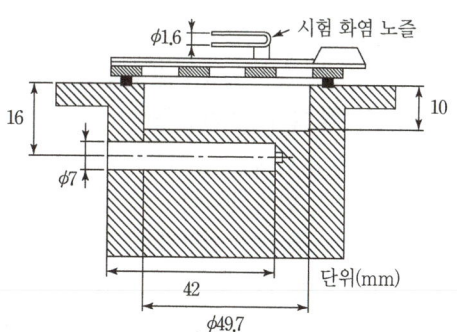

단위(mm)

① 제1류　　② 제2류　　③ 제3류　　④ 제5류

해설 제2류 위험물(작은 불꽃 착화 시험) 위험성 판정

시험 중에 한번이라도 착화하고 또 불꽃을 뗀 후에도 유염 연소 또는 무염 연소를 계속한 시험 물품 중에서 3초 이내에 착화하면 연소를 계속 유지하는 것(T−1)과 10초 이내에 착화하고 연소를 계속 유지하는 것(T−2)을 착화성이라 하고 이들을 위험물로 보며 이 위험도는 T−1>T−2이다.

17 위험물안전관리법령상 에틸렌글리콜과 혼재하여 운반할 수 없는 위험물은? (단, 지정 수량이 10배일 경우이다.)

① 황
② 과망가니즈산나트륨
③ 알루미늄분
④ 트라이나이트로톨루엔

해설 (1) 유별을 달리하는 위험물의 혼재 기준

구분	제1류	제2류	제3류	제4류	제5류	제6류
제1류		×	×	×	×	○
제2류	×		×	○	○	×
제3류	×	×		○	×	×
제4류	×	○	○		○	×
제5류	×	○	×	○		×
제6류	○	×	×	×	×	

(2) 에틸렌글리콜 : 제4류 위험물
① 황 : 제2류 위험물
② 과망가니즈산나트륨 : 제1류 위험물
③ 알루미늄분 : 제2류 위험물
④ 트라이나이트로톨루엔 : 제5류 위험물

18 금속 나트륨, 금속 칼륨 등을 보호액 속에 저장하는 이유를 가장 옳게 설명한 것은?

① 온도를 낮추기 위해
② 승화하는 것을 막기 위하여
③ 공기와의 접촉을 막기 위하여
④ 운반 시 충격을 적게 하기 위하여

해설 금속 나트륨, 금속 칼륨 등을 보호액(석유) 속에 저장하는 이유 : 공기와의 접촉을 막기 위하여

19 위험물의 지정 수량이 잘못된 것은?

① $(C_2H_5)_3Al$: 10kg
② Ca : 50kg
③ LiH : 300kg
④ Al_4C_3 : 500kg

해설 ④ Al_4C_3 : 300kg

20 탄소 80%, 수소 14%, 황 6%인 물질 1kg이 완전 연소하기 위해 필요한 이론 공기량은 약 몇 kg인가? (단, 공기 중 산소는 23wt%이다.)

① 3.31
② 7.05
③ 11.62
④ 14.41

해설 ㉠ C : 80% → 0.8kg
　H : 14% → 0.14kg
　S : 6% → 0.06kg
㉡ 완전 연소 시 필요한 산소(O_2)
　(a) $C+O_2 \rightarrow CO_2$
　　$12 : 32 = 0.8 : x$
　　$\therefore x = 2.13kg$
　(b) $4H+O_2 \rightarrow 2H_2O$
　　$4 : 32 = 0.14 : x$
　　$\therefore x = 1.12kg$
　(a) $S+O_2 \rightarrow SO_2$
　　$32 : 32 = 0.06 : x$
　　$\therefore x = 0.06kg$
　$\therefore$ 완전 연소 시 필요한 산소
　　$= 2.13+1.12+0.06 = 3.31kg$
㉢ 필요한 이론 공기량
　$0.23 : 3.31 = 1 : x$
　$\therefore x = \dfrac{3.31}{0.23} = 14.39kg$

21 질산의 저장 및 취급법이 아닌 것은?

① 직사광선을 차단한다.
② 분해 방지를 위해 요산, 인산 등을 가한다.
③ 유기물과의 접촉을 피한다.
④ 갈색병에 넣어 보관한다.

해설 ② 과산화수소의 저장 및 취급법

22 사이클로헥세인에 관한 설명으로 가장 거리가 먼 것은?

① 고리형 분자 구조를 가진 방향족 탄화수소 화합물이다.
② 화학식은 C_6H_{12}이다.
③ 비수용성 위험물이다.
④ 제4류 제1석유류에 속한다.

해설 ① 고리형 불포화 탄화수소이다.

23 시약(고체)의 명칭이 불분명한 시약병의 내용물을 확인하려고 뚜껑을 열어 시계 접시에 소량을 담아 놓고 공기 중에서 햇빛을 받는 곳에 방치하던 중 시계 접시에서 갑자기 연소 현상이 일어났다. 다음 물질 중 이 시약의 명칭으로 예상할 수 있는 것은?

① 황 　　　　　② 황린
③ 적린 　　　　④ 질산암모늄

해설 ② 황린은 발화점이 매우 낮고 공기 중의 산소와 산화할 때 산화열이 크고 착화 온도 자체가 낮기 때문에 공기 중 노출이 되어 방치하면 액화하면서 자연 발화한다.

24 이황화탄소를 화재 예방상 물속에 저장하는 이유는?

① 불순물을 물에 용해시키기 위해
② 가연성 증기의 발생을 억제하기 위해
③ 상온에서 수소 가스를 발생시키기 때문에
④ 공기와 접촉하면 즉시 폭발하기 때문에

해설 이황화탄소를 물속에 저장하는 이유 : 가연성 증기의 발생을 억제하기 위해

25 위험물 제조소 및 일반 취급소에 설치하는 자동 화재 탐지 설비의 설치 기준으로 틀린 것은?

① 하나의 경계 구역은 $600m^2$ 이하로 하고, 한 변의 길이는 50m 이하로 한다.
② 주요한 출입구에서 내부 전체를 볼 수 있는 경우 경계 구역은 $1,000m^2$ 이하로 할 수 있다.
③ 광전식 분리형 감지기를 설치할 경우에는 하나의 경계 구역을 $1,000m^2$ 이하로 할 수 있다.
④ 비상전원을 설치하여야 한다.

해설 ③ 광전식 분리형 감지기를 설치할 경우에는 하나의 경계 구역의 면적을 $600m^2$ 이하로 한다.

26 알킬알루미늄 등 또는 아세트알데하이드 등을 취급하는 제조소의 특례 기준으로서 옳은 것은?

① 알킬알루미늄 등을 취급하는 설비에는 불활성 기체 또는 수증기를 봉입하는 장치를 설치한다.
② 알킬알루미늄 등을 취급하는 설비는 은·수은·동·마그네슘을 성분으로 하는 것으로 만들지 않는다.
③ 아세트알데하이드 등을 취급하는 탱크에는 냉각 장치 또는 보냉 장치 및 불활성 기체 봉입 장치를 설치한다.
④ 아세트알데하이드 등을 취급하는 설비의 주위에는 누설 범위를 국한하기 위한 설비와 누설되었을 때 안전한 장소에 설치된 저장실에 유입시킬 수 있는 설비를 갖춘다.

해설 ① 알킬알루미늄 등을 취급하는 설비에는 불활성 기체를 봉입하는 장치를 갖춘다.
② 알킬알루미늄 등을 취급하는 설비의 주위에는 누설 범위를 국한하기 위한 설비와 누설된 알킬알루미늄 등을 안전한 장소에 설치된 저장실에 유입시킬 수 있는 설비를 갖춘다.
④ 아세트알데하이드 등을 취급하는 설비는 은, 수은, 동, 마그네슘 또는 이들을 성분으로 하는 합금으로 만들지 아니한다.

27 위험물안전관리법령에 따라 위험물을 유별로 정리하여 서로 1m 이상의 간격을 두었을 때 옥내 저장소에서 함께 저장하는 것이 가능한 경우가 아닌 것은?

① 제1류 위험물(알칼리 금속의 과산화물 또는 이를 함유한 것을 제외한다)과 제5류 위험물을 저장하는 경우
② 제3류 위험물 중 알킬알루미늄과 제4류 위험물(알킬알루미늄 또는 알킬리튬을 함유한 것에 한한다)을 저장하는 경우
③ 제1류 위험물과 제3류 위험물 중 금수성 물질을 저장하는 경우
④ 제2류 위험물 중 인화성 고체와 제4류 위험물을 저장하는 경우

해설 상호 1m 이상의 간격을 유지하는 경우에도 동일한 옥내 저장소에 저장할 수 있는 것
㉠ 제1류 위험물(알칼리 금속 과산화물 제외)+제5류 위험물
㉡ 제1류 위험물+제6류 위험물
㉢ 제1류 위험물+자연 발화성 물품(황린)
㉣ 제2류 위험물(인화성 고체)+제4류 위험물
㉤ 제3류 위험물(알킬알루미늄)+제4류 위험물(알킬알루미늄·알킬리튬을 함유한 것)
㉥ 제4류 위험물(유기 과산화물)+제5류 위험물(유기 과산화물)

28 금속 화재를 옳게 설명한 것은?

① C급 화재이고, 표시 색상은 청색이다.
② C급 화재이고, 별도의 표시 색상은 없다.
③ D급 화재이고, 표시 색상은 청색이다.
④ D급 화재이고, 별도의 표시 색상은 없다.

해설 화재의 구분

화재별 급수	표시 색상
A급(일반) 화재	백색
B급(유류) 화재	황색
C급(전기) 화재	청색
D급(금속) 화재	−
K급(주방) 화재	−

29 과산화바륨과 물이 반응하였을 때 발생하는 것은?

① 수소
② 산소
③ 탄산 가스
④ 수성 가스

해설 $2BaO_2+2H_2O \longrightarrow 2Ba(OH)_2+O_2$

30 다음 중 할로겐 화합물 소화 약제의 주된 소화 효과는?

① 부촉매 효과
② 희석 효과
③ 파괴 효과
④ 냉각 효과

해설 할로겐 화합물 소화 약제의 주된 소화 효과 : 부촉매 효과

31 철분, 금속분, 마그네슘의 화재에 적응성이 있는 소화 약제는?

① 탄산수소염류 분말
② 할로겐 화합물
③ 물
④ 이산화탄소

해설 6번 해설 참조

32 소화 설비의 설치 기준에서 유기 과산화물 1,000 kg은 몇 소요 단위에 해당하는가?

① 10
② 20
③ 100
④ 200

해설 소요 단위 $=\dfrac{저장량}{지정 수량 \times 10배}=\dfrac{1,000}{10 \times 10}=10$

33 위험물 안전관리자에 대한 설명 중 옳지 않은 것은?

① 이동 탱크 저장소는 위험물 안전관리자 선임 대상에 해당하지 않는다.
② 위험물 안전관리자가 퇴직한 경우 퇴직한 날부터 30일 이내에 다시 안전관리자를 선임하여야 한다.
③ 위험물 안전관리자를 선임한 경우에는 선임한 날로부터 14일 이내에 소방본부장 또는 소방서장에게 신고하여야 한다.
④ 위험물 안전관리자가 일시적으로 직무를 수행할 수 없는 경우에는 안전 교육을 받고 6개월 이상 실무 경력이 있는 사람을 대리자로 지정할 수 있다.

정답 27 ③ 28 ④ 29 ② 30 ① 31 ① 32 ① 33 ④

해설 ④ 위험물 안전관리자가 일시적으로 직무를 수행할 수 없는 경우에는 국가기술자격법에 따른 위험물의 취급에 관한 자격취득자 또는 위험물 안전에 관한 기본 지식과 경험이 있는 자로서 행정안전부령으로 정하는 자를 대리자로 지정하여 그 직무를 대행하게 하여야 한다.

34 주유 취급소의 벽(담)에 유리를 부착할 수 있는 기준에 대한 설명으로 옳은 것은?

① 유리 부착 위치는 주입구, 고정 주유 설비로 부터 2m 이상 이격되어야 한다.
② 지반면으로부터 50cm를 초과하는 부분에 한하여 설치하여야 한다.
③ 하나의 유리판 가로의 길이는 2m 이내로 한다.
④ 유리의 구조는 기준에 맞는 강화 유리로 하여야 한다.

해설 ① 유리 부착 위치는 주입구, 고정 주유 설비 및 고정 급유 설비로부터 4m 이상 이격되어야 한다.
② 지반면으로부터 70cm를 초과하는 부분에 한하여 설치하여야 한다.
④ 유리의 구조는 접합 유리로 하며, 유리 구획 부분의 내화 시험 방법에 따라 시험하여 비차열 30분 이상의 방화 성능이 인정될 것

35 제3류 위험물을 취급하는 제조소는 300명 이상을 수용할 수 있는 극장으로부터 몇 m 이상의 안전 거리를 유지하여야 하는가?

① 5
② 10
③ 30
④ 70

해설 위험물 제조소의 300명 이상 수용할 수 있는 극장으로부터 안전 거리 : 30m 이상

36 위험물안전관리법령에서 정한 알킬알루미늄 등을 저장 또는 취급하는 이동 탱크 저장소에 비치해야 하는 물품이 아닌 것은?

① 방호복
② 고무장갑
③ 비상 조명등
④ 휴대용 확성기

해설 알킬알루미늄 등을 저장 또는 취급하는 이동 탱크 저장소에 비치해야 하는 물품

㉠ 긴급 연락처   ㉡ 응급 조치 기재 서류
㉢ 방호복   ㉣ 고무장갑
㉤ 밸브 등을 죄는 결합 공구 ㉥ 휴대용 확성기

37 위험물안전관리법령상 이동 탱크 저장소에 의한 위험물의 운송 시 장거리에 걸친 운송을 하는 때에는 2명 이상의 운전자로 하는 것이 원칙이다. 다음 중 예외적으로 1명의 운전자가 운송하여도 되는 경우의 기준으로 옳은 것은?

① 운송 도중에 2시간 이내마다 10분 이상씩 휴식하는 경우
② 운송 도중에 2시간 이내마다 20분 이상씩 휴식하는 경우
③ 운송 도중에 4시간 이내마다 10분 이상씩 휴식하는 경우
④ 운송 도중에 4시간 이내마다 20분 이상씩 휴식하는 경우

해설 위험물 운송자는 장거리(고속국도 340km 이상, 그 밖의 도로 200km 이상)에 걸치는 운송을 할 때에는 2명 이상의 운전자로 한다.
예외적으로 1명의 운전자가 운송하여도 되는 기준
㉠ 운송 책임자를 동승시킨 경우
㉡ 운송하는 위험물이 제2류, 제3류(칼슘 또는 알루미늄의 탄화물과 이것만을 함유한 것) 또는 제4류(특수 인화물 제외)인 경우
㉢ 운송 도중 2시간마다 20분 이상씩 휴식하는 경우
※ 서울 – 부산 거리(서울 톨게이트에서 부산 톨게이트까지) : 410.3km

38 나트륨에 관한 설명으로 옳은 것은?

① 물보다 무겁다.
② 융점이 100℃보다 높다.
③ 물과 격렬히 반응하여 산소를 발생시키고 발열한다.
④ 등유는 반응이 일어나지 않아 저장에 사용된다.

해설 ① 물보다 가볍다(비중 0.97).
② 융점(97.8℃)이 100℃보다 낮다.
③ 물과 격렬하게 반응하여 발열하고 수소를 발생하고 발화한다.

$$2Na+2H_2O \longrightarrow 2NaOH+H_2$$

39 위험물안전관리법령상 예방 규정을 정하여야 하는 제조소 등의 관계인은 위험물 제조소 등에 대하여 기술 기준에 적합한지의 여부를 정기적으로 점검을 하여야 한다. 법적 최소 점검 주기에 해당하는 것은? (단, 100만리터 이상의 옥외 탱크 저장소는 제외한다.)

① 월 1회 이상
② 6개월 1회 이상
③ 연 1회 이상
④ 2년 1회 이상

해설 예방 규정을 정하여야 하는 위험물 제조소 등의 점검 주기 : 연 1회 이상

40 $CH_3COC_2H_5$의 명칭 및 지정 수량을 옳게 나타낸 것은?

① 메틸에틸케톤, 50L
② 메틸에틸케톤, 200L
③ 메틸에틸에테르, 50L
④ 메틸에틸에테르, 200L

해설 $CH_3CO_2C_2H_5$: 메틸에틸케톤, 200L

41 위험물 제조소의 환기 설비 중 급기구는 급기구가 설치된 실의 바닥 면적 몇 m^2마다 1개 이상으로 설치하여야 하는가?

① 100
② 150
③ 200
④ 800

해설 환기 설비
급기구는 당해 급기구가 설치된 실의 바닥 면적 150m^2마다 1개 이상으로 하되, 급기구의 크기는 800cm^2 이상으로 한다.

42 공기를 차단하고 황린을 약 몇 ℃로 가열하면 적린이 생성되는가?

① 60
② 100
③ 150
④ 260

해설 공기는 차단하고 황린을 약 260℃로 가열하면 적린이 생성된다.

43 다음 중 지정 수량이 가장 큰 것은?

① 과염소산칼륨
② 트라이나이트로톨루엔
③ 황린
④ 황

해설

위험물	지정 수량
과염소산칼륨	50kg
트라이나이트로톨루엔	200kg
황린	20kg
황	100kg

44 다음 물질 중 물에 대한 용해도가 가장 낮은 것은?

① 아크릴산
② 아세트알데하이드
③ 벤젠
④ 글리세린

해설 ① 물에 잘 녹는다.
② 물에 잘 녹는다.
③ 물에 녹지 않는다.
④ 물과 임의로 혼합한다.

45 1차 알코올에 대한 설명으로 가장 적절한 것은?

① OH기의 수가 하나이다.
② OH기가 결합된 탄소 원자에 붙은 알킬기의 수가 하나이다.
③ 가장 간단한 알코올이다.
④ 탄소의 수가 하나인 알코올이다.

해설 1차 알코올 : OH기가 결합된 탄소 원자에 붙은 알킬기의 수가 하나이다.

46 위험물안전관리법령상 산화성 액체에 대한 설명으로 옳은 것은?

① 과산화수소는 농도와 밀도가 비례한다.
② 과산화수소는 농도가 높을수록 끓는점이 낮아진다.
③ 질산은 상온에서 불연성이지만 고온으로 가열하면 스스로 발화한다.
④ 질산을 황산과 일정 비율로 혼합하여 왕수를 제조할 수 있다.

해설 ② 과산화수소는 농도가 높을수록 끓는점이 높아진다.
③ 질산은 상온에서 불연성 물질이지만 고온으로 가열하면 산소를 발생한다.
④ 질산을 염산과 일정 비율로 혼합하여 왕수를 제조할 수 있다.

47 위험물안전관리법령상 제4류 위험물 운반 용기의 외부에 표시하여야 하는 주의 사항을 옳게 나타낸 것은?

① 화기 엄금 및 충격 주의
② 가연물 접촉 주의
③ 화기 엄금
④ 화기 주의 및 충격 주의

해설 위험물 운반 용기의 주의 사항

위험물		주의 사항
제1류 위험물	알칼리 금속의 과산화물	·화기·충격 주의 ·물기 엄금 ·가연물 접촉 주의
	기타	·화기·충격 주의 ·가연물 접촉 주의
제2류 위험물	철분, 금속분, 마그네슘	·화기 주의 ·물기 엄금
	인화성 고체	·화기 엄금
	기타	·화기 주의
제3류 위험물	자연 발화성 물질	·화기 엄금 ·공기 접촉 엄금
	금수성 물질	·물기 엄금
제4류 위험물		·화기 엄금
제5류 위험물		·화기 엄금 ·충격 주의
제6류 위험물		·가연물 접촉 주의

48 휘발유의 성질 및 취급 시의 주의 사항에 관한 설명 중 틀린 것은?

① 증기가 모여 있지 않도록 통풍을 잘 시킨다.
② 인화점이 상온이므로 상온 이상에서는 취급 시 각별한 주의가 필요하다.
③ 정전기 발생에 주의해야 한다.
④ 강산화제 등과 혼촉 시 발화할 위험이 있다.

해설 ② 인화점이 −43~−20℃이므로 상온 이상에서는 취급 시 각별한 주의가 필요하다.

49 위험물안전관리법령에서 정한 주유 취급소의 고정 주유 설비 주위에 보유하여야 하는 주유 공지의 기준은?

① 너비 10m 이상, 길이 6m 이상
② 너비 15m 이상, 길이 6m 이상
③ 너비 10m 이상, 길이 10m 이상
④ 너비 15m 이상, 길이 10m 이상

해설 주유 공지
주유를 받으려는 자동차 등이 출입할 수 있도록 너비 15m 이상, 길이 6m 이상의 콘크리트 등으로 포장한 공지

50 위험물안전관리법령상 벌칙의 기준이 나머지 셋과 다른 하나는?

① 제조소 등에 대한 긴급 사용 정지 제한 명령을 위반한 자
② 탱크 시험자로 등록하지 아니하고 탱크 시험자의 업무를 한 자
③ 저장소 또는 제조소 등이 아닌 장소에서 지정 수량 이상의 위험물을 저장 또는 취급한 자
④ 제조소 등의 완공 검사를 받지 아니하고 위험물을 저장·취급한 자

해설 ㉠ 1년 이하의 징역 또는 1천만 원 이하의 벌금 : ①, ②, ③
㉡ 500만 원 이하의 벌금 : ④

51 나이트로셀룰로오스의 위험성에 대하여 옳게 설명한 것은?

① 물과 혼합하면 위험성이 감소된다.
② 공기 중에서 산화되지만 자연 발화의 위험은 없다.
③ 건조할수록 발화의 위험성이 낮다.
④ 알코올과 반응하여 발화한다.

해설 ② 공기 중에서 산화되지만 자연 발화의 위험성이 있다.
③ 건조할수록 발화의 위험성이 높다.
④ 알코올을 첨가 습윤시키면 안정하다.

정답 47 ③ 48 ② 49 ② 50 ④ 51 ①

52 $C_6H_2(NO_2)_3OH$와 CH_3NO_3의 공통 성질에 해당하는 것은?

① 나이트로 화합물이다.
② 인화성과 폭발성이 있는 액체이다.
③ 무색의 방향성 액체이다.
④ 에탄올에 녹는다.

해설 ⊙ 트라이나이트로페놀[$C_6H_2(NO_2)_3OH$]은 나이트로 화합물이고 질산메틸(CH_3NO_3)은 질산에스터류이다.
ⓒ 트라이나이트로페놀[$C_6H_2(NO_2)_3OH$]은 순수한 것은 무색이지만 휘황색의 침상 결정이고 질산메틸(CH_3NO_3)은 무색 투명한 액체이며 두 물질이 인화성과 폭발성을 갖는다.
ⓒ 트라이나이트로페놀[$C_6H_2(NO_2)_3OH$]은 고체이고 질산메틸(CH_3NO_3)은 액체이다.

53 위험물안전관리법령에서 정한 소화 설비의 설치 기준에 따라 다음 ( )에 알맞은 숫자를 차례대로 나타낸 것은?

> 제조소 등에 전기 설비(전기 배선, 조명 기구 등은 제외한다)가 설치된 경우에는 당해 장소의 면적 ( )m²마다 소형 수동식 소화기를 ( )개 이상 설치할 것

① 50, 1
② 50, 2
③ 100, 1
④ 100, 2

해설 제조소 등에 전기 설비(전기 배선, 조명 기구 등은 제외한다)가 설치된 경우
당해 장소의 면적 100m²마다 소형 수동식 소화기를 1개 이상 설치한다.

54 알루미늄 분말의 저장 방법 중 옳은 것은?

① 에틸알코올 수용액에 넣어 보관한다.
② 밀폐 용기에 넣어 건조한 곳에 보관한다.
③ 폴리에틸렌 병에 넣어 수분이 많은 곳에 보관한다.
④ 염산 수용액에 넣어 보관한다.

해설 알루미늄 분말의 저장 방법 : 밀폐 용기에 넣어 건조한 곳에 보관한다.

55 나이트로글리세린에 관한 설명으로 틀린 것은?

① 상온에서 액체 상태이다.
② 물에는 잘 녹지만 유기 용매에는 녹지 않는다.
③ 충격 및 마찰에 민감하므로 주의해야 한다.
④ 다이너마이트의 원료로 쓰인다.

해설 ② 물에는 녹지 않지만 유기 용매에는 녹는다.

56 아세트산에틸의 일반 성질 중 틀린 것은?

① 과일 냄새를 가진 휘발성 액체이다.
② 증기는 공기보다 무거워 낮은 곳에 체류한다.
③ 강산화제와의 혼촉은 위험하다.
④ 인화점은 $-20℃$ 이하이다.

해설 ④ 인화점은 $-4℃$이다.

57 위험물안전관리법령상 위험물의 운송에 있어서 운송 책임자의 감독 또는 지원을 받아 운송하여야 하는 위험물에 속하지 않는 것은?

① $Al(CH_3)_3$
② CH_3Li
③ $Cd(CH_3)_2$
④ $Al(C_4H_9)_3$

해설 위험물의 운송에 있어서 운송 책임자의 감독 또는 지원을 받아 운송하여야 하는 위험물
⊙ 알킬알루미늄[$Al(CH_3)_3$, $Al(C_4H_9)_3$]
ⓒ 알킬리튬(CH_3Li)
ⓒ 알킬알루미늄 또는 알킬리튬을 함유하는 위험물

58 위험물안전관리법령상 다음 ( )에 알맞은 수치를 모두 합한 값은?

> ⊙ 과염소산의 지정 수량은 ( )kg이다.
> ⓒ 과산화수소는 농도가 ( )wt% 미만인 것은 위험물에 해당하지 않는다.
> ⓒ 질산은 비중이 ( ) 이상인 것만 위험물로 규정한다.

① 349.36
② 549.36
③ 337.49
④ 537.49

해설 ㉠ 과염소산의 지정 수량 : 300kg
㉡ 과산화수소의 농도 : 36wt% 미만
㉢ 질산 비중 : 1.49 이상
∴ 300+36+1.49=337.49

59 황의 특성 및 위험성에 대한 설명 중 틀린 것은?

① 산화성 물질이므로 환원성 물질과 접촉을 피해야 한다.
② 전기의 부도체이므로 전기 절연체로 쓰인다.
③ 공기 중 연소 시 유해 가스를 발생한다.
④ 분말 상태인 경우 분진 폭발의 위험성이 있다.

해설 ① 환원성 물질이므로 산화성 물질과 접촉을 피해야 한다.

60 과산화벤조일 취급 시 주의 사항에 대한 설명 중 틀린 것은?

① 수분을 포함하고 있으면 폭발하기 쉽다.
② 가열, 충격, 마찰을 피해야 한다.
③ 저장 용기는 차고 어두운 곳에 보관한다.
④ 희석제를 첨가하여 폭발성을 낮출 수 있다.

해설 ① 수분을 포함하고 있으면 폭발성이 줄어든다.

위험물 기능사 (2023. 1. 28 시행)

01 가연성 물질이 산소와 급격히 반응하여 열과 빛을 내는 현상은?

① 자연 발화
② 산화 반응
③ 연소 현상
④ 폭발 현상

해설 연소 현상의 설명이다.

02 이산화탄소가 불연성인 이유는?

① 산소와의 반응이 잘 되기 때문
② 산소와 반응하지 않기 때문
③ 착화되어도 곧 불이 꺼지기 때문
④ 산화 반응이 되어도 열 발생이 없기 때문

해설 이산화탄소는 산소와 산화 반응이 완결된 물질로서, 더 이상 산화 반응이 일어나지 않기 때문에 불연성이 된다.

03 고온체의 색깔과 온도 관계에서 다음 중 가장 낮은 온도의 색깔은?

① 적색
② 암적색
③ 회적색
④ 백적색

해설 고온체의 색깔과 온도의 관계

㉠ 암적색 : 700℃
㉡ 적색 : 850℃
㉢ 회적색 : 950℃
㉣ 황적색 : 1,100℃
㉤ 백적색 : 1,300℃
㉥ 회백색 : 1,500℃

04 연소할 때 자기 연소를 일으키지 않는 것은?

① $C_2H_5ONO_2$
② $[C_6H_7O_2(ONO_2)_3]_n$
③ CH_3ONO_2
④ $C_6H_5NO_2$

해설 ④ 증발 연소

05 그림에서 C_1과 C_2 사이를 무엇이라고 하는가?

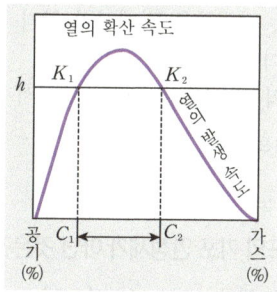

① 폭발 범위
② 발열량
③ 흡열량
④ 안전 범위

해설 화염의 전파가 일어나지 않는 농도로서 농도가 낮은 경우를 폭발 하한계, 높은 경우를 폭발 상한계라 하며 그 사이를 폭발 범위라 한다.

06 건축물 화재 시 성장기에서 최성기로 진행될 때 실내 온도가 급격히 상승하기 시작하면서 화염이 실내 전체로 급격히 확대되는 연소 현상은?

① 슬롭 오버(slop over)
② 플래시 오버(flash over)
③ 보일 오버(boil over)
④ 프로스 오버(froth over)

해설 플래시 오버 현상의 설명이다.

07 물질의 연소 후 재를 남기는 화재는?

① 일반 화재
② 유류 화재
③ 전기 화재
④ 금속 화재

해설 A급 화재(일반 가연물의 화재)란 연소 후 재를 남긴다.

08 다음 중 제거 소화의 예가 아닌 것은?

① 가스 화재 시 가스 공급을 차단하기 위해 밸브를 닫아 소화시킨다.
② 유전 화재 시 폭약을 사용하여 폭풍에 의하여 가연성 증기를 날려보내 소화시킨다.
③ 연소하는 가연물을 밀폐시켜 공기 공급을 차단하여 소화한다.
④ 촛불 소화 시 입으로 바람을 불어서 소화시킨다.

해설 ③ 질식 소화

09 화학포의 기포 안정제가 아닌 것은?

① 단백질 분해물   ② 사포닌
③ 탄산수소나트륨   ④ 계면활성제

해설 기포 안정제의 종류
단백질 분해물, 사포닌, 계면활성제, 소다회 등

10 다음 중 공기포 소화 약제가 아닌 것은?

① 단백포 소화 약제
② 합성 계면활성제 포 소화 약제
③ 화학포 소화 약제
④ 수성막포 소화 약제

해설 포 소화 약제
(1) 화학포 소화 약제
(2) 공기(기계)포 소화 약제
　　㉠ 단백포 소화 약제
　　㉡ 합성 계면활성제 포 소화 약제
　　㉢ 수성막포 소화 약제
　　㉣ 불화 단백포 소화 약제
　　㉤ 알코올형(내알코올) 포 소화 약제

11 요리용 기름의 화재 시 비누화 반응을 일으켜 질식 효과와 재발화 방지 효과를 나타내는 소화 약제는?

① $NaHCO_3$ ② $KHCO_3$
③ $BaCl_2$ ④ $NH_4H_2PO_4$

해설 $NaHCO_3$의 설명이다.

12 화재 시 밀폐된 장소에서 사용할 때 유독한 가스를 발생시키는 소화제는?

① 공기포   ② 액화 이산화탄소
③ 드라이케미컬   ④ 사염화탄소

해설 증발성 액체 소화제 중의 사염화탄소는 공기, 수분, 탄산 가스 등의 존재하에서 맹독성인 포스겐($COCl_2$) 가스를 발생한다.

13 위험물안전관리법령에 따른 대형 수동식 소화기의 설치 기준에서 방호 대상물의 각 부분으로부터 하나의 대형 수동식 소화기까지의 보행 거리는 몇 m 이하가 되도록 설치하여야 하는가? (단, 옥내 소화전 설비, 옥외 소화전 설비, 스프링클러 설비 또는 물분무 등 소화 설비와 함께 설치하는 경우는 제외한다.)

① 10   ② 15   ③ 20   ④ 30

해설 수동식 소화기의 설치 기준

구분	설치 거리
소형	보행 거리 20m 이하
대형	보행 거리 30m 이하

14 위험물안전관리법령상 옥내 소화전 설비의 비상 전원은 몇 분 이상 작동할 수 있어야 하는가?

① 45분   ② 30분   ③ 20분   ④ 10분

해설 위험물안전관리법령상 옥내 소화전 설비의 비상 전원은 45분 이상 작동할 수 있어야 한다.

15 스프링클러 설비에 방사 구역마다 제어 밸브를 설치하고자 한다. 바닥면으로부터의 높이 기준으로 옳은 것은?

① 0.8m 이상 1.5m 이하
② 1.0m 이상 1.5m 이하
③ 0.5m 이상 0.8m 이하
④ 1.5m 이상 1.8m 이하

해설 스프링클러 설비는 방사 구역마다 제어 밸브를 설치한다. 바닥면으로부터 0.8m 이상 1.5m 이하이다.

정답 08 ③ 09 ③ 10 ③ 11 ① 12 ④ 13 ④ 14 ① 15 ①

16 위험물 제조소 등에 설치하는 전역 방출 방식의 불활성 가스 소화 설비 분사 헤드의 방사 압력은 고압식의 경우 몇 MPa 이상이어야 하는가?

① 1.05 ② 1.7 ③ 2.1 ④ 2.6

해설 전역 방출 방식의 불활성 가스 소화 설비의 분사 헤드의 방사 압력

고압식	저압식
2.1MPa 이상	1.05MPa 이상

17 이동식 분말 소화 설비를 제3종 소화 분말로 할 경우 하나의 노즐마다 소화 약제의 양은 얼마 이상으로 하여야 하는가?

① 20kg ② 25kg ③ 30kg ④ 50kg

해설

소화 약제의 종별	소화 약제의 양
제1종 분말	50kg
제2종 분말 또는 제3종 분말	30kg
제4종 분말	20kg

18 피난구 유도등의 조명도는 피난구로부터 몇 m의 거리에서 문자 및 색채를 쉽게 식별할 수 있어야 하는가?

① 5 ② 10 ③ 20 ④ 30

해설 30m 이내에서 식별할 수 있어야 한다.

19 위험물안전관리법령에서 정한 소화 설비의 소요 단위 산정 방법에 대한 설명 중 옳은 것은?

① 위험물은 지정 수량의 100배를 1소요 단위로 함
② 저장소용 건축물로 외벽이 내화 구조인 것은 연면적 100m²를 1소요 단위로 함
③ 제조소용 건축물로 외벽이 내화 구조가 아닌 것은 연면적 50m²를 1소요 단위로 함
④ 저장소용 건축물로 외벽이 내화 구조가 아닌 것은 연면적 25m²를 1소요 단위로 함

해설 소요 단위(1단위)

소화 설비의 설치 대상이 되는 건축물, 그 밖의 공작물 규모 또는 위험물 양에 대한 기준 단위
㉠ 제조소 또는 취급소용 건축물의 경우
  ·외벽이 내화 구조로 된 것으로 연면적 100m²
  ·외벽이 내화 구조가 아닌 것으로 연면적 50m²
㉡ 저장소 건축물의 경우
  ·외벽이 내화 구조로 된 것으로 연면적 150m²
  ·외벽이 내화 구조가 아닌 것으로 연면적 75m²
㉢ 위험물의 경우 : 지정 수량 10배

20 위험물 취급소의 건축물(외벽이 내화 구조임)의 연면적이 500m²인 경우 소화 기구의 소요 단위는?

① 4단위 ② 5단위 ③ 6단위 ④ 7단위

해설 제조소 또는 취급소용 건축물의 경우(외벽이 내화 구조로 된 것 : 100m²)

$$\therefore \frac{500m^2}{100m^2} = 5단위$$

21 위험물안전관리법령상 위험 등급 I의 위험물로 옳은 것은?

① 무기 과산화물 ② 황화인, 적린, 황
③ 제1석유류 ④ 알코올류

해설 위험물의 위험등급

구분	위험 등급 I	위험 등급 II	위험 등급 III
제1류 위험물	아염소산염류, 염소산염류, 과염소산염류, 무기과산화물, 그 밖에 지정수량이 50kg인 위험물	브로민산염류, 질산염류, 아이오딘산염류, 그 밖에 지정수량이 300kg인 위험물	위험 등급 I, 위험 등급 II 외의 것
제2류 위험물		황화인, 적린, 황, 그밖에 지정수량이 100kg인 위험물	
제3류 위험물	칼륨, 나트륨, 알킬알루미늄, 알킬리튬, 황린, 그 밖에 지정수량이 10kg 또는 20kg인 위험물	알칼리금속(칼륨 및 나트륨을 제외), 알칼리토금속, 유기금속화합물(알킬알루미늄 및 알킬리튬을 제외), 그 밖에 지정수량이 50kg인 위험물	

정답 16 ③ 17 ③ 18 ④ 19 ③ 20 ② 21 ①

제4류 위험물	특수인화물	제1석유류, 알코올류
제5류 위험물	지정수량이 제1종 : 10kg인 위험물	지정수량이 제2종 : 100kg인 위험물
제6류 위험물	모두	

22 다음 중 염소산나트륨의 화학식을 올바르게 나타낸 것은?

① NaClO
② NaClO₂
③ NaClO₃
④ NaClO₄

해설 ① 차아염소산나트륨
② 아염소산나트륨
④ 과염소산나트륨

23 과산화칼륨과 과산화마그네슘이 염산과 각각 반응했을 때 공통으로 나오는 물질의 지정 수량은?

① 50L
② 100kg
③ 300kg
④ 1,000L

해설 ㉠ $K_2O_2 + 2HCl \longrightarrow 2KCl + H_2O_2$
㉡ $MgO_2 + 2HCl \longrightarrow MgCl_2 + H_2O_2$
위 반응에서 공통으로 나오는 물질은 H_2O_2이므로 지정 수량은 300kg이다.

24 위험물안전관리법령에서 정한 위험물의 지정 수량으로 틀린 것은?

① 적린 : 100g
② 황화인 : 100kg
③ 마그네슘 : 100kg
④ 금속분 : 500kg

해설 ③ 마그네슘 : 500kg

25 황분말과 혼합하였을 때 폭발의 위험이 있는 것은?

① 소화제
② 산화제
③ 가연물
④ 환원제

해설 황은 산화제나 목탄 가루 등과 혼합되면 가열, 충격, 마찰로 폭발한다.

26 분말의 형태로서 $150\mu m$의 체를 통과하는 50wt% 이상인 것만 위험물로 취급되는 것은?

① Fe
② Sn
③ Ni
④ Cu

해설 금속분류
알칼리 금속, 알칼리 토금속, 철, 마그네슘 이외의 금속물을 말하며, 구리, 니켈분과 $150\mu m$의 체를 통과하는 것이 50wt% 미만인 것은 위험물에서 제외된다.

27 〈보기〉의 위험물을 위험 등급 I, 위험 등급 II, 위험 등급 III의 순서로 옳게 나열한 것은?

〈보기〉 황린, 인화칼슘, 리튬

① 황린, 인화칼슘, 리튬
② 황린, 리튬, 인화칼슘
③ 인화칼슘, 황린, 리튬
④ 인화칼슘, 리튬, 황린

해설 21번 해설 참조

28 다음 중 금속 칼륨(K)을 석유에 넣어 보관하는 이유로 가장 타당한 것은?

① 산화력이 크기 때문에
② 취급이 대단히 위험함을 표시하기 위해서
③ 수분과 접촉을 차단하고 산화를 방지하기 위해서
④ 마찰, 충격에 의한 분진 발생을 방지하기 위해서

해설 K을 석유 속에 보관하는 이유 : 수분과 접촉을 차단하고 산화를 방지하기 위해서

29 다음 위험물을 저장할 때 보호액으로 물을 사용하는 물질은?

① 황
② 아연
③ 구리
④ 황린

해설 황린은 자연 발화성이 있어 물속에 저장한다.

정답 22 ③ 23 ③ 24 ③ 25 ② 26 ② 27 ② 28 ③ 29 ④

30 탄화칼슘(CaC_2)의 대량 저장 시 용기에 어떤 가스를 봉입하는가?

① 포스겐 ② 인화수소
③ 질소 가스 ④ 아황산 가스

해설 용기에 질소 가스 등 불연성 가스를 봉입할 것

31 위험물안전관리법령상 위험물의 운반에 관한 기준에 따르면 알코올류의 위험 등급은?

① 위험 등급 I ② 위험 등급 II
③ 위험 등급 III ④ 위험 등급 IV

해설 21번 해설 참조

32 다음 물질 중 증기 비중이 가장 작은 것은 어느 것인가?

① 이황화탄소 ② 아세톤
③ 아세트알데하이드 ④ 디에틸에테르

해설

위험물	증기 비중
이황화탄소	2.64
아세톤	2.0
아세트알데하이드	1.5
디에틸에테르	2.6

33 다음은 어떤 위험물에 대한 내용인가?

- 지정 수량 : 400L
- 증기 비중 : 2.07
- 인화점 : 12℃
- 녹는점 : −89.5℃

① 메탄올 ② 에탄올
③ 아이소프로필알코올 ④ 부틸알코올

해설 아이소프로필알코올[$(CH_3)_2CHOH$]의 설명이다.

34 나이트로벤젠이 속하는 것은?

① 제1석유류 ② 제2석유류
③ 제3석유류 ④ 제4석유류

해설 나이트로벤젠은 제3석유류에 속한다.

35 위험물 운반에 관한 기준 중 위험 등급 I에 해당하는 위험물은?

① 황화인 ② 피크린산
③ 벤조일퍼옥사이드 ④ 질산나트륨

해설 21번 해설 참조

36 나이트로셀룰로오스의 저장 방법으로 올바른 것은?

① 물이나 알코올로 습윤시킨다.
② 에탄올과 에테르 혼액에 침윤시킨다.
③ 수은염을 만들어 저장한다.
④ 산에 용해시켜 저장한다.

해설 나이트로셀룰로오스의 저장 방법 : 물이나 알코올로 습윤시킨다.

37 충격, 마찰에 예민하고 폭발 위력이 큰 물질로 뇌관의 첨장약으로 사용되는 것은?

① 나이트로글리콜 ② 나이트로셀룰로오스
③ 테트릴 ④ 질산메틸

해설 테트릴에 대한 설명이다.

38 위험물안전관리법령상 제6류 위험물이 아닌 것은?

① H_3PO_4 ② IF_5
③ BrF_5 ④ BrF_3

해설 ① H_3PO_4 : 화공약품

39 다음 위험물 중 비중이 물보다 큰 것은 모두 몇 개인가?

과염소산, 과산화수소, 질산

① 0 ② 1
③ 2 ④ 3

정답 30 ③ 31 ② 32 ③ 33 ③ 34 ③ 35 ③ 36 ① 37 ③ 38 ① 39 ④

해설

종류	비중
과염소산	1.76
과산화수소	1.47
질산	1.49

40 질산은 대부분의 금속을 부식시킨다. 다음 중 부식시키지 못하는 금속은?

① 철   ② 구리
③ 은   ④ 백금

해설 질산은 금속(Au, Pt, Al은 제외)과 산화 반응하여 부식시키며, 질산염을 생성한다.

41 다음은 위험물안전관리법령에서 정한 정의이다. 무엇의 정의인가?

> 인화성 또는 발화성 등의 성질을 가지는 것으로서 대통령령이 정하는 물품을 말한다.

① 위험물   ② 가연물
③ 특수 인화물   ④ 제4류 위험물

해설 위험물의 설명이다.

42 제조소 등의 위치·구조 또는 설비의 변경 없이 해당 제조소 등에서 취급하는 위험물의 품명을 변경하고자 하는 자는 변경하고자 하는 날의 며칠(몇 개월) 전까지 신고하여야 하는가?

① 1일   ② 14일
③ 1개월   ④ 6개월

해설 제조소 등의 변경 신고
변경하고자 하는 날의 1일 전까지 시·도지사에게 신고하여야 한다.

43 정기 점검 대상 제조소 등에 해당하지 않는 것은?

① 이동 탱크 저장소
② 지정 수량 120배의 위험물을 저장하는 옥외 저장소
③ 지정 수량 120배의 위험물을 저장하는 옥내 저장소
④ 이송 취급소

해설 정기 점검 대상 제조소
1. 예방 규정을 작성 대상인 제조소 등
   ㉠ 지정 수량의 10배 이상의 제조소·일반 취급소
   ㉡ 지정 수량의 100배 이상의 옥외 저장소
   ㉢ 지정 수량의 150배 이상의 옥내 저장소
   ㉣ 지정 수량의 200배 이상의 옥외 탱크 저장소
   ㉤ 암반 탱크 저장소
   ㉥ 이송 취급소
2. 지하 탱크 저장소
3. 이동 탱크 저장소
4. 위험물을 취급하는 탱크로서 지하에 매설된 탱크가 있는 제조소, 주유 취급소 또는 일반 취급소

44 위험물안전관리법령에 근거하여 자체 소방대에 두어야 하는 제독차의 경우 가성소다 및 규조토를 각각 몇 kg 이상 비치하여야 하는가?

① 30   ② 50
③ 60   ④ 100

해설 제독차 : 가성소다 및 규조토를 각각 50kg 이상 비치할 것

45 시·도의 조례가 정하는 바에 따라 관할 소방서장의 승인을 받아 지정 수량 이상의 위험물을 제조소 등이 아닌 장소에서 임시로 저장 또는 취급하는 기간은 최대 며칠 이내인가?

① 30   ② 60
③ 90   ④ 120

해설 관할 소방서장의 승인을 받아 지정 수량 이상의 위험물을 제조소 등이 아닌 장소에서 임시로 저장 또는 취급하는 기간은 90일 이내이다.

46 A업체에서 제조한 위험물을 B업체로 운반할 때 규정에 의한 운반 용기에 수납하지 않아도 되는 위험물은? (단, 지정 수량의 2배 이상인 경우이다.)

① 덩어리 상태의 황
② 금속분
③ 삼산화크로뮴
④ 염소산나트륨

> **해설** ① 운반 용기에 수납하지 않아도 되는 위험물은 덩어리 상태의 황이다.

47 제3류 위험물 중 금수성 물질 위험물 제조소에는 어떤 주의 사항을 표시한 게시판을 설치하여야 하는가?

① 물기 엄금
② 물기 주의
③ 화기 엄금
④ 화기 주의

> **해설** 제조소의 게시판 주의 사항
>
> | 위험물 | | 주의 사항 |
> |---|---|---|
> | 제1류 위험물 | 알칼리 금속의 과산화물 | 물기 엄금 |
> | | 기타 | 별도의 표시를 하지 않는다. |
> | 제2류 위험물 | 인화성 고체 | 화기 엄금 |
> | | 기타 | 화기 주의 |
> | 제3류 위험물 | 자연 발화성 물질 | 화기 엄금 |
> | | 금수성 물질 | 물기 엄금 |
> | 제4류 위험물 | | 화기 엄금 |
> | 제5류 위험물 | | |
> | 제6류 위험물 | | 별도의 표시를 하지 않는다. |

48 위험물안전관리법령에 따라 지정 수량 10배의 위험물을 운반할 때 혼재가 가능한 것은?

① 제1류 위험물과 제2류 위험물
② 제2류 위험물과 제3류 위험물
③ 제3류 위험물과 제5류 위험물
④ 제4류 위험물과 제5류 위험물

> **해설** 유별을 달리하는 위험물의 혼재 기준
>
> | 구분 | 제1류 | 제2류 | 제3류 | 제4류 | 제5류 | 제6류 |
> |---|---|---|---|---|---|---|
> | 제1류 | | × | × | × | × | ○ |
> | 제2류 | × | | × | ○ | ○ | × |
> | 제3류 | × | × | | ○ | × | × |
> | 제4류 | × | ○ | ○ | | ○ | × |
> | 제5류 | × | ○ | × | ○ | | × |
> | 제6류 | ○ | × | × | × | × | |

49 횡으로 설치한 원통형 위험물 저장 탱크의 내용적이 500L일 때 공간 용적은 최소 몇 L이어야 하는가? (단, 원칙적인 경우에 한한다.)

① 15
② 25
③ 35
④ 50

> **해설** ㉠ 공간 용적 : 위험물의 과주입 또는 온도의 상승으로 부피의 증가에 따른 체적 팽창에 의한 위험물의 넘침을 막아주는 기능을 한다.
>
> ㉡ 일반적인 탱크의 공간 용적 : 탱크 내용적의 $\frac{5}{100}$ 이상 $\frac{10}{100}$ 이하이다.
>
> 그러므로 $500L \times 0.05 = 25L$

50 위험물 제조소 등의 종류가 아닌 것은?

① 간이 탱크 저장소
② 일반 취급소
③ 이송 취급소
④ 이동 판매 취급소

> **해설** 위험물 제조소 등의 종류
> ① 제조소
> ② 저장소
>   ㉠ 옥내 저장소   ㉡ 옥외 탱크 저장소
>   ㉢ 옥내 탱크 저장소   ㉣ 지하 탱크 저장소
>   ㉤ 간이 탱크 저장소   ㉥ 이동 탱크 저장소
>   ㉦ 옥외 저장소   ㉧ 암반 탱크 저장소
> ③ 취급소
>   ㉠ 주유 취급소   ㉡ 판매 취급소
>   ㉢ 이송 취급소   ㉣ 일반 취급소

51 취급하는 위험물의 최대 수량이 지정 수량의 10배를 초과할 경우 제조소 주위에 보유하여야 하는 공지의 너비는?

① 3m 이상
② 5m 이상
③ 10m 이상
④ 15m 이상

해설 보유 공지 너비

위험물의 최대 수량	공지 너비
지정 수량 10배 이하	3m 이상
지정 수량 10배 초과	5m 이상

52 위험물 제조소의 건축물 환기 설비 중 급기구의 크기로 옳은 것은?

① 200cm²   ② 400cm²

③ 600cm²   ④ 800cm²

해설 급기구는 바닥 면적 150m²마다 1개 이상으로 하되, 그 크기는 800cm² 이상으로 할 것

53 위험물 제조소 등의 안전 거리의 단축 기준과 관련해서 방화상 유효한 벽의 높이는 $H \leq pD2 + a$인 경우 $h = 2$로 계산한다. 여기서 a는 무엇인가?

① 인접 건물의 높이(m)
② 제조소 등의 외벽의 높이(m)
③ 제조소 등과 방화상 유효한 벽의 거리(m)
④ 방화상 유효한 벽의 높이(m)

해설 방화상 유효한 담의 높이

㉠ $H \leq pD^2 + a$인 경우 : $h = 2$
㉡ $H > pD^2 + a$인 경우 : $h = H - p(D^2 + d^2)$
㉢ D, H, a, d, h 및 p는 다음과 같다.

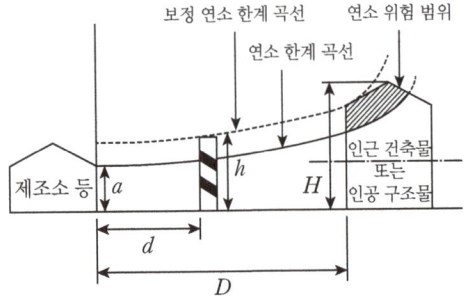

여기서, D : 제조소 등과 인근 건축물 또는 인공 구조물과의 거리(m)

H : 인근 건축물 또는 인공 구조물의 높이(m)

a : 제조소 등의 외벽의 높이(m)

d : 제조소 등과 방화상 유효한 담과의 거리(m)

h : 방화상 유효한 담의 높이(m)

p : 상수

54 옥내 저장소에서 위험물 용기를 겹쳐 쌓는 경우에 있어서 제4류 위험물 중 제3석유류만을 수납하는 용기를 겹쳐 쌓을 수 있는 높이는 최대 몇 m인가?

① 3   ② 4   ③ 5   ④ 6

해설 옥내 저장소

㉠ 기계에 의하여 하역하는 구조로 된 용기만을 겹쳐 쌓는 경우 : 6m
㉡ 제4류 위험물 중 제3석유류, 제4석유류 및 동·식물유류를 수납하는 용기만을 겹쳐 쌓는 경우 : 4m
㉢ 그 밖의 경우 : 3m

55 위험물안전관리법령상 옥외 저장소 중 덩어리 상태의 황만을 지반면에 설치한 경계 표시의 안쪽에서 저장 또는 취급할 때 경계 표시의 높이는 몇 m 이하로 하여야 하는가?

① 1   ② 1.5   ③ 2   ④ 2.5

해설 황 경계 표시 높이 : 1.5m 이하

56 인화점이 21℃ 미만인 액체 위험물의 옥외 저장 탱크 주입구에 설치하는 "옥외 저장 탱크 주입구"라고 표시한 게시판의 바탕 및 문자색을 옳게 나타낸 것은?

① 백색 바탕 ― 적색 문자
② 적색 바탕 ― 백색 문자
③ 백색 바탕 ― 흑색 문자
④ 흑색 바탕 ― 백색 문자

해설 인화점이 21℃ 미만인 액체 위험물의 옥외 저장 탱크 주입구 게시판은 백색 바탕에 흑색 문자로 한다.

57 인화성 액체 위험물을 저장 또는 취급하는 옥외 탱크 저장소의 방유제 내에 용량 100,000L와 50,000L인 옥외 저장 탱크 2기를 설치하는 경우에 확보하여야 하는 방유제의 용량은?

① 50,000L 이상   ② 80,000L 이상
③ 110,000L 이상   ④ 150,000L 이상

정답   52 ④   53 ②   54 ②   55 ②   56 ③   57 ③

해설 옥외 탱크 저장소의 방유제 용량
㉠ 1기 : 탱크 용량의 110% 이상
㉡ 2기 이상 : 최대 용량의 110% 이상
즉, $100,000L \times 1.1 = 110,000L$ 이상

58 인화점이 섭씨 200℃ 미만인 위험물을 저장하기 위하여 높이가 15m이고, 지름이 18m인 옥외 저장 탱크를 설치하는 경우 옥외 저장 탱크와 방유제와의 사이에 유지하여야 하는 거리는?

① 5.0m 이상
② 6.0m 이상
③ 7.5m 이상
④ 9.0m 이상

해설 옥외 탱크 저장소의 방유제와 탱크 측면의 이격 거리

탱크 지름	공지의 너비
15m 미만	탱크 높이의 $\frac{1}{3}$ 이상
15m 이상	탱크 높이의 $\frac{1}{2}$ 이상

∴ $15m \times \frac{1}{2} = 7.5m$ 이상

59 단층 건물에 설치하는 옥내 탱크 저장소의 탱크 전용실에 비수용성의 제2석유류 위험물을 저장하는 탱크 1개를 설치할 경우, 설치할 수 있는 탱크의 최대 용량은?

① 10,000L
② 20,000L
③ 40,000L
④ 80,000L

해설 ㉠ 1층 이하 층의 건물에 설치시 : 지정수량 40배(제4석유류 또는 동식물류 외의 제4류위험물로서 당해 수량이 20000L를 초과하는 경우에는 20000L) 이하
㉡ 2층 이상 층의 건물에 설치시 : 지정수량의 10배(제4석유류 또는 동식물류 외의 제4류 위험물로서 당해 수량이 5000L를 초과하는 경우에는 5000L) 이하

60 지하 탱크는 그 윗부분이 지면으로부터 얼마 이상의 깊이가 되도록 매설하여야 하는가?

① 2.0m 이상
② 1.0m 이상
③ 0.6m 이상
④ 0.5m 이상

해설 지하 탱크 매설 기준
㉠ 탱크 본체와 지면까지의 거리 : 0.6m 이상
㉡ 탱크와 탱크 전용실 내벽과의 거리 : 상·하, 좌·우 각각 0.1m 이상
㉢ 2기 이상의 탱크를 인접하여 설치하는 경우 : 탱크 상호 간 이격 거리는 1m 이상(단, 2기 이상의 탱크 용량의 합계가 지정 수량 100배 미만인 경우에는 탱크 상호 간 0.5m 간격 유지)

위험물 기능사 (2023. 4. 8 시행)

01 다음 중 연소와 관계되는 반응은?

① 산화 반응　　　　② 환원 반응
③ 연쇄 반응　　　　④ 치환 반응

해설 연소란 산화 반응과 발열 반응이 동시에 일어나는 것을 말한다.

02 다음 기체 중 화학적 성질이 다른 것은?

① 질소　　　　　　② 불소
③ 아르곤　　　　　④ 이산화탄소

해설 ①, ③, ④ : 불연성
② 불소 : 조연(지연)성

03 불꽃의 색깔로 온도를 짐작할 수 있다. 몇 도 이상을 백열 상태라 하는가?

① 300℃　　　　　② 600℃
③ 1,000℃　　　　④ 1,500℃

해설 발광에 따른 온도 구분
㉠ 적열 상태 : 500℃ 부근
㉡ 백열 상태 : 1,000℃ 이상

04 일반적인 석유난로의 연소 형태로, 점도가 높고 비휘발성인 액체를 안개상으로 분사하여 액체의 표면적을 넓혀 연소시키는 방법은?

① 액적 연소　　　　② 증발 연소
③ 분해 연소　　　　④ 표면 연소

해설 액적(분무) 연소의 설명이다.

05 연소 범위에 대한 설명으로 옳지 않은 것은?

① 연소 범위는 연소 하한값부터 연소 상한값까지이다.
② 연소 범위의 단위는 공기 또는 산소에 대한 가스의 %농도이다.
③ 연소 하한이 낮을수록 위험이 크다.
④ 온도가 높아지면 연소 범위가 좁아진다.

해설 온도가 높아지면 연소 범위는 커진다.

06 수소의 공기 중 연소 범위에 가장 가까운 값을 나타내는 것은?

① 2.5~82.0vol%　　② 5.3~13.9vol%
③ 4.0~74.5vol%　　④ 12.5~55.0vol%

해설

가스	연소 범위(vol%)
수소	4.0~74.5

07 한옥에 불이 났을 때 어느 소화기를 사용하는 것이 적당한가?

① A급　　　　　　② B급
③ C급　　　　　　④ D급

해설 A급(일반) 화재 : 한옥 등

08 질식 소화를 하는 경우 공기 중의 산소의 유효 농도는?

① 1~5%　　　　　② 5~10%
③ 10~15%　　　　④ 15~20%

해설 질식 소화 시 산소 농도의 유효 한계치 : 산소 농도 10~15% 이하

정답 01 ①　02 ②　03 ③　04 ①　05 ④　06 ③　07 ①　08 ③

09 포 소화 약제의 주된 소화 효과를 모두 옳게 나타낸 것은?

① 촉매 효과와 억제 효과
② 억제 효과와 제거 효과
③ 질식 효과와 냉각 효과
④ 연소 방지와 촉매 효과

> **해설** 포 소화 약제 화학 반응식
> $6NaHCO_3 + Al_2(SO_4)_3 + 18H_2O \rightarrow 3Na_2SO_4 + 2Al(OH)_3 + \underline{6CO_2} + \underline{18H_2O}$
> 　　　　　　　　　　　질식 효과　　냉각 효과

10 다음 중 포 소화제의 조건에 해당되지 않는 것은?

① 부착성이 있을 것
② 유동성이 있을 것
③ 부서지기 어려운 응집성을 가질 것
④ 열에 의해 빨리 증발할 것

> **해설** 열에 의해 센 막을 가질 것

11 분말 소화 약제 중 제1종과 제2종 분말이 각각 열분해될 때 공통적으로 생성되는 물질은?

① N_2, CO_2
② N_2, O_2
③ H_2O, CO_2
④ H_2O, N_2

> **해설** ㉠ 제1종 분말 소화 약제
> $2NaHCO_3 \longrightarrow Na_2CO_3 + CO_2 + H_2O$
> ㉡ 제2종 분말 소화 약제
> $2KHCO_3 \longrightarrow K_2CO_3 + CO_2 + H_2O$
> ∴ 공통적으로 생성되는 물질 : H_2O, CO_2

12 할로겐화물 소화 약제의 조건으로 옳은 것은?

① 비점이 높을 것
② 기화되기 쉬울 것
③ 공기보다 가벼울 것
④ 연소되기 좋을 것

> **해설** 할로겐화물 소화 약제의 조건
> ㉠ 비점이 낮을 것
> ㉡ 기화되기 쉽고, 증발 잠열이 클 것

㉢ 공기보다 무겁고(증기 비중이 클 것) 불연성일 것
㉣ 기화 후 잔유물을 남기지 않을 것
㉤ 전기 절연성이 우수할 것
㉥ 인화성이 없을 것

13 위험물안전관리법령상 옥내 소화전 설비의 기준에서 옥내 소화전의 개폐 밸브 및 호스 접속구의 바닥면으로부터 설치 높이 기준으로 옳은 것은?

① 1.2m 이하
② 1.2m 이상
③ 1.5m 이하
④ 1.5m 이상

> **해설** 옥내 소화전의 개폐 밸브 및 호스 접속구의 설치 높이 : 바닥면으로부터 1.5m 이하

14 건축물의 1층 및 2층 부분만을 방사 능력 범위로 하고 지하층 및 3층 이상의 층에 대하여 다른 소화 설비를 설치해야 하는 소화 설비는?

① 스프링클러 설비
② 포 소화 설비
③ 옥외 소화전 설비
④ 물분무 소화 설비

> **해설** 옥외 소화전 설비의 설명이다.

15 위험물안전관리법령에서 정한 "물분무 등 소화 설비"의 종류에 속하지 않는 것은?

① 스프링클러 설비
② 포 소화 설비
③ 분말 소화 설비
④ 불활성 가스 소화 설비

> **해설** 물분무 등 소화 설비의 종류
> ㉠ 물분무 소화 설비
> ㉡ 미분무 소화 설비
> ㉢ 포 소화 설비
> ㉣ 이산화탄소가스 소화 설비
> ㉤ 할론 소화 설비
> ㉥ 할로겐화합물 및 불활성기체 소화 설비
> ㉦ 분말 소화 설비
> ㉧ 강화액 소화 설비
> ㉨ 고체에어로졸 소화 설비

정답 09 ③ 10 ④ 11 ③ 12 ② 13 ③ 14 ③ 15 ①

16 다음 중 국소 방출 방식의 불활성 가스 소화 설비의 분사 헤드에서 방출되는 소화 약제의 방사 기준은?

① 10초 이내에 균일하게 방사할 수 있을것
② 15초 이내에 균일하게 방사할 수 있을 것
③ 30초 이내에 균일하게 방사할 수 있을 것
④ 60초 이내에 균일하게 방사할 수 있을것

해설 국소 방출 방식의 불활성 가스 소화 설비의 분사 헤드에서 방출되는 소화 약제는 30초 이내에 균일하게 방사하는 것을 기준으로 한다.

17 전역 방출 방식의 분말 소화 설비에서 분사 헤드의 방사 압력(MPa)은 얼마 이상이어야 하는가?

① 0.1　　② 0.5　　③ 1　　④ 3

해설 전역 방출 방식의 분말 소화 설비 분사 헤드의 방사 압력은 0.1MPa 이상이다.

18 피난구 유도등은 피난구의 밑바닥으로부터 높이가 얼마 이상인 곳에 설치하여야 하는가?

① 0.5m 이상　　② 1.0m 이상
③ 1.5m 이상　　④ 2m 이상

해설 유도등의 설치 위치
㉠ 피난구 유도등 : 높이 1.5m 이상
㉡ 통로 유도등 : 높이 1m 이하
㉢ 객석 유도등 : 객석의 통로 바닥 또는 벽

19 마른 모래 0.5단위란?

① 삽을 상비한 10L 이상의 것 1포
② 삽을 상비한 25L 이상의 것 1포
③ 삽을 상비한 50L 이상의 것 1포
④ 삽을 상비한 100L 이상의 것 1포

해설

간이 소화 용구		능력 단위
마른 모래	삽을 상비한 50L 이상의 것 1포	0.5단위
팽창 질석 또는 팽창 진주암	삽을 상비한 160L 이상의 것 1포	1단위

20 위험물 저장소의 건축물로서 외벽이 내화 구조로 된 것은 연면적 몇 m^2를 소요 단위 1단위로 하는가?

① 50　　　　② 100
③ 150　　　④ 200

해설 저장소 건축물의 경우
㉠ 외벽이 내화 구조로 된 것으로 연면적이 $150m^2$
㉡ 외벽이 내화 구조가 아닌 것으로 연면적이 $75m^2$

21 위험물안전관리법령상 염소화이소시아눌산은 제 몇 류 위험물인가?

① 제1류　　　② 제2류
③ 제5류　　　④ 제6류

해설 제1류 위험물의 종류와 지정 수량

성 질	품 명	지정 수량	위험 등급
산화성 고체	1. 아염소산염류	50kg	I
	2. 염소산염류	50kg	
	3. 과염소산염류	50kg	
	4. 무기과산화물	50kg	
	5. 브로민산염류	300kg	II
	6. 질산염류	300kg	
	7. 아이오딘산염류	300kg	
	8. 과망가니즈산염류	1,000kg	III
	9. 다이크로뮴산염류	1,000kg	
	10. 그 밖에 행정안전부령이 정하는 것 ① 과아이오딘산염류 ② 과아이오딘산 ③ 크로뮴, 납 또는 아이오딘의 산화물 ④ 아질산염류 ⑤ 차아염소산염류 ⑥ 염소화이소시아눌산 ⑦ 퍼아이오딘이황산염류 ⑧ 퍼아이오딘붕산염류	50kg, 300kg 또는 1,000kg	I, II, III
	11. 제1호부터 제10호까지의 어느 하나에 해당하는 위험물을 하나 이상 함유한 것		

22 염소산나트륨(NaClO₃)의 성상에 관한 설명으로 올바른 것은?

① 황색의 결정이다.
② 비중은 1.0이다.
③ 환원력에 매우 강한 물질이다.
④ 물, 에테르, 글리세린에 잘 녹으며, 조해성이 강하다.

해설 ① 무색, 무취의 결정이다.
② 비중은 2.5이다.
③ 산화력이 강한 물질이다.

23 제1류 위험물인 과산화나트륨의 보관 용기에 화재가 발생하였다. 소화 약제로 가장 적당한 것은?

① 포 소화 약제　　　② 물
③ 마른 모래　　　　④ 이산화탄소

해설

소화 설비의 구분		대상물 구분										
		건축물·그 밖의 공작물	전기 설비	제1류 위험물		제2류 위험물			제3류 위험물		제4류 위험물	제5류 위험물	제6류 위험물
				알칼리 금속 과산화물 등	그 밖의 것	철분·금속분·마그네슘 등	인화성 고체	그 밖의 것	금수성 물품	그 밖의 것			
옥내 소화전 설비 또는 옥외 소화전 설비		○			○		○	○		○		○	○
스프링클러 설비		○			○		○	○		○	○	△	○
물 분 무 등 소 화 설 비	물분무 소화 설비	○	○		○		○	○		○	○	○	○
	포 소화 설비	○			○		○	○		○	○	○	○
	불활성 가스 소화 설비		○				○					○	
	할로겐 화합물 소화 설비		○				○					○	
	분말 소화 설비	인산염류 등	○	○		○		○	○			○		○
		탄산 수소 염류 등		○	○		○	○		○			○	
		그 밖의 것			○					○				
대 형 · 소 형 수 동 식 소 화 기	봉상수(棒狀水) 소화기	○			○		○	○		○		○	○
	무상수(無狀水) 소화기	○	○		○		○	○		○		○	○
	봉상강화액 소화기	○			○		○	○		○		○	○
	무상강화액 소화기	○	○		○		○	○		○		○	○
	포 소화기	○			○		○	○		○		○	○
	이산화탄소 소화기		○				○					○	△
	할론 소화 설비		○				○					○	

분말 소화기	인산염류 소화기	○	○			○	○				○		○
	탄산수소염류 소화기		○	○		○	○		○			○	
	그 밖의 것			○					○				
기 타	물통 또는 수조	○			○		○	○		○		○	○
	건조사			○	○	○	○	○	○	○		○	○
	팽창 질석 또는 팽창 진주암			○	○	○	○	○	○	○		○	○

24 제2류 위험물의 일반적인 특징에 대한 설명으로 가장 옳은 것은?

① 비교적 낮은 온도에서 연소하기 쉬운 물질이다.
② 위험물 자체 내에 산소를 갖고 있다.
③ 연소 속도가 느리지만 지속적으로 연소한다.
④ 대부분 물보다 가볍고 물에 잘 녹는다.

해설 ② 위험물 자체 내에 산소를 갖고 있지 않다.
③ 연소 속도가 매우 빠르다.
④ 대부분 물보다 무겁고 물에 잘 녹지 않는다.

25 다음 중 공기 중에서 서서히 산화되어 황갈색으로 되는 은백색의 분말로, 기름이 묻은 분말일 경우에는 자연 발화의 위험이 있는 것은?

① 철분　　② 적린　　③ 황화인　　④ 황

해설 철분에 절삭유가 묻는 것을 장기 방치하면 자연 발화하기 쉽다.

26 제2류 위험물인 마그네슘에 대한 설명으로 옳지 않은 것은?

① 2mm 체를 통과한 것만 위험물에 해당한다.
② 화재 시 이산화탄소 소화 약제로 소화가 가능하다.
③ 가연성 고체로 산소와 반응하여 산화 반응을 한다.
④ 주수 소화를 하면 가연성의 수소 가스가 발생한다.

해설 ② 화재 시 건조사로 소화한다.

27 염소화규소 화합물은 제 몇 류 위험물에 해당되는가?

① 제1류　　② 제2류　　③ 제3류　　④ 제5류

해설 염소화규소 화합물은 제3류 위험물이다.

해설 CH_3CHO(아세트알데하이드)의 연소 범위는 4.1~57%이다.

28 금속 칼륨의 보호액으로 적당하지 않은 것은?

① 등유
② 유동 파라핀
③ 경유
④ 에탄올

해설

위험물	보호액
K, Na, 적린	등유(석유), 경유, 유동 파라핀
황린, CS_2	물속(수조)

29 황린의 연소 생성물은?

① 삼황화인
② 인화수소
③ 오산화인
④ 오황화인

해설 $P_4 + 5O_2 \longrightarrow 2P_2O_5$

30 카바이드(CaC_2)를 저장할 때 주의해야 할 사항은?

① 저장 용기는 나무 상자를 사용한다.
② 철제 용기에 밀봉하여 습기가 없는 곳에 저장한다.
③ 저장 창고는 통풍시키지 말아야 한다.
④ 어둡고 습기가 많은 곳에 저장한다.

해설 밀폐된 저장 용기에 저장하며, 물 또는 습기, 눈, 얼음 등의 침투를 막아야 하며, 산화성 물질과의 접촉을 방지한다.

31 하이드라진의 지정 수량은?

① 200kg
② 200L
③ 2,000kg
④ 2,000L

해설 하이드라진(N_2H_4)은 제4류 위험물, 제2석유류이며, 수용성으로 지정 수량은 2,000L이다.

32 아세트알데하이드의 연소 범위는?

① 1.4~7.6%
② 1.2~7.5%
③ 4.1~57%
④ 5.6~10%

33 다음 설명 중 제2석유류에 해당하는 것은? (단, 1기압 상태이다.)

① 착화점이 21℃ 미만인 것
② 착화점이 30℃ 이상 50℃ 미만인 것
③ 인화점이 21℃ 이상 70℃ 미만인 것
④ 인화점이 21℃ 이상 90℃ 미만인 것

해설 석유류의 구분(단, 1기압 상태)
㉠ 제1석유류 : 인화점이 21℃ 미만인 것
㉡ 제2석유류 : 인화점이 21℃ 이상 70℃ 미만인 것
㉢ 제3석유류 : 인화점이 70℃ 이상 200℃ 미만인 것
㉣ 제4석유류 : 인화점이 200℃ 이상 250℃ 미만인 것

34 벤젠에 진한 황산과 진한 질산의 혼합물을 적용시킬 때 얻어지는 화합물은?

① 나이트로벤젠
② 벤젠술폰산
③ 페놀
④ 아닐린

해설 $C_6H_6 + HNO_3 \xrightarrow{H_2SO_4} C_6H_5NO_2 + H_2O$

35 아조 화합물 800kg, 하이드록실아민 300kg, 유기 과산화물 40kg의 총 양은 지정 수량의 몇 배에 해당하는가?

① 7배
② 9배
③ 13배
④ 15배

해설 $\dfrac{800kg}{100kg} + \dfrac{300kg}{100kg} + \dfrac{40kg}{10kg} = 15$배

36 나이트로글리세린은 여름철(30℃)과 겨울철(0℃)에 어떤 상태인가?

① 여름 － 기체, 겨울 － 액체
② 여름 － 액체, 겨울 － 액체
③ 여름 － 액체, 겨울 － 고체
④ 여름 － 고체, 겨울 － 고체

해설 나이트로글리세린 : 여름철(30℃) 액체, 겨울철(0℃) 고체이다. 순수한 것은 동결 온도가 8~10℃이며, 얼게 되면 백색 결정으로 변한다.

형성하여 그 이상의 산화 작용을 받지 않는 상태이며, Fe, Ni, Al, Cr 등은 묽은 질산에는 녹으나 진한 질산에는 부동태를 만들어 녹지 않는다.

37 나이트로소 화합물은 위험물안전관리법상 나이트로소기가 몇 개 이상인가?

① 한 개   ② 두 개   ③ 세 개   ④ 네 개

해설 위험물안전관리법상 나이트로소 화합물은 1개의 벤젠핵에 나이트로소기가 2개 이상 결합된 화합물을 말한다.

38 다음 중 위험물안전관리법령상 제6류 위험물에 해당하는 것은?

① 황산   ② 염산
③ 질산염류   ④ 할로겐간 화합물

해설 ①, ② : 화공약품, ③ : 제1류 위험물
④ : 제6류 위험물

39 다음 물질 중에서 위험물안전관리법상 위험물의 범위에 포함되는 것은?

① 농도가 40중량퍼센트인 과산화수소 350kg
② 비중이 1.40인 질산 350kg
③ 직경 2.5mm의 막대 모양인 마그네슘 500kg
④ 순도가 55중량퍼센트인 유황 50kg

해설 위험물의 범위
㉠ 수용액의 농도가 36wt%(비중 약 1.13) 이상인 과산화수소 300kg
㉡ 비중 1.49(약 89.6wt%) 이상인 질산 300kg
㉢ 직경 2mm 미만의 막대 모양인 마그네슘 500kg
㉣ 순도가 60wt% 이상인 유황 100kg

40 다음 금속 중 진한 질산에 의하여 부동태가 되는 금속은?

① Fe   ② Sb   ③ Zn   ④ Mg

해설 부동태란 금속 표면에 치밀한 금속 산화물의 피막을

41 위험물안전관리법령상 위험물의 품명별 지정 수량의 단위에 관한 설명 중 옳은 것은?

① 액체인 위험물은 지정 수량의 단위를 "리터"로 하고, 고체인 위험물은 지정 수량의 단위를 "킬로그램"으로 한다.
② 액체만 포함된 유별은 "리터"로 하고, 고체만 포함된 유별은 "킬로그램"으로 하며, 액체와 고체가 포함된 유별은 "리터"로 한다.
③ 산화성인 위험물은 "킬로그램"으로 하고, 가연성인 위험물은 "리터"로 한다.
④ 자기 반응성 물질과 산화성 물질은 액체와 고체의 구분에 관계없이 "킬로그램"으로 한다.

해설 지정 수량의 표시
고체에 대하여는 "kg"으로 무게를 정하고 있고, 질량은 온도나 압력 변화에도 일정하다. 액체에 대하여는 "L"로 용량을 나타낸다. 액체는 직접 그 질량을 측정하기가 곤란하고 통상 용기에 수납하므로 실용상 편의에 따라 용량으로 표시한다. 단, 제6류 위험물은 액체인데도 "kg"으로 표시하는 것은 비중을 고려, 엄격히 규제하고자 하는 의미가 있다.

42 다음은 위험물안전관리법령에 관한 내용이다. ( )에 알맞은 수치의 합은?

- 위험물 안전관리자를 선임한 제조소 등의 관계인은 그 안전관리자를 해임하거나 안전관리자가 퇴직한 때에는 해임하거나 퇴직한 날부터 ( )일 이내에 다시 안전관리자를 선임하여야 한다.
- 제조소 등의 관계인은 해당 제조소 등의 용도를 폐지한 때에는 행정안전부령이 정하는 바에 따라 제조소 등의 용도를 폐지한 날부터 ( )일 이내에 시·도지사에게 신고하여야 한다.

① 30   ② 44   ③ 49   ④ 62

정답 37 ② 38 ④ 39 ① 40 ① 41 ④ 42 ②

해설 ㉠ 위험물 안전관리자를 선임한 제조소 등의 관계인은 그 안전관리자를 해임하거나 안전관리자가 퇴직한 때에는 해임하거나 퇴직한 날부터 30일 이내에 다시 안전관리자를 선임하여야 한다.

㉡ 제조소 등의 관계인은 해당 제조소 등의 용도를 폐지한 때에는 행정안전부령이 정하는 바에 따라 제조소 등의 용도를 폐지한 날부터 14일 이내에 시·도지사에게 신고하여야 한다.

43 위험물안전관리법령상 예방 규정을 정하여야 하는 제조소 등의 관계인은 위험물 제조소 등에 대하여 기술 기준에 적합한지의 여부를 정기적으로 점검을 하여야 한다. 법적 최소 점검 주기에 해당하는 것은? (단, 100만 리터 이상의 옥외 탱크 저장소는 제외한다.)

① 월 1회 이상 　　② 6개월 1회 이상
③ 연 1회 이상 　　④ 2년 1회 이상

해설 예방 규정을 정하여야 하는 위험물 제조소 등의 점검 주기 : 연 1회 이상

44 다음 중 소방 신호에 해당하지 않는 것은?

① 경계 신호 　　② 발화 신호
③ 대피 신호 　　④ 훈련 신호

해설 소방 신호
㉠ 경계 신호, ㉡ 발화 신호, ㉢ 해제 신호, ㉣ 훈련 신호

45 다음 중 위험물안전관리법에서 정한 제조 과정이 아닌 것은?

① 증류 공정 　　② 추출 공정
③ 염색 가공 공정 　　④ 건조 공정

해설 위험물 제조 과정
㉠ 증류 공정 ㉡ 추출 공정 ㉢ 건조 공정 ㉣ 분쇄 공정

46 법령상 위험물을 수납한 운반 용기의 포장 외부에 표시하지 않아도 되는 사항은?

① 위험물의 품명
② 위험물 제조 회사
③ 위험물의 수량
④ 수납 위험물의 주의 사항

해설 수납한 운반 용기의 포장 외부의 표시 사항
㉠ 위험물의 품명, 위험 등급, 화학명 및 수용성(수용성 표시는 제4류 위험물로서 수용성인 것에 한한다)
㉡ 위험물의 수량
㉢ 수납 위험물의 주의 사항

47 옥내 저장 창고의 바닥을 물이 스며 나오거나 스며들지 아니하는 구조로 해야 하는 위험물은?

① 과염소산칼륨
② 나이트로셀룰로오스
③ 적린
④ 트라이에틸알루미늄

해설 방수성이 있는 피복 조치

유별	적용 대상
제1류 위험물	알칼리 금속의 과산화물
제2류 위험물	·철분 ·금속분 ·마그네슘
제3류 위험물	금수성 물품(트라이에틸알루미늄)

48 다음 위험물 중 혼재가 가능한 위험물은?

① 과염소산칼륨 — 황린
② 질산메틸 — 경유
③ 마그네슘 — 알킬알루미늄
④ 탄화칼슘 — 나이트로글리세린

해설 유별을 달리하는 위험물의 혼재 기준

구분	제1류	제2류	제3류	제4류	제5류	제6류
제1류		×	×	×	×	○
제2류	×		×	○	○	×
제3류	×	×		○	×	×
제4류	×	○	○		○	×
제5류	×	○	×	○		×
제6류	○	×	×	×	×	

① 과염소산칼륨(제1류) − 황린(제3류)

② 질산메틸(제5류) − 경유(제4류)

③ 마그네슘(제2류) − 알킬알루미늄(제3류)

④ 탄화칼슘(제3류) − 나이트로글리세린(제5류)

해설 ① 벽, 기둥, 바닥, 보, 서까래 및 계단은 불연 재료로 한다.

49 그림과 같은 타원형 탱크의 내용적은 약 몇 m^3 인가?

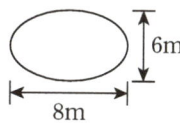
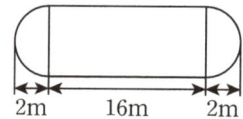

① 453 ② 553 ③ 653 ④ 753

해설 $V = \dfrac{\pi ab}{4}\left(l + \dfrac{l_1 + l_2}{3}\right)$

$= \dfrac{\pi \times 8 \times 6}{4} \times \left(16 + \dfrac{2+2}{3}\right)$

$= 653 m^3$

50 다음 중 위험물안전관리법령상 위험물 제조소와의 안전 거리가 가장 먼 것은?

① 「고등교육법」에서 정하는 학교

② 「의료법」에 따른 병원급 의료 기관

③ 「고압가스안전관리법」에 의하여 허가를 받은 고압가스 제조 시설

④ 「문화재보호법」에 의한 유형 문화재와 기념물 중 지정 문화재

해설 ① : 10m 이상 ② : 30m 이상
③ : 20m 이상 ④ : 50m 이상

51 위험물안전관리법령에 따른 위험물 제조소 건축물의 구조로 틀린 것은?

① 벽, 기둥, 서까래 및 계단은 난연 재료로 할 것

② 지하층이 없도록 할 것

③ 출입구에는 60＋방화문·60분방화문 또는 30분 방화문을 설치할 것

④ 창에 유리를 이용하는 경우에는 망입 유리로 할 것

52 가연성의 증기 또는 미분이 체류할 우려가 있는 건축물에는 배출 설비를 하여야 하는데 배출 능력은 1시간당 배출 장소 용적의 몇 배 이상인 것으로 하여야 하는가? (단, 국소 방식의 경우이다.)

① 5배 ② 10배

③ 15배 ④ 20배

해설 **배출 설비**

배출 능력은 1시간당 배출 장소 용적의 20배 이상인 것으로 하여야 한다. 다만, 전역 방식의 경우에는 바닥 면적 $1m^2$당 $18m^3$ 이상으로 할 수 있다.

53 저장하는 위험물의 최대 수량이 지정 수량의 15배일 경우, 건축물의 벽·기둥 및 바닥이 내화 구조로 된 위험물 옥내 저장소의 보유 공지는 몇 m 이상이어야 하는가?

① 0.5 ② 1

③ 2 ④ 3

해설 **옥내 저장소**

저장 또는 취급하는 위험물의 최대 수량	공지의 너비	
	벽·기둥 및 바닥이 내화 구조로 된 건축물	그 밖의 건축물
지정 수량의 5배 이하	−	0.5m 이상
지정 수량의 5배 초과 10배 이하	1m 이상	1.5m 이상
지정 수량의 10배 초과 20배 이하	2m 이상	3m 이상
지정 수량의 20배 초과 50배 이하	3m 이상	5m 이상
지정 수량의 50배 초과 200배 이하	5m 이상	10m 이상
지정 수량의 200배 초과	10m 이상	15m 이상

단, 지정 수량의 20배를 초과하는 옥내 저장소와 동일한 부지 내에 있는 다른 옥내 저장소와의 사이에는 공지 너비의 1/3(해당 수치가 3m 미만인 경우에는 3m)의 공지를 보유할 수 있다.

정답 49 ③ 50 ④ 51 ① 52 ④ 53 ③

54 위험물을 유별로 정리하여 상호 1m 이상의 간격을 유지하는 경우에도 동일한 옥내 저장소에 저장할 수 없는 것은?

① 제1류 위험물(알칼리 금속의 과산화물 또는 이를 함유한 것을 제외한다)과 제5류 위험물
② 제1류 위험물과 제6류 위험물
③ 제1류 위험물과 제3류 위험물 중 황린
④ 인화성 고체를 제외한 제2류 위험물과 제4류 위험물

해설 상호 1m 이상의 간격을 유지하는 경우에도 동일한 옥내 저장소에 저장할 수 있는 것
㉠ 제1류 위험물(알칼리 금속 과산화물 제외)+제5류 위험물
㉡ 제1류 위험물+제6류 위험물
㉢ 제1류 위험물+자연 발화성 물품(황린)
㉣ 제2류 위험물(인화성 고체)+제4류 위험물
㉤ 제3류 위험물(알킬알루미늄 등)+제4류 위험물(알킬알루미늄·알킬리튬을 함유한 것)
㉥ 제4류 위험물(유기 과산화물)+제5류 위험물(유기 과산화물)

55 저장 또는 취급하는 위험물의 최대 수량이 지정 수량의 500배 이하일 때 옥외 저장 탱크의 측면으로부터 몇 m 이상의 보유 공지를 유지하여야 하는가? (단, 제6류 위험물은 제외한다.)

① 1m
② 2m
③ 3m
④ 4m

해설 옥외 탱크 저장소의 보유 공지

저장 또는 취급하는 위험물의 최대 수량	공지의 너비
지정 수량의 500배 이하	3m 이상
지정 수량의 500배 초과 1,000배 이하	5m 이상
지정 수량의 1,000배 초과 2,000배 이하	9m 이상
지정 수량의 2,000배 초과 3,000배 이하	12m 이상
지정 수량의 3,000배 초과 4,000배 이하	15m 이상
지정 수량의 4,000배 초과	해당 탱크의 수평 단면의 최대 지름(횡형인 경우에는 긴 변)과 높이 중 큰 것과 같은 거리 이상. 다만, 30m 초과의 경우에는 30m 이상으로 할 수 있고, 15m 미만의 경우에는 15m 이상으로 하여야 한다.

56 위험물 옥외 저장 탱크 중 압력 탱크에 저장하는 디에틸에테르 등의 저장 온도는 몇 ℃ 이하이어야 하는가?

① 60
② 40
③ 30
④ 15

해설 옥외 저장 탱크의 위험물 저장 기준
1. 옥외 저장 탱크(옥내 저장 탱크 또는 지하 저장 탱크) 중 압력 탱크 외의 탱크에 저장하는 경우
   ㉠ 에틸에테르 또는 산화프로필렌 : 30℃ 이하
   ㉡ 아세트알데하이드 : 15℃ 이하
2. 옥외 저장 탱크(옥내 저장 탱크 또는 지하 저장 탱크) 중 압력 탱크에 저장하는 경우
   · 에틸에테르, 아세트알데하이드 또는 산화프로필렌의 온도 : 40℃ 이하

57 옥외 저장 탱크의 방유제 높이는?

① 1.0m 이상 2.0m 이하
② 1.5m 이상 2.0m 이하
③ 0.5m 이상 3.0m 이하
④ 0.3m 이상 3.0m 이하

해설 옥외 저장 탱크에 설치하는 방유제의 높이는 0.5m 이상 3.0m 이하로 하며, 높이가 1.0m 이상일 때는 계단을 설치할 것

58 위험물안전관리법령에서 정한 이황화탄소의 옥외 탱크 저장 시설에 대한 기준으로 옳은 것은?

① 벽 및 바닥의 두께가 0.2m 이상이고, 누수가 되지 아니하는 철근 콘크리트의 수조에 넣어 보관하여야 한다.

② 벽 및 바닥의 두께가 0.2m 이상이고, 누수가 되지 아니하는 철근 콘크리트의 석유조에 넣어 보관하여야 한다.

③ 벽 및 바닥의 두께가 0.3m 이상이고, 누수가 되지 아니하는 철근 콘크리트의 수조에 넣어 보관하여야 한다.

④ 벽 및 바닥의 두께가 0.3m 이상이고, 누수가 되지 아니하는 철근 콘크리트의 석유조에 넣어 보관하여야 한다.

해설 이황화탄소 옥외 탱크 저장 시설에 대한 기준
벽 및 바닥의 두께가 0.2m 이상이고, 누수가 되지 아니하는 철근 콘크리트의 수조에 보관한다.

59 옥내 탱크 저장소 중 탱크 전용실을 단층 건물 외의 건축물에 설치하는 경우 탱크 전용실을 건축물의 1층 또는 지하층에만 설치하여야 하는 위험물이 아닌 것은?

① 제2류 위험물 중 덩어리 황
② 제3류 위험물 중 황린
③ 제4류 위험물 중 인화점이 38℃ 이상인 위험물
④ 제6류 위험물 중 질산

해설 ① 단층이 아닌 건축물에 설치 가능한 위험물의 종류
㉠ 제2류 위험물 중 황화인 · 적린 및 덩어리 황
㉡ 제3류 위험물 중 황린
㉢ 제6류 위험물 중 질산
㉣ 제4류 위험물 중 인화점이 38℃ 이상인 위험물만을 저장 또는 취급하는 시설
② 단층이 아닌 건축물에 전용실을 1층 또는 지하층에 설치해야 하는 위험물의 종류
㉠ 제2류 위험물 중 황화인 · 적린 및 덩어리 황
㉡ 제3류 위험물 중 황린
㉢ 제6류 위험물 중 질산

60 지하 저장 탱크는 주위에 액체 위험물이 새는 것을 검사하기 위한 누유 검사관을 몇 개 설치해야 하는가?

① 1개 이상
② 2개 이상
③ 3개 이상
④ 4개 이상

해설 누유 검사관의 설치 기준
㉠ 탱크 1기에 대해 4개 이상
㉡ 탱크를 2기 설치하는 경우 6개 이상

위험물 기능사 (2023. 6. 24 시행)

01 다음 중 연소 속도와 의미가 가장 가까운 것은?

① 기화열의 발생 속도　② 환원 속도
③ 착화 속도　④ 산화 속도

해설 연소란 가연성 물질이 공기 중의 산소와 반응하여 열과 빛을 내는 산화 반응이므로 연소 속도는 산화 속도라 한다.

02 공기 중 산소는 부피 백분율과 질량 백분율로 각각 약 몇 %인가?

① 79, 21　② 21, 23
③ 23, 21　④ 21, 79

해설 산소는 공기 중에 21%(용량) 또는 23%(중량) 존재하고 있으므로 공급되는 공기 중의 산소의 양에 따라 화재가 확대 또는 축소되기도 하므로 가연 물질의 연소 또는 화재에 미치는 산소의 역할은 크다.

03 다음 고온체의 색깔을 낮은 온도부터 옳게 나열한 것은?

① 암적색 < 황적색 < 백적색 < 회적색
② 회적색 < 백적색 < 황적색 < 암적색
③ 회적색 < 암적색 < 황적색 < 백적색
④ 암적색 < 회적색 < 황적색 < 백적색

해설 암적색(700℃) < 회적색(950℃) < 황적색(1,100℃) < 백적색(1,300℃)

04 중유의 주된 연소 형태는?

① 표면 연소　② 분해 연소
③ 증발 연소　④ 자기 연소

해설 ② 분해 연소 : 점도가 높고 비휘발성인 가연성 액체의 연소로, 열분해에 의하여 발생된 분해 가스의 연소 형태
예 중유, 제4석유류 등

05 연소 이론에 대한 설명으로 가장 거리가 먼 것은?

① 발화점이 낮을수록 위험성이 크다.
② 인화점이 낮을수록 위험성이 크다.
③ 인화점이 낮은 물질은 발화점도 낮다.
④ 폭발 한계가 넓을수록 위험성이 크다.

해설 인화점이 낮다고 해서 발화점이 낮지는 않다.

06 폭발 시 연소파의 전파 속도 범위에 가장 가까운 것은?

① 0.1~10m/s　② 100~1,000m/s
③ 2,000~3,500m/s　④ 5,000~10,000m/s

해설 폭발 시 연소파의 전파 속도 범위는 0.1~10m/s이다.

07 인화성 액체의 화재를 나타내는 것은?

① A급 화재　② B급 화재
③ C급 화재　④ D급 화재

해설 화재의 구분

화재별 급수	가연 물질의 종류
A급 화재	목재, 종이, 섬유류 등 일반 가연물
B급 화재	유류(가연성·인화성 액체 포함)
C급 화재	전기
D급 화재	금속
K급 화재	동식물류

08 건조사와 같은 불연성 고체로 가연물을 덮는 것은 어떤 소화에 해당하는가?

① 제거 소화　② 질식 소화
③ 냉각 소화　④ 억제 소화

해설 질식 소화의 설명이다

정답 01 ④　02 ②　03 ④　04 ②　05 ③　06 ①　07 ②　08 ②

09 목재, 종이 및 섬유 화재에 가장 적합한 소화기는?

① 포말 소화기
② 사염화탄소 소화기
③ 탄산 가스 소화기
④ 할로겐화물 소화기

해설 목재, 종이 및 섬유 화재 : A급
① A·B급, ② B·C급, ③ B·C급, ④ A·B·C급

10 분말 소화 설비에서 분말 소화 약제의 가압용 가스로 사용하는 것은?

① CO_2
② He
③ CCl_4
④ Cl_2

해설 분말 소화 약제의 가압용 가스 : N_2, CO_2 등

11 제3종 분말 소화 약제의 열분해 반응식을 옳게 나타낸 것은?

① $NH_4H_2PO_4 \longrightarrow HPO_3 + NH_3 + H_2O$
② $2KNO_3 \longrightarrow 2KNO_2 + O_2$
③ $KClO_4 \longrightarrow KCl + 2O_2$
④ $2CaHCO_3 \longrightarrow 2CaO + H_2CO_3$

해설 분말 소화 약제

종 별	열분해 반응식
제1종	$2NaHCO_3 \longrightarrow Na_2CO_3 + CO_2 + H_2O$
제2종	$2KHCO_3 \longrightarrow K_2CO_3 + CO_2 + H_2O$
제3종	$NH_4H_2PO_4 \longrightarrow HPO_3 + NH_3 + H_2O$
제4종	$2KHCO_3 + (NH_2)_2CO$ $\longrightarrow K_2CO_3 + 2NH_3 + 2CO_2$

12 강화액 소화기의 소화 약제 액성은?

① 산성
② 강알칼리성
③ 중성
④ 강산성

해설 강화액 소화기는 PH 12 이상인 강알칼리성이다.

13 다음은 위험물안전관리법령상 위험물 제조소 등에 설치하는 옥내 소화전 설비의 설치 표시 기준 중 일부이다. ( )에 알맞은 수치를 차례대로 옳게 나타낸 것은?

> 옥내 소화전함의 상부의 벽면에 적색의 표시등을 설치하되, 당해 표시등의 부착면과 ( ) 이상의 각도가 되는 방향으로 ( ) 떨어진 곳에서 용이하게 식별이 가능하도록 할 것

① 5°, 5m
② 5°, 10m
③ 15°, 5m
④ 15°, 10m

해설 옥내 소화전 설치 표시 기준 : 옥내 소화전함의 상부의 벽면에 적색의 표시등을 설치하되 당해 표시등의 부착면과 15° 이상의 각도가 되는 방향으로 10m 떨어진 곳에서 용이하게 식별이 가능하도록 할 것

14 위험물안전관리법령상 옥외 소화전 설비의 옥외 소화전이 3개 설치되었을 경우 수원의 수량은 몇 m^3 이상이 되어야 하는가?

① 7
② 20.4
③ 40.5
④ 100

해설 수원의 양 $Q(m^3) = N \times 13.5m^3$
$= 3 \times 13.5m^3 = 40.5m^3$
(N : 설치 개수가 4개 이상인 경우는 4개의 옥외 소화전)

15 물분무 소화 설비의 방사 구역은 몇 m^2 이상이어야 하는가? (단, 방호 대상물의 표면적이 $300m^2$이다.)

① 100
② 150
③ 300
④ 450

해설 물분무 소화 설비

구분	기준
방사 구역	150m² 이상
방사 압력	350kPa 이상
수원의 수량	20L/min·m² × 30min 이상

정답 09 ① 10 ① 11 ① 12 ② 13 ④ 14 ③ 15 ②

16 위험물 제조소 등에 설치하는 이동식 불활성 가스 소화 설비의 소화 약제 양은 하나의 노즐마다 몇 kg 이상으로 하여야 하는가?

① 30
② 50
③ 60
④ 90

해설 위험물 제조소 등에 설치하는 이동식 불활성 가스 소화 설비의 소화 약제 등은 하나의 노즐마다 90kg 이상으로 하여야 한다.

17 위험물 제조소 등 별로 설치하여야 하는 경보 설비의 종류에 해당하지 않는것은?

① 비상 방송 설비
② 비상 조명등 설비
③ 자동 화재 탐지 설비
④ 비상 경보 설비

해설 ② 비상 조명등 설비 : 피난 설비

18 피난 방향을 표시한 통로 유도등의 색깔은?

① 적색
② 청색
③ 녹색
④ 황색

해설 통로 유도등은 피난의 방향을 표시한 녹색의 등으로 설치하여야 한다.

19 간이 소화 용구로 팽창 질석 또는 팽창 진주암을 삽과 함께 준비하는 경우 능력 단위 3단위에 해당하는 양은?

① 240L 이상
② 300L 이상
③ 480L 이상
④ 600L 이상

해설 160L는 1단위이므로 160L×3=480L이다.

20 외벽이 내화 구조인 위험물 저장소 건축물의 연면적이 $1,500m^2$인 경우 소요 단위는?

① 6
② 10
③ 13
④ 14

해설 저장소 건축물의 경우
㉠ 외벽이 내화 구조로 된 것으로 연면적이 $150m^2$
㉡ 외벽이 내화 구조가 아닌 것으로 연면적이 $75m^2$

$\therefore$ 소요 단위 $= \dfrac{1,500m^2}{150m^2} = 10$

21 위험물안전관리법령상 행정안전부령으로 정하는 제1류 위험물에 해당하지 않는 것은?

① 과아이오딘산
② 질산구아니딘
③ 차아염소산염류
④ 염소화이소시아눌산

해설 행정안전부령으로 정하는 위험물

품 명	지정 물질
제1류 위험물	1. 과아이오딘산염류 2. 과아이오딘산 3. 크로뮴, 납 또는 아이오딘의 산화물 4. 아질산염류 5. 차아염소산염류 6. 염소화이소시아눌산 7. 퍼옥소이황산염류 8. 퍼옥소붕산염류
제3류 위험물	염소화규소 화합물
제5류 위험물	1. 금속의 아지 화합물 2. 질산구아니딘
제6류 위험물	할로겐간 화합물

22 염소산나트륨과 반응하여 ClO_2 가스를 발생시키는 것은?

① 글리세린
② 질소
③ 염산
④ 산소

해설 $2NaClO_3 + 2HCl \longrightarrow 2NaCl + 2ClO_2 + H_2O_2$

23 과산화나트륨 78g과 충분한 양의 물이 반응하여 생성되는 기체의 종류와 생성량을 옳게 나타낸 것은?

① 수소, 1g
② 산소, 16g
③ 수소, 2g
④ 산소, 32g

해설 $Na_2O_2 + 2H_2O \rightarrow 2NaOH + H_2O + \frac{1}{2}O_2$
   78g   고체   액체 기체(16g)

24 제2류 위험물의 공통적 위험성은?

① 마찰, 충격 등에 의해 폭발한다.
② 타기 쉬운 고체 결정이다.
③ 물과 작용하여 발열, 발화한다.
④ 공기 중에서 환원하며 발열한다.

해설 제2류 위험물이란 가연성 고체 물질을 말한다.

25 위험물안전관리법령상 품명이 금속분에 해당하는 것은? (단, $150\mu m$의 체를 통과하는 것이 $50wt\%$ 이상인 경우이다.)

① 니켈분
② 마그네슘분
③ 알루미늄분
④ 구리분

해설 위험물안전관리법령상 품명이 금속분에 해당하는 것($150\mu m$의 체를 통과하는 것이 $50wt\%$ 이상인 경우) : ㉠ 알루미늄분(Al), ㉡ 아연분(Zn), ㉢ 주석분(Sn), ㉣ 안티몬분(Sb)

26 마그네슘분(Mg)의 성질에 대한 설명 중 옳은 것은?

① 강산과 반응하면 수소 가스가 발생한다.
② 분말의 비중은 물보다 작으므로 물 위에 뜬다.
③ 알칼리 수용액과 반응하여 수소 가스가 발생한다.
④ 상온에서 수분과 반응하여 산화마그네슘이 생성된다.

해설 ① $Mg + 2HCl \longrightarrow MgCl_2 + H_2$

27 위험물안전관리법령에서 제3류 위험물에 해당하지 않는 것은?

① 알칼리 금속
② 칼륨
③ 황화인
④ 황린

해설 ③ 황화인 : 제2류 위험물

28 금속 칼륨의 성질로 옳은 것은?

① 중금속류에 속한다.
② 화학적으로 이온화 경향이 큰 금속이다.
③ 물속에 보관한다.
④ 화학적으로 안정한 액체 금속이다.

해설 금속의 이온화 경향
$K > Ca > Na > Mg > Al > Zn > Fe > Ni > Sn > Pb > (H) > Cu > Hg > Ag > Pt > Au$

29 공기를 차단하고, 황린이 적린으로 만들어지는 가열 온도는 약 몇 ℃ 정도인가?

① 260
② 310
③ 340
④ 430

해설 황린은 약 260℃로 가열하면 적린이 된다.

30 다음 물질 중 물과 반응하여 가연성 가스인 아세틸렌이 발생되지 않는 것은?

① Na_2C_2
② CaC_2
③ MgC_2
④ Be_2C

해설 ① $Na_2C_2 + 2H_2O \longrightarrow 2NaOH + C_2H_2$
② $CaC_2 + 2H_2O \longrightarrow Ca(OH)_2 + C_2H_2$
③ $MgC_2 + 2H_2O \longrightarrow Mg(OH)_2 + C_2H_2$
④ $Be_2C + 4H_2O \longrightarrow 2Be(OH)_2 + CH_4$

31 산화프로필렌 300L, 메탄올 400L, 벤젠 200L를 저장하고 있는 경우 각 지정 수량 배수의 총합은?

① 4
② 6
③ 8
④ 10

해설 $\frac{300}{50} + \frac{400}{400} + \frac{200}{200} = 6 + 1 + 1 = 8$배

32 다음 물질 중에서 은거울 반응과 아이오딘포름 반응을 모두 할 수 있는 것은?

① CH_3OH
② C_2H_5OH
③ CH_3CHO
④ CH_3COOCH_3

정답 24 ② 25 ③ 26 ① 27 ③ 28 ② 29 ① 30 ④ 31 ③ 32 ③

해설 ⊙ 은거울 반응 : 암모니아성 질산은 용액 → 은거울 생성

ⓒ 아이오딘포름 반응 : 산화 → CH_3COOH 생성

33 등유에 관한 설명으로 틀린 것은?

① 물보다 가볍다.
② 녹는점은 상온보다 높다.
③ 발화점은 상온보다 높다.
④ 증기는 공기보다 무겁다.

해설 녹는점 : $-46°C$로 상온보다 낮다.

34 에틸렌글리콜의 성질로 옳지 않은 것은?

① 갈색의 액체로 방향성이 있고, 쓴맛이 난다.
② 물, 알코올 등에 잘 녹는다.
③ 분자량은 약 62이고, 비중은 약 1.1이다.
④ 부동액의 원료로 사용된다.

해설 ① 무색, 무취의 끈적끈적한 액체로서 강한 흡습성이 있고, 단맛이 있다.

35 과산화벤조일 100kg을 저장하려 한다. 지정 수량의 배수는?

① 5배
② 7배
③ 10배
④ 15배

해설 과산화벤조일$[(C_6H_5CO)_2O_2]$의 지정 수량은 10kg이다.

$$∴ \frac{100kg}{10kg} = 10배$$

36 충격이나 마찰에 민감하고 가수 분해 반응을 일으키는 단점을 가지고 있어 이를 개선하여 다이너마이트를 발명하는 데 주원료로 사용한 위험물은?

① 셀룰로이드
② 나이트로글리세린
③ 트라이나이트로톨루엔
④ 트라이나이트로페놀

해설 나이트로글리세린의 설명이다.

37 나이트로소 화합물의 성질에 관한 설명으로 맞는 것은?

① $-NO$기를 가진 화합물이다.
② 질소의 원자가 $+6$을 갖는다.
③ $-NO_2$기를 가진 화합물이다.
④ 약한 질화도를 갖는다.

해설 나이트로소 화합물($R-NO$)

나이트로소기($-NO$)를 가진 화합물로서 벤젠핵의 수소 원자 대신 나이트로소기가 2개 이상 결합된 화합물이다.

38 다음은 위험물안전관리법령에서 정한 제조소 등에서 위험물의 저장 및 취급에 관한 기준 중 위험물의 유별 저장·취급 공통 기준의 일부이다. ( ) 안에 알맞은 위험물 유별은?

( )위험물은 가연물과 접촉·혼합이나 분해를 촉진하는 물품과의 접근 또는 과열을 피하여야 한다.

① 제2류
② 제3류
③ 제5류
④ 제6류

해설 제6류 위험물

가연물과의 접촉·혼합이나 분해를 촉진하는 물품과의 접근 또는 과열을 피하여야 한다.

39 제6류 위험물 중 수용액의 농도가 36wt% 이상인 경우만 위험물로 취급하며 분해 시 발생기 산소를 내는 것은?

① 과산화수소
② 과염소산
③ 할로겐간 화합물
④ 질산

해설 과산화수소에 대한 설명이다.

40 왕수의 조합비로 옳은 것은?

① 농질산 1 : 농염산 3
② 농질산 3 : 농염산 1
③ 농질산 1 : 농황산 3
④ 농질산 3 : 농황산 1

정답 33 ② 34 ① 35 ③ 36 ② 37 ④ 38 ④ 39 ① 40 ①

해설 왕수란 진한 염산 3 : 진한 질산 1의 비율로 혼합한 용액으로 귀금속인 Pt, Au 등을 녹인다.

41 위험물 제조소 등의 용도 폐지 신고에 대한 설명으로 옳지 않은 것은?

① 용도 폐지 후 30일 이내에 신고하여야 한다.
② 완공 검사 필증을 첨부한 용도 폐지 신고서를 제출하는 방법으로 신고한다.
③ 전자 문서로 된 용도 폐지 신고서를 제출하는 경우에도 완공 검사 필증을 제출하여야 한다.
④ 신고 의무의 주체는 해당 제조소 등의 관계인이다.

해설 제조소 등의 용도를 폐지한 날부터 14일 이내에 시·도지사에게 신고하여야 한다.

42 위험물 안전관리자를 선임한 제조소 등의 관계인은 그 안전관리자를 해임하거나 안전관리자가 퇴직한 때에는 해임하거나 퇴직한 날부터 며칠 이내에 다시 안전관리자를 선임해야 하는가?

① 10일　　② 20일
③ 30일　　④ 40일

해설 위험물 안전관리자의 재선임 : 30일 이내

43 자체 소방대에 두어야 하는 화학 소방 자동차 중 포수용액을 방사하는 화학 소방 자동차는 전체 법정 화학 소방 자동차 대수의 얼마 이상으로 하여야 하는가?

① 1/3　　② 2/3
③ 1/5　　④ 2/5

해설 포수용액을 방사하는 화학 소방 자동차의 대수는 화학 소방 자동차 대수의 $\frac{2}{3}$ 이상

44 위험물안전관리법령상의 규제에 관한 설명 중 틀린 것은?

① 지정 수량 미만의 위험물의 저장·취급 및 운반은 시·도 조례에 의하여 규제한다.
② 항공기에 의한 위험물의 저장·취급 및 운반은 위험물안전관리법의 규제 대상이 아니다.
③ 궤도에 의한 위험물의 저장·취급 및 운반은 위험물안전관리법의 규제 대상이 아니다.
④ 선박법의 선박에 의한 위험물의 저장·취급 및 운반은 위험물안전관리법의 규제 대상이 아니다.

해설 지정 수량 미만의 위험물의 저장·취급 및 운반은 특별시·광역시 및 도의 조례로 행한다.

45 다음 중 위험물안전관리법에서 정한 위험물을 소비하는 작업이 아닌 것은?

① 분사 도장 작업
② 담금질 또는 열처리 작업
③ 버너를 사용하는 경우
④ 압축 순환 작업

해설 위험물을 소비하는 작업에 있어서의 취급 기준
㉠ 분사 도장 작업
㉡ 담금질 또는 열처리 작업
㉢ 버너를 사용하는 경우

46 위험물안전관리법령상 제1류 위험물 중 알칼리 금속의 과산화물의 운반 용기 외부에 표시하여야 하는 주의 사항을 모두 옳게 나타낸 것은?

① "화기 엄금", "충격 주의" 및 "가연물 접촉 주의"
② "화기·충격 주의", "물기 엄금" 및 "가연물 접촉 주의"
③ "화기 주의" 및 "물기 엄금"
④ "화기 엄금" 및 "충격 주의"

해설 위험물 운반 용기의 주의 사항

위험물		주의 사항
제1류 위험물	알칼리 금속의 과산화물	· 화기·충격 주의 · 물기 엄금 · 가연물 접촉 주의
	기타	· 화기·충격 주의 · 가연물 접촉 주의
제2류 위험물	철분·금속분·마그네슘	· 화기 주의 · 물기 엄금
	인화성 고체	화기 엄금
	기타	화기 주의
제3류 위험물	자연 발화성 물질	· 화기 엄금 · 공기 접촉 엄금
	금수성 물질	물기 엄금
제4류 위험물		화기 엄금
제5류 위험물		· 화기 엄금 · 충격 주의
제6류 위험물		가연물 접촉 주의

47 위험물안전관리법령상 위험물의 운반에 관한 기준에 따라 차광성이 있는 피복으로 가리는 조치를 하여야 하는 위험물에 해당하지 않는 것은?

① 특수 인화물
② 제1석유류
③ 제1류 위험물
④ 제6류 위험물

해설 차광성이 있는 피복 조치

유별	적용 대상
제1류 위험물	전부
제3류 위험물	자연 발화성 물품
제4류 위험물	특수 인화물
제5류 위험물	전부
제6류 위험물	

48 위험물을 저장 또는 취급하는 탱크의 용량은?

① 탱크의 내용적에서 공간 용적을 뺀 용적으로 한다.
② 탱크의 내용적으로 한다.
③ 탱크와 공간 용적으로 한다.
④ 탱크의 내용적에 공간 용적을 더한 용적으로 한다.

해설 탱크의 용량＝탱크의 내용적－탱크의 공간 용적

49 그림과 같이 횡으로 설치한 원통형 위험물 탱크에 대하여 탱크의 용량을 구하면 약 몇 m^3인가? (단, 공간 용적은 탱크 내용적의 100분의 5로 한다.)

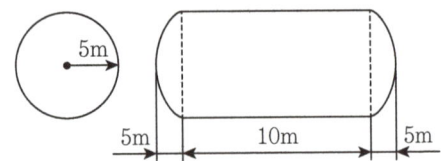

① 196.3
② 261.6
③ 785.0
④ 994.3

해설
$$V = \pi r^2 \left(l + \frac{l_1 + l_2}{3} \right)$$
$$= \pi \times 5^2 \left(10 + \frac{5+5}{3} \right) = 1046.67 m^3$$

∴ 공간 용적이 5%인 탱크의 용량＝1046.67×0.95
　　　　　　　　　＝$994.34 m^3$

50 다음 중 위험물안전관리법에서 정의한 '제조소'의 의미로 가장 옳은 것은?

① '제조소'라 함은 위험물을 제조할 목적으로 지정 수량 이상의 위험물을 취급하기 위하여 허가를 받은 장소임
② '제조소'라 함은 지정 수량 이상의 위험물을 제조할 목적으로 위험물을 취급하기 위하여 허가를 받은 장소임
③ '제조소'라 함은 지정 수량 이상의 위험물을 제조할 목적으로 지정 수량 이상의 위험물을 취급하기 위하여 허가를 받은 장소임
④ '제조소'라 함은 위험물을 제조할 목적으로 위험물을 취급하기 위하여 허가를 받은 장소임

해설 **제조소** : 위험물을 제조할 목적으로 지정 수량 이상의 위험물을 취급하기 위하여 허가를 받은 장소

정답 47 ② 48 ① 49 ④ 50 ①

51 위험물안전관리법령상 제조소에서 위험물을 취급하는 건축물의 구조 중 내화 구조로 하여야 할 필요가 있는 것은?

① 연소의 우려가 있는 기둥
② 바닥
③ 연소의 우려가 있는 외벽
④ 계단

해설 위험물 제조소 건축물의 기준
㉠ 불연 재료로 하여야 하는 것 : 벽, 연소의 우려가 있는 기둥, 바닥, 보, 서까래, 계단
㉡ 내화 구조로 하여야 하는 것 : 연소의 우려가 있는 외벽

52 제조소에서 위험물을 취급함에 있어서 정전기를 유효하게 제거할 수 있는 방법으로 가장 거리가 먼 것은?

① 접지에 의한 방법
② 상대 습도를 70% 이상 높이는 방법
③ 공기를 이온화하는 방법
④ 부도체 재료를 사용하는 방법

해설 ④ 전기의 도체를 사용한다.

53 위험물안전관리법렵상 배출 설비를 설치하여야 하는 옥내 저장소의 기준에 해당하는 것은?

① 가연성의 증기가 액화할 우려가 있는 경우
② 모든 장소의 옥내 저장소
③ 가연성 미분이 체류할 우려가 있는 장소
④ 인화점이 70℃ 미만인 위험물의 옥내 저장소

해설 인화점이 70℃ 미만 : 옥내 저장소 저장 창고는 배출 설비를 설치한다.

54 위험물안전관리법령상 위험물 옥외 저장소에 저장할 수 있는 품명은? (단, 국제해상위험물 규칙에 적합한 용기에 수납하는 경우를 제외한다.)

① 특수 인화물　② 무기 과산화물
③ 알코올류　④ 칼륨

해설 위험물 옥외 저장소에 저장할 수 있는 품명
㉠ 제2류 위험물 중 황 또는 인화성 고체(인화점 0℃ 이상인 것에 한한다.)
㉡ 제4류 위험물 중 제1석유류(인화점 0℃ 이상인 것에 한한다.), 알코올류, 제2석유류, 제3석유류, 제4석유류, 동·식물유류
㉢ 제6류 위험물

55 제4류 위험물의 옥외 저장 탱크에 대기 밸브 부착 통기관을 설치할 때 몇 kPa 이하의 압력 차이로 작동하여야 하는가?

① 5kPa 이하
② 10kPa 이하
③ 15kPa 이하
④ 20kPa 이하

해설 옥외 저장 탱크의 통기 장치
1. 밸브 없는 통기관
　㉠ 직경 : 30mm 이상
　㉡ 끝부분 : 45° 이상
　㉢ 인화 방지 장치 : 가는 눈의 구리망 사용
2. 대기 밸브 부착 통기관
　㉠ 작동 압력 차이 : 5kPa 이하
　㉡ 인화 방지 장치 : 가는 눈의 구리망 사용

56 위험물안전관리법령상 제조소 등에서의 위험물의 저장 및 취급에 관한 기준에 따르면 보냉 장치가 있는 이동 저장 탱크에 저장하는 디에틸에테르의 온도는 얼마 이하로 유지하여야 하는가?

① 비점
② 인화점
③ 40℃
④ 30℃

해설 보냉 장치의 유무에 따른 이동 저장 탱크
㉠ 보냉 장치가 있는 디에틸에테르, 아세트알데하이드 등 온도 : 비점 이하
㉡ 보냉 장치가 없는 디에틸에테르, 아세트알데하이드 등 온도 : 40℃ 이하

57 옥외 저장 탱크의 방유제 면적은 얼마 이하로 해야 하는가?

① 40,000m²
② 60,000m²
③ 80,000m²
④ 100,000m²

해설 옥외 저장 탱크에 설치하는 하나의 방유제의 면적은 80,000m² 이하로 해야 한다.

58 옥외 탱크 저장소의 압력 탱크 수압 시험의 조건으로 옳은 것은?

① 최대 상용 압력의 1.5배의 압력으로 5분간 수압 시험을 한다.
② 최대 상용 압력의 1.5배의 압력으로 10분간 수압 시험을 한다.
③ 사용 압력에서 15분간 수압 시험을 한다.
④ 사용 압력에서 20분간 수압 시험을 한다.

해설 옥외 탱크 저장소
㉠ 압력 탱크 외의 탱크 : 충수 시험(새거나 변형되지 아니할 것)
㉡ 압력 탱크 : 최대 상용 압력의 1.5배의 압력으로 10분간 실시하는 수압 시험(새거나 변형되지 아니할 것)

59 위험물안전관리법령에 따라 제4류 위험물 옥내 저장 탱크에 설치하는 밸브 없는 통기관의 설치 기준으로 가장 거리가 먼 것은?

① 통기관의 지름은 30mm 이상으로 한다.
② 통기관의 끝부분은 수평면에 대하여 아래로 45° 이상 구부려 설치한다.
③ 통기관은 가스가 체류되지 않도록 그 끝부분을 건축물의 출입구로부터 0.5m 이상 떨어진 곳에 설치하고, 끝에 팬을 설치한다.
④ 가는 눈의 구리망 등으로 인화 방지 장치를 한다.

해설 ③ 통기관은 가스가 체류하지 않도록 그 끝부분을 건축물의 출입구로부터 1m 이상 떨어진 곳에 설치하고, 끝에 팬을 설치한다.

60 이동 저장 탱크 방호틀의 철판 두께는 최소 얼마 이상이어야 하는가?

① 1.6mm 이상
② 2.3mm 이상
③ 3.2mm 이상
④ 4.5mm 이상

해설 이동 저장 탱크에 사용하는 강철판의 두께 기준
㉠ 탱크 본체(맨홀 및 탱크의 주입구 포함), 측면틀, 안전 칸막이 : 3.2mm 이상
㉡ 방호틀 : 2.3mm 이상
㉢ 방파판 : 1.6mm 이상

정답 57 ③   58 ②   59 ③   60 ②

위험물 기능사 (2023. 9. 19 시행)

01 메탄 1g이 완전 연소하면 발생되는 이산화탄소는 몇 g인가?

① 1.25
② 2.75
③ 14
④ 44

> **해설** $CH_4 + 2O_2 \longrightarrow CO_2 + 2H_2O$
>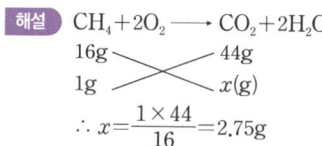
> $\therefore x = \dfrac{1 \times 44}{16} = 2.75g$

02 연소가 잘 일어나지 못하는 이유는?

① 산소와 화학적 친화력이 클 것
② 산소와 접촉 면적이 클 것
③ 열전도율이 클 것
④ 발열량이 클 것

> **해설** 가연물이 되기 쉬운 조건
> ㉠ 산소와의 친화력이 클 것(화학적 활성이 강할 것)
> ㉡ 열전도율이 작을 것
> ㉢ 산소와의 접촉 면적이 클 것
> ㉣ 발열량(연소열)이 클 것
> ㉤ 활성화 에너지가 작을 것(발열 반응을 일으키는 물질)
> ㉥ 건조도가 좋을 것(수분의 함유가 적을 것)

03 화재를 잘 일으킬 수 있는 일반적인 경우에 대한 설명 중 틀린 것은?

① 산소와 친화력이 클수록 연소가 잘 된다.
② 온도가 상승하면 연소가 잘 된다.
③ 연소 범위가 넓을수록 연소가 잘 된다.
④ 발화점이 높을수록 연소가 잘 된다.

> **해설** ④ 발화점이 낮을수록 연소가 잘 된다.

04 고체 가연물의 일반적인 연소 형태에 해당하지 않는 것은?

① 등심 연소
② 증발 연소
③ 분해 연소
④ 표면 연소

> **해설** ① 등심 연소 : 액체 가연물의 연소 형태

05 아세톤의 위험도를 구하면 얼마인가? (단, 아세톤의 연소 범위는 2~13vol%이다.)

① 0.846
② 1.23
③ 5.5
④ 7.5

> **해설** $H = \dfrac{U-L}{L} = \dfrac{13-2}{2} = 5.5$
> 여기서, H : 위험도
> U : 연소 범위의 상한치
> L : 연소 범위의 하한치

06 폭굉 유도 거리(DID)가 짧아지는 요건에 해당되지 않는 것은?

① 정상 연소 속도가 큰 혼합 가스일 경우
② 관 속에 방해물이 없거나 관경이 큰 경우
③ 압력이 높을 경우
④ 점화원의 에너지가 클 경우

> **해설** ② 관 속에 방해물이 없거나 관 지름이 가늘수록

07 전기 화재의 급수와 표시 색상을 옳게 나타낸 것은?

① C급 – 백색
② D급 – 백색
③ C급 – 청색
④ D급 – 청색

정답 01 ② 02 ③ 03 ④ 04 ① 05 ③ 06 ② 07 ③

해설 화재의 구분

화재별 급수	색상
A급(일반) 화재	백색
B급(유류) 화재	황색
C급(전기) 화재	청색
D급(금속) 화재	–
K급(주방) 화재	–

08 소화 효과에 대한 설명으로 틀린 것은?

① 기화 잠열이 큰 소화 약제를 사용할 경우 냉각 소화 효과를 기대할 수 있다.
② 이산화탄소에 의한 소화는 주로 질식 소화로 화재를 진압한다.
③ 할로겐 화합물 소화 약제는 주로 냉각 소화를 한다.
④ 분말 소화 약제는 질식 효과와 부촉매 효과 등으로 화재를 진압한다.

해설 ③ 할로겐 화합물 소화 약제는 주로 질식 효과, 부촉매 효과 및 냉각 효과를 한다.

09 공기포 발포 배율을 측정하기 위해 중량 340g, 용량 1,800mL의 포 수집 용기에 가득히 포를 채취하여 측정한 용기의 무게가 540g이었다면 발포 배율은? (단, 포 수용액의 비중은 1로 가정한다.)

① 3배 　② 5배
③ 7배 　④ 9배

해설 발포 배율(팽창비)$=\dfrac{\text{내용적(용량)}}{\text{전체 중량}-\text{빈 시료 용기의 중량}}$

$=\dfrac{1,800}{540-340}=9$배

10 다음 중 분말 소화 약제의 주된 소화 작용에 가장 가까운 것은?

① 질식 　② 냉각
③ 유화 　④ 제거

해설 분말 소화 약제의 주된 소화 작용은 질식 효과이다.

11 제3종 분말 소화 약제의 표시 색상은?

① 백색 　② 담홍색
③ 검은색 　④ 회색

해설 분말 소화 약제의 종류

종별	색상
제1종($NaHCO_3$)	백색
제2종($KHCO_3$)	보라색(담회색)
제3종($NH_4H_2PO_4$)	담홍색(핑크색)
제4종[$KHCO_3+(NH_2)_2CO$]	회백색(회색)

12 강화액 소화기의 주성분은?

① 물과 탄산칼륨
② CO_2와 물
③ 황산과 탄산수소나트륨
④ 물과 사염화탄소

해설 물 소화기의 소화 능력을 높이기 위하여 물에 탄산칼륨을 용해시킨 소화기이다.

13 위험물을 취급하는 건축물의 옥내 소화전이 1층에 6개, 2층에 5개, 3층에 4개가 설치되었다. 이때 수원의 수량은 몇 m³ 이상이 되도록 설치하여야 하는가?

① 23.4
② 31.8
③ 39.0
④ 46.8

해설 수원의 양 $Q(\text{m}^3)=N\times7.8\text{m}^3$
(N : 설치 개수가 5개 이상인 경우는 5개의 옥내 소화전)
∴ $Q=5\times7.8\text{m}^3=39\text{m}^3$

14 위험물안전관리법령상 옥외 소화전 설비는 모든 옥외 소화전을 동시에 사용할 경우 각 노즐 선단의 방수 압력은 얼마 이상이 되어야 하는가?

① 100kPa 　② 170kPa
③ 350kPa 　④ 520kPa

해설 옥내 소화전 설비와 옥외 소화전 설비

구분	옥내 소화전 설비	옥외 소화전 설비
수평 거리	25m 이하	40m 이하
방수량	260L/min 이상	450L/min 이상
방수 압력	350kPa 이상	350kPa 이상
수원의 수량	$Q \geqq 7.8N$ (N : 최대 5개)	$Q \geqq 13.5N$ (N : 최대 4개)

15 위험물안전관리법령상 물분무 소화 설비의 제어 밸브는 바닥으로부터 어느 위치에 설치하여야 하는가?

① 0.5m 이상 1.5m 이하
② 0.8m 이상 1.5m 이하
③ 1m 이상 1.5m 이하
④ 1.5m 이상

해설 물분무 소화 설비 제어 밸브 : 바닥으로부터 0.8m 이상 1.5m 이하

16 위험물 제조소 등에 설치하는 불활성 가스 소화 설비의 소화 약제 저장 용기 설치 장소로 적합하지 않은 곳은?

① 방호 구역 외의 장소
② 온도가 40℃ 이하이고, 온도 변화가 작은 장소
③ 빗물이 침투할 우려가 작은 장소
④ 직사일광이 잘 들어오는 장소

해설 불활성 가스 소화 설비의 소화 약제 저장 용기 설치 장소

㉠ 방호 구역 외의 장소에 설치한다.
㉡ 온도가 40℃ 이하이고, 온도 변화가 작은 곳에 설치한다.
㉢ 직사광선 및 빗물이 침투할 우려가 작은 장소에 설치한다.
㉣ 저장 용기에는 안전 장치(용기 밸브에 설치되어 있는 것 포함)를 설치한다.
㉤ 저장 용기의 외면에 소화 약제의 종류와 양, 제조년도 및 제조자를 표시한다.

17 위험물안전관리법령상 경보 설비로 자동 화재 탐지 설비를 설치해야 할 위험물 제조소의 규모의 기준에 대한 설명으로 옳은 것은?

① 연면적 500m² 이상인 것
② 연면적 1,000m² 이상인 것
③ 연면적 1,500m² 이상인 것
④ 연면적 2,000m² 이상인 것

해설 경보 설비로 자동 화재 탐지 설비를 설치해야 할 위험물 제조소의 규모 기준 : 연면적 500m² 이상인 것

18 피난 구조 시설을 해야 할 층은?

① 지하층
② 1층
③ 피난층
④ 11층 이상

해설 1층, 피난층, 11층 이상의 층을 제외한 모든 층에 적당한 피난 구조 설비를 갖추어야 한다.

19 소화 전용 물통 8L의 소화 능력 단위는?

① 0.3단위
② 0.5단위
③ 1.0단위
③ 2.5단위

해설 기타 소화 설비의 능력 단위

소화 설비	용량	능력 단위
소화 전용(專用) 물통	8L	0.3
수조(소화 전용 물통 3개 포함)	80L	1.5
수조(소화 전용 물통 6개 포함)	190L	2.5
마른 모래(삽 1개 포함)	50L	0.5
팽창 질석 또는 팽창 진주암 (삽 1개 포함)	160L	1.0

20 제조소 등의 소요 단위 산정 시 위험물은 지정 수량의 몇 배를 1소요 단위로 하는가?

① 5배
② 10배
③ 20배
④ 50배

해설 소요 단위(1단위)
위험물의 경우 : 지정 수량 10배

21 위험물 제조소에서 다음과 같이 위험물을 취급하고 있는 경우 각각의 지정 수량 배수의 총합은?

- 브로민산나트륨 : 300kg
- 과산화나트륨 : 150kg
- 다이크로뮴산나트륨 : 500kg

① 3.5   ② 4.0
③ 4.5   ④ 5.0

해설 $\dfrac{300\text{kg}}{300\text{kg}}+\dfrac{150\text{kg}}{50\text{kg}}+\dfrac{500\text{kg}}{1{,}000\text{kg}}=4.5$배

22 다음은 염소산나트륨에 대한 설명이다. 옳은 것은?

① 물에는 녹지 않는다.
② 악취를 내며, 황색의 고체이다.
③ 조해성은 있으나 흡습성은 없다.
④ 가열하면 분해하여 산소를 발생한다.

해설 ① 물에 잘 녹는다.
② 무색, 무취의 입방 정계 주상 결정이다.
③ 조해성과 흡습성이 있다.

23 물과 접촉하면 가장 위험이 따르는 물질은?

① 과산화마그네슘
② 과산화수소
③ 과산화나트륨
④ 과산화벤조일

해설 $2\text{Na}_2\text{O}_2+4\text{H}_2\text{O}$
$\longrightarrow 4\text{NaOH}+2\text{H}_2\text{O}+\text{O}_2+Q\text{kcal}$

24 제2류 위험물의 저장 및 취급 방법이다. 해당되지 않는 것은?

① 산화제와의 접촉을 피한다.
② 타격 및 충격을 피한다.
③ 점화원 또는 가열을 피한다.
④ 물 또는 습기를 피한다.

해설 ④ 금속분(철분, 마그네슘분, 금속분) 등은 물이나 산과의 접촉을 피한다.

25 금속분류가 산과 반응하여 발생하는 기체는?

① 일산화탄소   ② 이산화탄소
③ 수소   ④ 산소

해설 $2\text{Al}+6\text{HCl} \longrightarrow 2\text{AlCl}_3+3\text{H}_2$

26 산화제와 혼합되어 연소할 때 자외선을 많이 포함하는 불꽃을 내는 것은?

① 셀룰로이드
② 나이트로셀룰로오스
③ 마그네슘분
④ 글리세린

해설 **마그네슘분** : 산화제와 혼합되어 연소할 때 자외선을 많이 포함하는 불꽃을 낸다.

27 다음 중 위험물안전관리법령에 따른 지정 수량이 나머지 셋과 다른 하나는?

① 황린   ② 칼륨
③ 나트륨   ④ 알킬리튬

해설

위험물	지정 수량
황린	20kg
칼륨	10kg
나트륨	10kg
알킬리튬	10kg

28 금속 칼륨(2mol)을 산소(0.5mol)와 반응시키면 생성되는 물질은?

① KOH   ② KCl
③ K_2O ④ KNO_3

해설 $2\text{K}+\dfrac{1}{2}\text{O}_2 \longrightarrow \text{K}_2\text{O}$

정답 21 ③ 22 ④ 23 ③ 24 ④ 25 ③ 26 ③ 27 ① 28 ③

29 황린을 취급할 때 다음의 물질이 혼합되었다. 가장 위험한 것은?

① KClO₃   ② S
③ H₂O   ④ 가솔린

해설 황린을 CS_2 중에서 녹인 뒤 $KClO_3$ 등의 염소산염류와 접촉시키면 발열하면서 심하게 폭발한다.

30 물과 작용하여 메탄과 수소를 발생시키는 것은?

① Al₄C₃   ② Mn₃C
③ Na₂C₂   ④ MgC₂

해설
① $Al_4C_3 + 12H_2O \longrightarrow 4Al(OH)_3 + 3CH_4$
② $Mn_3C + 6H_2O \longrightarrow 3Mn(OH)_2 + CH_4 + H_2$
③ $Na_2C_2 + 2H_2O \longrightarrow 2NaOH + C_2H_2$
④ $MgC_2 + 2H_2O \longrightarrow Mg(OH)_2 + C_2H_2$

31 가연성 액체의 증기가 공기보다 무겁다는 것은 위험성과 어떤 관계가 있는가?

① 발화점이 낮다.
② 인화점이 낮다.
③ 자연 발화되기 쉽다.
④ 지면 멀리까지 퍼져 인화의 위험이 크다.

해설 인화성 액체의 누설 시 증기는 공기보다 무겁기 때문에 낮은 곳에 체류하기 쉬워 화재를 확대시키는 경향이 크다.

32 위험물안전관리법령상 은, 수은, 동, 마그네슘 및 이의 합금으로 된 용기를 사용하여서는 안 되는 물질은?

① 이황화탄소
② 아세트알데하이드
③ 아세톤
④ 디에틸에테르

해설 금속 사용 제한 조치 기준 : 아세트알데하이드 또는 산화프로필렌의 옥외 탱크 저장소에는 은, 수은, 동, 마그네슘 및 이의 합금으로 된 용기를 사용하여서는 안 된다.

33 등유의 성질에 대한 설명 중 틀린 것은?

① 증기는 공기보다 가볍다.
② 인화점이 상온보다 높다.
③ 전기에 대해 불량 도체이다.
④ 물보다 가볍다.

해설 ① 증기는 공기보다 무겁다(증기 비중 4~5).

34 에틸렌글리콜은 몇 가 알코올인가?

① 1가   ② 2가
③ 3가   ④ 4가

해설 에틸렌글리콜(CH_2OHCH_2OH)은 −OH(수산기)를 2개 가진 2가의 알코올

35 나이트로 화합물, 나이트로소 화합물, 질산에스터류, 하이드록실아민을 각각 50kg씩 저장하고 있을 때 지정 수량의 배수가 가장 큰 것은?

① 나이트로 화합물   ② 나이트로소 화합물
③ 질산에스터류   ④ 하이드록실아민

해설 ① 나이트로 화합물 : $\dfrac{50kg}{200kg} = 0.25$배
② 나이트로소 화합물 : $\dfrac{50kg}{200kg} = 0.25$배
③ 질산에스터류 : $\dfrac{50kg}{10kg} = 5$배
④ 하이드록실아민 : $\dfrac{50kg}{100kg} = 0.5$배

36 다음 중 나이트로글리세린의 성질에 관한 설명으로 올바른 것은?

① 물에 매우 잘 녹는다.
② 알코올, 에테르 등에 녹는다.
③ 상온에서는 백색 결정으로 존재한다.
④ 순수한 것은 황색 또는 담황색의 끈기 있는 액체이다.

해설 나이트로글리세린은 물에는 녹지 않지만 메탄올, 벤젠, 클로로포름, 아세톤 등에는 녹는다.

정답 29 ①   30 ②   31 ④   32 ②   33 ①   34 ②   35 ③   36 ②

37 다음 제5류 위험물이며 자기 반응성 물질로서, 목면의 나염 등에 사용하는 물질은?

① 다이나이트로나프탈렌
② 다이아조다이나이트로페놀
③ 다이나이트로소레조르신
④ 트라이메틸렌트리나이트라민

해설 다이나이트로소레조르신의 설명이다.

38 위험물안전관리법령에 따른 제6류 위험물의 특성에 대한 설명 중 틀린 것은?

① 과염소산은 유기물과 접촉 시 발화의 위험이 있다.
② 과염소산은 불안정하며, 강력한 산화성 물질이다.
③ 과산화수소는 알코올, 에테르에 녹지 않는다.
④ 질산은 부식성이 강하고, 햇빛에 의해 분해된다.

해설 ③ 과산화수소는 알코올, 에테르에는 녹는다.

39 금속 과산화물을 묽은 산에 반응시켜 생성되는 물질로서 석유와 벤젠에 불용성이고, 표백 작용과 살균 작용을 하는 것은?

① 과산화나트륨
② 과산화수소
③ 과산화벤조일
④ 과산화칼륨

해설 과산화수소의 설명이다.

40 질산을 보관할 때의 용기 마개로 가장 적합한 것은?

① 코르크 마개
② 도자기 마개
③ 무명천
④ 고무 마개

해설 질산 용기에 사용하는 마개는 내산성이 강한 유리 및 도자기 등으로 된 것을 사용한다.

41 제조소 등의 설치자가 그 제조소 등의 용도를 폐지한 날로부터 며칠 이내에 신고(시·도지사에게)하여야 하는가?

① 7일
② 14일
③ 30일
④ 90일

해설 제조소 등의 설치자가 그 제조소 등의 용도를 폐지할 때는 폐지한 날로부터 14일 이내에 시·도지사에게 신고를 한다.

42 위험물안전관리법령에 따라 관계인이 예방 규정을 정하여야 할 옥외 탱크 저장소에 저장되는 위험물의 지정 수량 배수는?

① 100배 이상
② 150배 이상
③ 200배 이상
④ 250배 이상

해설 예방 규정

작성 대상	지정 수량의 배수
제조소	10배 이상
옥내 저장소	150배 이상
옥외 탱크 저장소	200배 이상
옥외 저장소	100배 이상
이송 취급소	전 대상
일반 취급소	10배 이상
암반 탱크 저장소	전 대상

43 위험물 제조소 등에 자체 소방대를 두어야 할 대상의 위험물안전관리법령상 기준으로 옳은 것은? (단, 원칙적인 경우에 한한다.)

① 지정 수량 3,000배 이상의 위험물을 저장하는 저장소 또는 제조소
② 지정 수량 3,000배 이상의 위험물을 취급하는 제조소 또는 일반 취급소
③ 지정 수량 3,000배 이상의 제4류 위험물을 저장하는 저장소 또는 제조소
④ 지정 수량 3,000배 이상의 제4류 위험물을 취급하는 제조소 또는 일반 취급소

정답 37 ③ 38 ③ 39 ② 40 ② 41 ② 42 ③ 43 ④

해설 자체 소방대를 설치하여야 할 제조소 등

㉠ 제4류 위험물을 지정 수량의 3천 배 이상 취급하는 제조소 또는 일반 취급소

㉡ 옥외탱크 저장소에 저장하는 제4류 위험물의 최대수량이 지정수량의 50만배 이상인 사업소

44 다음 위험물의 저장 또는 취급에 관한 기술상의 기준과 관련하여 시·도의 조례에 의해 규제를 받는 경우는?

① 등유 2,000L를 저장하는 경우
② 중유 3,000L를 저장하는 경우
③ 윤활유 5,000L를 저장하는 경우
④ 휘발유 400L를 저장하는 경우

해설 1. 지정 수량 미만인 위험물의 저장·취급 : 기술상의 기준은 특별시, 광역시 및 도(시·도)의 조례로 정한다.

2. 조례 : 지방자치 단체가 고유 사무와 위임 사무 등을 지방의 회의 결정에 의하여 제정하는 것

① $\frac{2,000}{1,000}$=2배

② $\frac{3,000}{2,000}$=1.5배

③ $\frac{5,000}{6,000}$=0.83배

④ $\frac{400}{200}$=2배

45 다음 (   ) 안에 적합한 숫자를 차례대로 나열한 것은?

자연 발화성 물질 중 알킬알루미늄 등은 운반 용기 내용적의 (   )% 이하의 수납률로 수납하되 50℃의 온도에서 (   )% 이상의 공간 용적을 유지하도록 할 것

① 90, 5
② 90, 10
③ 95, 5
④ 95, 10

해설 운반 용기의 수납률

위험물	수납률
알킬알루미늄 등	90% 이하(50℃에서 5% 이상 공간 용적 유지)
고체 위험물	95% 이하
액체 위험물	98% 이하(55℃에서 누설되지 않을 것)

46 위험물 운반 용기 외부에 수납하는 위험물의 종류에 따라 표시하는 주의 사항으로 바르게 연결된 것은?

① 염소산칼륨 − 물기 주의
② 철분 − 물기 주의
③ 아세톤 − 화기 엄금
④ 질산 − 화기 엄금

해설 ① 염소산칼륨(제1류 위험물 중 기타) : 화기·충격 주의 및 가연물 접촉 주의
② 철분(제2류 위험물) : 화기 주의·물기 엄금
③ 아세톤(제4류 위험물) : 화기 엄금
④ 질산(제6류 위험물) : 가연물 접촉 주의

47 위험물안전관리법령에서 정하는 위험 등급 I에 해당하지 않는 것은?

① 제3류 위험물 중 지정 수량이 10kg인 위험물
② 제4류 위험물 중 특수 인화물
③ 제1류 위험물 중 무기 과산화물
④ 제5류 위험물 중 지정 수량이 100kg인 위험물

해설 위험물의 위험등급

구분	위험 등급 I	위험 등급 II	위험 등급 III
제1류 위험물	아염소산염류, 염소산염류, 과염소산염류, 무기과산화물, 그 밖에 지정수량이 50kg인 위험물	브로민산염류, 질산염류, 아이오딘산염류, 그 밖에 지정수량이 300kg인 위험물	
제2류 위험물		황화인, 적린, 황, 그 밖에 지정수량이 100kg인 위험물	
제3류 위험물	칼륨, 나트륨, 알킬알루미늄, 알킬리튬, 황린, 그 밖에 지정수량이 10kg 또는 20kg인 위험물	알칼리금속(칼륨 및 나트륨을 제외) 알칼리토금속, 유기금속화합물(알킬알루미늄 및 알킬리튬을 제외), 그 밖에 지정수량이 50kg인 위험물	위험 등급 I, 위험 등급 II 외의 것
제4류 위험물	특수인화물	제1석유류, 알코올류	
제5류 위험물	지정수량이 제1종 : 10kg인 위험물	지정수량이 제2종 : 100kg인 위험물	
제6류 위험물	모두		

48 위험물 저장 탱크의 내용적이 300L일 때 탱크에 저장하는 위험물의 용량 범위로 적합한 것은? (단, 원칙적인 경우에 한한다.)

① 240~270L
② 270~285L
③ 290~295L
④ 295~298L

해설 위험물 저장 탱크의 용량

탱크의 공간 용적은 탱크 용적의 $\frac{5}{100}$ 이상 $\frac{10}{100}$ 이하로 한다.

㉠ 300L×0.90=270L
㉡ 300L×0.95=285L

49 그림의 원통형 중으로 설치된 탱크에서 공간 용적을 내용적의 10%라고 하면 탱크 용량(허가 용량)은 약 얼마인가?

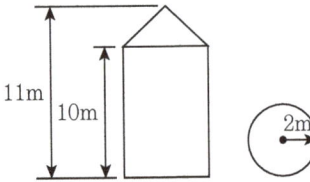

① 113.04
② 124.34
③ 129.06
④ 138.16

해설 탱크 용량(허가 용량)=내용적-공간 용적
$$=0.9\pi r^2 l$$
$$=0.9\times\pi\times2^2\times10$$
$$=113.04\text{m}^3$$

50 위험물 제조소 등에서 위험물안전관리법상 안전 거리 규제 대상이 아닌 것은?

① 제6류 위험물을 취급하는 제조소를 제외한 모든 제조소
② 주유 취급소
③ 옥외 저장소
④ 옥외 탱크 저장소

해설 안전 거리의 규제 대상
㉠ 위험물 제조소(제6류 위험물을 취급하는 제조소 제외)
㉡ 일반 취급소
㉢ 옥내 저장소

㉣ 옥외 탱크 저장소
㉤ 옥외 저장소

51 위험물안전관리법령에 따른 위험물 제조소와 관련한 내용으로 틀린 것은?

① 채광 설비는 불연 재료를 사용한다.
② 환기는 자연 배기 방식으로 한다.
③ 조명 설비의 전선은 내화·내열 전선으로 한다.
④ 조명 설비의 점멸 스위치는 출입구 안쪽 부분에 설치한다.

해설 ④ 조명 설비의 점멸 스위치는 출입구 바깥 부분에 설치한다. 다만, 스위치의 스파크로 인한 화재·폭발의 우려가 없는 경우에는 그러하지 아니하다.

52 위험물 제조소에 설치하는 안전 장치 중 위험물의 성질에 따라 안전 밸브의 작동이 곤란한 가압 설비에 한하여 설치하는 것은?

① 파괴판
② 안전 밸브를 병용하는 경보 장치
③ 감압측에 안전 밸브를 부착한 감압 밸브
④ 연성계

해설 위험물 제조소에 설치하는 안전 장치
㉠ 자동적으로 압력의 상승을 정지시키는 장치
㉡ 감압측에 안전 밸브를 부착한 감압 밸브
㉢ 안전 밸브를 병용하는 경보 장치
㉣ 파괴판(안전 밸브의 작동이 곤란한 가압 설비에 사용)

53 지정 유기 과산화물의 옥내 저장 창고의 창문 1개의 면적 기준은?

① 0.8m²
② 0.6m²
③ 0.4m²
④ 0.2m²

해설 창의 기준
㉠ 바닥으로부터 2m 이상의 높이에 설치할 것
㉡ 창 하나의 면적은 0.4m² 이하로 할 것
㉢ 한 개 면의 벽에 설치하는 창의 면적 합계는 그 벽 면적의 1/80 이하가 되도록 할 것

54 위험물 옥외 저장소에서 지정 수량 200배 초과의 위험물을 저장할 경우 보유 공지의 너비는 몇 m 이상으로 하여야 하는가? (단, 제4류 위험물과 제6류 위험물이 아닌 경우이다.)

① 0.5　　② 2.5　　③ 10　　④ 15

해설 옥외 저장소

저장 또는 취급하는 위험물의 최대 수량	공지의 너비
지정 수량의 10배 이하	3m 이상
지정 수량의 10배 초과 20배 이하	5m 이상
지정 수량의 20배 초과 50배 이하	9m 이상
지정 수량의 50배 초과 200배 이하	12m 이상
지정 수량의 200배 초과	15m 이상

단, 제4류 위험물 중 제4석유류와 제6류 위험물을 저장 또는 취급하는 보유 공지는 공지 너비의 1/3 이상으로 할 수 있다.

55 제4류 위험물의 옥외 저장 탱크에 설치하는 밸브 없는 통기관은 직경이 얼마 이상인 것으로 설치해야 되는가? (단, 압력 탱크는 제외한다.)

① 10mm　② 20mm　③ 30mm　④ 40mm

해설 옥외 저장 탱크의 통기 장치
1. 밸브 없는 통기관
　㉠ 직경 : 30mm 이상　　㉡ 끝부분 : 45° 이상
　㉢ 인화 방지 장치 : 가는 눈의 구리망 사용
2. 대기 밸브 부착 통기관
　㉠ 작동 압력 차이 : 5kPa
　㉡ 인화 방지 장치 : 가는 눈의 구리망 사용

56 지정 수량 20배의 알코올류를 저장하는 옥외 탱크 저장소의 경우 펌프실 외의 장소에 설치하는 펌프 설비의 기준으로 옳지 않은 것은?

① 펌프 설비 주위에는 3m 이상의 공지를 보유한다.
② 펌프 설비 그 직하의 지반면 주위에 높이 0.15m 이상의 턱을 만든다.
③ 펌프 설비 그 직하의 지반면의 최저부에는 집유 설비를 만든다.
④ 집유 설비에는 위험물이 배수구에 유입되지 않도록 유분리 장치를 만든다.

해설 ④ 제4류 위험물(20℃의 물 100g에 용해되는 양이 1g 미만인 것에 한한다)을 취급하는 펌프 설비에 있어서는 해당 위험물이 직접 배수구에 유입되지 아니하도록 집유 설비에 유분리 장치를 설치하여야 한다.

57 다음 그림은 옥외 저장 탱크와 흙방유제를 나타낸 것이다. 탱크의 지름이 10m이고 높이가 15m라고 할 때 방유제는 탱크의 옆판으로부터 몇 m 이상의 거리를 유지하여야 하는가? (단, 인화점 200℃ 미만의 위험물을 저장한다.)

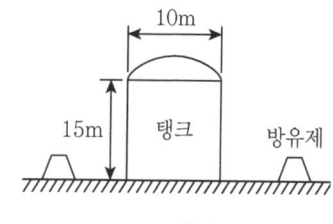

① 2　　　　　　② 3
③ 4　　　　　　④ 5

해설 옥외 저장 탱크 옆판과 방유제 사이의 거리(인화점 200℃ 이상인 위험물은 제외)

㉠ 탱크 지름 15m 미만 → 탱크 높이의 $\frac{1}{3}$ 이상

㉡ 탱크 지름 15m 이상 → 탱크 높이의 $\frac{1}{2}$ 이상

∴ 탱크 지름 10m, 높이 15m이므로 $\frac{1}{3} \times 15m = 5m$ 이상

58 특정 옥외 탱크 저장소라 함은 저장 또는 취급하는 액체 위험물의 최대 수량이 얼마 이상의 것을 말하는가?

① 50만 리터 이상　　② 100만 리터 이상
③ 150만 리터 이상　　④ 200만 리터 이상

해설 ㉠ 특정 옥외 탱크 저장소 : 옥외 탱크 저장소 중 저장 · 취급하는 액체 위험물의 최대 수량이 100만 L 이상인 것
㉡ 준특정 옥외 탱크 저장소 : 옥외 탱크 저장소 중 저장 · 취급하는 액체 위험물의 최대 수량이 50만 L 이상 100만 L 미만인 것

59 옥내 탱크 전용실에 설치하는 탱크 상호 간에는 얼마의 간격을 두어야 하는가?

① 0.1m 이상   ② 0.3m 이상
③ 0.5m 이상   ④ 0.6m 이상

해설 옥내 탱크 전용실에 설치하는 탱크 상호 간에는 0.5m 이상의 간격을 둔다.

60 위험물의 지하 저장 탱크 중 압력 탱크 외의 탱크에 대해 수압 시험을 실시할 때 몇 kPa의 압력으로 하여야 하는가? (단, 소방청장이 정하여 고시하는 기밀 시험과 비파괴 시험을 동시에 실시하는 방법으로 대신하는 경우는 제외한다.)

① 40   ② 50
③ 60   ④ 70

해설 지하 탱크 저장소의 수압 시험
㉠ 압력 탱크 : 최대 상용 압력의 1.5배 압력으로 10분간 실시
㉡ 압력 탱크 외 : 70kPa의 압력으로 10분간 실시

위험물 기능사 (2024. 1. 21 시행)

01 제1종 분말 소화 약제의 적응 화재 급수는?

① A급
② BC급
③ AB급
④ ABC급

해설 분말 소화 약제

종별	분자식	적응 화재
제1종	중탄산나트륨($NaHCO_3$)	B·C
제2종	중탄산칼륨($KHCO_3$)	B·C
제3종	제1인산암모늄($NH_4H_2PO_4$)	A·B·C
제4종	중탄산칼륨+요소($KHCO_3+(NH_2)_2CO$)	B·C

02 유류 화재의 급수와 표시 색상으로 옳은 것은?

① A급, 백색
② B급, 백색
③ A급, 황색
④ B급, 황색

해설 화재의 종류 및 표시 색상

급 수	화재의 종류	표시색상
A급	일반 화재	백색
B급	유류 화재	황색
C급	전기 화재	청색
D급	금속 화재	—
K급	주방 화재	—

03 다음 물질 중 분진 폭발의 위험성이 가장 낮은 것은?

① 밀가루
② 알루미늄 분말
③ 모래
④ 석탄

해설 심각한 폭발을 일으키는 일반적인 가연성 고체 분진 : 밀가루, 알루미늄 분말, 석탄

04 그림과 같이 횡으로 설치한 원통형 위험물 탱크에 대하여 탱크의 용량을 구하면 약 몇 m^3인가? (단, 공간 용적은 탱크 내용적의 100분의 5로 한다.)

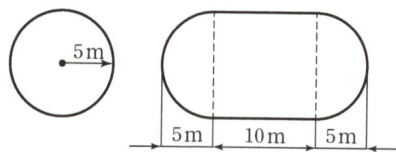

① 196.3
② 261.6
③ 785.0
④ 994.8

해설 $V = \pi r^2 \left(l + \dfrac{l_1 + l_2}{3} \right)$

$$= \pi \times 5^2 \left(10 + \dfrac{5+5}{3} \right) = 1046.67 \text{m}^3$$

여기서,
공간 용적이 5%인 탱크의 용량 $= 1046.67 \times 0.95 = 994.34 \text{m}^3$

05 제4류 위험물로만 나열된 것은?

① 특수 인화물, 황산, 질산
② 알코올, 황린, 나이트로 화합물
③ 동식물유류, 질산, 무기 과산화물
④ 제1석유류, 알코올류, 특수 인화물

해설 ① 제4류 위험물 : 특수 인화물, 화공 약품 : 황산, 제6류 위험물 : 질산

② 제4류 위험물 : 알코올, 제3류 위험물 : 황린, 제5류 위험물 : 나이트로 화합물

③ 제4류 위험물 : 동식물유류, 제6류 위험물 : 질산, 제1류 위험물 : 무기과산화물

④ 제4류 위험물 : 제1석유류, 알코올류, 특수인화물

06 나이트로 화합물과 같은 가연성 물질이 자체 내에 산소를 함유하고 있어 공기 중의 산소를 필요로 하지 않고 자체의 산소에 의해서 연소되는 현상은?

① 자기 연소
② 등심 연소
③ 훈소 연소
④ 분해 연소

해설 ① 자기(내부) 연소 : 나이트로 화합물과 같은 가연성 물질이 자체 내에 산소를 함유하고 있어 공기 중의 산소를 필요로 하지 않고 자체의 산소에 의해서 연소되는 현상이다.

② 등심 연소(심화 연소, wick combustion) : 석유 스토브나 램프에서와 같이 연료를 심지로 빨아올려 심지 표면에서 증발시켜 확산 연소를 시키는 것이다.

③ 훈소 연소(작열 연소, glowing combustion) : 화재가 본격적인 단계에 이르기 전인 초기 단계를 말하며 이때는 주변의 산소 농도에 크게 영향을 받지 않는 속불 형태의 연소가 일어나게 되며, 훈소 연소 상태에서는 화염 온도가 불꽃 연소를 유지하기에는 미흡한 상태이다.

④ 분해 연소 : 가연성 고체에 충분한 열이 공급되면 가열 분해에 의하여 발생된 가연성 가스(CO, H_2, CH_4 등)가 공기와 혼합되어 연소하는 형태이다.

07 위험물안전관리법령에 따라 옥내 소화전 설비를 설치할 때 배관의 설치 기준에 대한 설명으로 옳지 않은 것은?

① 배관용 탄소 강관(KS D 3507)을 사용할 수 있다.
② 주배관의 입상관 구경은 최소 60mm 이상으로 한다.
③ 펌프를 이용한 가압 송수 장치의 흡수관은 펌프마다 전용으로 설치한다.
④ 원칙적으로 급수 배관은 생활 용수 배관과 같이 사용할 수 없으며 전용 배관으로만 사용한다.

해설 ② 주배관의 입상관 구경은 최소 50mm 이상으로 한다.

08 옥내에서 지정 수량 100배 이상을 취급하는 일반 취급소에 설치하여야 하는 경보 설비는? (단, 고인화점 위험물만을 취급하는 경우는 제외한다.)

① 비상 경보 설비
② 자동 화재 탐지 설비
③ 비상 방송 설비
④ 비상벨 설비 및 확성 장치

해설 제조소 등별로 설치하여야 하는 경보 설비의 종류

제조소 등의 구분	제조소 등의 규모, 저장 또는 취급하는 위험물의 종류 및 최대 수량 등	경보 설비
1. 제조소 및 일반 취급소	· 연면적 500m² 이상인 것 · 옥내에서 지정 수량의 100배 이상을 취급하는 것(고인화점 위험물만을 100℃ 미만의 온도에서 취급하는 것을 제외한다) · 일반 취급소로 사용되는 부분 외의 부분이 있는 건축물에 설치된 일반 취급소(일반 취급소와 일반 취급소 외의 부분이 내화 구조의 바닥 또는 벽으로 개구부 없이 구획된 것을 제외한다)	자동 화재 탐지 설비
2. 옥내 저장소	· 지정 수량의 100배 이상을 저장 또는 취급하는 것(고인화점 위험물만을 저장 또는 취급하는 것을 제외한다) · 저장 창고의 연면적이 150m²를 초과하는 것[당해 저장 창고가 연면적 150m²이내마다 불연 재료의 격벽으로 개구부 없이 완전히 구획된 것과 제2류 또는 제4류의 위험물(인화성 고체 및 인화점이 70℃ 미만인 제4류 위험물을 제외한다)만을 저장 또는 취급하는 것에 있어서는 저장 창고의 연면적이 500m² 이상의 것에 한한다] · 처마 높이가 6m 이상인 단층 건물의 것 · 옥내 저장소로 사용되는 부분 외의 부분이 있는 건축물에 설치된 옥내저장소[옥내 저장소와 옥내 저장소 외의 부분이 내화 구조의 바닥 또는 벽으로 개구부 없이 구획된 것과 제2류 또는 제4류의 위험물(인화성 고체 및 인화점이 70℃ 미만인 제4류 위험물을 제외한다)만을 저장 또는 취급하는 것을 제외한다]	자동 화재 탐지 설비
3. 옥내 탱크 저장소	단층 건물 외의 건축물에 설치된 옥내 탱크 저장소로서 소화 난이도 등급 Ⅰ에 해당하는 것	
4. 주유 취급소	옥내 주유 취급소	
5. 옥외탱크 저장소	특수인화물, 제1석유류 및 알코올류를 저장 또는 취급하는 탱크의 용량이 1,000만리터 이상인 것	자동 화재 탐지 설비, 자동화재 속보 설비

| 6. 1~5.의 자동 화재 탐지 설비 설치 대상에 해당하지 아니하는 제조소 등 | 지정 수량의 10배 이상을 저장 또는 취급하는 것 | 자동 화재 탐지 설비, 비상 경보 설비, 확성 장치 또는 비상 방송 설비 중 1종 이상 |

09 인화점이 섭씨 200℃ 미만인 위험물을 저장하기 위하여 높이가 15m이고 지름이 18m인 옥외 저장 탱크를 설치하는 경우 옥외 저장 탱크와 방유제와의 사이에 유지하여야 하는 거리는?

① 5.0m 이상
② 6.0m 이상
③ 7.5m 이상
④ 9.0m 이상

해설 옥외 탱크 저장소의 방유제와 탱크 측면의 이격 거리

탱크 지름	이격 거리
15m 미만	탱크 높이의 $\frac{1}{3}$ 이상
15m 이상	탱크 높이의 $\frac{1}{2}$ 이상

즉, $15m \times \frac{1}{2} = 7.5m$ 이상

10 위험물을 취급함에 있어서 정전기를 유효하게 제거하기 위한 설비를 설치하고자 한다. 위험물안전관리법령상 공기 중의 상대 습도를 몇 % 이상이 되게 하여야 하는가?

① 50
② 60
③ 70
④ 80

해설 정전기 방지법
㉠ 공기 중의 습도를 높인다(실내의 경우 상대 습도를 70% 이상으로 한다).
㉡ 접지를 한다.
㉢ 공기를 이온화한다.

11 위험물안전관리법령상 위험물에 해당하는 것은?

① 황산
② 비중이 1.41인 질산
③ 53μm의 표준체를 통화하는 것이 50중량% 미만인 철의 분말
④ 농도가 40중량%인 과산화수소

해설 ① 황산 : 화공 약품
② 비중이 1.49인 질산
③ 53마이크로미터(μm)의 표준체를 통과하는 것이 50중량% 이상인 철의 분말
④ 수용액의 농도가 36중량%(비중 약 1.13) 이상인 과산화수소

12 과산화바륨의 성질에 대한 설명 중 틀린 것은?

① 고온에서 열분해하여 산소를 발생한다.
② 황산과 반응하여 과산화수소를 만든다.
③ 비중은 약 4.96이다.
④ 온수와 접촉하면 수소가스를 발생한다.

해설 $2BaO_2 + 2H_2O \rightarrow 2Ba(OH)_2 + O_2$

13 물과 접촉하면 위험성이 증가하므로 주수 소화를 할 수 없는 물질은?

① $C_6H_2CH_3(NO_2)_3$
② $NaNO_3$
③ $(C_2H_5)_3Al$
④ $(C_6H_5CO)_2O_2$

해설 물과 접촉하면 폭발적으로 반응하여 에탄을 생성하고 이때 발열, 폭발에 이른다.
$(C_2H_5)_3Al + 3H_2O \rightarrow Al(OH)_3 + 3C_2H_6 + 발열$
이 C_2H_6는 순간적으로 발생하고 반응열에 의해 연소한다. 그러므로 주수 소화는 할 수 없다.

14 지정 수량이 100kg인 물질은?

① 질산
② 피크린산
③ 질산메틸
④ 과산화벤조일

해설 ① 질산 : 300kg
② 피크린산 : 100kg
③ 질산메틸 : 10kg
④ 과산화벤조일 : 10kg

15 제4류 위험물의 공통적인 성질이 아닌 것은?

① 대부분 물보다 가볍고 물에 녹기 어렵다.
② 공기와 혼합된 증기는 연소의 우려가 있다.
③ 인화되기 쉽다.
④ 증기는 공기보다 가볍다.

해설 ④ 증기는 공기보다 무겁다(단, HCN은 제외).

16 과염소산나트륨의 성질이 아닌 것은?

① 수용성이다.
② 조해성이 있다.
③ 분해 온도는 약 400℃이다.
④ 물보다 가볍다.

해설 ④ 물보다 무겁다(비중 2.5).

17 물과 작용하여 메탄과 수소를 발생시키는 것은?

① Al_4C_3 ② Mn_3C ③ Na_2C_2 ④ MgC_2

해설 ① $Al_4C_3 + 12H_2O \rightarrow 4Al(OH)_3 + 3CH_4$
② $Mn_3C + 6H_2O \rightarrow 3Mn(OH)_2 + CH_4 + H_2$
③ $Na_2C_2 + 2H_2O \rightarrow 2NaOH + C_2H_2$
④ $MgC_2 + 2H_2O \rightarrow Mg(OH)_2 + C_2H_2$

18 트라이나이트로톨루엔의 작용기에 해당하는 것은?

① $-NO$ ② $-NO_2$ ③ $-NO_3$ ④ $-NO_4$

해설 ㉠

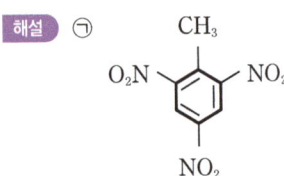

㉡ 트라이나이트로톨루엔의 작용기는 $-NO_2$이다.

19 위험물안전관리법령상 위험 등급이 나머지 셋과 다른 하나는?

① 알코올류
② 제2석유류
③ 제3석유류
④ 동식물유류

해설 제4류 위험물의 품명과 지정 수량

성질	품명		지정수량	위험등급
인화성 액체	1. 특수 인화물류		50L	I
	2. 제1석유류	비수용성 액체	200L	II
		수용성 액체	400L	
	3. 알코올류		400L	
	4. 제2석유류	비수용성 액체	1,000L	III
		수용성 액체	2,000L	
	5. 제3석유류	비수용성 액체	2,000L	
		수용성 액체	4,000L	
	6. 제4석유류		6,000L	
	7. 동·식물유류		10,000L	

20 위험물 제조소의 게시판에 "화기 주의"라고 쓰여 있다. 제 몇 류 위험물 제조소인가?

① 제1류
② 제2류
③ 제3류
④ 제4류

해설 제조소의 게시판 주의사항

위험물		주의 사항
제1류 위험물	알칼리 금속의 과산화물	물기 엄금
	기타	별도의 표시를 하지 않는다.
제2류 위험물	인화성 고체	화기 엄금
	기타	화기 주의
제3류 위험물	자연 발화성 물질	화기 엄금
	금수성 물질	물기 엄금
제4류 위험물		화기 엄금
제5류 위험물		
제6류 위험물		별도의 표시를 하지 않는다.

21 적린의 성질에 대한 설명 중 틀린 것은?

① 물이나 이황화탄소에 녹지 않는다.
② 발화점은 약 260℃ 정도이다.
③ 연소할 때 인화수소가스가 발생한다.
④ 산화제가 섞여 있으면 마찰에 의해 착화하기 쉽다.

해설 ③ $4P + 5O_2 \rightarrow 2P_2O_5$

정답 15 ④ 16 ④ 17 ② 18 ② 19 ① 20 ② 21 ③

22 위험물안전관리법령에서 제3류 위험물에 해당하지 않는 것은?

① 알칼리 금속
② 칼륨
③ 황화린
④ 황린

> **해설** ③ 황화린 : 제2류 위험물

23 Ca_3P_2 600kg을 저장하려 한다. 지정 수량의 배수는 얼마인가?

① 2배
② 3배
③ 4배
④ 5배

> **해설** Ca_3P_2의 지정 수량은 300kg이다.
> 즉, 600kg÷300kg=2배

24 아닐린에 대한 설명으로 옳은 것은?

① 특유의 냄새를 가진 기름상 액체이다.
② 인화점이 0℃ 이하이어서 상온에서 인화의 위험이 높다.
③ 황산과 같은 강산화제와 접촉하면 중화되어 안정하게 된다.
④ 증기는 공기와 혼합하여 인화, 폭발의 위험은 없는 안정한 상태가 된다.

> **해설** ② 인화점이 70℃이며 인화점이 높아 상온에서 인화 위험은 없다.
> ③ 진한 황산과 같은 강산류와 접촉 시 격렬하게 반응한다.
> ④ 증기는 공기와 혼합할 때 인화, 폭발의 위험이 있다.

25 질산칼륨의 성질에 해당하는 것은?

① 무색 또는 흰색 결정이다.
② 물과 반응하면 폭발의 위험이 있다.
③ 물에 녹지 않으나 알코올에 잘 녹는다.
④ 황산, 목분과 혼합하면 흑색 화약이 된다.

> **해설** ② 물과 반응하면 폭발의 위험이 없다.
> ③ 물, 글리세린, 에탄올에 잘 녹고 에테르에 녹지 않는다.
> ④ 질산칼륨(KNO_3)과 황(S), 목탄분(C)을 75% : 10% : 15% 비율로 혼합하면 흑색 화약(blackgun powder)이 된다.

26 <보기>의 위험물을 위험 등급 Ⅰ, 위험 등급 Ⅱ, 위험 등급 Ⅲ의 순서로 옳게 나열한 것은?

> 황린, 인화칼슘, 리튬

① 황린, 인화칼슘, 리튬
② 황린, 리튬, 인화칼슘
③ 인화칼슘, 황린, 리튬
④ 인화칼슘, 리튬, 황린

> **해설** 위험물의 위험등급

구분	위험 등급 Ⅰ	위험 등급 Ⅱ	위험 등급 Ⅲ
제1류 위험물	아염소산염류, 염소산염류, 과염소산염류, 무기과산화물, 그 밖에 지정수량이 50kg인 위험물	브로민산염류, 질산염류, 아이오딘산염류, 그 밖에 지정수량이 300kg인 위험물	위험 등급 Ⅰ, 위험 등급 Ⅱ 외의 것
제2류 위험물		황화인, 적린, 황, 그 밖에 지정수량이 100kg인 위험물	
제3류 위험물	칼륨, 나트륨, 알킬알루미늄, 알킬리튬, 황린, 그 밖에 지정수량이 10kg 또는 20kg인 위험물	알칼리금속(칼륨 및 나트륨을 제외)알칼리토금속, 유기금속화합물(알킬알루미늄 및 알킬리튬을 제외), 그 밖에 지정수량이 50kg인 위험물	
제4류 위험물	특수인화물	제1석유류, 알코올류	
제5류 위험물	지정수량이 제1종 : 10kg인 위험물	지정수량이 제2종 : 100kg인 위험물	
제6류 위험물	모두		

27 위험물 운반 시 동일한 트럭에 제1류 위험물과 함께 적재할 수 있는 유별은? (단, 지정 수량의 5배 이상인 경우이다.)

① 제3류
② 제4류
③ 제6류
④ 없음

> **해설** 유별을 달리하는 위험물의 혼재 기준

구 분	제1류	제2류	제3류	제4류	제5류	제6류
제1류		×	×	×	×	○
제2류	×		×	○	○	×
제3류	×	×		○	×	×
제4류	×	○	○		○	×

제5류	×	○	×	○		×
제6류	○	×	×	×	×	

아세틸렌은 고도의 가연성 가스로서 연소 범위가 2.5~81%로 대단히 넓다. 인화하기 쉽고 때로는 폭발한다.

$$2C_2H_2 + 5O_5 \rightarrow 4CO_2 + 2H_2O$$

28 다음 중 위험물안전관리법상 제조소 등의 허가·취소 또는 사용 정지의 사유에 해당하지 않는 것은?

① 안전 교육 대상자가 교육을 받지 아니한 때
② 완공 검사를 받지 않고 제조소 등을 사용한 때
③ 위험물 안전관리자를 선임하지 아니한 때
④ 제조소 등의 정기 검사를 받지 아니한 때

해설 제조소 등의 허가 취소 또는 사용 정지의 사유
㉠ 완공 검사를 받지 않고 제조소 등을 사용한 때
㉡ 위험물 안전관리자를 선임하지 아니한 때
㉢ 제조소 등의 정기 검사를 받지 아니한 때

29 다음 중 제4류 위험물 중 제1석유류에 속하는 것은?

① 에틸렌글리콜
② 글리세린
③ 아세톤
④ n-부탄올

해설 ① 에틸렌글리콜 : 제4류 위험물 제3석유류
② 글리세린 : 제4류 위험물 제3석유류
③ 아세톤 : 제4류 위험물 제1석유류
④ n-부탄올 : 제4류 위험물 알코올류

30 탄화칼슘을 습한 공기 중에 보관하면 위험한 이유로 가장 옳은 것은?

① 아세틸렌과 공기가 혼합된 폭발성 가스가 생성될 수 있으므로
② 에틸렌과 공기 중 질소가 혼합된 폭발성 가스가 생성될 수 있으므로
③ 분진 폭발의 위험성이 증가하기 때문에
④ 포스핀과 같은 독성가스가 발생하기 때문에

해설 탄화칼슘은 물과 심하게 반응하여 수산화칼슘(소석회)과 아세틸렌을 만들며 공기 중 수분과 반응하여도 아세틸렌을 발생한다.
$$CaC_2 + 2H_2O \rightarrow Ca(OH)_2 + C_2H_2$$

31 위험물 제조소 내의 위험물을 취급하는 배관에 대한 설명으로 옳지 않은 것은?

① 배관을 지하에 매설하는 경우 접합 부분에는 점검구를 설치하여야 한다.
② 배관을 지하에 매설하는 경우 금속성 배관의 외면에는 부식 방지 조치를 하여야 한다.
③ 최대 상용 압력의 1.5배 이상의 압력으로 수압 시험을 실시하여 이상이 없어야 한다.
④ 지상에 설치하는 경우에는 안전한 구조의 지지물로 지면에 밀착하여 설치하여야 한다.

해설 ④ 배관을 지상에 설치하는 경우에는 지진·풍압·지반 침하 및 온도 변화에 안전한 구조의 지지물에 설치하되, 지면에 닿지 아니하도록 하고 배관의 외면에 부식 방지를 위한 도장을 하여야 한다. 다만 불변강의 경우에는 부식 방지를 위한 도장을 아니할 수 있다.

32 소화 설비의 주된 소화 효과를 옳게 설명한 것은?

① 옥내·옥외 소화전 설비 : 질식 소화
② 스프링클러 설비, 물분무 소화 설비 : 억제 소화
③ 포, 분말 소화 설비 : 억제 소화
④ 할로겐 화합물 소화 설비 : 억제 소화

해설 ① 옥내·옥외 소화전 설비 : 냉각 소화
② 스프링클러 설비, 물분무 소화 설비 : 냉각 소화, 질식 소화
③ 포, 분말 소화 설비 : 질식 소화

33 유류 화재 소화 시 분말 소화 약제를 사용할 경우 소화 후에 재발화 현상이 가끔씩 발생할 수 있다. 다음 중 이러한 현상을 예방하기 위하여 병용하여 사용하면 가장 효과적인 포 소화 약제는?

① 단백포 소화 약제
② 수성막포 소화 약제
③ 알코올형 포 소화 약제
④ 합성 계면 활성제 포 소화 약제

정답 28 ① 29 ③ 30 ① 31 ④ 32 ④ 33 ②

해설 ① 단백포 소화 약제(Protein foam, P) : 동식물성 단백질(동물의 뿔, 발톱 등)의 가수 분해 생성물을 기제로 하고 포 안정제로서 제1철염, 부동액(에틸렌글리콜, 프로필렌글리콜 등) 등을 첨가하여 만든 것이다.

② 수성막포 소화 약제(Aqueous Film Forming Foam, AFFF) : 유류 화재 소화 시 분말 소화 약제를 사용할 경우 소화 후에 재발화 현상이 가끔씩 발생할 수 있다. 이러한 현상을 예방하기 위하여 병용하여 사용한다.

③ 알코올형 포 소화 약제(수용성 용제 포 소화 약제, Alcohol Resistant foam, AR) : 물과 친화력이 있는 알코올과 같은 수용성 용매(극성 용매)의 화재에 보통의 포 소화 약제를 사용하면 수용성 용매가 포 속의 물을 탈취하여 포가 파괴되기 때문에 효과를 잃게 된다. 이와 같은 현상은 온도가 높아지면 더욱 뚜렷이 나타나는데, 이 같은 단점을 보완하기 위하여 단백질의 가수 분해물에 금속 비누를 계면 활성제 등을 사용하여 유화, 분산시킨 것이다.

④ 합성 계면 활성제 포 소화 약제(Synthetic surface active foam, S) : 계면 활성제를 기제로 하여 포막 안정제 등을 첨가하여 만든 소화 약제로 저팽창(3%, 6%) 및 고팽창(1%, 1.5%, 2%)으로 사용하는 것이다.

34 위험물 제조소 등의 화재 예방 등 위험물 안전 관리에 관한 직무를 수행하는 위험물 안전 관리자의 선임 시기는?

① 위험물 제조소 등의 완공 검사를 받은 후 즉시
② 위험물 제조소 등의 허가 신청 전
③ 위험물 제조소 등의 설치를 마치고 완공 검사를 신청하기 전
④ 위험물 제조소 등에서 위험물을 저장 또는 취급 하기 전

해설 위험물 제조소 등의 위험물 안전 관리자의 선임 시기 : 위험물 제조소 등에서 위험물을 저장 또는 취급하기 전

35 소화 난이도 등급 Ⅰ인 옥외 탱크 저장소에 있어서 제4류 위험물 중 인화점이 70℃ 이상인 것을 저장, 취급하는 경우 어느 소화 설비를 설치해야 하는가? (단, 지중 탱크 또는 해상 탱크 외의 것이다.)

① 스프링클러 소화 설비
② 물분무 소화 설비
③ 이산화탄소 소화 설비
④ 분말 소화 설비

해설 소화 난이도 등급 Ⅰ의 제조소등에 설치하여야 하는 소화설비

제조소 등의 구분		소화 설비
제조소 및 일반 취급소		옥내 소화전 설비, 옥외 소화전 설비, 스프링클러 설비 또는 물분무 등 소화 설비(화재 발생 시 연기가 충만할 우려가 있는 장소에는 스프링클러 설비 또는 이동식 외의 물분무 등 소화 설비에 한한다)
주유 취급소		스프링클러 설비(건축물에 한정한다), 소형 수동식 소화기 등(능력 단위의 수치가 건축물 그 밖의 공작물 및 위험물의 소요단위의 수치에 이르도록 설치할 것
옥내 저장소	처마 높이가 6m 이상인 단층 건물 또는 다른 용도의 부분이 있는 건축물에 설치한 옥내 저장소	스프링클러 설비 또는 이동식 외의 물분무 등 소화 설비
	그 밖의 것	옥외 소화전 설비, 스프링클러 설비, 이동식 외의 물분무 등 소화 설비 또는 이동식 포 소화 설비(포 소화전을 옥외에 설치하는 것에 한한다)
옥외 탱크 저장소	지중 탱크 또는 해상 탱크 외의 것	황만을 저장 취급하는 것
		물분무 소화 설비
		인화점 70℃ 이상의 제4류 위험물만을 저장 취급하는 것
		물분무 소화 설비 또는 고정식 포 소화 설비
		그 밖의 것
		고정식 포 소화 설비(포 소화 설비가 적응성이 없는 경우에는 분말 소화 설비)
	지중 탱크	고정식 포 소화 설비, 이동식 이외의 불활성 가스 소화 설비 또는 이동식 이외의 할로겐 화합물 소화 설비

옥내 탱크 저장소	해상 탱크	고정식 포 소화 설비, 물분무 소화 설비, 이동식 외의 불활성 가스 소화 설비 또는 이동식 이외의 할로겐 화합물 소화 설비
	황만을 저장 취급하는 것	물분무 소화 설비
	인화점 70℃ 이상의 제4류 위험물만을 저장 취급하는 것	물분무 소화 설비, 고정식 포 소화 설비, 이동식 이외의 불활성 가스 소화 설비, 이동식 이외의 할로겐 화합물 소화 설비 또는 이동식 이외의 분말 소화 설비
	그 밖의 것	고정식 포 소화 설비, 이동식 이외의 불활성 가스 소화 설비, 이동식 이외의 할로겐 화합물 소화 설비 또는 이동식 이외의 분말 소화 설비
옥외 저장소 및 이송 취급소		옥내 소화전 설비, 옥외 소화전 설비, 스프링클러 설비 또는 물분무 등 소화 설비(화재 발생 시 연기가 충만할 우려가 있는 장소에는 스프링클러 설비 또는 이동식 이외의 물분무 등 소화 설비에 한한다)
암반 탱크 저장소	황만을 저장 취급하는 것	물분무 소화 설비
	인하점 70℃ 이상의 제4류 위험물만을 저장 취급하는 것	물분무 소화 설비 또는 고정식 포 소화 설비
	그 밖의 것	고정식 포 소화 설비(포 소화 설비가 적응성이 없는 경우에는 분말 소화 설비)

36 다음 중 인화점이 낮은 것부터 높은 순서로 나열된 것은?

① 톨루엔 – 아세톤 – 벤젠
② 아세톤 – 톨루엔 – 벤젠
③ 톨루엔 – 벤젠 – 아세톤
④ 아세톤 – 벤젠 – 톨루엔

해설

위험물	인화점
아세톤	−18℃
벤젠	−11.1℃
톨루엔	4.5℃

37 다음 위험물의 화재 시 물에 의한 소화 방법이 가장 부적합한 것은?

① 황린　　　　　② 적린
③ 마그네슘분　　④ 황분

해설

소화 설비의 구분		건축물 · 그 밖의 공작물	전기 설비	제1류 위험물		제2류 위험물			제3류 위험물		제4류 위험물	제5류 위험물	제6류 위험물
				알칼리 금속 과산화물 등	그 밖의 것	철분 · 금속분 · 마그네슘 등	인화성 고체	그 밖의 것	금수성 물품	그 밖의 것			
옥내 소화전 설비 또는 옥외 소화전 설비		○			○		○	○		○		○	○
스프링클러 설비		○			○		○	○		○	△	○	○
물분무 등 소화 설비	물분무 소화 설비	○	○		○		○	○		○	○	○	○
	포 소화 설비	○			○		○	○		○	○	○	○
	불활성 가스 소화 설비		○				○				○		
	할로겐 화합물 소화 설비		○				○				○		
	분말 소화 설비 인산염류 등	○	○		○		○	○			○		○
	탄산 수소 염류 등		○	○		○	○		○		○		
	그 밖의 것			○		○			○				
대형 · 소형 수동식 소화기	봉상수(棒狀水) 소화기	○			○		○	○		○		○	○
	무상수(無狀水) 소화기	○	○		○		○	○		○		○	○
	봉상강화액 소화기	○			○		○	○		○		○	○
	무상강화액 소화기	○	○		○		○	○		○	○	○	○
	포 소화기	○			○		○	○		○	○	○	○
	이산화탄소 소화기		○				○				○		△
	할론 소화 설비		○				○				○		
	분말 소화기 인산염류 소화기	○	○		○		○	○			○		○
	탄산수소염류 소화기		○	○		○	○		○		○		
	그 밖의 것			○		○			○				
기타	물통 또는 수조	○			○		○	○		○		○	○
	건조사			○	○	○	○	○	○	○	○	○	○
	팽창 질석 또는 팽창 진주암			○	○	○	○	○	○	○	○	○	○

38 고온체의 색깔이 휘적색일 경우의 온도는 약 몇 ℃ 정도인가?

① 500　　② 950　　③ 1,300　　④ 1,500

해설 (1) 발광에 따른 온도 구분 : 적열 상태(500℃ 부근), 백열 상태(1,000℃ 이상)

(2) 고온체의 색깔과 온도와의 관계
　㉠ 암적색(700℃)　　㉡ 적색(850℃)
　㉢ 휘적색(950℃)　　㉣ 황적색(1,100℃)
　㉤ 백적색(1,300℃)　㉥ 휘백색(1,500℃)

39
위험물안전관리법령에 근거하여 자체 소방대에 두어야 하는 제독차의 경우 가성소다 및 규조토를 각각 몇 kg 이상 비치하여야 하는가?

① 30　　② 50　　③ 60　　④ 100

해설 화학 소방 자동차의 소화 능력 및 설비의 기준

화학 소방 자동차의 구분	소화 능력 및 설비의 기준
포 수용액 방사차	· 포 수용액의 방사 능력이 2,000L/min 이상일 것 · 소화 약액 탱크 및 소화 약액 혼합 장치를 비치할 것 · 10만L 이상의 포 수용액을 방사할 수 있는 양의 소화 약제를 비치할 것
분말 방사차	· 분말의 방사 능력이 35kg/s 이상일 것 · 분말 탱크 및 가압용 가스 설비를 비치할 것 · 1,400kg 이상의 분말을 비치할 것
할로겐화물 방사차	· 할로겐화물의 방사 능력이 40kg/s 이상일 것 · 할로겐화물 탱크 및 가압용 가스 설비를 비치할 것 · 1,000kg 이상의 할로겐화물을 비치할 것
이산화탄소 방사차	· 이산화탄소의 방사 능력이 40kg/s 이상일 것 · 이산화탄소 저장 용기를 비치할 것 · 3,000kg 이상의 이산화탄소를 비치할 것
제독차	가성소다 및 규조토를 각각 50kg 이상 비치할 것

40
수소화나트륨 240g과 충분한 물이 완전 반응하였을 때 발생하는 수소의 부피는? (단, 표준 상태를 가정하며 나트륨의 원자량은 23이다.)

① 22.4L　② 224L　③ 22.4m³　④ 224m³

해설
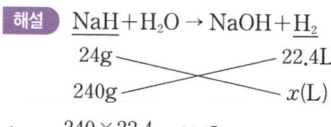
$NaH + H_2O \rightarrow NaOH + H_2$

$$\therefore x = \frac{240 \times 22.4}{24} = 224L$$

41
산화성 고체의 저장 및 취급 방법으로 옳지 않은 것은?

① 가연물과 접촉 및 혼합을 피한다.
② 분해를 촉진하는 물품의 접근을 피한다.
③ 조해성 물질의 경우 물속에 보관하고, 과열·충격·마찰 등을 피하여야 한다.
④ 알칼리 금속의 과산화물은 물과의 접촉을 피하여야 한다.

해설 ③ 조해성 물질의 경우 방습하고 용기를 밀전해야 하며, 과열, 충격, 마찰 등을 피하여야 한다.

42
염소산나트륨의 성상에 대한 설명으로 옳지 않은 것은?

① 자신은 불연성 물질이지만 강한 산화제이다.
② 유리를 녹이므로 철제 용기에 저장한다.
③ 열분해하여 산소를 발생한다.
④ 산과 반응하면 유독성의 이산화염소를 발생한다.

해설 ② 철을 부식시키므로 철제용기에 저장하지 말아야 한다.

43
다음 중 인화점이 가장 높은 것은?

① 나이트로벤젠　　② 클로로벤젠
③ 톨루엔　　　　　④ 에틸벤젠

해설

위험물	인화점
나이트로벤젠	88℃
클로로벤젠	32℃
톨루엔	4.5℃
에틸벤젠	21℃

44
위험물안전관리법령에 따른 제6류 위험물의 특성에 대한 설명 중 틀린 것은?

① 과염소산은 유기물과 접촉 시 발화의 위험이 있다.
② 과염소산은 불안정하며 강력한 산화성 물질이다.
③ 과산화수소는 알코올, 에테르에 녹지 않는다.
④ 질산은 부식성이 강하고 햇빛에 의해 분해된다.

해설 ③ 물과는 임의로 혼합하며 수용액 상태는 비교적 안정하다. 알코올, 에테르에는 녹지만 벤젠, 석유에는 녹지 않는다.

45 저장하는 위험물의 최대 수량이 지정 수량의 15배일 경우, 건축물의 벽·기둥 및 바닥이 내화 구조로 된 위험물 옥내 저장소의 보유 공지는 몇 m 이상이어야 하는가?

① 0.5　　② 1　　③ 2　　④ 3

해설 옥내 저장소

저장 또는 취급하는 위험물의 최대 수량	공지의 너비	
	벽·기둥 및 바닥이 내화 구조로 된 건축물	그 밖의 건축물
지정 수량의 5배 이하	−	0.5m 이상
지정 수량의 5배 초과, 10배 이하	1m 이상	1.5m 이상
지정 수량의 10배 초과, 20배 이하	2m 이상	3m 이상
지정 수량의 20배 초과, 50배 이하	3m 이상	5m 이상
지정 수량의 50배 초과, 200배 이하	5m 이상	10m 이상
지정 수량의 200배 초과	10m 이상	15m 이상

단, 지정 수량의 20배를 초과하는 옥내 저장소와 동일한 부지 내에 있는 다른 옥내 저장소와의 사이에는 공지 너비의 $\frac{1}{3}$(당해 수치가 3m 미만인 경우에는 3m)의 공지를 보유할 수 있다.

46 제2류 위험물인 유황의 대표적인 연소 형태는?

① 표면 연소　　② 분해 연소
③ 증발 연소　　④ 자기 연소

해설 ① 표면 연소(직접 연소) : 고체 가연물의 연소형태로서, 열분해에 의한 가연성 가스를 발생하지 않고 그 고체의 표면에서 공기 중의 산소와 반응하여 연소하는 형태이다. 목탄, 코크스, 금속분 등의 연소가 대표적이다.
② 분해 연소(목재, 석탄, 종이, 플라스틱 등)
③ 증발 연소(황, 나프탈렌, 장뇌 등)
④ 내부 연소(니트로 화합물 등 제5류 위험물)

47 질산이 공기 중에서 분해되어 발생하는 유독한 갈색 증기의 분자량은?

① 16　　② 40
③ 46　　④ 71

해설 $4HNO_3 \longrightarrow \underset{\text{유독한 적갈색의 기체}}{4NO_2} + O_2 + 2H_2O$
NO_2 분자량 = $14 + 16 \times 2 = 46$

48 $C_6H_2(NO_2)_3OH$와 $C_2H_5NO_3$의 공통 성질에 해당하는 것은?

① 나이트로 화합물이다.
② 인화성과 폭발성이 있는 액체이다.
③ 무색의 방향성 액체이다.
④ 에탄올에 녹는다.

해설

	$C_6H_2(NO_2)_3OH$	$C_2H_5NO_3$
①	나이트로 화합물	질산에스터류
②	폭발성이 있는 침상 결정	인화성과 폭발성이 있는 액체
③	순수한 것은 무색이지만 보통 공업용은 휘황색의 침상 결정	무색 투명한 액체
④	더운 물, 알코올, 에테르, 아세톤, 벤젠 등에 녹는다.	물에 약간 녹고 에탄올에 잘 녹는다.

49 위험물안전관리법령에 따라 기계에 의하여 하역하는 구조로 된 운반 용기의 외부에 행하는 표시 내용에 해당하지 않는 것은? (단, 국제 해상 위험물 규칙에 정한 기준 또는 소방청장이 정하여 고시하는 기준에 적합한 표시를 한 경우는 제외한다.)

① 운반 용기의 제조년월
② 제조자의 명칭
③ 겹쳐 쌓기 시험 하중
④ 용기의 유효 기간

해설 기계에 의하여 하역하는 구조로 된 운반 용기의 외부에 행하는 표시 내용
㉠ 운반 용기의 제조년월
㉡ 제조자의 명칭
㉢ 겹쳐 쌓기 시험 하중

50 황의 성질로 옳은 것은?

① 전기 양도체이다.
② 물에는 매우 잘 녹는다.
③ 이산화탄소와 반응한다.
④ 미분은 분진 폭발의 위험성이 있다.

> **해설** ① 전기의 부도체이다.
> ② 물이나 산에 녹지 않으나 알코올에는 조금 녹는다.
> ③ 물과 화합하여 아황산을 만든다.
> $SO_2 + H_2O \rightarrow H_2SO_3$

51 소화 난이도 등급 Ⅰ 의 옥내 탱크 저장소에 설치하는 소화 설비가 아닌 것은? (단, 인화점이 70℃ 이상인 제4류 위험물만을 저장, 취급하는 장소이다.)

① 물분무 소화 설비, 고정식 포 소화 설비
② 이동식 외의 이산화탄소 소화 설비, 고정식 포 소화 설비
③ 이동식의 분말 소화 설비, 스프링클러 설비
④ 이동식 외의 할로겐 화합물 소화 설비, 물분무 소화 설비

> **해설** 35번 해설 참조

52 다음 중 제6류 위험물로서 분자량이 약 63인 것은?

① 과염소산 　　② 질산
③ 과산화수소 　　④ 삼불화브롬

> **해설** ① $HClO_4 : 1 + 35.5 + 64 = 100.5$
> ② $HNO_3 : 1 + 14 + 48 = 63$
> ③ $H_2O_2 : 2 + 32 = 34$
> ④ $BrF_3 : 80 + 19 \times 3 = 137$

53 유기 과산화물의 화재 예방상 주의 사항으로 틀린 것은?

① 직사광선을 피하고 냉암소에 저장한다.
② 불꽃, 불티 등의 화기 및 열원으로부터 멀리 한다.
③ 산화제와 접촉하지 않도록 주의한다.
④ 대형 화재 시 분말 소화기를 이용한 질식 소화가 유효하다.

> **해설** ④ 대형 화재 시 다량의 물을 이용한 소화가 유효하다.

54 위험물을 저장하는 간이 탱크 저장소의 구조 및 설비의 기준으로 옳은 것은?

① 탱크의 두께 2.5mm 이상, 용량 600L 이하
② 탱크의 두께 2.5mm 이상, 용량 800L 이하
③ 탱크의 두께 3.2mm 이상, 용량 600L 이하
④ 탱크의 두께 3.2mm 이상, 용량 800L 이하

> **해설** 간이 탱크 저장소의 구조 및 설비
> 탱크의 두께 3.2mm 이상, 용량 600L 이하

55 위험물안전관리법령에 따른 이동 저장 탱크의 구조 기준에 대한 설명으로 틀린 것은?

① 압력 탱크는 최대 상용 압력의 1.5배의 압력으로 10분간 수압 시험을 하여 새지 말 것
② 상용 압력이 20kPa를 초과하는 탱크의 안전 장치는 상용 압력의 1.5배 이하의 압력에서 작동할 것
③ 방파판은 두께 1.6mm 이상의 강철판 또는 이와 동등 이상의 강도, 내식성 및 내열성이 있는 금속성의 것으로 할 것
④ 탱크는 두께 3.2mm 이상의 강철판 또는 이와 동등 이상의 강도, 내식성 및 내열성을 갖는 재질로 할 것

> **해설** 안전장치
>
> | 상용 압력 | 작동 압력 |
> | --- | --- |
> | 20kPa 이하 | 20~24kPa 이하 |
> | 20kPa 초과 | 상용 압력의 1.1배 이하 |

56 삼황화린과 오황화린의 공통점이 아닌 것은?

① 물과 접촉하여 인화수소가 발생한다.
② 가연성 고체이다.
③ 분자식이 P와 S로 이루어져 있다.
④ 연소 시 오산화린과 이산화황이 생성된다.

해설 ㉠ $P_4S_3+PH_2O \rightarrow H_3PO_3$(인산산)$+H_3PO_2$(히포 인산)$+3H_2S$

㉡ $P_2S_5+8H_2O \rightarrow 5H_2S+2H_3PO_4$

∴ 공통물질 : H_2S(황화수소)

57 위험물안전관리법령에 대한 설명 중 옳지 않은 것은?

① 군부대가 지정 수량 이상의 위험물을 군사 목적으로 임시로 저장 또는 취급하는 경우는 제조소 등이 아닌 장소에서 지정 수량 이상의 위험물을 취급할 수 있다.

② 철도 및 궤도에 의한 위험물의 저장·취급 및 운반에 있어서는 위험물안전관리법령을 적용하지 아니한다.

③ 지정 수량 미만인 위험물의 저장 또는 취급에 관한 기술상의 기준은 국가 화재 안전 기준으로 정한다.

④ 업무상 과실로 제조소 등에서 위험물을 유출, 방출 또는 확산시켜 사람의 생명, 신체 또는 재산에 대하여 위험을 발생시킨 자는 7년 이하의 금고 또는 2천만원 이하의 벌금에 처한다.

해설 ③ 지정 수량 미만의 위험물인 경우 : 특별시·광역시 및 도의 조례에 의해 취급

58 질산암모늄의 일반적인 성질에 대한 설명으로 옳은 것은?

① 조해성이 없다.

② 무색, 무취의 액체이다.

③ 물에 녹을 때에는 발열한다.

④ 급격한 가열에 의한 폭발의 위험이 있다.

해설 ① 조해성과 흡습성이 강하다.

② 무취, 백색, 무색 또는 연회색의 결정이다.

③ 물에 녹을 때는 흡열한다.

59 위험물안전관리법령상 예방 규정을 정하여야 하는 제조소 등에 해당하지 않는 것은?

① 지정 수량 10배 이상의 위험물을 취급하는 제조소

② 이송 취급소

③ 암반 탱크 저장소

④ 지정 수량의 200배 이상의 위험물을 저장하는 옥내 탱크 저장소

해설 예방 규정을 정하여야 할 제조소 등

㉠ 지정 수량 10배 이상의 제조소·일반 취급소

㉡ 지정 수량 100배 이상의 옥외 저장소

㉢ 지정 수량 150배 이상의 옥내 저장소

㉣ 지정 수량 200배 이상의 옥외 탱크 저장소

㉤ 이송 취급소

㉥ 암반 탱크 저장소

60 경유를 저장하는 옥외 저장 탱크의 반지름이 2m이고 높이가 12m일 때 탱크 옆판으로부터 방유제까지의 거리는 몇 m 이상이어야 하는가?

① 4   ② 5

③ 6   ④ 7

해설 방유제는 탱크의 지름에 따라 그 탱크의 측면으로부터 다음 기준에 의한 거리를 확보하여야 한다. 다만 인화점이 200℃ 이상의 위험물을 저장·취급하는 것에 있어서는 그러하지 아니할 수 있다.

㉠ 지름이 15m 미만인 경우 : 탱크 높이의 $\frac{1}{3}$ 이상

㉡ 지름이 15m 이상인 경우 : 탱크 높이의 $\frac{1}{2}$ 이상

∴ 탱크 높이 : $\frac{12}{3}=4m$ 이상

정답   57 ③   58 ④   59 ④   60 ①

위험물 기능사 (2024. 3. 31 시행)

01 제1류 위험물의 저장 방법에 대한 설명으로 틀린 것은?

① 조해성 물질은 방습에 주의한다.
② 무기 과산화물은 물속에 보관한다.
③ 분해를 촉진하는 물품과의 접촉을 피하여 저장한다.
④ 복사열이 없고 환기가 잘되는 서늘한 곳에 저장한다.

> **해설** ② 물(습기, 빗물, 눈, 얼음, 수증기, 우박)과의 접촉을 피하며 저장 용기는 밀전·밀봉하여 수분의 침투를 막는다. 또한 저장 시설 내에는 스프링클러 설비, 옥내 소화전, 포 소화 설비 또는 물분무 소화설비 등을 설치하여도 안 되며 이러한 소화 설비에서 나오는 물과의 접촉도 피해야 한다.

02 소화기의 사용 방법으로 잘못된 것은?

① 적응 화재에 따라 사용할 것
② 성능에 따라 방출 거리 내에서 사용할 것
③ 바람을 마주보며 소화할 것
④ 양옆으로 비로 쓸듯이 방사할 것

> **해설** ③ 바람을 등지고 풍상에서 풍하의 방향으로 사용한다.

03 열의 이동 원리 중 복사에 관한 예로 적당하지 않은 것은?

① 그늘이 시원한 이유
② 더러운 눈이 빨리 녹는 현상
③ 보온병 내부를 거울벽으로 만드는 것
④ 해풍과 육풍이 일어나는 원리

> **해설** 대류 : 액체와 기체를 가열하면 가열된 물질은 가벼워져 위로 올라가고, 차가운 물질은 아래로 내려오면서 전체의 온도가 올라가게 된다. 이와 같이 물질이 직접 이동하면서 열이 이동하는 것을 대류라고 한다. 햇빛이 비치는 낮에는 육지가 바다보다 먼저 데워진다. 그러면 육지 바로 위의 공기도 데워져 위로 올라가고, 이 빈자리를 육지보다 덜 데워진 바다 위의 공

기가 채우게 된다. 이렇게 대류에 의해 공기가 크게 움직여 바닷가에서는 낮에는 해풍, 밤에는 육풍이 분다. 이와 같은 해풍, 육풍은 대기의 대류 현상에 의해 나타나는 기상 현상이다.

04 위험물안전관리법령상의 규제에 관한 설명 중 틀린 것은?

① 지정 수량 미만의 위험물의 저장·취급 및 운반은 시·도 조례에 의하여 규제한다.
② 항공기에 의한 위험물의 저장·취급 및 운반은 위험물안전관리법의 규제 대상이 아니다.
③ 궤도에 의한 위험물의 저장·취급 및 운반은 위험물안전관리법의 규제 대상이 아니다.
④ 선박법의 선박에 의한 위험물의 저장·취급 및 운반은 위험물안전관리법의 규제 대상이 아니다.

> **해설** ① 지정 수량 미만의 위험물의 저장·취급 및 운반은 특별시·광역시 및 도의 조례로 행한다.

05 위험물안전관리법령상 옥내 소화전 설비의 비상 전원은 몇 분 이상 작동할 수 있어야 하는가?

① 45분
② 30분
③ 20분
④ 10분

> **해설** 위험물안전관리법령상 옥내 소화전 설비의 비상 전원은 45분 이상 작동할 수 있어야 한다.

06 제1류 위험물인 과산화나트륨의 보관 용기에 화재가 발생하였다. 소화 약제로 가장 적당한 것은?

① 포 소화 약제
② 물
③ 마른 모래
④ 이산화탄소

해설

소화 설비의 구분		건축물·그 밖의 공작물	전기 설비	제1류 위험물 알칼리 금속 과산화물 등	제1류 위험물 그 밖의 것	제2류 위험물 철분·금속분·마그네슘 등	제2류 위험물 인화성 고체	제2류 위험물 그 밖의 것	제3류 위험물 금수성 물품	제3류 위험물 그 밖의 것	제4류 위험물	제5류 위험물	제6류 위험물
옥내 소화전 설비 또는 옥외 소화전 설비		O			O		O	O		O		O	O
스프링클러 설비		O			O		O	O		O	△	O	O
물분무 등 소화 설비	물분무 소화 설비	O	O		O		O	O		O	O	O	O
	포 소화 설비	O			O		O	O		O	O	O	O
	불활성 가스 소화 설비		O				O				O		
	할로젠 화합물 소화 설비		O				O				O		
	분말 소화 설비 인산염류 등	O	O		O		O	O			O		O
	분말 소화 설비 탄산 수소 염류 등		O	O		O	O		O		O		
	분말 소화 설비 그 밖의 것			O		O			O				
대형·소형 수동식 소화기	봉상수(棒狀水) 소화기	O			O		O	O		O		O	O
	무상수(霧狀水) 소화기	O	O		O		O	O		O		O	O
	봉상강화액 소화기	O			O		O	O		O		O	O
	무상강화액 소화기	O	O		O		O	O		O	O	O	O
	포 소화기	O			O		O	O		O	O	O	O
	이산화탄소 소화기		O				O				O		△
	할론 소화 설비		O				O				O		
	분말 소화기 인산염류 소화기	O	O		O		O	O			O		O
	분말 소화기 탄산수소염류 소화기		O	O		O	O		O		O		
	분말 소화기 그 밖의 것			O		O			O				
기타	물통 또는 수조	O			O		O	O		O		O	O
	건조사			O	O	O	O	O	O	O	O	O	O
	팽창 질석 또는 팽창 진주암			O	O	O	O	O	O	O	O	O	O

07 위험물의 화재별 소화 방법으로 옳지 않은 것은?

① 황린 – 분무주수에 의한 냉각 소화
② 인화칼슘 – 분무주수에 의한 냉각 소화
③ 톨루엔 – 포에 의한 질식 소화
④ 질산메틸 – 주수에 의한 냉각 소화

해설 6번 해설 참조

08 다음 중 강화액 소화기에 대한 설명이 아닌 것은?

① 알칼리 금속 염류가 포함된 고농도의 수용액이다.
② A급 화재에 적응성이 있다.
③ 어는점이 낮아서 동절기에도 사용이 가능하다.
④ 물의 표면 장력을 강화시킨 것으로 심부 화재에 효과적이다.

해설 ④ 물의 어는점을 강화시킨 것으로 응고점은 $-30 \sim -17\,^\circ\text{C}$이며 일반 화재에 효과적이다.

09 금속 칼륨에 대한 초기의 소화 약제로서 적합한 것은?

① 물
② 마른 모래
③ CCl_4
④ CO_2

해설 6번 해설 참조

10 위험물안전관리법령에 따른 자동 화재 탐지 설비의 설치 기준에서 하나의 경계 구역의 면적은 얼마 이하로 하여야 하는가? (단, 해당 건축물 그 밖의 공작물의 주요한 출입구에서 그 내부의 전체를 볼 수 없는 경우이다.)

① 500m^2
② 600m^2
③ 800m^2
④ $1,000\text{m}^2$

해설 자동 화재 탐지 설비의 설치 기준 : 하나의 경계 구역의 면적을 600m^2 이하로 한다.

11 위험물안전관리법령에 의한 위험물 운송에 관한 규정으로 틀린 것은?

① 이동 탱크 저장소에 의하여 위험물을 운송하는 자는 당해 위험물을 취급할 수 있는 국가 기술 자격자 또는 안전 교육을 받은 자이어야 한다.
② 안전 관리자·탱크 시험자·위험물 운송자 등 위험물의 안전 관리와 관련된 업무를 수행하는 자는 시·도지사가 실시하는 안전 교육을 받아야 한다.

③ 운송 책임자의 범위, 감독 또는 지원의 방법 등에 관한 구체적인 기준은 행정안전부령으로 정한다.
④ 위험물 운송자는 행정안전부령이 정하는 기준을 준수하는 등 당해 위험물의 안전 확보를 위해 세심한 주의를 기울여야 한다.

해설 ② 안전 관리자·탱크 시험자·위험물 운송자 등 위험물의 안전 관리와 관련된 업무를 수행하는 자는 한국 소방안전원에서 실시하는 안전 교육을 받아야 한다.

12 과염소산칼륨의 일반적인 성질에 대한 설명 중 틀린 것은?

① 강한 산화제이다.
② 불연성 물질이다.
③ 과일향이 나는 보라색 결정이다.
④ 가열하여 완전 분해시키면 산소를 발생한다.

해설 ③ 무색, 무취의 결정 또는 백색의 분말이다.

13 위험물에 대한 설명으로 옳은 것은?

① 적린은 암적색의 분말로서 조해성이 있는 자연 발화성 물질이다.
② 황화린은 황색의 액체이며 상온에서 자연 분해하여 이산화황과 오산화인을 발생한다.
③ 황은 미황색의 고체 또는 분말이며 많은 이성질체를 갖고 있는 전기 도체이다.
④ 황린은 가연성 물질이며 마늘 냄새가 나는 맹독성 물질이다.

해설 ① 적린은 암적색의 분말로서 조해성이 있고 자연 발화성이 없다.
② 삼황화린은 결정성 덩어리로 공기 중 100℃에서 발화하고 연소 생성물은 모두 유독하다.
$P_4S_3+8O_2 \rightarrow 2P_2O_5+3SO_2$
③ 황은 황색의 결정 또는 미황색의 분말이며 동소체를 갖고 있고 전기의 부도체이다.

14 위험물안전관리법령상 제6류 위험물이 아닌 것은?

① H_3PO_4　　② IF_5
③ BrF_5　　④ BrF_3

해설 ① H_3PO_4 : 화공 약품

15 수소화나트륨의 소화 약제로 적당하지 않은 것은?

① 물　　② 건조사
③ 팽창 질석　　④ 팽창 진주암

해설 6번 해설 참조

16 위험물 제조소의 위치·구조 및 설비의 기준에 대한 설명 중 틀린 것은?

① 벽·기둥·바닥·보·서까래는 내화 재료로 하여야 한다.
② 제조소의 표지판은 한변이 30cm, 다른 한변이 60cm 이상의 크기로 한다.
③ "화기 엄금"을 표시하는 게시판은 적색 바탕에 백색 문자로 한다.
④ 지정 수량 10배를 초과한 위험물을 취급하는 제조소는 보유 공지의 너비가 5m 이상이어야 한다.

해설 ① 벽·기둥·바닥·보·서까래 및 계단을 불연 재료로 하고, 연소의 우려가 있는 외벽은 개구부가 없는 내화 구조의 벽으로 하여야 한다.

17 연면적이 1,000m²이고 지정 수량의 100배의 위험물을 취급하며 지반면으로부터 6m 높이에 위험물 취급 설비가 있는 제조소의 소화 난이도 등급은?

① 소화 난이도 등급 Ⅰ
② 소화 난이도 등급 Ⅱ
③ 소화 난이도 등급 Ⅲ
④ 제시된 조건으로 판단할 수 없음

소화 난이도 등급 Ⅰ에 해당하는 제조소 등

구분	제조소등의 규모, 저장 또는 취급하는 위험물의 품명 및 최대수량 등
제조소 일반 취급소	· 연면적 1,000m² 이상인 것 · 지정 수량의 100배 이상인 것 · 지반면으로부터 6m 이상의 높이에 위험물 취급 설비가 있는 것 · 일반 취급소로 사용되는 부분 외의 부분을 갖는 건축물에 설치된 것
주유 취급소	면적의 합의 500m²를 초과하는 것
옥내 저장소	· 지정 수량의 150배 이상인 것 · 연면적 150m²를 초과하는 것 · 처마 높이가 6m 이상인 단층 건물의 것 · 옥내 저장소로 사용되는 부분 외의 부분이 있는 건축물에 설치된 것
옥외 탱크 저장소	· 액표면적이 40m² 이상인 것 · 지반면으로부터 탱크 옆판의 상단까지 높이가 6m 이상인 것 · 지중 탱크 또는 해상 탱크로서 지정 수량의 100배 이상인 것 · 고체 위험물을 저장하는 것으로서 지정 수량의 100배 이상인 것
옥내 탱크 저장소	· 액표면적이 40m² 이상인 것 · 바닥면으로부터 탱크 옆판의 상단까지 높이가 6m 이상인 것 · 탱크 전용실이 단층 건물 외의 건축물에 있는 것으로 인화점 38℃ 이상 70℃ 미만의 위 험물을 지정 수량 5배 이상 저장하는 것
옥외 저장소	· 덩어리 상태의 황 등을 저장하는 것으로서 경계 표시 내부의 면적이 100m² 이상인 것 · 지정 수량의 100배 이상인 것
암반 탱크 저장소	· 액표면적이 40m² 이상인 것 · 고체 위험물을 저장하는 것으로서 지정 수량의 100배 이상인 것
이송 취급소	모든 대상

18 다음 중 위험물안전관리법령상 운송 책임자의 감독 및 지원을 받아 운송하여야 하는 위험물은?

① 특수 인화물　　② 알킬리튬
③ 질산구아니딘　　④ 하이드라진 유도체

해설 이동 탱크 저장소의 위험물 운송 시 운송 책임자의 감독, 지원을 받아야 하는 위험물
㉠ 알킬알루미늄
㉡ 알킬리튬
㉢ 알킬알루미늄 또는 알킬리튬을 함유하는 위험물

19 다음 위험물 중 상온에서 액체인 것은?

① 질산에틸
② 트라이나이트로톨루엔
③ 셀룰로이드
④ 피크린산

해설 ① 무색 투명한 액체
② 순수한 것은 무색의 결정
③ 무색 또는 황색의 반투명 유연성을 가진 고체
④ 순수한 것은 무색이지만 보통 공업용은 휘황색의 침상 결정

20 제6류 위험물에 대한 설명으로 옳은 것은?

① 과염소산은 독성은 없지만 폭발의 위험이 있으므로 밀폐하여 보관한다.
② 과산화수소는 농도가 3% 이상일 때 단독으로 폭발하므로 취급에 주의한다.
③ 질산은 자연 발화의 위험이 높으므로 저온 보관한다.
④ 할로겐간 화합물의 지정 수량은 300kg이다.

해설 ① 과염소산은 흡습성이 대단히 강하고, 공기 중에서는 휘발성이 있으며 유리나 도자기 등의 밀폐 용기에 넣어 저장하고 저온에서 통풍이 잘되는 곳에 저장한다.
② 과산화수소는 농도가 66% 이상일 때 단독으로 폭발하므로 취급에 주의한다.
③ 질산은 강한 산화력을 가지고 있는 강산화성 물질이며 소량의 경우는 갈색병에 보관한다.

21 트라이나이트로페놀의 성상에 대한 설명 중 틀린 것은?

① 융점은 약 61℃이고 비점은 약 120℃이다.
② 쓴맛이 있으며 독성이 있다.
③ 단독으로는 마찰, 충격에 비교적 안정하다.
④ 알코올, 에테르, 벤젠에 녹는다.

해설 ① 융점은 122℃이고 비점은 255℃이다.

22 위험물안전관리법령상 정기 점검 대상인 제조소 등의 조건이 아닌 것은?

① 예방 규정 작성 대상인 제조소 등
② 지하 탱크 저장소
③ 이동 탱크 저장소
④ 지정 수량 5배의 위험물을 취급하는 옥외 탱크를 둔 제조소

[해설] 정기 점검 대상인 제조소 등
㉠ 예방 규정 작성 대상인 제조소 등
㉡ 지하 탱크 저장소
㉢ 이동 탱크 저장소
㉣ 위험물을 취급하는 탱크로서 지하에 매설된 탱크가 있는 제조소·주유취급소 또는 일반취급소

23 디에틸에테르의 보관·취급에 관한 설명으로 틀린 것은?

① 용기는 밀봉하여 보관한다.
② 환기가 잘되는 곳에 보관한다.
③ 정전기가 발생하지 않도록 취급한다.
④ 저장 용기에 빈 공간이 없게 가득 채워 보관한다.

[해설] ④ 탱크나 용기 저장 시 공간 용적을 유지하고 대량 저장 시에는 불활성 가스를 봉입시킨다.

24 벤젠의 저장 및 취급 시 주의 사항에 대한 설명으로 틀린 것은?

① 정전기 발생에 주의한다.
② 피부에 닿지 않도록 주의한다.
③ 증기는 공기보다 가벼워 높은 곳에 체류하므로 환기에 주의한다.
④ 통풍이 잘되는 서늘하고 어두운 곳에 저장한다.

[해설] ③ 증기는 공기보다 무거워 낮은 곳에 체류하며, 이때 점화원에 의해 불이 일시에 번지며 역화의 위험이 있다.

25 위험물 제조소 등에 자체 소방대를 두어야 할 대상의 위험물 안전관리법령상 기준으로 옳은 것은? (단, 원칙적인 경우에 한한다.)

① 지정 수량 3,000배 이상의 위험물을 저장하는 저장소 또는 제조소
② 지정 수량 3,000배 이상의 위험물을 취급하는 제조소 또는 일반 취급소
③ 지정 수량 3,000배 이상의 제4류 위험물을 저장하는 저장소 또는 제조소
④ 지정 수량 3,000배 이상의 제4류 위험물을 취급하는 제조소 또는 일반 취급소

[해설] 자체 소방대를 두어야 할 대상의 기준
㉠ 지정 수량 3,000배 이상의 제4류 위험물을 취급하는 제조소 또는 일반 취급소
㉡ 옥외탱크저장소에 저장하는 제4류위험물의 최대수량이 지정수량의 50만배 이상인 사업소

26 휘발유에 대한 설명으로 옳지 않은 것은?

① 지정 수량은 200L이다.
② 전기의 불량 도체로서 정전기 축적이 용이하다.
③ 원유의 성질·상태·처리 방법에 따라 탄화수소의 혼합 비율이 다르다.
④ 발화점은 $-43 \sim -20°C$ 정도이다.

[해설] ④ 발화점은 300°C이다.

27 황린의 저장 및 취급에 있어서 주의할 사항 중 옳지 않은 것은?

① 독성이 있으므로 취급에 주의할 것
② 물과의 접촉을 피할 것
③ 산화제와의 접촉을 피할 것
④ 화기의 접근을 피할 것

[해설] ② 물과 반응하지 않으며 물에 녹지 않는다. 따라서 물속에 저장한다.

28 위험물의 유별 구분이 나머지 셋과 다른 하나는?

① 나이트로글리콜   ② 벤젠
③ 아조벤젠   ④ 다이나이트로벤젠

해설 ① 나이트로글리콜 : 제5류 위험물 질산에스터류
② 벤젠 : 제4류 위험물 제1석유류
③ 아조벤젠 : 제5류 위험물 아조화합물
④ 다이나이트로벤젠 : 제5류 위험물 나이트로 화합물류

29 횡으로 설치한 원통형 위험물 저장 탱크의 내용적이 500L일 때 공간 용적은 최소 몇 L이어야 하는가? (단, 원칙적인 경우에 한한다.)

① 15   ② 25   ③ 35   ④ 50

해설 ㉠ 공간 용적
위험물의 과주입 또는 온도의 상승으로 부피의 증가에 따른 체적 팽창에 의한 위험물의 넘침을 막아주는 기능을 한다.
㉡ 일반적인 탱크의 공간 용적
탱크 내용적의 $\frac{5}{100}$ 이상 $\frac{10}{100}$ 이하이다.

∴ 500L×0.05=25L

30 인화성 액체 위험물을 저장 또는 취급하는 옥외 탱크 저장소의 방유제 내에 용량 100,000L와 50,000L인 옥외 저장 탱크 2기를 설치하는 경우에 확보하여야 하는 방유제의 용량은?

① 50,000L 이상   ② 80,000L 이상
③ 110,000L 이상   ④ 150,000L 이상

해설 옥외 탱크 저장소의 방유제 용량
㉠ 1기 : 탱크 용량의 110% 이상
㉡ 2기 이상 : 최대 용량의 110% 이상
즉, 100,000L×1.1=110,000L 이상

31 다음 중 연소 속도와 의미가 가장 가까운 것은?

① 기화열의 발생 속도   ② 환원 속도
③ 착화 속도   ④ 산화 속도

해설 연소란 가연성 물질이 공기 중의 산소와 반응하여 열과 빛을 내는 산화 반응이므로 연소 속도는 산화 속도라 한다.

32 분말 소화 약제의 식별 색을 옳게 나타낸 것은?

① $KHCO_3$: 백색
② $NH_4H_2PO_4$: 담홍색
③ $NaHCO_3$: 보라색
④ $KHCO_3+(NH_2)_2CO$: 초록색

해설

종류	착색	적응화재
1종 분말($NaHCO_3$)	백색	B·C
2종 분말($KHCO_3$)	보라색	B·C
3종 분말($NH_4H_2PO_4$)	담홍색(핑크색)	A·B·C
4종 분말($KHCO_3+(NH_2)_2CO$)	회백색	B·C

33 지정 수량의 몇 배 이상의 위험물을 취급하는 제조소에는 화재 발생 시 이를 알릴 수 있는 경보 설비를 설치하여야 하는가?

① 5   ② 10
③ 20   ④ 100

해설 위험물 제조소의 경보 설비 : 지정 수량의 10배 이상

34 소화 효과 중 부촉매 효과를 기대할 수 있는 소화 약제는?

① 물 소화 약제
② 포 소화 약제
③ 분말 소화 약제
④ 이산화탄소 소화 약제

해설 제3종 분말 소화 약제의 부촉매 효과 : 제1인산암모늄($NH_4H_2PO_4$)으로부터 유리되어 나온 활성화된 암모늄이온(NH_4^+)이 가연 물질 내부에 함유되어 있는 활성화된 수산이온(OH^-)과 반응하여 연속적인 연소의 연쇄 반응을 억제·방해 또는 차단시킴으로써 화재를 소화한다.

35 위험물 제조소 등의 소화 설비 기준에 관한 설명으로 옳은 것은?

① 제조소 등 중에서 소화 난이도 등급 Ⅰ, Ⅱ 또는 Ⅲ의 어느 것에도 해당하지 않는 것도 있다.
② 옥외 탱크 저장소의 소화 난이도 등급을 판단하는 기준 중 탱크의 높이는 기초를 제외한 탱크 측판의 높이를 말한다.
③ 제조소의 소화 난이도 등급을 판단하는 기준 중 면적에 관한 기준은 건축물 외에 설치된 것에 대해서는 수평 투영 면적을 기준으로 한다.
④ 제4류 위험물을 저장·취급하는 제조소 등에도 스프링클러 소화 설비가 적응성이 인정되는 경우가 있으며 이는 수원의 수량을 기준으로 판단한다.

해설 ② 옥외 탱크 저장소의 소화 난이도 등급 Ⅰ은 지반 면으로부터 탱크 상단의 높이가 6m 이상인 것
③ 제조소의 소화 난이도 등급 Ⅰ은 연면적 1,000m² 이상인 것
④ 제4류 위험물을 저장 또는 취급하는 장소의 살수 기준 면적에 따라 스프링클러 설비의 살수 밀도가 기준 이상인 경우에는 당해 스프링클러 설비가 제4류 위험물에 대하여 적응성이 있다.

36 위험물 옥외 저장소에서 지정 수량 200배 초과의 위험물을 저장할 경우 보유 공지의 너비는 몇 m 이상으로 하여야 하는가? (단, 제4류 위험물과 제6류 위험물이 아닌 경우이다.)

① 0.5　　② 2.5　　③ 10　　④ 15

해설 옥외저장소

저장 또는 취급하는 위험물의 최대 수량	공지의 너비
지정 수량의 10배 이하	3m 이상
지정 수량의 10배 초과 20배 이하	5m 이상
지정 수량의 20배 초과 50배 이하	9m 이상
지정 수량의 50배 초과 200배 이하	12m 이상
지정 수량의 200배 초과	15m 이상

단, 제4류 위험물 중 제4석유류와 제6류 위험물을 저장 또는 취급하는 보유 공지는 공지 너비의 1/3 이상으로 할 수 있다.

37 이산화탄소의 특성에 대한 설명으로 옳지 않은 것은?

① 전기 전도성이 우수하다.
② 냉각, 압축에 의하여 액화된다.
③ 과량 존재 시 질식할 수 있다.
④ 상온, 상압에서 무색, 무취의 불연성 기체이다.

해설 ① 전기 전도성이 없다.

38 위험물안전관리법령상 고정 주유 설비는 주유 설비의 중심선을 기점으로 하여 도로 경계선까지 몇 m 이상의 거리를 유지해야 하는가?

① 1　　　　② 3
③ 4　　　　④ 6

해설 고정 주유 설비 중심선을 기점으로
㉠ 도로 경계선까지 : 4m 이상
㉡ 부지 경계선·담 및 건축물의 벽까지 : 2m 이상
㉢ 개구부가 없는 벽 : 1m 이상
㉣ 고정 주유 설비와 고정 급유 설비 사이 : 4m 이상

39 위험물 안전 카드의 주요 내용이 아닌 것은?

① 물질명
② 위험물 일반 점검표
③ 유엔 번호
④ 카드 번호

해설 위험물 안전 카드 주요 내용
물질명, 유엔 번호, 카드 번호, 해당 법규 위험·유해성, 위험물의 위험성·유해성, 사고 발생 시 응급 처치 요령, 긴급 신고 번호 및 내용, 화주 및 운송자의 연락처

40 화재 시 이산화탄소를 방출하여 산소의 농도를 12.5%로 낮추어 소화하려면 공기 중의 이산화탄소 농도는 약 몇 vol%로 해야 하는가?

① 30.7　　　　② 32.8
③ 40.5　　　　④ 68.0

해설 CO_2의 농도(%)$= \dfrac{21-O_2}{21} \times 100$

$$= \dfrac{21-12.5}{21} \times 100 = 40.5 \text{vol}\%$$

41 다음 위험물 품명 중 지정 수량이 나머지 셋과 다른 것은?

① 염소산염류
② 질산염류
③ 무기 과산화물
④ 과염소산염류

해설 제1류 위험물의 종류와 지정 수량

성질	품명	지정 수량	위험 등급
산화성 고체	1. 아염소산염류	50kg	I
	2. 염소산염류	50kg	
	3. 과염소산염류	50kg	
	4. 무기과산화물	50kg	
	5. 브로민산염류	300kg	II
	6. 질산염류	300kg	
	7. 아이오딘산염류	300kg	
	8. 과망가니즈산염류	1,000kg	III
	9. 다이크로뮴산염류	1,000kg	
	10. 그 밖에 행정안전부령이 정하는 것 11. 제1호부터 제10호까지의 어느 하나에 해당하는 위험물을 하나 이상 함유한 것	50kg, 300kg 또는 1,000kg	I, II, III

42 에틸알코올의 증기 비중은 약 얼마인가?

① 0.72
② 0.91
③ 1.13
④ 1.59

해설 에틸알코올(C_2H_5OH)

㉠ 증기 비중 : 1.59
㉡ 분자량 : 46
㉢ 비점 : 78℃
㉣ 인화점 : 13℃
㉤ 발화점 : 363℃
㉥ 연소 범위 : 3.3~19%

43 위험물안전관리법령상에 따른 다음에 해당하는 동식물유류의 규제에 관한 설명으로 틀린 것은?

"행정안전부령이 정하는 용기 기준과 수납·저장기준에 따라 수납되어 저장·보관되고, 용기의 외부에 물품의 통칭명, 수량 및 화기 엄금(화기 엄금과 동일한 의미를 갖는 표시를 포함한다.)의 표시가 있는 경우"

① 위험물에 해당하지 않는다.
② 제조소 등이 아닌 장소에 지정 수량 이상 저장할 수 있다.
③ 지정 수량 이상을 저장하는 장소도 제조소 등 설치 허가를 받을 필요가 없다.
④ 화물 자동차에 적재하여 운반하는 경우 위험물안전관리법상 운반 기준이 적용되지 않는다.

해설 ④ 화물 자동차에 적재하여 운반하는 경우 위험물안전관리법상 운반 기준이 적용된다.

44 내용적이 20,000L인 옥내 저장 탱크에 대하여 저장 또는 취급의 허가를 받을 수 있는 최대 용량은? (단, 원칙적인 경우에 한한다.)

① 18,000L
② 19,000L
③ 19,400L
④ 20,000L

해설 옥내 저장 탱크에 저장 또는 취급의 허가를 받을 수 있는 최대 용량＝내용적×0.95
∴ 20,000L×0.95＝19,000L

45 위험물 옥외 탱크 저장소와 병원과는 안전 거리를 얼마 이상 두어야 하는가?

① 10m
② 20m
③ 30m
④ 50m

해설 제조소의 안전거리
(1) 3m 이상 : 사용 전압이 7,000V 초과 35,000V 이하의 특고압 가공 전선
(2) 5m 이상 : 사용 전압이 35,000V 초과인 특고압 가공 전선
(3) 10m 이상 : 주거용으로 사용되는 것
(4) 20m 이상

ⓐ 고압가스 제조 시설(용기에 충전하는 것 포함)
ⓑ 고압가스 사용 시설 (1일 30m³ 이상 용적 취급)
ⓒ 고압가스 저장 시설
ⓓ 액화산소 소비 시설
ⓔ 액화석유가스 제조·저장 시설
ⓕ 도시가스 공급 시설
(5) 30m 이상
ⓐ 학교, 병원, 공연장, 영화관(300명 이상 수용)
ⓑ 노유자 시설 등(20명 이상 수용)
(6) 50m 이상
ⓐ 유형 문화재
ⓑ 지정 문화재

46 디에틸에테르에 관한 설명 중 틀린 것은?

① 비전도성이므로 정전기를 발생하지 않는다.
② 무색 투명한 유동성의 액체이다.
③ 휘발성이 매우 높고, 마취성을 가진다.
④ 공기와 장시간 접촉하면 폭발성의 과산화물이 생성된다.

해설 ① 비전도성이므로 정전기를 발생한다.

47 제5류 위험물을 취급하는 위험물 제조소에 설치하는 주의 사항 게시판에서 표시하는 내용과 바탕색, 문자색으로 옳은 것은?

① "화기 주의", 백색 바탕에 적색 문자
② "화기 주의", 적색 바탕에 백색 문자
③ "화기 엄금", 백색 바탕에 적색 문자
④ "화기 엄금", 적색 바탕에 백색 문자

해설 ⓐ 화기 엄금 : 적색 바탕에 백색 문자
ⓑ 화기 주의 : 적색 바탕에 백색 문자
ⓒ 물기 엄금 : 청색 바탕에 백색 문자

48 탄화알루미늄 1몰을 물과 반응시킬 때 발생하는 가연성 가스의 종류와 양은?

① 에탄, 4몰   ② 에탄, 3몰
③ 메탄, 4몰   ④ 메탄, 3몰

해설 $Al_4C_3 + 12H_2O \rightarrow 4Al(OH)_3 + 3CH_4$

49 종류(유별)가 다른 위험물을 동일한 옥내 저장소의 동일한 실에 같이 저장하는 경우에 대한 설명으로 틀린 것은? (단, 유별로 정리하여 서로 1m 이상의 간격을 두는 경우에 한한다.)

① 제1류 위험물과 황린은 동일한 옥내 저장소에 저장할 수 있다.
② 제1류 위험물과 제6류 위험물은 동일한 옥내 저장소에 저장할 수 있다.
③ 제1류 위험물 중 알칼리 금속의 과산화물과 제5류 위험물은 동일한 옥내 저장소에 저장할 수 있다.
④ 제2류 위험물 중 인화성 고체와 제4류 위험물을 동일한 옥내 저장소에 저장할 수 있다.

해설 ③ 제1류 위험물 중 알칼리 금속의 과산화물과 제5류 위험물은 동일한 옥내 저장소에 저장할 수 없다.

50 위험물 안전관리법령상 지하 탱크 저장소의 위치·구조 및 설비의 기준에 따라 다음 ( ) 안에 들어갈 수치로 옳은 것은?

탱크 전용실은 지하의 가장 가까운 벽·피트·가스 관 등의 시설물 및 대지 경계선으로부터 (㉮)m 이상 떨어진 곳에 설치하고, 지하 저장 탱크와 전용실의 안쪽과의 사이는 (㉯)m 이상의 간격을 유지하도록 하며, 당해 탱크의 주위에 마른 모래 또는 습기 등에 의하여 응고되지 아니하는 입자 지름 (㉰)mm 이하의 마른 자갈분을 채워야 한다.

① ㉮ 0.1 ㉯ 0.1 ㉰ 5
② ㉮ 0.1 ㉯ 0.3 ㉰ 5
③ ㉮ 0.1. ㉯ 0.1 ㉰ 10
④ ㉮ 0.1. ㉯ 0.3 ㉰ 10

해설 **지하 탱크 저장소의 기준**
ⓐ 탱크 전용실은 지하의 가장 가까운 벽·피트·가스 관 등의 시설물 및 대지 경계선으로부터 0.1m 이상 떨어진 곳에 설

치하고, 지하 저장 탱크와 탱크 전용실의 안쪽과의 사이는 0.1m 이상의 간격을 유지 하도록 하며, 당해 탱크의 주위에 마른 모래 또는 습기 등에 의하여 응고되지 아니하는 입자 지름 5mm 이하의 마른 자갈분을 채워야 한다.

ⓛ 지하 저장 탱크의 윗부분은 지면으로부터 0.6m 이상 아래에 있어야 한다.

51 에틸알코올에 관한 설명 중 옳은 것은?

① 인화점은 0℃ 이하이다.
② 비점은 물보다 낮다.
③ 증기 밀도는 메틸알코올보다 작다.
④ 수용성이므로 이산화탄소 소화기는 효과가 없다.

해설 ① 인화점은 13℃이다.
② 비점(78℃)은 물(100℃)보다 낮다.
③ 증기 밀도는 메틸알코올보다 크다.
④ 수용성이므로 이산화탄소 소화기는 효과가 있다.

52 다음 위험물 중 인화점이 가장 낮은 것은?

① 아세톤
② 이황화탄소
③ 클로로벤젠
④ 디에틸에테르

해설

위험물	인화점
아세톤	−18℃
이황화탄소	−30℃
클로로벤젠	32℃
디에틸에테르	−45℃

53 질산의 수소 원자를 알킬기로 치환한 제5류 위험물의 지정 수량은?

① 10kg
② 100kg
③ 200kg
④ 300kg

해설 질산에스터류($R-ONO_2$, 지정수량 10kg)
질산(HNO_3)의 수소(H) 원자를 알킬기 CR, C_nH_{2n+1}로 치환한 화합물

54 주유 취급소에서 자동차 등에 위험물을 주유할 때에 자동차 등의 원동기를 정지시켜야 하는 위험물의 인화점 기준은? (단, 연료 탱크에 위험물을 주유하는 동안 방출되는 가연성 증기를 회수하는 설비가 부착되지 않은 고정 주유 설비에 의하여 주유하는 경우이다.)

① 20℃ 미만
② 30℃ 미만
③ 40℃ 미만
④ 50℃ 미만

해설 주유 취급소
자동차 등에 위험물을 주유할 때에 자동차 등의 원동기를 정지시켜야 하는 위험물의 인화점은 40℃ 미만이다.

55 분말 소화기의 소화 약제로 사용되지 않는 것은?

① 탄산수소나트륨
② 탄산수소칼륨
③ 과산화나트륨
④ 인산암모늄

해설 분말 소화 약제의 종류

종별	주성분
제1종	$NaHCO_3$
제2종	$KHCO_3$
제3종	$NH_4H_2PO_4$
제4종	$[KHCO_3+(NH_2)_2CO]$

56 위험물안전관리법령에 따른 위험물의 적재 방법에 대한 설명으로 옳지 않은 것은?

① 원칙적으로는 운반 용기를 밀봉하여 수납할 것
② 고체 위험물은 용기 내용적의 95% 이하의 수납률로 수납할 것
③ 액체 위험물은 용기 내용적의 99% 이상의 수납률로 수납할 것
④ 하나의 외장 용기에는 다른 종류의 위험물을 수납하지 않을 것

해설 운반 용기의 수납률

위험물	수납률
알킬알루미늄 등	90% 이하(50℃에서 5% 이상 공간 용적 유지)
고체 위험물	95% 이하
액체 위험물	98% 이하(55℃에서 누설되지 않을 것)

정답 51 ② 52 ④ 53 ① 54 ③ 55 ③ 56 ③

57 다음은 위험물을 저장하는 탱크의 공간 용적 산정 기준이다. ( ) 안에 알맞은 수치로 옳은 것은?

> • 위험물을 저장 또는 취급하는 탱크의 공간 용적은 탱크의 내용적의 (㉮) 이상 (㉯) 이하의 용적으로 한다. 다만, 소화 설비(소화 약제 방출구를 탱크 안의 윗부분에 설치하는 것에 한한다.)를 설치하는 탱크의 공간 용적은 당해 소화 설비의 소화 약제 방출구 아래의 0.3m 이상 1m 미만 사이의 면으로부터 윗부분의 용적으로 한다.
> • 암반 탱크에 있어서는 당해 탱크 내에 용출하는 (㉰)일간의 지하수의 양에 상당하는 용적과 당해 탱크의 내용적의 (㉱)의 용적 중에서 보다 큰 용적을 공간 용적으로 한다.

① ㉮ 3/100, ㉯ 10/100, ㉰ 10, ㉱ 1/100
② ㉮ 5/100, ㉯ 5/100, ㉰ 10, ㉱ 1/100
③ ㉮ 5/100, ㉯ 10/100, ㉰ 7, ㉱ 1/100
④ ㉮ 5/100, ㉯ 10/100, ㉰ 10, ㉱ 3/100

해설 공간 용적 : 위험물의 과주입 또는 온도의 상승으로 부피의 증가에 따른 체적 팽창에 의한 위험물의 넘침을 막아주는 기능을 한다.
㉠ 일반적인 탱크 : 탱크 내용적의 $\frac{5}{100}$ 이상 $\frac{10}{100}$ 이하
㉡ 소화 설비를 설치한 탱크로서 소화 약제 방출구를 탱크 안의 윗부분에 설치한 탱크 : 당해 탱크의 내용적 중 당해 소화 약제 방출구의 아래 0.3m 내지 1m 사이의 면으로부터 윗부분의 용적
㉢ 암반 탱크 : 당해 탱크 내에 용출하는 7일간의 지하수 양에 상당하는 용적과 당해 탱크 내용적의 $\frac{10}{100}$의 용적 중에서 보다 큰 용적의 공간 용적

58 위험물 제조소에 옥외 소화전이 5개가 설치되어 있다. 이 경우 확보하여야 하는 수원의 법정 최소량은 몇 m³인가?
① 28 ② 35 ③ 54 ④ 67.5

해설 수원의 양(Q) : 옥외 소화전 설비의 설치 개수(N :설치 개수가 4개 이상인 경우는 4개의 옥외 소화전)에 13.5m³를 곱한 양 이상
Q(m³)=4×13.5m³=54m³ 이상

59 인화칼슘이 물과 반응하였을 때 발생하는 가스에 대한 설명으로 옳은 것은?
① 폭발성인 수소를 발생한다.
② 유독한 인화수소를 발생한다.
③ 조연성인 산소를 발생한다.
④ 가연성인 아세틸렌을 발생한다.

해설 $Ca_3P_2+6H_2O \rightarrow 3Ca(OH)_2+2PH_3$

60 위험물안전관리법령상 예방 규정을 정하여야 하는 제조소 등의 관계인은 위험물 제조소 등에 대하여 기술 기준에 적합한지의 여부를 정기적으로 점검하여야 한다. 법적 최소 점검 주기에 해당하는 것은? (단, 100만L 이상의 옥외 탱크 저장소는 제외한다.)
① 주 1회 이상
② 월 1회 이상
③ 6개월 1회 이상
④ 연 1회 이상

해설 예방 규정을 정하여야 하는 제조소 등의 관계인은 위험물 제조소 등에 대하여 기술 기준에 적합한 지의 여부를 연 1회 이상 점검한다.

위험물 기능사 (2024. 6. 16 시행)

01 다음 중 화학적 소화에 해당하는 것은?

① 냉각 소화
② 질식 소화
③ 제거 소화
④ 억제 소화

해설 화학적 소화 방법 : 억제 소화

02 가연물이 연소할 때 공기 중의 산소 농도를 떨어뜨려 연소를 중단시키는 소화 방법은?

① 제거 소화
② 질식 소화
③ 냉각 소화
④ 억제 소화

해설 질식 소화 : 산소를 공급하는 산소 공급원을 연소계로부터 차단시켜 연소에 필요한 산소의 양을 16%이하로 줄임으로써 연소의 진행을 억제시켜 소화하는 방법으로 산소 농도는 10~15% 이하이다.

03 분말 소화 약제 중 제1종과 제2종 분말이 각각 열분해될 때 공통적으로 생성되는 물질은?

① N_2, CO_2
② N_2, O_2
③ H_2O, CO_2
④ H_2O, N_2

해설 ㉠ 제1종 분말 소화 약제
$2NaHCO_3 \longrightarrow Na_2CO_3 + CO_2 + H_2O$
㉡ 제2종 분말 소화 약제
$2KHCO_3 \longrightarrow K_2CO_3 + CO_2 + H_2O$
∴ 공통적으로 생성되는 물질 : H_2O, CO_2

04 이산화탄소 소화기의 장점으로 옳은 것은?

① 전기 설비 화재에 유용하다.
② 마그네슘과 같은 금속분 화재 시 유용하다.
③ 자기 반응성 물질의 화재 시 유용하다.
④ 알칼리 금속 과산화물 화재 시 유용하다.

해설 이산화탄소 소화기의 장점 : 유류 화재 및 전기 화재에 좋다.

05 이산화탄소가 소화 약제로 사용되는 이유에 대한 설명으로 가장 옳은 것은?

① 산소와의 반응이 느리기 때문이다.
② 산소와 반응하지 않기 때문이다.
③ 착화되어도 곧 불이 꺼지기 때문이다.
④ 산화 반응이 되어도 열 발생이 없기 때문이다.

해설 이산화탄소가 소화 약제로 사용되는 이유
산소와 반응하지 않기 때문이다.

06 자연 발화를 방지하기 위한 방법으로 옳지 않은 것은?

① 습도를 가능한 높게 유지한다.
② 열 축적을 방지한다.
③ 저장실의 온도를 낮춘다.
④ 정촉매 작용을 하는 물질을 피한다.

해설 자연 발화의 방지법
㉠ 통풍이 잘되게 할 것
㉡ 저장실의 온도를 낮출 것
㉢ 습도가 높은 것을 피할 것
㉣ 열의 축적을 방지할 것(퇴적 및 수납시)
㉤ 정촉매 작용을 하는 물질을 피할 것

07 위험물안전관리법령상 소화 난이도 등급 Ⅰ에 해당하는 제조소의 연면적 기준은?

① 1,000m² 이상
② 800m² 이상
③ 700m² 이상
④ 500m² 이상

해설 소화 난이도 등급 Ⅰ에 해당하는 제조소 등

구분	제조소등의 규모, 저장 또는 취급하는 위험물의 품명 및 최대수량 등
제조소 일반 취급소	· 연면적 1,000m² 이상인 것 · 지정 수량의 100배 이상인 것 · 지반면으로부터 6m 이상의 높이에 위험물 취급 설비가 있는 것

정답 01 ④ 02 ② 03 ③ 04 ① 05 ② 06 ① 07 ①

주유 취급소	• 일반 취급소로 사용되는 부분 외의 부분을 갖는 건축물에 설치된 것 • 면적의 합이 500m² 를 초과하는 것
옥내 저장소	• 지정 수량의 150배 이상인 것 • 연면적 150m²를 초과하는 것 • 처마 높이가 6m 이상인 단층 건물의 것 • 옥내 저장소로 사용되는 부분 외의 부분이 있는 건축물에 설치된 것
옥외 탱크 저장소	• 액표면적이 40m² 이상인 것 • 지반면으로부터 탱크 옆판의 상단까지 높이가 6m 이상인 것 • 지중 탱크 또는 해상 탱크로서 지정 수량의 100배 이상인 것 • 고체 위험물을 저장하는 것으로서 지정 수량의 100배 이상인 것
옥내 탱크 저장소	• 액표면적이 40m² 이상인 것 • 바닥면으로부터 탱크 옆판의 상단까지 높이가 6m 이상인 것 • 탱크 전용실이 단층 건물 외의 건축물에 있는 것으로 인화점 38℃ 이상 70℃ 미만의 위험물을 지정 수량 5배 이상 저장하는 것
옥외 저장소	• 덩어리 상태의 황 등을 저장하는 것으로서 경계 표시 내부의 면적이 100m² 이상인 것 • 지정 수량의 100배 이상인 것
암반 탱크 저장소	• 액표면적이 40m² 이상인 것 • 고체 위험물을 저장하는 것으로서 지정 수량의 100배 이상인 것
이송 취급소	모든 대상

08 금속 칼륨의 보호액으로 적당하지 않은 것은?

① 등유
② 유동 파라핀
③ 경유
④ 에탄올

해설

위험물	보호액
K, Na, 적린	등유(석유), 경유, 유동 파라핀
황린, CS_2	물속(수조)

09 이송 취급소의 배관이 하천을 횡단하는 경우 하천 밑에 매설하는 배관의 외면과 계획하상(계획하상이 최심하상보다 높은 경우에는 최심하상)과의 거리는?

① 1.2m 이상
② 2.5m 이상
③ 3.0m 이상
④ 4.0m 이상

해설 **하천 등 횡단 설치**

하천 또는 수로의 밑에 배관을 매설하는 경우에는 배관의 외면과 계획하상(계획하상이 최심하상보다 높은 경우에는 최심하상)과의 거리는 다음의 규정에 의한 거리 이상으로 하되, 호안 그 밖에 하천 관리 시설의 기초에 영향을 주지 아니하고 하천 바닥의 변동, 패임 등에 의한 영향을 받지 아니하는 깊이로 매설하여야 한다.

(1) 하천을 횡단하는 경우 : 4m
(2) 수로를 횡단하는 경우
　　㉠ 하수도법 규정에 의한 하수도(상부가 개방되는 구조로 된 것에 한한다) 또는 운하 : 2.5m
　　㉡ ㉠의 규정에 의한 수로에 해당되지 아니하는 좁은 수로(용수로, 그 밖에 유사한 것은 제외한다) : 1.2m

10 메탄이 1g이 완전 연소하면 발생되는 이산화탄소는 몇 g인가?

① 1.25
② 2.75
③ 14
④ 44

해설
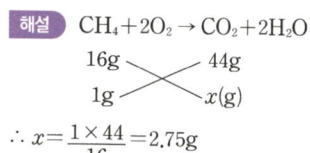
$$CH_4 + 2O_2 \rightarrow CO_2 + 2H_2O$$

$\therefore x = \dfrac{1 \times 44}{16} = 2.75g$

11 벤젠에 관한 설명 중 틀린 것은?

① 인화점은 약 -11℃이다.
② 이황화탄소보다 발화점이 높다.
③ 벤젠 증기는 마취성은 있으나 독성은 없다.
④ 취급할 때 정전기 발생을 조심해야 한다.

해설 ③ 벤젠 증기는 마취성이고 독성이 강하다.

12 다음 중 질산에스터류에 속하는 것은?

① 피크린산　　　　　② 나이트로벤젠
③ 나이트로글리세린　④ 트라이나이트로톨루엔

해설 ① 피크린산 : 나이트로 화합물
② 나이트로벤젠 : 제4류 위험물 제3석유류
③ 나이트로글리세린 : 질산에스터류
④ 트라이나이트로톨루엔 : 나이트로 화합물

13 지정 수량이 50kg이 아닌 위험물은?

① 염소산나트륨　　　② 리튬
③ 과산화나트륨　　　④ 나트륨

해설 ④ 나트륨의 지정 수량 : 10kg

14 제2류 위험물인 마그네슘의 위험성에 관한 설명 중 틀린 것은?

① 더운물과 작용시키면 산소가스를 발생한다.
② 이산화탄소 중에서도 연소한다.
③ 습기와 반응하여 열이 축적되면 자연 발화의 위험이 있다.
④ 공기 중에 부유하면 분진 폭발의 위험이 있다.

해설 ① $Mg + 2H_2O \rightarrow Mg(OH)_2 + H_2$

15 지하 탱크 저장소에서 인접한 2개의 지하 저장 탱크 용량의 합계가 지정 수량의 100배 일 경우 탱크 상호 간의 최소 거리는?

① 0.1m　　　　　　② 0.3m
③ 0.5m　　　　　　④ 1m

해설 지하 저장 탱크를 2 이상 인접해 설치하는 경우에는 그 상호 간에 1m(당해 2 이상의 지하 저장 탱크의 용량의 합계가 지정 수량의 100배 이하인 때에는 0.5m)이상의 간격을 유지하여야 한다. 다만 그 사이에 탱크 전용실의 벽이나 두께 20cm 이상의 콘크리트 구조물이 있는 경우에는 그러하지 아니하다.

16 위험물안전관리법령에 명시된 아세트알데하이드의 옥외 저장 탱크에 필요한 설비가 아닌 것은?

① 보냉 장치
② 냉각 장치
③ 동 합금 배관
④ 불활성 기체를 봉입하는 장치

해설 아세트알데하이드의 옥외 저장 탱크에 필요한 설비
㉠ 보냉 장치
㉡ 냉각 장치
㉢ 불활성 기체를 봉입하는 장치

17 탄화칼슘에 대한 설명으로 옳은 것은?

① 분자식은 CaC이다.
② 물과의 반응 생성물에는 수산화칼슘이 포함된다.
③ 순수한 것은 흑회색의 불규칙한 덩어리이다.
④ 고온에서도 질소와는 반응하지 않는다.

해설 ① 분자식은 CaC_2이다.
② 물과 반응 생성물에는 수산화칼슘이 포함된다.
　$CaC_2 + 2H_2O \rightarrow Ca(OH)_2 + C_2H_2$
③ 순수한 것은 무색 투명하나 보통은 흑회색이며 불규칙적인 덩어리 상태이다.
④ 질소 중에서 고온으로 가열하면 석회질소가 얻어진다.
　$CaC_2 + N_2 \longrightarrow CaCN_2 + C$

18 오황화린이 물과 작용했을 때 주로 발생되는 기체는?

① 포스핀　　　　　　② 포스겐
③ 황산가스　　　　　④ 황화수소

해설 $P_2S_5 + 8H_2O \rightarrow 5H_2S + 2H_3PO_4$

19 위험물 판매 취급소에 관한 설명 중 틀린 것은?

① 위험물을 배합하는 실의 바닥 면적은 6m² 이상 15m² 이하이어야 한다.
② 제1종 판매 취급소는 건축물의 1층에 설치하여야 한다.
③ 일반적으로 페인트점, 화공약품점이 이에 해당된다.
④ 취급하는 위험물의 종류에 따라 제1종과 제2종으로 구분된다.

해설 ④ 저장 또는 취급하는 위험물의 수량에 따라 제1종과 제2종으로 구분한다.

20 위험물의 운반 및 적재 시 혼재가 불가능한 것으로 연결된 것은? (단, 지정 수량의 1/5 이상이다.)

① 제1류와 제6류　　② 제4류와 제3류
③ 제2류와 제3류　　④ 제5류와 제4류

해설 유별을 달리하는 위험물의 혼재 기준

구 분	제1류	제2류	제3류	제4류	제5류	제6류
제1류		×	×	×	×	○
제2류	×		×	○	○	×
제3류	×	×		○	×	×
제4류	×	○	○		○	×
제5류	×	○	×	○		×
제6류	○	×	×	×	×	

21 염소산칼륨 20kg과 아염소산나트륨 10kg을 과염소산과 함께 저장하는 경우 지정 수량 1배로 저장하려면 과염소산은 얼마나 저장할 수 있는가?

① 20kg　　② 40kg
③ 80kg　　④ 120kg

해설 $\dfrac{20}{50}+\dfrac{10}{50}+\dfrac{x}{300}=1$

$\dfrac{x}{300}=1-\dfrac{20}{50}-\dfrac{10}{50}=\dfrac{20}{50}$

$x=\dfrac{20}{50}\times300=120kg$

22 위험물과 그 위험물이 물과 반응하여 발생하는 가스를 잘못 연결한 것은?

① 탄화알루미늄 - 메탄
② 탄화칼슘 - 아세틸렌
③ 인화칼슘 - 에탄
④ 수소화칼슘 - 수소

해설 ① $Al_4C_3+12H_2O \rightarrow 4Al(OH)_3+3CH_4$
② $CaC_2+2H_2O \rightarrow Ca(OH)_2+C_2H_2$
③ $Ca_3P_2+6H_2O \rightarrow 3Ca(OH)_2+2PH_3$
④ $CaH_2+2H_2O \rightarrow Ca(OH)_2+2H_2$

23 다음은 위험물안전관리법령에 따른 이동 저장 탱크의 구조에 관한 기준이다. (　) 안에 알맞은 수치는?

이동 저장 탱크는 그 내부에 (㉮)L 이하마다 (㉯)mm 이상의 강철판 또는 이와 동등 이상의 강도, 내열성 및 내식성이 있는 금속성의 것으로 칸막이를 설치하여야 한다. 다만, 고체인 위험물을 저장하거나 고체인 위험물을 가열하여 액체 상태로 저장하는 경우에는 그러하지 아니하다.

① ㉮ 2,000, ㉯ 1.6
② ㉮ 2,000, ㉯ 3.2
③ ㉮ 4,000, ㉯ 1.6
④ ㉮ 4,000, ㉯ 3.2

해설 이동 저장 탱크는 그 내부에 4,000L 이하마다 3.2mm이상의 강철판 또는 이와 동등 이상의 강도, 내열성 및 내식성이 있는 금속성의 것으로 칸막이를 설치하여야 한다. 다만 고체인 위험물을 저장하거나 고체인 위험물을 가열하여 액체 상태로 저장하는 경우에는 그러하지 아니하다.

24 피크린산 제조에 사용되는 물질과 가장 관계가 있는 것은?

① C_6H_6　　　② $C_6H_5CH_3$
③ $C_3H_5(OH)_3$　　④ C_6H_5OH

해설 피크린산 제법
페놀을 진한 황산에 녹이고, 이것을 질산에 작용시켜 만든다.
$C_6H_5OH+3HNO_3 \xrightarrow{H_2SO_4} C_6H_2(OH)(NO_2)_3+3H_2O$

정답 19 ④　20 ③　21 ④　22 ③　23 ④　24 ④

25 가연물에 따른 화재의 종류 및 표시색의 연결이 옳은 것은?

① 폴리에틸렌 − 유류 화재 − 백색
② 석탄 − 일반 화재 − 청색
③ 시너 − 유류 화재 − 청색
④ 나무 − 일반 화재 − 백색

해설 ① 폴리에틸렌 – 일반 화재 – 백색
② 석탄 – 일반 화재 – 백색
③ 시너 – 유류 화재 – 황색

26 다음은 위험물안전관리법령에서 정한 정의이다. 무엇의 정의인가?

> 인화성 또는 발화성 등의 성질을 가지는 것으로서 대통령령이 정하는 물품을 말한다.

① 위험물
② 가연물
③ 특수 인화물
④ 제4류 위험물

해설 위험물의 설명이다.

27 황린과 적린의 성질에 대한 설명으로 가장 거리가 먼 것은?

① 황린과 적린은 이황화탄소에 녹는다.
② 황린과 적린은 물에 불용이다.
③ 적린은 황린에 비하여 화학적으로 활성이 작다.
④ 황린과 적린을 각각 연소시키면 P_2O_5가 생성된다.

해설 ① 황린은 CS_2에 잘 녹고, 적린은 CS_2에 녹지 않는다.

28 다음 위험물 중 특수 인화물이 아닌 것은?

① 메틸에틸케톤 퍼옥사이드
② 산화프로필렌
③ 아세트알데하이드
④ 이황화탄소

해설 ① 메틸에틸케톤 퍼옥사이드 : 제5류 위험물 중 유기 과산화물

29 위험물 관련 신고 및 선임에 관한 사항으로 옳지 않은 것은?

① 제조소 위치·구조 변경 없이 위험물의 품명 변경 시는 변경한 날로부터 7일 이내에 신고하여야 한다.
② 제조소 설치자의 지위를 승계한 날로부터 30일 이내에 신고하여야 한다.
③ 위험물안전관리자가 퇴직한 경우는 퇴직일로부터 14일 이내에 신고하여야 한다.
④ 위험물안전관리자가 퇴직한 경우는 퇴직일로부터 30일 이내에 선임하여야 한다.

해설 ① 제조소 등의 위치·구조 또는 설비의 변경 없이 당해 제조소 등에서 저장하거나 취급하는 위험물의 품명·수량 또는 지정 수량의 배수를 변경하고자 하는 자는 변경하고자 하는 날의 1일 전까지 행정안전부령이 정하는 바에 따라 시·도지사에게 신고하여야 한다.

30 다음 중 옥내 저장소의 동일한 실에 서로 1m 이상의 간격을 두고 저장할 수 없는 것은?

① 제1류 위험물과 제3류 위험물 중 자연 발화성 물질(황린 또는 이를 함유한 것에 한한다.)
② 제4류 위험물과 제2류 위험물 중 인화성 고체
③ 제1류 위험물과 제4류 위험물
④ 제1류 위험물과 제6류 위험물

해설 상호 1m 이상의 간격을 유지하는 경우에도 동일한 옥내 저장소에 저장할 수 있는 것
㉠ 제1류 위험물(알칼리 금속 과산화물 제외)＋제5류 위험물
㉡ 제1류 위험물＋제6류 위험물
㉢ 제1류 위험물＋자연발화성 물품(황린)
㉣ 제2류 위험물(인화성 고체)＋제4류 위험물
㉤ 제3류 위험물(알킬알루미늄 등)＋제4류 위험물(알킬알루미늄·알킬리튬을 함유한 것)
㉥ 제4류 위험물(유기 과산화물)＋제5류 위험물(유기 과산화물)

정답 25 ④ 26 ① 27 ① 28 ① 29 ① 30 ③

31 점화원으로 작용할 수 있는 정전기를 방지하기 위한 예방 대책이 아닌 것은?

① 정전기 발생이 우려되는 장소에 접지 시설을 한다.
② 실내의 공기를 이온화하여 정전기 발생을 억제한다.
③ 정전기는 습도가 낮을 때 많이 발생하므로 상대 습도를 70% 이상으로 한다.
④ 전기의 저항이 큰 물질은 대전이 용이하므로 비전도체 물질을 사용한다.

해설 ④전기의 도체를 사용한다.

32 다음과 같은 반응에서 5m³의 탄산가스를 만들기 위해 필요한 탄산수소나트륨의 양은 약 몇 kg인가? (단, 표준 상태이고 나트륨의 원자량은 23이다.)

$$2NaHCO_3 \longrightarrow Na_2CO_3 + CO_2 + H_2O$$

① 18.75
② 37.5
③ 56.25
④ 75

해설 $NaHCO_3$ 분자량 $= 23 + 1 + 12 + 3 \times 16 = 84kg$
$2NaHCO_3 \rightarrow Na_2CO_3 + CO_2 + H_2O$

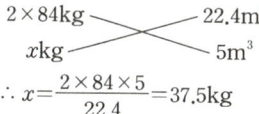

$$\therefore x = \frac{2 \times 84 \times 5}{22.4} = 37.5kg$$

33 연쇄 반응을 억제하여 소화하는 소화 약제는?

① 할론 1301
② 물
③ 이산화탄소
④ 포

해설 Halon 1301
1취화3불화메탄(CF_3Br)은 가연 물질의 활성기와 반응하는 부촉매 소화(연쇄 반응 억제) 기능이 우수하고, 신속하게 화재를 소화한다.

34 화재별 급수에 따른 화재의 종류 및 표시 색상을 모두 옳게 나타낸 것은?

① A급 : 유류 화재 – 백색
② B급 : 유류 화재 – 황색
③ C급 : 유류 화재 – 백색
④ D급 : 유류 화재 – 백색

해설 화재의 종류 및 표시 색상

급 수	화재의 종류	표시색상
A급	일반 화재	백색
B급	유류 화재	황색
C급	전기 화재	청색
D급	금속 화재	
K급	주방 화재	—

35 수용성 가연성 물질의 화재 시 다량의 물을 방사하여 가연 물질의 농도를 연소 농도 이하가 되도록 하여 소화시키는 것은 무슨 소화 원리인가?

① 제거 소화
② 촉매 소화
③ 희석 소화
④ 억제 소화

해설 희석 소화
물에 용해하는 수용성 가연 물질인 알코올, 에테르, 에스테르, 케톤류 등 화재에 많은 양의 물을 일시에 방사하여 가연 물질의 연소 농도를 소화 농도 이하로 묽게 희석시켜 소화하는 소화 방법이다.

36 15℃의 기름 100g에 8,000J의 열량을 주면 기름의 온도는 몇 ℃가 되겠는가? (단, 기름의 비열은 2J/g·℃이다.)

① 25
② 45
③ 50
④ 55

해설 기름의 온도 변화를 x라고 하면
$$x = \frac{8,000J}{2J/g \cdot ℃ \times 100g} = 40℃$$
기름의 온도 $= 15℃ + 40℃ = 55℃$

37 탱크 화재 현상 중 BLEVE(Boiling Liquid Expanding Vapor Explosion)에 대한 설명으로 가장 옳은 것은?

① 기름 탱크에서의 수증기 폭발 현상이다.
② 비등 상태의 액화가스가 기화하여 팽창하고, 폭발하는 현상이다.
③ 화재 시 기름 속의 수분이 급격히 증발하여 기름 거품이 되고, 팽창해서 기름 탱크에서 밖으로 내뿜어져 나오는 현상이다.
④ 고점도의 기름 속에 수증기를 포함한 볼 형태의 물방울이 형성되어 탱크 밖으로 넘치는 현상이다.

해설 BLEVE
액화가스 탱크의 폭발로, 비등 상태의 액화가스가 기화하여 팽창하고 폭발하는 현상이다.

38 위험물의 성질에 따라 강화된 기준을 적용하는 지정 과산화물을 저장하는 옥내 저장소에서 지정 과산화물에 대한 설명으로 옳은 것은?

① 지정 과산화물이란 제5류 위험물 중 유기 과산화물 또는 이를 함유한 것으로서 지정 수량이 10kg인 것을 말한다.
② 지정 과산화물에는 제4류 위험물에 해당하는 것도 포함된다.
③ 지정 과산화물이란 유기 과산화물과 알킬알루미늄을 말한다.
④ 지정 과산화물이란 유기 과산화물 중 국민안전처 고시로 지정한 물질을 말한다.

해설 지정 과산화물
제5류 위험물 중 유기 과산화물 또는 이를 함유한 것으로, 지정 수량이 10kg인 것을 말한다.

39 지정 수량의 100배 이상을 저장 또는 취급하는 옥내 저장소에 설치하여야 하는 경보 설비는? (단, 고인화점 위험물만을 저장 또는 취급하는 것은 제외한다.)

① 비상 경보 설비
② 자동 화재 탐지 설비
③ 비상 방송 설비
④ 비상 조명등 설비

해설 자동 화재 탐지 설비의 설명이다.

40 8L 용량의 소화 전용 물통의 능력 단위는?

① 0.3   ② 0.5   ③ 1.0   ④ 1.5

해설 능력 단위
소방 기구의 소화 능력을 나타내는 수치, 즉 소요 단위에 대응하는 소화 설비 소화 능력의 기준 단위이다.
㉠ 마른 모래(50L, 삽 1개 포함) : 0.5단위
㉡ 팽창 질석 또는 팽창 진주암(160L, 삽 1개 포함) : 1단위
㉢ 소화 전용 물통(8L) : 0.3단위
㉣ 수조
　ⓐ 190L(8L 소화 전용 물통 6개 포함) : 2.5단위
　ⓑ 80L(8L 소화 전용 물통 3개 포함) : 1.5단위

41 염소산나트륨과 반응하여 ClO_2 가스를 발생시키는 것은?

① 글리세린
② 질소
③ 염산
④ 산소

해설 $3NaClO_2 + 2HCl \rightarrow 3NaCl + 2ClO_2 + H_2O_2$

42 다음 중 발화점이 가장 낮은 것은?

① 등유
② 가솔린
③ 아세톤
④ 톨루엔

해설

위험물	발화점
등유	254℃
가솔린	300℃
아세톤	238℃
톨루엔	552℃

43 시·도의 조례가 정하는 바에 따라 관할 소방서 장의 승인을 받아 지정 수량 이상의 위험물을 제조소 등이 아닌 장소에서 임시로 저장 또는 취급하는 기간 은 최대 며칠 이내인가?

① 30   ② 60   ③ 90   ④ 120

해설 관할 소방서장의 승인을 받아 지정 수량 이상의 위험 물을 제조소 등이 아닌 장소에서 임시로 저장 또는 취급하는 기간은 90일 이내이다.

44 위험물안전관리법령상 제5류 위험물의 판정을 위한 시험의 종류로 옳은 것은?

① 폭발성 시험, 가열 분해성 시험
② 폭발성 시험, 충격 민감성 시험
③ 가열 분해성 시험, 착화의 위험성 시험
④ 충격 민감성 시험, 착화의 위험성 시험

해설 제5류 위험물의 판정을 위한 시험
㉠ 폭발성 시험 : 폭발성으로 인한 위험성의 정도를 판단하기 위한 시험
㉡ 가열 분해성 시험 : 가열 분해성으로 인한 위험성의 정도를 판단하기 위한 시험

45 위험물 운반에 관한 기준 중 위험 등급 Ⅰ에 해당 하는 위험물은?

① 황화린   ② 피크린산
③ 벤조일퍼옥사이드   ④ 질산나트륨

해설 위험물의 위험등급

구분	위험 등급 Ⅰ	위험 등급 Ⅱ	위험 등급 Ⅲ
제1류 위험물	아염소산염류, 염소산염류, 과염소산염류, 무기과산화물, 그 밖에 지정수량이 50kg인 위험물	브로민산염류, 질산염류, 아이오딘산염류, 그 밖에 지정수량이 300kg인 위험물	위험 등급 Ⅰ, 위험 등급 Ⅱ 외의 것
제2류 위험물		황화인, 적린, 황, 그 밖에 지정수량이 100kg인 위험물	

제3류 위험물	칼륨, 나트륨, 알킬알루미늄, 알킬리튬, 황린, 그 밖에 지정수량이 10kg 또는 20kg인 위험물	알칼리금속(칼륨 및 나트륨을 제외), 알칼리토금속, 유기금속화합물(알킬알루미늄 및 알킬리튬을 제외), 그 밖에 지정수량이 50kg인 위험물
제4류 위험물	특수인화물	제1석유류, 알코올류
제5류 위험물	지정수량이 제1종 : 10kg인 위험물	지정수량이 제2종 : 100kg인 위험물
제6류 위험물	모두	

46 다음 중 질산 나트륨의 성상에 대한 설명으로 틀 린 것은?

① 조해성이 있다.
② 강력한 환원제이며, 물보다 가볍다.
③ 열분해하여 산소를 방출한다.
④ 가연물과 혼합하면 충격에 의해 발화할 수 있다.

해설 ② 강력한 산화제이며, 물보다 무겁다(비중 2.27).

47 메탄올과 에탄올의 공통점을 설명한 내용으로 틀린 것은?

① 휘발성의 무색 액체이다.
② 인화점이 0℃ 이하이다.
③ 증기는 공기보다 무겁다.
④ 비중이 물보다 작다.

해설

	메탄올	에탄올
인화점	11℃	13℃

48 위험물 저장 탱크 중 부상 지붕 구조로 탱크의 직경이 53m 이상 60m 미만인 경우 고정식 포 소화 설 비의 포 방출구 종류 및 수량으로 옳은 것은?

① Ⅰ형 8개 이상   ② Ⅱ형 8개 이상
③ Ⅲ형 10개 이상   ④ 특형 10개 이상

정답 43 ③ 44 ① 45 ③ 46 ② 47 ② 48 ④

해설 포 방출구는 다음 표에 의하여 탱크의 직경, 구조 및 포 방출구의 종류에 따른 수 이상의 개수를 탱크 옆판의 외주에 균등한 간격으로 설치해야 한다.

탱크의 구조 및 포 방출구의 종류 \ 탱크 직경	포 방출구의 개수			
	고정 지붕 구조		부상 덮개 부착 고정 지붕 구조	부상 지붕 구조
	I형 또는 II형	III형 또는 IV형	II형	특형
13m 미만	2	1	2	2
13m 이상 19m 미만	2	1	3	3
19m 이상 24m 미만	2	1	4	4
24m 이상 35m 미만	2	2	5	5
35m 이상 42m 미만	3	3	6	6
42m 이상 46m 미만	4	4	7	7
46m 이상 53m 미만	6	6	8	8
53m 이상 60m 미만	8	8	10	10
60m 이상 67m 미만	왼쪽 란에 해당하는 직경의 탱크에는 I형 또는 II형의 포 방출구를 8개 설치하는 것 외에 오른쪽 란에 표시한 직경에 따른 포 방출구의 수에서 8을 뺀 수의 III형 또는 IV형의 포 방출구를 폭 30m의 환상 부분을 제외한 중심부의 액표면에 방출할 수 있도록 추가로 설치할 것	10		10
67m 이상 73m 미만		12		12
73m 이상 79m 미만		14		
79m 이상 85m 미만		16		14
85m 이상 90m 미만		18		
90m 이상 95m 미만		20		16
95m 이상 99m 미만		22		
99m 이상		24		18

[비고] III형의 포 방출구를 이용하는 것은 온도 20℃의 물 100g에 용해되는 양이 1g 미만인 위험물(이하 '비하수용성'이라 한다) 또는 저장 온도가 50℃ 이하 또는 동점도가 100cSt 이하인 위험물을 저장 또는 취급하는 탱크에 한하여 설치 가능하다.
즉, 직경이 53m 이상 60m 미만인 부상 지붕 구조이므로, 특형 10개 이상이다.

49 주유 취급소 일반 점검표의 점검 항목에 따른 점검 내용 중 점검 방법이 육안 점검이 아닌 것은?

① 가연성 증기 검지 경보 설비－손상의 유무
② 피난 설비의 비상 전원－정전 시의 점등 상황
③ 간이 탱크의 가연성 증기 회수 밸브－작동 상황
④ 배관의 전기 방식 설비－단자의 탈락 유무

해설 피난 설비 비상 전원의 정전 시 점등 상황 점검은 기능 점검(작동 확인)으로 점등 여부를 확인해야 한다.

50 다음 중 증기 비중이 가장 큰 것은?

① 벤젠　　② 등유
③ 메틸알코올　　④ 디에틸에테르

해설

위험물	증기 비중
벤젠	2.8
등유	4~5
메일알코올	1.1
디에틸에테르	2.6

51 다음 중 위험물안전관리법령에 의한 지정 수량이 가장 작은 품명은?

① 질산염류　　② 인화성 고체
③ 금속분　　④ 질산에스터류

해설 ① 질산염류 : 300kg　② 인화성 고체 : 1,000kg
③ 금속분 : 500kg　④ 질산에스터류 : 10kg

52 다음 위험물 중 발화점이 가장 낮은 것은?

① 황　　② 삼황화린
③ 황린　　④ 아세톤

해설

위험물	발화점
황	232℃
삼황화린	100℃
황린	34℃
아세톤	538℃

53 인화성 액체 위험물을 저장하는 옥외 탱크 저장소에 설치하는 방유제의 높이 기준은?

① 0.5m 이상, 1m 이하
② 0.5m 이상, 3m 이하
③ 0.3m 이상, 1m 이하
④ 0.3m 이상, 3m 이하

해설 방유제 높이는 0.5m 이상, 3m 이하로 한다.

54 금속 나트륨과 금속 칼륨의 공통적인 성질에 대한 설명으로 옳은 것은?

① 불연성 고체이다.
② 물과 반응하여 산소를 발생한다.
③ 은백색의 매우 단단한 금속이다.
④ 물보다 가벼운 금속이다.

해설

	Na	K
①	가연성 고체	가연성 고체
②	물과 반응하여 수소 발생	물과 반응하여 수소 발생
③	은백색의 광택이 있는 경금속	은백색의 광택이 있는 경금속
④	물보다 가벼움(비중 0.97)	물보다 가벼움(비중 0.86)

55 위험물 저장 탱크의 내용적이 300L일 때 탱크에 저장하는 위험물의 용량 범위로 적합한 것은?(단, 원칙적인 경우에 한한다.)

① 240~270L
② 270~285L
③ 290~295L
④ 295~298L

해설 위험물 저장 탱크의 용량

탱크의 공간 용적은 탱크 용적의 $\frac{5}{100}$ 이상, $\frac{10}{100}$ 이하로 한다.
㉠ $300L \times 0.90 = 270L$
㉡ $300L \times 0.95 = 285L$

56 과산화수소의 분해 방지제로 적합한 것은?

① 아세톤
② 인산
③ 황
④ 암모니아

해설 과산화수소는 농도가 클수록 위험성이 높아지므로 분해 방지 안정제(인산나트륨, 인산, 요산, 요소, 글리세린 등)를 넣어 산소 분해를 억제시킨다.

57 위험물안전관리법령상 염소화규소 화합물은 제 몇 류 위험물에 해당하는가?

① 제1류
② 제2류
③ 제3류
④ 제5류

해설 염소화규소 화합물 : 제3류 위험물

58 옥내 저장 탱크 상호 간에는 특별한 경우를 제외하고 최소 몇 m 이상의 간격을 유지하여야 하는가?

① 0.1
② 0.2
③ 0.3
④ 0.5

해설 옥내 저장 탱크의 상호 간에는 특별한 경우를 제외하고 0.5m 이상의 간격을 유지한다.

59 위험물 판매 취급소에 대한 설명 중 틀린 것은?

① 제1종 판매 취급소라 함은 저장 또는 취급하는 위험물의 수량이 지정 수량의 20배 이하인 판매 취급소를 말한다.
② 위험물을 배합하는 실의 바닥 면적은 $6m^2$ 이상 $15m^2$ 이하이어야 한다.
③ 판매 취급소에서는 도료류 외의 제1석유류를 배합하거나 옮겨 담는 작업을 할 수 없다.
④ 제 1종 판매 취급소는 건축물의 2층까지만 설치가 가능하다.

해설 ④ 제1종 판매 취급소는 건축물의 1층에 설치한다.

60 옥내 저장소에 질산 600L를 저장하고 있다. 저장하고 있는 질산은 지정 수량의 몇 배인가? (단, 질산의 비중은 1.5이다.)

① 1
② 2
③ 3
④ 4

해설 $1.5kg/L \times 600L = 900kg$
$\therefore \frac{900kg}{300kg} = 3$배

위험물 기능사 (2024. 9. 08 시행)

01 주된 연소 형태가 표면 연소인 것을 옳게 나타낸 것은?

① 중유, 알코올
② 코크스, 숯
③ 목재, 종이
④ 석탄, 플라스틱

해설 ① 중유 : 분해 연소, 알코올 : 증발 연소
② 코크스, 숯 : 표면 연소
③ 목재, 종이 : 분해 연소
④ 석탄, 플라스틱 : 분해 연소

02 제3류 위험물 중 금수성 물질에 적용할 수 있는 소화 설비는?

① 포 소화 설비
② 이산화탄소 소화 설비
③ 탄산수소염류 분말 소화 설비
④ 할로겐화합물 소화 설비

해설

소화 설비의 구분		대상물 구분										
		건축물·그 밖의 공작물	전기 설비	제1류 위험물		제2류 위험물			제3류 위험물		제4류 위험물	제5류 위험물	제6류 위험물
				알칼리 금속 과산화물 등	그 밖의 것	철분·금속분·마그네슘 등	인화성 고체	그 밖의 것	금수성 물품	그 밖의 것			
옥내 소화전 설비 또는 옥외 소화전 설비		○			○		○	○		○		○	○
스프링클러 설비		○			○		○	○		○	△	○	○
물분무 등 소화 설비	물분무 소화 설비	○	○		○		○	○		○		○	○
	포 소화 설비	○			○		○	○		○		○	○
	불활성 가스 소화 설비		○				○					○	
	할로겐 화합물 소화 설비		○				○					○	
	분말 소화 설비	인산염류 등	○	○		○		○	○				○	○
		탄산 수소 염류 등		○	○		○			○			○	
		그 밖의 것			○					○				

03 다음 중 오존층 파괴 지수가 가장 큰 것은?

① Halon 1040
② Halon 1211
③ Halon 1301
④ Halon 2402

해설 ㉠ 오존 파괴 지수 (ODP ; Ozone Depletion Potential)가 높은 순 : Halon 1301>Halon 2402>Halon 1211
㉡ 지구온난화 : 소화제로 사용하고 있는 Halon 1301, Halon 2402, Halon 1211은 비중이 공기보다 무겁고 열 전도도 작아 대기 중에 방출되면 대기 중의 적외선을 흡수 한 다음 대기로 다시 방출하고 지표면으로부터 복사열, 증 발열 등의 발생을 억제하며 대기의 유동을 방해함으로써 지표면의 온도를 상승시켜 이산화탄소와 함께 지구를 온실 화하는 역할을 한다.

04 다음 중 발화점이 달라지는 요인으로 가장 거리 가 먼 것은?

① 가연성 가스와 공기의 조성비
② 발화를 일으키는 공간의 형태와 크기
③ 가열 속도와 가열 시간
④ 가열 도구의 내구연한

		봉상수 (棒狀水) 소화기	○		○			○		○	○	
대형·소형 수동식 소화기		무상수(無狀水) 소화기	○	○	○			○		○	○	
		봉상강화액 소화기	○		○			○		○	○	
		무상강화액 소화기	○	○	○			○		○	○	○
		포 소화기	○		○			○		○	○	○
		이산화탄소 소화기		○				○			○	△
		할론 소화설비		○				○			○	
	분말 소화기	인산염류 소화기	○	○				○		○	○	○
		탄산수소염류 소화기		○	○		○	○		○		
		그 밖의 것		○	○		○					
기타		물통 또는 수조	○		○			○		○	○	
		건조사			○	○	○	○	○	○	○	○
		팽창 질석 또는 팽창 진주암			○	○	○	○	○	○	○	○

해설 발화점이 달라지는 요인
㉠ 가연성 가스와 공기의 조성비
㉡ 발화를 일으키는 공간의 형태와 크기
㉢ 가열 속도와 가열 시간
㉣ 용기벽의 재질과 촉매
㉤ 점화원의 종류와 에너지 투입 방법

05 다음 중 폭발 범위가 가장 넓은 물질은?

① 메탄　　　　　　② 톨루엔
③ 에틸알코올　　　④ 에틸에테르

해설 ① 메탄 : 5~15%　② 톨루엔 : 1.4~ 6.7%
③ 에틸알코올 : 4.3~19%　④ 에틸에테르 : 1.9~48%

06 다음 중 나이트로셀룰로오스 화재 시 가장 적합한 소화방법은?

① 할로겐 화합물 소화기를 사용한다.
② 분말 소화기를 사용한다.
③ 이산화탄소 소화기를 사용한다.
④ 다량의 물을 사용한다.

해설 2번 해설 참조

07 건축물의 1층 및 2층 부분만을 방사 능력 범위로 하고 지하층 및 3층 이상의 층에 대하여 다른 소화 설비를 설치해야 하는 소화 설비는?

① 스프링클러 설비
② 포 소화 설비
③ 옥외 소화전 설비
④ 물분무 소화 설비

해설 옥외 소화전 설비의 설명이다.

08 위험물 취급소의 건축물은 외벽이 내화 구조인 경우 연면적 몇 m^2를 1소요 단위로 하는가?

① 50　　　　　　② 100
③ 150　　　　　④ 200

해설 제조소 또는 취급소용 건축물의 소요 단위(1단위)
㉠ 외벽이 내화구조로 된 경우 : 연면적 100m^2
㉡ 외벽이 내화구조가 아닌 경우 : 연면적 50m^2

09 위험물 제조소에서 지정 수량 이상의 위험물을 취급하는 건축물(시설)에는 원칙상 최소 몇 m 이상의 보유 공지를 확보하여야 하는가? (단, 최대 수량은 지정 수량의 10배이다.)

① 1m 이상　　　② 3m 이상
③ 5m 이상　　　④ 7m 이상

해설 위험물 제조소의 보유 공지

취급하는 위험물의 최대 수량	공지의 너비
지정 수량 10배 이하	3m 이상
지정 수량 10배 초과	5m 이상

최대 수량은 지정 수량의 10배 이므로 3m 이상으로 본다.

10 주수 소화를 하면 위험성이 증가하는 것은?

① 과산화칼륨
② 과망가니즈산칼륨
③ 과염소산칼륨
④ 브로민산칼륨

해설 과산화칼륨의 화재 시 금수성 물질이기 때문에 물 사용을 금한다. 자신은 불연성이지만 물과 급격히 반응하여 발열하고 산소를 방출한다.
$2K_2O_2 + 2H_2O \rightarrow 2KOH + O_2$

11 가연성 고체 위험물의 일반적 성질로 틀린 것은?

① 비교적 저온에서 착화한다.
② 산화제와의 접촉 · 가열은 위험하다.
③ 연소 속도가 빠르다.
④ 산소를 포함하고 있다.

해설 가연성 고체 위험물의 일반적 성질
㉠ 비교적 저온에서 착화한다.
㉡ 산화제와의 접촉 가열은 위험하다.
㉢ 연소 속도가 빠르다.

정답 05 ④　06 ④　07 ③　08 ②　09 ②　10 ①　11 ④

ⓔ 대부분 비중은 1보다 크고 물에 녹지 않으며, 인화성 고체를 제외하고 모두 무기 화합 물질이며 강력한 환원성 물질이다.

ⓜ 연소 시 연소열이 크고 연소 온도가 높다.

12 1기압 20℃에서 액상이며 인화점이 200℃ 이상인 물질은?

① 벤젠　　　　　　② 톨루엔
③ 글리세린　　　　④ 실린더유

해설 **석유류의 구분**

㉠ 제1석유류 : 1기압에서 인화점이 21℃ 미만인 것

　예 벤젠(인화점 −11.1℃), 톨루엔(인화점 4.5℃)

㉡ 제2석유류 : 1기압에서 인화점이 21℃ 이상 70℃ 미만인 것

　예 등유(인화점 30~60℃)

㉢ 제3석유류 : 1기압에서 인화점이 70℃ 이상 200℃ 미만인 것

　예 글리세린(인화점 160℃)

㉣ 제4석유류 : 1기압에서 인화점이 200℃ 이상 250℃ 미만인 것

　예 실린더유(인화점 250℃)

13 제6류 위험물의 화재 예방 및 진압 대책으로 적합하지 않은 것은?

① 가연물과의 접촉을 피한다.
② 과산화수소를 장기 보존할 때는 유리 용기를 사용하여 밀전한다.
③ 옥내 소화전 설비를 사용하여 소화할 수 있다.
④ 물분무 소화 설비를 사용하여 소화할 수 있다.

해설 ② 유리 용기는 알칼리성으로 과산화수소(H_2O_2)를 분해 촉진하므로 유리 용기에 장기 보존하지 않아야 한다.

14 과산화수소와 산화프로필렌의 공통점으로 옳은 것은?

① 특수 인화물이다.
② 분해 시 질소를 발생한다.
③ 끓는점이 200℃ 이하이다.
④ 수용액 상태에서도 자연 발화 위험이 있다.

해설

	과산화수소	산화프로필렌
①	제6류 위험물	제4류 위험물 중 특수 인화물
②	분해 시 산소 발생 $H_2O_2 \rightarrow H_2O + [O]$	휘발, 인화하기 쉽고 연소 범위가 넓어서 위험성이 크다.
③	끓는점 152℃	끓는점 34℃
④	수용액 상태에서는 비교적 안정하다.	수용액 상태에서는 인화 위험이 높다

15 과산화벤조일의 지정 수량은 얼마인가?

① 10kg　　　　　　② 50L
③ 100kg　　　　　④ 1,000L

해설 제5류 위험물의 품명과 지정 수량

성 질	품 명	지정 수량	위험 등급
자기 반응성 물질	1. 유기과산화물 (과산화벤조일) 2. 질산에스터류 3. 나이트로화합물 4. 나이트로소화합물 5. 아조화합물 6. 다이아조화합물 7. 하이드라진 유도체 8. 하이드록실아민 9. 하이드록실아민염류 10. 그 밖에 행정안전부령이 정하는 것 11. 제1호부터 제10호까지의 어느 하나에 해당하는 위험물을 하나 이상 함유한 것	제1종 : 10kg 제2종 : 100kg	제1종 : Ⅰ 제2종 : Ⅱ

16 위험물안전관리법령에서 정하는 위험 등급 I에 해당하지 않는 것은?

① 제3류 위험물 중 지정 수량이 10kg인 위험물
② 제4류 위험물 중 특수 인화물
③ 제1류 위험물 중 무기 과산화물
④ 제5류 위험물 중 지정 수량이 100kg인 위험물

해설 위험물의 위험등급

구분	위험 등급 I	위험 등급 II	위험 등급 III
제1류 위험물	아염소산염류, 염소산염류, 과염소산염류, 무기과산화물, 그 밖에 지정수량이 50kg인 위험물	브로민산염류, 질산염류, 아이오딘산염류, 그 밖에 지정수량이 300kg인 위험물	위험 등급 I, 위험 등급 II 외의 것
제2류 위험물		황화인, 적린, 황, 그 밖에 지정수량이 100kg인 위험물	
제3류 위험물	칼륨, 나트륨, 알킬알루미늄, 알킬리튬, 황린, 그 밖에 지정수량이 10kg 또는 20kg인 위험물	알칼리금속(칼륨 및 나트륨을 제외) 알칼리토금속, 유기금속화합물(알킬알루미늄 및 알킬리튬을 제외), 그 밖에 지정수량이 50kg인 위험물	
제4류 위험물	특수인화물	제1석유류, 알코올류	
제5류 위험물	지정수량이 제1종 : 10kg인 위험물	지정수량이 제2종 : 100kg인 위험물	
제6류 위험물	모두		

17 정기 점검 대상 제조소 등에 해당하지 않는 것은?

① 이동 탱크 저장소
② 지정 수량 120배의 위험물을 저장하는 옥외 저장소
③ 지정 수량 120배의 위험물을 저장하는 옥내 저장소
④ 이송 취급소

해설 정기 점검 대상 제조소
(1) 예방 규정 작성 대상인 제조소 등
  ㉠ 지정 수량의 10배 이상의 제조소·일반취급소
  ㉡ 지정 수량의 100배 이상의 옥외 저장소

  ㉢ 지정 수량의 150배 이상의 옥내 저장소
  ㉣ 지정 수량의 200배 이상의 옥외 탱크 저장소
  ㉤ 암반 탱크 저장소
  ㉥ 이송 취급소
(2) 지하 탱크 저장소
(3) 이동 탱크 저장소
(4) 위험물을 취급하는 탱크로서 지하에 매설된 탱크가 있는 제조소·주유 취급소 또는 일반 취급소

18 셀룰로이드에 관한 설명 중 틀린 것은?

① 물에 잘 녹으며, 자연 발화의 위험이 있다.
② 지정 수량은 10kg이다.
③ 탄력성이 있는 고체의 형태이다.
④ 장시간 방치된 것은 햇빛, 고온 등에 의해 분해가 촉진된다.

해설 ① 물에 녹지 않는다.

19 다음 물질 중 물보다 비중이 작은 것으로만 이루어진 것은?

① 에테르, 이황화탄소
② 벤젠, 글리세린
③ 가솔린, 메탄올
④ 글리세린, 아닐린

해설 ① 에테르 : 0.71, 이황화탄소 : 1.26
② 벤젠 : 0.879, 글리세린 : 1.26
③ 가솔린 : 0.62~0.8 , 메탄올 : 0.79
④ 글리세린 : 1.26, 아닐린 : 1.02

20 위험물안전관리법령에 따른 소화 설비의 적응성에 관한 다음 내용 중 ( ) 안에 적합한 내용은?

제6류 위험물을 저장 또는 취급하는 장소로서 폭발의 위험이 없는 장소에 한하여 ( )가(이) 제6류 위험물에 대하여 적응성이 있다.

① 할로겐 화합물 소화기
② 분말 소화기−탄산수소염류 소화기
③ 분말 소화기− 그 밖의 것
④ 이산화탄소 소화기

해설 2번 해설 참조

21 위험물을 운반 용기에 수납하여 적재할 때 차광성이 있는 피복으로 가려야 하는 위험물이 아닌 것은?

① 제1류 위험물　　② 제2류 위험물
③ 제5류 위험물　　④ 제6류 위험물

해설 차광성이 있는 피복 조치

유 별	적용 대상
제1류 위험물	전부
제3류 위험물	자연 발화성 물품
제4류 위험물	특수 인화물
제5류 위험물	전부
제6류 위험물	

22 위험물안전관리법상 주유 취급소의 소화 설비 기준과 관련한 설명 중 틀린 것은?

① 모든 주유 취급소는 소화 난이도 등급 Ⅱ 또는 소화 난이도 등급 Ⅲ에 속한다.
② 소화 난이도 등급 Ⅱ에 해당하는 주유 취급소에는 대형 수동식 소화기 및 소형 수동식 소화기 등을 설치하여야 한다.
③ 소화 난이도 등급 Ⅲ에 해당하는 주유 취급소에는 소형 수동식 소화기 등을 설치하여야 하며, 위험물의 소요 단위 산정은 지하 탱크 저장소의 기준을 준용한다.
④ 모든 주유 취급소의 소화 설비 설치를 위해서는 위험물의 소요 단위를 산출하여야 한다.

해설 ③ 소화 난이도 등급 Ⅲ의 주유 취급소는 소형 수동식 소화기 등을 설치해야 하고, 위험물은 지정 수량의 10배를 1소요 단위로 한다.

23 제1류 위험물의 일반적인 성질에 해당하지 않는 것은?

① 고체 상태이다.
② 분해하여 산소를 발생한다.
③ 가연성 물질이다.
④ 산화제이다.

해설 ③ 불연성 물질이다.

24 질산나트륨의 성상으로 옳은 것은?

① 황색 결정이다.
② 물에 잘 녹는다.
③ 흑색 화약의 원료이다.
④ 상온에서 자연분해한다.

해설 ① 무색 무취의 결정 또는 백색 분말이다.
③ 화약류의 산소 공급제이다.
④ 가열하면 380℃에서 열분해하여 산소를 방출하고 1,000℃ 이상 가열하면 폭발한다.
$$2NaNO_3 \longrightarrow 2NaNO_2 + O_2$$

25 위험물안전관리법령상 위험물 옥외 저장소에 저장할 수 있는 품명은?(단, 국제해상위험물규칙에 적합한 용기에 수납하는 경우를 제외한다.)

① 특수 인화물　　② 무기 과산화물
③ 알코올류　　　④ 칼륨

해설 위험물 옥외 저장소에 저장할 수 있는 품명
㉠ 제2류 위험물 중 황 또는 인화성 고체(인화점 0℃ 이상인 것에 한한다.)
㉡ 제4류 위험물 중 제1석유류(인화점 0℃ 이상인 것에 한한다.), 알코올류, 제2석유류, 제3석유류, 제4석유류, 동식물유류
㉢ 제6류 위험물

26 다음 중 위험물안전관리법령에 따른 지정 수량이 나머지 셋과 다른 하나는?

① 황린　　　　② 칼륨
③ 나트륨　　　④ 알킬리튬

해설

위험물	지정 수량
황린	20kg
칼륨	10kg
나트륨	10kg
알킬리튬	10kg

27 과염소산나트륨의 성질이 아닌 것은?

① 황색의 분말로 물과 반응하여 산소를 발생한다.
② 가열하면 분해되어 산소를 방출한다.
③ 융점은 약 482℃이고 물에 잘 녹는다.
④ 비중은 약 2.5로 물보다 무겁다.

해설 ① 무색, 무취의 결정 또는 백색 분말이며 물에 매우 잘 녹는다.

28 아세트알데하이드와 아세톤의 공통 성질에 대한 설명 중 틀린 것은?

① 증기는 공기보다 무겁다.
② 무색 액체로서 인화점이 낮다.
③ 물에 잘 녹는다.
④ 특수 인화물로 반응성이 크다.

해설 ④ 아세트알데하이드는 특수 인화물이고, 아세톤은 제1석유류이다.

29 다음 중 분자량이 약 74, 비중이 약 0.71인 물질로서 에탄올 두 분자에서 물이 빠지면서 축합반응이 일어나 생성되는 물질은?

① $C_2H_5OC_2H_5$
② C_2H_5OH
③ C_6H_5Cl
④ CS_2

해설 에테르 제법 : 에탄올에 진한 황산을 넣고 130~140℃로 가열하면 에탄올 2분자 중에서 간단히 물이 빠지면서 축합반응이 일어나 에테르가 얻어진다.

$$2C_2H_5OH \xrightarrow{C-H_2SO_4} C_2H_5OC_2H_5+H_2O$$

30 메탄올에 관한 설명으로 옳지 않은 것은?

① 인화점은 약 11℃이다.
② 술의 원료로 사용된다.
③ 휘발성이 강하다.
④ 최종 산화물은 의산(폼산)이다.

해설 ② 염료용제, 매염제, 도료용 용제 등에 사용한다.

31 단백포 소화 약제 제조 공정에서 부동제로 사용하는 것은?

① 에틸렌글리콜
② 물
③ 가수분해 단백질
④ 황산제1철

해설 ㉠ 단백포 소화 약제 : 단백질을 가수분해한 것을 주원료로 하는 포 소화 약제
ⓛ 조정 공정 : 단백 포 소화 약제의 제조 공정 중 마지막 단계로서, 소화용 이외의 이·화학적 성능을 향상시키기 위해서 방부제·부동제 등을 첨가한다. 이 경우 방부제로는 트리클로로페놀, 펜타클로로페놀 등의 수용성 염류 등이 사용되며, 부동제로는 에틸렌글리콜$[C_2H_4(OH)_2]$, 프로필렌글라이콜$[C_3H_6(OH)_2]$ 등이 사용된다.

32 건물의 외벽이 내화 구조로서 연면적 $300m^2$의 옥내 저장소에 필요한 소화기 소요 단위수는?

① 1단위
② 2단위
③ 3단위
④ 4단위

해설 (1) 소요 단위(1단위)
소화 설비의 설치 대상이 되는 건축물, 그 밖의 공작물 규모 또는 위험물 양에 대한 기준 단위
(2) 저장소 건축물의 경우
㉠ 외벽이 내화 구조로 된 것으로 연면적 $150m^2$
ⓛ 외벽이 내화 구조가 아닌 것으로 연면적 $75m^2$
∴ $\dfrac{300m^2}{150m^2}=2$단위

33 제조소 등에 전기 설비(전기 배선, 조명 기구 등은 제외)가 설치된 경우에는 면적 몇 m^2마다 소형 수동식 소화기를 1개 이상 설치하여야 하는가?

① 50
② 100
③ 150
④ 200

해설 제조소 등에 전기 설비(전기 배선, 조명 기구 등은 제외) 설치된 경우에는 면적 $100m^2$마다 소형 수동식 소화기를 1개 이상 설치한다.

34 일반 취급소의 형태가 옥외의 공작물로 되어 있는 경우에 있어서 그 최대 수평 투영 면적이 $500m^2$일 때 설치하여야 하는 소화 설비의 소요 단위는 몇 단위인가?

① 5단위
② 10단위
③ 15단위
④ 20단위

정답 27 ① 28 ④ 29 ① 30 ② 31 ① 32 ② 33 ② 34 ①

해설 (1) 소요 단위(1단위)

소화 설비의 설치 대상이 되는 건축물, 그 밖의 공작물 규모 또는 위험물 양에 대한 기준 단위

(2) 제조소 또는 취급소용 건축물의 경우

　㉠ 외벽이 내화 구조로 된 것으로 연면적 100m²

　㉡ 외벽이 내화 구조가 아닌 것으로 연면적 50m²

$$\therefore \frac{500m^2}{100m^2}=5단위$$

35 위험물을 운반 용기에 담아 지정 수량의 1/10을 초과하여 적재하는 경우 위험물을 혼재하여도 무방한 것은?

① 제1류 위험물과 제6류 위험물
② 제2류 위험물과 제6류 위험물
③ 제2류 위험물과 제3류 위험물
④ 제3류 위험물과 제5류 위험물

해설 유별을 달리하는 위험물의 혼재 기준

구 분	제1류	제2류	제3류	제4류	제5류	제6류
제1류		×	×	×	×	○
제2류	×		×	○	○	×
제3류	×	×		○	×	×
제4류	×	○	○		○	×
제5류	×	○	×	○		×
제6류	○	×	×	×	×	

36 이산화탄소 소화기 사용 시 줄－톰슨 효과에 의해서 생성되는 물질은?

① 포스겐　　　② 일산화탄소
③ 드라이아이스　④ 수성가스

해설 줄－톰슨 효과에 의하여 CO_2가 발생한다.

37 소화 난이도 등급 Ⅰ에 해당하지 않는 제조소 등은?

① 제1석유류 위험물을 제조하는 제조소로서 연면적 1,000m² 이상인 것
② 재1석유류 위험물을 저장하는 옥외 탱크 저장소로서 액표면적이 40m² 이상인 것
③ 모든 이송 취급소
④ 제6류 위험물을 저장하는 암반 탱크 저장소

해설 소화 난이도 등급 Ⅰ에 해당하는 제조소 등

구분	제조소등의 규모, 저장 또는 취급하는 위험물의 품명 및 최대수량 등
제조소 일반 취급소	• 연면적 1,000m² 이상인 것 • 지정 수량의 100배 이상인 것 • 지반면으로부터 6m 이상의 높이에 위험물 취급 설비가 있는 것 • 일반 취급소로 사용되는 부분 외의 부분을 갖는 건축물에 설치된 것
주유 취급소	면적의 합이 500m²를 초과하는 것
옥내 저장소	• 지정 수량의 150배 이상인 것 • 연면적 150m²를 초과하는 것 • 처마 높이가 6m 이상인 단층 건물의 것 • 옥내 저장소로 사용되는 부분 외의 부분이 있는 건축물에 설치된 것
옥외 탱크 저장소	• 액표면적이 40m² 이상인 것 • 지반면으로부터 탱크 옆판의 상단까지 높이가 6m 이상인 것 • 지중 탱크 또는 해상 탱크로서 지정 수량의 100배 이상인 것 • 고체 위험물을 저장하는 것으로서 지정 수량의 100배 이상인 것
옥내 탱크 저장소	• 액표면적이 40m² 이상인 것 • 바닥면으로부터 탱크 옆판의 상단까지 높이가 6m 이상인 것 • 탱크 전용실이 단층 건물 외의 건축물에 있는 것으로 인화점 38℃ 이상 70℃ 미만의 위 험물을 지정 수량 5배 이상 저장하는 것
옥외 저장소	• 덩어리 상태의 황 등을 저장하는 것으로서 경계 표시 내부의 면적이 100m² 이상인 것 • 지정 수량의 100배 이상인 것
암반 탱크 저장소	• 액표면적이 40m² 이상인 것 • 고체 위험물을 저장하는 것으로서 지정 수량의 100배 이상인 것
이송 취급소	모든 대상

38 위험물안전관리법령상 지하 탱크 저장소에 설치하는 강제 이중벽 탱크에 관한 설명으로 틀린 것은?

① 탱크 본체와 외벽 사이에는 3mm 이상의 감지층을 둔다.
② 스페이서는 탱크 본체와 재질을 다르게 하여야 한다.
③ 탱크 전용실 없이 지하에 직접 매설할 수도 있다.
④ 탱크 외면에는 최대 시험 압력을 지워지지 않도록 표시하여야 한다.

> **해설** ② 스페이서는 탱크 본체와 재질을 같게 하여야 한다

39 금속분, 목탄, 코크스 등의 연소 형태에 해당하는 것은?

① 자기 연소 ② 증발 연소
③ 분해 연소 ④ 표면 연소

> **해설** 고체의 연소
> ㉠ 표면(직접) 연소 : 금속분, 목탄, 코크스 등
> ㉡ 분해 연소 : 목재, 석탄, 종이, 플라스틱 등
> ㉢ 증발 연소 : 황, 나프탈렌, 장뇌, 촛불 등
> ㉣ 내부(자기) 연소 : 질산에스터류, 셀룰로이드류, 나이트로 화합물, 하이드라진 유도체 등

40 위험물 제조소등별로 설치하여야 하는 경보 설비의 종류에 해당하지 않는 것은?

① 비상 방송 설비 ② 비상 조명등 설비
③ 자동 화재 탐지 설비 ④ 비상 경보 설비

> **해설** ② 비상 조명등 설비 : 피난 구조 설비

41 위험물의 지하 저장 탱크 중 압력 탱크 외의 탱크에 대해 수압 시험을 실시할 때 몇 kPa의 압력으로 하여야 하는가? (단, 소방청장이 정하여 고시하는 기밀 시험과 비파괴 시험을 동시에 실시하는 방법으로 대신하는 경우는 제외한다.)

① 40 ② 50
③ 60 ④ 70

> **해설** 지하 탱크 저장소의 수압 시험
> ㉠ 압력 탱크 : 최대 상용 압력의 1.5배 압력으로 10분간 실시
> ㉡ 압력 탱크 외 : 70kPa의 압력으로 10분간 실시

42 저장 용기에 물을 넣어 보관하고 $Ca(OH)_2$를 넣어 pH9의 약알칼리성으로 유지시키면서 저장하는 물질은?

① 적린 ② 황린 ③ 질산 ④ 황화린

> **해설** **황린** : 반드시 저장 용기에 물을 넣어 보관한다. 저장 시 pH를 측정하여 산성을 나타내면 $Ca(OH)_2$를 넣어 약알칼리성(pH=9)이 유지되도록 하며, 경우에 따라 불활성 가스를 봉입하기도 한다.

43 과염소산암모늄의 위험성에 대한 설명으로 올바르지 않은 것은?

① 급격히 가열하면 폭발의 위험이 있다.
② 건조 시에는 안정하나 수분 흡수 시에는 폭발한다.
③ 가연성 물질과 혼합하면 위험하다.
④ 강한 충격이나 마찰에 의해 폭발 위험이 있다.

> **해설** 과염소산암모늄은 산화력이 강한 위험성이 있다.

44 위험물 저장 방법에 관한 설명 중 틀린 것은?

① 알킬알루미늄은 물 속에 보관한다.
② 황린은 물 속에 보관한다.
③ 금속 나트륨은 등유 속에 보관한다.
④ 금속 칼륨은 경유 속에 보관한다.

> **해설** 알킬알루미늄의 저장 용기는 밀전하여 차고 어두운 곳에 저장하며, 항상 건조되고 통풍 환기가 양호한 곳에 둔다.

45 톨루엔에 대한 설명으로 틀린 것은?

① 벤젠의 수소 원자 하나가 메틸기로 치환된 것이다.
② 증기는 벤젠보다 가볍고, 휘발성은 더 높다.
③ 독특한 향기를 가진 무색의 액체이다.
④ 물에 녹지 않는다.

정답 38 ② 39 ④ 40 ② 41 ④ 42 ② 43 ② 44 ① 45 ②

해설 ② 증기는 벤젠보다 무겁고, 휘발성은 약하다.

	벤젠	톨루엔
증기 비중	2.8	3.1

46 2몰의 브로민산칼륨이 모두 열분해되어 생긴 산소의 양은 2기압 27℃에서 약 몇 L인가?

① 32.42
② 36.92
③ 41.34
④ 45.64

해설 $2KBrO_3 \rightarrow 2KBr + 3O_2$: 3몰의 산소 생성

$PV = nRT$

$\therefore V = \dfrac{nRT}{P} = \dfrac{3 \times 0.082 \times 300}{2} = 36.92L$

47 위험물안전관리법령상 유별이 같은 것으로만 나열된 것은?

① 금속의 인화물, 칼슘의 탄화물, 할로겐간 화합물
② 아조벤젠, 염산하이드라진, 질산구아니딘
③ 황린, 적린, 무기 과산화물
④ 유기 과산화물, 질산에스터류, 알킬리튬

해설 ① 금속의 인화물, 칼슘의 탄화물 : 제3류 위험물
　할로겐간 화합물 : 제6류 위험물
② 아조벤젠, 염산하이드라진, 질산구아니딘 : 제5류 위험물
③ 황린 : 제3류 위험물, 적린 : 제2류 위험물, 무기 과산화물 : 제1류 위험물
④ 유기 과산화물, 질산에스터류 : 제5류 위험물, 알킬리튬 : 제3류 위험물

48 위험물의 운반에 관한 기준에서 제4석유류와 혼재할 수 없는 위험물은?(단, 위험물은 각각 지정 수량의 2배인 경우이다.)

① 황화린
② 칼륨
③ 유기 과산화물
④ 과염소산

해설 (1) 유별을 달리하는 위험물의 혼재 기준

구분	제1류	제2류	제3류	제4류	제5류	제6류
제1류		×	×	×	×	○
제2류	×		×	○	○	×
제3류	×	×		○	○	×
제4류	×	○	○		○	×
제5류	×	○	×	○		×
제6류	○	×	×	×	×	

(2) ㉠ 황화린 : 제2류 위험물
㉡ 칼륨 : 제3류 위험물
㉢ 유기 과산화물 : 제5류 위험물
㉣ 과염소산 : 제6류 위험물

49 디에틸에테르에 대한 설명 중 틀린 것은?

① 강산화제와 혼합 시 안전하게 사용할 수 있다.
② 대량으로 저장 시 불활성 가스를 봉입한다.
③ 정전기 발생 방지를 위해 주의를 기울여야 한다.
④ 통풍, 환기가 잘되는 곳에 저장한다.

해설 디에틸에테르는 강산화제와 접촉 시 격렬하게 반응하고, 혼촉 발화한다.

50 휘발유에 대한 설명으로 옳은 것은?

① 가연성 증기를 발생하기 쉬우므로 주의한다.
② 발생된 증기는 공기보다 가벼워서 주변으로 확산하기 쉽다.
③ 전기를 잘 통하는 도체이므로 정전기를 발생시키지 않도록 조치한다.
④ 인화점이 상온보다 높으므로 여름철에 각별한 주의가 필요하다.

해설 ② 발생된 증기는 공기보다 무겁기 때문에 낮은 곳에 흘러 체류하기 쉬우며, 먼 곳에서 서로 인화하기 쉽다.
③ 전기를 통하지 않는 부도체이므로 정전기를 발생한다.
④ 인화점($-43 \sim -20$℃)이 상온보다 낮으므로 여름철에 각별한 주의가 필요하다.

51 위험물안전관리법령상 제2류 위험물에 속하지 않는 것은?

① P_4S_3
② Al
③ Mg
④ Li

해설 ④ Li : 제3류 위험물

52 위험물안전관리법령에 의한 지정 수량이 나머지 셋과 다른 하나는?

① 황 ② 적린
③ 황린 ④ 황화린

해설

위험물	지정 수량
황	100kg
적린	100kg
황린	20kg
황화린	100kg

53 위험물안전관리법령상 옥외 저장 탱크 중 압력 탱크 외의 탱크에 통기관을 설치하여야 할 때 밸브 없는 통기관인 경우 통기관의 직경은 몇 mm 이상으로 하여야 하는가?

① 10 ② 15
③ 20 ④ 30

해설 옥외 저장 탱크의 통기 장치
(1) 밸브 없는 통기관
　㉠ 직경 : 30mm 이상
　㉡ 끝부분 : 45° 이상
　㉢ 인화 방지 장치 : 가는 눈의 구리망 사용
(2) 대기 밸브 부착 통기관
　㉠ 작동 압력 차이 : 5kPa 이하
　㉡ 인화 방지 장치 : 가는 눈의 구리망 사용

54 트라이나이트로페놀에 대한 일반적인 설명으로 틀린 것은?

① 가연성 물질이다.
② 공업용은 보통 휘황색의 결정이다.
③ 알코올에 녹지 않는다.
④ 납과 화합하여 예민한 금속염을 만든다.

해설 트라이나이트로페놀은 더운물, 알코올, 에테르, 아세톤, 벤젠 등에 녹는다.

55 다음 각 위험물의 지정 수량의 총 합은 몇 kg인가?

> 알킬리튬, 리튬, 수소화나트륨,
> 인화칼슘, 탄화칼슘

① 820 ② 900
③ 960 ④ 1,260

해설 지정 수량
㉠ 알킬리튬 : 10kg
㉡ 리튬 : 50kg
㉢ 수소화나트륨 : 300kg
㉣ 인화칼슘 : 300kg
㉤ 탄화칼슘 : 300kg
∴ 10＋50＋300＋300＋300＝960kg

56 위험물안전관리법령상 산화성 액체에 해당하지 않는 것은?

① 과염소산 ② 과산화수소
③ 과염소산나트륨 ④ 질산

해설 ③ 과염소산나트륨 : 산화성 고체

57 가솔린의 연소 범위에 가장 가까운 것은?

① 1.4~7.6% ② 2.0~23.0%
③ 1.8~36.5% ④ 1.0~50.0%

해설 가솔린의 연소 범위 : 1.4~7.6%

58 과산화벤조일에 대한 설명 중 틀린 것은?

① 진한 황산과 혼촉 시 위험성이 증가한다.
② 폭발성을 방지하기 위하여 희석제를 첨가할 수 있다.
③ 가열하면 약 100℃에서 흰 연기를 내면서 분해한다.
④ 물에 녹으며 무색, 무취의 액체이다.

해설 ④ 물에 녹지 않으며 무미, 무취의 백색 분말 또는 무색의 결정성 고체이다.

59 위험물안전관리법의 적용 제외와 관련된 내용으로 ( ) 안에 알맞은 것을 모두 나타낸 것은?

> 위험물안전관리법은 ( )에 의한 위험물의 저장·취급 및 운반에 있어서는 이를 적용하지 아니한다.

① 항공기·선박(선박법 제1조의2 제1항에 따른 선박을 말한다)·철도 및 궤도
② 항공기·선박(선박법 제1조의2 제1항에 따른 선박을 말한다)·철도
③ 항공기·철도 및 궤도
④ 철도 및 궤도

해설 위험물안전관리법의 적용 제외

위험물안전관리법은 항공기·선박(선박법 제1조의2의 규정에 따른 선박을 말한다)·철도 및 궤도에 의한 위험물의 저장, 취급 및 운반에 있어서는 이를 적용하지 아니한다.

60 다이크로뮴산칼륨에 대한 설명으로 틀린 것은?

① 열분해하여 산소를 발생한다.
② 물과 알코올에 잘 녹는다.
③ 등적색의 결정으로 쓴맛이 있다.
④ 산화제, 의약품 등에 사용된다.

해설 ② 물에 잘 녹고, 알코올에는 녹지 않는다.

위험물 기능사 (2025. 1. 21 시행)

01 제1종 분말 소화 약제의 적응 화재 급수는?

① A급
② BC급
③ AB급
④ ABC급

해설 분말 소화 약제

종류	착색	적응화재
1종 분말($NaHCO_3$)	백색	B·C
2종 분말($KHCO_3$)	보라색	B·C
3종 분말($NH_4H_2PO_4$)	담홍색(핑크색)	A·B·C
4종 분말($KHCO_3+(NH_2)_2CO$)	회백색	B·C

02 제1류 위험물의 저장 방법에 대한 설명으로 틀린 것은?

① 조해성 물질은 방습에 주의한다.
② 무기 과산화물은 물속에 보관한다.
③ 분해를 촉진하는 물품과의 접촉을 피하여 저장한다.
④ 복사열이 없고 환기가 잘되는 서늘한 곳에 저장한다.

해설 ② 물(습기, 빗물, 눈, 얼음, 수증기, 우박)과의 접촉을 피하며 저장 용기는 밀전·밀봉하여 수분의 침투를 막는다. 또한 저장 시설 내에는 스프링클러 설비, 옥내 소화전, 포 소화 설비 또는 물분무 소화설비 등을 설치하여도 안 되며 이러한 소화 설비에서 나오는 물과의 접촉도 피해야 한다.

03 유류 화재의 급수와 표시 색상으로 옳은 것은?

① A급, 백색
② B급, 백색
③ A급, 황색
④ B급, 황색

해설 화재의 종류 및 표시 색상

급수	화재의 종류	표시색상
A급	일반 화재	백색
B급	유류 화재	황색
C급	전기 화재	청색

| D급 | 금속 화재 | |
| K급 | 주방 화재 | — |

04 소화기의 사용 방법으로 잘못된 것은?

① 적응 화재에 따라 사용할 것
② 성능에 따라 방출 거리 내에서 사용할 것
③ 바람을 마주보며 소화할 것
④ 양옆으로 비로 쓸듯이 방사할 것

해설 ③ 바람을 등지고 풍상에서 풍하의 방향으로 사용한다.

05 다음 물질 중 분진 폭발의 위험성이 가장 낮은 것은?

① 밀가루
② 알루미늄 분말
③ 모래
④ 석탄

해설 심각한 폭발을 일으키는 일반적인 가연성 고체 분진 : 밀가루, 알루미늄 분말, 석탄

06 열의 이동 원리 중 복사에 관한 예로 적당하지 않은 것은?

① 그늘이 시원한 이유
② 더러운 눈이 빨리 녹는 현상
③ 보온병 내부를 거울벽으로 만드는 것
④ 해풍과 육풍이 일어나는 원리

해설 대류 : 액체와 기체를 가열하면 가열된 물질은 가벼워져 위로 올라가고, 차가운 물질은 아래로 내려오면서 전체의 온도가 올라가게 된다. 이와 같이 물질이 직접 이동하면서 열이 이동하는 것을 대류라고 한다. 햇빛이 비치는 낮에는 육지가 바다보다 먼저 데워진다. 그러면 육지 바로 위의 공기도 데워져 위로 올라가고, 이 빈자리를 육지보다 덜 데워진 바다 위의 공기가 채우게 된다. 이렇게 대류에 의해 공기가 크게 움직여 바닷가에서는 낮에는 해풍, 밤에는 육풍이 분다. 이와 같은 해풍, 육풍은 대기의 대류 현상에 의해 나타나는 기상 현상이다.

07 그림과 같이 횡으로 설치한 원통형 위험물 탱크에 대하여 탱크의 용량을 구하면 약 몇 m³인가? (단, 공간 용적은 탱크 내용적의 100분의 5로 한다.)

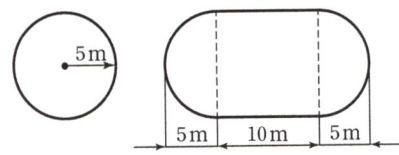

① 196.3
② 261.6
③ 785.0
④ 994.8

해설 $V = \pi r^2 \left(l + \dfrac{l_1 + l_2}{3} \right)$
$= \pi \times 5^2 \left(10 + \dfrac{5+5}{3} \right) = 1046.67 \text{m}^3$

여기서,
공간 용적이 5%인 탱크의 용량 $= 1046.67 \times 0.95 = 994.34 \text{m}^3$

08 위험물안전관리법령상의 규제에 관한 설명 중 틀린 것은?

① 지정 수량 미만의 위험물의 저장·취급 및 운반은 시·도 조례에 의하여 규제한다.
② 항공기에 의한 위험물의 저장·취급 및 운반은 위험물안전관리법의 규제 대상이 아니다.
③ 궤도에 의한 위험물의 저장·취급 및 운반은 위험물안전관리법의 규제 대상이 아니다.
④ 선박법의 선박에 의한 위험물의 저장·취급 및 운반은 위험물안전관리법의 규제 대상이 아니다.

해설 ① 지정 수량 미만의 위험물의 저장·취급 및 운반은 특별시·광역시 및 도의 조례로 행한다.

09 제4류 위험물로만 나열된 것은?

① 특수 인화물, 황산, 질산
② 알코올, 황린, 나이트로 화합물
③ 동식물유류, 질산, 무기 과산화물
④ 제1석유류, 알코올류, 특수 인화물

해설 ① 제4류 위험물 : 특수 인화물, 화공 약품 : 황산, 제6류 위험물 : 질산
② 제4류 위험물 : 알코올, 제3류 위험물 : 황린, 제5류 위험물 : 나이트로 화합물

③ 제4류 위험물 : 동식물유류, 제6류 위험물 : 질산, 제1류 위험물 : 무기 과산화물
④ 제4류 위험물 : 제1석유류, 알코올류, 특수 인화물

10 위험물안전관리법령상 옥내 소화전 설비의 비상 전원은 몇 분 이상 작동할 수 있어야 하는가?

① 45분
② 30분
③ 20분
④ 10분

해설 위험물안전관리법령상 옥내 소화전 설비의 비상 전원은 45분 이상 작동할 수 있어야 한다.

11 나이트로 화합물과 같은 가연성 물질이 자체 내에 산소를 함유하고 있어 공기 중의 산소를 필요로 하지 않고 자체의 산소에 의해서 연소되는 현상은?

① 자기 연소
② 등심 연소
③ 훈소 연소
④ 분해 연소

해설 ① 자기(내부) 연소 : 나이트로 화합물과 같은 가연성 물질이 자체 내에 산소를 함유하고 있어 공기 중의 산소를 필요로 하지 않고 자체의 산소에 의해서 연소되는 현상이다.
② 등심 연소(심화 연소, wick combustion) : 석유 스토브나 램프에서와 같이 연료를 심지로 빨아올려 심지 표면에서 증발시켜 확산 연소를 시키는 것이다.
③ 훈소 연소(작열 연소, glowing combustion) : 화재가 본격적인 단계에 이르기 전인 초기 단계를 말하며 이때는 주변의 산소 농도에 크게 영향을 받지 않는 속불 형태의 연소가 일어나게 되며, 훈소 연소 상태에서는 화염 온도가 불꽃 연소를 유지하기에는 미흡한 상태이다.
④ 분해 연소 : 가연성 고체에 충분한 열이 공급되면 가열 분해에 의하여 발생된 가연성 가스(CO, H_2, CH_4 등)가 공기와 혼합되어 연소하는 형태이다.

12 제1류 위험물인 과산화나트륨의 보관 용기에 화재가 발생하였다. 소화 약제로 가장 적당한 것은?

① 포 소화 약제
② 물
③ 마른 모래
④ 이산화탄소

해설

소화 설비의 구분		건축물·그 밖의 공작물	전기 설비	알칼리 금속 과산화물 등	그 밖의 것	철분·금속분·마그네슘 등	인화성 고체	그 밖의 것	금수성 물품	그 밖의 것	제4류 위험물	제5류 위험물	제6류 위험물
옥내 소화전 설비 또는 옥외 소화전 설비		○			○		○	○		○		○	○
스프링클러 설비		○			○		○	○		○	△	○	○
물분무 등 소화 설비	물분무 소화 설비	○	○		○		○	○		○	○	○	○
	포 소화 설비	○			○		○	○		○	○	○	○
	불활성 가스 소화 설비		○				○				○		
	할로겐 화합물 소화 설비		○				○				○		
	분말 소화 설비 인산염류 등	○	○		○		○	○			○		○
	탄산 수소 염류 등		○	○		○	○		○		○		
	그 밖의 것			○		○			○				
대형·소형 수동식 소화기	봉상수(棒狀水) 소화기	○			○		○	○		○		○	○
	무상수(霧狀水) 소화기	○	○		○		○	○		○		○	○
	봉상강화액 소화기	○			○		○	○		○		○	○
	무상강화액 소화기	○	○		○		○	○		○	○	○	○
	포 소화기	○			○		○	○		○	○	○	○
	이산화탄소 소화기		○				○				○		△
	할론 소화기		○				○				○		
	분말 소화기 인산염류 소화기	○	○		○		○	○			○		○
	탄산수소염류 소화기		○	○		○	○		○		○		
	그 밖의 것			○		○			○				
기타	물통 또는 수조	○			○		○	○		○		○	○
	건조사			○	○	○	○	○	○	○	○	○	○
	팽창 질석 또는 팽창 진주암			○	○	○	○	○	○	○	○	○	○

13 위험물안전관리법령에 따라 옥내 소화전 설비를 설치할 때 배관의 설치 기준에 대한 설명으로 옳지 않은 것은?

① 배관용 탄소 강관(KS D 3507)을 사용할 수 있다.
② 주배관의 입상관 구경은 최소 60mm 이상으로 한다.
③ 펌프를 이용한 가압 송수 장치의 흡수관은 펌프마다 전용으로 설치한다.
④ 원칙적으로 급수 배관은 생활 용수 배관과 같이 사용할 수 없으며 전용 배관으로만 사용한다.

해설 ② 주배관의 입상관 구경은 최소 50mm 이상으로 한다.

14 위험물의 화재별 소화 방법으로 옳지 않은 것은?

① 황린 – 분무주수에 의한 냉각 소화
② 인화칼슘 – 분무주수에 의한 냉각 소화
③ 톨루엔 – 포에 의한 질식 소화
④ 질산메틸 – 주수에 의한 냉각 소화

해설 12번 해설 참조

15 옥내에서 지정 수량 100배 이상을 취급하는 일반 취급소에 설치하여야 하는 경보 설비는? (단, 고인화점 위험물만을 취급하는 경우는 제외한다.)

① 비상 경보 설비
② 자동 화재 탐지 설비
③ 비상 방송 설비
④ 비상벨 설비 및 확성 장치

해설 제조소 등별로 설치하여야 하는 경보 설비의 종류

제조소 등의 구분	제조소 등의 규모, 저장 또는 취급하는 위험물의 종류 및 최대 수량 등	경보 설비
제조소 및 일반 취급소	• 연면적 500m² 이상인 것 • 옥내에서 지정 수량의 100배 이상을 취급하는 것(고인화점 위험물만을 100℃ 미만의 온도에서 취급하는 것을 제외한다.) • 일반 취급소로 사용되는 부분 외의 부분이 있는 건축물에 설치된 일반 취급소(일반 취급소와 일반 취급소 외의 부분이 내화 구조의 바닥 또는 벽으로 개구부 없이 구획된 것을 제외한다.)	자동화재 탐지설비
옥내 저장소	• 지정 수량의 100배 이상을 저장 또는 취급하는 것(고인화점 위험물만을 저장 또는 취급하는 것을 제외한다.) • 저장 창고의 연면적이 150m²를 초과하는 것[당해 저장 창고가 연면적 150m² 이내마다 불연 재료의 격벽으로 개구부 없이 완전히 구획된 것과 제2류 또는 제4류의 위험물(인화성 고체 및 인화점이 70℃ 미만인 제4류 위험물을 제외한다)만을 저장 또는 취급하는 것에 있어서는 저장 창고의 연면적이 500m² 이상의 것에 한한다.]	

・처마 높이가 6m 이상인 단층 건물의 것
・옥내 저장소로 사용되는 부분 외의 부분이 있는 건축물에 설치된 옥내 저장소 [옥내 저장소와 옥내 저장소 외의 부분이 내화 구조의 바닥 또는 벽으로 개구부 없이 구획된 것과 제2류 또는 제4류의 위험물(인화성 고체 및 인화점이 70℃ 미만인 제4류 위험물을 제외한다.)만을 저장 또는 취급하는 것을 제외한다.]

옥내 탱크 저장소	단층 건물 외의 건축물에 설치된 옥내 탱크 저장소로서 소화 난이도 등급 I에 해당하는 것	
주유 취급소	옥내 주유 취급소	
옥외 탱크 저장소	특수 인화물, 제1석유류 및 알코올류를 저장 또는 취급하는 탱크의 용량이 1,000만 리터 이상인 것	자동 화재 탐지 설비, 자동 화재 속보 설비
제1호 내지 제5호의 자동 화재 탐지 설비 설치 대상에 해당하지 아니하는 제조소 등	지정 수량의 10배 이상을 저장 또는 취급하는 것	자동 화재 탐지 설비, 비상 경보 설비, 확성 장치 또는 비상 방송 설비 중 1종 이상

16 다음 중 강화액 소화기에 대한 설명이 아닌 것은?

① 알칼리 금속 염류가 포함된 고농도의 수용액이다.
② A급 화재에 적응성이 있다.
③ 어는점이 낮아서 동절기에도 사용이 가능하다.
④ 물의 표면 장력을 강화시킨 것으로 심부 화재에 효과적이다.

해설 ④ 물의 어는점을 강화시킨 것으로 응고점은 −30~−17℃이며 일반 화재에 효과적이다.

17 인화점이 섭씨 200℃ 미만인 위험물을 저장하기 위하여 높이가 15m이고 지름이 18m인 옥외 저장 탱크를 설치하는 경우 옥외 저장 탱크와 방유제와의 사이에 유지하여야 하는 거리는?

① 5.0m 이상 ② 6.0m 이상
③ 7.5m 이상 ④ 9.0m 이상

해설 옥외 탱크 저장소의 방유제와 탱크 측면의 이격 거리

탱크 지름	이격 거리
15m 미만	탱크 높이의 $\frac{1}{3}$ 이상
15m 이상	탱크 높이의 $\frac{1}{2}$ 이상

즉, $15m \times \frac{1}{2} = 7.5m$ 이상

18 금속 칼륨에 대한 초기의 소화 약제로서 적합한 것은?

① 물 ② 마른 모래
③ CCl_4 ④ CO_2

해설 12번 해설 참조

19 위험물을 취급함에 있어서 정전기를 유효하게 제거하기 위한 설비를 설치하고자 한다. 위험물안전관리법령상 공기 중의 상대 습도를 몇 % 이상이 되게 하여야 하는가?

① 50 ② 60
③ 70 ④ 80

해설 정전기 방지법
㉠ 공기 중의 습도를 높인다(실내의 경우 상대 습도를 70% 이상으로 한다).
㉡ 접지를 한다.
㉢ 공기를 이온화한다.

20 위험물안전관리법령에 따른 자동 화재 탐지 설비의 설치 기준에서 하나의 경계 구역의 면적은 얼마 이하로 하여야 하는가? (단, 해당 건축물 그 밖의 공작물의 주요한 출입구에서 그 내부의 전체를 볼 수 없는 경우이다.)

① 500m² ② 600m²
③ 800m² ④ 1,000m²

해설 자동 화재 탐지 설비의 설치 기준 : 하나의 경계 구역의 면적을 600m² 이하로 한다.

21 위험물안전관리법령상 위험물에 해당하는 것은?

① 황산

② 비중이 1.41인 질산

③ 53μm의 표준체를 통화하는 것이 50중량% 미만인 철의 분말

④ 농도가 40중량%인 과산화수소

해설 ① 황산 : 화공 약품

② 비중이 1.49인 질산

③ 53마이크로미터(μm)의 표준체를 통과하는 것이 50중량% 이상인 철의 분말

④ 수용액의 농도가 36중량%(비중 약 1.13) 이상인 과산화수소

22 위험물안전관리법령에 의한 위험물 운송에 관한 규정으로 틀린 것은?

① 이동 탱크 저장소에 의하여 위험물을 운송하는 자는 당해 위험물을 취급할 수 있는 국가 기술 자격자 또는 안전 교육을 받은 자이어야 한다.

② 안전 관리자·탱크 시험자·위험물 운송자 등 위험물의 안전 관리와 관련된 업무를 수행하는 자는 시·도지사가 실시하는 안전 교육을 받아야 한다.

③ 운송 책임자의 범위, 감독 또는 지원의 방법 등에 관한 구체적인 기준은 행정안전부령으로 정한다.

④ 위험물 운송자는 행정안전부령이 정하는 기준을 준수하는 등 당해 위험물의 안전 확보를 위해 세심한 주의를 기울여야 한다.

해설 ② 안전 관리자·위험물 운송자 등 위험물의 안전 관리와 관련된 업무를 수행하는 자는 한국 소방 안전원에서, 탱크시험자는 한국소방기술원에서 실시하는 안전 교육을 받아야 한다.

23 과산화바륨의 성질에 대한 설명 중 틀린 것은?

① 고온에서 열분해하여 산소를 발생한다.

② 황산과 반응하여 과산화수소를 만든다.

③ 비중은 약 4.96이다.

④ 온수와 접촉하면 수소가스를 발생한다.

해설 ④ $2BaO_2 + 2H_2O \rightarrow 2Ba(OH)_2 + O_2$

24 과염소산칼륨의 일반적인 성질에 대한 설명 중 틀린 것은?

① 강한 산화제이다.

② 불연성 물질이다.

③ 과일향이 나는 보라색 결정이다.

④ 가열하여 완전 분해시키면 산소를 발생한다.

해설 ③ 무색, 무취의 결정 또는 백색의 분말이다.

25 물과 접촉하면 위험성이 증가하므로 주수 소화를 할 수 없는 물질은?

① $C_6H_2CH_3(NO_2)_3$ ② $NaNO_3$

③ $(C_2H_5)_3Al$ ④ $(C_6H_5CO)_2O_2$

해설 물과 접촉하면 폭발적으로 반응하여 에탄을 생성하고 이때 발열, 폭발에 이른다.

$(C_2H_5)_3Al + 3H_2O \rightarrow Al(OH)_3 + 3C_2H_6 + 발열$

이 C_2H_6는 순간적으로 발생하고 반응열에 의해 연소한다. 그러므로 주수 소화는 할 수 없다.

26 위험물에 대한 설명으로 옳은 것은?

① 적린은 암적색의 분말로서 조해성이 있는 자연 발화성 물질이다.

② 황화린은 황색의 액체이며 상온에서 자연 분해하여 이산화황과 오산화인을 발생한다.

③ 황은 미황색의 고체 또는 분말이며 많은 이성질체를 갖고 있는 전기 도체이다.

④ 황린은 가연성 물질이며 마늘 냄새가 나는 맹독성 물질이다.

해설 ① 적린은 암적색의 분말로서 조해성이 있고 자연 발화성이 없다.

② 삼황화린은 결정성 덩어리로 공기 중 100℃에서 발화하고 연소 생성물은 모두 유독하다.

$P_4S_3 + 8O_2 \rightarrow 2P_2O_5 + 3SO_2$

③ 황은 황색의 결정 또는 미황색의 분말이며 동소체를 갖고 있고 전기의 부도체이다.

27 지정 수량이 200kg인 물질은?

① 질산
② 피크린산
③ 질산메틸
④ 과산화벤조일

해설

위험물	지정 수량
질산	300kg
피크린산	200kg
질산메틸	10kg
과산화벤조일	10kg

28 위험물안전관리법령상 제6류 위험물이 아닌 것은?

① H_3PO_4
② IF_5
③ BrF_5
④ BrF_3

해설 ① H_3PO_4 : 화공 약품

29 제4류 위험물의 공통적인 성질이 아닌 것은?

① 대부분 물보다 가볍고 물에 녹기 어렵다.
② 공기와 혼합된 증기는 연소의 우려가 있다.
③ 인화되기 쉽다.
④ 증기는 공기보다 가볍다.

해설 ④ 증기는 공기보다 무겁다(단, HCN은 제외).

30 수소화나트륨의 소화 약제로 적당하지 않은 것은?

① 물
② 건조사
③ 팽창 질석
④ 팽창 진주암

해설 12번 해설 참조

31 과염소산나트륨의 성질이 아닌 것은?

① 수용성이다.
② 조해성이 있다.
③ 분해 온도는 약 400℃이다.
④ 물보다 가볍다.

해설 ④ 물보다 무겁다(비중 2.5).

32 위험물 제조소의 위치·구조 및 설비의 기준에 대한 설명 중 틀린 것은?

① 벽·기둥·바닥·보·서까래는 내화 재료로 하여야 한다.
② 제조소의 표지판은 한변이 30cm, 다른 한변이 60cm 이상의 크기로 한다.
③ "화기 엄금"을 표시하는 게시판은 적색 바탕에 백색 문자로 한다.
④ 지정 수량 10배를 초과한 위험물을 취급하는 제조소는 보유 공지의 너비가 5m 이상이어야 한다.

해설 ① 벽·기둥·바닥·보·서까래 및 계단을 불연 재료로 하고, 연소의 우려가 있는 외벽은 개구부가 없는 내화 구조의 벽으로 하여야 한다.

33 물과 작용하여 메탄과 수소를 발생시키는 것은?

① Al_4C_3
② Mn_3C
③ Na_2C_2
④ MgC_2

해설 ① $Al_4C_3 + 12H_2O \rightarrow 4Al(OH)_3 + 3CH_4$
② $Mn_3C + 6H_2O \rightarrow 3Mn(OH)_2 + CH_4 + H_2$
③ $Na_2C_2 + 2H_2O \rightarrow 2NaOH + C_2H_2$
④ $MgC_2 + 2H_2O \rightarrow Mg(OH)_2 + C_2H_2$

34 연면적이 1,000m²이고 지정 수량의 100배의 위험물을 취급하며 지반면으로부터 6m 높이에 위험물 취급 설비가 있는 제조소의 소화 난이도 등급은?

① 소화 난이도 등급 Ⅰ
② 소화 난이도 등급 Ⅱ
③ 소화 난이도 등급 Ⅲ
④ 제시된 조건으로 판단할 수 없음

해설 소화난이도 등급 Ⅰ에 해당하는 제조소 등

구분	제조소등의 규모, 저장 또는 취급하는 위험물의 품명 및 최대수량 등
제조소 일반 취급소	·연면적 1,000m² 이상인 것 ·지정 수량의 100배 이상인 것 ·지반면으로부터 6m 이상의 높이에 위험물 취급 설비가 있는 것 ·일반 취급소로 사용되는 부분 외의 부분을 갖는 건축물에 설치된 것

정답 27 ② 28 ① 29 ④ 30 ① 31 ④ 32 ① 33 ② 34 ①

주유 취급소	면적의 합이 500m² 를 초과하는 것
옥내 저장소	· 지정 수량의 150배 이상인 것 · 연면적 150m²를 초과하는 것 · 처마 높이가 6m 이상인 단층 건물의 것 · 옥내 저장소로 사용되는 부분 외의 부분이 있는 건축물에 설치된 것
옥외 탱크 저장소	· 액표면적이 40m² 이상인 것 · 지반면으로부터 탱크 옆판의 상단까지 높이가 6m 이상인 것 · 지중 탱크 또는 해상 탱크로서 지정 수량의 100배 이상인 것 · 고체 위험물을 저장하는 것으로서 지정 수량의 100배 이상인 것
옥내 탱크 저장소	· 액표면적이 40m² 이상인 것 · 바닥면으로부터 탱크 옆판의 상단까지 높이가 6m 이상인 것 · 탱크 전용실이 단층 건물 외의 건축물에 있는 것으로 인화점 38℃ 이상 70℃ 미만의 위 험물을 지정 수량 5배 이상 저장하는 것
옥외 저장소	· 덩어리 상태의 황 등을 저장하는 것으로서 경계 표시 내부의 면적이 100m² 이상인 것 · 지정 수량의 100배 이상인 것
암반 탱크 저장소	· 액표면적이 40m² 이상인 것 · 고체 위험물을 저장하는 것으로서 지정 수량의 100배 이상인 것
이송 취급소	모든 대상

35 트라이나이트로톨루엔의 작용기에 해당하는 것은?

① −NO
② −NO₂
③ −NO₃
④ −NO₄

해설 ㉠

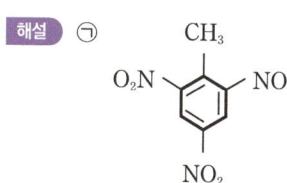

㉡ 트라이나이트로톨루엔의 작용기는 −NO₂이다.

36 다음 중 위험물안전관리법령상 운송 책임자의 감독 및 지원을 받아 운송하여야 하는 위험물은?

① 특수 인화물
② 알킬리튬
③ 질산구아니딘
④ 하이드라진 유도체

해설 이동 탱크 저장소의 위험물 운송 시 운송 책임자의 감독, 지원을 받아야 하는 위험물

㉠ 알킬알루미늄
㉡ 알킬리튬
㉢ 알킬알루미늄 또는 알킬리튬을 함유하는 위험물

37 위험물안전관리법령상 위험 등급이 나머지 셋과 다른 하나는?

① 알코올류
② 제2석유류
③ 제3석유류
④ 동식물유류

해설 위험물안전관리법령상 위험 등급

유별	성질	품 명		지정수량	위험등급
제4류	인화성 액체	1. 특수 인화물류		50L	I
		2. 제1석유류	비수용성 액체	200L	II
			수용성 액체	400L	
		3. 알코올류		400L	
		4. 제2석유류	비수용성 액체	1,000L	III
			수용성 액체	2,000L	
		5. 제3석유류	비수용성 액체	2,000L	
			수용성 액체	4,000L	
		6. 제4석유류		6,000L	
		7. 동·식물유류		10,000L	

38 다음 위험물 중 상온에서 액체인 것은?

① 질산에틸
② 트리니트로톨루엔
③ 셀룰로이드
④ 피크린산

해설 ① 무색 투명한 액체
② 순수한 것은 무색의 결정
③ 무색 또는 황색의 반투명 유연성을 가진 고체
④ 순수한 것은 무색이지만 보통 공업용은 휘황색의 침상 결정

39 위험물 제조소의 게시판에 "화기 주의"라고 쓰여 있다. 제 몇 류 위험물 제조소인가?

① 제1류
② 제2류
③ 제3류
④ 제4류

해설 제조소의 게시판 주의사항

위험물		주의 사항
제1류 위험물	알칼리 금속의 과산화물	물기 엄금
	기타	별도의 표시를 하지 않는다.
제2류 위험물	인화성 고체	화기 엄금
	기타	화기 주의
제3류 위험물	자연 발화성 물질	화기 엄금
	금수성 물질	물기 엄금
제4류 위험물		화기 엄금
제5류 위험물		
제6류 위험물		별도의 표시를 하지 않는다.

40 제6류 위험물에 대한 설명으로 옳은 것은?

① 과염소산은 독성은 없지만 폭발의 위험이 있으므로 밀폐하여 보관한다.
② 과산화수소는 농도가 3% 이상일 때 단독으로 폭발하므로 취급에 주의한다.
③ 질산은 자연 발화의 위험이 높으므로 저온 보관한다.
④ 할로겐간 화합물의 지정 수량은 300kg이다.

해설 ① 과염소산은 흡습성이 대단히 강하고, 공기 중에서는 휘발성이 있으며 유리나 도자기 등의 밀폐 용기에 넣어 저장하고 저온에서 통풍이 잘되는 곳에 저장한다.
② 과산화수소는 농도가 66% 이상일 때 단독으로 폭발하므로 취급에 주의한다.
③ 질산은 강한 산화력을 가지고 있는 강산화성 물질이며 소량의 경우는 갈색병에 보관한다.

41 적린의 성질에 대한 설명 중 틀린 것은?

① 물이나 이황화탄소에 녹지 않는다.
② 발화점은 약 260℃ 정도이다.
③ 연소할 때 인화수소가스가 발생한다.
④ 산화제가 섞여 있으면 마찰에 의해 착화하기 쉽다.

해설 ③ $4P + 5O_2 \rightarrow 2P_2O_5$

42 트라이나이트로페놀의 성상에 대한 설명 중 틀린 것은?

① 융점은 약 61℃이고 비점은 약 120℃이다.
② 쓴맛이 있으며 독성이 있다.
③ 단독으로는 마찰, 충격에 비교적 안정하다.
④ 알코올, 에테르, 벤젠에 녹는다.

해설 ① 융점은 122℃이고 비점은 255℃이다.

43 위험물안전관리법령에서 제3류 위험물에 해당하지 않는 것은?

① 알칼리 금속 ② 칼륨
③ 황화린 ④ 황린

해설 ③ 황화린 : 제2류 위험물

44 위험물안전관리법령상 정기 점검 대상인 제조소 등의 조건이 아닌 것은?

① 예방 규정 작성 대상인 제조소 등
② 지하 탱크 저장소
③ 이동 탱크 저장소
④ 지정 수량 5배의 위험물을 취급하는 옥외 탱크를 둔 제조소

해설 정기 점검 대상인 제조소 등
㉠ 예방 규정 작성 대상인 제조소 등
㉡ 지하 탱크 저장소
㉢ 이동 탱크 저장소
㉣ 위험물을 취급하는 탱크로서 지하에 매설된 탱크가 있는 제조소·주유 취급소 또는 일반 취급소

45 Ca_3P_2 600kg을 저장하려 한다. 지정 수량의 배수는 얼마인가?

① 2배 ② 3배
③ 4배 ④ 5배

해설 Ca_3P_2의 지정 수량은 300kg이다.
즉, 600kg ÷ 300kg = 2배

46 디에틸에테르의 보관·취급에 관한 설명으로 틀린 것은?

① 용기는 밀봉하여 보관한다.
② 환기가 잘되는 곳에 보관한다.
③ 정전기가 발생하지 않도록 취급한다.
④ 저장 용기에 빈 공간이 없게 가득 채워 보관한다.

해설 ④ 탱크나 용기 저장 시 공간 용적을 유지하고 대량 저장 시에는 불활성 가스를 봉입시킨다.

47 아닐린에 대한 설명으로 옳은 것은?

① 특유의 냄새를 가진 기름상 액체이다.
② 인화점이 0℃ 이하이어서 상온에서 인화의 위험이 높다.
③ 황산과 같은 강산화제와 접촉하면 중화되어 안정하게 된다.
④ 증기는 공기와 혼합하여 인화, 폭발의 위험은 없는 안정한 상태가 된다.

해설 ② 인화점이 70℃이며 인화점이 높아 상온에서 인화 위험은 없다.
③ 진한 황산과 같은 강산류와 접촉 시 격렬하게 반응한다.
④ 증기는 공기와 혼합할 때 인화, 폭발의 위험이 있다.

48 벤젠의 저장 및 취급 시 주의 사항에 대한 설명으로 틀린 것은?

① 정전기 발생에 주의한다.
② 피부에 닿지 않도록 주의한다.
③ 증기는 공기보다 가벼워 높은 곳에 체류하므로 환기에 주의한다.
④ 통풍이 잘되는 서늘하고 어두운 곳에 저장한다.

해설 ③ 증기는 공기보다 무거워 낮은 곳에 체류하며, 이때 점화원에 의해 불이 일시에 번지며 역화의 위험이 있다.

49 질산칼륨의 성질에 해당하는 것은?

① 무색 또는 흰색 결정이다.
② 물과 반응하면 폭발의 위험이 있다.
③ 물에 녹지 않으나 알코올에 잘 녹는다.
④ 황산, 목분과 혼합하면 흑색 화약이 된다.

해설 ② 물과 반응하면 폭발의 위험이 없다.
③ 물, 글리세린, 에탄올에 잘 녹고 에테르에 녹지 않는다.
④ 질산칼륨(KNO_3)과 황(S), 목탄분(C)을 $75\% : 10\% : 15\%$ 비율로 혼합하면 흑색 화약(blackgun powder)이 된다.

50 위험물 제조소 등에 자체 소방대를 두어야 할 대상의 위험물 안전관리법령상 기준으로 옳은 것은? (단, 원칙적인 경우에 한한다.)

① 지정 수량 3,000배 이상의 위험물을 저장하는 저장소 또는 제조소
② 지정 수량 3,000배 이상의 위험물을 취급하는 제조소 또는 일반 취급소
③ 지정 수량 3,000배 이상의 제4류 위험물을 저장하는 저장소 또는 제조소
④ 지정 수량 3,000배 이상의 제4류 위험물을 취급하는 제조소 또는 일반 취급소

해설 자체 소방대를 두어야 할 대상의 기준
㉠ 지정 수량 3,000배 이상의 제4류 위험물을 저장·취급하는 제조소 또는 일반 취급소
㉡ 옥외 탱크 저장소에 저장하는 제4류 위험물의 최대 수량이 지정 수량의 50만 배 이상인 사업소

51 <보기>의 위험물을 위험 등급 Ⅰ, 위험 등급 Ⅱ, 위험 등급 Ⅲ의 순서로 옳게 나열한 것은?

> 황린, 인화칼슘, 리튬

① 황린, 인화칼슘, 리튬
② 황린, 리튬, 인화칼슘
③ 인화칼슘, 황린, 리튬
④ 인화칼슘, 리튬, 황린

해설 소화 난이도 등급 Ⅱ의 제조소 등에 설치하여야 하는 소화 설비

제조소 등의 구분	소화 설비
· 제조소 · 옥내 저장소 · 옥외 저장소 · 주유 취급소 · 판매 취급소 · 일반 취급소	방사 능력 범위 내에 당해 건축물, 그 밖의 인공 구조물 및 위험물이 포 함되도록 대형 수동식 소화기를 설치하고, 당해 위험물의 소요 단위의 1/5 이상에 해당하는 능력 단위의 소형 수동식 소화기 등을 설치할 것
· 옥외 탱크 저장소 · 옥내 탱크 저장소	대형 수동식 소화기 및 소형 수동식 소화기 등을 각각 1개 이상 설치할 것

52 휘발유에 대한 설명으로 옳지 않은 것은?

① 지정 수량은 200L이다.
② 전기의 불량 도체로서 정전기 축적이 용이하다.
③ 원유의 성질·상태·처리 방법에 따라 탄화수소의 혼합 비율이 다르다.
④ 발화점은 −43～−20℃ 정도이다.

해설 ④ 발화점은 300℃이다.

53 위험물 운반 시 동일한 트럭에 제1류 위험물과 함께 적재할 수 있는 유별은? (단, 지정 수량의 5배 이상인 경우이다.)

① 제3류　　　　② 제4류
③ 제6류　　　　④ 없음

해설 유별을 달리하는 위험물의 혼재 기준

구 분	제1류	제2류	제3류	제4류	제5류	제6류
제1류		×	×	×	×	○
제2류	×		×	○	○	×
제3류	×	×		○	×	×
제4류	×	○	○		○	×
제5류	×	○	×	○		×
제6류	○	×	×	×	×	

54 황린의 저장 및 취급에 있어서 주의할 사항 중 옳지 않은 것은?

① 독성이 있으므로 취급에 주의할 것
② 물과의 접촉을 피할 것
③ 산화제와의 접촉을 피할 것
④ 화기의 접근을 피할 것

해설 ② 물과 반응하지 않으며 물에 녹지 않는다. 따라서 물속에 저장한다.

55 다음 중 위험물안전관리법상 제조소 등의 허가·취소 또는 사용 정지의 사유에 해당하지 않는 것은?

① 안전 교육 대상자가 교육을 받지 아니한 때
② 완공 검사를 받지 않고 제조소 등을 사용한 때
③ 위험물 안전관리자를 선임하지 아니한 때
④ 제조소 등의 정기 검사를 받지 아니한 때

해설 제조소 등의 허가 취소 또는 사용 정지의 사유
㉠ 완공 검사를 받지 않고 제조소 등을 사용한 때
㉡ 위험물 안전관리자를 선임하지 아니한 때
㉢ 제조소 등의 정기 검사를 받지 아니한 때

56 위험물의 유별 구분이 나머지 셋과 다른 하나는?

① 나이트로글리콜　　② 벤젠
③ 아조벤젠　　　　　④ 다이나이트로벤젠

해설 ① 나이트로글리콜 : 제5류 위험물 질산에스터류
② 벤젠 : 제4류 위험물 제1석유류
③ 아조벤젠 : 제5류 위험물 아조화합물
④ 다이나이트로벤젠 : 제5류 위험물 나이트로 화합물류

57 다음 중 제4류 위험물 중 제1석유류에 속하는 것은?

① 에틸렌글리콜　　② 글리세린
③ 아세톤　　　　　④ n-부탄올

해설 ① 에틸렌글리콜 : 제4류 위험물 제3석유류
② 글리세린 : 제4류 위험물 제3석유류
③ 아세톤 : 제4류 위험물 제1석유류

정답 52 ④　53 ③　54 ②　55 ①　56 ②　57 ③

④ $n-$부탄올 : 제4류 위험물 알코올류

58 횡으로 설치한 원통형 위험물 저장 탱크의 내용적이 500L일 때 공간 용적은 최소 몇 L이어야 하는가? (단, 원칙적인 경우에 한한다.)

① 15   ② 25

③ 35   ④ 50

해설 ㉠ 공간 용적
위험물의 과주입 또는 온도의 상승으로 부피의 증가에 따른 체적 팽창에 의한 위험물의 넘침을 막아주는 기능을 한다.
㉡ 일반적인 탱크의 공간 용적

탱크 내용적의 $\frac{5}{100}$ 이상 $\frac{10}{100}$ 이하이다.

∴ 500L×0.05=25L

59 탄화칼슘을 습한 공기 중에 보관하면 위험한 이유로 가장 옳은 것은?

① 아세틸렌과 공기가 혼합된 폭발성 가스가 생성될 수 있으므로
② 에틸렌과 공기 중 질소가 혼합된 폭발성 가스가 생성될 수 있으므로
③ 분진 폭발의 위험성이 증가하기 때문에
④ 포스핀과 같은 독성가스가 발생하기 때문에

해설 $CaC_2+2H_2O \rightarrow Ca(OH)_2+C_2H_2$

60 인화성 액체 위험물을 저장 또는 취급하는 옥외 탱크 저장소의 방유제 내에 용량 100,000L와 50,000L인 옥외 저장 탱크 2기를 설치하는 경우에 확보하여야 하는 방유제의 용량은?

① 50,000L 이상   ② 80,000L 이상
③ 110,000L 이상   ④ 150,000L 이상

해설 옥외 탱크 저장소의 방유제 용량
㉠ 1기 : 탱크 용량의 110% 이상
㉡ 2기 이상 : 최대 용량의 110% 이상
즉, 100,000L×1.1=110,000L 이상

위험물 기능사 (2025. 4. 5 시행)

01 다음 중 연소 속도와 의미가 가장 가까운 것은?

① 기화열의 발생 속도

② 환원 속도

③ 착화 속도

④ 산화 속도

해설 연소란 가연성 물질이 공기 중의 산소와 반응하여 열과 빛을 내는 산화 반응이므로 연소 속도는 산화 속도라 한다.

02 위험물 제조소 내의 위험물을 취급하는 배관에 대한 설명으로 옳지 않은 것은?

① 배관을 지하에 매설하는 경우 접합 부분에는 점검구를 설치하여야 한다.

② 배관을 지하에 매설하는 경우 금속성 배관의 외면에는 부식 방지 조치를 하여야 한다.

③ 최대 상용 압력의 1.5배 이상의 압력으로 수압 시험을 실시하여 이상이 없어야 한다.

④ 지상에 설치하는 경우에는 안전한 구조의 지지물로 지면에 밀착하여 설치하여야 한다.

해설 ④ 배관을 지상에 설치하는 경우에는 지진·풍압·지반 침하 및 온도 변화에 안전한 구조의 지지물에 설치하되, 지면에 닿지 아니하도록 하고 배관의 외면에 부식 방지를 위한 도장을 하여야 한다. 다만 불변강의 경우에는 부식 방지를 위한 도장을 아니할 수 있다.

03 분말 소화 약제의 식별 색을 옳게 나타낸 것은?

① $KHCO_3$: 백색

② $NH_4H_2PO_4$: 담홍색

③ $NaHCO_3$: 보라색

④ $KHCO_3 + (NH_2)_2CO$: 초록색

해설 분말 소화 약제

종 류	착 색	적응화재
1종 분말($NaHCO_3$)	백색	B·C
2종 분말($KHCO_3$)	보라색	B·C
3종 분말($NH_4H_2PO_4$)	담홍색(핑크색)	A·B·C
4종 분말($KHCO_3 + (NH_2)_2CO$)	회백색	B·C

04 소화 설비의 주된 소화 효과를 옳게 설명한 것은?

① 옥내·옥외 소화전 설비 : 질식 소화

② 스프링클러 설비, 물분무 소화 설비 : 억제 소화

③ 포, 분말 소화 설비 : 억제 소화

④ 할로겐 화합물 소화 설비 : 억제 소화

해설 ① 옥내·옥외 소화전 설비 : 냉각 소화

② 스프링클러 설비, 물분무 소화 설비 : 냉각 소화, 질식 소화

③ 포, 분말 소화 설비 : 질식 소화

05 지정 수량의 몇 배 이상의 위험물을 취급하는 제조소에는 화재 발생 시 이를 알릴 수 있는 경보 설비를 설치하여야 하는가?

① 5 　　② 10 　　③ 20 　　④ 100

해설 위험물 제조소의 경보 설비 : 지정 수량의 10배 이상

06 유류 화재 소화 시 분말 소화 약제를 사용할 경우 소화 후에 재발화 현상이 가끔씩 발생할 수 있다. 다음 중 이러한 현상을 예방하기 위하여 병용하여 사용하면 가장 효과적인 포 소화 약제는?

① 단백포 소화 약제

② 수성막포 소화 약제

③ 알코올형 포 소화 약제

④ 합성 계면 활성제 포 소화 약제

해설 ① 단백포 소화 약제(Protein foam, P) : 동식물성 단백질(동물의 뿔, 발톱 등)의 가수 분해 생성물을 기제로 하고 포 안정제로서 제1철염, 부동액(에틸렌글리콜, 프로필렌글리콜 등) 등을 첨가하여 만든 것이다.

정답 　01 ④ 　02 ④ 　03 ② 　04 ④ 　05 ② 　06 ②

② 수성막포 소화 약제(Aqueous Film Forming Foam, AFFF) : 유류 화재 소화 시 분말 소화 약제를 사용할 경우 소화 후에 재발화 현상이 가끔씩 발생할 수 있다. 이러한 현상을 예방하기 위하여 병용하여 사용한다.

③ 알코올형 포 소화 약제(수용성 용제 포 소화 약제, Alcohol Resistant foam, AR) : 물과 친화력이 있는 알코올과 같은 수용성 용매(극성 용매)의 화재에 보통의 포 소화 약제를 사용하면 수용성 용매가 포 속의 물을 탈취하여 포가 파괴되기 때문에 효과를 잃게 된다. 이와 같은 현상은 온도가 높아지면 더욱 뚜렷이 나타나는데, 이 같은 단점을 보완하기 위하여 단백질의 가수 분해물에 금속 비누를 계면 활성제 등을 사용하여 유화, 분산시킨 것이다.

④ 합성 계면 활성제 포 소화 약제(Synthetic surface active foam, S) : 계면 활성제를 기제로 하여 포막 안정제 등을 첨가하여 만든 소화 약제로 저팽창(3%, 6%) 및 고팽창(1%, 1.5%, 2%)으로 사용하는 것이다.

07 소화 효과 중 부촉매 효과를 기대할 수 있는 소화 약제는?

① 물 소화 약제
② 포 소화 약제
③ 분말 소화 약제
④ 이산화탄소 소화 약제

해설 제3종 분말 소화 약제의 부촉매 효과 : 제1인산암모늄($NH_4H_2PO_4$)으로부터 유리되어 나온 활성화된 암모늄이온(NH_4^+)이 가연 물질 내부에 함유되어 있는 활성화된 수산이온(OH^-)과 반응하여 연속적인 연소의 연쇄 반응을 억제·방해 또는 차단시킴으로써 화재를 소화한다.

08 위험물 제조소 등의 화재 예방 등 위험물 안전 관리에 관한 직무를 수행하는 위험물 안전 관리자의 선임 시기는?

① 위험물 제조소 등의 완공 검사를 받은 후 즉시
② 위험물 제조소 등의 허가 신청 전
③ 위험물 제조소 등의 설치를 마치고 완공 검사를 신청하기 전
④ 위험물 제조소 등에서 위험물을 저장 또는 취급하기 전

해설 위험물 제조소 등의 위험물 안전 관리자의 선임 시기 : 위험물 제조소 등에서 위험물을 저장 또는 취급하기 전

09 위험물 제조소 등의 소화 설비 기준에 관한 설명으로 옳은 것은?

① 제조소 등 중에서 소화 난이도 등급 Ⅰ, Ⅱ 또는 Ⅲ의 어느 것에도 해당하지 않는 것도 있다.
② 옥외 탱크 저장소의 소화 난이도 등급을 판단하는 기준 중 탱크의 높이는 기초를 제외한 탱크 측판의 높이를 말한다.
③ 제조소의 소화 난이도 등급을 판단하는 기준 중 면적에 관한 기준은 건축물 외에 설치된 것에 대해서는 수평 투영 면적을 기준으로 한다.
④ 제4류 위험물을 저장·취급하는 제조소 등에도 스프링클러 소화 설비가 적응성이 인정되는 경우가 있으며 이는 수원의 수량을 기준으로 판단한다.

해설 ② 옥외 탱크 저장소의 소화 난이도 등급 Ⅰ은 지반 면으로부터 탱크 상단의 높이가 6m 이상인 것
③ 제조소의 소화 난이도 등급 Ⅰ은 연면적 1,000m² 이상인 것
④ 제4류 위험물을 저장 또는 취급하는 장소의 살수 기준 면적에 따라 스프링클러 설비의 살수 밀도가 기준 이상인 경우에는 당해 스프링클러 설비가 제4류 위험물에 대하여 적응성이 있다.

10 소화 난이도 등급 Ⅰ인 옥외 탱크 저장소에 있어서 제4류 위험물 중 인화점이 70℃ 이상인 것을 저장, 취급하는 경우 어느 소화 설비를 설치해야 하는가? (단, 지중 탱크 또는 해상 탱크 외의 것이다.)

① 스프링클러 소화 설비
② 물분무 소화 설비
③ 이산화탄소 소화 설비
④ 분말 소화 설비

정답 07 ③ 08 ④ 09 ① 10 ②

해설 소화 난이도 등급 Ⅰ에 대한 제조소 등의 소화 설비

제조소 등의 구분		소화 설비
제조소 및 일반 취급소		옥내 소화전 설비, 옥외 소화전 설비, 스프링클러 설비 또는 물분무 등 소화 설비(화재 발생 시 연기가 충만할 우려가 있는 장소에는 스프링클러 설비 또는 이동식 외의 물분무 등 소화 설비에 한한다)
주유 취급소		스프링클러 설비(건축물에 한정한다), 소형 수동식 소화기 등(능력 단위의 수치가 건축물 그 밖의 공작물 및 위험물의 소요단위의 수치에 이르도록 설치할 것
옥내 저장소	처마 높이가 6m 이상인 단층 건물 또는 다른 용도의 부분이 있는 건축물에 설치한 옥내 저장소	스프링클러 설비 또는 이동식 외의 물분무 등 소화 설비
	그 밖의 것	옥외 소화전 설비, 스프링클러 설비, 이동식 외의 물분무 등 소화 설비 또는 이동식 포 소화 설비(포 소화전을 옥외에 설치하는 것에 한한다)
옥외 탱크 저장소	지중 탱크 또는 해상 탱크 외의 것	황만을 저장 취급하는 것	물분무 소화 설비
		인화점 70℃ 이상의 제4류 위험물만을 저장 취급하는 것	물분무 소화 설비 또는 고정식 포 소화 설비
		그 밖의 것	고정식 포 소화 설비(포 소화 설비가 적응성이 없는 경우에는 분말 소화 설비)
	지중 탱크		고정식 포 소화 설비, 이동식 이외의 불활성 가스 소화 설비 또는 이동식 이외의 할로겐 화합물 소화 설비
	해상 탱크		고정식 포 소화 설비, 물분무 소화 설비, 이동식 이외의 불활성 가스 소화 설비 또는 이동식 이외의 할로겐 화합물 소화 설비
옥내 탱크 저장소	황만을 저장 취급하는 것		물분무 소화 설비
	인화점 70℃ 이상의 제4류 위험물만을 저장 취급하는 것		물분무 소화 설비, 고정식 포 소화 설비, 이동식 이외의 불활성 가스 소화 설비, 이동식 이외의 할로겐 화합물 소화 설비 또는 이동식 이외의 분말 소화 설비
	그 밖의 것		고정식 포 소화 설비, 이동식 이외의 불활성 가스 소화 설비, 이동식 이외의 할로겐 화합물 소화 설비 또는 이동식 이외의 분말 소화 설비
옥외 저장소 및 이송 취급소			옥내 소화전 설비, 옥외 소화전 설비, 스프링클러 설비 또는 물분무 등 소화 설비(화재 발생 시 연기가 충만할 우려가 있는 장소에는 스프링클러 설비 또는 이동식 이외의 물분무 등 소화 설비에 한한다)
암반 탱크 저장소	황만을 저장 취급하는 것		물분무 소화 설비
	인화점 70℃ 이상의 제4류 위험물만을 저장 취급하는 것		물분무 소화 설비 또는 고정식 포 소화 설비
	그 밖의 것		고정식 포 소화 설비(포 소화 설비가 적응성이 없는 경우에는 분말 소화 설비)

11 위험물 옥외 저장소에서 지정 수량 200배 초과의 위험물을 저장할 경우 보유 공지의 너비는 몇 m 이상으로 하여야 하는가? (단, 제4류 위험물과 제6류 위험물이 아닌 경우이다.)

① 0.5 ② 2.5
③ 10 ④ 15

해설 옥외저장소

저장 또는 취급하는 위험물의 최대 수량	공지의 너비
지정 수량의 10배 이하	3m 이상
지정 수량의 10배 초과 20배 이하	5m 이상
지정 수량의 20배 초과 50배 이하	9m 이상
지정 수량의 50배 초과 200배 이하	12m 이상
지정 수량의 200배 초과	15m 이상

단, 제4류 위험물 중 제4석유류와 제6류 위험물을 저장 또는 취급하는 보유 공지는 공지 너비의 1/3 이상으로 할 수 있다.

12 다음 중 인화점이 낮은 것부터 높은 순서로 나열된 것은?

① 톨루엔 – 아세톤 – 벤젠
② 아세톤 – 톨루엔 – 벤젠
③ 톨루엔 – 벤젠 – 아세톤
④ 아세톤 – 벤젠 – 톨루엔

해설

위험물	인화점
아세톤	−18℃
벤젠	−11.1℃
톨루엔	4.5℃

13 이산화탄소의 특성에 대한 설명으로 옳지 않은 것은?

① 전기 전도성이 우수하다.
② 냉각, 압축에 의하여 액화된다.
③ 과량 존재 시 질식할 수 있다.
④ 상온, 상압에서 무색, 무취의 불연성 기체이다.

해설 ① 전기 전도성이 없다.

14 다음 위험물의 화재 시 물에 의한 소화 방법이 가장 부적합한 것은?

① 황린
② 적린
③ 마그네슘분
④ 황분

해설

소화 설비의 구분	건축물 · 그 밖의 공작물	전기 설비	제1류 위험물 알칼리 금속 과산화물 등	제1류 위험물 그 밖의 것	제2류 위험물 철분 · 금속분 · 마그네슘 등	제2류 위험물 인화성 고체	제2류 위험물 그 밖의 것	제3류 위험물 금수성 물품	제3류 위험물 그 밖의 것	제4류 위험물	제5류 위험물	제6류 위험물
옥내 소화전 설비 또는 옥외 소화전 설비	○			○		○	○		○		○	○
스프링클러 설비	○			○		○	○		○	△	○	○

15 위험물안전관리법령상 고정 주유 설비는 주유 설비의 중심선을 기점으로 하여 도로 경계선까지 몇 m 이상의 거리를 유지해야 하는가?

① 1   ② 3   ③ 4   ④ 6

해설 고정 주유 설비는 주유 설비의 중심선을 기점으로
㉠ 도로 경계선까지 : 4m 이상
㉡ 대지 경계선·담 및 건축물의 벽까지 : 2m 이상
㉢ 개구부가 없는 벽으로부터 : 1m 이상
㉣ 고정 주유 설비와 고정 급유 설비 사이 : 4m 이상

16 고온체의 색깔이 휘적색일 경우의 온도는 약 몇 ℃ 정도인가?

① 500   ② 950
③ 1,300   ④ 1,500

해설 (1) 발광에 따른 온도 구분 : 적열 상태(500℃ 부근), 백열 상태(1,000℃ 이상)
(2) 고온체의 색깔과 온도와의 관계
  ㉠ 암적색(700℃)   ㉡ 적색(850℃)
  ㉢ 휘적색(950℃)   ㉣ 황적색(1,100℃)
  ㉤ 백적색(1,300℃)   ㉥ 휘백색(1,500℃)

		○	○				○	○	○	○	○	○
물분무 등 소화 설비	물분무 소화 설비	○	○		○		○	○		○	○	○	○
	포 소화 설비	○			○		○	○		○	○	○	○
	불활성 가스 소화 설비		○				○				○		
	할로젠 화합물 소화 설비		○				○				○		
분말 소화 설비	인산염류 등	○	○		○		○				○		○
	탄산 수소 염류 등		○	○		○	○		○		○		
	그 밖의 것			○		○			○				
대형 · 소형 수동식 소화기	봉상수(棒狀水) 소화기	○			○		○	○		○		○	○
	무상수(霧狀水) 소화기	○	○		○		○	○		○		○	○
	봉상강화액 소화기	○			○		○	○		○		○	○
	무상강화액 소화기	○	○		○		○	○		○	○	○	○
	포 소화기	○			○		○	○		○	○	○	○
	이산화탄소 소화기		○				○				○		△
	할론 소화 설비		○				○				○		
분말 소화기	인산염류 소화기	○	○		○		○				○		○
	탄산수소염류 소화기		○	○		○	○		○		○		
	그 밖의 것			○		○			○				
기타	물통 또는 수조	○			○		○	○		○		○	○
	건조사			○	○	○	○	○	○	○	○	○	○
	팽창 질석 또는 팽창 진주암			○	○	○	○	○	○	○	○	○	○

17 이동 탱크 저장소에 의한 위험물의 운송에 있어서 운송 책임자의 감독 또는 지원을 받아야 하는 위험물은?

① 금속분
② 알킬알루미늄
③ 아세트알데히드
④ 히드록실아민

해설 이동 탱크 저장소의 위험물 운송 시 운송 책임자의 감독, 지원을 받아야 하는 위험물

㉠ 알킬알루미늄
㉡ 알킬리튬
㉢ 알킬알루미늄 또는 알킬리튬을 함유하는 위험물

18 위험물안전관리법령에 근거하여 자체 소방대에 두어야 하는 제독차의 경우 가성소다 및 규조토를 각각 몇 kg 이상 비치하여야 하는가?

① 30
② 50
③ 60
④ 100

해설 화학 소방 자동차의 소화 능력 및 설비의 기준

화학 소방 자동차의 구분	소화 능력 및 설비의 기준
포 수용액 방사차	· 포 수용액의 방사 능력이 2,000L/min 이상일 것 · 소화 약액 탱크 및 소화 약액 혼합 장치를 비치할 것 · 10만L 이상의 포 수용액을 방사할 수 있는 양의 소화 약제를 비치할 것
분말 방사차	· 분말의 방사 능력이 35kg/s 이상일 것 · 분말 탱크 및 가압용 가스 설비를 비치할 것 · 1,400kg 이상의 분말을 비치할 것
할로겐화물 방사차	· 할로겐화물의 방사 능력이 40kg/s 이상일 것 · 할로겐화물 탱크 및 가압용 가스 설비를 비치할 것 · 1,000kg 이상의 할로겐화물을 비치할 것
이산화탄소 방사차	· 이산화탄소의 방사 능력이 40kg/s 이상일 것 · 이산화탄소 저장 용기를 비치할 것 · 3,000kg 이상의 이산화탄소를 비치할 것
제독차	가성소다 및 규조토를 각각 50kg 이상 비치할 것

19 화재 시 이산화탄소를 방출하여 산소의 농도를 12.5%로 낮추어 소화하려면 공기 중의 이산화탄소 농도는 약 몇 vol%로 해야 하는가?

① 30.7
② 32.8
③ 40.5
④ 68.0

해설 CO_2의 농도(%)$= \dfrac{21 - O_2}{21} \times 100$

$\qquad\qquad\quad = \dfrac{21 - 12.5}{21} \times 100 = 40.5 \text{vol}\%$

20 수소화나트륨 240g과 충분한 물이 완전 반응하였을 때 발생하는 수소의 부피는? (단, 표준 상태를 가정하며 나트륨의 원자량은 23이다.)

① 22.4L
② 224L
③ 22.4m³
④ 224m³

해설 $NaH + H_2O \rightarrow NaOH + H_2$

24g ⎯⎯⎯ 22.4L
240g ⎯⎯⎯ x(L)

$\therefore x = \dfrac{240 \times 22.4}{24} = 224\text{L}$

21 다음 위험물 품명 중 지정 수량이 나머지 셋과 다른 것은?

① 염소산염류
② 질산염류
③ 무기 과산화물
④ 과염소산염류

해설 제1류 위험물의 종류와 지정 수량

성질	품명	지정 수량	위험 등급
산화성 고체	1. 아염소산염류	50kg	I
	2. 염소산염류	50kg	
	3. 과염소산염류	50kg	
	4. 무기과산화물	50kg	
	5. 브로민산염류	300kg	II
	6. 질산염류	300kg	
	7. 아이오딘산염류	300kg	
	8. 과망가니즈산염류	1,000kg	III
	9. 다이크로뮴산염류	1,000kg	
	10. 그 밖에 행정안전부령이 정하는 것 11. 제1호부터 제10호까지의 어느 하나에 해당하는 위험물을 하나 이상 함유한 것	50kg, 300kg 또는 1,000kg	I, II, III

22 산화성 고체의 저장 및 취급 방법으로 옳지 않은 것은?

① 가연물과 접촉 및 혼합을 피한다.
② 분해를 촉진하는 물품의 접근을 피한다.
③ 조해성 물질의 경우 물속에 보관하고, 과열·충격·마찰 등을 피하여야 한다.
④ 알칼리 금속의 과산화물은 물과의 접촉을 피하여야 한다.

해설 ③ 조해성 물질의 경우 방습하고 용기를 밀전해야 하며, 과열, 충격, 마찰 등을 피하여야 한다.

23 에틸알코올의 증기 비중은 약 얼마인가?

① 0.72
② 0.91
③ 1.13
④ 1.59

해설 에틸알코올(C_2H_5OH) 증기 비중 : 1.59

24 염소산나트륨의 성상에 대한 설명으로 옳지 않은 것은?

① 자신은 불연성 물질이지만 강한 산화제이다.
② 유리를 녹이므로 철제 용기에 저장한다.
③ 열분해하여 산소를 발생한다.
④ 산과 반응하면 유독성의 이산화염소를 발생한다.

해설 ② 철을 부식시키므로 철제용기에 저장하지 말아야 한다.

25 위험물안전관리법령상에 따른 다음에 해당하는 동식물유류의 규제에 관한 설명으로 틀린 것은?

"행정안전부령이 정하는 용기 기준과 수납·저장기준에 따라 수납되어 저장·보관되고, 용기의 외부에 물품의 통칭명, 수량 및 화기 엄금(화기 엄금과 동일한 의미를 갖는 표시를 포함한다.)의 표시가 있는 경우"

① 위험물에 해당하지 않는다.
② 제조소 등이 아닌 장소에 지정 수량 이상 저장할 수 있다.
③ 지정 수량 이상을 저장하는 장소도 제조소 등설치 허가를 받을 필요가 없다.
④ 화물 자동차에 적재하여 운반하는 경우 위험물안전관리법상 운반 기준이 적용되지 않는다.

해설 ④ 화물 자동차에 적재하여 운반하는 경우 위험물안전관리법상 운반 기준이 적용된다.

26 다음 중 인화점이 가장 높은 것은?

① 나이트로벤젠
② 클로로벤젠
③ 톨루엔
④ 에틸벤젠

해설

위험물	인화점
나이트로벤젠	88℃
클로로벤젠	32℃
톨루엔	4.5℃
에틸벤젠	21℃

27 내용적이 20,000L인 옥내 저장 탱크에 대하여 저장 또는 취급의 허가를 받을 수 있는 최대 용량은? (단, 원칙적인 경우에 한한다.)

① 18,000L
② 19,000L
③ 19,400L
④ 20,000L

해설 옥내 저장 탱크에 저장 또는 취급의 허가를 받을 수 있는 최대 용량＝내용적×0.95
∴ 20,000L × 0.95＝19,000L

28 위험물안전관리법령에 따른 제6류 위험물의 특성에 대한 설명 중 틀린 것은?

① 과염소산은 유기물과 접촉 시 발화의 위험이 있다.
② 과염소산은 불안정하며 강력한 산화성 물질이다.
③ 과산화수소는 알코올, 에테르에 녹지 않는다.
④ 질산은 부식성이 강하고 햇빛에 의해 분해된다.

해설 ③ 물과는 임의로 혼합하며 수용액 상태는 비교적 안정하다. 알코올, 에테르에는 녹지만 벤젠, 석유에는 녹지 않는다.

29 위험물 옥외 탱크 저장소와 병원과는 안전 거리를 얼마 이상 두어야 하는가?

① 10m
② 20m
③ 30m
④ 50m

해설 제조소의 안전거리

(1) 3m 이상 : 사용 전압이 7,000V 초과 35,000V이하의 특고압 가공 전선

(2) 5m 이상 : 사용 전압이 35,000V 초과인 특고압 가공 전선

(3) 10m 이상 : 주거용으로 사용되는 것

(4) 20m 이상
  ㉠ 고압가스 제조 시설(용기에 충전하는 것 포함)
  ㉡ 고압가스 사용 시설 (1일 30m³ 이상 용적 취급)
  ㉢ 고압가스 저장 시설
  ㉣ 액화산소 소비 시설
  ㉤ 액화석유가스 제조·저장 시설
  ㉥ 도시가스 공급 시설

(5) 30m 이상
  ㉠ 학교, 병원, 공연장, 영화관(300명 이상 수용)
  ㉡ 노유자 시설 등(20명 이상 수용)

(6) 50m 이상
  ㉠ 유형 문화재
  ㉡ 지정 문화재

30 저장하는 위험물의 최대 수량이 지정 수량의 15배일 경우, 건축물의 벽·기둥 및 바닥이 내화 구조로 된 위험물 옥내 저장소의 보유 공지는 몇 m 이상이어야 하는가?

① 0.5
② 1
③ 2
④ 3

해설 옥내 저장소

저장 또는 취급하는 위험물의 최대 수량	공지의 너비	
	벽·기둥 및 바닥이 내화 구조로 된 건축물	그 밖의 건축물
지정 수량의 5배 이하	—	0.5m 이상
지정 수량의 5배 초과, 10배 이하	1m 이상	1.5m 이상
지정 수량의 10배 초과, 20배 이하	2m 이상	3m 이상
지정 수량의 20배 초과, 50배 이하	3m 이상	5m 이상
지정 수량의 50배 초과, 200배 이하	5m 이상	10m 이상
지정 수량의 200배 초과	10m 이상	15m 이상

단, 지정 수량의 20배를 초과하는 옥내 저장소와 동일한 부지 내에 있는 다른 옥내 저장소와의 사이에는 공지 너비의 $\frac{1}{3}$(당해 수치가 3m 미만인 경우에는 3m)의 공지를 보유할 수 있다.

31 디에틸에테르에 관한 설명 중 틀린 것은?

① 비전도성이므로 정전기를 발생하지 않는다.
② 무색 투명한 유동성의 액체이다.
③ 휘발성이 매우 높고, 마취성을 가진다.
④ 공기와 장시간 접촉하면 폭발성의 과산화물이 생성된다.

해설 ① 비전도성이므로 정전기를 발생한다.

32 제2류 위험물인 황의 대표적인 연소 형태는?

① 표면 연소
② 분해 연소
③ 증발 연소
④ 자기 연소

해설 ① 표면 연소(직접 연소) : 고체 가연물의 연소형태로서, 열분해에 의한 가연성 가스를 발생하지 않고 그 고체의 표면에서 공기 중의 산소와 반응하여 연소하는 형태이다. 목탄, 코크스, 금속분 등의 연소가 대표적이다.
② 분해 연소(목재, 석탄, 종이, 플라스틱 등)
③ 증발 연소(황, 나프탈렌, 장뇌 등)
④ 내부 연소(나이트로 화합물 등 제5류 위험물)

정답 29 ③　30 ③　31 ①　32 ③

33 제5류 위험물을 취급하는 위험물 제조소에 설치하는 주의 사항 게시판에서 표시하는 내용과 바탕색, 문자색으로 옳은 것은?

① "화기 주의", 백색 바탕에 적색 문자
② "화기 주의", 적색 바탕에 백색 문자
③ "화기 엄금", 백색 바탕에 적색 문자
④ "화기 엄금", 적색 바탕에 백색 문자

해설 ㉠ 화기 엄금 : 적색 바탕에 백색 문자
㉡ 화기 주의 : 적색 바탕에 백색 문자
㉢ 물기 엄금 : 청색 바탕에 백색 문자

34 질산이 공기 중에서 분해되어 발생하는 유독한 갈색 증기의 분자량은?

① 16　　　　　　② 40
③ 46　　　　　　④ 71

해설 $4HNO_3 \longrightarrow \underset{\text{유독한 적갈색의 기체}}{4NO_2} + O_2 + 2H_2O$
NO_2 분자량 $= 14 + 16 \times 2 = 46$

35 탄화알루미늄 1몰을 물과 반응시킬 때 발생하는 가연성 가스의 종류와 양은?

① 에탄, 4몰　　　② 에탄, 3몰
③ 메탄, 4몰　　　④ 메탄, 3몰

해설 $Al_4C_3 + 12H_2O \rightarrow 4Al(OH)_3 + 3CH_4$

36 $C_6H_2(NO_2)_3OH$와 $C_2H_5NO_3$의 공통 성질에 해당하는 것은?

① 나이트로 화합물이다.
② 인화성과 폭발성이 있는 액체이다.
③ 무색의 방향성 액체이다.
④ 에탄올에 녹는다.

해설

	$C_6H_2(NO_2)_3OH$	$C_2H_5NO_3$
①	나이트로 화합물	질산에스터류
②	폭발성이 있는 침상 결정	인화성과 폭발성이 있는 액체
③	순수한 것은 무색이지만 보통 공업용은 휘황색의 침상 결정	무색 투명한 액체
④	더운 물, 알코올, 에테르, 아세톤, 벤젠 등에 녹는다.	물에 약간 녹고 에탄올에 잘 녹는다.

37 종류(유별)가 다른 위험물을 동일한 옥내 저장소의 동일한 실에 같이 저장하는 경우에 대한 설명으로 틀린 것은? (단, 유별로 정리하여 서로 1m 이상의 간격을 두는 경우에 한한다.)

① 제1류 위험물과 황린은 동일한 옥내 저장소에 저장할 수 있다.
② 제1류 위험물과 제6류 위험물은 동일한 옥내 저장소에 저장할 수 있다.
③ 제1류 위험물 중 알칼리 금속의 과산화물과 제5류 위험물은 동일한 옥내 저장소에 저장할 수 있다.
④ 제2류 위험물 중 인화성 고체와 제4류 위험물을 동일한 옥내 저장소에 저장할 수 있다.

해설 ③ 제1류 위험물 중 알칼리 금속의 과산화물과 제5류 위험물은 동일한 옥내 저장소에 저장할 수 없다.

38 위험물안전관리법령에 따라 기계에 의하여 하역하는 구조로 된 운반 용기의 외부에 행하는 표시 내용에 해당하지 않는 것은? (단, 국제 해상 위험물 규칙에 정한 기준 또는 소방청장이 정하여 고시하는 기준에 적합한 표시를 한 경우는 제외한다.)

① 운반 용기의 제조년월
② 제조자의 명칭
③ 겹쳐 쌓기 시험 하중
④ 용기의 유효 기간

해설 기계에 의하여 하역하는 구조로 된 운반 용기의 외부에 행하는 표시 내용
㉠ 운반 용기의 제조년월
㉡ 제조자의 명칭
㉢ 겹쳐 쌓기 시험 하중

39 위험물 안전관리법령상 지하 탱크 저장소의 위치·구조 및 설비의 기준에 따라 다음 ( ) 안에 들어갈 수치로 옳은 것은?

> 탱크 전용실은 지하의 가장 가까운 벽·피트·가스 관 등의 시설물 및 대지 경계선으로부터 (㉮)m 이상 떨어진 곳에 설치하고, 지하 저장 탱크와 전용실의 안쪽과의 사이는 (㉯)m 이상의 간격을 유지하도록 하며, 당해 탱크의 주위에 마른 모래 또는 습기 등에 의하여 응고되지 아니하는 입자 지름 (㉰)mm 이하의 마른 자갈분을 채워야 한다.

① ㉮ 0.1 ㉯ 0.1 ㉰ 5
② ㉮ 0.1 ㉯ 0.3 ㉰ 5
③ ㉮ 0.1. ㉯ 0.1 ㉰ 10
④ ㉮ 0.1. ㉯ 0.3 ㉰ 10

해설 지하 탱크 저장소의 기준
㉠ 탱크 전용실은 지하의 가장 가까운 벽·피트·가스 관 등의 시설물 및 대지 경계선으로부터 0.1m 이상 떨어진 곳에 설치하고, 지하 저장 탱크와 탱크 전용실의 안쪽과의 사이는 0.1m 이상의 간격을 유지 하도록 하며, 당해 탱크의 주위에 마른 모래 또는 습기 등에 의하여 응고되지 아니하는 입자 지름 5mm 이하의 마른 자갈분을 채워야 한다.
㉡ 지하 저장 탱크의 윗부분은 지면으로부터 0.6m 이상 아래에 있어야 한다.

40 황의 성질로 옳은 것은?

① 전기 양도체이다.
② 물에는 매우 잘 녹는다.
③ 이산화탄소와 반응한다.
④ 미분은 분진 폭발의 위험성이 있다.

해설 ① 전기의 부도체이다.
② 물이나 산에 녹지 않으나 알코에는 조금 녹는다.
③ 물과 화합하여 아황산을 만든다.
$$SO_2 + H_2O \rightarrow H_2SO_3$$

41 에틸알코올에 관한 설명 중 옳은 것은?

① 인화점은 0℃ 이하이다.
② 비점은 물보다 낮다.
③ 증기 밀도는 메틸알코올보다 작다.
④ 수용성이므로 이산화탄소 소화기는 효과가 없다.

해설 ① 인화점은 13℃이다.
② 비점(78℃)은 물(100℃)보다 낮다.
③ 증기 밀도는 메틸알코올보다 크다.
④ 수용성이므로 이산화탄소 소화기는 효과가 있다.

42 소화 난이도 등급 Ⅰ의 옥내 탱크 저장소에 설치하는 소화 설비가 아닌 것은? (단, 인화점이 70℃ 이상인 제4류 위험물만을 저장, 취급하는 장소이다.)

① 물분무 소화 설비, 고정식 포 소화 설비
② 이동식 외의 이산화탄소 소화 설비, 고정식 포 소화 설비
③ 이동식의 분말 소화 설비, 스프링클러 설비
④ 이동식 외의 할로겐 화합물 소화 설비, 물분무 소화 설비

해설 소화 난이도 등급 Ⅰ에 대한 제조소 등의 소화 설비

제조소 등의 구분	소화 설비
제조소 및 일반 취급소	옥내 소화전 설비, 옥외 소화전 설비, 스프링클러 설비 또는 물분무 등 소화 설비(화재 발생 시 연기가 충만할 우려가 있는 장소에는 스프링클러 설비 또는 이동식 외의 물분무 등 소화 설비에 한한다)
주유 취급소	스프링클러 설비(건축물에 한정한다), 소형 수동식 소화기 등(능력 단위의 수치가 건축물 그 밖의 공작물 및 위험물의 소요단위의 수치에 이르도록 설치할 것

정답 39 ①　40 ④　41 ②　42 ③

옥내 저장소	처마 높이가 6m 이상인 단층 건물 또는 다른 용도의 부분이 있는 건축물에 설치한 옥내 저장소	스프링클러 설비 또는 이동식 외의 물분무 등 소화 설비
	그 밖의 것	옥외 소화전 설비, 스프링클러 설비, 이동식 외의 물분무 등 소화 설비 또는 이동식 포 소화 설비(포 소화전을 옥외에 설치하는 것에 한한다)

옥외 탱크 저장소	지중 탱크 또는 해상 탱크 외의 것	황만을 저장 취급하는 것	물분무 소화 설비
		인화점 70℃ 이상의 제4류 위험물만을 저장 취급하는 것	물분무 소화 설비 또는 고정식 포 소화 설비
		그 밖의 것	고정식 포 소화 설비(포 소화 설비가 적응성이 없는 경우에는 분말 소화 설비)
	지중 탱크		고정식 포 소화 설비, 이동식 이외의 불활성 가스 소화 설비 또는 이동식 이외의 할로겐 화합물 소화 설비
	해상 탱크		고정식 포 소화 설비, 물분무 소화 설비, 이동식 이외의 불활성 가스 소화 설비 또는 이동식 이외의 할로겐 화합물 소화 설비

옥내 탱크 저장소	황만을 저장 취급하는 것	물분무 소화 설비
	인화점 70℃ 이상의 제4류 위험물만을 저장 취급하는 것	물분무 소화 설비, 고정식 포 소화 설비, 이동식 이외의 불활성 가스 소화 설비, 이동식 이외의 할로겐 화합물 소화 설비 또는 이동식 이외의 분말 소화 설비
	그 밖의 것	고정식 포 소화 설비, 이동식 이외의 불활성 가스 소화 설비, 이동식 이외의 할로겐 화합물 소화 설비 또는 이동식 이외의 분말 소화 설비

옥외 저장소 및 이송 취급소	옥내 소화전 설비, 옥외 소화전 설비, 스프링클러 설비 또는 물분무 등 소화 설비(화재 발생 시 연기가 충만할 우려가 있는 장소에는 스프링클러 설비 또는 이동식 이외의 물분무 등 소화 설비에 한한다)

암반 탱크 저장소	황만을 저장 취급하는 것	물분무 소화 설비
	인하점 70℃ 이상의 제4류 위험물만을 저장 취급하는 것	물분무 소화 설비 또는 고정식 포 소화 설비
	그 밖의 것	고정식 포 소화 설비(포 소화 설비가 적응성이 없는 경우에는 분말 소화 설비)

43 다음 위험물 중 인화점이 가장 낮은 것은?

① 아세톤
② 이황화탄소
③ 클로로벤젠
④ 디에틸에테르

해설

위험물	인화점
아세톤	$-18℃$
이황화탄소	$-30℃$
클로로벤젠	$32℃$
디에틸에테르	$-45℃$

44 다음 중 제6류 위험물로서 분자량이 약 63인 것은?

① 과염소산
② 질산
③ 과산화수소
④ 삼불화브롬

해설 ① $HClO_4 : 1+35.5+64=100.5$
② $HNO_3 : 1+14+48=63$
③ $H_2O_2 : 2+32=34$
④ $BrF_3 : 80+19 \times 3=137$

45 질산의 수소 원자를 알킬기로 치환한 제5류 위험물의 지정 수량은?

① 10kg
② 100kg
③ 200kg
④ 300kg

해설 질산에스터류($R-ONO_2$, 지정수량 10kg)
질산(HNO_3)의 수소(H) 원자를 알킬기 CR, C_nH_{2n+1}로 치환한 화합물

46 유기 과산화물의 화재 예방상 주의 사항으로 틀린 것은?

① 직사광선을 피하고 냉암소에 저장한다.
② 불꽃, 불티 등의 화기 및 열원으로부터 멀리 한다.
③ 산화제와 접촉하지 않도록 주의한다.
④ 대형 화재 시 분말 소화기를 이용한 질식 소화가 유효하다.

해설 ④ 대형 화재 시 다량의 물을 이용한 소화가 유효하다.

47 주유 취급소에서 자동차 등에 위험물을 주유할 때에 자동차 등의 원동기를 정지시켜야 하는 위험물의 인화점 기준은? (단, 연료 탱크에 위험물을 주유하는 동안 방출되는 가연성 증기를 회수하는 설비가 부착되지 않은 고정 주유 설비에 의하여 주유하는 경우이다.)

① 20℃ 미만   ② 30℃ 미만
③ 40℃ 미만   ④ 50℃ 미만

해설 주유 취급소
자동차 등에 위험물을 주유할 때에 자동차 등의 원동기를 정지시켜야 하는 위험물의 인화점은 40℃ 미만이다.

48 위험물을 저장하는 간이 탱크 저장소의 구조 및 설비의 기준으로 옳은 것은?

① 탱크의 두께 2.5mm 이상, 용량 600L 이하
② 탱크의 두께 2.5mm 이상, 용량 800L 이하
③ 탱크의 두께 3.2mm 이상, 용량 600L 이하
④ 탱크의 두께 3.2mm 이상, 용량 800L 이하

해설 간이 탱크 저장소의 구조 및 설비
탱크의 두께 3.2mm 이상, 용량 600L 이하

49 분말 소화기의 소화 약제로 사용되지 않는 것은?

① 탄산수소나트륨   ② 탄산수소칼륨
③ 과산화나트륨   ④ 인산암모늄

해설 ③ 과산화나트륨 : 제1류 위험물 중 무기 과산화물

50 위험물안전관리법령에 따른 이동 저장 탱크의 구조 기준에 대한 설명으로 틀린 것은?

① 압력 탱크는 최대 상용 압력의 1.5배의 압력으로 10분간 수압 시험을 하여 새지 말 것
② 상용 압력이 20kPa를 초과하는 탱크의 안전 장치는 상용 압력의 1.5배 이하의 압력에서 작동할 것
③ 방파판은 두께 1.6mm 이상의 강철판 또는 이와 동등 이상의 강도, 내식성 및 내열성이 있는 금속성의 것으로 할 것
④ 탱크는 두께 3.2mm 이상의 강철판 또는 이와 동등 이상의 강도, 내식성 및 내열성을 갖는 재질로 할 것

해설 안전장치

상용 압력	작동 압력
20kPa 이하	20~24kPa 이하
20kPa 초과	상용 압력의 1.1배 이하

51 위험물안전관리법령에 따른 위험물의 적재 방법에 대한 설명으로 옳지 않은 것은?

① 원칙적으로는 운반 용기를 밀봉하여 수납할 것
② 고체 위험물은 용기 내용적의 95% 이하의 수납률로 수납할 것
③ 액체 위험물은 용기 내용적의 99% 이상의 수납률로 수납할 것
④ 하나의 외장 용기에는 다른 종류의 위험물을 수납하지 않을 것

해설 운반 용기의 수납률

위험물	수납률
알킬알루미늄 등	90% 이하 (50℃에서 5% 이상 공간 용적 유지)
고체 위험물	95% 이하
액체 위험물	98% 이하 (55℃에서 누설되지 않는 것)

52 삼황화린과 오황화린의 공통점이 아닌 것은?

① 물과 접촉하여 인화수소가 발생한다.
② 가연성 고체이다.
③ 분자식이 P와 S로 이루어져 있다.
④ 연소 시 오산화린과 이산화황이 생성된다.

해설 ㉠ $P_4S_3 + 9H_2O \rightarrow H_3PO_3$(인산산)$+H_3PO_2$(히포인산)$+3H_2S$
㉡ $P_2S_5 + 8H_2O \rightarrow 5H_2S + 2H_3PO_4$
∴ 공통물질 : H_2S(황화수소)

53 다음은 위험물을 저장하는 탱크의 공간 용적 산정 기준이다. ( ) 안에 알맞은 수치로 옳은 것은?

> • 위험물을 저장 또는 취급하는 탱크의 공간 용적은 탱크의 내용적의 (㉮) 이상 (㉯) 이하의 용적으로 한다. 다만, 소화 설비(소화 약제 방출구를 탱크 안의 윗부분에 설치하는 것에 한한다.)를 설치하는 탱크의 공간 용적은 당해 소화 설비의 소화 약제 방출구 아래의 0.3m 이상 1m 미만 사이의 면으로부터 윗부분의 용적으로 한다.
> • 암반 탱크에 있어서는 당해 탱크 내에 용출하는 (㉰)일간의 지하수의 양에 상당하는 용적과 당해 탱크의 내용적의 (㉱)의 용적 중에서 보다 큰 용적을 공간 용적으로 한다.

① ㉮ 3/100, ㉯ 10/100, ㉰ 10, ㉱ 1/100
② ㉮ 5/100, ㉯ 5/100, ㉰ 10, ㉱ 1/100
③ ㉮ 5/100, ㉯ 10/100, ㉰ 7, ㉱ 1/100
④ ㉮ 5/100, ㉯ 10/100, ㉰ 10, ㉱ 3/100

해설 **공간 용적** : 위험물의 과주입 또는 온도의 상승으로 부피의 증가에 따른 체적 팽창에 의한 위험물의 넘침을 막아 주는 기능을 한다.
㉠ 일반적인 탱크 : 탱크 내용적의 $\frac{5}{100}$ 이상 $\frac{10}{100}$ 이하
㉡ 소화 설비를 설치한 탱크로서 소화 약제 방출구를 탱크 안의 윗부분에 설치한 탱크 : 당해 탱크의 내용적 중 당해 소화 약제 방출구의 아래 0.3m 내지 1m 사이의 면으로부터 윗부분의 용적

㉢ 암반 탱크 : 당해 탱크 내에 용출하는 7일간의 지하수 양에 상당하는 용적과 당해 탱크 내용적의 $\frac{10}{100}$의 용적 중에서 보다 큰 용적의 공간 용적

54 위험물안전관리법령에 대한 설명 중 옳지 않은 것은?

① 군부대가 지정 수량 이상의 위험물을 군사 목적으로 임시로 저장 또는 취급하는 경우는 제조소 등이 아닌 장소에서 지정 수량 이상의 위험물을 취급할 수 있다.
② 철도 및 궤도에 의한 위험물의 저장·취급 및 운반에 있어서는 위험물안전관리법령을 적용하지 아니한다.
③ 지정 수량 미만인 위험물의 저장 또는 취급에 관한 기술상의 기준은 국가 화재 안전 기준으로 정한다.
④ 업무상 과실로 제조소 등에서 위험물을 유출, 방출 또는 확산시켜 사람의 생명, 신체 또는 재산에 대하여 위험을 발생시킨 자는 7년 이하의 금고 또는 2천만원 이하의 벌금에 처한다.

해설 ③ 지정 수량 미만의 위험물인 경우 : 특별시·광역시 및 도의 조례에 의해 취급

55 위험물 제조소에 옥외 소화전이 5개가 설치되어 있다. 이 경우 확보하여야 하는 수원의 법정 최소량은 몇 m^3인가?

① 28   ② 35   ③ 54   ④ 67.5

해설 수원의 양(Q) : 옥외 소화전 설비의 설치 개수(N : 설치 개수가 4개 이상인 경우는 4개의 옥외 소화전)에 $13.5m^3$를 곱한 양 이상
$Q(m^3) = 4 \times 13.5m^3 = 54m^3$ 이상

56 질산암모늄의 일반적인 성질에 대한 설명으로 옳은 것은?

① 조해성이 없다.
② 무색, 무취의 액체이다.
③ 물에 녹을 때에는 발열한다.
④ 급격한 가열에 의한 폭발의 위험이 있다.

해설 ① 조해성과 흡습성이 강하다.
② 무취, 백색, 무색 또는 연회색의 결정이다.
③ 물에 녹을 때는 흡열한다.

57 인화칼슘이 물과 반응하였을 때 발생하는 가스에 대한 설명으로 옳은 것은?

① 폭발성인 수소를 발생한다.
② 유독한 인화수소를 발생한다.
③ 조연성인 산소를 발생한다.
④ 가연성인 아세틸렌을 발생한다.

해설 $Ca_3P_2+6H_2O \rightarrow 3Ca(OH)_2+2PH_3$

58 위험물안전관리법령상 예방 규정을 정하여야 하는 제조소 등에 해당하지 않는 것은?

① 지정 수량 10배 이상의 위험물을 취급하는 제조소
② 이송 취급소
③ 암반 탱크 저장소
④ 지정 수량의 200배 이상의 위험물을 저장하는 옥내 탱크 저장소

해설 예방 규정을 정하여야 할 제조소 등
㉠ 지정 수량 10배 이상의 제조소·일반 취급소
㉡ 지정 수량 100배 이상의 옥외 저장소
㉢ 지정 수량 150배 이상의 옥내 저장소
㉣ 지정 수량 200배 이상의 옥외 탱크 저장소
㉤ 이송 취급소
㉥ 암반 탱크 저장소

59 위험물안전관리법령상 예방 규정을 정하여야 하는 제조소 등의 관계인은 위험물 제조소 등에 대하여 기술 기준에 적합한지의 여부를 정기적으로 점검하여야 한다. 법적 최소 점검 주기에 해당하는 것은? (단, 100만L 이상의 옥외 탱크 저장소는 제외한다.)

① 주 1회 이상
② 월 1회 이상
③ 6개월 1회 이상
④ 연 1회 이상

해설 예방 규정을 정하여야 하는 제조소 등의 관계인은 위험물 제조소 등에 대하여 기술 기준에 적합한 지의 여부를 연 1회 이상 점검한다.

60 경유를 저장하는 옥외 저장 탱크의 반지름이 2m이고 높이가 12m일 때 탱크 옆판으로부터 방유제까지의 거리는 몇 m 이상이어야 하는가?

① 4
② 5
③ 6
④ 7

해설 방유제는 탱크의 지름에 따라 그 탱크의 측면으로부터 다음 기준에 의한 거리를 확보하여야 한다. 다만 인화점이 200℃ 이상의 위험물을 저장·취급하는 것에 있어서는 그러하지 아니할 수 있다.
㉠ 지름이 15m 미만인 경우 : 탱크 높이의 $\frac{1}{3}$ 이상
㉡ 지름이 15m 이상인 경우 : 탱크 높이의 $\frac{1}{2}$ 이상
∴ 탱크 높이 : $\frac{12}{3}=4m$ 이상

위험물 기능사 (2025. 6. 28 시행)

01 주된 연소 형태가 표면 연소인 것을 옳게 나타낸 것은?

① 중유, 알코올
② 코크스, 숯
③ 목재, 종이
④ 석탄, 플라스틱

해설 ① 중유 : 분해 연소, 알코올 : 증발 연소
② 코크스, 숯 : 표면 연소
③ 목재, 종이 : 분해 연소
④ 석탄, 플라스틱 : 분해 연소

02 다음 중 화학적 소화에 해당하는 것은?

① 냉각 소화
② 질식 소화
③ 제거 소화
④ 억제 소화

해설 화학적 소화 방법 : 억제 소화

03 제3류 위험물 중 금수성 물질에 적응할 수 있는 소화 설비는?

① 포 소화 설비
② 이산화탄소 소화 설비
③ 탄산수소염류 분말 소화 설비
④ 할로겐화합물 소화 설비

해설

소화 설비의 구분	건축물·그 밖의 공작물	전기 설비	제1류 위험물		제2류 위험물			제3류 위험물		제4류 위험물	제5류 위험물	제6류 위험물
			알칼리 금속 과산화물 등	그 밖의 것	철분·금속분·마그네슘 등	인화성 고체	그 밖의 것	금수성 물품	그 밖의 것			
옥내 소화전 설비 또는 옥외 소화전 설비	○			○		○	○		○		○	○
스프링클러 설비	○			○		○	○		○	△	○	○

물분무 등 소화 설비	물분무 소화 설비	○	○		○		○	○		○	○	○	○
	포 소화 설비	○			○		○	○		○	○	○	○
	불활성 가스 소화 설비		○				○				○		
	할로젠 화합물 소화 설비		○				○				○		
	분말 소화 설비 인산염류 등		○		○		○	○			○		○
	탄산 수소 염류 등		○	○		○	○		○		○		
	그 밖의 것			○		○			○				
대형 소형 수동식 소화기	봉상수 (棒狀水) 소화기	○			○		○	○		○		○	○
	무상수 (無狀水) 소화기	○	○		○		○	○		○		○	○
	봉상강화액 소화기	○			○		○	○		○		○	○
	무상강화액 소화기	○	○		○		○	○		○	○	○	○
	포 소화기	○			○		○	○		○	○	○	○
	이산화탄소 소화기		○				○				○		△
	할론 소화 설비		○				○				○		
	분말 소화기 인산염류 소화기		○		○		○	○			○		○
	탄산수소염류 소화기		○	○		○	○		○		○		
	그 밖의 것			○		○			○				
기타	물통 또는 수조	○			○		○	○		○		○	○
	건조사			○	○	○	○	○	○	○	○	○	○
	팽창 질석 또는 팽창 진주암			○	○	○	○	○	○	○	○	○	○

04 가연물이 연소할 때 공기 중의 산소 농도를 떨어뜨려 연소를 중단시키는 소화 방법은?

① 제거 소화
② 질식 소화
③ 냉각 소화
④ 억제 소화

해설 질식 소화 : 산소를 공급하는 산소 공급원을 연소계로부터 차단시켜 연소에 필요한 산소의 양을 16%이하로 줄임으로써 연소의 진행을 억제시켜 소화하는 방법으로 산소 농도는 10~15% 이하이다.

05 다음 중 오존층 파괴 지수가 가장 큰 것은?

① Halon 1040
② Halon 1211
③ Halon 1301
④ Halon 2402

해설 ㉠ 오존 파괴 지수 (ODP ; Ozone Depletion Potential)가 높은 순 : Halon 1301>Halon 2402>Halon 1211

정답 01 ② 02 ④ 03 ③ 04 ② 05 ③

ⓒ 지구온난화 : 소화제로 사용하고 있는 Halon 1301, Halon 2402, Halon 1211은 비중이 공기보다 무겁고 열전도도 작아 대기 중에 방출되면 대기 중의 적외선을 흡수한 다음 대기로 다시 방출하고 지표면으로부터 복사열, 증발열 등의 발생을 억제하며 대기의 유동을 방해함으로써 지표면의 온도를 상승시켜 이산화탄소와 함께 지구를 온실화하는 역할을 한다.

06 분말 소화 약제 중 제1종과 제2종 분말이 각각 열분해될 때 공통적으로 생성되는 물질은?

① N_2, CO_2
② N_2, O_2
③ H_2O, CO_2
④ H_2O, N_2

해설 ㉠ 제1종 분말 소화 약제
$2NaHCO_3 \longrightarrow Na_2CO_3 + CO_2 + H_2O$
ⓒ 제2종 분말 소화 약제
$2KHCO_3 \longrightarrow K_2CO_3 + CO_2 + H_2O$
∴ 공통적으로 생성되는 물질 : H_2O, CO_2

07 다음 중 발화점이 달라지는 요인으로 가장 거리가 먼 것은?

① 가연성 가스와 공기의 조성비
② 발화를 일으키는 공간의 형태와 크기
③ 가열 속도와 가열 시간
④ 가열 도구의 내구연한

해설 발화점이 달라지는 요인
㉠ 가연성 가스와 공기의 조성비
ⓒ 발화를 일으키는 공간의 형태와 크기
ⓒ 가열 속도와 가열 시간
㉣ 용기벽의 재질과 촉매
㉤ 점화원의 종류와 에너지 투입 방법

08 이산화탄소 소화기의 장점으로 옳은 것은?

① 전기 설비 화재에 유용하다.
② 마그네슘과 같은 금속분 화재 시 유용하다.
③ 자기 반응성 물질의 화재 시 유용하다.
④ 알칼리 금속 과산화물 화재 시 유용하다.

해설 이산화탄소 소화기의 장점 : 유류 화재 및 전기 화재에 좋다.

09 다음 중 폭발 범위가 가장 넓은 물질은?

① 메탄
② 톨루엔
③ 에틸알코올
④ 에틸에테르

해설

위험물	폭발 범위
메탄	5~15%
톨루엔	1.4~6.7%
에틸알코올	4.3~19%
에틸에테르	1.9~48%

10 이산화탄소가 소화 약제로 사용되는 이유에 대한 설명으로 가장 옳은 것은?

① 산소와의 반응이 느리기 때문이다.
② 산소와 반응하지 않기 때문이다.
③ 착화되어도 곧 불이 꺼지기 때문이다.
④ 산화 반응이 되어도 열 발생이 없기 때문이다.

해설 이산화탄소가 소화 약제로 사용되는 이유
산소와 반응하지 않기 때문이다.

11 다음 중 나이트로셀룰로오스 화재 시 가장 적합한 소화방법은?

① 할로겐 화합물 소화기를 사용한다.
② 분말 소화기를 사용한다.
③ 이산화탄소 소화기를 사용한다.
④ 다량의 물을 사용한다.

해설 3번 해설 참조

12 자연 발화를 방지하기 위한 방법으로 옳지 않은 것은?

① 습도를 가능한 높게 유지한다.
② 열 축적을 방지한다.
③ 저장실의 온도를 낮춘다.
④ 정촉매 작용을 하는 물질을 피한다.

해설 자연 발화의 방지법
㉠ 통풍이 잘되게 할 것

정답 06 ③ 07 ④ 08 ① 09 ④ 10 ② 11 ④ 12 ①

ⓛ 저장실의 온도를 낮출 것

ⓒ 습도가 높은 것을 피할 것

ⓔ 열의 축적을 방지할 것(퇴적 및 수납시)

ⓜ 정촉매 작용을 하는 물질을 피할 것

13 건축물의 1층 및 2층 부분만을 방사 능력 범위로 하고 지하층 및 3층 이상의 층에 대하여 다른 소화 설비를 설치해야 하는 소화 설비는?

① 스프링클러 설비 ② 포 소화 설비
③ 옥외 소화전 설비 ④ 물분무 소화 설비

해설 옥외 소화전 설비의 설명이다.

14 위험물안전관리법령상 Ⅰ에 해당하는 제조소의 연면적 기준은?

① 1,000m² 이상 ② 800m² 이상
③ 700m² 이상 ④ 500m² 이상

해설 소화난이도 등급 Ⅰ에 해당하는 제조소 등

구분	제조소등의 규모, 저장 또는 취급하는 위험물의 품명 및 최대수량 등
제조소 일반 취급소	·연면적 1,000m² 이상인 것 ·지정 수량의 100배 이상인 것 ·지반면으로부터 6m 이상의 높이에 위험물 취급 설비가 있는 것 ·일반 취급소로 사용되는 부분 외의 부분을 갖는 건축물에 설치된 것
주유 취급소	면적의 합의 500m²를 초과하는 것
옥내 저장소	·지정 수량의 150배 이상인 것 ·연면적 150m²를 초과하는 것 ·처마 높이가 6m 이상인 단층 건물의 것 ·옥내 저장소로 사용되는 부분 외의 부분이 있는 건축물에 설치된 것
옥외 탱크 저장소	·액표면적이 40m² 이상인 것 ·지반면으로부터 탱크 옆판의 상단까지 높이가 6m 이상인 것 ·지중 탱크 또는 해상 탱크로서 지정 수량의 100배 이상인 것 ·고체 위험물을 저장하는 것으로서 지정 수량의 100배 이상인 것

옥내 탱크 저장소	·액표면적이 40m² 이상인 것 ·바닥면으로부터 탱크 옆판의 상단까지 높이가 6m 이상인 것 ·탱크 전용실이 단층 건물 외의 건축물에 있는 것으로 인화점 38℃ 이상 70℃ 미만의 위험물을 지정 수량 5배 이상 저장하는 것
옥외 저장소	·덩어리 상태의 황 등을 저장하는 것으로서 경계 표시 내부의 면적이 100m² 이상인 것 ·지정 수량의 100배 이상인 것
암반 탱크 저장소	·액표면적이 40m² 이상인 것 ·고체 위험물을 저장하는 것으로서 지정 수량의 100배 이상인 것
이송 취급소	모든 대상

15 위험물 취급소의 건축물은 외벽이 내화 구조인 경우 연면적 몇 m²를 1소요 단위로 하는가?

① 50 ② 100
③ 150 ④ 200

해설 제조소 또는 취급소용 건축물의 소요 단위(1단위)

㉠ 외벽이 내화구조로 된 경우 : 연면적 100m²

㉡ 외벽이 내화구조가 아닌 경우 : 연면적 50m²

16 금속 칼륨의 보호액으로 적당하지 않은 것은?

① 등유 ② 유동 파라핀
③ 경유 ④ 에탄올

해설

위험물	보호액
k, Na, 절린	등유(석유), 경유, 유동 파라핀
황린, CS₂	물속(수조)

17 위험물 제조소에서 지정 수량 이상의 위험물을 취급하는 건축물(시설)에는 원칙상 최소 몇 m 이상의 보유 공지를 확보하여야 하는가? (단, 최대 수량은 지정 수량의 10배이다.)

① 1m 이상 ② 3m 이상
③ 5m 이상 ④ 7m 이상

해설 위험물 제조소의 보유 공지

취급하는 위험물의 최대 수량	공지의 너비
지정 수량 10배 이하	3m 이상
지정 수량 10배 초과	5m 이상

최대 수량은 지정 수량의 10배 이므로 3m 이상으로 본다.

18 이송 취급소의 배관이 하천을 횡단하는 경우 하천 밑에 매설하는 배관의 외면과 계획하상(계획하상이 최심하상보다 높은 경우에는 최심하상)과의 거리는?

① 1.2m 이상
② 2.5m 이상
③ 3.0m 이상
④ 4.0m 이상

해설 하천 등 횡단 설치

하천 또는 수로의 밑에 배관을 매설하는 경우에는 배관의 외면과 계획하상(계획하상이 최심하상보다 높은 경우에는 최심하상)과의 거리는 다음의 규정에 의한 거리 이상으로 하되, 호안 그 밖에 하천 관리 시설의 기초에 영향을 주지 아니하고 하천 바닥의 변동, 패임 등에 의한 영향을 받지 아니하는 깊이로 매설하여야 한다.

(1) 하천을 횡단하는 경우 : 4m
(2) 수로를 횡단하는 경우
   ㉠ 하수도법 규정에 의한 하수도(상부가 개방되는 구조로 된 것에 한한다) 또는 운하 : 2.5m
   ㉡ ㉠의 규정에 의한 수로에 해당되지 아니하는 좁은 수로 (용수로, 그 밖에 유사한 것은 제외한다) : 1.2m

19 주수 소화를 하면 위험성이 증가하는 것은?

① 과산화칼륨
② 과망가니즈산칼륨
③ 과염소산칼륨
④ 브로민산칼륨

해설 $2K_2O_2 + 2H_2O \rightarrow 2KOH + O_2 + Qkcal$

20 메탄이 1g이 완전 연소하면 발생되는 이산화탄소는 몇 g인가?

① 1.25
② 2.75
③ 14
④ 44

해설 $CH_4 + 2O_2 \rightarrow CO_2 + 2H_2O$

$$16g \quad\quad 44g$$
$$1g \quad\quad x(g)$$

$$\therefore x = \frac{1 \times 44}{16} = 2.75g$$

21 가연성 고체 위험물의 일반적 성질로 틀린 것은?

① 비교적 저온에서 착화한다.
② 산화제와의 접촉·가열은 위험하다.
③ 연소 속도가 빠르다.
④ 산소를 포함하고 있다.

해설 가연성 고체 위험물의 일반적 성질
㉠ 비교적 저온에서 착화한다.
㉡ 산화제와의 접촉 가열은 위험하다.
㉢ 연소 속도가 빠르다.
㉣ 대부분 비중은 1보다 크고 물에 녹지 않으며, 인화성 고체를 제외하고 모두 무기 화합 물질이며 강력한 환원성 물질이다.
㉤ 연소 시 연소열이 크고 연소 온도가 높다.

22 벤젠에 관한 설명 중 틀린 것은?

① 인화점은 약 −11℃이다.
② 이황화탄소보다 발화점이 높다.
③ 벤젠 증기는 마취성은 있으나 독성은 없다.
④ 취급할 때 정전기 발생을 조심해야 한다.

해설 ③ 벤젠 증기는 마취성이고 독성이 강하다.

23 1기압 20℃에서 액상이며 인화점이 200℃이상인 물질은?

① 벤젠
② 톨루엔
③ 글리세린
④ 실린더유

해설 석유류의 구분
㉠ 제1석유류 : 1기압에서 인화점이 21℃ 미만인 것
   예 벤젠(인화점 −11.1℃), 톨루엔(인화점 4.5℃)
㉡ 제2석유류 : 1기압에서 인화점이 21℃ 이상 70℃ 미만인 것
   예 등유(인화점 30~60℃)
㉢ 제3석유류 : 1기압에서 인화점이 70℃ 이상 200℃ 미만인 것

정답 18 ④ 19 ① 20 ② 21 ④ 22 ③ 23 ④

에 글리세린(인화점 160℃)

ㄹ 제4석유류 : 1기압에서 인화점이 200℃ 이상 250℃ 미만인 것

에 실린더유(인화점 250℃)

24 다음 중 질산에스터류에 속하는 것은?

① 피크린산
② 나이트로벤젠
③ 나이트로글리세린
④ 트라이나이트로톨루엔

해설 ① 피크린산 : 나이트로 화합물
② 나이트로벤젠 : 제4류 위험물 제3석유류
③ 나이트로글리세린 : 질산에스터류
④ 트라이나이트로톨루엔 : 나이트로 화합물

25 제6류 위험물의 화재 예방 및 진압 대책으로 적합하지 않은 것은?

① 가연물과의 접촉을 피한다.
② 과산화수소를 장기 보존할 때는 유리 용기를 사용하여 밀전한다.
③ 옥내 소화전 설비를 사용하여 소화할 수 있다.
④ 물분무 소화 설비를 사용하여 소화할 수 있다.

해설 ② 유리 용기는 알칼리성으로 과산화수소(H_2O_2)를 분해 촉진하므로 유리 용기에 장기 보존하지 않아야 한다.

26 지정 수량이 50kg이 아닌 위험물은?

① 염소산나트륨
② 리튬
③ 과산화나트륨
④ 나트륨

해설 ④ 나트륨의 지정 수량 : 10kg

27 과산화수소와 산화프로필렌의 공통점으로 옳은 것은?

① 특수 인화물이다.
② 분해 시 질소를 발생한다.
③ 끓는점이 200℃ 이하이다.
④ 수용액 상태에서도 자연 발화 위험이 있다.

해설

	과산화수소	산화프로필렌
①	제6류 위험물	제4류 위험물 중 특수 인화물
②	분해 시 산소 발생 $H_2O_2 \rightarrow H_2O + [O]$	휘발, 인화하기 쉽고 연소 범위가 넓어서 위험성이 크다.
③	끓는점 152℃	끓는점 34℃
④	수용액 상태에서는 비교적 안정하다.	수용액 상태에서는 인화 위험이 높다

28 제2류 위험물인 마그네슘의 위험성에 관한 설명 중 틀린 것은?

① 더운물과 작용시키면 산소가스를 발생한다.
② 이산화탄소 중에서도 연소한다.
③ 습기와 반응하여 열이 축적되면 자연 발화의 위험이 있다.
④ 공기 중에 부유하면 분진 폭발의 위험이 있다.

해설 ① $Mg + 2H_2O \rightarrow Mg(OH)_2 + H_2$

29 과산화벤조일의 지정 수량은 얼마인가?

① 10kg
② 50L
③ 100kg
④ 1,000L

해설 제5류 위험물의 품명과 지정 수량

성질	품 명	지정 수량	위험 등급
자기 반응성 물질	1. 유기과산화물 (과산화벤조일)	제1종 : 10kg 제2종 : 100kg	제1종 : Ⅰ 제2종 : Ⅱ
	2. 질산에스터류		
	3. 나이트로화합물		
	4. 나이트로소화합물		
	5. 아조화합물		
	6. 다이아조화합물		
	7. 하이드라진 유도체		
	8. 하이드록실아민		
	9. 하이드록실아민염류		

제4류 위험물	특수인화물	제1석유류, 알코올류
제5류 위험물	지정수량이 제1종 : 10kg인 위험물	지정수량이 제2종 : 100kg인 위험물
제6류 위험물	모두	

30 지하 탱크 저장소에서 인접한 2개의 지하 저장 탱크 용량의 합계가 지정 수량의 100배일 경우 탱크 상호 간의 최소 거리는?

① 0.1m ② 0.3m ③ 0.5m ④ 1m

해설 탱크를 2개 이상 인접하였을 때 상호 거리는 다음과 같다.
㉠ 지정 수량 100배 초과 : 1m 이상
㉡ 지정 수량 100배 이하 : 0.5m 이상

31 위험물안전관리법령에서 정하는 위험 등급 Ⅰ에 해당하지 않는 것은?

① 제3류 위험물 중 지정 수량이 10kg인 위험물
② 제4류 위험물 중 특수 인화물
③ 제1류 위험물 중 무기 과산화물
④ 제5류 위험물 중 지정 수량이 100kg인 위험물

해설 위험물의 위험 등급

구분	위험 등급 Ⅰ	위험 등급 Ⅱ	위험 등급 Ⅲ
제1류 위험물	아염소산염류, 염소산염류, 과염소산염류, 무기과산화물, 그 밖에 지정 수량이 50kg인 위험물	브로민산염류, 질산염류, 아이오딘산염류, 그 밖에 지정수량이 300kg인 위험물	위험 등급 Ⅰ, 위험 등급 Ⅱ 외의 것
제2류 위험물		황화인, 적린, 황, 그 밖에 지정 수량이 100kg인 위험물	
제3류 위험물	칼륨, 나트륨, 알킬알루미늄, 알킬리튬, 황린, 그 밖에 지정수량이 10kg 또는 20kg인 위험물	알칼리금속(칼륨 및 나트륨을 제외) 알칼리토금속, 유기금속화합물(알킬알루미늄 및 알킬리튬을 제외), 그 밖에 지정수량이 50kg인 위험물	

32 위험물안전관리법령에 명시된 아세트알데하이드의 옥외 저장 탱크에 필요한 설비가 아닌 것은?

① 보냉 장치
② 냉각 장치
③ 동 합금 배관
④ 불활성 기체를 봉입하는 장치

해설 아세트알데하이드의 옥외 저장 탱크에 필요한 설비
㉠ 보냉 장치
㉡ 냉각 장치
㉢ 불활성 기체를 봉입하는 장치

33 정기 점검 대상 제조소 등에 해당하지 않는 것은?

① 이동 탱크 저장소
② 지정 수량 120배의 위험물을 저장하는 옥외 저장소
③ 지정 수량 120배의 위험물을 저장하는 옥내 저장소
④ 이송 취급소

해설 정기 점검 대상 제조소
(1) 예방 규정을 정해야 하는 제조소 등
　㉠ 지정 수량의 10배 이상의 제조소
　㉡ 지정 수량의 100배 이상의 옥외 저장소
　㉢ 지정 수량의 150배 이상의 옥내 저장소
　㉣ 지정 수량의 200배 이상의 옥외 탱크 저장소
　㉤ 암반 탱크 저장소
　㉥ 이송 취급소
(2) 지하 탱크 저장소
(3) 이동 탱크 저장소
(4) 위험물을 취급하는 탱크로서 지하에 매설된 탱크가 있는 제조소, 주유 취급소 또는 일반 취급소

정답　30 ③　31 ④　32 ③　33 ③

34 탄화칼슘에 대한 설명으로 옳은 것은?

① 분자식은 CaC이다.
② 물과의 반응 생성물에는 수산화칼슘이 포함된다.
③ 순수한 것은 흑회색의 불규칙한 덩어리이다.
④ 고온에서도 질소와는 반응하지 않는다.

> **해설** ① 분자식은 CaC_2이다.
> ② 물과 반응 생성물에는 수산화칼슘이 포함된다.
> $$CaC_2 + 2H_2O \rightarrow Ca(OH)_2 + C_2H_2$$
> ③ 순수한 것은 무색 투명하나 보통은 흑회색이며 불규칙적인 덩어리 상태이다.
> ④ 질소 중에서 고온으로 가열하면 석회질소가 얻어진다.
> $$CaC_2 + N_2 \longrightarrow CaCN_2 + C$$

35 셀룰로이드에 관한 설명 중 틀린 것은?

① 물에 잘 녹으며, 자연 발화의 위험이 있다.
② 지정 수량은 10kg이다.
③ 탄력성이 있는 고체의 형태이다.
④ 장시간 방치된 것은 햇빛, 고온 등에 의해 분해가 촉진된다.

> **해설** ② 지정 수량은 100kg이다.

36 오황화린이 물과 작용했을 때 주로 발생되는 기체는?

① 포스핀   ② 포스겐
③ 황산가스   ④ 황화수소

> **해설** $P_2S_5 + 8H_2O \rightarrow 5H_2S + 2H_3PO_4$

37 다음 물질 중 물보다 비중이 작은 것으로만 이루어진 것은?

① 에테르, 이황화탄소   ② 벤젠, 글리세린
③ 가솔린, 메탄올   ④ 글리세린, 아닐린

> **해설** ① 에테르: 0.71, 이황화탄소: 1.26
> ② 벤젠: 0.879, 글리세린: 1.26
> ③ 가솔린: 0.62~0.8, 메탄올: 0.79
> ④ 글리세린: 1.26, 아닐린: 1.02

38 위험물 판매 취급소에 관한 설명 중 틀린 것은?

① 위험물을 배합하는 실의 바닥 면적은 $6m^2$ 이상 $15m^2$ 이하이어야 한다.
② 제1종 판매 취급소는 건축물의 1층에 설치하여야 한다.
③ 일반적으로 페인트점, 화공약품점이 이에 해당된다.
④ 취급하는 위험물의 종류에 따라 제1종과 제2종으로 구분된다.

> **해설** ④ 저장 또는 취급하는 위험물의 수량에 따라 제1종과 제2종으로 구분한다.

39 위험물안전관리법령에 따른 소화 설비의 적응성에 관한 다음 내용 중 ( ) 안에 적합한 내용은?

> 제6류 위험물을 저장 또는 취급하는 장소로서 폭발의 위험이 없는 장소에 한하여 ( )가(이) 제6류 위험물에 대하여 적응성이 있다.

① 할로젠 화합물 소화기
② 분말 소화기-탄산수소염류 소화기
③ 분말 소화기- 그 밖의 것
④ 이산화탄소 소화기

> **해설**

소화 설비의 구분	건축물·그 밖의 공작물	전기 설비	알칼리 금속 과산화물 등	그 밖의 것	철분·금속분·마그네슘 등	인화성 고체	그 밖의 것	금수성 물품	그 밖의 것	제4류 위험물	제5류 위험물	제6류 위험물
			제1류 위험물		제2류 위험물			제3류 위험물				
옥내 소화전 설비 또는 옥외 소화전 설비	○			○		○	○		○		○	○
스프링클러 설비	○			○		○	○		△	○	○	○

물분무등소화설비	물분무 소화 설비	○	○		○				○	○	○ ○
	포 소화 설비	○			○			○	○	○	○
	불활성 가스 소화 설비			○						○	
	할로겐 화합물 소화 설비			○						○	
	분말소화설비 인산염류 등	○	○		○				○	
	탄산 수소 염류 등		○	○		○		○		○	
	그 밖의 것			○		○			○	
대형·소형 수동식 소화기	봉상수 (棒狀水) 소화기	○			○				○	○ ○
	무상수 (無狀水) 소화기	○	○		○				○	○
	봉상강화액 소화기	○			○				○	○
	무상강화액 소화기	○			○			○		○ ○
	포 소화기	○			○			○		○ ○
	이산화탄소 소화기			○				○			△
	할론 소화기			○				○		○	
	분말소화기 인산염류 소화기	○	○		○				○	
	탄산수소염류 소화기		○	○		○		○		○	
	그 밖의 것			○		○			○	
기타	물통 또는 수조	○			○		○	○		○ ○
	건조사			○	○	○	○	○	○	○ ○
	팽창 질석 또는 팽창 진주암			○	○	○	○	○	○	○ ○

40 위험물의 운반 및 적재 시 혼재가 불가능한 것으로 연결된 것은? (단, 지정 수량의 1/5 이상이다.)

① 제1류와 제6류　　② 제4류와 제3류
③ 제2류와 제3류　　④ 제5류와 제4류

> **해설** 유별을 달리하는 위험물의 혼재 기준

구 분	제1류	제2류	제3류	제4류	제5류	제6류
제1류		×	×	×	×	○
제2류	×		×	○	○	×
제3류	×	×		○	×	×
제4류	×	○	○		○	×
제5류	×	○	×	○		×
제6류	○	×	×	×	×	

41 위험물을 운반 용기에 수납하여 적재할 때 차광성이 있는 피복으로 가려야 하는 위험물이 아닌 것은?

① 제1류 위험물　　② 제2류 위험물
③ 제5류 위험물　　④ 제6류 위험물

> **해설** 차광성이 있는 피복 조치

유 별	적용 대상
제1류 위험물	전부
제3류 위험물	자연 발화성 물품
제4류 위험물	특수 인화물
제5류 위험물	전부
제6류 위험물	

42 염소산칼륨 20kg과 아염소산나트륨 10kg을 과염소산과 함께 저장하는 경우 지정 수량 1배로 저장하려면 과염소산은 얼마나 저장할 수 있는가?

① 20kg　　　　② 40kg
③ 80kg　　　　④ 120kg

> **해설**
> $$\frac{20}{50} + \frac{10}{50} + \frac{x}{300} = 1$$
> $$\frac{x}{300} = 1 - \frac{20}{50} - \frac{10}{50} = \frac{20}{50}$$
> $$x = \frac{20}{50} \times 300 = 120\text{kg}$$

43 위험물안전관리법상 주유 취급소의 소화 설비 기준과 관련한 설명 중 틀린 것은?

① 모든 주유 취급소는 소화 난이도 등급 Ⅱ 또는 소화 난이도 등급 Ⅲ에 속한다.
② 소화 난이도 등급 Ⅱ에 해당하는 주유 취급소에는 대형 수동식 소화기 및 소형 수동식 소화기 등을 설치하여야 한다.
③ 소화 난이도 등급 Ⅲ에 해당하는 주유 취급소에는 소형 수동식 소화기 등을 설치하여야 하며, 위험물의 소요 단위 산정은 지하 탱크 저장소의 기준을 준용한다.
④ 모든 주유 취급소의 소화 설비 설치를 위해서는 위험물의 소요 단위를 산출하여야 한다.

> **해설** ③ 소화 난이도 등급 Ⅲ의 주유 취급소는 소형 수동식 소화기 등을 설치해야 하고, 위험물은 지정 수량의 10배를 1소요 단위로 한다.

44 위험물과 그 위험물이 물과 반응하여 발생하는 가스를 잘못 연결한 것은?

① 탄화알루미늄 – 메탄   ② 탄화칼슘-아세틸렌
③ 인화칼슘-에탄   ④ 수소화칼슘-수소

해설 ① $Al_4C_3 + 12H_2O \rightarrow 4Al(OH)_3 + 3CH_4$
② $CaC_2 + 2H_2O \rightarrow Ca(OH)_2 + C_2H_2$
③ $Ca_3P_2 + 6H_2O \rightarrow 3Ca(OH)_2 + 2PH_3$
④ $CaH_2 + 2H_2O \rightarrow Ca(OH)_2 + 2H_2$

45 제1류 위험물의 일반적인 성질에 해당하지 않는 것은?

① 고체 상태이다.
② 분해하여 산소를 발생한다.
③ 가연성 물질이다.
④ 산화제이다.

해설 ③ 불연성 물질이다.

46 다음은 위험물안전관리법령에 따른 이동 저장 탱크의 구조에 관한 기준이다. ( ) 안에 알맞은 수치는?

이동 저장 탱크는 그 내부에 (㉮)L 이하마다 (㉯)mm 이상의 강철판 또는 이와 동등 이상의 강도, 내열성 및 내식성이 있는 금속성의 것으로 칸막이를 설치하여야 한다. 다만, 고체인 위험물을 저장하거나 고체인 위험물을 가열하여 액체 상태로 저장하는 경우에는 그러하지 아니하다.

① ㉮ 2,000, ㉯ 1.6   ② ㉮ 2,000, ㉯ 3.2
③ ㉮ 4,000, ㉯ 1.6   ④ ㉮ 4,000, ㉯ 3.2

해설 이동 저장 탱크는 그 내부에 4,000L 이하마다 3.2mm 이상의 강철판 또는 이와 동등 이상의 강도, 내열성 및 내식성이 있는 금속성의 것으로 칸막이를 설치하여야 한다. 다만 고체인 위험물을 저장하거나 고체인 위험물을 가열하여 액체 상태로 저장하는 경우에는 그러하지 아니하다.

47 질산나트륨의 성상으로 옳은 것은?

① 황색 결정이다.
② 물에 잘 녹는다.
③ 흑색 화약의 원료이다.
④ 상온에서 자연분해한다.

해설 ① 무색 무취의 결정 또는 백색 분말이다.
③ 화약류의 산소 공급제이다.
④ 가열하면 380℃에서 열분해하여 산소를 방출하고 1,000℃ 이상 가열하면 폭발한다.
$2NaNO_3 \longrightarrow 2NaNO_2 + O_2$

48 피크린산 제조에 사용되는 물질과 가장 관계가 있는 것은?

① C_6H_6 ② $C_6H_5CH_3$
③ $C_3H_5(OH)_3$ ④ C_6H_5OH

해설 **피크린산 제법**
페놀을 진한 황산에 녹이고, 이것을 질산에 작용시켜 만든다.
$C_6H_5OH + 3HNO_3 \xrightarrow{H_2SO_4} C_6H_2(OH)(NO_2)_3 + 3H_2O$

49 위험물안전관리법령상 위험물 옥외 저장소에 저장할 수 있는 품명은?(단, 국제해상위험물규칙에 적합한 용기에 수납하는 경우를 제외한다.)

① 특수 인화물   ② 무기 과산화물
③ 알코올류   ④ 칼륨

해설 **위험물 옥외 저장소에 저장할 수 있는 품명**
㉠ 제2류 위험물 중 황 또는 인화성 고체(인화점 0℃ 이상인 것에 한한다.)
㉡ 제4류 위험물 중 제1석유류(인화점 0℃ 이상인 것에 한한다.), 알코올류, 제2석유류, 제3석유류, 제4석유류, 동식물유류
㉢ 제6류 위험물
㉣ 제2류 위험물, 제4류 위험물 중 특별시, 광역시 또는 도의 조례로 정하는 위험물(관세법 제15조의 규정에 의한 보세 구역 안에 저장하는 경우에 한한다.)
㉤ 국제해사기구에 관한 협약에 의하여 설치된 국제해사기구에서 채택한 국제해상위험물규칙(IMDG code)에 적합한 용기에 수납한 위험물을 저장하는 저장 시설

50 가연물에 따른 화재의 종류 및 표시색의 연결이 옳은 것은?

① 폴리에틸렌 – 유류 화재 – 백색
② 석탄 – 일반 화재 – 청색
③ 시너 – 유류 화재 – 청색
④ 나무 – 일반 화재 – 백색

해설 ① 폴리에틸렌 – 일반 화재 – 백색
② 석탄 – 일반 화재 – 백색
③ 시너 – 유류 화재 – 황색

51 다음 중 위험물안전관리법령에 따른 지정 수량이 나머지 셋과 다른 하나는?

① 황린
② 칼륨
③ 나트륨
④ 알킬리튬

해설

위험물	지정 수량
황린	20kg
칼륨	10kg
나트륨	10kg
알킬리튬	10kg

52 다음은 위험물안전관리법령에서 정한 정의이다. 무엇의 정의인가?

> 인화성 또는 발화성 등의 성질을 가지는 것으로서 대통령령이 정하는 물품을 말한다.

① 위험물
② 가연물
③ 특수 인화물
④ 제4류 위험물

해설 위험물의 설명이다.

53 과염소산나트륨의 성질이 아닌 것은?

① 황색의 분말로 물과 반응하여 산소를 발생한다.
② 가열하면 분해되어 산소를 방출한다.
③ 융점은 약 482℃이고 물에 잘 녹는다.
④ 비중은 약 2.5로 물보다 무겁다.

해설 ① 무색, 무취의 결정 또는 백색 분말이며 물에 매우 잘 녹는다.

54 황린과 적린의 성질에 대한 설명으로 가장 거리가 먼 것은?

① 황린과 적린은 이황화탄소에 녹는다.
② 황린과 적린은 물에 불용이다.
③ 적린은 황린에 비하여 화학적으로 활성이 작다.
④ 황린과 적린을 각각 연소시키면 P_2O_5가 생성된다.

해설 ① 황린은 CS_2에 잘 녹고, 적린은 CS_2에 녹지 않는다.

55 아세트알데하이드와 아세톤의 공통 성질에 대한 설명 중 틀린 것은?

① 증기는 공기보다 무겁다.
② 무색 액체로서 인화점이 낮다.
③ 물에 잘 녹는다.
④ 특수 인화물로 반응성이 크다.

해설 ④ 아세트알데히드는 특수 인화물이고, 아세톤은 제1석유류이다.

56 다음 위험물 중 특수 인화물이 아닌 것은?

① 메틸에틸케톤 퍼옥사이드
② 산화프로필렌
③ 아세트알데하이드
④ 이황화탄소

해설 ① 메틸에틸케톤 퍼옥사이드 : 제5류 위험물 중 유기과산화물

57 다음 중 분자량이 약 74, 비중이 약 0.71인 물질로서 에탄올 두 분자에서 물이 빠지면서 축합반응이 일어나 생성되는 물질은?

① $C_2H_5OC_2H_5$
② C_2H_5OH
③ C_6H_5Cl
④ CS_2

해설 **에테르 제법** : 에탄올에 진한 황산을 넣고 130~140℃로 가열하면 에탄올 2분자 중에서 간단히 물이 빠지면서 축합 반응이 일어나 에테르가 얻어진다.

$$2C_2H_5OH \xrightarrow{C-H_2SO_4} C_2H_5OC_2H_5 + H_2O$$

58 위험물 관련 신고 및 선임에 관한 사항으로 옳지 않은 것은?

① 제조소 위치·구조 변경 없이 위험물의 품명 변경 시는 변경한 날로부터 7일 이내에 신고하여야 한다.

② 제조소 설치자의 지위를 승계한 날로부터 30일 이내에 신고하여야 한다.

③ 위험물안전관리자가 퇴직한 경우는 퇴직일로부터 14일 이내에 신고하여야 한다.

④ 위험물안전관리자가 퇴직한 경우는 퇴직일로부터 30일 이내에 선임하여야 한다.

해설 ① 제조소 등의 위치·구조 또는 설비의 변경 없이 당해 제조소 등에서 저장하거나 취급하는 위험물의 품명·수량 또는 지정 수량의 배수를 변경하고자 하는 자는 변경하고자 하는 날의 7일 전까지 행정안전부령이 정하는 바에 따라 시·도지사에게 신고하여야 한다.

59 메탄올에 관한 설명으로 옳지 않은 것은?

① 인화점은 약 11℃이다.
② 술의 원료로 사용된다.
③ 휘발성이 강하다.
④ 최종 산화물은 의산(포름산)이다.

해설 ② 염료용제, 매염제, 도료용 용제 등에 사용한다.

60 다음 중 옥내 저장소의 동일한 실에 서로 1m 이상의 간격을 두고 저장할 수 없는 것은?

① 제1류 위험물과 제3류 위험물 중 자연 발화성 물질(황린 또는 이를 함유한 것에 한한다.)
② 제4류 위험물과 제2류 위험물 중 인화성 고체
③ 제1류 위험물과 제4류 위험물
④ 제1류 위험물과 제6류 위험물

해설 상호 1m 이상의 간격을 유지하는 경우에도 동일한 옥내 저장소에 저장할 수 있는 것

㉠ 제1류 위험물(알칼리 금속의 과산화물 또는 이를 함유한 것은 제외)+제5류 위험물

㉡ 제1류 위험물+제6류 위험물

㉢ 제1류 위험물+자연발화성 물품(황린)

㉣ 제2류 위험물 중 인화성 고체+제4류 위험물

㉤ 제3류 위험물 중 알킬알루미늄 등+제4류 위험물(알킬알루미늄·알킬리튬을 함유한 것)

㉥ 제4류 위험물 중 유기 과산화물 또는 이를 함유하는 것+제5류 위험물 중 유기 과산화물 또는 이를 함유하는 것

위험물 기능사 (2025. 9. 20 시행)

01 점화원으로 작용할 수 있는 정전기를 방지하기 위한 예방 대책이 아닌 것은?

① 정전기 발생이 우려되는 장소에 접지 시설을 한다.
② 실내의 공기를 이온화하여 정전기 발생을 억제한다.
③ 정전기는 습도가 낮을 때 많이 발생하므로 상대 습도를 70% 이상으로 한다.
④ 전기의 저항이 큰 물질은 대전이 용이하므로 비전도체 물질을 사용한다.

해설 정전기를 방지하기 위한 예방 대책
㉠ 공기 중의 습도를 높인다(실내의 경우 상대 습도를 70% 이상으로 한다).
㉡ 접지를 한다.
㉢ 공기를 이온화한다.

02 단백포 소화 약제 제조 공정에서 부동제로 사용하는 것은?

① 에틸렌글리콜
② 물
③ 가수분해 단백질
④ 황산제1철

해설 ㉠ 단백포 소화 약제 : 단백질을 가수분해한 것을 주원료로 하는 포 소화 약제
㉡ 조정 공정 : 단백 포 소화 약제의 제조 공정 중 마지막 단계로서, 소화용 이외의 이·화학적 성능을 향상시키기 위해서 방부제·부동제 등을 첨가한다. 이 경우 방부제로는 트리클로로페놀, 펜타클로로페놀 등의 수용성 염류 등이 사용되며, 부동제로는 에틸렌글리콜[$C_2H_4(OH)_2$], 프로필렌글라이콜[$C_3H_6(OH)_2$] 등이 사용된다.

03 다음과 같은 반응에서 $5m^3$의 탄산가스를 만들기 위해 필요한 탄산수소나트륨의 양은 약 몇 kg인가? (단, 표준 상태이고 나트륨의 원자량은 23이다.)

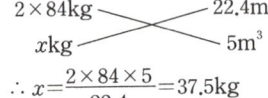
$$2NaHCO_3 \longrightarrow Na_2CO_3 + CO_2 + H_2O$$

① 18.75
② 37.5
③ 56.25
④ 75

해설 $NaHCO_3$ 분자량 $= 23+1+12+3\times16 = 84kg$
$2NaHCO_3 \rightarrow Na_2CO_3 + CO_2 + H_2O$

$2\times84kg$ ╲╱ $22.4m^3$
x kg ╱╲ $5m^3$

$\therefore x = \dfrac{2\times84\times5}{22.4} = 37.5kg$

04 건물의 외벽이 내화 구조로서 연면적 $300m^2$의 옥내 저장소에 필요한 소화기 소요 단위수는?

① 1단위
② 2단위
③ 3단위
④ 4단위

해설 (1) 소요 단위(1단위)
소화 설비의 설치 대상이 되는 건축물, 그 밖의 공작물 규모 또는 위험물 양에 대한 기준 단위
(2) 저장소 건축물의 경우
㉠ 외벽이 내화 구조로 된 것으로 연면적 $150m^2$
㉡ 외벽이 내화 구조가 아닌 것으로 연면적 $75m^2$
$\therefore \dfrac{300m^2}{150m^2} = 2$단위

05 연쇄 반응을 억제하여 소화하는 소화 약제는?

① 할론 1301
② 물
③ 이산화탄소
④ 포

해설 Halon 1301
1취화3불화메탄(CF_3Br)은 가연 물질의 활성기와 반응하는 부촉매 소화(연쇄 반응 억제) 기능이 우수하고, 신속하게 화재를 소화한다.

정답 01 ④   02 ①   03 ②   04 ②   05 ①

06 제조소 등에 전기 설비(전기 배선, 조명 기구 등은 제외)가 설치된 경우에는 면적 몇 m²마다 소형 수동식 소화기를 1개 이상 설치하여야 하는가?

① 50　　　　　　　　② 100
③ 150　　　　　　　 ④ 200

해설　제조소 등에 전기 설비(전기 배선, 조명 기구 등은 제외) 설치된 경우에는 면적 100m²마다 소형 수동식 소화기를 1개 이상 설치한다.

07 화재별 급수에 따른 화재의 종류 및 표시 색상을 모두 옳게 나타낸 것은?

① A급 : 유류 화재 – 백색
② B급 : 유류 화재 – 황색
③ C급 : 유류 화재 – 백색
④ D급 : 유류 화재 – 백색

해설　화재의 종류 및 표시 색상

급 수	화재의 종류	표시색상
A급	일반 화재	백색
B급	유류 화재	황색
C급	전기 화재	청색
D급	금속 화재	—
K급	주방 화재	—

08 일반 취급소의 형태가 옥외의 공작물로 되어 있는 경우에 있어서 그 최대 수평 투영 면적이 500m²일 때 설치하여야 하는 소화 설비의 소요 단위는 몇 단위인가?

① 5단위　　　　　　② 10단위
③ 15단위　　　　　 ④ 20단위

해설　(1) 소요 단위(1단위)
소화 설비의 설치 대상이 되는 건축물, 그 밖의 공작물 규모 또는 위험물 양에 대한 기준 단위
(2) 제조소 또는 취급소용 건축물의 경우
　㉠ 외벽이 내화 구조로 된 것으로 연면적 100m²
　㉡ 외벽이 내화 구조가 아닌 것으로 연면적 50m²
∴ $\dfrac{500\text{m}^2}{100\text{m}^2}=5$단위

09 수용성 가연성 물질의 화재 시 다량의 물을 방사하여 가연 물질의 농도를 연소 농도 이하가 되도록 하여 소화시키는 것은 무슨 소화 원리인가?

① 제거 소화　　　　② 촉매 소화
③ 희석 소화　　　　④ 억제 소화

해설　희석 소화
물에 용해하는 수용성 가연 물질인 알코올, 에테르, 에스테르, 케톤류 등 화재에 많은 양의 물을 일시에 방사하여 가연 물질의 연소 농도를 소화 농도 이하로 묽게 희석시켜 소화하는 소화 방법이다.

10 위험물을 운반 용기에 담아 지정 수량의 1/10을 초과하여 적재하는 경우 위험물을 혼재하여도 무방한 것은?

① 제1류 위험물과 제6류 위험물
② 제2류 위험물과 제6류 위험물
③ 제2류 위험물과 제3류 위험물
④ 제3류 위험물과 제5류 위험물

해설　유별을 달리하는 위험물의 혼재 기준

구 분	제1류	제2류	제3류	제4류	제5류	제6류
제1류		×	×	×	×	○
제2류	×		×	○	○	×
제3류	×	×		○	×	×
제4류	×	○	○		○	×
제5류	×	○	×	○		×
제6류	○	×	×	×	×	

11 15℃의 기름 100g에 8,000J의 열량을 주면 기름의 온도는 몇 ℃가 되겠는가? (단, 기름의 비열은 2J/g·℃이다.)

① 25　　　　　　　　② 45
③ 50　　　　　　　　④ 55

해설　기름의 온도 변화를 x라고 하면
$$x=\frac{8{,}000\text{J}}{2\text{J/g·℃}\times100\text{g}}=40℃$$
기름의 온도＝15℃＋40℃＝55℃

12 이산화탄소 소화기 사용 시 줄─톰슨 효과에 의해서 생성되는 물질은?

① 포스겐
② 일산화탄소
③ 드라이아이스
④ 수성가스

해설 줄─톰슨 효과에 의하여 CO_2가 발생한다.

13 탱크 화재 현상 중 BLEVE(Boiling Liquid Expanding Vapor Explosion)에 대한 설명으로 가장 옳은 것은?

① 기름 탱크에서의 수증기 폭발 현상이다.
② 비등 상태의 액화가스가 기화하여 팽창하고, 폭발하는 현상이다.
③ 화재 시 기름 속의 수분이 급격히 증발하여 기름 거품이 되고, 팽창해서 기름 탱크에서 밖으로 내뿜어져 나오는 현상이다.
④ 고점도의 기름 속에 수증기를 포함한 볼 형태의 물방울이 형성되어 탱크 밖으로 넘치는 현상이다.

해설 **BLEVE**
액화가스 탱크의 폭발로, 비등 상태의 액화가스가 기화하여 팽창하고 폭발하는 현상이다.

14 소화 난이도 등급 I 에 해당하지 않는 제조소 등은?

① 제1석유류 위험물을 제조하는 제조소로서 연면적 1,000m² 이상인 것
② 제1석유류 위험물을 저장하는 옥외 탱크 저장소로서 액표면적이 40m² 이상인 것
③ 모든 이송 취급소
④ 제6류 위험물을 저장하는 암반 탱크 저장소

해설 **소화난이도 등급 Ⅰ에 해당하는 제조소 등**

구분	제조소등의 규모, 저장 또는 취급하는 위험물의 품명 및 최대수량 등
제조소 일반 취급소	· 연면적 1,000m² 이상인 것 · 지정 수량의 100배 이상인 것 · 지반면으로부터 6m 이상의 높이에 위험물 취급 설비가 있는 것 · 일반 취급소로 사용되는 부분 외의 부분을 갖는 건축물에 설치된 것

주유 취급소	면적의 합의 500m² 를 초과하는 것
옥내 저장소	· 지정 수량의 150배 이상인 것 · 연면적 150m²를 초과하는 것 · 처마 높이가 6m 이상인 단층 건물의 것 · 옥내 저장소로 사용되는 부분 외의 부분이 있는 건축물에 설치된 것
옥외 탱크 저장소	· 액표면적이 40m² 이상인 것 · 지반면으로부터 탱크 옆판의 상단까지 높이가 6m 이상인 것 · 지중 탱크 또는 해상 탱크로서 지정 수량의 100배 이상인 것 · 고체 위험물을 저장하는 것으로서 지정 수량의 100배 이상인 것
옥내 탱크 저장소	· 액표면적이 40m² 이상인 것 · 바닥면으로부터 탱크 옆판의 상단까지 높이가 6m 이상인 것 · 탱크 전용실이 단층 건물 외의 건축물에 있는 것으로 인화점 38℃ 이상 70℃ 미만의 위험물을 지정 수량 5배 이상 저장하는 것
옥외 저장소	· 덩어리 상태의 황 등을 저장하는 것으로서 경계 표시 내부의 면적이 100m² 이상인 것 · 지정 수량의 100배 이상인 것
암반 탱크 저장소	· 액표면적이 40m² 이상인 것 · 고체 위험물을 저장하는 것으로서 지정 수량의 100배 이상인 것
이송 취급소	모든 대상

15 위험물의 성질에 따라 강화된 기준을 적용하는 지정 과산화물을 저장하는 옥내 저장소에서 지정 과산화물에 대한 설명으로 옳은 것은?

① 지정 과산화물이란 제5류 위험물 중 유기 과산화물 또는 이를 함유한 것으로서 지정 수량이 10kg인 것을 말한다.
② 지정 과산화물에는 제4류 위험물에 해당하는 것도 포함된다.
③ 지정 과산화물이란 유기 과산화물과 알킬알루미늄을 말한다.
④ 지정 과산화물이란 유기 과산화물 중 국민안전처 고시로 지정한 물질을 말한다.

해설 **지정 과산화물**
제5류 위험물 중 유기 과산화물 또는 이를 함유한 것으로, 지정 수량이 10kg인 것을 말한다.

16 위험물안전관리법령상 지하 탱크 저장소에 설치하는 강제 이중벽 탱크에 관한 설명으로 틀린 것은?

① 탱크 본체와 외벽 사이에는 3mm 이상의 감지층을 둔다.
② 스페이서는 탱크 본체와 재질을 다르게 하여야 한다.
③ 탱크 전용실 없이 지하에 직접 매설할 수도 있다.
④ 탱크 외면에는 최대 시험 압력을 지워지지 않도록 표시하여야 한다.

> **해설** ② 스페이서는 탱크 본체와 재질을 같게 하여야 한다.

17 지정 수량의 100배 이상을 저장 또는 취급하는 옥내 저장소에 설치하여야 하는 경보 설비는? (단, 고인화점 위험물만을 저장 또는 취급하는 것은 제외한다.)

① 비상 경보 설비
② 자동 화재 탐지 설비
③ 비상 방송 설비
④ 비상 조명등 설비

> **해설** 자동 화재 탐지 설비의 설명이다.

18 금속분, 목탄, 코크스 등의 연소 형태에 해당하는 것은?

① 자기 연소
② 증발 연소
③ 분해 연소
④ 표면 연소

> **해설** **고체의 연소**
> ㉠ 표면(직접) 연소 : 금속분, 목탄, 코크스 등
> ㉡ 분해 연소 : 목재, 석탄, 종이, 플라스틱 등
> ㉢ 증발 연소 : 황, 나프탈렌, 장뇌, 촛불 등
> ㉣ 내부(자기) 연소 : 질산에스터류, 셀룰로이드류, 나이트로화합물, 하이드라진 유도체 등

19 8L 용량의 소화 전용 물통의 능력 단위는?

① 0.3
② 0.5
③ 1.0
④ 1.5

> **해설** **능력 단위**
> 소방 기구의 소화 능력을 나타내는 수치, 즉 소요 단위에 대응하는 소화 설비 소화 능력의 기준 단위이다.
> ㉠ 마른 모래(50L, 삽 1개 포함) : 0.5단위
> ㉡ 팽창 질석 또는 팽창 진주암(160L, 삽 1개 포함) : 1단위
> ㉢ 소화 전용 물통(8L) : 0.3단위
> ㉣ 수조
>   ⓐ 190L(8L 소화 전용 물통 6개 포함) : 2.5단위
>   ⓑ 80L(8L 소화 전용 물통 3개 포함) : 1.5단위

20 위험물 제조소등별로 설치하여야 하는 경보 설비의 종류에 해당하지 않는 것은?

① 비상 방송 설비
② 비상 조명등 설비
③ 자동 화재 탐지 설비
④ 비상 경보 설비

> **해설** ② 비상 조명등 설비 : 피난 구조 설비

21 염소산나트륨과 반응하여 ClO_2 가스를 발생시키는 것은?

① 글리세린
② 질소
③ 염산
④ 산소

> **해설** $3NaClO_2 + 2HCl \rightarrow 3NaCl + 2ClO_2 + H_2O_2$

22 위험물의 지하 저장 탱크 중 압력 탱크 외의 탱크에 대해 수압 시험을 실시할 때 몇 kPa의 압력으로 하여야 하는가? (단, 소방청장이 정하여 고시하는 기밀 시험과 비파괴 시험을 동시에 실시하는 방법으로 대신하는 경우는 제외한다.)

① 40
② 50
③ 60
④ 70

> **해설** **지하 탱크 저장소의 수압 시험**
> ㉠ 압력 탱크 : 최대 상용 압력의 1.5배 압력으로 10분간 실시
> ㉡ 압력 탱크 외 : 70kPa의 압력으로 10분간 실시

23 다음 중 발화점이 가장 낮은 것은?

① 등유
② 가솔린
③ 아세톤
④ 톨루엔

해설

위험물	발화점
등유	254℃
가솔린	300℃
아세톤	538℃
톨루엔	552℃

24 저장 용기에 물을 넣어 보관하고 $Ca(OH)_2$를 넣어 pH9의 약알칼리성으로 유지시키면서 저장하는 물질은?

① 적린
② 황린
③ 질산
④ 황화린

해설 황린 : 반드시 저장 용기에 물을 넣어 보관한다. 저장 시 pH를 측정하여 산성을 나타내면 $Ca(OH)_2$를 넣어 약알칼리성(pH=9)이 유지되도록 하며, 경우에 따라 불활성 가스를 봉입하기도 한다.

25 시·도의 조례가 정하는 바에 따라 관할 소방서장의 승인을 받아 지정 수량 이상의 위험물을 제조소 등이 아닌 장소에서 임시로 저장 또는 취급하는 기간은 최대 며칠 이내인가?

① 30
② 60
③ 90
④ 120

해설 관할 소방서장의 승인을 받아 지정 수량 이상의 위험물을 제조소 등이 아닌 장소에서 임시로 저장 또는 취급하는 기간은 90일 이내이다.

26 과염소산암모늄의 위험성에 대한 설명으로 올바르지 않은 것은?

① 급격히 가열하면 폭발의 위험이 있다.
② 건조 시에는 안정하나 수분 흡수 시에는 폭발한다.
③ 가연성 물질과 혼합하면 위험하다.
④ 강한 충격이나 마찰에 의해 폭발 위험이 있다.

해설 과염소산암모늄은 산화력이 강한 위험성이 있다.

27 위험물안전관리법령상 제5류 위험물의 판정을 위한 시험의 종류로 옳은 것은?

① 폭발성 시험, 가열 분해성 시험
② 폭발성 시험, 충격 민감성 시험
③ 가열 분해성 시험, 착화의 위험성 시험
④ 충격 민감성 시험, 착화의 위험성 시험

해설 제5류 위험물의 판정을 위한 시험
㉠ 폭발성 시험 : 폭발성으로 인한 위험성의 정도를 판단하기 위한 시험
㉡ 가열 분해성 시험 : 가열 분해성으로 인한 위험성의 정도를 판단하기 위한 시험

28 위험물 저장 방법에 관한 설명 중 틀린 것은?

① 알킬알루미늄은 물 속에 보관한다.
② 황린은 물 속에 보관한다.
③ 금속 나트륨은 등유 속에 보관한다.
④ 금속 칼륨은 경유 속에 보관한다.

해설 알킬알루미늄의 저장 용기는 밀전하여 차고 어두운 곳에 저장하며, 항상 건조되고 통풍 환기가 양호한 곳에 둔다.

29 위험물 운반에 관한 기준 중 위험 등급 I 에 해당하는 위험물은?

① 황화린
② 피크린산
③ 벤조일퍼옥사이드
④ 질산나트륨

해설 위험물의 위험 등급

구분	위험 등급 I	위험 등급 II	위험 등급 III
제1류 위험물	아염소산염류, 염소산염류, 과염소산염류, 무기과산화물, 그 밖에 지정수량이 50kg인 위험물	브로민산염류, 질산염류, 아이오딘산염류, 그 밖에 지정수량이 300kg인 위험물	위험 등급 I, 위험 등급 II 외의 것
제2류 위험물		황화인, 적린, 황, 그 밖에 지정 수량이 100kg인 위험물	

제3류 위험물	칼륨, 나트륨, 알킬알루미늄, 알킬리튬, 황린, 그 밖에 지정수량이 10kg 또는 20kg인 위험물	알칼리금속(칼륨 및 나트륨을 제외) 알칼리토금속, 유기금속화합물(알킬알루미늄 및 알킬리튬을 제외), 그 밖에 지정수량이 50kg인 위험물
제4류 위험물	특수인화물	제1석유류, 알코올류
제5류 위험물	지정수량이 제1종 : 10kg인 위험물	지정수량이 제2종 : 100kg인 위험물
제6류 위험물	모두	

30 톨루엔에 대한 설명으로 틀린 것은?

① 벤젠의 수소 원자 하나가 메틸기로 치환된 것이다.
② 증기는 벤젠보다 가볍고, 휘발성은 더 높다.
③ 독특한 향기를 가진 무색의 액체이다.
④ 물에 녹지 않는다.

해설 ② 증기는 벤젠보다 무겁고, 휘발성은 약하다.

	벤젠	톨루엔
증기 비중	2.8	3.1

31 다음 중 질산 나트륨의 성상에 대한 설명으로 틀린 것은?

① 조해성이 있다.
② 강력한 환원제이며, 물보다 가볍다.
③ 열분해하여 산소를 방출한다.
④ 가연물과 혼합하면 충격에 의해 발화할 수 있다.

해설 ② 강력한 산화제이며, 물보다 무겁다(비중 2.27).

32 2몰의 브로민산칼륨이 모두 열분해되어 생긴 산소의 양은 2기압 27℃에서 약 몇 L인가?

① 32.42
② 36.92
③ 41.34
④ 45.64

해설 $2KBrO_3 \rightarrow 2KBr + 3O_2$: 3몰의 산소 생성

$PV = nRT$

$\therefore V = \dfrac{nRT}{P} = \dfrac{3 \times 0.082 \times 300}{2} = 36.92L$

33 메탄올과 에탄올의 공통점을 설명한 내용으로 틀린 것은?

① 휘발성의 무색 액체이다.
② 인화점이 0℃ 이하이다.
③ 증기는 공기보다 무겁다.
④ 비중이 물보다 작다.

해설

	메탄올	에탄올
인화점	11℃	13℃

34 위험물안전관리법령상 유별이 같은 것으로만 나열된 것은?

① 금속의 인화물, 칼슘의 탄화물, 할로겐간 화합물
② 아조벤젠, 염산히드라진, 질산구아니딘
③ 황린, 적린, 무기 과산화물
④ 유기 과산화물, 질산에스터류, 알킬리튬

해설 ① 금속의 인화물, 칼슘의 탄화물 : 제3류 위험물
할로겐간 화합물 : 제6류 위험물
② 아조벤젠, 염산히드라진, 질산구아니딘 : 제5류 위험물
③ 황린 : 제3류 위험물, 적린 : 제2류 위험물, 무기 과산화물 : 제1류 위험물
④ 유기 과산화물, 질산에스터류 : 제5류 위험물, 알킬리튬 : 제3류 위험물

35 위험물 저장 탱크 중 부상 지붕 구조로 탱크의 직경이 53m 이상 60m 미만인 경우 고정식 포 소화 설비의 포 방출구 종류 및 수량으로 옳은 것은?

① Ⅰ형 8개 이상
② Ⅱ형 8개 이상
③ Ⅲ형 10개 이상
④ 특형 10개 이상

정답 30 ② 31 ② 32 ② 33 ② 34 ② 35 ④

해설 포 방출구는 다음 표에 의하여 탱크의 직경, 구조 및 포 방출구의 종류에 따른 수 이상의 개수를 탱크 옆판의 외주에 균등한 간격으로 설치해야 한다.

탱크의 구조 및 포 방출구의 종류 ＼ 탱크 직경	포 방출구의 개수			
	고정 지붕 구조		부상 덮개 부착 고정 지붕 구조	부상 지붕 구조
	Ⅰ형 또는 Ⅱ형	Ⅲ형 또는 Ⅳ형	Ⅱ형	특형
13m 미만	2		2	2
13m 이상 19m 미만	2	1	3	3
19m 이상 24m 미만	2	1	4	4
24m 이상 35m 미만	2	2	5	5
35m 이상 42m 미만	3	3	6	6
42m 이상 46m 미만	4	4	7	7
46m 이상 53m 미만	6	6	8	8
53m 이상 60m 미만	8	8	10	10
60m 이상 67m 미만	왼쪽 란에 해당하는 직경의 탱크에는 Ⅰ형 또는 Ⅱ형의 포 방출구를 8개 설치하는 것 외에 오른쪽 란에 표시한 직경에 따른 포 방출구의 수에서 8을 뺀 수의 Ⅲ형 또는 Ⅳ형의 포 방출구를 폭 30m의 환상 부분을 제외한 중심부의 액표면에 방출할 수 있도록 추가로 설치할 것	10		10
67m 이상 73m 미만		12		12
73m 이상 79m 미만		14		12
79m 이상 85m 미만		16		14
85m 이상 90m 미만		18		14
90m 이상 95m 미만		20		16
95m 이상 99m 미만		22		16
99m 이상		24		18

[비고] Ⅲ형의 포 방출구를 이용하는 것은 온도 20℃의 물 100g에 용해되는 양이 1g 미만인 위험물(이하 '비하수용성'이라 한다) 또는 저장 온도가 50℃ 이하 또는 동점도가 100cSt 이하인 위험물을 저장 또는 취급하는 탱크에 한하여 설치 가능하다.
즉, 직경이 53m 이상 60m 미만인 부상 지붕 구조이므로, 특형 10개 이상이다.

36 위험물의 운반에 관한 기준에서 제4석유류와 혼재할 수 없는 위험물은?(단, 위험물은 각각 지정 수량의 2배인 경우이다.)

① 황화린
② 칼륨
③ 유기 과산화물
④ 과염소산

해설 (1) 유별을 달리하는 위험물의 혼재 기준

구분	제1류	제2류	제3류	제4류	제5류	제6류
제1류		×	×	×	×	○
제2류	×		×	○	○	×
제3류	×	×		○	×	×
제4류	×	○	○		○	×
제5류	×	○	×	○		×
제6류	○	×	×	×	×	

(2) ㉠ 황화린 : 제2류 위험물
　　㉡ 칼륨 : 제3류 위험물
　　㉢ 유기 과산화물 : 제5류 위험물
　　㉣ 과염소산 : 제6류 위험물

37 주유 취급소 일반 점검표의 점검 항목에 따른 점검 내용 중 점검 방법이 육안 점검이 아닌 것은?

① 가연성 증기 검지 경보 설비-손상의 유무
② 피난 설비의 비상 전원-정전 시의 점등 상황
③ 간이 탱크의 가연성 증기 회수 밸브-작동 상황
④ 배관의 전기 방식 설비-단자의 탈락 유무

해설 피난 설비 비상 전원의 정전 시 점등 상황 점검은 기능 점검(작동 확인)으로 점등 여부를 확인해야 한다.

38 디에틸에테르에 대한 설명 중 틀린 것은?

① 강산화제와 혼합 시 안전하게 사용할 수 있다.
② 대량으로 저장 시 불활성 가스를 봉입한다.
③ 정전기 발생 방지를 위해 주의를 기울여야 한다.
④ 통풍, 환기가 잘되는 곳에 저장한다.

해설 디에틸에테르는 강산화제와 접촉 시 격렬하게 반응하고, 혼촉 발화한다.

정답 36 ④ 37 ② 38 ①

39 다음 중 증기 비중이 가장 큰 것은?

① 벤젠
② 등유
③ 메틸알코올
④ 디에틸에테르

해설

위험물	증기 비중
벤젠	2.8
등유	4~5
메일알코올	1.1
디에틸에테르	2.6

40 휘발유에 대한 설명으로 옳은 것은?

① 가연성 증기를 발생하기 쉬우므로 주의한다.
② 발생된 증기는 공기보다 가벼워서 주변으로 확산하기 쉽다.
③ 전기를 잘 통하는 도체이므로 정전기를 발생시키지 않도록 조치한다.
④ 인화점이 상온보다 높으므로 여름철에 각별한 주의가 필요하다.

해설 ② 발생된 증기는 공기보다 무겁기 때문에 낮은 곳에 흘러 체류하기 쉬우며, 먼 곳에서 서로 인화하기 쉽다.
③ 전기를 통하지 않는 부도체이므로 정전기를 발생한다.
④ 인화점(−43~−20℃)이 상온보다 낮으므로 여름철에 각별한 주의가 필요하다.

41 다음 중 위험물안전관리법령에 의한 지정 수량이 가장 작은 품명은?

① 질산염류
② 인화성 고체
③ 금속분
④ 질산에스터류

해설

위험물	지정 수량
질산염류	300kg
인화성 고체	1,000kg
금속분	500kg
질산에스터류	10kg

42 위험물안전관리법령상 제2류 위험물에 속하지 않는 것은?

① P_4S_3
② Al
③ Mg
④ Li

해설 ④ Li : 제3류 위험물

43 다음 위험물 중 발화점이 가장 낮은 것은?

① 황
② 삼황화린
③ 황린
④ 아세톤

해설

위험물	발화점
황	232℃
삼황화린	100℃
황린	34℃
아세톤	538℃

44 위험물안전관리법령에 의한 지정 수량이 나머지 셋과 다른 하나는?

① 황
② 적린
③ 황린
④ 황화린

해설

위험물	지정 수량
황	100kg
적린	100kg
황린	20kg
황화린	100kg

45 인화성 액체 위험물을 저장하는 옥외 탱크 저장소에 설치하는 방유제의 높이 기준은?

① 0.5m 이상, 1m 이하
② 0.5m 이상, 3m 이하
③ 0.3m 이상, 1m 이하
④ 0.3m 이상, 3m 이하

해설 방유제 높이는 0.5m 이상, 3m 이하로 한다.

정답 39 ② 40 ① 41 ④ 42 ④ 43 ③ 44 ③ 45 ②

46 위험물안전관리법령상 옥외 저장 탱크 중 압력 탱크 외의 탱크에 통기관을 설치하여야 할 때 밸브 없는 통기관인 경우 통기관의 직경은 몇 mm 이상으로 하여야 하는가?

① 10　　② 15　　③ 20　　④ 30

해설　옥외 저장 탱크의 통기 장치

(1) 밸브 없는 통기관
　　㉠ 직경 : 30mm 이상
　　㉡ 끝부분 : 45°이상
　　㉢ 인화 방지 장치 : 가는 눈의 구리망 사용
(2) 대기 밸브 부착 통기관
　　㉠ 작동 압력 차이 : 5kPa 이하
　　㉡ 인화 방지 장치 : 가는 눈의 구리망 사용

47 금속 나트륨과 금속 칼륨의 공통적인 성질에 대한 설명으로 옳은 것은?

① 불연성 고체이다.
② 물과 반응하여 산소를 발생한다.
③ 은백색의 매우 단단한 금속이다.
④ 물보다 가벼운 금속이다.

해설

	Na	K
①	가연성 고체	가연성 고체
②	물과 반응하여 수소 발생	물과 반응하여 수소 발생
③	은백색의 광택이 있는 경금속	은백색의 광택이 있는 경금속
④	물보다 가벼움(비중 0.97)	물보다 가벼움(비중 0.86)

48 트라이나이트로페놀에 대한 일반적인 설명으로 틀린 것은?

① 가연성 물질이다.
② 공업용은 보통 휘황색의 결정이다.
③ 알코올에 녹지 않는다.
④ 납과 화합하여 예민한 금속염을 만든다.

해설　트라이나이트로페놀은 더운물, 알코올, 에테르, 아세톤, 벤젠 등에 녹는다.

49 위험물 저장 탱크의 내용적이 300L일 때 탱크에 저장하는 위험물의 용량 범위로 적합한 것은?(단, 원칙적인 경우에 한한다.)

① 240~270L　　② 270~285L
③ 290~295L　　④ 295~298L

해설　위험물 저장 탱크의 용량

탱크의 공간 용적은 탱크 용적의 $\dfrac{5}{100}$ 이상, $\dfrac{10}{100}$ 이하로 한다.
　㉠ 300L × 0.90 = 270L
　㉡ 300L × 0.95 = 285L

50 다음 각 위험물의 지정 수량의 총 합은 몇 kg인가?

> 알킬리튬, 리튬, 수소화나트륨,
> 인화칼슘, 탄화칼슘

① 820　　② 900　　③ 960　　④ 1,260

해설　지정 수량

㉠ 알킬리튬 : 10kg
㉡ 리튬 : 50kg
㉢ 수소화나트륨 : 300kg
㉣ 인화칼슘 : 300kg
㉤ 탄화칼슘 : 300kg
∴ 10 + 50 + 300 + 300 + 300 = 960kg

51 과산화수소의 분해 방지제로 적합한 것은?

① 아세톤　② 인산　③ 황　　④ 암모니아

해설　과산화수소는 농도가 클수록 위험성이 높아지므로 분해 방지 안정제(인산나트륨, 인산, 요산, 요소, 글리세린 등)를 넣어 산소 분해를 억제시킨다.

52 위험물안전관리법령상 산화성 액체에 해당하지 않는 것은?

① 과염소산　　　② 과산화수소
③ 과염소산나트륨　④ 질산

해설　③ 과염소산나트륨 : 산화성 고체

53 위험물안전관리법령상 염소화규소 화합물은 제 몇 류 위험물에 해당하는가?

① 제1류   ② 제2류   ③ 제3류   ④ 제5류

해설 염소화규소 화합물 : 제3류 위험물

54 가솔린의 연소 범위에 가장 가까운 것은?

① 1.4~7.6%   ② 2.0~23.0%
③ 1.8~36.5%   ④ 1.0~50.0%

해설 가솔린의 연소 범위 : 1.4~7.6%

55 옥내 저장 탱크 상호 간에는 특별한 경우를 제외하고 최소 몇 m 이상의 간격을 유지하여야 하는가?

① 0.1   ② 0.2   ③ 0.3   ④ 0.5

해설 옥내 저장 탱크의 상호 간에는 특별한 경우를 제외하고 0.5m 이상의 간격을 유지한다.

56 과산화벤조일에 대한 설명 중 틀린 것은?

① 진한 황산과 혼촉 시 위험성이 증가한다.
② 폭발성을 방지하기 위하여 희석제를 첨가할 수 있다.
③ 가열하면 약 100℃에서 흰 연기를 내면서 분해한다.
④ 물에 녹으며 무색, 무취의 액체이다.

해설 ④ 물에 녹지 않으며 무미, 무취의 백색 분말 또는 무색의 결정성 고체이다.

57 위험물 판매 취급소에 대한 설명 중 틀린 것은?

① 제1종 판매 취급소라 함은 저장 또는 취급하는 위험물의 수량이 지정 수량의 20배 이하인 판매 취급소를 말한다.
② 위험물을 배합하는 실의 바닥 면적은 $6m^2$ 이상 $15m^2$ 이하이어야 한다.
③ 판매 취급소에서는 도료류 외의 제1석유류를 배합하거나 옮겨 담는 작업을 할 수 없다.
④ 제1종 판매 취급소는 건축물의 2층까지만 설치가 가능하다.

해설 ④ 제1종 판매 취급소는 건축물의 1층에 설치한다.

58 위험물안전관리법의 적용 제외와 관련된 내용으로 ( ) 안에 알맞은 것을 모두 나타낸 것은?

> 위험물안전관리법은 (   )에 의한 위험물의 저장·취급 및 운반에 있어서는 이를 적용하지 아니한다.

① 항공기·선박(선박법 제1조의2 제1항에 따른 선박을 말한다)·철도 및 궤도
② 항공기·선박(선박법 제1조의2 제1항에 따른 선박을 말한다)·철도
③ 항공기·철도 및 궤도
④ 철도 및 궤도

해설 위험물안전관리법의 적용 제외
위험물안전관리법은 항공기·선박(선박법 제1조의2의 규정에 따른 선박을 말한다)·철도 및 궤도에 의한 위험물의 저장, 취급 및 운반에 있어서는 이를 적용하지 아니한다.

59 옥내 저장소에 질산 600L를 저장하고 있다. 저장하고 있는 질산은 지정 수량의 몇 배인가? (단, 질산의 비중은 1.5이다.)

① 1   ② 2   ③ 3   ④ 4

해설 1.5kg/L×600L＝900kg
$\therefore \dfrac{900kg}{300kg}=3배$

60 다이크로뮴산칼륨에 대한 설명으로 틀린 것은?

① 열분해하여 산소를 발생한다.
② 물과 알코올에 잘 녹는다.
③ 등적색의 결정으로 쓴맛이 있다.
④ 산화제, 의약품 등에 사용된다.

해설 ② 물에 잘 녹고, 알코올에는 녹지 않는다.

정답 53 ③ 54 ① 55 ④ 56 ④ 57 ④ 58 ① 59 ③ 60 ②

〈저자 약력〉

저자 **김 재 호**

- 울산대학교 외래교수
- 호서대학교 외래교수
- 한국폴리텍Ⅱ대학 겸임교수
- 경남정보대학 외래교수
- 한국소방안전원 외래교수

위험물 기능사 기출문제집 필기 [핵심이론+10개년 기출]

1판 1쇄 발행	2023년 2월 10일
2판 1쇄 발행	2024년 1월 10일
3판 1쇄 발행	2025년 1월 10일
4판 1쇄 발행	2026년 1월 12일

저자	김재호
펴낸이	박 용
펴낸곳	도서출판 세화
주소	경기도 파주시 회동길 325-22(서패동69-2)
영업부	(031)955-9331~2
편집부	(031)955-9333
FAX	(031)955-9334
등록	1978년 12월 26일 제1-338호

ISBN	978-89-317-1360-2 13530
정가	**18,000원**

독자 여러분의 의견을 기다립니다.
잘못된 책은 교환하여 드립니다.

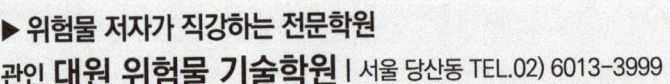

▶ 위험물 저자가 직강하는 전문학원
관인 **대원 위험물 기술학원** | 서울 당산동 TEL.02) 6013-3999 |

타 교재와 비교하십시오.
탁월한 선택의 즐거움이 커집니다.

핵심이론+10개년기출

위험물기능사
기출문제집 필기

핵심이론 저자직강
동영상 강의 무료
cafe.naver.com/sehwabooks

NAVER 카페 cafe.naver.com/sehwabooks ▼ 🔍

지은이 김재호 **펴낸이** 박용 **펴낸곳** 도서출판 세화
등록번호 1978.12.26 (제1-338 호) **주소** 경기도 파주시 회동길 325-22(서패동469-2)
영업부 (031)955-9331~2 **편집부** (031)955-9333 **fax** (031)955-9334
www.sehwapub.co.kr

정가 18,000원

ISBN 978-89-317-1360-2